中国城市低碳建设水平诊断（2023）

申立银　鲍海君 等　著

科学出版社

北京

内 容 简 介

本书基于《中国低碳城市建设水平诊断（2022）》中提出的"碳循环系统-过程管理"双视角，优化了体现八个低碳建设维度（能源结构、经济发展、生产效率、城市居民、水域碳汇、森林碳汇、绿地碳汇与低碳技术）与五个低碳建设环节（规划、实施、检查、结果与反馈）的矩阵型诊断指标体系。本书展示了作者团队开发的数字化诊断系统，帮助挖掘诊断指标的数据，诊断了我国 297 个地级及以上城市的低碳建设水平。本书首次剖析了我国 297 个地级及以上城市的低碳建设现状、经验、短板与提升方向，为我国城市科学地发展低碳建设模式提供了理论支撑与实践经验，为研究我国城市低碳建设水平提供了丰富数据与有效工具。

本书可服务于政府相关部门的决策支撑，为相关行业部门与科研机构应用数字化技术研究城市低碳建设水平提供理论指导，向社会公众动态展示城市低碳建设的关键领域和现状。

审图号：GS 川（2024）126 号

图书在版编目（CIP）数据

中国城市低碳建设水平诊断. 2023 / 申立银等著. -- 北京：科学出版社，2024. 6. -- ISBN 978-7-03-078877-1

Ⅰ. X321.2

中国国家版本馆 CIP 数据核字第 2024XJ2572 号

责任编辑：刘　琳 / 责任校对：彭　映
责任印制：罗　科 / 封面设计：墨创文化

科学出版社 出版

北京东黄城根北街 16 号
邮政编码：100717
http://www.sciencep.com

成都锦瑞印刷有限责任公司印刷
科学出版社发行　各地新华书店经销

*

2024 年 6 月第 一 版　开本：787×1092　1 / 16
2024 年 6 月第一次印刷　印张：31 1/2
字数：740 000

定价：288.00 元
（如有印装质量问题，我社负责调换）

《中国城市低碳建设水平诊断(2023)》课题组

顾问：洪庆华　　罗卫东

组长：申立银　　鲍海君

执笔：申立银　　鲍海君　　徐向瑞　　曹泽煜　　李　明

　　　王清清　　廖世菊　　郭　洋　　陈紫微　　詹　鹏　　蔡鑫羽

成员(按姓氏笔画排序)

　　　王　洪　　王逸飞　　王清清　　朱建华　　刘　燕　　李佳宇

　　　杨　艺　　张昊天　　张玲瑜　　陈紫微　　詹　鹏　　徐向瑞

　　　郭　洋　　桑美月　　舒欣宇　　潘冰月　　蔡鑫羽　　廖世菊

《中国城市低碳建设水平诊断（2023）》联合发布单位

自然资源部碳中和与国土空间优化重点实验室（南京大学）

中华建设管理研究会（香港）

重庆大学管理科学与房地产学院

香港大学建筑学院房地产及建设系

长安大学经济与管理学院

北京建筑大学城市经济与管理学院

北方工业大学土木工程学院

广州大学广州发展研究院

滨海城市韧性基础设施教育部重点实验室（深圳大学）

江苏省土木建筑学会·建筑与房地产经济专委会

浙江省国土空间规划研究院

浙江大学城乡规划设计研究院有限公司

中宏低碳科技公司

广东埃文低碳科技股份有限公司

浙江永泽咨询设计集团有限公司

前　言

城市低碳建设是实现我国"双碳"目标、应对全球气候变化、实践人类可持续发展的重要战略，诊断城市低碳建设水平正是推动城市低碳建设的重要组成部分。本书基于《中国低碳城市建设水平诊断（2022）》的基本原理，结合专家和业界人士的建议，进一步提炼了对城市低碳建设水平诊断的原理，阐释了城市低碳建设水平的形成机理，提升了指标体系的科学性和可操作性，更新了城市低碳建设水平诊断指标体系，优化了低碳建设水平诊断计算模型和评价方法。本书展示了对我国 297 个城市的低碳建设水平诊断结果，建立了样本城市间的低碳建设水平指数和排名。本书是浙大城市学院国土空间规划研究院系列报告"中国城市低碳建设水平诊断"2023 版，是认识我国城市低碳建设水平的重要参考。

本书阐述的城市低碳建设水平诊断系统是在集成体现低碳建设水平的维度视角和形成低碳建设水平的过程视角"双视角"基础上构建的。在维度视角上，应用了城市系统中的碳循环原理，构建了体现城市低碳建设水平的能源结构、经济发展、生产效率、城市居民、水域碳汇、森林碳汇、绿地碳汇、低碳技术等八个维度的低碳建设内容；在过程视角上，借鉴管理学的过程循环原理，建立了规划（Plan，P）、实施（Implement，I）、检查（Check，C）、结果（Outcome，O）、反馈（Feedback，F）的 PICOF 五环节城市低碳建设管理过程。

研究团队应用大数据工具，采取计算机语言编程和互联网爬虫工具，对我国 297 个地级及以上城市的低碳建设过程最新相关数据进行了挖掘、收集和处理，从八个低碳建设维度和五个管理过程环节，对这些城市的低碳建设水平进行了系统性诊断和分析，得到了城市低碳建设水平指数。基于指数计算结果，研究比较了样本城市间的低碳建设总体水平、维度水平和环节水平，诊断分析了我国城市低碳建设的现状和问题，提出了提升我国城市低碳建设水平的路径和政策建议，为实现我国城市低碳建设总目标提供了重要参考资料。

本书为定期开展我国城市低碳建设水平诊断研究提供了系统的基础数据，为研究城市低碳建设水平评价提供了理论体系，为比较城市间低碳建设水平提供了科学工具，为找出城市低碳建设过程中的成功经验和不足提供了科学方法。本书服务于政府相关部门的决策支撑，指导城市相关行业部门诊断低碳建设的水平，也为科研院所研究城市低碳建设水平提供了重要参考。

申立银，浙大城市学院国土空间规划研究院　首席专家

2023 年 11 月

目　　录

第一章 城市低碳建设水平的诊断机理

第一节 城市低碳建设的内涵

明晰城市低碳建设的概念和内涵是研究如何诊断城市低碳建设水平的基础。城市低碳建设是通往低碳城市的路径，而"低碳城市"这一概念最早是在英国政府 2003 年发布的能源白皮书《我们未来的能源：创造低碳经济》（*Our Energy Future——Creating A Low Carbon Economy*）中提到的"低碳经济"理念延伸而来的，从此引起了世界的广泛关注。国内外专家学者在相关研究中对低碳城市的概念和内涵给出了各种阐述，所涉及的范围广泛、内涵复杂，学术界尚未从理论上对低碳城市形成统一的定义。世界自然基金会在 2008 年把低碳城市的内涵阐释为"在经济快速发展的同时，使城市发展进程中的二氧化碳排放和能源消耗量保持在比较低的水平"。中国科学院可持续发展战略研究组于 2009 年将低碳城市解释为"在以低碳产业和生产为主导的低碳经济中，通过改变居民的生活方式、消费态度和模式，将温室气体排放降至最低的城市"。

低碳城市的概念虽然有各种不同的界定和表述，但实质性内涵基本相同。国内外专家普遍都认为低碳城市在促进低碳经济发展的同时，应更加注重人类与城市之间的和谐关系，最大限度地实现节能减排。低碳城市是一种新型的城市形态，是将低碳理念渗透进城市经济和社会的方方面面，通过发展低碳经济、转变生活方式、保护生态环境等手段，在确保社会经济良好发展的基础上减少碳排放，是一种包括促进经济发展、社会进步、生活环境质量优化等丰富内涵的城市可持续发展模式。

本书发现，关于低碳城市内涵和概念的各种阐述主要强调的是一种新形态并具有新内涵的城市模式，展示了人类追求的新型城市的结果和形态，但这些概念都没有强调形成低碳城市结果的建设过程。事实上，低碳城市形态是一个经过长期建设过程的结果，不是一蹴而就的。若仅关注低碳建设的结果和形态，而忽视对建设过程的管控，会导致低碳建设的结果偏离低碳建设的目标。

任何事物的结果都是来自一个过程，低碳城市这个结果也是来自城市的低碳建设这个过程。城市的低碳建设是一个综合多方面、多领域、多目标的动态过程，这个动态过程的内涵包含城市的社会、经济、环境、科技、文化等领域，落实在产生城市的社会经济活动的各个管控环节，包括规划、实施、检查和反馈。低碳建设这个动态过程中的参与主体包括政府、企业组织和居民等社会所有层面。因此，对低碳城市概念和内涵的正确解析应该结合低碳建设的过程和结果两个视角。

第二节 城市低碳建设水平形成的机理

诊断城市低碳建设水平的目的是找出在低碳建设过程中的成功经验和进一步提升的环节，扬长避短，改进不足，从而提高城市低碳建设水平。为了诊断城市低碳建设的绩效和水平，必须正确认识这种绩效和水平的形成机理。由于城市低碳建设的水平体现在减少碳排放和增加碳存储的各个维度，形成于一个管理过程，故而城市低碳建设水平形成的机理应该从减排增汇和管理过程两个视角去认识。

一、城市系统碳循环中体现的城市低碳建设水平

碳循环是在自然界和人类社会经济活动产生的碳排放（碳源）与碳储存（碳汇）之间不断重复、相互作用、动态平衡的过程。联合国气候变化会议框架合约参加国于 1997 年 12 月在《联合国气候变化框架京都协议》中阐述了碳源与碳汇的概念：碳源是指向大气中释放碳的过程、活动或机制，碳汇是指从大气中清除碳的过程、活动或机制。因此，正确认识城市系统的碳循环是诊断城市低碳建设水平的重要基础。城市的低碳建设是基于城市系统碳循环的减排增汇过程，因此，城市低碳建设的水平要体现城市系统碳循环的碳排放量和碳存储量，诊断城市低碳建设水平的指标体系需要反映出城市系统碳循环中的碳源要素（能源结构、经济发展、生产效率、城市居民等）、碳汇要素（水域碳汇、森林碳汇、绿地碳汇等）和对碳源碳汇均有重要影响力的低碳技术要素。

（一）城市系统碳循环中社会经济活动主导的碳源要素

城市低碳建设的本质是在维持社会经济发展的同时，在城市系统碳循环中实现减排增汇的过程。城市系统碳循环中的碳源要素主要与人类的社会经济活动相关。

1. 基于 Kaya 恒等式的碳源要素

社会经济活动是城市系统碳循环中最主要的碳源要素，Kaya 恒等式是识别碳源要素的主流方法。日本学者茅阳一（Yoichi Kaya）于 1989 年在联合国政府气候变化专门委员会（Intergovernmental Panel on climate chang, IPCC）举办的研讨会上提出的 Kaya 恒等式，剖析了产生碳排放的主要碳源因素。这个恒等式是利用一个简单的数学公式将二氧化碳排放量分解成与人类生产生活相关的四个要素，其数学表达式如下：

$$CO_2 = \frac{CO_2}{PE} \times \frac{PE}{GDP} \times \frac{GDP}{POP} \times POP$$

式中，CO_2 表示二氧化碳排放量，PE 表示一次能源消费总量，GDP 表示国内生产总值，POP 表示人口总量。CO_2/PE 表示单位能耗碳排放强度，主要是由能源消费结构决定。

PE/GDP 表示能源消费强度，指单位产值一定时间内消耗的能源量，它反映经济活动对能源的依赖程度，体现了技术水平和生产效率，与能源利用效率和经济结构密切相关。GDP/POP 表示人均 GDP，是表征一个国家宏观经济运行状况和经济发展规模的有效工具。一般来讲，人均 GDP 越大，经济规模越大，进而碳排放也越高。

Kaya 恒等式被广泛认为是一种有效的碳排放要素分析方法，通过对 Kaya 恒等式的进一步剖析，可以看出碳排放量是能源消费结构（决定碳排放强度）、生产效率（决定能源消费强度）、经济发展、人口等四个方面共同作用的结果。

2. 碳源要素的内涵剖析

正确认识城市碳循环中的碳排放影响因素是诊断城市减少碳排放量水平的关键，下面基于 Kaya 恒等式分解的对碳源要素进行详细剖析。

1）能源结构

城市的能源结构对其碳排放影响很大。能源结构主要是指各类一次能源和二次能源在能源消费总量中所占的比例。一次能源根据碳排放强度从大到小可以分为化石能源、生物质能、新能源及可再生能源，其中化石能源，如煤炭、石油、天然气等是碳排放强度最高的能源，但又占据了能源结构的最主要地位。据联合国政府间气候变化专门委员会（IPCC）2006 年发布的碳排放系数文献，煤炭和天然气的碳排放因子分别为 94400kg/TJ 和 56100kg/TJ（TJ，万亿焦耳），而太阳能、风能、水能等可再生清洁能源，其碳排放强度几乎为零。因此，各类一次能源在能源结构中所占比重的大小，直接关系到城市能耗碳排放量的大小，特别是化石能源占比越高，其城市的碳排放量就会越大；相反，当可再生清洁能源所占比重越高，其城市的碳排放量就会越小。

在我国高速的城镇化工业化进程中，长期以来形成了以"化石能源—火力发电"为主的能源供应体系，这种能源结构体系在城市低碳建设的时代背景要求下亟须重塑。2014 年 6 月，国务院办公厅颁布的《能源发展战略行动计划（2014—2020 年）》指出，降低煤炭消费比重，提高天然气消费比重，大力发展风电、太阳能、地热能等可再生能源，安全发展核电，是我国优化能源结构的重要路径。国家发展改革委和国家能源局印发的《"十四五"现代能源体系规划》指出，到 2025 年，我国非化石能源消费比重要提高到 20%左右。

综上，能源结构对城市碳排放有直接的影响，不同能源结构对城市的低碳建设工作影响差异巨大，因此能源结构是诊断城市低碳建设水平的一个重要评价维度。

2）经济发展

经济发展与碳排放之间的关系主要是从经济规模与产业结构两方面去阐释。从经济规模的视角，经济发展的表现通常是用 GDP 和人均 GDP 的增加来衡量的。能源是生产活动的重要引擎，因此总经济生产规模 GDP 的增大会导致能源消费的增加，从而带来碳排放的增加。另一方面，人均 GDP 的增加也反映了生产规模的增大，意味着居民经济收入提高，带来居民生活水平的提高，故而居民对生活用品的数量和质量要求也增加，由此导致能源消费和碳排放的增加。

从产业结构的视角，经济发展对碳排放量的影响也是很明显的。产业结构是指第

一、二、三产业分别在国民经济中所占的比重。其中，第二产业属于能源密集型产业，包括采矿业，制造业，电力、燃气及水的生产和供应业，建筑业等产业。不同产业的碳排放强度差异很大，其中第二产业中煤炭、石油、电力等在生产过程中会消耗大量能源，碳排放强度相对很高。因此第二产业占比大的城市其碳排放量都较高，这些城市的减排压力相对较大。鉴于产业结构会对城市碳排放产生很大影响，城市低碳建设需要优化调整产业结构，引导和鼓励产业结构重心由第二产业向第三产业过渡，从而实现低碳建设的目标。

3）生产效率

生产效率直接决定了能源的消耗强度。能源消耗强度又称能源强度，是指生产单位GDP所消耗的能源，对城市碳排放量有很大的影响。能源强度越大，在城市社会经济活动中产生的碳排放就会越多。能源强度的减小本质上是能源综合利用效率的提升，或者说是生产效率的提升，其主要是通过生产技术手段革新和能源管理措施实现的。因此，提升生产效率、降低能源强度是在城市低碳建设过程中降低碳排放量的重要手段。国家发展改革委和国家能源局在《"十四五"现代能源体系规划》中要求，到2025年单位GDP能耗五年累计下降13.5%。

从经济学的角度进行阐释，效率被认为是投入与产出之比。概括来说，一个经济系统由要素投入和产出两部分组成，提高生产效率即意味着在固定投入要素下提高产出量，或在产出固定的情况下减少投入要素。这种效果主要是通过提升生产技术水平，使生产过程中投入的资源，特别是能源的使用效率提高来实现的。

我国从20世纪80年代以来经济快速增长，这固然得益于生产技术水平的提高，但这种增长在相当大的程度上是以高能源消耗为代价的。一段时期的粗放型、"摊大饼"式的经济增长方式导致自然资源过度消耗，带来一系列环境污染问题。然而，我国人口众多、社会经济发展任务艰巨，在相当长的时间内用能需求仍然巨大。因此只有在经济发展的生产过程中提高能源利用效率、城市运行效率、全要素生产率，才能在获得社会经济效益的同时有效控制能源消耗和碳排放量，实现城市可持续发展。

4）城市居民

城市温室气体的排放主体是城市居民，因此城市低碳建设水平受人口规模和人口整体素质的影响。人类生活生产活动会使用和消耗各种原材料和能源，从而产生二氧化碳等温室气体，其产生的排放量与人口规模和素质是密切相关的。人类从事各种赖以生存的生活和生产活动必然产生能耗及碳排放，这些是导致碳排放量增加的决定因素。城市人口的增加会直接拉动电力、交通工具、建筑、基础设施等需求的增加，从而导致相应的生活生产活动及其能源消耗、碳排放的增加。CO_2是导致气候变暖的主要温室气体。IPCC指出，1983～2012年是过去1400年间气候最暖的三十年，由此引发了许多严重的环境问题，包括土地沙漠化、极端天气、物种灭绝、资源枯竭等，威胁了人类的可持续发展。这些后果与城市人口规模的增加以及人类忽视环保的行为带来的结果有直接关系。

当然，人类社会经济的发展除了带来居民收入水平和生活水平的提高外，也提高了居民的整体素质和文明意识，居民的公民意识、社会责任感、参与城市治理意识、环境保护意识都随之增强。居民越来越愿意践行低碳消费、低碳出行等低碳生活行为方式，从而为控制碳排放和城市低碳建设做出贡献。

（二）城市系统碳循环中自然生态环境主导的碳汇要素

在地球上各种生态系统中，以 CO_2 为主的温室气体的源与汇对碳循环起到至关重要的作用。例如陆地生态系统通过光合作用与呼吸作用，直接影响植被、水域、土壤中的碳元素的周转过程。在这个周转过程中，向大气中释放 CO_2 等温室气体的过程、活动或机制称为碳源；反之从大气中吸收 CO_2 等温室气体的过程、活动或机制则是碳汇。自然生态系统既具有吸收碳元素也具有释放碳元素的功能。但一般来说，自然生态系统整体上是一个碳吸收量大于释放量的汇，主要包括森林碳汇、绿地碳汇和水域碳汇。然而生态系统是多样的，并非所有生态系统都是碳汇，在生态系统中的碳释放和吸收是一个非线性的复杂过程，碳源和碳汇之间的双向转化是常见现象。总体上，自然生态系统在碳循环过程中发挥的主要是碳汇作用。

1. 水域碳汇

广义上的水域也可以被看成为湿地。水域中的碳循环过程涉及一系列复杂的生物、化学和物理过程，受水分品质、水生植物、水体微生物等因素影响与调控。在城市水域碳汇的形成过程中，水域能承纳上游各类湿地和非湿地生态系统通过河流、洪水、侵蚀等过程中以生物体、泥沙、溶解性有机碳等多种形式的碳输入，同时还通过水体以及水体里的动植物直接捕获大气中的 CO_2，从而吸纳碳的输入。在土壤水分饱和、气温较低以及微生物活性较弱的湿地生态系统中，往往具有较强的碳积累功能，不同来源的碳经过湿地环境中微生物的分解和转化，以 CO_2 和 CH_4 等气态物质形式排放到大气中，或因湿地的厌氧环境以泥炭等形式封存在湿地中。因此，建设和保护好城市水域湿地是建设低碳城市的重要内容，是诊断一个城市低碳建设水平的重要标准。

2. 森林碳汇

森林生态系统是陆地生态系统中的主要构成部分，是最大的光合作用载体。森林碳汇是指森林植物吸收大气中的 CO_2 并将其固定在植被或土壤中的过程，这是森林调节大气中 CO_2 浓度、缓解温室效应的基本机理。森林碳汇功能反映为森林五大碳库固碳能力，包括森林植被地上和地下生物量、木质残体、凋落物以及土壤碳库。森林植被和土壤碳库是森林碳储量的主要部分，分别占森林总碳储量的 44% 和 45%；其余是森林木质残体碳储量与凋落物碳储量。

城市森林是城市绿化的一种特殊类型，它既属于森林的范围，又与自然的森林有所差别。城市森林通常表现为稀疏种植的单株树木或小面积的人工绿化群落。城市森林以乔木为主体，并与各种灌木、草本以及各种动物、微生物等一起构成的一个生物集合体。森林碳汇在城市低碳建设过程中有举足轻重的地位。城市的森林覆盖率面积，直接决定了森林系统的碳汇能力。增强城市森林碳汇能力，是抵消城市碳排放、实现城市低碳建设目标的重要举措，这些举措的实施是诊断城市低碳建设水平的重要内容。

3. 绿地碳汇

城市绿地生态系统的碳汇特征与森林等其他陆地生态系统的碳汇特征有所不同。绿地生态系统的碳素储量绝大部分集中在土壤中，其碳循环的主要过程也是在土壤中完成的，主要包括碳固定、碳储存和碳释放等环节。绿色植物通过光合作用将大气中的无机碳（CO_2）转变为有机碳，是绿地生态系统有机碳的主要来源。在绿地生态系统中，进入土壤中的碳主要以有机质的形式存在，绿地系统固定碳的多少也主要取决于绿地植被初级生产力的形成与土壤有机质分解之间的平衡作用。

绿地生态系统中的碳素有释放过程，其释放形式包括植物呼吸作用、凋落物层的异养呼吸及土壤的呼吸代谢，其中绿地土壤呼吸是绿地生态系统碳释放的重要途径。当输入土壤的碳超过土壤输出的碳时，绿地土壤表现为 CO_2 的汇；反之，则绿地土壤就表现为 CO_2 的碳源了。城市绿地是受人为管理过程强烈影响的生态系统，受维护和建设等人类活动的影响，绿地地上部分循环较快，导致地下碳库部分也受影响。认识城市绿地的碳循环过程，将丰富对城市系统的碳循环认识，因此对城市绿地的减排规划、建设和维护十分重要，绿地碳汇是城市减排增汇、实现城市低碳建设目标的重要措施，是诊断评价城市低碳建设水平的重要指标。

（三）科学技术对城市系统碳循环的影响

科学技术是在城市系统碳循环中减少碳源、增加碳汇的重要抓手。一般来说，能够帮助实现减少碳源、增加碳汇的科学技术都被称为低碳技术。低碳技术的概念目前缺乏统一界定，只要能够有效减少以二氧化碳为主的温室气体排放、增加各种碳汇能力、防止气候变暖而采取的技术手段都是低碳技术，其影响涉及社会经济活动的各个领域，特别是能源、交通、建筑、冶金、化工、运输、旅游等多个工业商业领域。低碳技术应用的根本目的是实现人类生产和消费过程中的高效、低排和低污染。

根据增汇减排的控制流程，低碳技术可以分为减碳技术、无碳技术（又称为零碳技术）和去碳技术（又称为负碳技术）。另一方面，基于增汇减排技术特征，低碳技术又可以分为非化石能源类技术、燃料及原材料替代类技术、工艺过程技术、非二氧化碳减排类技术、碳捕集与封存类技术、碳汇类技术。

低碳技术的减排机理是从源头上遏制和减少二氧化碳，主要分为两种途径：直接减排和间接减排。直接减排的主要方式有：①通过应用低碳技术提高能源的开采、运输、加工、使用的效率；②开发清洁能源、可再生能源，摆脱对传统化石能源的依赖；③利用碳捕集与封存类技术将二氧化碳与其他气体分离再封存起来。

间接减排是应用先进的低碳技术调整产业结构、更多地使用清洁能源，减少高能耗企业、高排放技术设备的市场份额，从而实现碳排放的减少。广义上讲，能实现减排效果的措施都可以视为间接的低碳技术，例如征收碳税、碳排放权交易、呼吁公众节约资源等其他节能减排的外部激励措施。

正确应用低碳技术进行减排与追求经济持续发展是正相关的。先进的低碳技术会促进经济发展、提升公众生活水平，有利于构建能循环、高质量、可持续的社会发展模式。科技进步和创新是实现城市低碳建设的重要举措。我国不少地区和城市的能源供应仍依托于煤炭等化石能源，经济体系仍以资源依赖型产业为主，低碳技术的作用尚未充分体现。另一方面，我国不同城市之间差异较大，不同城市的低碳技术发展水平有很大的差距。因此，发展低碳技术和应用低碳技术的工作成效是诊断城市低碳建设水平的重要内容。

二、管理过程决定的城市低碳建设水平

（一）管理过程视角的城市低碳建设水平概念

任何事物的形成都需要经历一个过程。低碳城市是气候变化背景下人类迫切需要的新生事物，是一个肩负着多目标、受制于多约束、结合了多主体的复杂社会系统。低碳城市形态的形成不是一个自发的自然过程，而是要通过一个科学的管理过程来实现的，包括低碳建设的方案规划、制定、实施、检查，再到对结果的评估以及评估后的反馈修正等环节。只有对每一环节进行动态跟踪管理，才能确保城市低碳建设总体目标的实现。

城市形态从"高碳"到"低碳"的转型是循序渐进的演变过程。低碳城市形态的实现依赖于能源、产业、交通、建筑和农业等社会各个行业部门的协同努力，要求包括城市居民、企业组织和政府部门等所有城市利益相关者的低碳发展理念和行为的转变。居民公众应该培养低碳绿色消费习惯、绿色出行习惯、低碳居住习惯等，从粗放式、高碳生产生活方式转变到绿色、低碳方式；企事业组织需要转变经营与发展理念、研发绿色高新技术产品、促使产业低碳转型升级；政府部门应该制定相关法律政策，调整能耗和产业结构，大力发展清洁能源，大力支持绿色产业的发展，引导企业和居民协同建设低碳城市。

另一方面，在建设低碳城市的过程中，由于城市间的经济水平、社会背景、产业结构和资源环境存在差异，不同城市在实施低碳建设的过程中所面临的制约因素是不同的，所展示出的低碳建设水平是有差异性的，因而需要采取不同的低碳发展策略和措施。因此，正确认识城市低碳建设的过程性和不同城市的自身特征，是科学诊断城市低碳建设水平的前提。如果忽略了低碳建设的过程性以及不同城市的社会、经济、环境特征，就不能正确认识城市的低碳建设水平，从而会导致"措施错配""政策失灵"，造成人力、财力、物力的浪费。所以，从低碳建设过程性的视角出发，应用过程管理的原理，开展城市低碳建设水平的诊断尤为重要。

（二）城市低碳建设水平在管理过程中的形成

1. 管理过程的 PDCA 循环理论

管理过程思想在产品的质量控制和管理中得到了有效的发展和应用，形成了成熟的

plan（计划）—do（执行）—check（检查）—act（处理）（PDCA）循环理论。根据这一循环质量管理理论，产品的质量管理是一个循环提升的过程，每一个循环包括四个阶段，即 plan（计划）—do（执行）—check（检查）—act（处理），上一循环的最后阶段为下一循环的计划阶段提供依据。

计划阶段是产品质量管理活动的首要环节，是对所开发的实物产品或项目的质量、过程以及需要的资源制订一个计划，明确设定产品功能目标和标准。质量管理体系的计划尤其强调以服务对象为焦点，清晰了解服务对象的要求、规划质量方法和质量目标。

在执行或实施阶段，根据产品质量管理计划内容，组织产品开发或项目实施所需的各种资源和活动。在实施阶段，产品的质量将被铸造在产品的内在结构里面。

在检查阶段，组织测试和评审产品的各种功能，以确定计划的产品目标是否实现、质量水平是否满足服务对象的要求。检查和测量产品或服务贯穿在整个生产和服务过程，不仅是对产品结果的质量检查，更是需要检查生产过程中的质量管理环节，检查生产环节是否有异样发生、产品特征与计划特征是否有偏差，如有偏差则要对偏差进行分析，找出原因。

在处理或反馈阶段，根据检查的结果总结经验和发现不足，从而制订处理措施，纠正已经发生的问题，为制订进一步提升质量水平的计划提供依据。对成功的经验加以肯定，为今后产品开发和质量优化提供借鉴，或形成标准化的基础；对失败的教训给予总结，提出改进措施，提交给下一个 PDCA 循环中去解决，成为下一个 PDCA 循环的基础。

PDCA 是一个循环、迭代、螺旋上升的过程，是一个保证产品质量提升的质量管理体系，如图 1.1 所示。产品的生产管理过程按照 PDCA 循环，下一个循环是基于上一个循环结果的。因此，产品的开发和生产开发过程中形成的质量水平会得到不断提高，目标的制订和实现得到不断优化提升，从而使产品质量得到逐步提升。

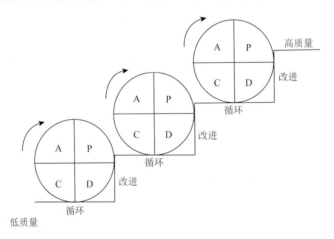

图 1.1　基于 PDCA 的全面质量管理循环上升过程

（Edwards，1986）

PDCA 循环理论揭示了"实践—认识—再实践—再认识"的管理规律和人类行为进步的模式，被广泛应用于社会经济活动的管理过程，其核心理念是产品的质量产生于

PDCA 过程，这四个环节构成的过程循环促进每个环节的提升以及对生产结果不断进行评价和改进，从而帮助提升产品的质量。

低碳城市可以被视为一个巨大复杂的目标产品，当运用 PDCA 过程管理循环原理时，城市低碳建设就是一个将"低碳城市"作为巨大产品的生产过程，城市低碳建设中的 PDCA 环节就是保证城市的低碳建设质量和目标的实现。因此，质量管理的 PDCA 循环理论为管理城市低碳建设过程和提升其建设水平提供了科学的管理理论，而计划（P）、执行（D）、检查（C）、处理（A）等是城市低碳建设过程中环环相扣、不可或缺的关键环节。

只有保证每个过程环节的低碳质量和水平，才能实现最终满足质量要求的低碳城市形态。因此对城市低碳建设水平的诊断评价应该对建设过程中的各个管理关键环节进行科学认识和评价，才能真实反映城市低碳建设过程的整体质量和建设水平，诊断结果才能为发现薄弱环节、总结经验教训提供依据，才能为推动城市低碳建设的全面提升做出贡献。换句话说，运用 PDCA 管理过程循环理论探析城市低碳建设的过程、诊断城市低碳建设水平是科学和可行的。

2. 基于 PICOF 环节的城市低碳建设循环过程

前面的讨论指出，城市低碳建设是朝着结果目标迈进的一个动态过程，是通过科学的管理过程实现城市降低碳排放、增加碳汇建设结果的过程。因此城市低碳建设水平诊断应秉持过程诊断与结果诊断相结合的原则，既要反映管理过程，又要反映实际结果，将审视过程与把握结果相统一。对过程的诊断用来指导城市低碳建设的各个管理环节，以达到促进城市有效地进行低碳建设的作用。

另一方面，建设的结果是一个状态变量，对结果进行评价也很重要，是用来展示城市的低碳建设结果与低碳化水平，从而诊断其与计划的结果目标之间的差距，是反映城市低碳建设水平的状态值。因此本书在 PDCA 过程原有的 plan（计划）、do（执行）、check（检查）、act（处理）四个环节的基础上，将结果（outcome，O）作为城市低碳建设管理过程的结果环节加入到水平诊断过程中。本书还进一步将 PDCA 中的 do（执行）环节改为 implement（实施）环节，将 act（处理）环节改为 feedback（反馈）环节。进而，本书基于管理过程视角，以 PDCA 循环管理理论为基础，构建了城市低碳建设管理环节过程，包括规划（plan）—实施（implement）—检查（check）—结果（outcome）—反馈（feedback），简写为 PICOF，如图 1.2 所示。

规划（plan）是城市低碳建设过程的首要环节和方向指引。城市低碳建设的规划环节（P）是编制规划确立城市低碳建设应当完成什么低碳工作、达到什么样的低碳水平的管理环节，从规划内容、规划属性、规划编制依据等方面出发，完成该管理环节。因此对城市的低碳建设规划的科学性、完备性、可操作性进行审查是诊断评价城市低碳建设规划水平的重要内容。

城市低碳建设的实施环节（I）是城市低碳建设规划的具体执行过程。对规划的实施或执行需要有完备的配套措施，需要投入各种资源，建立机制保障，如出台法律法规、行政公文、实施办法等。这些资源是保障城市低碳建设各个维度的工作和措施顺利落实的关键。因此对实施各类低碳措施的渠道及配备的各种人力、资金、技术资源的审查，是评价城市低碳建设实施水平的主要内容。城市低碳建设的检查环节（C）是对实施过程的监督，保证城市低碳建设过程不偏离目标，检查城市低碳建设活动是否按照规划落到实处，发现建设过程中的不足并剖析原因。因此，在检查环节需要审查城市低碳建设过程中是否有相应的监督机制和监督资源保障，用以诊断城市低碳建设的监督水平以及解决不足的能力。只有对实施过程进行有效及时的检查与监督，才能保证各项低碳建设措施不偏离目标并且被有效执行。当建设过程中发生错误和缺陷时，能找出执行过程中的不足和原因，为进一步处理和改进提供基础信息，最终保证城市低碳建设达到规划的目标。

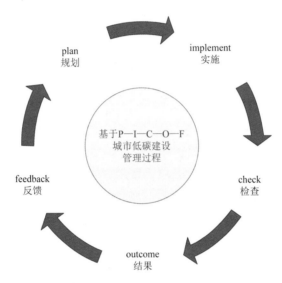

图 1.2　基于 PICOF 环节的城市低碳建设管理循环过程

城市低碳建设的表现结果（O）是用于判断城市的低碳建设绩效标志。对结果（O）进行准确认识的环节旨在通过对城市低碳水平的测度，从而判断城市低碳建设在一定时期内达成的效果水平，找出偏差，为下一环节采取措施进行改善提供直接的决策参考依据。

在掌握城市低碳建设的结果表现后，结合检查环节甄别的问题及原因，城市低碳建设的进一步环节是反馈（F）环节，包括总结经验和教训，对所有工作环节开展总结，对成功经验加以肯定、激励并推广；对失败与不足加以总结，引起重视，采取相应的改进措施，制订纠偏措施与提升方案，作为在下一阶段规划（plan）环节制订低碳建设目标提供依据，从而开始下一个低碳建设循环过程。

上述的城市低碳建设过程经过 PICOF 五个环节循环往复，使城市低碳建设水平得到不断提高。

第三节　双视角集成下的城市低碳建设水平矩阵结构诊断指标

一、城市低碳建设水平诊断指标体系的矩阵结构

低碳城市是在全球气候变暖的时代背景下提出的一种新型城市建设模式，近年来在

理论和实践中得到迅速发展。然而，如何判断城市的建设模式是否是低碳建设模式存在很大的模糊性，处于理论上缺乏方法、实践中缺少经验的状态。根据本章第二节阐述的城市低碳建设水平形成机理可知，城市的低碳建设水平是体现在城市系统碳循环的多维度、形成于低碳建设的管理过程。因而城市低碳建设水平的诊断内容是要结合城市低碳建设的管理过程和城市系统中的碳循环要素，或者说是要基于管理过程和碳循环系统双视角的集成去认识城市低碳建设水平。因此，诊断城市建设水平的指标体系必须基于建设管理过程和碳循环要素两个视角去构建。

在这一双视角集成的框架下，建设管理过程视角强调低碳建设的过程性，涵盖规划（plan）、实施（implement）、检查（check）、结果（outcome）和反馈（feedback）五个环节。碳循环视角聚焦碳源（carbon Source）和碳汇（carbon Sink）的内在联系。其中碳源包括能源结构（energy structure，En）、经济发展（economic development，Ec）、生产效率（production efficiency，Ef）和城市居民（urban population，Po）四个维度，碳汇方面包括水域碳汇（water，Wa）、森林碳汇（forest，Fo）、绿地碳汇（green space，GS）三个维度，加上低碳技术（low carbon technology，Te）维度，一共形成了城市碳循环系统的八个维度，其中低碳技术维度兼具抑制碳源和增加碳汇的功能。

通过结合管理过程视角和碳循环视角，便形成了双视角集成下的城市低碳建设水平矩阵结构诊断指标体系（表 1.1）。这一双视角的诊断指标体系保证了对城市低碳建设水平展开全方位诊断的科学性。

表 1.1　双视角集成下的城市低碳建设水平诊断指标矩阵

	碳源				碳汇			低碳技术（Te）
	能源结构（En）	经济发展（Ec）	生产效率（Ef）	城市居民（Po）	水域碳汇（Wa）	森林碳汇（Fo）	绿地碳汇（GS）	
规划（P）	En-P	Ec-P	Ef-P	Po-P	Wa-P	Fo-P	GS-P	Te-P
实施（I）	En-I	Ec-I	Ef-I	Po-I	Wa-I	Fo-I	GS-I	Te-I
检查（C）	En-C	Ec-C	Ef-C	Po-C	Wa-C	Fo-C	GS-C	Te-C
结果（O）	En-O	Ec-O	Ef-O	Po-O	Wa-O	Fo-O	GS-O	Te-O
反馈（F）	En-F	Ec-F	Ef-F	Po-F	Wa-F	Fo-F	GS-F	Te-F

在表 1.1 中，由城市碳循环系统视角下的 8 个维度和城市建设管理过程视角下的 5 个环节集成的矩阵中，有 8×5（40）个诊断矩阵单元。每个矩阵单元的得分代表城市在某一维度的某一环节的低碳建设水平表现。例如，En-P 的得分代表在能源结构维度的规划环节上某城市的低碳建设水平表现。

诊断矩阵表 1.1 为准确完整地诊断城市低碳建设水平提供了科学指引。基于诊断矩阵，可选择某一列的全部矩阵单元进行诊断，实现对城市在某一维度的建设低碳水平进行诊断评价。再通过加权 8 个维度的评价结果，可以得到对某个城市的低碳建设水平的综合评价。具体的计算方法详见第三章。

上述的阐释表明，准确界定诊断矩阵（表 1.1）中各单元的内涵、构成与得分，是准确完整诊断低碳城市建设水平的前提。矩阵中的每一个单元将由至少一个或 $1 + n$ 个指标构成，其中每个指标又包括若干个得分变量，其构成如图 1.3。界定诊断矩阵中各单元的具体内涵与得分规则将在第二章详细介绍。

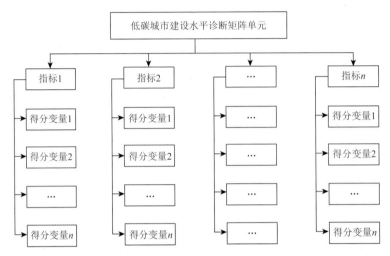

图 1.3　城市低碳建设水平诊断指标矩阵单元构成图

根据图 1.3 可知，每个诊断矩阵单元由若干个指标构成，每个指标又由若干得分变量构成，从而形成单元-指标-得分变量的三层矩阵单元结构体系。指标的取值是由得分变量决定的，而得分变量的取值是依据一定的得分计算规则，因此得分计算规则是诊断矩阵单元得分的基础。

表征城市低碳建设水平的得分变量有两类，分别为定性得分变量和定量得分变量。得分变量的构建将在第二章指标体系的构建中进行详细介绍。

二、城市低碳建设水平诊断指标体系矩阵结构的创新性

诊断城市低碳建设水平是城市低碳建设的重要工作内容，诊断结果一方面能反映城市的低碳建设的效果，另一方面能诊断出城市在低碳建设方面存在的短板以及可借鉴的成功经验。通过对诊断结果的分析可以就城市低碳建设的缺陷和优势进行精准的定位，从而帮助管理者把握进一步提高低碳建设水平的关键点。

近年来城市低碳建设引起了政府、学界以及社会各方面的高度关注，出现了各种类型的城市低碳建设评价指标体系。中国社科院 2010 年公布评估低碳城市的标准体系是公认比较完善的标准，该标准体系具体分为低碳生产力、低碳消费、低碳资源和低碳政策等四大类，共 12 个相对指标。

近年来其他许多学者也对低碳城市评价指标体系进行了不断的探索和完善，大多数低碳城市评价研究是基于城市可持续发展理论，从经济、社会、环境三方面构建低碳城市建设评价指标体系。例如，李晓燕和邓玲（2010）遵循系统复合理论原则，构建了以城市低碳经济发展综合评价为目标层，经济系统、科技系统、社会系统、环境系统四个

准则层的低碳城市建设评价指标体系框架。杜栋和王婷（2011）在中国社会科学院 2010 年提出的低碳城市标准体系的基础上，提出了一套更具体的低碳城市评价指标体系，包括建筑、交通、工业、消费、能源、政策和技术等方面的低碳发展，具体指标包括人均碳排放，零碳能源在一次能源中的比例，以及单位排放量。易棉阳等（2013）构建了一个涵盖社会经济、资源环境、科学技术、交通建筑四个系统层的低碳城市评价指标体系。马黎等（2014）从政策制度、基础设施、技术创新、产业结构、能源管理、消费体系和碳强度七个层面构建低碳城市评价指标体系。Tan 等（2015）提出了一个自上而下的三层低碳城市评价指标框架，用于低碳城市的评估、实施和标准化，这些指标包括经济、能源模式、技术、社会和生活、碳与环境、城市可达性和废物等方面。刘骏等（2015）运用 DPSIR（drive，pressure，state，impact，response）模型，从驱动力、压力、状态、影响、响应五个方面构建了由 23 个指标组成的低碳城市评估体系。丁丁等（2015）构建了包括碳排放相关指标、社会经济指标和排放目标等三种类型的低碳城市评价指标，包括人均排放、万元 GDP 排放、能源碳排放、非化石能源比例、森林覆盖率、人口、人均 GDP、城镇化率、三产比例、峰值年份。邓荣荣和赵凯（2018）从低碳城市的内涵出发，提出了构建低碳发展综合评价指标体系的框架，包括低碳产出、低碳消费、低碳资源与低碳政策共四类准则层。陈楠和庄贵阳（2018）基于六个维度提出了一套低碳建设评价指标体系，包括宏观领域、能源、产业、低碳生活、资源环境和低碳政策创新，并利用该指标体系对三批低碳试点城市进行了多维度评估。石龙宇和孙静（2018）以低碳城市的内涵和理念为基础，建立了包含 6 类准则层的城市低碳发展评价指标体系，包括自然环境、人居环境、交通、社会进步、经济发展和碳排放，并在参评城市之间建立了综合评价指数。Wang 等（2020）利用突变级数模型、空间自相关模型和障碍诊断模型，构建了一个涵盖经济、社会、环境和政策四个维度的低碳城市评价指标体系。申立银（2021）指出低碳城市建设是一个动态过程，通过过程才能实现结果，并基于这一观点构建了一套既反映过程又体现结果的低碳城市建设评价指标体系，但没能系统地梳理构建这些过程指标的理论基础。

可以看出，围绕低碳城市评价指标已经有了大量的文献研究和理论基础，虽然在研究方法和思路上有所不同，但对低碳城市建设评价的理论发展和实践应用提供了大量的理论支撑。上述的研究表明，传统的关于低碳城市评价的指标体系是多样的，这是由于各种指标体系研究的背景和方法不同，但更重要的是这些指标体系的建立没有立足于一个共识的科学理论基础，因此无法形成一个科学权威的评价体系。正是因为此，尽管我国 2010 年以来已经在不同省市开展了大量低碳城市建设试点工作，实施了多种低碳建设措施，但很少对城市低碳建设水平进行评价研究。缺乏对低碳城市建设评价的理论共识导致了对城市低碳建设目标和方向的指导模糊，使得对城市低碳建设的过程缺乏监督约束。各地区城市低碳建设目标发展和方向不一致，缺乏统领性方法，成果难以比较，难以提炼成可借鉴的经验和识别出可提升的短板。

现有的低碳城市评价指标体系主要表征低碳状态结果，忽视对建设过程的评价。然而，城市的低碳建设不是一蹴而就的，而是一个复杂的过程，需要城市多方主体的参与，需要统筹城市发展的方方面面。结果来自过程，过程决定结果。因此诊断低碳建设水平时，不能只看结果，也要看开展低碳建设的过程表现。从评价的内容结构上，现有的低碳城市建设指标体系主要针对城市产业结构、能源生产与利用方面进行评价，而忽略了城市系统碳循环的内涵，忽视评价城市增加碳汇的水平，未考虑低碳城市建设与城市居民日常生活间的关联性。事实上，推动低碳城市建设不能仅聚焦在高能耗产业的节能减排的低碳建设活动，还要对市民的低碳意识进行普及和培养，城市居民的低碳行为和文化是推动低碳城市建设的持续动力。

传统方面，在评价低碳城市建设时利用"一刀切"方法。我国幅员辽阔，不同地区在能源结构、产业结构、消费结构、自然条件、文化背景等方面存在显著差异。有些城市由于自然条件和功能定位所决定，而无法在短时间内取得明显的低碳建设成果，但在许多方面付出了有效的投入与努力，这种投入和努力表现应该被纳入对低碳城市建设水平的评价内容中。因此在对低碳城市建设水平诊断评价时，需要结合城市功能和特点确定评价水平的指数值，使诊断评价结果科学和公平。

在对传统的低碳城市评价指标体系的局限性认识基础上，本书从概念和内涵上强调低碳建设是一个过程，评价的是城市的低碳建设水平，而传统上的"低碳城市建设"一说，已经把城市标签为"低碳"，因此本书将"低碳城市建设水平"说法改为"城市低碳建设水平"。城市低碳建设的内涵，强调低碳建设的过程性和多维性，对内涵的认识需要从集成过程和维度的视角出发。基于这一观点，本书创新性地构建了一套双视角的城市低碳建设水平诊断指标体系。维度是体现城市低碳建设水平的视角，过程是形成城市低碳建设水平的视角。在过程视角上，诊断指标体系的构建考虑了城市低碳建设管理的全过程，借鉴"PDCA"（计划—执行—检查—处理）四环节全面质量管理的思想，并在四个环节的基础上加入"结果"这一环节，形成"PICOF"（规划—实施—检查—结果—反馈）五个城市低碳建设环节，从而对城市低碳建设水平进行全过程诊断。另一方面，在多维视角上，基于碳循环原理，城市低碳建设水平诊断指标体系应考虑碳源和碳汇两个方面。碳源主要从能源结构、经济发展、生产效率、城市居民四个维度进行诊断，碳汇从水域碳汇、森林碳汇和绿地碳汇三个维度开展诊断，再考虑到技术性固碳减排的动力和作用，把低碳技术加入碳循环形成和运行的维度中，从而形成八个维度去诊断城市低碳建设水平。

本书通过创新性地集成管理学理论和碳循环理论，保证了构建的城市低碳建设水平诊断指标体系是建立在具有共识性的理论基础上，能正确地反映城市系统中的资源、环境、经济、社会、技术及其之间的有机联系在实施低碳建设过程中发挥的作用，具有严密的逻辑性、完整的科学性和普遍的适用性。

第二章　城市低碳建设水平诊断指标体系

基于本书第一章提出的城市低碳建设水平的诊断机理，本章将构建城市低碳建设水平的诊断指标体系，为诊断城市的低碳建设水平提供可操作工具。

诊断指标体系的科学性与可行性是准确诊断城市低碳建设水平的奠基之石。基于本书第一章第三节所构建的城市低碳建设水平诊断矩阵结构，在充分梳理国内外相关文献，结合多领域的专家评议，并优化《中国低碳城市建设水平诊断（2022）》中提出的低碳城市建设水平诊断指标体系 1.0 版后（下称 1.0 版指数），本章对诊断矩阵结构内的各元素赋予了具体内容，形成了一套横向上包含体现城市低碳建设水平的八个维度、纵向上囊括决定城市低碳建设水平的五个环节的矩阵型诊断指标体系。

一个城市在实践低碳建设的过程中，是通过在能源结构、经济发展、生产效率、城市居民、水域碳汇、森林碳汇、绿地碳汇、低碳技术等八个维度上实施各种措施，来达到减少碳排、增加碳汇、提升低碳建设水平的目标。在低碳建设的每个维度，是通过不断迭代"规划（plan，P）、实施（implement，I）、检查（check，C）、结果（outcome，O）和反馈（feedback，F）"等建设过程环节实现减排增汇的。因此，建立城市低碳建设水平诊断指标体系是在充分剖析八个维度的内涵、清晰分析每个维度中五个过程环节的内涵，而提出能表征这些内涵的指标。在提出能够表征城市低碳建设八个维度五个过程环节内涵的系列指标后，结合 1.0 版指数的实践经验，进一步研判了指标的典型性、全面性与相互之间的内生性，最终开发出本章所述的城市低碳建设水平诊断指标体系 2.0 版。

城市低碳建设水平诊断指标体系 2.0 版由指标、得分变量与得分点三层因子构成，其中指标刻画了在给定环节里城市低碳建设的关键工作；得分变量详细描述了指标界定的关键工作的具体内容；得分点明确了得分变量量化的具体依据。"三因子"诊断指标结构保障了城市低碳建设在每一维度每一环节上的指标体系均具备全面、系统和易操作的特征，旨在有效引导城市科学实践低碳建设，保障城市的可持续发展。

第一节　城市低碳建设在能源结构维度的诊断指标体系

优化能源结构是城市低碳建设的重要内涵和组成部分。国际能源署（International Energy Agency，IEA）2021 年的官方数据与政府间气候变化专门委员会（Intergovernmental Panel on Climate Change，IPCC）2022 年发布的《气候变化 2022：减缓气候变化》显示，能源是全球碳排放的主要来源，2019 年能源领域的碳排放量约占全球碳排放总量的 60%。因此，对能源结构进行优化，最有利于减少全球的碳排放量，对于实现城市的低碳目标具有至关重要的作用和意义。

城市在能源结构维度的低碳建设是一个长期、复杂的动态过程，直接影响城市低碳建设整体水平的最终效果。优化能源结构可以减少对煤、石油等传统化石能源的依赖，同时逐步发展清洁能源的使用，推广绿色、低碳、高能效的能源形式，提高能源的利用效率。城市从能源结构维度出发进行低碳建设有利于优化城市的能源消费形式，达到减少温室气体排放的目的，从而保障城市的可持续发展。

城市在能源结构维度的低碳建设对于中国来说至关重要。中国作为发展中国家，传统上的能源消费形式为其低碳发展带来了很大的压力，能源消费主要是以煤炭等传统化石能源为主，给中国的低碳发展、环境安全和经济社会可持续发展带来了巨大挑战。因此，在中国优化城市能源结构、加快城市低碳建设，是中国实现可持续发展的必然选择。国家发展改革委和国家能源局发布的《"十四五"现代能源体系规划》强调，中国能源的低碳转型进入了重要窗口期，必须加快构建现代能源体系、推动能源的高质量发展。随着国家不断出台和执行能源节约的相关政策，城市低碳建设的推进迎来了历史机遇，给中国寻找新的能源发展道路提供了新的驱动力和挑战。

科学地诊断和评价城市在能源结构的低碳建设管理水平，实现城市能源结构维度的低碳建设目标具有至关重要的作用和意义。因此，有必要建立符合中国国情的能源结构维度低碳建设管理过程各环节的诊断指标体系，从而对城市在能源结构维度的建设水平进行科学评价和分析。

一、能源结构维度规划环节的诊断指标体系

一个城市在能源结构维度的规划（P）环节是该维度实践低碳建设的"指挥棒"，对城市低碳建设的发展起着至关重要的作用，为城市的能源结构制定了具体方向和目标。在能源结构规划环节，城市主要依据国家的低碳政策目标，通过设计调整能源结构的低碳规划，推进城市能源转型发展，提高城市能源利用效率和降低碳排放。在规划环节中，体现一个城市在能源结构维度实现减排目的的指标是："能源结构的低碳规划"。国家层面已经明确提出了要进行能源转型变革，要求把目标任务分解到城市一级。因此，"能源结构的低碳规划"是反映一个城市在能源结构维度推动城市低碳建设的重要指标，这个指标的水平值由两个得分变量决定：非化石能源发展和应用的规划目标、非化石能源发展和应用的规划内容。低碳规划指标及其得分变量对引导能源结构的方向调整具有重要影响，可以反映城市在能源结构维度进行低碳化调整和规划的质量水平等情况。反映城市低碳建设水平在能源结构维度规划环节中的指标、得分变量、得分点和数据来源详见表2.1。

表 2.1　城市低碳建设在能源结构维度规划环节（En-P）的诊断指标体系

指标	得分变量	得分点
能源结构的低碳规划	非化石能源发展和应用的规划目标	①明确非化石能源消费量 ②明确非化石能源消费比重 ③明确非化石能源发电装机比重 ④明确能源结构优化目标 ⑤明确能源发展空间布局

续表

指标	得分变量	得分点
能源结构的低碳规划	非化石能源发展和应用的规划内容	①推进太阳能规模化利用 ②推广天然气项目 ③推进生物质能、水能、风能、低温能等可再生能源开发项目 ④推进可再生能源融合发展 ⑤建立清洁低碳能源消费体系

数据来源：规划文件，样本城市的国民经济和社会发展第十四个五年规划和二〇三五年远景目标纲要、"十四五"时期能源发展专项规划等。

二、能源结构维度实施环节的诊断指标体系

　　能源结构维度的实施（I）环节发挥着"工具箱"的作用，通过汇聚多方力量，整合多种保障机制和资源，确保能源结构的调整和优化在城市低碳建设过程的顺利实现。实施环节依据能源结构的低碳规划，全面实施能源结构优化工作，实现城市能源结构绿色转型的目标。在能源结构维度实施环节的低碳建设指标是："能源结构优化的实施"。在国家能源绿色转型的总目标驱动下，各城市需依据能源结构的低碳规划在制度、资金、人力和技术层面组织实施所需的资源并制定具体的实施措施。"能源结构优化的实施"指标，包括四个得分变量：相关实施规章制度的完善程度、优化能源结构的专项资金投入力度、优化能源结构的人力资源保障程度、优化能源结构的技术条件保障程度。这些得分变量是构建能源结构维度实施环节的主要诊断内容，反映城市在能源结构维度实施环节的指标、得分变量、得分点和数据来源详见表2.2。

表 2.2　城市低碳建设在能源结构维度实施环节（En-I）的诊断指标体系

指标	得分变量	得分点
能源结构优化的实施	相关实施规章制度的完善程度	①有优化能源结构相关的政策文件 ②相关政府部门有石油、天然气等重大能源方面的相关实施办法 ③有加大太阳能光伏、氢能、海洋能等可再生能源和新能源开发利用及天然气分布式能源和储能发展的综合性扶持政策 ④有完善能源行业的市场管理机制等相关政策
	优化能源结构的专项资金投入力度	①有明确的关于优化能源结构的资金管理办法 ②市政府财政中有专门用于优化能源结构工作的专项资金 ③区政府财政中有专门用于优化能源结构工作的专项资金 ④有社会资金支持能源结构的优化工作
	优化能源结构的人力资源保障程度	①有市级负责优化能源结构工作相关的领导小组 ②市级人民政府有优化能源结构相关的机构 ③区、县级人民政府有优化能源结构相关的部门 ④成立了实施优化能源结构的智库团队

续表

指标	得分变量	得分点
能源结构优化的实施	优化能源结构的技术条件保障程度	①在能源领域建立了重点实验室、技术研究中心等各类创新平台 ②能源领域企业拥有优化能源结构方面的相关技术设备 ③能源领域企业与知名院校、科研机构开展技术合作项目（产学研结合） ④能源领域有数字化智能化技术的融合应用

数据来源：

（1）管理办法，样本城市的节约能源管理办法、可再生能源开发利用管理办法、能效提升示范项目管理办法、可再生能源发展专项资金管理暂行办法、节能减排专项资金管理办法、节能减排财政政策综合示范城市综合奖励资金管理办法、淘汰落后产能专项资金管理办法等。

（2）工作方案，样本城市的能源资源节约行动方案、节能减排综合实施方案、节能减排和应对气候变化重点工作安排、节能减排财政政策综合示范城市工作方案等。

（3）行动通知，样本城市关于进一步支持光伏发电系统推广应用的通知、节能减排补助资金预算通知等。

（4）实施意见，样本城市关于加快节能环保产业发展的实施意见。

（5）办事指南，样本城市的政府官网、发展和改革委员会官网、能源局官网、财政局官网等发布的办事指南。

（6）实施细则，样本城市的节能减排实施细则等。

（7）条例规定，样本城市对节能法律、法规和节能标准执行情况的行政检查条例等。

（8）其他行政公文，样本城市的节能专项资金补助项目、节能减排补助资金预算、政府部门预算等。

三、能源结构维度检查环节的诊断指标体系

能源结构维度的检查（C）环节具有"净化器"的作用，对城市能源结构的优化过程进行全方位的监督和落实，是通过优化能源结构推动城市低碳建设非常关键的一环。检查环节依据能源结构的低碳规划，全面检查城市能源结构优化的实施过程，以确保城市能源结构规划得到正确的实施，为城市能源结构进一步优化调整提供决策依据。体现城市在能源结构维度检查环节的低碳建设指标是："能源结构优化的监督"。国家关于能源监管工作的政策强调要全面推进高质量能源监管，以助力能源的高质量发展。"能源结构优化的监督"指标包括四个得分变量：相关监督规章制度的完善程度、监督专项资金保障程度、监督人力资源保障程度、监督技术条件保障程度。这些得分变量是能源结构优化监督的主要内容，确保能源监督过程的规范性，从而有效推动城市在能源结构维度的低碳建设。城市在能源结构维度检查环节的指标、得分变量、得分点和数据来源详见表2.3。

表 2.3　城市低碳建设在能源结构维度检查环节（En-C）的诊断指标体系

指标	得分变量	得分点
能源结构优化的监督	相关监督规章制度的完善程度	①有监督能源结构优化相关的上级法规或规章 ②有监督能源结构优化相关的本市规范性政策文件 ③有年度全市能源监察执法计划的行政公文 ④有监督能源结构优化的新闻报道等社会公开信息
	监督专项资金保障程度	①有明确的关于监督能源结构优化的资金管理办法 ②市级政府财政中有专门用于监督能源结构工作的专项资金 ③区政府财政中有专门用于监督能源结构工作的专项资金 ④有社会资本支持监督能源结构优化的工作

续表

指标	得分变量	得分点
能源结构优化的监督	监督人力资源保障程度	①政府设立有能源监察工作领导小组 ②政府设立有专门的能源监察机构 ③政府设立有专门的能源监察部门 ④政府设立有专门的节能监察大队或支队
	监督技术条件保障程度	①有用于监督能源结构优化的政务平台（如电子政务网站、电话、线下政务服务网点） ②有用于监督能源结构优化的基础设施（如杭州市某区的"双碳大脑"、临安区的"临碳数智大脑"等数智化管控平台） ③有用于监督能源结构优化的能源安全监测预警系统 ④有监督能源结构优化的产学研技术合作项目

数据来源：

（1）管理办法，样本城市的能源监督管理办法、节约能源监察和检测管理办法、节能监察管理办法等。

（2）工作方案，样本城市的节能监察工作方案等。

（3）行动通知，样本城市关于开展年全市重点用能企业工业节能监察工作通知、节约能源资源考核工作的通知等。

四、能源结构维度结果环节的诊断指标体系

能源结构维度的结果（O）环节是要对城市的能源结构状况进行准确测度，具有"多棱镜"的作用，是城市能源结构规划实施的效果展现。该环节是依据能源结构的低碳规划，用科学的技术方法，测度能源结构状况的合理性，反映城市在能源结构维度实践低碳建设的结果，进而体现城市在能源结构维度上推行低碳建设管理的水平。能源结构维度结果环节的指标是："能源结构的低碳水平"。《"十四五"现代能源体系规划》《能源技术革命创新行动计划（2016—2023年）》都提出，我国能源发展到了绿色转型变革的新起点。"能源结构的低碳水平"指标，包括两个得分变量：非化石能源占一次能源消费比重（%）、煤炭占一次能源消费比重（%）。这些得分变量是城市优化能源结构推动低碳建设的重要内容，可以反映能源结构转型升级的结果，体现城市在能源结构维度上推行低碳建设管理取得的成绩。城市低碳建设在能源结构维度结果环节的指标、得分变量、得分点和数据来源详见表2.4。

表2.4　城市低碳建设在能源结构维度结果环节（En-O）的诊断指标体系

指标	得分变量	得分点
能源结构的低碳水平	非化石能源占一次能源消费比重（%）	本得分变量是定量的，无得分点，其具体得分规则采用本书第三章的计算方法
	煤炭占一次能源消费比重（%）	本得分变量是定量的，无得分点，其具体得分规则采用本书第三章的计算方法

数据来源：

（1）"非化石能源占一次能源消费比重"数据来自样本城市发布的能源专项规划、"十四五"国民经济规划文件以及政府官网发布的新闻。

（2）"煤炭占一次能源消费比重"数据通过样本城市统计年鉴中的煤炭除以一次能源消费量计算得到。

五、能源结构维度反馈环节的诊断指标体系

反馈是管理过程的重要环节。能源结构维度的反馈（F）环节在城市通过能源结构优

化推动低碳建设前进步骤中发挥着"驱动机"的作用，反馈信息能推进能源结构朝着低碳目标进一步优化，推动城市在能源结构维度上实现低碳环保。能源结构维度反馈环节的指标是："进一步改进能源结构实现减排的措施和方案"。国家发展改革委和国家能源局关于完善能源绿色低碳转型体制机制和政策措施的意见强调，要持续完善能源绿色低碳发展相关治理机制。反馈环节的"进一步改进能源结构实现减排的措施和方案"指标包括三个得分变量：对通过优化能源结构产生减排效果的主体给予激励、对没有采取优化能源结构而无法减排的主体施以处罚、制定优化能源结构实现减排的进一步措施和方案。这些得分变量是进一步优化能源结构的重要反馈内容，可以推动在全社会形成广泛的节能减排氛围和绿色环保意识，有利于发挥能源结构维度在城市低碳建设过程中的重要作用。能源结构维度反馈环节的指标、得分变量、得分点和数据来源详见表2.5。

表 2.5　城市低碳建设在能源结构维度反馈环节（En-F）的诊断指标体系

指标	得分变量	得分点
进一步改进能源结构实现减排的措施和方案	对通过优化能源结构产生减排效果的主体给予激励	①有明确的激励制度 ②对在优化能源结构工作上表现优秀的单位或个人授予荣誉，予以通报表彰 ③对在优化能源结构工作上表现突出的单位或个人予以奖金奖励 ④对优化能源结构工作上表现良好的单位或个人给予补助资金
	对没有采取优化能源结构而无法减排的主体施以处罚	①有明确的处罚制度 ②对未完成能源结构优化目标的单位或个人进行通报批评 ③对未完成能源结构优化目标的单位或个人进行警告、罚款、问责等行政处罚 ④将用能单位违法违规的用能行为纳入信用评价或记入黑名单中
	制定优化能源结构实现减排的进一步措施和方案	①召开有进一步优化能源结构相关的专题总结会议 ②制定有进一步优化能源结构相关的总结文本 ③发布的总结文本中提出相关经验或教训 ④发布的总结文本中提出改进方案

数据来源：政府官网信息，样本城市政府官网发布的年度工作总结报告文本、总结会议、新闻发布会等。

第二节　城市低碳建设在经济发展维度的诊断指标体系

城市低碳建设的核心理念是推动城市可持续发展，强调"自然—经济—社会"协调发展。近几十年来，随着城镇化与工业化进程的推进，经济发展与环境之间的矛盾日益加剧，在这一背景下，城市可持续发展的呼声得到全社会的共鸣。城市可持续发展理论强调在减少人类生存环境压力的同时保障社会经济活动的高质量发展，而不是为了减少碳排放、减小环境压力而抑制社会经济活动的发展。因此，在人类的社会经济活动中应强调采取有效政策措施和科学技术减少碳排放，高效、循环地利用自然资源，使生产和消费过程尽可能低碳化，从而在推动城市低碳建设的同时促进经济社会的高质量发展。为了促进经济社会发展全面绿色转型，国务院于2021年2月颁布了《国务院关于加快建立健全绿色低碳循环发展经济体系的指导意见》（国发〔2021〕4 号），强调在保持经济规模稳定增长的同时，需通过调整经济结构以有效控制碳排放，从而助力实现"双碳"目标。因此，建立健全绿色低碳循环发展的经济体系，促进碳减排目标的实现，是我国城市低碳建设的重要举措。

高质量绿色低碳经济发展体现在经济规模的增加和经济结构的优化，这两方面对城市的低碳建设均有重要影响。因此，诊断城市经济发展维度低碳建设水平的指标体系也应当充分表征城市的经济规模和经济结构的内涵。

一、经济发展维度规划环节的诊断指标体系

城市经济发展维度的规划环节（P）指标具有"指挥棒"作用，为城市低碳经济建设管理过程指明发展方向。经济发展维度在城市低碳建设规划（P）环节的内容主要体现于各个城市制定的国民经济和社会发展五年规划。联合国政府间气候变化专门委员会（IPCC）第五次工作报告、《IPCC 国家温室气体清单指南（2006）》《省级温室气体清单编制指南（试行）》等表明工业、建筑和交通等经济领域的碳排放量巨大；《国务院关于加快建立健全绿色低碳循环发展经济体系的指导意见》指出工业、建筑、交通、基础设施等领域是碳排放的主要来源，是实施国家碳达峰战略、实现经济领域低碳循环发展的主战场。从落实国家绿色低碳战略目标的角度，各城市经济发展规划应在总体方针政策下，重点落实工业、建筑、交通和基础设施等经济领域的低碳规划。因此，城市在经济发展维度推动低碳建设的规划指标是"绿色低碳经济规划"，包括绿色低碳工业转型规划内容、绿色低碳建筑业规划内容、绿色低碳交通体系规划内容、绿色低碳基础设施规划内容四个得分变量。该规划环节中具体的指标、得分变量、得分点详见表 2.6。

表 2.6　城市低碳建设在经济发展维度规划环节（Ec-P）的诊断指标体系

指标	得分变量	得分点
绿色低碳经济规划	绿色低碳工业转型规划内容	①规划提出产业结构优化升级 ②规划提出大力发展循环经济 ③规划提出推进工业领域数字化转型 ④规划提出推行绿色制造典型示范 ⑤规划提出推进工业领域节能降碳
	绿色低碳建筑业规划内容	①规划提出推进既有建筑绿色化改造 ②规划提出发展绿色低碳建筑 ③规划提出推进新型建筑工业化发展 ④规划提出推动绿色低碳建材应用 ⑤规划提出完善相关政策法规和标准计量体系
	绿色低碳交通体系规划内容	①规划提出优化低碳综合运输结构 ②规划提出优化市域内外交通网络 ③规划提出推进低碳交通装备升级 ④规划提出推进低碳设施体系建设 ⑤规划提出强化科技创新支撑引领

续表

指标	得分变量	得分点
绿色低碳经济规划	绿色低碳基础设施规划内容	①规划提出建设绿色低碳能源基础设施 ②规划提出城镇环境基础设施建设升级 ③规划提出交通基础设施绿色发展 ④规划提出数字化新基建 ⑤规划提出改善人居环境

数据来源：规划文件，样本城市的城市国民经济和社会发展第十四个五年规划和二〇三五年远景目标纲要、关于加快推进绿色低碳循环发展经济体系的规划方案、绿色建筑专项规划、"十四五"综合交通运输体系规划、"十四五"产业体系发展规划纲要、"十四五"基础设施发展规划等。

二、经济发展维度实施环节的诊断指标体系

城市低碳建设经济发展维度的实施（I）环节通过汇聚多方力量，整合多种保障机制和资源，发挥着"工具箱"的作用，确保经济发展维度低碳建设管理过程的顺利实现。体现城市经济发展维度实施环节的低碳建设指标是：发展绿色低碳经济的保障。实践经济发展维度的低碳建设过程中，各城市需依据经济发展的低碳规划在制度、市场机制、资金、人力和技术层面保证相应的实施资源投入。因此，"发展绿色低碳经济的保障"指标，包括：相关规章制度的完善和畅通程度、绿色低碳经济建设的市场运行机制保障、专项资金保障程度、人力资源保障程度和技术条件保障程度五个得分变量。这些得分变量是诊断城市在经济发展维度实施环节的低碳建设水平的主要内容。经济发展维度实施环节的指标、得分变量、得分点详见表2.7。

表 2.7　城市低碳建设在经济发展维度实施环节（Ec-I）的诊断指标体系

指标	得分变量	得分点
发展绿色低碳经济的保障	相关规章制度的完善和畅通程度	①有具体落实工业领域绿色低碳循环发展的相关的法规规章、政策文件 ②有具体落实建筑业领域绿色低碳循环发展的相关的法规规章、政策文件 ③有具体落实交通领域绿色低碳循环发展的相关的法规规章、政策文件 ④有具体落实基础设施领域绿色低碳循环发展的相关的法规规章、政策文件 ⑤有畅通的绿色低碳循环经济建设相关政务事项的线上线下办事途径
	绿色低碳经济建设的市场运行机制保障	①绿色收费价格机制 ②财税扶持政策 ③绿色金融 ④绿色认证体系 ⑤绿色交易市场机制
	专项资金保障程度	①有政府专项资金支持推进工业降碳、绿色建筑、绿色交通体系、市政设施建设 ②有社会资本投资支持推进绿色低碳循环经济发展工作 ③对专项资金有配套的资金管理办法（明确的资金来源、支持对象、支持方式、支持标准、申报审批流程） ④提出了专项资金的重要性，但无具体资金设立
	人力资源保障程度	①有市级负责绿色低碳循环发展经济体系建设工作的相关领导小组 ②有负责创新完善绿色低碳循环发展经济体系的专家库 ③有推进绿色低碳循环发展经济体系的协会 ④提出了人力资源保障的重要性，但无具体人员安排

续表

指标	得分变量	得分点
发展绿色低碳经济的保障	技术条件保障程度	①有工业互联网体系，运用新一代信息技术大力推动产业结构转型升级 ②有创新型绿色低碳产业园区 ③引进先进高精尖技术 ④提出了绿色低碳技术条件保障的重要性，但无具体实施方案

数据来源：政府官网信息，样本城市的循环经济实施方案、碳达峰实施方案、环境保护模范城市实施方案、控制温室气体排放工作的实施意见、低碳试点工作实施方案、节能减排发展行动实施方案、低碳发展建设生态城市的实施意见等。样本城市关于加快推进绿色低碳循环发展经济体系的实施方案、"十四五"时期制造业绿色低碳发展行动方案、推进节能低碳和循环经济标准化实施方案、碳排放权交易试点工作实施方案、污水处理费征收使用管理办法、生活垃圾收费标准一览表等。

三、经济发展维度检查环节的诊断指标体系

经济发展维度的检查（C）环节监督和检查城市低碳规划的实施状况，发挥着"净化器"作用。检查环节实质上是对实施环节的监督，是保证低碳建设水平的重要环节。城市经济发展维度检查环节的指标是"绿色低碳经济体系的检查内容"，包括：相关规章制度的完善程度和公开化程度、落实监督行为的资源保障、监督行为的公开程度等三个得分变量。此环节中的指标、得分变量、得分点详见表2.8。

表 2.8　城市低碳建设在经济发展维度检查环节（Ec-C）的诊断指标体系

指标	得分变量	得分点
绿色低碳经济体系的检查内容	相关规章制度的完善程度和公开化程度	①有监督绿色低碳循环经济发展工作落实的相关地方性法规和行政公文 ②有相关监督行为体现为零散的公开信息（如散落在政务或行业协会网站各板块的公示、公告、通知、政务办理指南，官方媒体的某篇新闻报道等） ③有相关监督行为体现为成体系的公开信息（如政府或行业协会网站专栏专题中的公示、公告、通知、政务办理指南，官方媒体的系列新闻报道等） ④有提出低碳经济体系监督机制保障的重要性，但未出台有关法规或公文。提到了公布监督行为的重要性，但无具体的体现形式
	落实监督行为的资源保障	①有负责监督绿色低碳循环发展经济体系相关工作执行的监管队伍 ②有设置监督考核各行业碳排放相关方面的专项资金 ③在监督绿色低碳循环发展经济体系相关工作中应用现代科技手段 ④有用于监督绿色低碳循环发展经济体系相关工作执行的政务通道（如电子政务网、监督电话、线下政务服务网点等） ⑤提出落实监督的各种资源保障的重要性，但无具体实施方案
	监督行为的公开程度	①以工作报告形式对社会公布绿色低碳循环发展经济体系建设的常规监督结果 ②以新闻报道形式对社会公布绿色低碳循环发展经济体系建设的常规监督结果 ③以工作报告形式对社会公布绿色低碳循环发展经济体系建设的专项监督结果 ④以新闻报道形式对社会公布绿色低碳循环发展经济体系建设的专项监督结果 ⑤提到了公布监督行为的重要性，但无具体的体现形式

数据来源：政府官网信息，样本城市关于节能减排工作领导小组的通知、循环经济示范点中后期监管工作的通知、节能减排工作专项督察方案的通知、节能审查办法的通知、环境保护监督管理工作责任规定的通知、工业园区环境保护管理办法的通知、节能监察工作的通知等。样本城市关于监管工作信息公开及专题专栏、节能监察领导班子、节能减排中心、节能监察支队、监督低碳经济（减排）相关工作的政务网等通知和公示。

四、经济发展维度结果环节的诊断指标体系

准确认识管理活动所产生的结果是低碳建设过程中的重要环节。经济发展维度的低碳建设结果（O）环节测度城市在经济发展维度开展低碳建设的实施效果，在该维度发挥"多棱镜"作用。城市低碳经济建设的结果既要考虑低碳效应也要考虑经济发展，不能只减碳不发展，也不能只发展不减碳，低碳与发展是一体的。因此，低碳建设在经济发展维度的结果指标包括：碳排放水平、经济发展与产业结构合理化水平两个指标。这两个指标中得分变量都是定量的，数据主要来源于公开数据，包括城市统计年鉴、二氧化碳排放数据集以及其他公开数据库。经济发展维度结果环节的低碳指标、得分变量、得分点详见表 2.9。

表 2.9　城市低碳建设在经济发展维度结果环节（Ec-O）的诊断指标体系

指标	得分变量	得分点
碳排放水平	碳排放总量（吨 CO_2）	根据绝对脱钩和相对脱钩原理，只要出现下降趋势，得 1 分；出现上升趋势，得分为(1−上升率)×100。上升率超高 100%时，得分为 0
	人均二氧化碳排放量（吨 CO_2/人）	本得分变量是定量的，无得分点，其具体得分规则采用本书第三章的计算方法
	单位工业增加值的碳排放量（吨 CO_2/万元）	
经济发展与产业结构合理化水平	GDP（万元）	本得分变量是定量的，无得分点，其具体得分规则采用本书第三章的计算方法
	人均 GDP（元）	
	第三产业增加值占第二产业增加值百分比（%）	
	泰尔指数	

数据来源：

（1）"碳排放总量"数据来源于中国城市温室气体工作组所著的《中国城市二氧化碳数据集（2020）》和 2015 年的数据对比。

（2）"人均二氧化碳排放量"和"单位工业增加值的碳排放量"数据来源于中国城市温室气体工作组所著的《中国城市二氧化碳数据集（2020）》数据。

（3）"GDP""人均 GDP""第三产业增加值占第二产业增加值百分比"数据来源于《中国城市统计年鉴（2021）》。

（4）"泰尔指数"数据根据《中国城市统计年鉴（2021）》中一、二、三产业增加值和一、二、三产业劳动人口数据计算得出。

五、经济发展维度反馈环节的诊断指标体系

反馈环节的表现是一个城市低碳建设水平的重要体现。经济发展维度的反馈（F）环节推动该维度的低碳建设水平进一步提升，发挥着"驱动力"作用。在低碳经济的发展过程中，政府发挥主导作用，企业是主要参与者和建设者，政府和企业都是低碳经济建设中的重要参与主体。因此，需要结合参与主体，对 P-I-C-O 四个环节的诊断

评价结果进行总结，并把总结内容反馈到进一步提升低碳经济建设的工作内容中。体现城市经济发展维度反馈环节的低碳建设水平指标是"进一步改进低碳绿色经济的措施和方案"，包括：对实施绿色低碳循环经济建设表现较好/差的主体给予激励/处罚措施、进一步优化绿色低碳经济结构的措施和方案两个得分变量。具体的指标、得分变量、得分点详见表2.10。

表 2.10　城市低碳建设在经济发展维度反馈环节（Ec-F）的诊断指标体系

指标	得分变量	得分点
进一步改进低碳绿色经济的措施和方案	对实施绿色低碳循环经济建设表现较好/差的主体给予激励/处罚措施	①基于绩效考核对行政主体的奖励 ②基于绩效考核对企业和其他主体的奖励 ③基于绩效考核对行政主体的处罚 ④基于绩效考核对企业和其他主体的处罚 ⑤提出基于绩效考核的奖惩制度的重要性，但无具体落实制度措施，或未公布具体措施
	进一步优化绿色低碳经济结构的措施和方案	①政府主管部门召开有绿色低碳循环经济建设相关专题总结会议或发布有相关总结文本 ②政府部门发布的总结文本中，明确了相关经验教训并提出了改进方案 ③重点行业头部企业召开有绿色产业发展相关专题总结会议或发布有相关总结文本 ④重点行业头部企业发布的总结文本中，明确了相关经验教训并提出了改进方案 ⑤提出进一步优化方案的重要性，但未在公开渠道公开具体方案

数据来源：政府官网信息，样本城市政府官网发布的节能减排先进集体和先进个人拟表彰对象名单，行政处罚决定书，对与低碳经济相关的考核结果的通报等通知和公示；样本城市政府网站发布的政府或社会团体对重点行业头部企业的奖励和惩罚结果；样本城市政府网站发布的开展低碳经济相关会议的资讯；样本城市重点行业头部企业发布的开展低碳经济相关会议的资讯等；样本城市政府官网发布的低碳产业相关总结文本等。

第三节　城市低碳建设在生产效率维度的诊断指标体系

三次工业革命的历史经验表明，生产效率的提升是人类社会进步的重要标志。生产效率一词最初来源于经济学，指在生产过程中产出与投入的比率。在绿色低碳发展的时代背景下，提高生产效率意味着资源的少投入或成果的多产出，不仅能带来更大的社会经济效益，也减少了资源和能源的消耗，从而间接地减少了碳排放。因此，城市的生产效率是诊断城市低碳建设水平的重要内容。国际能源署署长比罗尔（Birol）2021年曾表示，目前全球在工业产业领域有一半以上的效率潜力尚待开发，可见提高生产效率是城市低碳建设的重要途径。

目前，城镇化是我国现代化的必由之路和重要抓手，将长期是我国社会经济发展的主要内容。这意味着在能源、交通、建筑等生产行业将有持续巨大的用能需求。因此，提升生产效率是在这些主要能源相关产业领域的碳减排重要措施。《2021年国务院政府工作报告》中指出，应加快发展方式绿色转型，协同推进经济高质量发展和生态环境高水平保护。可以看出，通过科技创新提升生产效率是我国政府推动节能减排低碳建设的重要策略。

一、生产效率维度规划环节的诊断指标体系

生产效率维度的规划（P）环节指标是用来诊断城市在生产效率方面推动低碳建设的计划能力和水平，体现城市是否在规划提升生产效率方面有节能减排的方案和具体发展要求。体现城市生产效率维度规划环节的低碳建设水平指标是"提升生产效率的减排规划"，包括：高效利用资源以降低能耗的规划、提升绿色生产技术或节能装备水平以提升生产效率的规划两个方面，从而评价城市低碳建设在生产效率维度的计划水平。生产效率规划环节中具体的低碳建设水平指标、得分变量、得分点详见表 2.11。

表 2.11　城市低碳建设在生产效率维度规划环节（Ef-P）的诊断指标体系

指标	得分变量	得分点
提升生产效率的减排规划	高效利用资源以降低能耗的规划	①提出优化产业或产业结构以降低能耗 ②提出土地或空间高效利用 ③提出对低效利用资源进行改进 ④提出通过智能手段提高资源利用效率 ⑤提出高效利用资源以降低能耗的相关具体行动或项目
	提升绿色生产技术或节能装备水平以提升生产效率的规划	①提出提升能源、建筑、交通、农业等产业的生产技术或改进装备以提升利用效率 ②提出改造或淘汰水平低的生产技术或装备 ③提出采用智能绿色生产技术或建设智能节能装备 ④提出提升绿色生产技术或节能装备水平的具体项目或工程

数据来源：规划文件，样本城市的国民经济和社会发展第十四个五年规划和二〇三五年远景目标纲要、"十四五"时期应对气候变化、"十四五"节能规划、"十四五"能源发展规划、"十四五"绿色低碳循环发展规划、"十四五"绿色转型发展规划、低碳发展规划、"十四五"建筑节能和绿色建筑发展规划等。

二、生产效率维度实施环节的诊断指标体系

从生产效率维度的实施（I）环节诊断城市低碳建设水平旨在评估城市在通过提升生产效率以实现减排的行动能力，承接规划环节以保证规划内容的顺利有效实现。体现这个环节低碳建设水平的指标是："提升生产效率减排的实施保障"，其水平主要通过机制保障和资源保障来实现。换句话说，机制保障和资源保障决定了通过提升生产效率实现的城市低碳建设。其中，机制保障是城市针对提升生产效率相关的规划内容制定的法规和行政公文、相关政务流程的透明度和畅通度等；资源保障反映城市对规划实施的专项资金投入力度、推动实施工作的工作小组对相关人才的支持力、在实施过程中的技术保障等三方面。因此，"提升生产效率减排的实施保障"指标共包含 4 个得分变量：相关规章制度的完善程度和通畅度、专项资金保障程度、人力资源保障程度和技术条件保障程度，共同帮助正确评价城市在提升生产效率而实现减排工作中的实施能力。生产效率维度实施环节中具体的指标、得分变量、得分点详见表 2.12。

表 2.12　城市低碳建设在生产效率维度实施环节（Ef-I）的诊断指标体系

指标	得分变量	得分点
提升生产效率减排的实施保障	相关规章制度的完善程度和通畅度	①有保障提升城市生产效率减排的地方性法规、规章或规范性文件 ②有保障提升城市生产效率减排工作落实的地方工作文件 ③电子政务平台设有节能相关专题专栏并涉及提升生产效率减排相关内容 ④有明确提及提升生产效率相关规章制度完善程度和通畅度的重要性，但没有相关行动
	专项资金保障程度	①技术升级项目专项资金补贴占固定资产投资补贴的比例≥30% ②22.5%≤技术升级项目专项资金补贴占固定资产投资补贴的百分比＜30% ③15%≤技术升级项目专项资金补贴占固定资产投资补贴的百分比＜22.5% ④7.5%≤技术升级项目专项资金补贴占固定资产投资补贴的百分比＜15% ⑤0＜技术升级项目专项资金补贴占固定资产投资补贴的百分比＜7.5%或未明确比例
	人力资源保障程度	①市级政府成立碳达峰碳中和工作领导小组 ②省级政府成立碳达峰碳中和工作领导小组 ③组建相关领域的市级研究院或专家库 ④组建相关领域的省级研究院或专家库
	技术条件保障程度	①有用于帮助提升城市生产效率的政务平台 ②有用于帮助提升城市生产效率的数智化管控平台 ③有帮助提升城市生产效率的专家库 ④提出对提升生产效率而减排提供技术条件保障的重要性，但无具体相关行动

数据来源：

（1）政府官网公布的工作方案，样本城市的低碳城市试点工作方案、绿色低碳发展行动方案、"十四五"节能减排工作实施方案、加快建立健全绿色低碳循环发展经济体系实施方案、建筑行业相关节能改造实施方案、推动工业经济绿色发展实施方案、推动降碳及发展低碳产业工作方案、优化产业结构促进城市绿色低碳发展行动方案和政策措施、优化能源结构促进城市绿色低碳发展行动方案和政策措施、低碳城市管理云平台项目工作方案等。

（2）政府官网公布的条例规定，样本城市的碳达峰碳中和促进条例、节约能源条例、低碳发展促进条例、绿色转型促进条例、建筑节能条例等。

（3）政府官网公布的管理办法，样本城市的节能管理办法、公共机构节能办法、节约能源办法、重点用能单位节能管理办法等。

（4）政府官网公布的其他行政公文，样本城市的关于加快推进绿色低碳循环发展经济体系的若干措施、关于组织推荐城市重点节能减排技术的通知、控制温室气体排放工作的实施意见、关于加快绿色循环低碳交通运输发展的实施意见、关于加快绿色循环低碳交通运输发展的实施意见、工业节能工作指导意见或工作通知、关于征集重点低碳技术的通知等。

三、生产效率维度检查环节的诊断指标体系

生产效率维度的检查（C）环节指标旨在评估城市在提升生产效率以实现减排的实施过程中是否具有一定的监督能力和水平。好的监督水平可以助力通过提升生产效率实现低碳建设的顺利发展，及时发现其中的不足与漏洞，实现城市低碳建设的可持续发展。体现生产效率维度检查环节的低碳建设水平的指标是："监督提升生产效率减排的检查内容"。同前面讨论的实施环节一样，应从机制保障能力和资源保障能力两个方面去衡量这个指标的水平。因此该指标包含 3 个得分变量：相关规章制度的完善程度和公开化程度、专项资金保障程度和人力资源保障程度。该环节中具体的指标、得分变量、得分点详见表 2.13。

表 2.13　城市低碳建设在生产效率维度检查环节（Ef-C）的诊断指标体系

指标	得分变量	得分点
监督提升生产效率减排的检查内容	相关规章制度的完善程度和公开化程度	①有监督提升城市生产效率减排的地方性法规、规章或规范性文件 ②有监督提升城市生产效率减排工作落实的地方工作文件 ③设有线上节能监督网站或平台 ④向社会公布相关监督途径
	专项资金保障程度	①设置了监督考核各行业生产效率相关方面的专项资金 ②设置了对专项资金配套的管理监督办法 ③提出了设置监督考核专项资金的重要性，但无具体资金设立
	人力资源保障程度	①有由政府部门负责人牵头的检查落实小组 ②组建检查生产效率相关领域的专家库 ③提出了人力资源保障对检查的重要性，但无具体保障政策

数据来源：

（1）政府官网公布的管理办法：样本城市的节能监察办法、节能监督工作要点、节能提效相关专项资金管理办法等。

（2）政府官网公布的其他行政公文：样本城市关于开展节能监察工作的通知、开展节能服务机构专项监察的通知、关于强化监督的函、关于强化资源保护监督管理的提案、关于明确环境卫生监督管理事权的通知等。

（3）政务服务平台：样本城市的节能监测服务平台、低碳相关研究中心、各高校官网关于低碳研究的平台等的相关信息。

四、生产效率维度结果环节的诊断指标体系

生产效率维度的结果（O）环节指标是用来测度城市在生产效率维度推动低碳建设的结果水平。体现生产效率维度低碳结果水平的指标是"生产效率的低碳水平"，其内涵包括经济效益、碳排放量、废物处理与利用等三个方面。因此，"生产效率的低碳水平"指标包含 4 个得分变量：单位用地面积产生 GDP、单位 GDP 碳排放量、单位工业增加值碳排放量、万元 GDP 工业固体废物综合利用率。其中，"单位 GDP 碳排放量"和"单位工业增加值碳排放量"这两个得分变量为负向的。此环节中的具体指标、得分变量、得分点详见表 2.14。

表 2.14　城市低碳建设在生产效率维度结果环节（Ef-O）的诊断指标体系

指标	得分变量	得分点
生产效率的低碳水平	单位用地面积产生 GDP（亿元/公里²）	本得分变量是定量的，无得分点，其具体得分规则采用本书第三章的计算方法
	单位 GDP 碳排放量（吨/万元）	
	单位工业增加值碳排放量（吨/万元）	
	万元 GDP 工业固体废物综合利用率（%）	

数据来源：

（1）"单位用地面积产生 GDP"由《中国城市统计年鉴（2002）》中的"地区生产总值"除以"建成区面积"得到。

（2）"单位 GDP 碳排放量"由《1997—2019 年 290 个中国城市碳排放清单》（CEADs 中国碳核算数据库①）中的"中国各地级市碳排放总量"除以《中国城市统计年鉴（2002）》中的"地区生产总值"得到。

（3）"单位工业增加值碳排放量"由《1997—2019 年 290 个中国城市碳排放清单》中的"中国各地级市碳排放总量"与《中国城市统计年鉴》中的"地区生产总值"、"地区生产总值构成"计算得到。

（4）"万元 GDP 工业固体废物综合利用率（%）"由《中国城市统计年鉴（2002）》中的"工业固体废物综合利用率"除以"地区生产总值"得到。

① 网址为 http://www.ceads.net.cn/。

五、生产效率维度反馈环节的诊断指标体系

生产效率维度的反馈（F）环节指标是用来评估城市在生产效率维度推动低碳建设过程的改进能力与水平。反馈行为包含两个主体——政府和企业，体现反馈环节水平的主要要素包括是否有正向激励、负向纠正和相应措施或方案的详尽程度。因此，体现生产效率反馈环节水平的指标是"进一步提升生产效率减排的措施和方案"，共包含 3 个得分变量：对降低能耗强度效果好的主体给予激励措施、对降低能耗强度效果较差的主体施以相应措施、进一步改进生产效率实现减排的措施和方案。这三个得分变量的诊断内容体现了生产效率维度前四个环节（PICO）的意义，可以帮助引导城市通过提升生产效率实现低碳建设的可持续发展。生产效率维度反馈环节中具体的指标、得分变量、得分点详见表 2.15。

表 2.15　城市低碳建设在生产效率维度反馈环节（Ef-F）的诊断指标体系

指标	得分变量	得分点
进一步提升生产效率实现减排的措施和方案	对降低能耗强度效果好的主体给予激励措施	①对政府有明确的相关奖励制度 ②上级政府部门对下级政府部门有落实奖励的具体措施 ③对企业有明确的相关奖励制度 ④政府有落实奖励企业的具体措施 ⑤相关合法社会团体（如中国生产力促进中心协会等行业协会）有落实奖励的具体措施
	对降低能耗强度效果较差的主体施以相应措施	①对政府有明确相应措施的制度 ②上级政府部门对下级政府部门有落实具体的相应措施 ③对企业有明确相应措施的制度 ④政府有落实对企业的具体相应措施 ⑤相关合法社会团体（如中国生产力促进中心协会等行业协会）有落实具体相应措施
	进一步改进生产效率实现减排的措施和方案	①政府部门召开有相关专题总结会议或发布有相关总结文本 ②政府部门发布的总结文本中明确有相关经验或教训 ③政府部门发布的总结文本中明确了改进方案 ④相关行业协会召开有相关专题总结会议或发布有相关总结文本 ⑤相关行业协会发布的总结文本中明确有相关经验或教训 ⑥相关行业协会发布的总结文本中明确了改进方案

数据来源：

（1）政府官网公布的相关信息：样本城市的政府官方网站、政务服务网站等发布的提高生产效率以节能减排的相关工作总结、优秀案例、宣传活动、惩罚举措等。

（2）行业协会官网信息：样本城市的科学技术局、生产力促进中心等官方网站发布的提高生产效率以节能减排的相关工作总结、优秀案例、宣传活动、惩罚举措等。

第四节　城市低碳建设在城市居民维度的诊断指标体系

城市居民的内涵包括人口规模和人口素质，这两方面都直接影响城市低碳建设的水平。随着城市居民的生活水平不断提高，人均日常生活所消费的资源也在增加，因此，当人口规模增加，城市总资源的消耗量便会随之增加，进而使得城市的碳排放总

量也相应增加。另一方面，城市居民对碳减排的意识和行为对碳排放总量也有显著影响。联合国环境规划署（United Nations Environment Programme，UNEP）在《2020年排放差距报告》中指出，全球约三分之二的碳排放都与家庭生活排放有关，这充分说明了培育低碳生活文化、改变居民的个人生活习惯在城市碳减排行动中的重要性。因此，培育低碳生活方式是城市低碳建设的重要环节。

建设低碳生活本质是要落实到行动，不能停留在对低碳生活美好形态的描述。2022年中华环保联合会发布的《公民绿色低碳行为温室气体减排量化导则》表明，衣、食、住、行、用、办公、数字金融作为人类日常生活的主要内容，也是居民低碳生活的关键要素。本书将衣、食、用、办公和数字金融合并为消费，从而形成居住、出行、消费三维度的低碳生活形态。建立低碳生活形态的过程是一个管理过程，因此，通过改进城市居民生活消费行为提升城市低碳建设水平也依赖于规划（P）、实施（I）、检查（C）、结果（O）和反馈（F）五个环节的不断迭代。因此，本节将围绕 PICOF 五个过程环节分析城市低碳建设在城市居民维度的具体内涵，构建相应的诊断指标体系。

一、城市居民维度规划环节的诊断指标体系

在"城市居民维度"的规划环节中，反映城市低碳建设水平的指标应该能表征人类日常生活的内涵。在 2021 年发布的《中共中央 国务院关于完整准确全面贯彻新发展理念做好碳达峰碳中和工作的意见》等文件中，将加快形成绿色生活方式写入了重点任务，其中建设居民低碳生活是重要部分。本书从低碳居住、低碳出行、低碳消费三方面内容去构建城市低碳建设在城市居民维度的规划环节指标体系。其环节指标是"引导居民低碳生活的规划"，包括四个得分变量：规划居民低碳生活目标的丰富度、引导居民低碳居住节能的工作方案的详尽程度、引导居民低碳出行的工作方案的详尽程度、引导居民低碳消费的工作方案的详尽程度。城市居民维度规划（P）环节的低碳建设水平指标、得分变量、得分点、数据来源详见表 2.16。

表 2.16　城市低碳建设在城市居民维度规划环节（Po-P）的诊断指标体系

指标	得分变量	得分点
引导居民低碳生活的规划	规划居民低碳生活目标的丰富度	①有与居民低碳居住节能相关的明确目标（如低碳示范机构数量、生活垃圾分类处理率等） ②有与居民低碳出行相关的明确目标（如绿色出行占比、公交出行占比、新能源公共交通车辆占比等） ③有与居民低碳消费相关的明确目标（如政府绿色采购占比等）
	引导居民低碳居住节能的工作方案的详尽程度	①制定有低碳示范规划（包括乡镇/社区/学校/医院/家庭等） ②制定有生活垃圾分类规划 ③制定有节能器具规划（节能灯具、控温空调/地暖） ④制定有低碳居住节能节水宣传规划
	引导居民低碳出行的工作方案的详尽程度	①制定有城市步行及绿道（慢行系统）完善方案 ②制定有公共自行车系统完善方案 ③制定有公交汽电车系统完善方案 ④制定有新能源汽车推广及机动车充电设施完善方案 ⑤制定有低碳出行宣传规划

续表

指标	得分变量	得分点
引导居民低碳生活的规划	引导居民低碳消费的工作方案的详尽程度	①制定有倡行节俭的规划（光盘行动、无纸化办公、过度消费等） ②制定有耐耗品回收更新规划（家电、衣物、闲置品等） ③制定有减少一次性用品使用或限塑规划（餐具、卫浴用具等） ④制定有政府绿色采购计划（完善标准、加大力度、扩大范围、拓展线上渠道等） ⑤制定有低碳消费宣传规划

数据来源：规划文件，样本城市的城市国民经济和社会发展第十四个五年规划和二〇三五年远景目标纲要、"十四五"时期生态环境保护规划、"十四五"综合交通运输体系规划等、"十四五"新型消费促进规划、生活垃圾"十四五"发展规划等。

二、城市居民维度实施环节的诊断指标体系

反映居民参与在城市低碳建设管理过程的实施（I）环节中的表现水平主要体现在两方面：引导居民生活消费习惯低碳化的机制保障程度，引导居民生活消费习惯低碳化的资源保障水平。2021 年中国政府提交的《中国落实国家自主贡献成效和新目标新举措》中明确指出相关政策制度建立完善、资金投入、人力支持、技术提升是我国在推动全球绿色低碳发展贡献中的重要支撑保障。因此，体现城市在居民维度实施环节的低碳建设水平指标是"引导居民低碳生活的保障"，涵盖引导居民低碳生活的机制保障和资源保障（资金、人力和技术），该指标的得分变量包括：碳普惠制的完善程度、引导居民低碳生活的专项资金投入力度、引导居民低碳生活的人力资源保障程度和引导居民低碳生活的技术条件保障程度。城市居民维度实施（I）环节的低碳建设水平指标、得分变量、得分点、数据来源详见表 2.17。

表 2.17　城市低碳建设在城市居民维度实施环节（Po-I）的诊断指标体系

指标	得分变量	得分点
引导居民低碳生活的保障	碳普惠制的完善程度	①在社区（小区）层面，针对居民节约水电气、减少私家车使用或垃圾分类等低碳行为的碳普惠制度设计 ②有针对居民选择公共交通工具出行的碳普惠制度设计（对快速公交系统、公交车、轨道交通、公共自行车、新能源汽车的减碳量化，兑换碳积分） ③有针对低碳产品消费者购买节能电视、冰箱、空调等电器或其他低碳认证产品的碳普惠制度设计 ④提出了碳普惠制度的重要性，但未开展制度设计工作
	引导居民低碳生活的专项资金投入力度	①有明确的资金管理办法 ②有社会资本支持居民低碳生活消费 ③有专项资金支持居民低碳生活消费 ④提出了设置专项资金支持居民低碳生活消费，但无具体资金设立
	引导居民低碳生活的人力资源保障程度	①有推进居民低碳生活消费的协会（如促进碳普惠平台发展的协会） ②有负责推进居民低碳生活消费的政府工作专项小组（如碳普惠体系建设、实施及推广小组） ③有负责创新完善碳普惠体系的专家库 ④未明确提出有工作小组，但有开展低碳生活典型案例选拔或碳普惠体系筹建等活动

指标	得分变量	得分点
引导居民低碳生活的保障	引导居民低碳生活的技术条件保障程度	①有官方媒体账号推广低碳生活消费 ②有微信小程序、支付宝应用或APP试行碳普惠制 ③平台能正常运行 ④提出了维护运营碳普惠相关平台的重要性，但无具体实施方案

数据来源：

（1）政府官网公布的工作方案以及其他信息：样本城市的碳普惠制工作实施方案及其方法学、应对气候变化工作计划、低碳资金管理办法等；样本城市官网发布的关于低碳生活消费的讲话、碳普惠超市情况、政企合作信息、政协提议等。

（2）小程序：样本城市与低碳生活消费相关的小程序，目前有绿色生活季、津碳行、河北碳普惠、三晋绿色生活、全面低碳、碳易行、低碳星球、碳惠通、碳惠天府、低碳黔行、西宁碳积分等低碳生活消费小程序。

（3）公众号：样本城市与低碳生活消费相关的公众号，包括城市生态环境、城市低碳等。

（4）APP：样本城市与低碳生活消费相关的APP，目前有随申行绿色出行、青碳行、我的宁夏、我的南京等。

三、城市居民维度检查环节的诊断指标体系

检查是否能有效引导居民参与低碳建设是诊断在城市居民维度的低碳建设水平的重要环节和内容。一个城市引导居民参与低碳建设管理过程的检查（C）环节水平可以从两方面内容诊断：检查居民低碳生活消费习惯的机制保障、检查居民低碳生活消费习惯的资源保障。检查（C）环节是城市居民维度低碳建设水平实施（I）环节的进一步深化，对实施的过程和效果进行动态检查。因此，体现城市在居民维度检查（C）环节的低碳建设水平指标是"检查居民低碳生活的保障"，用以检查低碳生活消费的机制保障以及资金、人力、技术等资源保障，体现这个指标水平的得分变量包括：对居民低碳生活跟进检查的机制内容、检查居民低碳生活习惯所需的管理资金保障程度、检查居民低碳生活习惯的人力资源保障程度、检查居民低碳生活习惯的技术条件保障程度。城市居民维度检查（C）环节的低碳建设水平指标、得分变量、得分点、数据来源详见表2.18。

表2.18　城市低碳建设在城市居民维度检查环节（Po-C）的诊断指标体系

指标	得分变量	得分点
检查居民低碳生活的保障	对居民低碳生活跟进检查的机制内容	①有定期检查跟进低碳或近零碳社区（绿色社区）的工作机制 ②有定期检查跟进低碳出行创建的工作机制 ③有定期检查跟进城市低碳消费（如废旧物资循环利用体系建设、塑料污染督查）的工作机制
	检查居民低碳生活习惯所需的管理资金保障程度	①已设置检查跟进低碳或近零碳社区（绿色社区）建设的专项资金 ②已设置检查跟进低碳出行的专项资金 ③已设置检查跟进城市低碳消费的专项资金
	检查居民低碳生活习惯的人力资源保障程度	①有负责检查跟进低碳或近零碳社区（绿色社区）建设的工作小组 ②有负责检查跟进低碳出行的工作小组 ③有负责检查跟进城市低碳消费的工作小组

续表

指标	得分变量	得分点
检查居民低碳生活的保障	检查居民低碳生活习惯的技术条件保障程度	①有低碳或近零碳社区（绿色社区）建设的评价技术方法或定期更新维护低碳居住的碳普惠平台 ②有低碳出行的评价技术方法或定期更新维护低碳出行的碳普惠平台 ③有城市低碳消费的评价技术方法或定期更新维护低碳消费的碳普惠平台

数据来源：

（1）政府官网公布的评价方案、工作方案以及其他信息：样本城市与低碳社区、低碳出行、低碳消费、碳普惠制相关的评价方案；样本城市低碳社区创建、绿色社区创建、生活垃圾分类、塑料污染治理、废旧物资循环体系建设等工作方案；样本城市官网发布的低碳生活消费的宣传新闻、民意调查、工作推进会等。

（2）小程序：样本城市与低碳生活消费相关的小程序，目前有绿色生活季、津碳行、河北碳普惠、三晋绿色生活、全面低碳、碳易行、低碳星球益起低碳生活、碳惠通、碳惠天府、低碳黔行、西宁碳积分等。

（3）APP：样本城市与低碳生活消费相关的APP，目前有随申行绿色出行、青碳行、我的宁夏、我的南京等。

四、城市居民维度结果环节的诊断指标体系

准确测度在城市居民维度低碳建设表现结果是认识城市低碳建设的重要内容。该维度的结果（O）环节指标主要是评价居民低碳居住节能习惯的引导结果、居民低碳出行习惯的引导结果、居民低碳消费习惯的引导结果等三方面。城市居民维度结果（O）环节的低碳建设水平指标、得分变量、得分点、数据来源详见表2.19。

表2.19　城市低碳建设在城市居民维度结果环节（Po-O）的诊断指标体系

指标	得分变量	得分点
居民能耗水平	人均能耗［千克标准煤/(人·年)］	
居民低碳居住水平	居民日人均用水量（升）	
	人均居民年生活用电（千瓦时）	
	城市燃气普及率（%）	
居民低碳出行水平	轨道交通年客运总量（万人次）	本得分变量是定量的，无得分点，其具体得分规则采用本书第三章的计算方法
	公共汽（电）车年客运总量（万人次）	
	新能源汽车充电站数量（个）	
	城市人行道面积占道路面积比例（%）	
居民低碳消费水平	新能源汽车保有量（辆）	
	旧衣物回收水平	
	光盘行动水平	
	抑制一次性餐具使用的程度	
	快递包装回收水平	

数据来源：

（1）"人均能耗""居民日人均用水量""城市燃气普及率""城市人行道面积占道路面积比例"数据来自《中国城市建设年鉴》。

（2）"人均能耗"数据通过各样本城市统计年鉴中的"城乡居民生活用电""液化石油气供气总量–居民家庭""供气总量（天然气）–居民家庭"和《中国城市年鉴》中的"常住人口"计算得到；"人均居民年生活用电"数据通过各样本城市统计年鉴中的"城乡居民生活用电"和《中国城市年鉴》中的"常住人口"计算得到。

（3）"轨道交通年客运总量"数据来自《中国第三产业统计年鉴》。

（4）"公共汽（电）车年客运总量"来自《中国城市年鉴》。

（5）"新能源汽车充电站数量""新能源汽车保有量"数据来自DaaS实时数据库。

（6）"旧衣物回收水平""光盘行动水平""抑制一次性餐具使用程度""快递包装回收水平"数据利用百度关键词搜索，以百度资讯数表示。

五、城市居民维度反馈环节的诊断指标体系

引导居民低碳生活的主要方式多为自我约束和道德引导，因此居民参与在城市低碳建设管理过程的反馈（F）环节中评价指标是用来诊断城市是否对居民的低碳行为和方式进行总结并反馈到提升和改进措施中，评价内容主要是鼓励以及优化内容，以期充分挖掘居民行为方面的减排潜力，评价指标是"进一步提升居民低碳生活的措施和方案"。城市居民维度实施（F）环节的低碳建设水平指标、得分变量、得分点、数据来源详见表2.20。

表2.20　城市低碳建设在城市居民维度反馈环节（Po-F）的诊断指标体系

指标	得分变量	得分点
进一步提升居民低碳生活的措施和方案	对居民低碳生活习惯的奖励	①有明确的政策激励措施（用碳积分来兑换一定的政府公共服务，如在公交地铁充值、公共图书馆图书借阅等） ②有明确的商业激励措施（用碳积分兑换一些产品或者服务优惠等） ③有明确的交易激励措施（碳积分具有的兑现、抵现、出售、转让、买卖、投资等功能） ④有提到居民通过低碳行为可获得奖励，但无明确的官方激励措施
	推动居民低碳生活的创新措施和方案	①有对居民低碳居住节能习惯的总结和创新方案 ②有对居民低碳出行习惯的总结和创新方案 ③有对居民低碳消费习惯的总结和创新方案 ④有提出总结居民低碳生活消费习惯成果的重要性，但未出台具体的总结方案

数据来源：总结文本，样本城市官网发布的与低碳社区、低碳出行、低碳消费相关的工作情况或总结、优秀案例、宣传活动总结等。

第五节　城市低碳建设在水域碳汇维度的诊断指标体系

作为地球表层生态系统的关键组成，水域因其特殊的厌氧环境与还原条件而具备巨大的碳储存潜力，是重要的碳汇，在碳循环过程中扮演着重要的角色。对城市而言，水域不仅提供了气候调节、维持自然景观和生物多样性等生态系统服务功能，同时对促进城市低碳建设具有重要意义。常见的水域类型包括湿地、海洋、河流、湖泊等，以湿地为例，尽管面积只占地球表面积的4%～6%，但全球湿地碳储量达到了陆地生态系统的12%～24%，在调节全球碳循环过程中发挥了重要作用。当然，不同的水域类型，受自然条件和碳汇过程差异的影响，其固碳能力存在显著差异。自20世纪70年代以来，由于人类过度开发利用，全球湿地面积已缩减超过30%，自然水域的碳汇功能正遭受严峻的威胁与挑战。

我国水域碳汇的保护形势同样不容乐观。根据2014年公布的"第二次全国湿地资源调查主要结果（2009～2013年）"，我国各类湿地总面积相较2004年公布的首次湿地调查结果（1995～2003年）下降了8.8%，而红树林等特殊水域生态系统，其面积从20世纪50年代的4万hm^2下降到2022年的2.7万hm^2。在此背景下，诊断和分析城市在水域碳汇建设过程中的管理水平是提升城市水域建设并发挥水域碳汇功能的重要内容，包括对水域发展规划、实施建设、检查机制、建设结果与建设反馈等五大过程环节的表现状况进行分析和诊断，对推动城市低碳建设具有重要意义。

一、水域碳汇维度规划环节的诊断指标体系

水域碳汇维度的规划环节诊断指标是表征城市进行低碳建设过程中对水域碳汇维度的计划水平和能力，对城市水域碳汇建设具有引领和指导意义。水域碳汇维度在规划环节的低碳建设诊断指标体系，主要内容是围绕提升和保护水域固碳能力展开的规划，这些内容反映在城市提升水域或湿地保护方面制定的各种规划文件中。所以城市在水域碳汇维度规划环节的低碳建设水平指标是"提升水域固碳能力的规划"。该指标的得分变量包括"水域面积提升与保护规划"以及"规划项目的丰富度"。水域碳汇维度规划环节的指标、得分变量、得分点、数据来源详见表2.21。

表2.21　城市低碳建设在水域碳汇维度规划环节（Wa-P）的诊断指标体系

指标	得分变量	得分点
提升水域固碳能力的规划	水域面积提升与保护规划	①明确有水域保护的相关规划 ②明确水域保护的类型及面积 ③明确水域面积提升的目标 ④强调了水域保护与治理的重要性
	规划项目的丰富度	①相关规划中标明了重大水域工程项目任务及实施方案 ②列出了水域工程名单 ③明确了水域工程项目投资力度 ④提及了相关水域工程内容

数据来源：规划文件，样本城市"十四五"生态环境保护专项规划、生态空间与市容"十四五"规划、自然资源利用和保护"十四五"规划、"十四五"应对气候变化规划、海绵城市建设规划、国民经济和社会发展"十四五"规划、"十四五"重点流域水生态环境保护规划、海洋生态环境保护规划、湿地保护"十四五"规划、各地生态建设与环境保护规划。

二、水域碳汇维度实施环节的诊断指标体系

水域碳汇维度实施环节的诊断指标是用于表征城市在低碳建设过程中提升水域碳汇的实施情况，主要内容是围绕城市对水域保护而开展的工作实施情况进行评价，分析是否有实施所需的资源和制度保障，从而诊断城市在实施水域碳汇提升方面的水平。因此，诊断城市水域碳汇实施环节水平的指标是"提升水域固碳能力的保障力度"。指标的得分变量包括：相关规章制度的完善程度、专项资金设置、人力资源保障程度、技术条件保障程度。对水域碳汇维度实施环节诊断的具体指标、得分变量、得分点、数据来源详见表2.22。

表2.22　城市低碳建设在水域碳汇维度实施环节（Wa-I）的诊断指标体系

指标	得分变量	得分点
提升水域固碳能力的保障力度	相关规章制度的完善程度	①有保障水域保护工作落实的地方性法规 ②有保障水域管理工作落实的地方性法规 ③有保障水域保护工作落实的行政公文 ④有保障水域管理工作落实的行政公文 ⑤提及了水域保护的重要性，但未发布相关法规和行政公文

续表

指标	得分变量	得分点
提升水域固碳能力的保障力度	专项资金设置	①强调了实施水域固碳专项资金的重要性 ②已设置开展用于水域治理和保护相关方面的专项资金 ③引导社会资本用于实施水域保护或治理
	人力资源保障程度	①有推进水域治理和保护的行业协会（如环境保护协会） ②有负责推进水域治理和保护的政府工作专项队伍（如水域治理和保护建设、实施及推广小组） ③有负责创新完善水域治理和保护体系的专家队伍 ④未明确提出有工作小组，但有开展水域治理和保护活动
	技术条件保障程度	①组建了关于水域治理和保护的团队 ②引进了水域治理和保护方面的各类技术设备 ③引进了先进的水域治理技术 ④提出水域治理技术条件保障的重要性，但无具体实施方案

数据来源：

（1）工作方案：样本城市的低碳城市试点建设方案、水生态文明建设试点方案、水安全保障总体规划实施方案、水生态建设实施方案、水域综合治理三年行动计划、生态河湖行动计划、流域保护治理及修复专项攻坚战实施方案、城市内河管理办法实施细则、入海段流域水环境综合治理与可持续发展试点实施方案、近岸海域水污染防治攻坚战实施方案、环境治理实施方案、生态文明建设实施方案等。

（2）条例规定：样本城市的近岸海域环境保护规定、湖泊保护条例、水域市容环境卫生管理条例、河道管理条例、地面水水域环境功能划类规定、城市园林绿化工程管理规定等。

（3）管理办法：样本城市的水域保护管理办法、水域治安管理条例、低碳城市建设管理办法、环境保护专项资金管理办法等。

（4）其他行政公文：样本城市的水生态文明建设试点通知、加强水域保护及治理通知、加强自然资源保护通知、关于实施城市"双修（生态修复，城市修补）"试点的通知等。

（5）政府官网信息：样本城市环境保护相关部门（如园林局、城市管理局、自然资源局等）官方网站、环境保护协会相关网站以及官方媒体等发布的相关办事指南、工作进展等。

三、水域碳汇维度检查环节的诊断指标体系

对城市在水域碳汇维度检查环节中的低碳建设水平评价，是围绕城市在水域固碳能力提升中的监督工作内容开展，以此反映城市在低碳建设过程中对水域碳汇提升工作的督察能力。因此，水域碳汇检查环节的水平诊断指标为"检查水域固碳能力提升的具体内容"，其得分变量包括：相关规章制度的完善程度、专项资金保障程度、人力资源保障程度、技术条件保障程度。此环节中具体的指标、得分变量、得分点、数据来源详见表2.23。

表 2.23　城市低碳建设在水域碳汇维度检查环节（Wa-C）的诊断指标体系

指标	得分变量	得分点
检查水域固碳能力提升的具体内容	相关规章制度的完善程度	①有检查水域保护工作落实的地方性法规 ②有检查水域管理工作落实的地方性法规 ③有检查水域保护工作落实的行政公文 ④有检查水域管理工作落实的行政公文 ⑤提了水域保护的重要性，但未发布相关法规和行政公文
	专项资金保障程度	①设置检查考核各行业水域治理和保护相关方面的专项资金 ②设置了专项资金配套管理检查办法 ③提出了设置检查考核专项资金的重要性，但无具体资金设立

续表

指标	得分变量	得分点
检查水域固碳能力提升的具体内容	人力资源保障程度	①有市级负责水域治理及保护检查工作的相关领导队伍 ②有落实配套检查考核机制的工作专班 ③仅强调了专人负责检查的重要性
	技术条件保障程度	①有用于检查水域固碳能力提升工作的智慧城市实施监控平台 ②有用于检查水域固碳能力提升工作的无人机及3S（GPS、RS、GIS）技术 ③有用于检查水域固碳能力提升工作的安全应急保障系统 ④提到了为检查水域固碳能力提升工作而落实技术支撑的重要性，但无详细措施

数据来源：

（1）条例规定：样本城市或其所在省的水污染防治条例、水资源管理条例、湿地保护条例、生态保护与修复条例、饮用水水源保护条例、水保护条例、河道管理条例、水环境保护条例、生态环境保护监督管理责任规定等。

（2）工作方案：样本城市或其所在省的聚焦攻坚加快推进水环境治理工作实施方案、生态环境治理修复与保护工程方案、水污染防治工作方案、深入打好城市黑臭水体治理攻坚战实施方案、地表水环境质量提高和饮用水水源地环境问题整治百日攻坚行动工作方案、河长制督查督办工作方案、年度全市水行政执法监督检查活动实施方案、城市生活饮用水水源保护和污染防治办法等。

（3）行动通知：样本城市或其所在省的湿地保护修复工作的通知、实行最严格水资源管理制度的实施意见、关于打赢水污染防治攻坚战的意见、年度生态环境工作要点的通知、关于开展大气和水环境综合整治专项督查工作的通知、关于加强全市水生态环境问题巡查督办工作的通知等。

（4）政府官网信息：样本城市或其所在省的不断强化环境执法监管、扎实推进水环境综合治理、多部门联合督导检查水生态环境、检查调度水环境提升工作、开展年度集中式饮用水水源保护区专项督查行动；生态环境保护督察组向市水务局反馈督察情况、生态环境局生态环境保护督察整改、生态环境局开展水污染防治专项资金项目督查工作、生态环境部门开展水环境安全专项执法检查、水利局开展水行政执法监督工作；组织水行政执法监督检查工作；河长办开展河湖环境明察暗访工作等新闻资讯。

（5）监督专栏：样本城市或其所在省的生态环境局、水务局官网的监督专栏。

四、水域碳汇维度结果环节的诊断指标体系

对水域碳汇维度结果环节的诊断，主要是对城市的水域固碳能力结果进行准确测度，从而表征城市在水域碳汇提升方面的结果水平。因此，测度城市在水域碳汇维度结果环节的具体指标为"水域固碳能力"，包括：水域固碳量和人均水域拥有量两个得分变量，都是定量参数。测度城市在水域碳汇结果环节水平的具体指标、得分变量、得分点、数据来源详见下表2.24。

表 2.24　城市低碳建设在水域碳汇维度结果环节（Wa-O）的诊断指标体系

指标	得分变量	得分点
水域固碳能力	水域固碳量（万吨）	本得分变量是定量的，无得分点，其具体得分规则采用本书第三章的计算方法
	人均水域拥有量（米²/人）	

数据来源：

（1）"水域固碳量"数据来自各样本城市的生态环境公报、学术文献中的相关统计研究结果等。

（2）"人均水域拥有量"数据来自样本城市的统计年鉴、生态环境部门对所在城市的水域总体情况介绍、第二次湿地普查结果以及学术文献中的统计研究结果。

五、水域碳汇维度反馈环节的诊断指标体系

诊断城市水域碳汇维度反馈环节的低碳建设水平，主要是诊断城市在水域碳汇建设

过程是否有总结和反馈工作。总结和反馈工作是重要的管理环节，这个环节的管理水平实质上是反映城市在城市低碳建设过程中对水域碳汇能力进一步提升的水平。表征该环节水平的诊断指标为"提升水域固碳能力的措施和方案"，其得分变量包括：对影响水域固碳能力的主体给予奖惩措施和改进水域固碳能力的总结与进一步提升方案。此环节中具体的指标、得分变量、得分点、数据来源详见表2.25。

表2.25　城市低碳建设在水域碳汇维度反馈环节（Wa-F）的诊断指标体系

指标	得分变量	得分点
提升水域固碳能力的措施和方案	对影响水域固碳能力的主体给予奖惩措施	①有明确的奖励/处罚制度 ②有个人奖励/惩罚制度 ③有明确的考核制度 ④有荣誉/批评制度 ⑤纳入主体考核
	改进水域固碳能力的总结与进一步提升方案	①有发布水域保护总结报告 ②有发布水域保护提升方案 ③有召开水域保护的总结或提升的会议 ④有积极引入或推广成功经验

数据来源：

（1）条例规定，样本城市或其所在省的水污染防治条例、水资源管理条例、湿地保护条例、生态保护与修复条例、饮用水水源保护条例、水保护条例、水环境保护条例等。

（2）工作方案，样本城市或其所在省的水污染防治工作方案、环境保护局行政奖励裁量基准、年度水利建设工作综合评价办法、关于实行最严格水资源管理制度的实施意见、生态环境局行政执法事项清单等。

第六节　城市低碳建设在森林碳汇维度的诊断指标体系

森林通过植被的光合作用固定大气中的二氧化碳，产生碳汇效应。全球约有50%的化石燃料消耗产生的碳排放被森林的固碳效应所抵消，即便考虑到人类对森林的破坏活动，森林的净碳汇量仍可抵消化石燃料碳排放的14%左右。作为减缓气候变化的重要举措之一，保护和增强森林碳汇被纳入多项应对气候变化的国际公约。我国政府也一直重视森林碳汇在应对气候变化方面独特且不可替代的作用，将巩固现有森林的固碳作用、持续增加森林面积和蓄积量、提升生态系统碳汇能力作为实现碳中和的重要发展路径之一。由于碳中和目标要求碳排放与碳吸收达到平衡，社会处于零碳状态，森林的固碳能力在很大程度上决定了碳中和时代的未来城市被允许的碳排放总量。

我国大部分国土处于北温带，是全球重要的碳汇地，因此我国森林的碳汇能力对实现全球碳平衡有重大意义。同时，我国积极提升森林碳汇水平是向世界展示负责任大国形象的重要措施之一。因此，保护与提升森林固碳能力是诊断城市低碳建设水平的重要内容。

在城市层面上，保护与提升森林碳汇水平的本质是维持并增强自然植被的固碳能力，这是一个长期的系统工程，需要全社会持续性付出努力。因此，城市在建设森林碳汇时，不仅需要关注阶段性的建设结果，也需要管理森林建设的过程。我国城市的森林碳汇建设尚处于起步阶段，如何有效推进森林碳汇建设过程是过程管理问题。为此，本节将结合过程与结果两个方面，分析森林碳汇建设在PICOF五个过程管理环节中的关键内容，并以此为基础在森林碳汇维度构建诊断城市低碳建设水平的指标体系，科学诊断城市的森林碳汇建设水平。

一、森林碳汇维度规划环节的诊断指标体系

联合国政府间气候变化专门委员会（IPCC）的历次报告中，均明确指出了提升森林碳汇对缓解气候变化的重要意义，生态环境部、国家发展和改革委员会等 17 个部门在2022 年发布的《国家适应气候变化战略 2035》等文件中也强调了建设森林碳汇的重要性，因此，城市在森林碳汇维度的低碳建设目标是不断提升森林的碳汇水平。在森林碳汇维度的规划环节，城市需要积极制定以提升森林碳汇水平为目标的各种规划细则，指明森林碳汇建设的具体工作。因此，"提升森林碳汇水平的规划"是城市森林碳汇维度规划环节的诊断指标，该指标包含：保护森林植被碳储量的目标体系与提升森林植被碳储量的目标体系两个得分变量。这两个得分变量分别从保护森林已有碳汇量不受破坏与挖掘森林碳汇潜力两个方面诊断城市在森林碳汇维度规划环节的低碳建设水平。此环节中具体的诊断指标、得分变量、得分点详见表 2.26。

表 2.26　城市低碳建设在森林碳汇维度规划环节（Fo-P）的诊断指标体系

指标	得分变量	得分点
提升森林碳汇水平的规划	保护森林植被碳储量的目标体系	①规划了森林火灾受害率的目标数值 ②规划了林业有害生物成灾率的目标数值 ③规划了森林采伐限额的明确数值 ④明确了森林植被碳储量的目标数值
	提升森林植被碳储量的目标体系	①规划了森林覆盖率的目标数值 ②规划了森林蓄积量的目标数值 ③规划了森林抚育面积的目标数值 ④规划了低效林改造面积的目标数值 ⑤规划了公益林面积的目标数值

数据来源：

（1）规划文件，样本城市或其所在省的林业发展"十四五"规划、林草保护发展"十四五"规划、生态环境保护"十四五"规划、自然资源保护和利用"十四五"规划等。

（2）总结文本，样本城市或其所在省的林业主管部门 2023 年工作计划、工作要点等文本。

二、森林碳汇维度实施环节的诊断指标体系

从森林碳汇维度的实施环节去诊断城市低碳建设水平的目的是分析森林碳汇规划内容落实的难易程度，各类实施必要的制度和资源保障是落实森林碳汇规划的基础与重点，城市在这个环节保障程度越高，表明落实森林碳汇规划的相关内容越顺利。因此，诊断城市在森林碳汇维度实施环节的低碳建设水平指标为"落实森林碳汇水平提升工作的保障"，该指标包含：相关机制的完善和通畅程度、专项资金投入力度、人力资源保障程度、技术条件保障程度四个得分变量。这些得分变量分别从体制机制、资金支撑、人力资源、技术支撑等方面诊断城市在森林碳汇维度实施环节的低碳建设水平。此环节中具体的诊断指标、得分变量得分点详见表 2.27。

表 2.27　城市低碳建设在森林碳汇维度实施环节（Fo-I）的诊断指标体系

指标	得分变量	得分点
落实森林碳汇水平提升工作的保障	相关机制的完善和畅通程度	①有保障森林碳汇建设工作落实的地方性法规、规章、规范性文件或行政公文 ②有可办理森林碳汇相关业务的电子政务平台 ③电子政务平台有清晰的关于森林碳汇业务的办理指南 ④森林碳汇相关政务属于马上办，一次办等便捷专项
	专项资金投入力度	①有支撑森林面积提升工作的专项资金 ②有支撑森林质量提升工作的专项资金 ③有支撑森林灾害防治工作的专项资金 ④有支撑森林碳汇交易市场建设的专项资金
	人力资源保障程度	①设立有市级林长 ②设立有市辖各区（县）设立有区（县）级林长 ③设立有镇级林长 ④设立有村级林长 ⑤设立有乡村护林员
	技术条件保障程度	①本市明确了或已研究了本土的碳汇树种 ②本市有市级的或明确落实了省级的森林营造与养护相关的地方标准、规范（程）或技术导则 ③本市有市级的或明确落实了省级的森林防灾减灾相关的地方标准、规范（程）或技术导则 ④本市有建成或在建的森林碳汇监测计量体系、林草大数据管理应用基础平台、林草资源"图、库、数"等数据库

数据来源：

（1）条例规定，样本城市的森林资源保护管理条例、森林防火（消防）条例、林地管理条例、森林资源管理条例（办法）、林地保护（管理）办法、公益林保护条例、生态林管理条例、生态公益林条例、森林资源保护发展责任制办法、全民义务植树办法、平原天然林保护条例、林业和园林有害生物防治管理办法、林业改革发展补助资金使用管理和绩效管理办法、林业发展资金管理办法、林业资源管理与生态保护修复资金管理办法等。

（2）应急预案，样本城市发布的突发林木有害生物事件应急预案、森林火灾应急预案等。

（3）行动通知，样本城市发布的关于加强和规范"十四五"期间林木采伐管理的通知、林地保护与利用规划的通知、清收林地停耕还林的通告、林业有害生物成灾率指标的通知、加大造林力度提高林木覆盖水平三年行动计划的通知、建立森林资源保护管理配合协作工作机制的通知、森林防火禁火的通告、天然林保护修复制度实施方案的通知、科学绿化实施方案的通知、关于下达2022年市级林业专项资金的通知、关于印发沈阳市林业改革发展资金管理实施细则的通知、关于做好市级林业水利专项资金管理的通知；关于扎实推进林业有害生物工作的通知、关于全面建立林长制目标如期实现的通知等。

（4）工作方案，样本城市发布的重点区域绿化工作实施方案、关于切实加强林业园林有害生物防控工作的实施意见、关于科学绿化的实施意见、林区升级改造实施方案等。

（5）其他行政公文，样本城市发布的草原防火命令；林业工作要点；封山育林的管理规定等。

（6）政务服务平台，样本城市林业局（自然资源局、公园城市建设管理局）官方网站的政务公开板块。

三、森林碳汇维度检查环节的诊断指标体系

建立城市在森林碳汇维度检查环节的诊断指标体系的目的是用以检查森林碳汇规划与实施环节中各项工作的落实程度，以相关的检查与监督行为作为抓手，来保证森林碳汇建设的进度与质量，避免实施过程中的盲目性，从而推动城市森林碳汇建设走向良性循环。因此，诊断城市在森林维度检查环节的低碳建设水平指标为"监督森林碳汇水平提升工作的行为"，包含三个得分变量：落实监督行为的机制保障、落实监督行为的资源保障与监督行为的体现形式。这些得分变量分别从落实检查行为的机制体制、检查过程中所需的必要资源与检查行为落实程度三个方面诊断森林碳汇维度检查环节的城市低碳建设水平。此环节中具体的低碳建设指标、得分变量、得分点详见表 2.28。

表 2.28　城市低碳建设在森林碳汇维度检查环节（Fo-C）的诊断指标体系

指标	得分变量	得分点
监督森林碳汇水平提升工作的行为	落实监督行为的机制保障	① 有监督森林营造与养护工作落实的地方性法规、规章、规范性文件 ②有监督森林防灾减灾工作落实的地方性法规、规章、规范性文件 ③有监督森林营造与养护工作落实的行政公文 ④有监督森林防灾减灾工作落实的行政公文
	落实监督行为的资源保障	①本市有监督森林碳汇建设的专项资金 ②本市有监督森林碳汇建设的工作小组 ③本市有用于监督森林固碳能力提升工作的政务通道（如电子政务网、监督电话、线下政务服务网点等） ④本市有用于监督森林固碳能力提升工作的基础设施（如无人机、遥感监测、智慧林业平台，森林碳汇数据库等）
	监督行为的体现形式	①公开发布了与森林碳汇建设相关的行政许可随机抽查结果 ②定期通报了森林碳汇建设的重点工作 ③定期发布了森林碳汇建设工作年度计划 ④定期发布了森林碳汇建设规划指标的完成情况（如森林覆盖率、蓄积量等）

数据来源：

（1）行动通知：样本城市官方发布的打击制售假劣林草种苗和侵犯植物新品种权专项行动的通知；关于对城市树木伐移、绿地占用事项的监管工作情况进行检查的通知；林木种苗质量监督抽查通报等。

（2）行政清单：样本城市官方发布的行政执法事项清单；行政监督检查事项清单；"双随机（随机抽取检查对象，随机选派执法检查人员）"抽查事项清单。

四、森林碳汇维度结果环节的诊断指标体系

建设森林碳汇的目的是提升森林的碳汇水平，对城市在森林碳汇维度的结果准确测度是诊断城市在森林碳汇维度的低碳建设水平的重要内容，因此，诊断森林维度结果环节的城市低碳建设水平的指标是"森林碳汇水平"。该指标包含四个定量得分变量，分别为：森林覆盖率、森林植被碳储量、森林火灾受害率与林业有害生物成灾率。这四个得分变量分别从森林的固碳量与森林建设、管理及灾害防治水平等方面诊断和表征城市在森林碳汇维度结果环节的低碳建设水平。此环节中具体的低碳建设水平指标、得分变量、得分点详见表 2.29。

表 2.29　城市低碳建设在森林碳汇维度结果环节（Fo-O）的诊断指标体系

指标	得分变量	得分点
森林碳汇水平	森林覆盖率（%）	本得分变量是定量的，无得分点，其具体得分规则采用本书第三章的计算方法
	森林植被碳储量（万吨）	依据论文《碳达峰碳中和背景下中国森林碳汇潜力分析研究》中公式计算，森林植被碳储量 $TC = V \times \delta \times \rho \times \gamma$。$V$ 为森林蓄积量，δ 为林木蓄积量与生物蓄积量的转换系数，取值 1.9，ρ 为林木容积密度，取值为 $0.5t/m^3$，γ 为将生物量转为固碳量的系数，取值为 0.5。以上除 V 值为各城市具体值外，其余参数取值均为 IPCC 默认值
	森林火灾受害率（‰）	本得分变量是定量的，无得分点，其具体得分规则采用本书第三章的计算方法
	林业有害生物成灾率（‰）	

数据来源：

（1）样本城市或其所在省官方网站发布的数据。

（2）样本城市或其所在省的林业发展"十四五"规划。

（2）国家林草局发布的"十四五"林业与草原发展规划纲要。

（3）各省省政府的林业发展"十四五"规划。

五、森林碳汇维度反馈环节的诊断指标体系

森林碳汇维度反馈环节的作用是通过总结当下的建设经验与教训，为下一步提升森林碳汇水平工作提供决策依据。从此环节视角去诊断城市低碳建设水平，关键是分析城市为了进一步提升森林碳汇建设水平有何举措。因此，从森林碳汇维度的反馈环节去诊断城市的低碳建设水平的指标为"进一步提升森林碳汇建设水平的措施"。表征这个指标的水平包含三个得分变量：森林碳汇建设工作的总结、奖励对提升森林碳汇水平有突出贡献的主体与处罚破坏森林碳汇的主体。这些得分变量分别从总结经验教训、激励正向行为、遏制负向行为三个方面诊断森林碳汇反馈环节的低碳建设水平。此环节中具体的低碳建设指标、得分变量得分点详见表2.30。

表 2.30　城市低碳建设在森林碳汇维度反馈环节（Fo-F）的诊断指标体系

指标	得分变量	得分点
进一步提升森林碳汇水平的措施	森林碳汇建设工作的总结	①政府部门召开有相关专题总结会议 ②政府部门发布有相关总结文本 ③政府部门发布的总结文本中明确有相关经验或教训 ④政府部门发布的总结文本中明确了改进方案
	奖励对提升森林碳汇水平有突出贡献的主体	①有明确的奖励制度 ②有市政府对下属部门及下属机构实施奖励制度的体现（如公示奖励结果，公开奖励申报程序等） ③有市政府对社会主体实施奖励制度的体现 ④提出了给予奖励的重要性，但无具体制度与落实措施
	处罚破坏森林碳汇的主体	①有明确的处罚制度 ②有市政府对下属部门及下属机构实施处罚制度的体现（如公示处罚结果，公开处罚程序等） ③有市政府对社会主体实施处罚制度的体现 ④提出了施以处罚的重要性，但无具体制度与落实措施

数据来源：

（1）政府官网信息，样本城市市政府发布的表彰各类主体的公示、关于行政处罚结果的公示。

（2）样本城市市政府发布的市级罚没事项清单、行政执法事项清单、行政处罚决定书、行政处罚项目表等。

（3）样本城市召开林业工作会议、召开园林绿化局局长办公会、召开全市森林防火工作会议、通报国土绿化工作完成情况、召开2022年半年工作座谈会、召开2022年森林防火工作总结暨森林资源督查和植树造林工作会、召开全市林草工作会议等。

（4）样本城市市政府关于下达林长制考核奖励及林业增绿增效行动综合奖补资金的通知；关于全市造林绿化工作会议的通知。

（5）样本城市的政务服务网内设板块（对违法采伐林木的行政处罚）；行政处罚服务大厅；"双随机、一公开（随机抽取检查对象，随机选派执法检查人员，抽查情况及查处结果及时向社会公开）"行政抽查记录等。

第七节　城市低碳建设在绿地碳汇维度的诊断指标体系

绿地碳汇是城市中碳汇的重要组成部分，城市绿地的碳汇功能是分布在城市各处的绿地（或称绿色植被）通过光合作用将大气中的二氧化碳固定在植物体内与土壤内，从而降低大气中的二氧化碳浓度。作为城市碳循环的重要组成部分，城市绿地中的植被、

枯枝残叶以及土壤中均存储着大量的碳，是城市生态系统中的重要碳汇，对调节城市碳源碳汇的动态平衡、缓解城市高强度碳排和促进城市低碳建设有重要意义。因此，巩固与提升城市绿地的碳汇水平，是城市低碳建设的重要内容。

我国在 2021 年 3 月的中央财经委员会第九次会议以及在 2021 年 10 月发布的《中共中央　国务院关于完整准确全面贯彻新发展理念做好碳达峰碳中和工作的意见》先后指出，开展大规模国土绿化行动，提升生态系统碳汇能力是做好"双碳"工作的重要内容。传统上强调城市的园林美化功能对提升城市绿地生态效益与固碳能力有一定的局限性。因此，在绿色低碳发展的时代背景下，需要将城市绿地的园林美化功能转变为碳汇功能的城市绿地发展模式，保护并不断提升绿地的固碳能力，提升城市碳汇水平，促进"碳中和"目标的实现，从而提升城市的低碳水平。基于此，分析城市绿地碳汇水平的内涵，构建科学的指标体系，从绿地碳汇维度对城市低碳建设水平进行诊断评价，是推动城市全面实践低碳建设的重要内容。

一、绿地碳汇维度规划环节的诊断指标体系

城市绿地的碳汇能力受绿化面积、质量与管理水平直接影响。绿化质量包括植被类型与生理状态、群落的水平与垂直结构、绿地景观格局等要素，绿化管理水平主要反映在对植被的养护与灾害防治水平两方面，对这些要素的规划是体现城市在绿地碳汇方面的低碳水平的重要因素。因此，诊断城市在绿地碳汇维度规划环节的水平内涵必须包含绿地面积的保护与提升的规划、绿地固碳质量提升规划和绿地管理水平提升的规划等内容，诊断城市在绿地碳汇维度规划环节的低碳建设水平指标是"提升绿地固碳能力的规划"。此环节中具体的指标、得分变量、得分规则详见表 2.31。

表 2.31　城市低碳建设在绿地碳汇维度规划环节（GS-P）的诊断指标体系

指标	得分变量	得分点
提升绿地固碳能力的规划	绿地面积保护与提升的规划	①划分多层级的绿地系统规划 ②有明确的绿地保护的类型及面积 ③有明确的绿地面积提升目标 ④有明确提出具体绿地建设要求 ⑤有明确提出相关策略提升
	绿地固碳质量提升规划	①明确构建多层次、完整的绿色生态网络 ②通过绿地建设提出生态环境质量改善的目标 ③提出优化群落类型与景观格局 ④明确提出乔灌木覆盖率提升与树种规划要求 ⑤明确近期建设重点内容
	绿地管理水平提升的规划	①明确提出城市绿线管理要求 ②明确提出林木养护管理措施 ③明确提出绿地系统病虫害防治规划 ④明确提出绿地系统布局及防灾避险功能管理要求 ⑤明确近期绿地管理的重点内容

数据来源：规划文件，样本城市的城市国民经济和社会发展第十四个五年规划和二〇三五年远景目标纲要、"十四五"生态环境保护规划、城市绿地系统规划。

二、绿地碳汇维度实施环节的诊断指标体系

规划得到正确实施才具有意义。诊断城市在绿地碳汇实施环节的水平是分析城市绿地碳汇水平的重要内容。为了保障城市绿地建设规划的实施，必须要有相应的机制和资源支持。因此，诊断城市在绿地碳汇维度实施环节的水平内涵主要包含提升绿地固碳能力的机制保障和资源保障这两项，也因此，诊断城市在绿地碳汇维度实施环节的低碳建设水平的指标是"提升绿地固碳能力的保障"。再有，相关规章制度的完善程度和实施这些制度流程的通畅度是保障城市绿地规划实施的制度基石。因此这些内容是城市低碳建设在绿地碳汇维度实施环节的表现水平的得分变量。有关城市在绿地碳汇实施环节中具体的低碳建设水平指标、得分变量、得分规则详见表 2.32。

表 2.32　城市低碳建设在绿地碳汇维度实施环节（GS-I）的诊断指标体系

指标	得分变量	得分点
提升绿地固碳能力的保障	相关规章制度的完善和畅通程度	①明确有保障绿地碳汇工作落实的地方性法规 ②明确有保障绿地碳汇工作落实的行政公文 ③明确有办理绿地治理和保护事项的线下办事网点 ④明确有清晰展示了绿地治理和保护相关专题专栏的电子政务平台 ⑤明确有关于绿地碳汇建设相关反馈渠道（公众号、小程序等）
	专项资金投入力度	①明确有社会资本支持绿地治理和保护 ②明确有相关资金管理办法 ③明确有政府专项资金支持绿地治理和保护 ④明确有关于绿地治理和保护近期建设资金预算 ⑤未明确有绿地开发建设相关投资
	人力资源保障程度	①明确有推进绿地治理和保护的行业协会（如园林绿化行业协会、环境保护协会等） ②明确有负责推进绿地治理和保护的政府工作专项小组 ③明确有负责绿地系统修复的专家人才 ④明确有负责园林城市、花园城市评估的人才 ⑤未明确有引进关于绿地碳汇相关专业的高层次人才
	技术条件保障程度	①提出有关于绿地碳汇相关的研究与设计推广机构（如研究院所、设计院、集团公司等）； ②提出有关绿地保护及营建的技术导则与地方规范 ③提出相关生态城市、园林城市建设的试点办法 ④设立了有助于开展绿地碳汇建设的智慧平台 ⑤未提出引进绿地碳汇相关技术

数据来源：

（1）工作方案：样本城市的低碳城市试点建设方案、花园城市试点建设方案、园林城市试点建设方案、绿地行动实施方案、生态环境保护实施方案、环境治理实施方案、生态文明建设实施方案等。

（2）条例规定：样本城市的城市绿化条例、城镇园林绿化条例、保护城市重点公共绿地的规定、永久性绿地管理规定、城市园林绿化工程管理规定等。

（3）其他行政公文：样本城市的园林城市试点通知、加强公园绿地保护通知、加强自然资源保护通知、关于实施城市"双修"（生态修复和城市修补）试点的通知、关于城市绿地治理相关通知等。

三、绿地碳汇维度检查环节的诊断指标体系

在对城市绿地建设规划实施的过程中，需要对城市绿地建设质量及管理水平等进行监督，这种监督检查水平也是城市在发展绿地建设方面的水平组成要素。对绿地建设过程的监督水平主要体现在是否有监督机制进行约束以及是否有充足的资源保障监督，绿

地碳汇检查环节的水平诊断措施是"监督绿地固碳能力提升的检查内容"。由于城市低碳建设在绿地碳汇维度检查环节的内涵必须包含绿地固碳监督所需要的机制保障和资源保障，诊断指标包括四个得分变量：相关规章制度的完善和畅通程度、专项资金保障程度、人力资源保障程度以及技术条件保障程度。体现城市在绿地碳汇维度检查环节低碳建设水平的指标、得分变量、得分规则详见表 2.33。

表 2.33 城市低碳建设在绿地碳汇维度检查环节（GS-C）的诊断指标体系

指标	得分变量	得分点
监督绿地固碳能力提升的检查内容	相关规章制度的完善和畅通程度	①明确有监督绿地碳汇工作落实的地方法规 ②明确有监督绿地碳汇工作落实的行政公文 ③明确有政府或行业协会网站专栏专题中关于绿地碳汇监督相关的公示、公告、通知、政务办理指南 ④明确有关于实施绿地碳汇监督的新闻报道、公众号等 ⑤社区/街道设置相关人员对于绿地开发建设进行监督整改
	专项资金保障程度	①明确有设立专项资金监督绿地治理和保护 ②明确有监督绿地保护和治理工作的专项资金监管办法 ③明确有设立工程资金监管绿地保护与治理项目中 ④明确有用于绿地碳汇监督近期建设资金预算 ⑤未明确有用于绿地开发监督的相关投资
	人力资源保障程度	①是否有由省市级领导人牵头组成的落实监督小组 ②是否有由政府多部门负责人牵头组成的监督小组 ③是否有由政府单一部门负责人牵头组成的监督小组 ④是否有由政府单一部门内园林绿化、林业管理、城镇建设等多部门负责人牵头组成的监督小组 ⑤是否有由当地园林绿化局内园林绿化处负责人牵头的监督小组
	技术条件保障程度	①是否有用于监督绿地固碳能力提升工作的智慧城市实施监控平台 ②是否有用于监督绿地固碳能力提升工作的无人机及 3S（GPS、RS、GIS）技术 ③是否有用于监督绿地固碳能力提升工作的安全应急保障系统 ④未提出引进绿地碳汇监督相关技术

数据来源：

（1）条例规定，样本城市的城市绿化管理条例、城市园林绿化条例、保护城市重点公共绿地规定、城市绿地树种规划设计规范、城市绿地占用事中事后监督管理办法、植树造林绿化管理条例、绿化行政许可审核若干规定等。

（2）管理办法，样本城市的园林绿化工程质量和安全监督管理办法、城市绿化监督检查实施办法、建设工程项目配套绿地面积审核管理办法等。

（3）其他行政公文，样本城市的政府官网、城市园林相关部门（如园林局、城市管理局、自然资源局等）、园林环保协会相关网站以及官方媒体发布的绿化建设项目检查验收办法的通知、城市绿化建设管理规定（试行）的通知、园林绿化工程质量和安全监督管理办法的通知、绿化督查通知等。

四、绿地碳汇维度结果环节的诊断指标体系

城市的绿地碳汇能力结果一方面受绿地面积直接影响，绿地面积不足、植物绿量不够，会极大地减弱绿地的碳汇能力；另一方面，在绿地面积相同的条件下，植被类型与各种类的占比对绿地的碳汇能力也有直接影响。相较于灌木、草本和藤本等几种主要绿地植物，乔木绿地植被的平均固碳能力是最强的，灌木次之。因此，测度城市在绿地碳汇维度结果环节的低碳建设指标是"绿地固碳能力"，该指标包括三个得分变量：建成区绿地率、人均绿地面积、人均公园绿地面积。这些得分变量从不同方面来评价城市低碳建设过程中绿地固碳水平的结果。此环节中具体的指标、得分变量、得分规则详见表 2.34。

表 2.34　城市低碳建设在绿地碳汇维度结果环节（GS-O）的诊断指标体系

指标	得分变量	得分点
绿地固碳能力	建成区绿地率（%）	本得分变量是定量的，无得分点，其具体得分规则采用本书第三章的计算方法
	人均绿地面积（米²）	
	人均公园绿地面积（米²）	

数据来源：
（1）"建成区绿地率（%）"、"人均公园绿地面积（米²）"数据来自历年《中国城市建设年鉴》。
（2）"人均绿地面积（米²）"数据来自历年《中国城市统计年鉴》。

五、绿地碳汇维度反馈环节的诊断指标体系

　　城市在绿地碳汇维度的反馈环节是对自身的低碳建设在绿地碳汇维度表现的全面总结及归纳，其内涵包括绿地管理相关主体提出改进措施和方案，对提升绿地固碳能力的主体给予奖励以及基于绩效考核对政府相关部门的相应措施等。这些方面是诊断城市在绿地碳汇反馈环节的低碳建设水平的主要内容，因此诊断此环节的低碳建设水平诊断指标是"改进绿地固碳能力的措施和方案"，包括三个得分变量：绿地管理相关主体提出改进措施和方案、对提升绿地固碳能力的主体给予奖励、基于绩效考核对政府相关部门的相应措施。这些变量可以表征城市在绿地碳汇维度反馈环节的低碳建设表现，以此推动绿地固碳能力的提升，为进一步提升城市绿地碳汇能力总结经验和实施新的措施奠定基础。此环节中具体的指标、得分变量、得分规则详见表 2.35。

表 2.35　城市低碳建设在绿地碳汇维度反馈环节（GS-F）的诊断指标体系

指标	得分变量	得分点
改进绿地固碳能力的措施和方案	绿地管理相关主体提出改进措施和方案	①相关主体部门召开了有关绿地治理和保护的总结会议 ②相关主体部门发布了相关的总结文本 ③相关主体部门发布的总结文本中提出有相关经验或教训 ④相关主体部门发布的总结文本中提出有相关教训 ⑤相关主体部门发布的总结文本中，明确了改进方案
	对提升绿地固碳能力的主体给予奖励	①是否有明确的相关奖励制度 ②是否政府有落实奖励的具体措施 ③是否有合法社会团体（如行业协会等）有落实奖励的具体措施 ④是否有对于绿地碳汇水平主体提升的表扬/公示
	基于绩效考核对政府相关部门的相应措施	①是否有明确的相关处罚制度 ②是否有政府部门落实处罚具体措施 ③是否有相关社会主体（如园林行业协会等）有落实处罚的具体措施 ④是否有对于绿地碳汇水平降低主体的批评/公示

数据来源：
（1）总结文本，样本城市的园林部门工作总结暨年度绩效管理自查情况的报告、园林部门年度工作总结表彰暨工作部署大会报告。
（2）政府官网信息，样本城市的园林绿化相关主体年度年中工作会议、绿地检查考评结果通报会、全市城市园林绿化工作推进会、城市园林绿化养护巡查质量分析会、园林绿化管理先进单位的通报、对绿化先进集体和先进个人拟表彰名单的公示、风景园林协会科技进步奖、优秀园林工程项目获奖结果的通报、关于表彰创建园林绿化先进城市（城区）和创建园林城市先进集体、优秀市长（区长）、先进个人的通报等。
（3）办法标准，样本城市的城市园林绿化管护考核办法、园林绿化养护管理考核评分标准等。

第八节　城市低碳建设在低碳技术维度的诊断指标体系

人类社会正面临着全球气候变暖、可持续发展受阻的严峻挑战，这与人类活动及其排放大量二氧化碳等温室气体密切相关。因此，减少碳排放、增加碳汇能力以应对气候变化已是国际社会的共识与共同义务。但只要有人类的生产生活就势必会排放二氧化碳，尤其是发展中国家，发展社会经济仍然是国家长期建设的重要目标，因此人类生产生活活动带来的碳排放会在相当长时间内仍然呈增长趋势。故而，如何在保持人类社会经济发展的同时，减少碳排放、增加碳汇是人类需要解决的问题。解决这一问题的重要途径之一是发展可促进能源高效利用、能源清洁、平衡经济发展和环境可持续的各种低碳技术。目前，欧盟、美国、日本、世界能源署等已纷纷将发展低碳技术纳入气候变化应对行动的主要方案中，在低碳领域的科技创新已经成为国际公认的实现碳达峰、碳中和目标的保障。

我国人口基数庞大，改革开放以来，我国经济和社会发展水平显著提高，但同时也排放了大量温室气体，产生了一些环境问题。面对这一现实背景，发展和应用低碳技术，借此平衡经济社会发展与环境保护势在必行。城市作为知识与技术的集中地，具备研发与应用低碳技术的天然优势，提升城市低碳技术创新水平，对提高能源利用效率、推动高碳产业转型、促进"双碳"目标实现意义重大。因此，城市低碳技术的研发和应用状况是诊断城市低碳建设水平的重要内容。

一、低碳技术维度规划环节的诊断指标体系

为使低碳技术成为城市低碳建设的可靠生产力，必须科学地规划低碳技术的研发和应用。我国许多城市发布了科创领域碳达峰行动方案，或在"十四五"规划中提出节能低碳领域的技术创新路径，为技术减排提供路线、目标和具体措施。发展低碳技术的过程也是研发和应用推广低碳技术的过程，如果技术研发和推广的广度和力度不够，浅尝辄止，就达不到用低碳技术推动城市低碳建设的效果。因此，城市在低碳技术维度的规划（P）环节对城市的低碳建设水平有直接的影响。规划环节需要对城市的低碳技术研发和应用两个方面制定规划方案。方案制定的质量水平直接反映城市在低碳技术建设的水平。诊断城市在低碳技术维度规划环节的表现水平可以用"低碳技术研发规划内容的全面性"和"低碳技术应用规划内容的全面性"两个指标，其得分变量、得分点详见表2.36。

表 2.36　城市低碳建设在低碳技术维度规划环节（Te-P）的诊断指标体系

指标	得分变量	得分点
低碳技术研发的规划	低碳技术研发规划内容的全面性	①提出开展低碳技术研发的计划 ②建设低碳技术研发创新平台 ③提出低碳技术研发的目标 ④培养和引进相关专业人才 ⑤研发低碳技术的具体类型、路线或罗列工程项目

指标	得分变量	得分点
低碳技术应用的规划	低碳技术应用规划内容的全面性	①提出开展低碳技术应用和推广的计划 ②编制或发布低碳技术推广目录 ③应用低碳技术的具体类型、路线、效果或罗列工程项目 ④提出开展低碳技术应用示范的要求 ⑤提出低碳技术应用的目标

数据来源：

（1）规划文件，样本城市的科技创新"十四五"规划、生态环境保护"十四五"规划、应对气候变化"十四五"规划、能源发展"十四五"规划等。

（2）规划方案，样本城市的低碳试点工作方案、碳达峰碳中和实施方案、科创领域碳达峰行动方案、推动降碳及发展低碳产业工作方案等。

（3）条例规定，样本城市的碳达峰碳中和促进条例、低碳发展促进条例等。

二、低碳技术维度实施环节的诊断指标体系

低碳技术维度实施环节的诊断指标是诊断城市在实施低碳技术规划过程中所拥有的物质资源和制度保障能力。美国学者理查德·波特提出的波特假说认为严格的环境法规可能会促使企业参与清洁技术的创新和环境改善，同时技术的创新可以提升公司的生产力和竞争力。许多研究也表明环境法规迫使或激励企业寻求技术创新以减少污染和能耗。所以说完善和通畅的规章制度和公文条例可以为发展低碳技术提供机制保障。另一方面，研发资金也是低碳技术创新的关键要素，资金保障是促进低碳技术发展的重要激励手段，资金是否充足将决定低碳技术创新及应用的广度和深度。除了资金支持外，相关科技及服务机构的支持也是不可或缺的保障举措。因此，诊断城市在低碳技术维度实施环节的低碳建设水平指标是"低碳技术发展的保障"，指标的水平值由三个得分变量决定：相关规章制度的完善程度和通畅度、专项资金保障程度以及科学研究和技术服务业企业数。体现城市在低碳技术维度实施环节的水平指标、得分变量、得分点详见表 2.37。

表 2.37 城市低碳建设在低碳技术维度实施环节（Te-I）的诊断指标体系

指标	得分变量	得分点
低碳技术发展的保障	相关规章制度的完善程度和通畅度	①各级相关政府部门有低碳技术发展的法规条例、实施办法或行动方案 ②有征集、设立先进低碳技术试点项目或重大专项的通知 ③有发布低碳技术推广、成果转化目录或清单 ④实施办法、征集通知中明确了办事联系方式或线下地址
	专项资金保障程度	①有促进低碳技术发展的财政政策措施 ②有政府专项资金支持推进低碳技术发展 ③政府专项资金有配套的资金管理办法 ④有面向所有技术的政府资金支持

续表

指标	得分变量	得分点
低碳技术发展的保障	科学研究和技术服务业企业数	本得分变量是定量的，无得分点，其具体得分规则采用本书第三章的计算方法

数据来源：

（1）工作方案，样本城市的低碳试点工作方案、碳达峰碳中和实施方案、科创领域碳达峰行动方案、推动降碳及发展低碳产业工作方案等。

（2）条例规定，样本城市的碳达峰碳中和促进条例、低碳发展促进条例等。

（3）管理办法，样本城市的节能专项资金管理暂行办法、促进绿色转型专项资金使用管理办法、节能减排（应对气候变化）专项资金管理办法等。

（4）其他行政公文，样本城市政府官网、科学技术局官网、科研机构与协会官网发布的关于征集先进低碳技术试点项目的通知、节能低碳技术产品推荐目录、征集节能减排与低碳技术成果的通知等。

（5）办事指南，样本城市的科学技术局官网。

（6）科学研究和技术服务业企业数，爱企查平台。

三、低碳技术维度检查环节的诊断指标体系

对低碳技术研发和应用过程的有效的检查（C）是督促低碳技术发展相关规划和措施得到有效实施的保障，因此诊断城市在低碳技术维度检查环节的表现水平指标是"相关规章制度的完善程度和公开化程度"。但是，技术的研发和应用涉及知识产权相关规定，部分环节需要严格保密。因此，本环节诊断指标的得分变量包括相关规章制度的完善程度和公开化程度、人力资源保障程度。此环节中具体的诊断指标、得分变量、得分点详见表2.38。

表 2.38　城市低碳建设在低碳技术维度检查环节（Te-C）的诊断指标体系

指标	得分变量	得分点
监督低碳技术发展的保障	相关规章制度的完善程度和公开化程度	①有低碳技术研发应用的专项监督管理办法 ②有监督管理企业或科研机构低碳技术研发应用的地方标准或通则 ③有面向所有技术的监督管理办法 ④专项或面向所有技术监督管理办法中明确了联系方式或线下地址
	人力资源保障程度	①有或在征集评估低碳相关技术水平的专家库 ②有负责监督低碳技术研发应用水平的专项监察管理机构 ③有负责科技监督评价体系建设和科技评估管理相关工作的机构 ④有负责低碳技术发展的市属政府领导或工作小组

数据来源：

（1）条例规定，样本城市的科技创新条例、节约能源条例等。

（2）工作方案，样本城市的科技监督和评估体系建设工作方案、年度节能监察工作要点等。

（3）管理办法，样本城市的科技计划项目管理办法、科技计划项目监督与评估工作管理办法、节能低碳产品认证管理办法、区域节能评价审查管理暂行办法、绿色制造试点示范管理暂行办法等。

（4）办法标准，样本城市的企业低碳运行管理通则、绿色企业评价规范等。

四、低碳技术维度结果环节的诊断指标体系

在以往的许多相关研究中通常把绿色专利数量（绿色发明数量和绿色实用新型专利

数量）作为评价低碳技术创新结果的指标。但该指标仅考虑到低碳技术的研发情况，并未囊括技术的应用推广情况。本书指出在低碳技术维度的结果（O）环节中，还必须考虑技术应用的效果。低碳技术维度的结果环节主要是测度城市在研发和应用技术结果的表现。所在这个环节的诊断指标包括"低碳技术研发成果"和"低碳技术应用效果"。"低碳技术研发成果"包括四个得分变量：获得的绿色发明数量（个）、获得的绿色实用新型专利数量（个）、获得的绿色发明数量占发明总数的比例（%）和获得的绿色实用新型专利数量占实用新型专利数量总数的比例（%）。"低碳技术应用效果"包括两个得分变量：绿色全要素生产率（%）和获得的绿色专利数量点碳排放量的百分比（%）。其中，"绿色全要素生产率"反映城市在利用低碳技术发展低碳经济方面的效果，"获得的绿色专利数量占碳排放量的百分比"能反映低碳技术在减少碳排放方面的效果。此环节中具体的指标、得分变量、得分点详见表 2.39。

表 2.39　城市低碳建设在低碳技术维度结果环节（Te-O）的诊断指标体系

指标	得分变量	得分点
低碳技术研发成果	获得的绿色发明数量（个）	本得分变量是定量的，无得分点，其具体得分规则采用本书第三章的计算方法
	获得的绿色实用新型专利数量（个）	
	获得的绿色发明数量占发明总数的百分比（%）	
	获得的绿色实用新型专利数量占实用新型专利数量总数的百分比（%）	
低碳技术应用效果	绿色全要素生产率（%）	采用超效率-非期望的马姆奎斯特（Malmquist）生产指数法（SBM-Malmquist）测度。具体计算方法参考见本章结尾
	获得的绿色专利（绿色发明及绿色实用新型）数量占碳排放量的百分比（%）	本得分变量是定量的，无得分点，其具体得分规则采用本书第三章的计算方法

数据来源：

（1）"发明和实用新型专利"（2022 年度）数据来自中国研究数据服务平台（CNRDS）https://www.cnrds.com。

（2）"绿色全要素生产率"（2021 年度）数据来源于中国国家统计局、《中国城市统计年鉴（2021）》、中国各省市统计年鉴。

（3）"获得的绿色专利（绿色发明及绿色实用新型）数量占碳排放量的百分比"通过中国研究数据服务平台（CNRDS）得到绿色专利数量（2022 年度）除以《中国城市二氧化碳排放数据集（2020）》中的"二氧化碳排放"。

五、低碳技术维度反馈环节的诊断指标体系

诊断城市在低碳技术维度反馈（F）环节的表现主要是反映城市把握进一步提升低碳技术研发和应用的内容的准确度，因此诊断这个环节的水平指标是"进一步推进低碳技术发展的措施和方案"。认识这个指标的表现水平对推进低碳技术发展有激励作用，为城市低碳技术进一步发展提供了动力，因此包含两个得分变量：基于绩效考核对政府相关部门的奖励及对有效推进低碳技术发展的主体给予激励措施。此环节中具体的指标、得分变量、得分点详见表 2.40。

表 2.40　城市低碳建设在低碳技术维度反馈环节（Te-F）的诊断指标体系

指标	得分变量	得分点
进一步推进低碳技术发展的措施和方案	基于绩效考核对政府相关部门的奖励	①有低碳技术相关的专项奖励制度 ②有面向所有技术的非专项奖励制度 ③有低碳技术相关的专项奖励结果 ④有面向所有技术的非专项奖励结果
	对有效推进低碳技术发展的主体给予激励措施	①本市有低碳技术相关的专项奖励制度 ②本市有面向所有技术的非专项奖励制度 ③本市有低碳技术相关的专项奖励结果 ④本市有面向所有技术的非专项奖励结果

数据来源：

（1）办法与细则，样本城市的节能减排先进集体和先进个人评选表彰暂行办法、科学技术奖励办法实施细则、"科技奖"表彰办法、科学技术奖励办法、科学技术奖励规定实施细则、科学技术奖申报指南等。

（2）条例规定，样本城市的科学技术奖励条例等。

（3）政府官网信息，样本城市的节能减排先进集体和先进个人拟表彰对象名单、重点实验室工程技术研究中心绩效考评结果及名单、优秀科技工作者评选表彰活动的通知、年度科学技术奖励项目及市科技创新奖的通报、生态环境技术进步奖申报工作的通知、经济社会发展贡献奖（科技创新）先进集体和先进个人拟推荐名单公示等。

　　绿色全要素生产率（green total factor productivity，GTFP）也被称为环境全要素生产率，从绿色投入视角可以将其定义为绿色技术的生产效率。绿色全要素生产率是在传统的全要素生产率基础上，综合考虑资源与环境质量，衡量在投入一定生产要素的情况下期望产出（经济产出）增加且非期望产出（环境污染）减少的指标。绿色全要素生产率体现了绿色发展的内涵，更符合当前经济和社会发展的需求。

　　本书中所用的绿色全要素生产率参考王亚飞和陶文清（2021）的研究，采用超效率-非期望的 Malmquist 生产指数法（SBM-Malmquist）测度城市绿色全要素生产率。绿色全要素生产率测度的投入和产出变量如下：

　　（1）投入变量指标

　　第一，物质资本存量。采取永续盘存法进行测算。公式如下：

$$K_{i,t} = I_{i,t} + K_{i,t-1}(1-\delta)$$

其中，K 为物质资本存量，I 为当年资本形成总额，δ 为折旧率。

　　第二，劳动投入。采取城市年末就业人数表示。

　　（2）产出变量指标

　　产出变量包括期望产出和非期望产出。第一，期望产出，按照 2004 年不变价格换算的国内生产总值来表示。第二，非期望产出。非期望产出包括废水排放量、二氧化硫排放量、粉尘烟尘排放量。

第三章 城市低碳建设水平诊断计算方法

第一节 城市低碳建设水平计算的理论框架

基于本书第一章阐述的城市低碳建设水平的形成机理，城市低碳建设水平（low carbon city performance，LCCP）体现在 8 个维度（d）：能源结构（En）、经济发展（Ec）、生产效率（Ef）、城市居民（Po）、水域碳汇（Wa）、森林碳汇（Fo）、绿地碳汇（GS）、低碳技术（Te）。在每一维度下的低碳建设水平是通过管理过程中的 5 个环节（s）不断迭代实现的：计划（P）、实施（I）、检查（C）、结果（O）和反馈（F），各维度自成一个管理过程循环。

根据本书第二章建立的城市低碳建设水平诊断指标体系，各低碳建设维度下的每个管理过程环节（s）都包括若干个能反映所属维度特征性质的指标（i），这些指标的取值由相应的得分变量（j）决定。

基于上述逻辑，城市低碳建设水平计算的理论框架由 5 级参数构成，5 级参数层层递进，各级参数的定义如下：

V：第一级，城市低碳建设水平综合值，LCCP

d：第二级，城市的某一低碳建设维度，d 属于特定集合 $\bar{D}$ = {En, Ec, Ef, Po, Wa, Fo, GS, Te}

s：第三级，某一维度的某一环节，s 属于特定集合 $\bar{S}$ = {P, I, C, O, F}

i：第四级，某一维度某一环节的诊断指标，i = 1, 2, …, n

j：第五级，指标 i 包括的得分变量，j = 1, 2, …, m

以上诊断城市低碳建设水平的 5 级参数结构可以用图 3.1 表示。

第二节 城市低碳建设水平的计算模型

从上一节的计算理论框架中可以知道，城市低碳建设水平的计算由"城市层-维度层-环节层-指标层-得分变量层"五级参数构成。本节将由上至下对每一级参数的计算模型进行阐释。

一、城市尺度的低碳建设水平值计算模型

在城市的低碳建设中，八个建设维度的表现对城市总体的低碳建设水平贡献程度是不同的，故应对它们赋予不同的权重值。城市总体尺度的低碳建设水平值可以用以下公式表示：

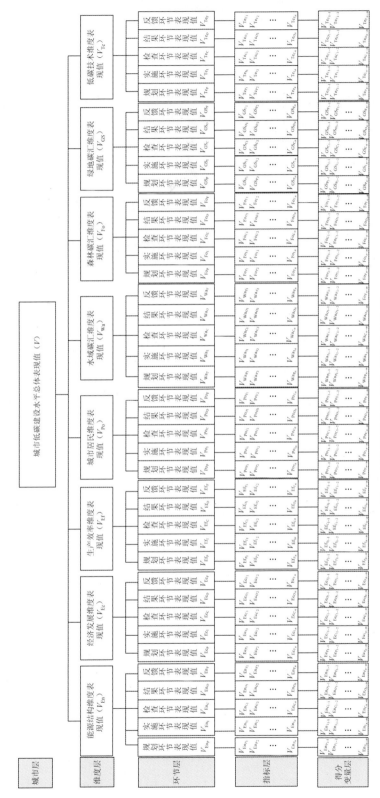

图3.1　城市低碳建设水平5级参数结构图

$$V = \sum_d w_d V_d = w_{En}V_{En} + w_{Ec}V_{Ec} + w_{Ef}V_{Ef} + w_{Po}V_{Po} + w_{Wa}V_{Wa} + w_{Fo}V_{Fo} + w_{GS}V_{GS} + w_{Te}V_{Te}$$

$$（3.1）$$

上式中，V 表示城市在报告年度的低碳建设水平综合值；V_d 表示城市在八个维度 $d\{En, Ec, Ef, Po, Wa, Fo, GS, Te\}$ 的年度低碳建设水平值；w_d 表示八个维度在城市低碳建设中的权重。八个低碳建设维度的权重设置是在《中国城市低碳建设水平诊断（2022）》（后称 1.0 版指数）基础上，进行了专家论证、专家访谈和专家打分，得到能源结构、经济发展、生产效率、城市居民、水域碳汇、森林碳汇、绿地碳汇和低碳技术 8 个维度的权重，分别是 0.25，0.1，0.1，0.1，0.1，0.1，0.1，0.15；也即是 w_d 属于特定集合 $w_d = \{w_{En}, w_{Ec}, w_{Ef}, w_{Po}, w_{Wa}, w_{Fo}, w_{GS}, w_{Te}\} = \{0.25，0.1，0.1，0.1，0.1，0.1，0.1，0.15\}$。

城市的低碳建设水平体现在由碳源与碳汇两个部分组成的碳循环过程中，因此，除了计算城市整体的低碳建设水平外，还应该基于碳源与碳汇视角，分别计算对应的城市低碳建设水平，相关计算公式如下所示：

$$V_{So} = \frac{w_{En}V_{En} + w_{Ec}V_{Ec} + w_{Ef}V_{Ef} + w_{Po}V_{Po}}{w_{En} + w_{Ec} + w_{Ef} + w_{Po}}$$

$$（3.2）$$

$$V_{Si} = \frac{w_{Wa}V_{Wa} + w_{Fo}V_{Fo} + w_{GS}V_{GS}}{w_{Wa} + w_{Fo} + w_{GS}}$$

$$（3.3）$$

其中，V_{So} 表示城市在碳源视角下的低碳建设水平值；V_{Si} 表示城市在碳汇视角下的低碳建设水平值。

二、维度尺度的城市低碳建设水平值计算模型

城市在低碳建设每个维度上的水平是由五个建设管理过程环节的表现值决定的。维度尺度的城市低碳建设水平值用下列公式计算：

$$V_d = \sum_s w_s V_{d_s} = w_P V_{d_P} + w_I V_{d_I} + w_C V_{d_C} + w_O V_{d_O} + w_F V_{d_F}$$

$$（3.4）$$

式中，V_{d_s} 表示城市在 d 维度的 $s\{P, I, C, O, F\}$ 环节的低碳表现水平值，包括计划环节表现值（V_{d_P}）、实施环节表现值（V_{d_I}）、检查环节表现值（V_{d_C}）、结果表现值（V_{d_O}）和反馈环节表现值（V_{d_F}）。

w_s 表示五个环节 $s\{P, I, C, O, F\}$ 在城市低碳建设过程中的权重，各环节的权重设置是在 1.0 版指数的基础上，进行了专家论证、专家访谈和专家打分，得到 5 个环节的权重，分别是 0.2，0.2，0.15，0.3，0.15，故有 $w_s = \{w_P, w_I, w_C, w_O, w_F\} = \{0.2，0.2，0.15，0.3，0.15\}$。

三、环节尺度的城市低碳建设水平值计算模型

环节尺度的城市低碳建设水平值（V_{d_s}）用式 3.5～式 3.9 计算：

（1）P 环节

$$V_{d_{\mathrm{P}}} = \alpha_d \frac{\sum\limits_{i=1}^{n} V_{d_{\mathrm{P}_i}}}{n} \tag{3.5}$$

（2）I 环节

$$V_{d_{\mathrm{I}}} = \frac{\sum\limits_{i=1}^{n} V_{d_{\mathrm{I}_i}}}{n} \tag{3.6}$$

（3）C 环节

$$V_{d_{\mathrm{C}}} = \frac{\sum\limits_{i=1}^{n} V_{d_{\mathrm{C}_i}}}{n} \tag{3.7}$$

（4）O 环节

$$V_{d_{\mathrm{O}}} = \alpha_d \frac{\sum\limits_{i=1}^{n} V_{d_{\mathrm{O}_i}}}{n} \tag{3.8}$$

（5）F 环节

$$V_{d_{\mathrm{F}}} = \frac{\sum\limits_{i=1}^{n} V_{d_{\mathrm{F}_i}}}{n} \tag{3.9}$$

式（3.5）～式（3.9）中，$V_{d_{s_i}}$ 是环节 $s\{\mathrm{P}，\mathrm{I}，\mathrm{C}，\mathrm{O}，\mathrm{F}\}$ 中指标 i 的得分值；n 是指环节 s 中指标 i 的个数，n 值在不同维度不同环节中有所不同；α_d 是城市各低碳建设维度 d 在 P 环节和 O 环节上的修正系数，其原理阐释见本章第三节。

四、指标尺度的低碳建设水平值计算模型

在指标尺度上，城市低碳建设水平的值（$V_{d_{s_i}}$）用下列公式计算：

$$V_{d_{s_i}} = \frac{\sum\limits_{j=1}^{m} V_{d_{s_{i-j}}}}{m} \tag{3.10}$$

式中，$V_{d_{s_{i-j}}}$ 是在 $s\{\mathrm{P}，\mathrm{I}，\mathrm{C}，\mathrm{O}，\mathrm{F}\}$ 环节中指标 i 里面的得分变量 j 的取值；m 是指得分变量 j 的个数，得分变量个数 m 会因不同的指标有所差异。

将式 3.10 应用到各具体环节时，可以得到各管理过程环节中各指标的计算公式，如式 3.11～式 3.15 所示：

（1）P 环节下指标 i 值的计算公式如下：

$$V_{d_{\mathrm{P}_i}} = \frac{\sum\limits_{j=1}^{m} V_{d_{\mathrm{P}_{i-j}}}}{m} \tag{3.11}$$

（2）I 环节下指标 i 值的计算公式如下：

$$V_{d_{I_i}} = \frac{\sum_{j=1}^{m} V_{d_{I_{i-j}}}}{m} \tag{3.12}$$

（3）C 环节下指标 i 值的计算公式如下：

$$V_{d_{C_i}} = \frac{\sum_{j=1}^{m} V_{d_{C_{i-j}}}}{m} \tag{3.13}$$

（4）O 环节下指标 i 值的计算公式如下：

$$V_{d_{O_i}} = \frac{\sum_{j=1}^{m} V_{d_{O_{i-j}}}}{m} \tag{3.14}$$

（5）F 环节下指标 i 值的计算公式如下：

$$V_{d_{F_i}} = \frac{\sum_{j=1}^{m} V_{d_{F_{i-j}}}}{m} \tag{3.15}$$

五、得分变量尺度的低碳建设水平值计算模型

评价指标的取值是由多方面因素决定的，这些影响因素被称为得分变量（j）。不同的评价指标包括不同性质和个数的得分变量，这些得分变量既有定量属性的，也有定性属性的，需进行相关处理，以便于计算。

（一）定量属性的得分变量

在本书中，城市低碳建设水平的取值采用百分制，定量属性的得分变量需做 0—100 分的标准化处理。为排除定量属性的得分变量在城市间的自然数据中的极端异常值，需要对最大值和最小值的取值进行处理，具体方法是：最大值根据 $\min[\bar{x}_j + 3\sigma, \max(x_j)]$ 计算得出，最小值根据 $\max[\bar{x}_j - 3\sigma, \min(x_j)]$ 计算得出，其中 x_j 是得分变量 j 的取值，$\bar{x}_j$ 表示得分变量 j 在一组城市间的平均值，σ 表示这一组数据的标准差。

在对极端异常值进行处理后，正向变量（变量的取值越大越好）和负向变量（变量的取值越小越好）的标准化处理如下：

（1）正向得分变量的标准化计算公式如下：

$$V_{d_{s_{i-j}}} = \begin{cases} 100, & x_j > x_h \\ \dfrac{x_j - x_l}{x_h - x_l} \times 100, & x_l < x_j \leqslant x_h \\ 0, & x \leqslant x_l \end{cases} \tag{3.16}$$

式中，x_j 是得分变量 j 的取值。

x_h 是得分变量 j 在一组城市的取值的最优值，有两种方法获取 x_h 值：（a）如果有相关标准规定了得分变量 j 的基准或最优值，x_h 值直接取该基准（最优）值；（b）如果没有相关标准，则 $x_h = \min[\overline{x}_j + 3\sigma, \ \max(x_j)]$。

x_l 是得分变量 j 在一组城市的取值的最劣值，有两种方法获取 x_l 值：（a）如果有相关标准规定了得分变量 j 的最低值，x_l 值直接取该最低值；（b）如果没有相关标准，则 $x_l = \max[\overline{x}_j - 3\sigma, \ \min(x_j)]$。

（2）负向得分变量取值计算采用下列公式：

$$V_{d_{s_{i-j}}} = \begin{cases} 100, & x_j \leqslant x_l \\ \dfrac{x_h - x_j}{x_h - x_l} \times 100, & x_l < x_j \leqslant x_h \\ 0, & x_j > x_h \end{cases} \tag{3.17}$$

式中，x_j 是得分变量 j 的取值。

x_l 是得分变量 j 在一组城市的取值的最优值，有两种方法获取 x_l 值：①如果有相关标准规定了得分变量 j 的基准或最优值，x_l 值直接取该基准（最优）值；②如果没有相关标准，则 $x_l = \max[\overline{x}_j - 3\sigma, \ \min(x_j)]$。

x_h 是得分变量 j 在一组城市的取值的最劣值，有两种方法获取 x_h 值：①如果有相关标准规定了得分变量 j 的最大值，x_h 值直接取该最大值；②如果没有相关标准，则 $x_h = \min[\overline{x}_j + 3\sigma, \ \max(x_j)]$。

（二）定性属性的得分变量

定性属性得分变量的得分规则详见本报告第二章第一节至第八节中的表 2.1～表 2.40。

第三节　基于城市特征的城市低碳建设水平修正系数

一、城市低碳建设水平修正系数的内涵

影响城市低碳建设水平的要素包括主观要素和客观要素。主观要素与城市管理者和市民从事的各种社会经济活动密切相关，这些要素对低碳建设水平的影响是可以通过管理者的管理措施和居民的行为改变的。客观要素也可称之为城市的客观条件特征，是受自然资源分布、气候、地形、经济基础、社会背景等条件决定的。我国幅员辽阔，不同城市的碳排放现状、历史累积排放量以及资源和能源禀赋、地域分工和发展阶段等情况都不同，形成了不同的城市特征。这些城市特征直接影响城市的低碳建设水平，有的城市特征对低碳建设产生约束效应，例如重化工业城市、资源型城市等。有的城市特征对低碳建设产生优势效应，例如生态资源禀赋好的城市。为了促进公平，基于《联合国气候变化框架公约》中的"共同但有区别的责任"原则，各城市在低碳建设责任的范围、大小、手段以及承担责任的时间先后顺序等方面应该是有区别的，应该结合各个城市的基本情况予以区别对待。

主观要素和客观要素都会影响城市的碳循环过程，进而影响城市的低碳建设水平。因此，在低碳建设过程中，城市实际表现出的低碳建设水平（low carbon city performance，LCCP）是由其客观要素与主观要素共同决定的。然而，城市低碳建设水平（LCCP）的诊断本质上是希望反映由人类各种生产生活等主观行为所产生的低碳效应和结果，其主要目的是判断城市管理者和居民在从事各种社会经济活动中所付出的努力程度及其带来的低碳水平高低，从而推动人类各种生产生活的改变以有效提升城市的低碳建设水平。而另一方面，人类是无法或很难在短时间内改变城市的客观条件特征的，换句话说，因客观条件限制所导致的低碳水平效果一般不以管理者的主观意志为转移，不能反映人类的主导性效果。所以在城市间进行低碳建设水平诊断时不应该一刀切，应该将城市客观条件所导致的低碳城市建设制约效应或优势效应分离出去，这部分水平效果不应被计入 LCCP 中。

因此，在本书中计算得出的城市低碳建设水平得分需要乘以一个修正系数（α），以消除在城市间因客观条件差异所产生的低碳建设水平评价结果，从而真实地反映各城市管理者和居民在实践各种生产生活活动中创造的低碳建设水平。所以，在本书的计算中，引入了修正系数对城市低碳建设水平得分进行修正，以消除客观条件影响。

对于存在有利低碳建设客观条件的城市，比如水域、植被资源丰富、自然条件好的城市，这些有利客观条件对城市实际的低碳建设水平（LCCP）具有天然的促进作用。在城市管理者和居民付出同样智慧和努力的前提下，这些具有有利客观条件的城市将会显现出好一些的低碳建设水平。其实这种"好一些"现象是与有利的客观条件的影响有关的，不完全是由这个城市的管理者和居民付出了更多努力而带来的。因此在对一组城市进行低碳建设水平诊断时，对处于有利客观条件的城市需要在其计算结果的基础上赋予数值小于 1 的修正系数。通过应用该小于 1 的修正系数来消除客观条件所导致的低碳建设优势效应，LCCP 就可以反映这类具有有利客观条件的城市管理者和居民通过各种社会经济活动创造的真实城市低碳建设水平。

同理，对于存在不利客观条件的城市，比如重工业城市、资源型城市，这些不利的客观条件对城市的低碳水平具有天然的抑制作用，进而使得在城市管理者和居民付出同样智慧和努力的前提下，这些城市会显现出低一些的低碳建设水平。其实这种"差一些"现象与不利客观条件的影响密切相关，不完全是这个城市的管理者和居民付出了更少努力导致的。因此对处于不利客观条件的城市需要赋予数值大于 1 的修正系数来消除客观条件所导致的低碳建设制约效应，从而保证修正后的 LCCP 值能反映这类具有不利客观条件的城市管理者和居民创造的真实城市低碳建设水平。

二、城市低碳建设水平修正系数构建的机理

本书第二章中阐述的城市低碳建设水平形成机理表明，城市的低碳建设水平体现在八个维度：能源结构、经济发展、生产效率、城市居民、水域碳汇、森林碳汇、绿地碳汇、低碳技术。不同城市间在这八个维度上的自然客观条件存在差异，因此，为了消除客观条件对城市低碳建设水平的优势或制约效应，修正系数将应用于低碳城市建设的所有维度。

另一方面，尽管城市的低碳建设水平虽然是通过在每个低碳建设维度上不断迭代规划（P）、实施（I）、检查（C）、结果（O）和反馈（F）这五个管理过程环节实现的，但城市客观条件主要影响的是 P、O 两个环节，因此，修正系数只需要被应用在这两个环节。在规划（P）环节，由于客观条件的差异，不同城市在低碳建设的目标、重点方向、建设路径等内容不应该是千篇一律的，应该根据城市客观条件确定针对性的低碳发展策略，制定符合自身客观条件的低碳建设规划方案。换言之，不同客观条件的城市之间的低碳建设规划方案应该是具有差异性的，这种差异是合理的。但在构建的低碳建设水平诊断的一般准则下，这种合理差异性会转变成城市之间在规划环节的低碳建设水平的差异，令城市低碳建设水平评价结果产生误差。因此，评价城市在低碳建设规划环节的表现时，需要采用修正系数消除这种误差。

在结果（O）环节，城市客观条件的影响效果会直接体现在城市低碳建设的结果上。比如，相较于旅游型等其他类型的城市，资源型城市对煤炭和其他化石能源的依赖度相对高，这些城市即使制定了相对更合理有效的能源转型规划，他们也很难在短时间内实现低碳化能源结构。这不仅是因为产业结构转化本身很难，更有产业结构特别是能源结构的定位不完全是城市地方政府所能决定的。因此，评价城市在低碳建设结果环节的表现时，需要采用修正系数消除客观条件对城市低碳建设水平的优势或制约效应。

对于实施（I）、检查（C）和反馈（F）环节，政府有关部门的管理者主要是根据规划环节制定的大方向来开展相应的具体工作，这些低碳建设环节的水平主要受管理者的主观能动性影响，而受城市客观条件的影响力较小。因此，在这三个环节，不需要采用修正系数。

综上，在本书中，修正系数被应用在各维度的规划和结果环节上来消除城市的客观条件对低碳建设水平产生的优势或制约效应。换言之，城市在 P、O 环节的低碳建设水平最终得分 V_{d_p} 和 V_{d_o} 是初始得分乘以修正系数所得，即为式（3.5）与式（3.8）所示。

三、确定修正系数的低碳建设各维度客观条件特征

在城市低碳建设的八个维度中，生产效率维度的低碳建设水平的提高主要依赖于科技创新和技术更新，即依赖于全社会在科技方面的共同努力。低碳技术维度的低碳建设水平的提升也主要取决于全社会对于低碳技术的研发与应用程度。因此，生产效率和低碳技术这两个城市低碳建设维度的发展水平受客观条件影响较小，本书在这两个维度上不应用修正系数。对于城市低碳建设的其余六个维度（能源结构、经济发展、城市居民、水域碳汇、森林碳汇、绿地碳汇），他们的低碳建设水平受客观条件影响较大，因此需要应用修正系数加以修正。但在不同低碳建设维度上导致城市间低碳建设水平差异的客观条件或特征是不同的，因此需要针对六个维度确定对应的能反映城市客观条件的城市特征指标，基于这些特征指标计算进而得出应用在不同维度的城市低碳建设水平修正系数。

（1）能源结构维度的城市客观条件特征指标。

城市低碳建设在能源结构维度的客观条件特征主要是对化石能源等非清洁能源的依

赖度，该特征体现城市在低碳建设中进行能源结构转型的现实难度。中国"富煤、贫油、少气"的地质条件决定了煤炭作为中国基础能源的战略地位，2020 年煤炭在我国一次能源消费结构中的占比为 58%。因此本书选取"煤炭占一次能源消费比重"作为能源维度的城市特征指标。这是一个正向的特征指标，城市在该指标上的值相对越高，表明该城市对化石能源的依赖度越高，能源结构转型难度相对越高，进行低碳建设的难度相对越大，因此应该赋予一个大于 1 的修正系数；反之亦然。

（2）经济发展维度的城市客观条件特征指标。

就城市在经济发展维度推动低碳建设而言，城市本身的自然资源禀赋和历史积累的社会经济发展基础直接影响城市的经济发展规模和结构定位，这一客观背景条件在很大程度上造成了城市间的低碳建设水平差异。一般来说，城市的经济结构以二三产业为主，其中第三产业的单位 GDP 碳排放远远低于第二产业的单位 GDP 碳排放。因此，在建设低碳城市的过程中，第三产业占比较高的城市具有减碳的相对优势。为了将客观条件所导致的城市低碳建设制约效应分离出去，本书在经济发展维度选择"第三产业增加值占GDP 比重"这一城市特征指标作为计算修正系数的基础来修正该维度的客观因素对城市低碳建设水平的影响。这是一个负向指标，城市在该指标上的值越高，表明该城市的经济发展中第三产业占比越高，碳排放相对越低，城市低碳建设难度相对较低，因此应该赋予一个小于 1 的修正系数；反之亦然。

（3）城市居民维度的城市客观条件特征指标。

城市在低碳建设居民维度的客观条件特征主要反映在城市居民的文化程度和素养，这些特征能反映转变城市居民低碳生活方式的难度。一般来说，居民受教育水平和素养越高，越容易转变为低碳生活方式，城市越容易推行低碳建设措施。因此，本书选取"平均受教育年限"作为城市在居民维度推行低碳建设的城市客观条件特征指标来修正居民维度的客观条件对城市低碳建设水平评价的影响。这是一个负向指标，城市在该指标上的值相对越高，表明该城市的居民低碳生活方式转变难度相对较小，进行低碳建设的难度相对越小，因此应该赋予一个小于 1 的修正系数；反之亦然。

（4）水域碳汇维度的城市客观条件特征指标。

城市在水域碳汇维度推动低碳建设的客观条件特征主要是水资源总量，即水域碳汇的自然资源禀赋，这种自然条件能表征一个城市提升水域碳汇能力的难易程度。因此，本书选取"水域面积占城市行政区面积比例"作为城市在水域碳汇维度推行低碳建设的城市特征指标来修正该维度客观条件对诊断城市低碳建设水平的影响。这是一个负向指标，城市在该指标上的值相对越高，表明该城市水域碳汇基础相对越好，提升水域碳汇能力建设的难度相对较低，进行城市低碳建设的难度相对越小，因此应该赋予一个小于 1 的修正系数；反之亦然。

（5）森林碳汇维度的城市客观条件特征指标。

城市在森林碳汇维度推动低碳建设的客观条件特征是建设森林的自然气候条件，包括温度、大气、降雨量等气象因子，这些条件决定了植被生长与存活的难易程度。鉴于各气象因子之间具有内在关联性，本书参考 2019 年发布的《国家森林城市评价指标》（GB/T 37342—2019），选择"年降水量"作为城市在森林碳汇维度推动低碳建设的客观条件特征指标来修正该维度的客观条件对诊断城市低碳建设水平的影响。这是一个负向指标，城市在该指标上的值越高，表明该城市建设森林碳汇的难度越小，在该维度实施低碳建设的难度越小，因此应该赋予一个小于1的修正系数；反之亦然。

（6）绿地碳汇维度的城市客观条件特征指标。

绿地与森林碳汇建设的本质都是保护并提升植被的生长与生存水平，这两个维度影响城市低碳建设水平的城市客观条件高度类似。因此，本书采用"年降水量"作为城市在绿地碳汇维度推动低碳建设的城市客观条件特征指标，表征城市在这一客观条件特征下建设绿地碳汇的难易程度，从而修正绿地碳汇维度的客观条件对评价城市低碳建设水平的影响。该特征指标也是负向指标，城市在该指标上的值越高，表明该城市建设绿地碳汇的难度越小，在该维度实施低碳建设的难度越小，因此应该赋予一个小于1的修正系数；反之亦然。

通过上面的分析与讨论，构建城市低碳建设水平修正系数的各类参数及其性质可以总结于表3.1中。

表 3.1　基于城市客观条件特征的城市低碳建设水平修正系数特征表

	各低碳城市建设维度的修正系数特征指标					
	α_{En}	α_{Ec}	α_{Po}	α_{Wa}	α_{Fo}	α_{GS}
城市具有的客观条件特征	对化石能源的依赖度	产业结构合理化程度	转变为低碳生活的难度	水资源总量	森林碳汇建设条件	绿地碳汇建设条件
反映客观条件特征的指标（K）	煤炭占一次能源消费比重 K_{En}（%）	第三产业增加值占GDP比重 K_{Ec}（%）	平均受教育年限 K_{Po}（年）	水域面积占城市行政区面积比例 K_{Wa}（%）	年降水量 K_{Fo}（mm）	年降水量 K_{GS}（mm）
基于客观条件的修正系数（α）属性	正向	负向	负向	负向	负向	负向
修正系数（α）取值特征	α随特征指标值的升高而增大	α随特征指标值的升高而减小	α随特征指标值的升高而减小	α随特征指标值的升高而减小	α随特征指标值的升高而减小	α随特征指标值的升高而减小

四、基于城市特征的城市低碳建设水平修正系数计算

按照本节前面论述的基于城市客观条件特征构建城市低碳建设水平修正系数的机理，在对一组样本城市进行低碳建设水平诊断时，应该根据低碳建设的城市客观条件对不同城市赋予不同的修正系数，对处于有利客观条件的城市赋予数值小于1的修正系数，对处于不利客观条件的城市赋予数值大于1的修正系数，以此来避免"一刀切"现象，保证诊断的城市低碳建设水平值能相对真实地反映由城市管理者和居民创造的低碳建设水平。具体的修正系数计算如式3.18、式3.19所示：

（1）正向修正系数

$$\alpha_d = \frac{\ln k_{d-j}}{\text{Median}(\ln k_{d-j})} \tag{3.18}$$

（2）负向修正系数

$$\alpha_d = \frac{\text{Median}(\ln k_{d-j})}{\ln k_{d-j}} \tag{3.19}$$

式 3.18、式 3.19 中，α_d 表示应用在低碳建设维度 d 的 P、O 环节上的修正系数，$\ln k_{d-j}$ 表示 j 城市在维度 d 的特征指标值的对数。对数处理不会改变一组数据间的相对关系，但压缩了数据组变化区间的尺度，使数据更加平稳，可以消除自然数据组中间的极端差异现象。但需注意的是，某些维度的特征指标值是小于自然对数（e）的数值，在这种情况下会导致对数结果为负数，因此，对于这类特征指标，在进行对数计算之前，需要先将该维度所有特征指标值统一乘以一个常数，确保所有的 $\ln k_{d-j}$ 均为正值。

$\text{Median}(\ln k_{d-j})$ 表示在维度 d 所有城市的特征指标对数值的中位数。通过应用中位数可以实现：①对于正向指标，对特征指标对数值在中位数以上的城市赋予大于 1 的修正系数，对特征指标对数值在中位数以下的城市赋予小于 1 的修正系数；②对于负向指标，对特征指标对数值在中位数以下的城市赋予大于 1 的修正系数，对特征指标对数值在中位数以上的城市赋予小于 1 的修正系数。

最后，考虑到修正系数应该在一定合理范围内，本书将 $(\mu-\sigma)$ 和 $(\mu+\sigma)$ 分别作为修正系数的下限和上限，μ 和 σ 分别表示一组样本城市在各维度的客观条件特征指标对数值的均值和标准差。

第四节　城市低碳建设水平结果解析

根据第二章的诊断指标体系和本章前面阐述的计算方法可以计算出城市低碳建设水平的表现值。然而，在得出诊断结果后，如何科学理解和解析这些结果是城市低碳建设水平诊断的重要环节，因此需要一个正确的方法来指导对评价结果的解析。

由于样本城市较多，不易直接对诊断结果进行分析，本书提出在所有样本城市间根据其低碳建设水平进行梯度等级划分，以便于后续分析。首先基于样本城市组的低碳建设水平得分值，采用等宽区间法分解为四个区间（优、良、中、差），每个区间的长度（L）计算公式如下：

$$L = \frac{V_{\max} - V_{\min}}{4} \tag{3.20}$$

式中，$V_{\max}$ 为样本城市中低碳建设水平得分的最高分；$V_{\min}$ 为样本城市中低碳建设水平得分的最低分。

应用式 3.20 可以得到如下四个梯队的区间值：
①第一梯队区间值：$(V_{\max} - L，V_{\max}]$
②第二梯队区间值：$(V_{\max} - 2L，V_{\max} - L]$
③第三梯队区间值：$(V_{\max} - 3L，V_{\max} - 2L]$
④第四梯队区间值：$[V_{\min}，V_{\max} - 3L]$

　　低碳建设水平值处于上述①、②、③和④区间的城市分别被称为第一梯队城市（A组城市）、第二梯队城市（B组城市）、第三梯队城市（C组城市）和第四梯队城市（D组城市）。这一梯队划分方法将运用在城市尺度和维度尺度上确定样本城市的低碳建设水平位于哪一个梯队级别，进而分析城市的低碳建设水平表现。

第四章　城市低碳建设水平诊断的数字化系统

第一节　数字化诊断的理论基础

在《中国低碳城市建设水平诊断（2022）》中（以下称 1.0 版指数），数据的收集和数据库的建立是依赖人工搜索完成的。然而人工搜索难以获得全面的数据信息，且工作效率低，耗费时间长，数据处理容易出现错误。为了克服这些弊端，本书应用了大数据工具帮助搜索和处理实证数据，实现了城市低碳建设水平诊断数字化，显著提高了诊断评估工作的效率。

随着信息时代的发展，政府部门、研究机构和社会各类组织越来越多地将数据和报告等信息通过网站公开发布，为公众获取数据提供了便利途径。关于如何从众多网站中去获取有用的数据有各种方法，典型的包括基于人工的手动网页检索以及基于网络爬虫的自动化数据爬取。网络爬虫（web crawler）是一种自动化程序，能够模拟人类在网站上的浏览行为，自动地访问和提取网站页面中的信息。通常，爬虫会从一个或多个起始点（例如一个网站的首页）开始，逐层地普遍游历网站页面，并提取页面中的内容和链接，继续访问链接所指向的页面，一直到遍历完整个网站或者达到预定的目标。具体来说，爬虫通过发送 HTTP（hypertext transfer protocol，超文本传输协议）请求和解析 HTML（hypertext mark-up language，超文本标记语言）源代码，实现对特定网页或网站的数据抓取。通过指定关键词、链接遍历和交互操作等方式，爬虫能够获取网站上的结构化数据和非结构化文本信息。通过使用爬虫技术，可以实现自动且高效地收集、处理和更新数据，为城市低碳建设水平的诊断研究提供全面、准确的数据支持。

为了实现爬虫技术，编程语言的选取十分重要，优秀的编程语言（比如 Python 语言）能够使得爬虫的效率大大提升。Python 是一种高级编程语言，因其具有可读性和易用性较好的特点，被广泛应用于科学计算、网站开发、网络爬虫、数据分析、人工智能等研究和实践领域。基于 Python 的主题爬虫技术是指根据特定的主题或者关键词，利用 Python 编写爬虫程序，自动从互联网上抓取与该主题相关的网页信息并进行分析、处理的技术。该技术的基本应用流程是：首先通过 Python 的网络请求库（如 Requests）向指定的网站发送请求，获取网站的 HTML 源码；然后通过 Python 的 HTML 解析库（如 BeautifulSoup）对 HTML 源码进行解析，提取其中的内容；最后将提取的内容进行分析和处理，以达到实现特定功能的目的。在主题爬虫技术中，为了实现精准的内容抓取，通常还需要进行一些特殊的处理，如指定搜索关键词、设置搜索引擎、利用正则表达式（又称规则表达式）对网页内容进行筛选等。

具体来说，基于 Python 编程语言进行数据收集和整理工作的爬虫程序包括以下 4 个步骤。

（1）元数据采集：首先设计需要进行搜索的关键词，然后根据特定的关键词使用爬虫技术对每个样本城市的人民政府官网进行网页搜索。为了充分搜集与目标关键词相关的网页，可以指定网站的检索页数（比如每个关键词检索前 20 页），并对每一页所有的网页链接进行点击跳转，跳转后的网页即为元数据网页。

（2）数据网页筛选：通过设置筛选条件（比如关键词匹配）来编写筛选程序，对元数据网页进行内容筛选，将包含指定内容（关键词）的网页定义为有效网页，并用于后续进行数据挖掘来获取需要的信息。

（3）储存有效数据文件：通过数据网页筛选后，将有效网页的文本内容以 pdf 文件格式进行保存，并对每一个文件（对应一个有效网页）进行数字编号，用于后续的数据处理与分析。

（4）程序化打分：编写"计分"程序，实现对一组样本城市的低碳建设水平指标计分的程序化。根据在本书第二章设计的不同维度的指标得分点和得分变量，指定不同的关键词组合来对应每个得分点或得分变量。构建正确的得分变量是数据收集的关键。基于此，研究团队结合了人工核查方法，反复迭代完善诊断指标得分变量的关键词，直到覆盖所有有效得分点为止。在完善关键词之后，研究团队使用计算机的正则匹配算法（即基于正则表达式进行字符匹配）来检测有效网页的文本内容是否符合得分标准（是否包含关键词组合），并对每个样本城市的所有有效网页进行正则匹配来计算得出最后的城市低碳建设水平得分。

上述数字化数据挖掘程序化的技术路线可以用图 4.1 表示。

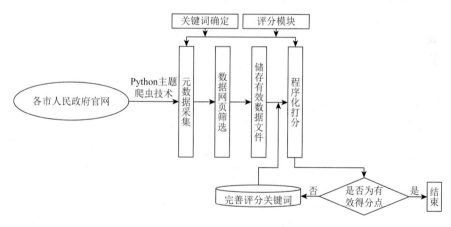

图 4.1　数字化城市低碳建设水平诊断的理论框架和技术路线图

第二节　样本城市范围

本书旨在全面诊断中国地级及以上城市在低碳建设方面的水平，选择了来自中国第七次人口普查的所有地级及以上城市（共 297 个）作为样本城市。样本城市在行政区划和社会经济发展方面具有相对独立性，具有不同的地理和文化背景，以及不同经济发展水平和城市规模。

依据国务院发布的《国务院关于调整城市规模划分标准的通知》（国发〔2014〕51号），根据样本城市的城区人口数量，本书把城市分为了四个规模组，如表4.1所示。对样本城市进行规模组的划分旨在捕捉探析不同城市规模对低碳建设水平的影响关系，更准确地分析和解释各个不同规模城市在可持续城市发展和低碳建设发展方面的优点与不足，从而为不同规模的城市提供更具有针对性的诊断和建议。

表4.1　样本城市按人口规模的分组

城市类型 （规模分组）	超大及特大城市 （规模组1，G1）	大城市 （规模组2，G2）	中等城市 （规模组3，G3）	小城市 （规模组4，G4）	合计
城市数量	21	80	111	85	297

样本城市及其基本信息详细列表如表4.2所示，其中规模分组的序号与表4.1的城市类型对应。

表4.2　样本城市详细列表

序号	城市名称	城市类型	CO_2排放量[1] （万吨）	城区人口数[2] （万人）	行政区划面积[3] （平方公里）	规模分组
1	北京市	直辖市	13214	1913	16410	1
2	天津市	直辖市	18314	1160	11966	1
3	石家庄市	省会城市	10513	349	15848	2
4	唐山市	地级市	30579	196	13472	2
5	秦皇岛市	地级市	4911	107	7802	2
6	邯郸市	地级市	14427	200	12087	2
7	邢台市	地级市	6339	76	12486	2
8	保定市	地级市	6445	146	22000	2
9	张家口市	地级市	4550	95	36862	2
10	承德市	地级市	5800	55	39519	3
11	沧州市	地级市	5480	60	14304	3
12	廊坊市	地级市	3776	57	6429	3
13	衡水市	地级市	1919	62	8836	3
14	太原市	省会城市	6564	315	6988	2
15	大同市	地级市	4631	123	14155	2
16	阳泉市	地级市	2336	57	4559	3
17	长治市	地级市	6467	86	13955	2
18	晋城市	地级市	4148	40	9490	3
19	朔州市	地级市	4147	41	10662	4
20	晋中市	地级市	5278	63	16408	3
21	运城市	地级市	8205	53	14183	3

续表

序号	城市名称	城市类型	CO_2 排放量[1] (万吨)	城区人口数[2] (万人)	行政区划面积[3] (平方公里)	规模分组
22	忻州市	地级市	3395	31	25180	4
23	临汾市	地级市	6901	60	20302	3
24	吕梁市	地级市	8669	34	21143	4
25	呼和浩特市	省会城市	7584	152	17224	2
26	包头市	地级市	12151	139	27768	2
27	乌海市	地级市	5018	40	1754	3
28	赤峰市	地级市	6774	72	90021	2
29	通辽市	地级市	7811	42	59535	4
30	鄂尔多斯市	地级市	21424	26	87000	3
31	呼伦贝尔市	地级市	6763	28	253000	4
32	巴彦淖尔市	地级市	2771	34	65000	4
33	乌兰察布市	地级市	6687	26	54500	4
34	沈阳市	副省级市	6683	475	12948	1
35	大连市	副省级市	7836	362	12574	1
36	鞍山市	地级市	8128	125	9255	2
37	抚顺市	地级市	2873	110	11271	2
38	本溪市	地级市	5889	85	8414	3
39	丹东市	地级市	1702	63	15222	3
40	锦州市	地级市	6458	95	10301	2
41	营口市	地级市	6213	78	5427	3
42	阜新市	地级市	1647	71	10327	3
43	辽阳市	地级市	3771	71	4736	3
44	盘锦市	地级市	1787	74	4062	3
45	铁岭市	地级市	3794	36	13000	4
46	朝阳市	地级市	3748	48	19699	3
47	葫芦岛市	地级市	2646	50	10400	3
48	长春市	副省级市	6766	358	24744	2
49	吉林市	地级市	5228	123	27711	2
50	四平市	地级市	2784	45	10300	4
51	辽源市	地级市	1093	38	5140	4
52	通化市	地级市	2358	40	15698	4
53	白山市	地级市	861	35	17505	4
54	松原市	地级市	1299	39	22000	4
55	白城市	地级市	1454	23	26000	4

续表

序号	城市名称	城市类型	CO$_2$排放量[1]（万吨）	城区人口数[2]（万人）	行政区划面积[3]（平方公里）	规模分组
56	哈尔滨市	副省级市	6737	400	53100	1
57	齐齐哈尔市	地级市	3795	103	42469	2
58	鸡西市	地级市	1453	61	22500	3
59	鹤岗市	地级市	2690	49	14700	3
60	双鸭山市	地级市	2148	43	22500	4
61	大庆市	地级市	3459	114	21000	2
62	伊春市	地级市	1317	41	33000	4
63	佳木斯市	地级市	1413	55	32460	3
64	七台河市	地级市	2577	36	6221	4
65	牡丹江市	地级市	1318	55	40600	3
66	黑河市	地级市	1031	12	68726	4
67	绥化市	地级市	1630	29	35211	4
68	上海市	直辖市	24399	2476	6340	1
69	南京市	副省级市	11600	657	6587	1
70	无锡市	地级市	10651	250	4627	2
71	徐州市	地级市	9388	197	11765	2
72	常州市	地级市	7583	185	4372	2
73	苏州市	地级市	19007	311	8657	2
74	南通市	地级市	4892	150	8001	2
75	连云港市	地级市	4981	95	7626	2
76	淮安市	地级市	2870	140	10030	2
77	盐城市	地级市	3641	139	17700	2
78	扬州市	地级市	4252	108	6591	2
79	镇江市	地级市	5885	79	3840	3
80	泰州市	地级市	3869	87	5788	3
81	宿迁市	地级市	2144	95	8524	3
82	杭州市	副省级市	8197	709	16850	1
83	宁波市	副省级市	9069	225	9816	2
84	温州市	地级市	3848	160	12110	2
85	嘉兴市	地级市	4263	55	4223	3
86	湖州市	地级市	3439	48	5820	3
87	绍兴市	地级市	5062	110	8279	2
88	金华市	地级市	5015	60	10942	3
89	衢州市	地级市	3887	30	8844	3

续表

序号	城市名称	城市类型	CO_2排放量[1] （万吨）	城区人口数[2] （万人）	行政区划面积[3] （平方公里）	规模分组
90	舟山市	地级市	1898	50	1440	3
91	台州市	地级市	3445	116	10050	2
92	丽水市	地级市	1046	25	17300	4
93	合肥市	省会城市	5639	319	11400	2
94	芜湖市	地级市	6161	140	6009	2
95	蚌埠市	地级市	1533	80	5951	3
96	淮南市	地级市	5353	106	5533	2
97	马鞍山市	地级市	6160	60	4044	3
98	淮北市	地级市	2999	62	2741	3
99	铜陵市	地级市	4853	47	2992	3
100	安庆市	地级市	2462	60	13590	3
101	黄山市	地级市	461	26	9807	4
102	滁州市	地级市	3396	44	13500	4
103	阜阳市	地级市	2256	99	10118	3
104	宿州市	地级市	1918	58	9939	3
105	六安市	地级市	1102	45	15451	3
106	亳州市	地级市	1006	36	8374	3
107	池州市	地级市	2632	28	8399	4
108	宣城市	地级市	2892	28	12340	4
109	福州市	省会城市	6023	251	11969	2
110	厦门市	副省级市	1752	257	1699	2
111	莆田市	地级市	1974	63	4128	2
112	三明市	地级市	4915	30	22900	4
113	泉州市	地级市	6376	135	11015	2
114	漳州市	地级市	4079	75	12607	3
115	南平市	地级市	1102	30	26300	4
116	龙岩市	地级市	4200	50	19028	3
117	宁德市	地级市	2445	37	13452	4
118	南昌市	省会城市	2874	292	7402	2
119	景德镇市	地级市	1854	37	5256	3
120	萍乡市	地级市	2073	47	3824	3
121	九江市	地级市	4862	74	19085	3
122	新余市	地级市	2856	48	3178	3
123	鹰潭市	地级市	865	28	3557	4

序号	城市名称	城市类型	CO_2 排放量 [1]（万吨）	城区人口数 [2]（万人）	行政区划面积 [3]（平方公里）	规模分组
124	赣州市	地级市	3668	124	39380	2
125	吉安市	地级市	2260	47	25283	4
126	宜春市	地级市	3649	61	18700	3
127	抚州市	地级市	1468	80	18800	3
128	上饶市	地级市	3064	70	22791	2
129	济南市	副省级市	8171	472	10244	1
130	青岛市	副省级市	7106	456	11000	1
131	淄博市	地级市	7617	177	5965	2
132	枣庄市	地级市	7113	109	4564	2
133	东营市	地级市	4153	79	8257	3
134	烟台市	地级市	6891	188	13900	2
135	潍坊市	地级市	11106	161	16185	2
136	济宁市	地级市	7449	177	11187	2
137	泰安市	地级市	5638	113	7762	2
138	威海市	地级市	1875	86	5800	3
139	日照市	地级市	6111	78	5375	3
140	临沂市	地级市	10227	187	17200	2
141	德州市	地级市	5354	86	10356	3
142	聊城市	地级市	6873	130	8628	2
143	滨州市	地级市	14436	68	9660	3
144	菏泽市	地级市	4864	98	12239	3
145	郑州市	省会城市	6381	450	7567	1
146	开封市	地级市	1824	100	6166	2
147	洛阳市	地级市	4845	243	15200	2
148	平顶山市	地级市	4082	90	7882	3
149	安阳市	地级市	6368	78	7413	3
150	鹤壁市	地级市	1719	49	2182	3
151	新乡市	地级市	4820	79	8249	2
152	焦作市	地级市	3292	81	4071	3
153	濮阳市	地级市	1451	61	4271	3
154	许昌市	地级市	2729	61	4979	3
155	漯河市	地级市	934	61	2617	3
156	三门峡市	地级市	2407	53	9935	4
157	南阳市	地级市	4340	133	26600	3

序号	城市名称	城市类型	CO_2排放量[1]（万吨）	城区人口数[2]（万人）	行政区划面积[3]（平方公里)	规模分组
158	商丘市	地级市	2398	108	10704	3
159	信阳市	地级市	2592	62	18925	3
160	周口市	地级市	1703	67	11959	3
161	驻马店市	地级市	2483	51	15000	4
162	武汉市	副省级市	8366	714	8563	1
163	黄石市	地级市	3850	62	4583	3
164	十堰市	地级市	1159	61	23600	2
165	宜昌市	地级市	3291	90	21000	2
166	襄阳市	地级市	2620	132	19700	2
167	鄂州市	地级市	2274	30	1596	4
168	荆门市	地级市	2701	46	12339	3
169	孝感市	地级市	2170	53	8904	3
170	荆州市	地级市	1739	85	14099	3
171	黄冈市	地级市	1873	24	17400	4
172	咸宁市	地级市	2258	39	9861	4
173	随州市	地级市	543	41	9636	4
174	长沙市	省会城市	4111	521	11819	1
175	株洲市	地级市	1993	146	11000	2
176	湘潭市	地级市	4019	68	5006	3
177	衡阳市	地级市	2899	96	15300	2
178	邵阳市	地级市	1941	62	20824	3
179	岳阳市	地级市	3125	94	15019	2
180	常德市	地级市	2812	68	18200	3
181	张家界市	地级市	448	25	9533	4
182	益阳市	地级市	1613	40	12300	3
183	郴州市	地级市	2126	53	19400	3
184	永州市	地级市	1802	53	22400	3
185	怀化市	地级市	857	38	27600	3
186	娄底市	地级市	5559	47	8117	3
187	广州市	副省级市	8343	757	7434	1
188	韶关市	地级市	3938	61	18400	3
189	深圳市	副省级市	4542	1766	1997	1
190	珠海市	地级市	2084	202	1725	2
191	汕头市	地级市	2520	248	2199	2

续表

序号	城市名称	城市类型	CO_2排放量[1]（万吨）	城区人口数[2]（万人）	行政区划面积[3]（平方公里）	规模分组
192	佛山市	地级市	5907	148	3798	1
193	江门市	地级市	2991	101	9535	2
194	湛江市	地级市	5041	90	13263	2
195	茂名市	地级市	1651	87	11428	3
196	肇庆市	地级市	3653	64	14900	3
197	惠州市	地级市	4207	140	11347	2
198	梅州市	地级市	2746	45	15865	3
199	汕尾市	地级市	1676	29	4865	4
200	河源市	地级市	1026	27	15700	3
201	阳江市	地级市	2819	51	7956	3
202	清远市	地级市	4970	55	19000	3
203	东莞市	地级市	7214	1082	2465	1
204	中山市	地级市	2682	50	1784	2
205	潮州市	地级市	1806	80	3160	3
206	揭阳市	地级市	1905	87	5240	3
207	云浮市	地级市	2153	34	7787	4
208	南宁市	地级市	3328	266	22100	2
209	柳州市	地级市	3857	137	18600	2
210	桂林市	地级市	1236	99	27800	2
211	梧州市	地级市	720	50	12600	3
212	北海市	地级市	1267	41	4018	3
213	防城港市	地级市	2764	19	6222	4
214	钦州市	地级市	1789	34	10897	3
215	贵港市	地级市	3120	38	10602	3
216	玉林市	地级市	1826	63	12800	3
217	百色市	地级市	4227	33	36300	4
218	贺州市	地级市	1017	24	11753	4
219	河池市	地级市	711	34	33494	4
220	来宾市	地级市	1106	32	13400	4
221	崇左市	地级市	1568	18	17300	4
222	海口市	省会城市	866	131	2297	2
223	三亚市	地级市	526	53	1921	3
224	三沙市	地级市	N/A	N/A	13	4
225	儋州市	地级市	539	14	3398	4

续表

序号	城市名称	城市类型	CO_2 排放量 [1]（万吨）	城区人口数 [2]（万人）	行政区划面积 [3]（平方公里）	规模分组
226	重庆市	直辖市	18816	1289	82400	1
227	成都市	副省级市	4908	843	14335	1
228	自贡市	地级市	659	114	4381	3
229	攀枝花市	地级市	2680	49	7414	3
230	泸州市	地级市	1404	82	12236	3
231	德阳市	地级市	1099	55	5911	3
232	绵阳市	地级市	1704	109	20200	2
233	广元市	地级市	1030	40	16318	4
234	遂宁市	地级市	432	52	5322	3
235	内江市	地级市	2394	61	5385	3
236	乐山市	地级市	3411	53	12720	3
237	南充市	地级市	772	118	12500	2
238	眉山市	地级市	1043	54	7140	3
239	宜宾市	地级市	2129	124	13283	2
240	广安市	地级市	2020	44	6339	4
241	达州市	地级市	2493	81	16600	3
242	雅安市	地级市	581	24	15046	4
243	巴中市	地级市	630	51	12300	4
244	资阳市	地级市	372	36	5747	4
245	贵阳市	省会城市	4055	220	8043	2
246	六盘水市	地级市	6742	48	9914	3
247	遵义市	地级市	4074	102	30762	2
248	安顺市	地级市	1505	43	9228	3
249	毕节市	地级市	6131	52	26900	3
250	铜仁市	地级市	1593	31	18000	4
251	昆明市	省会城市	2878	466	21013	1
252	曲靖市	地级市	5528	71	28900	3
253	玉溪市	地级市	2917	31	15285	3
254	保山市	地级市	895	34	19637	4
255	昭通市	地级市	1891	28	23000	4
256	丽江市	地级市	470	15	20600	4
257	普洱市	地级市	1054	20	45000	4
258	临沧市	地级市	749	19	23620	4
259	拉萨市	省会城市	460	32	29640	3

序号	城市名称	城市类型	CO_2排放量[1]（万吨）	城区人口数[2]（万人）	行政区划面积[3]（平方公里）	规模分组
260	日喀则市	地级市	119	7	179240	4
261	昌都市	地级市	122	5	109830	4
262	林芝市	地级市	10	4	114870	4
263	山南市	地级市	120	5	79090	4
264	那曲市	地级市	24	4	353000	4
265	西安市	副省级市	4646	700	10752	1
266	铜川市	地级市	1671	39	3881	4
267	宝鸡市	地级市	2439	98	18117	3
268	咸阳市	地级市	2716	90	10192	2
269	渭南市	地级市	5820	46	13031	4
270	延安市	地级市	1287	36	37000	4
271	汉中市	地级市	1582	53	27097	3
272	榆林市	地级市	14229	37	42920	3
273	安康市	地级市	446	33	23400	4
274	商洛市	地级市	780	25	19292	4
275	兰州市	省会城市	4696	200	13100	2
276	嘉峪关市	地级市	3594	21	1224	4
277	金昌市	地级市	1317	16	9600	4
278	白银市	地级市	2342	32	21200	4
279	天水市	地级市	984	54	14300	3
280	武威市	地级市	672	33	32352	4
281	张掖市	地级市	677	28	38600	4
282	平凉市	地级市	2696	27	11000	4
283	酒泉市	地级市	987	26	192000	4
284	庆阳市	地级市	646	17	27119	4
285	定西市	地级市	810	19	19600	4
286	陇南市	地级市	783	16	27800	4
287	西宁市	省会城市	3374	135	7660	2
288	海东市	地级市	1427	23	13044	4
289	银川市	省会城市	13551	138	9025	2
290	石嘴山市	地级市	3728	37	5310	4
291	吴忠市	地级市	3753	22	20700	4
292	固原市	地级市	644	20	10500	4
293	中卫市	地级市	2586	15	17391	4

续表

序号	城市名称	城市类型	CO$_2$排放量[1] (万吨)	城区人口数[2] (万人)	行政区划面积[3] (平方公里)	规模分组
294	乌鲁木齐市	省会城市	6299	234	13800	2
295	克拉玛依市	地级市	1532	32	7334	4
296	吐鲁番市	地级市	1729	7	70000	4
297	哈密市	地级市	6394	28	142100	4

1. 数据来源:《中国城市二氧化碳排放数据集(2020)》。
2. 数据来源:《城乡建设统计年鉴2022》。
3. 数据来源:各城市政府官方网站。

除了诊断单个城市的低碳建设水平以外,诊断和认识国家级城市群的低碳建设水平也非常重要。国家级城市群一般是指在特定地域范围内,以1个或多个特大城市为核心,并由至少3个大城市为构成单元,依托发达的交通通信等基础设施网络所形成的空间组织紧凑、经济联系紧密,并最终实现高度同城化和高度一体化的城市群体。总的来说,国家级城市群是城市发展到成熟阶段的最高空间组织形式,是在地域上集中分布的若干特大城市和大城市集聚而成的庞大、多核心、多层次的城市集团,是大都市区的联合体。本书对11个国家级城市群的低碳建设水平进行了分析:长江中游城市群(不含仙桃、潜江、天门)、哈长城市群、成渝城市群、长三角城市群、中原城市群(不含济源)、北部湾城市群、关中平原城市群、呼包鄂榆城市群、兰西城市群、粤港澳大湾区、京津冀城市群。具体城市群的构成城市名单及划定来源如表4.3所示。

表4.3　国家级城市群详细列表

城市群名 (城市数量)	构成城市群的城市名单	城市群划定来源
长江中游城市群(31)	武汉、黄石、鄂州、黄冈、孝感、咸宁、仙桃*、潜江*、天门*、襄阳、宜昌、荆州、荆门、长沙、株洲、湘潭、岳阳、益阳、常德、衡阳、娄底、南昌、九江、景德镇、鹰潭、新余、宜春、萍乡、上饶、抚州、吉安	《国家发展改革委关于印发长江中游城市群发展规划的通知》、《长江中游城市群发展"十四五"实施方案》
哈长城市群(除延边朝鲜族自治州)(10)	哈尔滨、大庆、齐齐哈尔、绥化、牡丹江、长春、吉林、四平、辽源、松原	《国家发展改革委关于印发哈长城市群发展规划的通知》
成渝城市群(16)	成都、重庆、自贡、泸州、德阳、遂宁、内江、乐山、南充、眉山、宜宾、广安、资阳、绵阳、达州、雅安	《国家发展改革委住房城乡建设部关于印发成渝城市群发展规划的通知》
长三角城市群(26)	上海、南京、无锡、常州、苏州、南通、扬州、镇江、盐城、泰州、杭州、宁波、湖州、嘉兴、绍兴、金华、舟山、台州、合肥、芜湖、马鞍山、铜陵、安庆、滁州、池州、宣城	《国家发展改革委住房城乡建设部关于印发长江三角洲城市群发展规划的通知》
中原城市群(30)	郑州、洛阳、开封、南阳、安阳、商丘、新乡、平顶山、许昌、焦作、周口、信阳、驻马店、鹤壁、濮阳、漯河、三门峡、济源*、长治、晋城、运城、邢台、邯郸、聊城、菏泽、宿州、淮北、蚌埠、阜阳、亳州	《国家发展改革委关于印发中原城市群发展规划的通知》

续表

城市群名 （城市数量）	构成城市群的城市名单	城市群划定来源
北部湾城市群（11）	南宁、北海、钦州、防城港、玉林、崇左、湛江、茂名、阳江、海口、儋州	《国家发展改革委关于印发北部湾城市群建设"十四五"实施方案的通知》《国家发展改革委住房城乡建设部关于印发北部湾城市群发展规划的通知》
关中平原城市群（11）	西安、宝鸡、咸阳、铜川、渭南、商洛、运城、临汾、天水、平凉、庆阳	《国家发展改革委住房城乡建设部关于印发关中平原城市群发展规划的通知》国家发展改革委关于印发《关中平原城市群建设"十四五"实施方案》的通知
呼包鄂榆城市群（4）	呼和浩特、包头、鄂尔多斯、榆林	《国家发展改革委关于印发呼包鄂榆城市群发展规划的通知》
兰西城市群（除临夏回族自治州、海北藏族自治州、海南藏族自治州、黄南藏族自治州）（5）	兰州、西宁、海东、白银、定西	《国家发展改革委住房城乡建设部关于印发兰州—西宁城市群发展规划的通知》
粤港澳大湾区（除香港、澳门）（9）	广州、深圳、佛山、东莞、中山、珠海、江门、肇庆、惠州	中共中央 国务院印发《粤港澳大湾区发展规划纲要》
京津冀城市群（14）	北京、天津、张家口、承德、秦皇岛、唐山、沧州、衡水、廊坊、保定、石家庄、邢台、邯郸、安阳	《京津冀协同发展规划纲要》

注：带*的城市不属于本书的样本城市。

第三节　数据来源与数据收集

一、定量数据来源与收集

根据本书前几章阐述的城市低碳建设水平诊断机理和计算模型，诊断所需要的数据是在得分变量尺度上的得分变量的取值，包括定量属性的得分变量取值和定性属性的得分变量取值。定量数据主要是在低碳建设各维度的结果（O）环节上的各种得分变量的取值，其数据来源包括各城市统计年鉴和卫星遥感数据。对于城市统计年鉴中可查的定量数据，在本书中直接被采用。对于统计年鉴中缺失的定量数据，在本书中，使用卫星遥感数据代替，这些数据主要包括城市森林面积、水域面积等等各种表征碳汇水平的土地覆盖面积。由于城市统计年鉴在某些指标（表4.4）上存在数据缺失，对这些数据的获取通常要应用遥感技术。应用遥感技术计算土地覆盖率面积的技术路线见图4.2。

在参考FROM-GLC（finer resolution observation and monitoring of global land cover）土地利用/覆盖分类体系的基础上，并结合城市低碳建设水平诊断的研究目标，可以将体现碳汇水平的典型的土地覆盖类型分为农田、森林、草地、灌木、水域、不透水面、裸地及雪/冰8个类型，如表4.4所示。

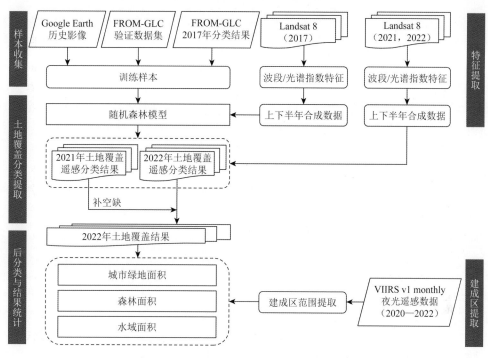

图 4.2　使用遥感数据计算土地覆盖面积的技术路线

表 4.4　土地覆盖类型与说明

类型	FROM-GLC	定义说明	类型	FROM-GLC	定义说明
农田	croplands	包括种植水稻、大棚及其他适合耕作的土地	水域	wetlands	沼泽地
森林	forest	包括阔叶林、针叶林、混交林及果园		waterbodies	包括湖泊、水库、池塘、河流
草地	grasslands	包括牧场及天然草地	不透水面	impervious	人造地表及相关区域
	tundra	苔原，一般位于高海拔、植被高度低	裸地	barren land	未被植被覆盖的土地，包括沙子、砾石、岩石为背景的土地
灌木	shrublands	灌木林地	雪/冰	snow and ice	一般分布于极地和高山地区

　　为了获取目标土地覆盖类型的面积，需要借助遥感系统来完成图 4.2 中的技术路线。陆地卫星（Landsat）是很常用的遥感系统，其提供了丰富、公开的历史影像数据集，而且其空间分辨率可达 30m，重返周期均为 16 天，所提供的数据稳定，适合长时期的土地覆盖率面积数据的动态监测。本书使用了 Google Earth Engine（GEE）云平台来处理 Landsat 8 Collection 2 TOA 影像并提取土地覆盖相关信息，其中 GEE 云平台具有快速获取影像和分析数据的能力，适合对 Landsat 卫星影像进行分析处理。

　　为了提升卫星遥感影像中土地覆盖面积的准确性，本研究团队在 GEE 云平台中分别获取 1～6 月及 7～12 月所有可获得的 Landsat 8 影像来处理植被季节变化及影像数据可用性引发的噪声。这些影像进行了辐射校正，对其中受云、阴影和雪等污染的像素进行了识别并设置掩膜，并分别计算每张影像的云量，最终选择云量小于 30% 的影像分别生成上、下半年的合成影像用于后续分类。

在对遥感影像中不同的土地覆盖类型进行分类时，需要使用时间更早的遥感训练样本来建立分类模型。这里的训练样本主要是基于 FROM-GLC 的验证数据集及其2017 年土地利用/覆盖分类结果进行收集的，详见表 4.5。首先，选择该验证数据集在研究区范围内的样本，然后利用 FROM-GLC（2017 年）数据生成随机样本进行补充。为避免分类误差，研究团队对 FROM-GLC（2017 年）数据进行 3×3 众数滤波（majority filter）；根据分层随机抽样设计，设置每省级行政边界范围内随机点生成数量不大于2000 个且各随机点间距离不小于 10km，共生成 18206 个随机点；利用谷歌地球 Google Earth 高分辨率影像对土地覆盖类型样本点进行仔细的目视检查，以确保每个样本都是非混合的、正确的分类类型。最后，共收集了 3090 个训练样本。

表 4.5　样本数据数量分布

类型	来自FROM-GLC验证数据集的样本数量	补充样本数量	小计	类型	来自FROM-GLC验证数据集的样本数量	补充样本数量	小计
农田	449	0	449	水域	29	273	302
森林	512	0	512	不透水面	51	237	288
草地	289	15	304	裸地	662	0	662
灌木	80	212	292	雪/冰	79	202	281

在确定训练样本后，需要使用计算机的分类算法来建立模型，实现对不同的土地覆盖类型进行分类。常见的计算机分类算法包括随机森林、支持向量机等。其中随机森林（random forests）算法是一种由决策树集成的机器学习技术，可以高效处理大量数据，且对不平衡的输入特征具有鲁棒性。具体来说，本书使用 2017 年 Landsat 8 影像的 16×2 个特征作为输入特征，利用训练样本对随机森林模型进行校准，分别使用 2021 年和 2022 年的 Landsat 8 影像进行土地覆盖制图。在使用随机森林算法时需要设置两个关键参数：决策树的数量，以及决策树内分割每个节点时需输入特征的数量。为了在分类精度和计算时间之间取得适当的平衡，在对这些参数进行各种测试后，本书最终选择 1000 棵决策树和输入特征总数（32）的平方根作为模型输入参数。

土地覆盖遥感分类提取的结果以杭州市为例，如图 4.3 和表 4.6 所示。

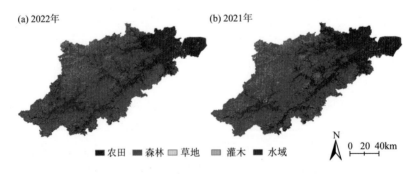

图 4.3　2022 年及 2021 年土地覆盖状况（以杭州市为例）

表 4.6　2022 年土地覆盖面积数据（以杭州市为例）

城市	绿地（公里^2）	森林（公里^2）	水域（公里^2）
杭州	650.34	13005.15	758.87

二、定性数据来源与收集

除了 O（结果）环节以外，其他诊断城市低碳建设水平的环节 PICF 所需要的数据绝大部分数据都属于定性数据，由于样本城市数量多，需要的信息巨大，人工采集和处理数据不可行，所以需要使用大数据技术进行挖掘。大数据的基础是元数据，元数据一般是指描述数据的数据，即关于数据的信息。它提供了有关数据的属性、特征和其他重要信息的描述。在本书中，元数据是指爬虫程序从网页直接获取的未经处理的得分变量原始数据。

在元数据的基础上，可以通过一系列的数据整理和分析获取更多有效的信息。通过大数据工具收集实证数据时，首先要对其元数据进行搜集，而基于 Python 的主题（关键词）爬虫技术是实现元数据搜集的基础。主题爬虫是按照预先定义的爬行关键词，并给定爬虫起点，又称初始 URL（uniform resource locator，统一资源定位系统）种子集，根据一定的分析算法，对爬行网页进行主题相关分析，从而过滤与主题不相关的网页。在不断重复抓取相关网页的过程中，将与主题相关的链接放进待爬行队列中，直到达到一定条件为止。例如，以 1.0 版指数对 36 个城市的人工打分作为参照对比，本书的数字化程序要经过不断重复，直到得分结果与 1.0 版指数不存在统计学上的显著差异为止。

设计爬虫程序之前，应首先确定爬虫的起点，即初始的 URL 种子集。本书中的爬行起点参照 1.0 版指数的数据库，最终选择共性度高的网址链接，即各城市人民政府官方网站，作为采集器的入口地址。

一方面，确定有效的关键词模块，即确立爬行的主题（关键词），是主题爬虫工作的基础。准确有效的主题（关键词）能有效地缩短爬虫的运行时间，提高获取数据的质量。在本书中，首先根据城市低碳建设的八个维度（能源结构、经济发展、生产效率、城市居民、水域碳汇、森林碳汇、绿地碳汇、低碳技术）建立每个维度下面的规划环节 P、实施环节 I、检查环节 C、反馈环节 F 环节的有效搜索关键词库，形成关键词列表，然后以 297 个城市的人民政府网站为搜索网站对象进行数据挖掘。其中研究团队在建立各环节的有效搜索关键词库过程中付出了大量的时间和精力，在 PICF 四个环节中平均每个环节用了约一个月的时间。

另一方面，在各环节被搜索爬取的对象并不同，其中对 P 环节的搜索以各城市"十四五"国民经济和社会发展规划、生态环境保护规划、林业草原保护规划、交通运输发展规划等规划文件为主，而对 I、C、F 环节的搜索以各城市低碳发展工作实施方案、条例规定、管理办法以及其他相关行政公文等开放性信息为主，因此 P 环节需与 ICF 环节分开进行搜索。结果环节 O 是定量指标，不需要进行文本搜索，其数据收集在前面已有论述。通过对爬取的文本进行程序化处理，即可将这类定性数据用于城市低碳建设水平的定量评价。

第四节　数据挖掘的程序化设计

一、初始爬虫进行数据挖掘

基于上一节阐述的时空性数据的来源与收集方法，本节将展示应用本章第一节介绍的数字化诊断理论基础——爬虫技术帮助挖掘各样本城市的相关数据。应用主题爬虫技术的流程如图 4.4 所示。

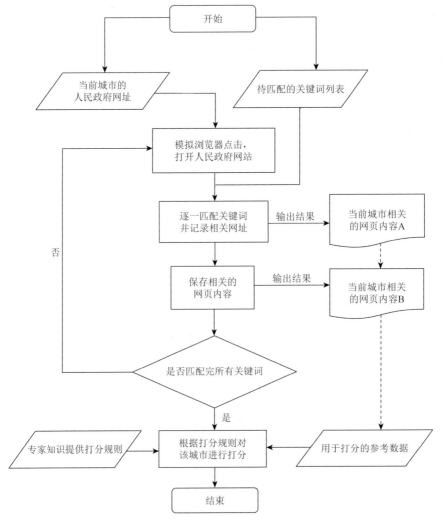

图 4.4　通过爬虫程序进行数据挖掘的一般爬行流程

爬虫程序首先模拟人类在网页浏览器的点击操作，针对每一个样本城市打开人民政府网站。然后依次选取关键词列表中的关键词，模拟人类在网站内部进行搜索。图 4.5 展示的是使用"碳积分"关键词对北京市人民政府网站挖掘的结果，图 4.6 展示的是自动爬取北京市人民政府官网的信息示意图。使用不同关键词搜索到的网页地址会经过有效性程序判断后存储为格式化的文档。

将匹配到的网页地址进行记录之后，程序会自动检查每个网页内部的内容，将其中包含的文字内容转换为 pdf 文档并保存记录，如图 4.7 所示。当所有关键词都完成爬取和匹配之后，依据保存下来的网络地址和网页内容，经过去重和数据清洗等操作后，将两类文档整合为可供计分的参考数据，从而计算样本城市的低碳建设水平得分参考值。

图 4.5　爬虫模拟浏览器点击操作的示意图

图 4.6　爬虫根据关键词自动爬取样本城市相关信息的示意图

首都之窗-北京市人民政府首都之窗登录个人中心智能问答无障碍移动版ENGLISH要闻动态 政务公开政务服务政民互动人文北京要闻动态＞各区热点 丰台区审计局四项举措下好生态环保审计"先手棋"日期：2022-02-11 16:17 来源：丰台区人民政府分享：字号：大中小 为深入贯彻中央、北京市关于生态文明建设、生态环境保护相关决策部署，落实审计署、北京市审计局相关审计工作要求，丰台区审计局多措并举，超前谋划生态环保审计事项，确保2022年度相关审计工作开好局，起好步。一是依托《"十四五"丰台审计工作发展规划》，密切联系市、区自然资源资产管理和生态环境保护重点任务，确定将生态环保审计作为年度重点任务，通过研究讨论和征求有关单位意见，提前制定审计项目计划，确定审计对象和审计主要关注内容；二是充分研究相关单位实际情况，提前研究审计所需资料清单及有关数据获取途径，广泛收集与生态环保相关的政策、法规、标准和技术规定，通过梳理分析，提炼具体考核指标，进一步明确审计目标，助力提高现场审计工作效能；三是加大信息化审计力度，将对大数据的快速处理和总结提炼作为审计人员的基本能力，不断加大审计人员的培训和交流力度，在后期处理大气污染等指标数据时，将尝试运用数据分析手段，提高数据筛查效率；四是强化审计成果的运用，组织审计组人员研究学习区审计局出具的生态环保审计事项，对报告中反映的问题进行深入分析，依托问题形成被审计单位画像，通过进一步核实判定有关问题是否已有效整改，是否存在整改不到位或屡查屡犯的情况。中国政府网及国务院部门网站|省（区市）政府网站|市级政府部门网站|各区政府网站|新闻媒体网站|党政机关关于我们站点地图建议意见法律声明客服 信箱：service@bejing.gov.cn政务服务热线：12345关于防范仿冒网站风险的提示微信公众号微信公众号政务微博政务微博主办：北京市人民政府办公厅承办：北京市政务服务管理局、北京市经济和信息化局政府网站标识码：1100000088京公网安备11010502039640 京ICP备05060933号 https://www.beijing.gov.cn/ywd/gqrd/202202/t20220211_2608491.html

图4.7　爬虫程序保存的网页内容示例

　　最后，根据本书构建的打分规则，程序会自动对当前城市的低碳建设水平进行计算并产生出初始得分（初始得分可能存在数值偏高的情况），并将得分作为下一次迭代的参考依据。

二、对迭代爬虫数据进行挖掘优化

　　研究团队在对网页内容打分时发现某些城市存在分数虚高的现象，因此为了对网页内容挖掘出更为精确有效的数据，需要对爬虫挖掘的程序进行迭代设计。其程序设计过程如下：首先在1.0版指数的基础上，针对实证研究的样本城市在低碳建设各维度各环节的指标，人工挑选出了若干参考文本，构成文本（Text）集 T_0，然后根据文本集中的数据和信息，使用得分（Score）系统 $S_0()$ 计算出目标样本城市在低碳建设方面的水平得分 $S_0(T_0)$。再根据 T_0 构建初始的关键词（Keyword）集 K_0。然后将 $S_0()$、T_0 和 K_0 作为整个程序流程的初值，用于引导迭代过程的开始。

　　假设程序共迭代 N 次，那么对于程序的第 $i+1$ 次迭代（$i \in \mathbb{N}$），系统应用的专家首先需要依据当前的得分系统 $S_i()$ 对 T_i 作合理性（reasonableness）判断，如 T_i 是否包括了得分系统 $S_i()$ 所关注的得分点，得分点的来源是否正确等，该过程可表达为下列等式：

$$R = H(S_i(), T_i) \tag{4.1}$$

其中，H() 表示专家进行合理性判断的过程，R 是由专家给出的一个分值，用于衡量当前文本集 T_i 与当前得分系统 $S_i()$ 的匹配程度，R 值越大则代表当前的文本集 T_i 与当前的得分系统 $S_i()$ 越匹配。当 $i=0$ 时，可认为 $S_0()$ 与 T_0 匹配程度较高。在合理性判断之后，专家再根据给出的 R 值更新关键词集 K_{i+1}，具体过程如下：

$$K_{i+1} = G(S_i(T_i), T_i, K_i, R) \tag{4.2}$$

其中 G() 表示专家构建和更新关键词集 K_{i+1} 的过程，在这一过程中，专家会同时考虑当前文本集 T_i 在当前得分系统 $S_i()$ 下的得分 $S_i(T_i)$ 以及 R 值，然后使用合理的策略更新关键词集，得到 K_{i+1}。当 $i=0$ 时，默认 $K_1 = K_0$，即关键词集在此次迭代中无须更改。

　　得到更新后的关键词集 K_{i+1} 之后，将使用爬虫程序爬取更新后的文本集 T_{i+1}。爬虫程序可以表示为一个函数 $f(U, K_{i+1})$，其中 U 是给定的初始 URL 集，K_{i+1} 是在第 $i+1$ 次迭代中给定的关键词集。在第 $i+1$ 次迭代的过程中，爬虫通过给定的 URL 集和关键词集在网络中进行爬行得到了文本集 T_{i+1}。即

$$T_{i+1} = f(U, K_{i+1}) \tag{4.3}$$

更新了文本集 T_{i+1} 和关键词集 K_{i+1} 以后，专家还可能根据迭代过程中挖掘出来的数据对得分系统作微调，因此得分系统 $S_i()$ 也可以在迭代中优化，即在第 $i+1$ 次迭代中，有以下关系：

$$S_{i+1}() \approx S_i() \tag{4.4}$$

为了保证可靠性，得分系统的具体优化过程完全由专家决定。

整个迭代过程的终止条件由专家控制的 R 值决定，一般当 R 足够大且 $i > 0$ 时，即可终止优化过程。R 值的具体计算由专家综合多方面因素考虑，包括且不限于：①当前文本集在当前得分系统的得分与其在 1.0 版指数的得分系统下的得分差异；②当前文本集与当前得分系统中包含的得分点的匹配程度；③当前文本集的文本质量及文本来源是否可靠等。

综合上述内容，联立各部分表达式，则该程序的优化目标可以表达为下式：

$$\max_K R = \max_K H(S_{i+1}(), T_{i+1})$$
$$= \max_K H(S_{i+1}(), f(U, K_{i+1})) \tag{4.5}$$

即程序通过更新关键词集来获取更大的 R 值，进而挖掘出更有效的文本集，计算出各样本城市的低碳建设水平得分。

可以看出挖掘迭代的过程实际上是人机互相优化训练的过程，其人机交互的过程示意图如图 4.8 所示。

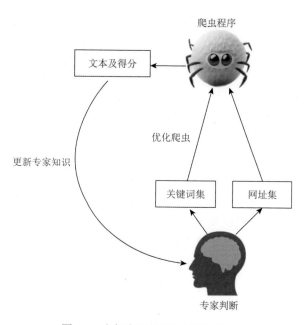

图 4.8　人机交互的爬虫过程示意图

在每一次新的迭代的过程中，爬虫能爬到更具有参考意义的文本，同时专家能进一步学习和掌握到如何调整和构造新的关键词从而进一步迭代优化爬虫。在优化到一定程度以后，专家也同时具备了较强的构造有效关键词的能力。

为了更清晰地说明人机互动的优化爬虫挖掘过程，这里以城市低碳建设的居民维度在 I（实施）环节的指标（I1，引导居民低碳生活的保障）下面的得分变量（I1-1 碳普惠制的完善程度）为例，该得分变量包含的得分点"①在社区（小区）层面，针对居民节约水电气、减少私家车使用或垃圾分类等低碳行为的碳普惠制度设计"。对这个得分点的关键词的优化迭代过程如下。

首先，系统分析专家基于自身的认知，针对该得分点设计初始的关键词列表，如表 4.7 所示。

表 4.7　居民维度在 I（实施）环节某得分点的初始关键词列表

关键词（Version 1）	（低碳生活、绿色生活、低碳场景、绿色行为、低碳行为）和（方法学、评价、规范、管理办法、工作方案、实施方案、实施办法）
主要问题	无效信息较多：①采访或者访问性质信息，如某人指出/介绍/说；②中标信息；③"十二五"或者"十三五"规划；④方案等词语不是出现在题目

通过对初始程序爬取文本的人工检查和分析，专家总结了初始关键词列表存在的问题，在此基础上根据专家知识更新关键词列表。经过若干次迭代优化后，某一版本得到初始优化，其关键词列表如表 4.8 所示，比初始关键词表更为有效。

表 4.8　居民维度在 I（实施）环节某得分点的初始优化关键词列表

关键词（Version 2）	（低碳生活、绿色生活、低碳场景、绿色行为、低碳行为）和（方法学、评价、规范、管理办法、工作方案、实施方案、实施办法）和非（章、篇、目录、工业、十二五、十三五、2000-2017、牵头单位、中标、投标、采购项目、字号、字体、地址、邮编、主办、承办、指出、主任、曾任、介绍、说、表示、记者）
主要问题	抓取内容不精确，如实施环节是要已经发布的一些方案、规范、管理办法等，因此加《》，去掉规划环节一些相似的表达，如加大、鼓励、完善等，动词需要是发布、制定、出台等

针对初始优化的关键词列表（表 4.8），专家进一步总结了主要问题，在此基础上添加了若干需要回避的关键词，尝试更精准地抓取文本信息，并根据程序的抓取结果再次总结当前版本存在的问题。随着版本迭代次数的增加，爬虫程序的输出结果不断指导专家优化关键词列表，专家则不断设计更精准的关键词列表促使爬虫程序获得更符合要求的文本，得到最终的关键词列表，如表 4.9 所示。

表 4.9　居民维度在 I（实施）环节某得分点的最终优化关键词列表

关键词（Version 3）	（制定、发布、印发、制订、出台）和（低碳生活、绿色生活、低碳场景、绿色行为、低碳行为）和（《方法学》、《评价》、《规范》、《管理办法》、《工作方案》、《实施方案》、《实施办法》）和非（章、篇、目录、工业、"十二五"、"十三五"、2000-2017、牵头单位、中标、投标、采购项目、字号、字体、地址、邮编、主办、承办、指出、主任、曾任、介绍、说、表示、记者）
主要问题	无

本书对所有低碳建设维度、所有管理过程环节的所有得分变量、所有得分点关键词都进行了迭代优化。通过多次测试和优化迭代，专家设计出的关键词列表能较好地符合数据挖掘目标。有关各低碳建设维度在设计有效的数据挖掘关键词过程中的迭代次数和工作量记录如表 4.10 所示。对于专家知识与爬虫程序的匹配逻辑需要较多磨合的情况，关键词的优化需要迭代更多的次数。如水域碳汇、绿地碳汇和低碳技术维度，它们的关键词优化列表经过了 20 次以上的迭代优化；另一方面，对于匹配结果的筛查难度较大的维度，所需匹配的信息量很大，单次优化迭代消耗的时间更多，如在能源结构和城市居民维度，其关键词的单次优化迭代时间在 100 小时以上。总体来看，优化关键词的难度很大，在能源结构、城市居民和低碳技术维度，关键词列表的优化设计过程总用时都在 1000 小时以上。这表明为了有效诊断所有样本城市的低碳建设水平，尽管采用了数字化的爬虫挖掘方法减轻了人工的负担，但操作系统的专家有充分的相关知识背景是保证数据挖掘质量的必要条件。

表 4.10　各低碳建设维度在设计有效关键词过程中的优化迭代工作量记录

维度	关键词列表迭代次数	单次迭代平均用时（小时）	总用时（小时）
能源	11	106	1166
经济	6	96	576
居民	10	120	1200
效率	8	75	600
水域	20	12	240
森林	7	72	504
绿地	25	10	250
技术	21	51	1071
总计	108	542	5607

本书采用的计算机软件是 PyCharm 软件，其运行速度快且精确度高。该计算机软件的应用和专家的深度参与保证了挖掘数据需要的关键词库的广度、深度和精度，为挖掘出有效数据进而诊断样本城市的低碳建设水平提供了保障。在对所有低碳建设维度的关键词库的有效建立基础上，便可以把这些关键词应用到前面建立的爬虫程序上，从而挖掘所需要的数据。

三、爬虫技术难点与挖掘数据量

研究团队在使用爬虫技术对 297 个样本城市进行数据爬取的过程中，在具体实现时攻克了一系列关键技术难点，主要包括：①对具有差异性网站结构的 297 个样本城市官网实现自动化搜索和爬取数据；②从海量网页中筛选出含有有效信息的文本内容并进行保存。具体来说，由于不同城市政府官网的网站结构不相同，因此使用爬虫技术对个别城市进行信息爬取时需要对各种网站结构设计特定的爬虫代码。举个例子，某些政府官网在搜索指定关键词后，需要点击网页搜索界面的"下一页"按钮进行翻页，而另外的政府官网可能需要点击"加载更多"按钮或者需要手动输入跳转页码进行翻页。除此之外，不同政府官网显示网页链接的格式也不相同，甚至有的官网直接隐藏搜索网页链接，需要点击后才显示具体链接。为了适应 297 个政府官网的结构差异性，研究团队设计了功能强大的爬虫能够对不同的网站进行结构分析并采用专门的搜索和爬取机制，实现从不同的政府官网中自动化搜索并爬取有效的文本数据。另外，为了从海量网页中筛选出有效的网页内容，研究团队设计了不同的关键词内容，并使用计算机的正则匹配算法来对所有的网页进行快速匹配检索，能够自动化地筛选出有效网页的文本内容并进行保存。

研究团队在采用大数据爬虫挖掘数据的过程中爬取的数据量如表 4.11 所示，从 8 个维度搜索了总计 10454400 个网页，并从中保存了 1325555 个有效文件（pdf），其存储容量达到 139GB。这些统计数据量表征了本研究团队使用爬虫技术的巨大工作量，爬取的信息十分丰富，为后续进行低碳建设水平的计分及分析奠定了坚实的基础。

表 4.11　各低碳建设维度在爬虫过程中的数据量记录

维度	搜索网页数量	有效文件（pdf）数量	有效文件存储容量
能源	950400	96669	10GB
经济	475200	51431	6GB
居民	2613600	101368	12GB
效率	831600	145968	15GB
水域	594000	86630	9GB
森林	712800	339012	37GB
绿地	1544400	102115	11GB
技术	2732400	402362	39GB
总计	10454400	1325555	139GB

第五节　有效数据文件库的建立

有效数据文件库的建立是研究团队对样本城市的低碳建设水平分析的重要来源。为了建立有效数据文件库，需要进行以下两个步骤：①网页元数据筛选；②数据文件重要性评估。

一、网页元数据筛选

为了保证有效数据库文件的广度和准确度，研究团队采用了两级关键词结构对获取的网页元数据进行筛选。第一级关键词结构是指使用内容相关的名词进行范围检索，第二级关键词结构是指使用执行相关的动词进行内容筛选。首先，在初始爬取网页时，使用较为宽泛的一级关键词对目标网页进行匹配，具体的关键词表由系统应用专家根据本次程序针对的维度和环节拟定。在初步完成网页数据的爬取后，将满足一级关键词表匹配要求的网页内容保存，再根据二级关键词表进行匹配。同样地，二级关键词表也由专家根据维度和环节拟定，然后使用二级关键词表对数据网页作二次筛选。

通过两次筛选后的数据网页与关键词表有较强的关联性，能作为评估城市低碳建设水平的重要依据。因此程序会将每个通过筛选的网页的内容进行整理和转换，存储为可供人工查阅的 pdf 文件。在存储网页内容时，根据城市—网址—网页内容的对应关系一一对应存储，保证筛选后的数据网页来源清晰，便于建立有效的数据文件库。

二、数据文件重要性评估

通过爬虫技术获取的大量数据网页在经过进一步处理后，可以提炼为诊断城市低碳建设水平有效数据的文件库。在关键词匹配的过程中，关键词与数据网页内容的匹配次数会被程序记录，作为该文件与低碳建设相关程度的参考依据。

假设专家建立的二级关键词集分别为 K_1 和 K_2，在筛选数据网页时，会分别计算每一个二级关键词列表中的关键词在网页内容中的匹配次数，定义关键词 k_i 在当前网页内容中的匹配次数为 $f(k_i)$，那么就可以使用一级关键词的匹配次数和二级关键词的匹配次数来衡量网页内容的重要程度。为了同时考虑一级关键词和二级关键词的匹配次数，可以定义网页内容的重要程度为加权和 S，其中一级关键词的权重较低，二级关键词的权重较高。假设一级关键词的权重为 w_1，二级关键词的权重为 w_2，那么网页内容的重要程度就可以表示为：

$$S = \sum_{k_i} (w_1 \cdot f(k_i) \cdot \mathbb{I}(k_i \in K_1) + w_2 \cdot f(k_i) \cdot \mathbb{I}(k_i \in K_2)) \tag{4.6}$$

其中 $\mathbb{I}(k_i \in K_1)$ 和 $\mathbb{I}(k_i \in K_2)$ 是指示函数，当括号内的条件成立时取值为 1，否则取值为 0。根据上述方法，就能将数据网页的重要程度进行排序，从而确定当前数据网页是否应该进入有效数据文件库之中。

除了使用程序自动化计算数据网页的重要程度外，确定数据网页的有效性仍需要专家的参与，通过人工抽样核查数据网页内容与低碳建设的匹配程度，保证文件库内数据的有效性。

经过自动软件系统和人工的干预后，就能根据关键词表和数据网页建立有效数据的文件库，并且能清晰地将参考文件与其匹配的关键词对应起来，便于进一步分析。

综上所述，我们根据爬得的数据网页建立了低碳城市建设水平有效数据文件库，共1325555 份 pdf 文件，其中每一个文件都对应一个重要性得分，反映了其与低碳建设关键词的匹配程度，进而反映相关城市的低碳建设水平情况。再者，有效数据文件库与关键词列表的高度关联，具备了较强的可视化基础，能用比较直观的方式反映城市在低碳建设方面的覆盖范围、侧重点等信息。

第六节　城市低碳建设水平程序化计分

在获得关于 PICF 环节的有效数据文件库以及 O 环节的定量数据的基础上，结合本书设计的城市低碳建设计分规则，即可对城市各低碳建设维度的 PICOF 环节进行程序化打分。结合有效数据文件库对样本城市进行城市低碳建设评分的程序化过程如下：

（1）加载文件库和评分规则。对文件库中的内容进行一次性加载，同时加载提供的评分规则。评分规则要求包含若干关键词或关键语句，满足条件即可在相应的得分点得分。

（2）遍历文件库内容。对于文件库中的内容，采用逐句匹配的方法进行得分验证。以句号为分割符，使用计算机中的匹配算法对文件库中的每句话进行正则匹配（即对文件库的每句话进行短语结构分析和判断），验证每句话是否包含关键得分点。

（3）得分情况记录。对于所有的文件库中的内容，在验证得分与否的同时，计算和保存所有得分语句对应的得分点和得分结果，便于人工核查得分情况的合理性。

（4）计算及保存评分结果。针对每个样本城市、低碳建设维度和管理过程环节，计算所有文件库中内容的得分总和，并保存对应的评分结果。

根据有效数据文件库进行程序化打分之后，仍需要专家的人工参与，验证打分结果和打分依据的合理性，持续完善评分关键词，直到覆盖所有的有效得分点。

第五章 城市低碳建设水平诊断实证数据

根据本书第四章建立的城市低碳建设水平数字化诊断系统，获取了样本城市在八个低碳建设维度方面的实证数据，具体体现在各维度的五个管理环节。在五个环节中，体现 P 环节低碳建设水平的实证数据主要以各城市"十四五"国民经济和社会发展规划、生态环境保护规划、林业草原保护规划、交通运输发展规划等规划文件为主，采用人工搜集方法挖掘各城市规划文件，建立有效数据文件库；I、C、F 环节的实证数据主要以各城市低碳发展工作实施方案、条例规定、管理办法、其他行政公文等官方互联网信息为主，主要采用 Python 爬虫技术搜集数据，结合专家建立的关键词库，程序自动化建立有效文件数据库；结果环节 O 的水平是定量指标，不需要文本搜索，数据来源包括城市统计年鉴和卫星遥感数据。表 5.1 总结了 PICOF 五环节实证数据的来源、收集方法和计分方法。

表 5.1 实证数据搜集来源、数据库建立方法和计分方法

环节	数据来源	数据收集及有效数据库建立方法	计分方法
P	主要以各城市"十四五"国民经济和社会发展规划、生态环境保护规划、林业草原保护规划、交通运输发展规划等规划文件为主	人工搜集各城市规划文件 + 人工建立各城市有效数据文件库	程序化计分（结合专家知识设计的低碳城市建设评分规则）
ICF	主要以各城市低碳发展工作实施方案、条例规定、管理办法、其他行政公文等开放性信息为主	Python 爬虫技术搜集数据 + 程序自动化建立有效数据库（结合专家建立的关键词库）	
O	主要数据来源包括城市统计年鉴和卫星遥感数据	遥感数据 + 人工搜集各城市统计年鉴数据	

第一节 能源结构维度诊断指标实证数据

一、能源结构维度规划环节实证数据

按照"维度-环节-指标-得分变量"四个层级，对能源结构维度规划环节的得分变量进行编码，如表 5.2 所示。依据第二章表 2.1 设定的得分规则以及数据挖掘结果，样本城市在能源结构维度规划环节得分变量的得分数据见表 5.3 所示。

可以看出，样本城市整体在能源结构维度规划环节比较重视，在规划文件中都提到了发展非化石能源以改进能源结构的相关内容。但在"非化石能源发展和应用的规划目标"上得分不高，平均分约为 54 分，说明各样本城市规划能源结构调整的目标不明确或较为单一。在"非化石能源发展和应用的规划内容"的得分比较高，平均分为 68 分，说明大多数城市对非化石能源发展和应用的项目内容方面有所规划，在各城市或其所在省

的国民经济和社会发展第十四个五年规划和二〇三五年远景目标纲要及其专项规划中有所提及。

表 5.2　能源结构维度规划环节指标的得分变量编码

环节	指标	得分变量	编码
规划（En-P）	能源结构的低碳规划	非化石能源发展和应用的规划目标	En-P$_1$
		非化石能源发展和应用的规划内容	En-P$_2$

表 5.3　各样本城市在能源结构维度规划环节得分变量的取值

城市	得分变量		城市	得分变量		城市	得分变量	
	En-P$_1$	En-P$_2$		En-P$_1$	En-P$_2$		En-P$_1$	En-P$_2$
北京市	80	80	安庆市	60	60	汕尾市	60	60
天津市	80	100	黄山市	20	80	河源市	60	60
石家庄市	60	60	滁州市	60	60	阳江市	60	80
唐山市	80	80	阜阳市	60	60	清远市	60	80
秦皇岛市	40	60	宿州市	80	60	东莞市	80	60
邯郸市	40	60	六安市	80	80	中山市	60	60
邢台市	60	60	亳州市	100	60	潮州市	60	80
保定市	40	60	池州市	40	40	揭阳市	20	60
张家口市	40	60	宣城市	40	60	云浮市	60	60
承德市	60	60	福州市	60	60	南宁市	40	60
沧州市	60	60	厦门市	60	60	柳州市	60	60
廊坊市	40	60	莆田市	80	40	桂林市	40	60
衡水市	60	60	三明市	20	60	梧州市	40	60
太原市	80	60	泉州市	80	80	北海市	40	60
大同市	80	60	漳州市	80	60	防城港市	60	60
阳泉市	60	60	南平市	40	60	钦州市	40	80
长治市	40	60	龙岩市	40	60	贵港市	0	60
晋城市	60	40	宁德市	40	60	玉林市	20	60
朔州市	60	60	南昌市	60	60	百色市	40	60
晋中市	60	60	景德镇市	60	60	贺州市	60	60
运城市	60	60	萍乡市	60	80	河池市	40	60
忻州市	60	60	九江市	80	60	来宾市	60	60
临汾市	60	60	新余市	40	60	崇左市	20	20
吕梁市	40	60	鹰潭市	80	60	海口市	60	60
呼和浩特市	40	60	赣州市	60	60	三亚市	20	60
包头市	60	60	吉安市	60	60	三沙市	N/A	N/A

续表

城市	得分变量		城市	得分变量		城市	得分变量	
	En-P$_1$	En-P$_2$		En-P$_1$	En-P$_2$		En-P$_1$	En-P$_2$
乌海市	60	60	宜春市	80	60	儋州市	0	40
赤峰市	60	60	抚州市	60	60	重庆市	80	80
通辽市	40	80	上饶市	60	60	成都市	80	60
鄂尔多斯市	80	60	济南市	60	60	自贡市	80	40
呼伦贝尔市	40	60	青岛市	80	60	攀枝花市	40	60
巴彦淖尔市	40	80	淄博市	60	60	泸州市	40	60
乌兰察布市	60	60	枣庄市	60	60	德阳市	60	60
沈阳市	60	60	东营市	60	40	绵阳市	40	60
大连市	80	80	烟台市	20	60	广元市	80	80
鞍山市	40	60	潍坊市	80	80	遂宁市	40	60
抚顺市	60	60	济宁市	80	60	内江市	60	60
本溪市	40	40	泰安市	60	40	乐山市	40	40
丹东市	60	60	威海市	60	60	南充市	80	60
锦州市	60	40	日照市	40	80	眉山市	40	60
营口市	20	60	临沂市	80	60	宜宾市	40	40
阜新市	60	60	德州市	60	60	广安市	60	60
辽阳市	40	60	聊城市	60	60	达州市	60	60
盘锦市	20	40	滨州市	80	60	雅安市	60	60
铁岭市	40	60	菏泽市	60	80	巴中市	60	60
朝阳市	20	60	郑州市	80	80	资阳市	60	60
葫芦岛市	80	60	开封市	60	60	贵阳市	40	40
长春市	60	60	洛阳市	20	60	六盘水市	60	40
吉林市	40	60	平顶山市	40	80	遵义市	60	80
四平市	60	60	安阳市	60	60	安顺市	0	40
辽源市	80	80	鹤壁市	60	60	毕节市	40	60
通化市	60	60	新乡市	60	60	铜仁市	40	60
白山市	80	60	焦作市	40	80	昆明市	60	60
松原市	40	60	濮阳市	80	60	曲靖市	60	60
白城市	40	60	许昌市	40	60	玉溪市	60	60
哈尔滨市	40	60	漯河市	60	60	保山市	40	60
齐齐哈尔市	40	60	三门峡市	20	60	昭通市	20	60
鸡西市	40	60	南阳市	60	80	丽江市	40	60
鹤岗市	20	60	商丘市	60	60	普洱市	40	60
双鸭山市	60	60	信阳市	40	60	临沧市	40	60

续表

城市	得分变量		城市	得分变量		城市	得分变量	
	En-P$_1$	En-P$_2$		En-P$_1$	En-P$_2$		En-P$_1$	En-P$_2$
大庆市	20	60	周口市	20	80	拉萨市	40	60
伊春市	20	60	驻马店市	60	80	日喀则市	40	60
佳木斯市	40	60	武汉市	80	60	昌都市	40	60
七台河市	60	40	黄石市	40	80	林芝市	20	60
牡丹江市	20	60	十堰市	80	60	山南市	40	40
黑河市	20	60	宜昌市	40	60	那曲市	20	60
绥化市	20	20	襄阳市	80	80	西安市	60	60
上海市	80	100	鄂州市	40	60	铜川市	40	60
南京市	80	60	荆门市	40	60	宝鸡市	60	60
无锡市	100	60	孝感市	80	80	咸阳市	40	60
徐州市	60	60	荆州市	60	60	渭南市	40	60
常州市	60	60	黄冈市	40	60	延安市	60	60
苏州市	60	60	咸宁市	40	60	汉中市	40	60
南通市	60	60	随州市	20	80	榆林市	60	60
连云港市	60	60	长沙市	60	60	安康市	20	40
淮安市	40	60	株洲市	40	60	商洛市	40	60
盐城市	60	60	湘潭市	60	60	兰州市	40	60
扬州市	60	60	衡阳市	60	60	嘉峪关市	40	60
镇江市	40	60	邵阳市	40	60	金昌市	80	60
泰州市	40	60	岳阳市	20	60	白银市	60	60
宿迁市	40	60	常德市	60	60	天水市	60	60
杭州市	80	100	张家界市	40	60	武威市	80	60
宁波市	60	80	益阳市	40	60	张掖市	20	20
温州市	60	60	郴州市	60	60	平凉市	60	60
嘉兴市	60	60	永州市	80	60	酒泉市	60	60
湖州市	40	60	怀化市	40	60	庆阳市	40	60
绍兴市	60	80	娄底市	40	60	定西市	40	60
金华市	40	60	广州市	80	40	陇南市	40	60
衢州市	40	60	韶关市	40	80	西宁市	100	80
舟山市	40	60	深圳市	100	60	海东市	20	80
台州市	80	80	珠海市	80	60	银川市	40	60
丽水市	40	60	汕头市	40	60	石嘴山市	60	60
合肥市	80	60	佛山市	60	60	吴忠市	40	40
芜湖市	60	60	江门市	60	60	固原市	40	60

续表

城市	得分变量		城市	得分变量		城市	得分变量	
	En-P$_1$	En-P$_2$		En-P$_1$	En-P$_2$		En-P$_1$	En-P$_2$
蚌埠市	60	60	湛江市	100	60	中卫市	60	60
淮南市	40	60	茂名市	40	60	乌鲁木齐市	60	60
马鞍山市	80	80	肇庆市	20	60	克拉玛依市	60	60
淮北市	80	100	惠州市	60	60	吐鲁番市	40	60
铜陵市	80	80	梅州市	80	60	哈密市	80	60

注：对于数据缺失的城市，本表记录为 not available，N/A。

二、能源结构维度实施环节实证数据

能源结构维度实施环节的得分变量编码如表 5.4 所示。依据第二章表 2.2 设定的得分规则以及数据挖掘结果，样本城市在能源结构维度实施环节得分变量的得分数据如表 5.5 所示。

可以看出，大多数城市在能源结构维度实施环节的表现有所差异。其中，"相关实施规章制度的完善程度"的得分较低，平均分约为 65 分，表明不少城市能源结构的相关实施规章制度还有待完善。"优化能源结构的专项资金投入力度"、"优化能源结构的人力资源保障程度"和"优化能源结构的技术条件保障程度"的平均得分分别为 50 分、57 分和 70 分，说明在推动能源结构绿色转型中的资金、人力和技术资源方面的投入还有待加强，尤其是资金与人力方面的资源相对薄弱。

表 5.4　能源结构维度实施环节指标的得分变量编码

环节	指标	得分变量	编码
实施（En-I）	能源结构优化的实施	相关实施规章制度的完善程度	En-I$_1$
		优化能源结构的专项资金投入力度	En-I$_2$
		优化能源结构的人力资源保障程度	En-I$_3$
		优化能源结构的技术条件保障程度	En-I$_4$

表 5.5　各样本城市在能源结构维度实施环节得分变量的取值

城市	得分变量				城市	得分变量			
	En-I$_1$	En-I$_2$	En-I$_3$	En-I$_4$		En-I$_1$	En-I$_2$	En-I$_3$	En-I$_4$
北京市	75	100	100	100	鹤壁市	75	50	50	25
天津市	75	100	100	75	新乡市	75	75	100	75
石家庄市	75	100	100	75	焦作市	75	100	100	75
唐山市	50	75	100	75	濮阳市	50	25	100	75
秦皇岛市	50	50	100	75	许昌市	75	100	100	75
邯郸市	75	75	100	75	漯河市	75	75	100	75

续表

城市	得分变量				城市	得分变量			
	En-I$_1$	En-I$_2$	En-I$_3$	En-I$_4$		En-I$_1$	En-I$_2$	En-I$_3$	En-I$_4$
邢台市	50	25	100	75	三门峡市	75	50	75	75
保定市	75	75	100	75	南阳市	75	75	100	75
张家口市	75	75	100	75	商丘市	75	75	50	50
承德市	75	75	100	75	信阳市	50	75	100	75
沧州市	50	25	100	75	周口市	75	75	100	75
廊坊市	50	75	100	75	驻马店市	50	100	100	75
衡水市	75	75	75	75	武汉市	75	100	100	75
太原市	75	75	100	75	黄石市	50	75	100	75
大同市	75	75	100	75	十堰市	50	75	50	75
阳泉市	75	75	100	75	宜昌市	75	75	75	75
长治市	50	100	100	75	襄阳市	50	100	100	75
晋城市	75	100	100	75	鄂州市	75	50	100	75
朔州市	50	50	100	75	荆门市	75	100	100	75
晋中市	50	50	100	75	孝感市	75	75	75	75
运城市	50	25	100	75	荆州市	75	75	75	75
忻州市	50	50	100	75	黄冈市	75	75	100	75
临汾市	75	100	75	75	咸宁市	50	50	100	75
吕梁市	75	75	100	75	随州市	50	50	100	75
呼和浩特市	75	75	100	75	长沙市	75	100	100	75
包头市	50	75	100	75	株洲市	75	75	100	75
乌海市	0	0	0	0	湘潭市	75	100	100	75
赤峰市	50	25	100	75	衡阳市	50	50	100	75
通辽市	75	100	100	75	邵阳市	75	100	100	75
鄂尔多斯市	75	75	100	75	岳阳市	75	100	100	75
呼伦贝尔市	50	50	50	50	常德市	75	75	100	75
巴彦淖尔市	75	50	50	50	张家界市	75	50	100	75
乌兰察布市	75	75	100	75	益阳市	75	75	100	75
沈阳市	75	100	100	75	郴州市	50	75	100	75
大连市	75	75	100	75	永州市	50	75	75	75
鞍山市	50	50	100	75	怀化市	75	75	75	75
抚顺市	75	75	100	75	娄底市	75	100	100	75
本溪市	75	100	100	75	广州市	75	75	100	100
丹东市	50	75	75	75	韶关市	25	0	0	0
锦州市	25	0	50	25	深圳市	50	50	75	75

城市	得分变量				城市	得分变量			
	En-I$_1$	En-I$_2$	En-I$_3$	En-I$_4$		En-I$_1$	En-I$_2$	En-I$_3$	En-I$_4$
营口市	25	25	100	75	珠海市	75	25	100	75
阜新市	75	100	100	75	汕头市	75	75	75	75
辽阳市	75	25	75	75	佛山市	75	75	75	75
盘锦市	75	100	100	75	江门市	50	75	50	75
铁岭市	75	25	100	75	湛江市	75	75	75	75
朝阳市	75	50	100	75	茂名市	75	75	75	50
葫芦岛市	75	75	50	75	肇庆市	75	25	75	50
长春市	75	75	100	75	惠州市	75	75	100	75
吉林市	75	100	100	75	梅州市	50	25	100	75
四平市	75	75	100	75	汕尾市	25	50	100	75
辽源市	75	100	100	75	河源市	50	50	100	75
通化市	75	75	100	75	阳江市	75	75	100	75
白山市	50	50	100	75	清远市	25	0	50	0
松原市	75	25	100	75	东莞市	50	25	25	25
白城市	50	75	100	75	中山市	50	50	25	50
哈尔滨市	75	100	100	75	潮州市	25	0	0	0
齐齐哈尔市	50	75	100	75	揭阳市	75	75	75	75
鸡西市	50	75	100	75	云浮市	50	50	100	75
鹤岗市	75	50	100	75	南宁市	75	100	100	75
双鸭山市	50	75	100	75	柳州市	75	75	100	75
大庆市	75	75	100	75	桂林市	75	100	100	75
伊春市	50	75	100	75	梧州市	50	75	75	75
佳木斯市	75	75	50	75	北海市	50	75	100	75
七台河市	50	25	25	25	防城港市	50	75	75	75
牡丹江市	50	50	100	75	钦州市	75	100	100	75
黑河市	50	25	100	75	贵港市	50	100	75	75
绥化市	25	0	50	50	玉林市	75	75	100	75
上海市	75	100	100	100	百色市	75	100	100	75
南京市	75	50	100	100	贺州市	50	100	100	75
无锡市	75	75	100	75	河池市	50	100	100	75
徐州市	75	100	100	75	来宾市	75	75	75	75
常州市	50	25	100	75	崇左市	75	100	100	75
苏州市	50	75	100	75	海口市	75	100	100	75
南通市	75	50	100	75	三亚市	75	100	100	75

续表

城市	得分变量				城市	得分变量			
	En-I$_1$	En-I$_2$	En-I$_3$	En-I$_4$		En-I$_1$	En-I$_2$	En-I$_3$	En-I$_4$
连云港市	50	75	100	75	三沙市	N/A	N/A	N/A	N/A
淮安市	50	50	100	75	儋州市	50	75	100	75
盐城市	75	75	100	75	重庆市	50	75	100	75
扬州市	75	100	100	75	成都市	75	50	100	75
镇江市	75	75	100	75	自贡市	75	75	75	75
泰州市	75	75	100	75	攀枝花市	75	50	75	75
宿迁市	75	100	100	75	泸州市	50	25	100	75
杭州市	75	100	100	100	德阳市	75	100	100	75
宁波市	75	75	100	75	绵阳市	75	50	50	75
温州市	75	100	100	75	广元市	50	50	50	50
嘉兴市	75	75	100	75	遂宁市	75	75	50	50
湖州市	75	75	100	75	内江市	75	75	100	75
绍兴市	75	75	100	75	乐山市	75	75	50	75
金华市	75	100	100	75	南充市	75	25	100	75
衢州市	75	75	100	75	眉山市	75	50	75	50
舟山市	75	75	100	75	宜宾市	75	50	100	75
台州市	75	75	75	75	广安市	75	50	100	75
丽水市	75	75	75	75	达州市	75	75	50	50
合肥市	50	50	100	75	雅安市	75	50	50	50
芜湖市	75	100	100	75	巴中市	50	50	50	50
蚌埠市	75	75	75	75	资阳市	0	0	0	0
淮南市	75	100	100	75	贵阳市	75	100	100	75
马鞍山市	50	75	100	75	六盘水市	75	75	100	75
淮北市	50	75	100	75	遵义市	75	75	100	75
铜陵市	50	75	100	75	安顺市	75	75	100	75
安庆市	75	100	100	75	毕节市	75	100	100	75
黄山市	75	75	100	75	铜仁市	75	75	100	75
滁州市	75	50	100	75	昆明市	75	75	75	75
阜阳市	75	75	75	75	曲靖市	50	75	100	75
宿州市	50	75	75	75	玉溪市	50	50	50	50
六安市	75	75	100	75	保山市	75	75	50	50
亳州市	25	0	25	50	昭通市	50	75	75	75
池州市	50	100	100	75	丽江市	50	50	100	75
宣城市	75	100	100	75	普洱市	0	0	0	0

续表

城市	得分变量				城市	得分变量			
	En-I$_1$	En-I$_2$	En-I$_3$	En-I$_4$		En-I$_1$	En-I$_2$	En-I$_3$	En-I$_4$
福州市	50	75	100	75	临沧市	50	75	75	75
厦门市	50	100	100	75	拉萨市	75	100	100	75
莆田市	75	75	75	75	日喀则市	75	50	50	50
三明市	50	50	75	75	昌都市	75	75	100	75
泉州市	75	100	100	75	林芝市	75	100	100	75
漳州市	50	25	75	25	山南市	50	50	100	75
南平市	25	0	50	50	那曲市	75	50	100	75
龙岩市	75	100	100	75	西安市	75	100	100	75
宁德市	50	50	100	75	铜川市	75	100	100	75
南昌市	50	100	100	75	宝鸡市	50	50	100	75
景德镇市	50	50	100	75	咸阳市	75	75	100	75
萍乡市	25	50	75	75	渭南市	25	25	25	25
九江市	75	75	50	25	延安市	75	75	100	75
新余市	75	100	100	75	汉中市	75	100	100	75
鹰潭市	75	75	75	75	榆林市	75	75	100	75
赣州市	75	75	75	75	安康市	75	75	50	75
吉安市	75	75	100	75	商洛市	75	50	100	75
宜春市	50	25	50	50	兰州市	75	100	100	75
抚州市	75	100	100	75	嘉峪关市	75	50	50	75
上饶市	50	75	75	75	金昌市	75	75	75	75
济南市	75	100	100	75	白银市	75	75	100	75
青岛市	75	75	100	75	天水市	75	75	75	75
淄博市	75	75	100	75	武威市	75	50	50	50
枣庄市	75	75	100	75	张掖市	75	100	100	75
东营市	75	75	75	75	平凉市	75	75	100	75
烟台市	75	100	100	75	酒泉市	50	75	100	75
潍坊市	75	75	75	75	庆阳市	75	25	100	75
济宁市	75	75	75	75	定西市	50	50	100	75
泰安市	75	100	100	75	陇南市	50	100	75	50
威海市	75	100	100	75	西宁市	75	75	100	75
日照市	75	50	100	75	海东市	50	75	100	75
临沂市	75	75	75	75	银川市	75	75	75	75
德州市	75	75	100	75	石嘴山市	75	100	100	75
聊城市	75	75	100	75	吴忠市	75	100	100	75

城市	得分变量				城市	得分变量			
	En-I$_1$	En-I$_2$	En-I$_3$	En-I$_4$		En-I$_1$	En-I$_2$	En-I$_3$	En-I$_4$
滨州市	75	75	100	75	固原市	75	100	100	75
菏泽市	50	75	100	75	中卫市	75	100	100	75
郑州市	75	75	100	75	乌鲁木齐市	75	75	100	75
开封市	50	75	100	75	克拉玛依市	50	50	50	50
洛阳市	75	75	100	75	吐鲁番市	75	100	100	75
平顶山市	75	75	100	75	哈密市	75	25	100	75
安阳市	75	75	100	75	/	/	/	/	/

注：对于数据缺失的城市，本表记录为 not available，N/A。

三、能源结构维度检查环节实证数据

能源结构维度检查环节的得分变量编码如表 5.6 所示。依据第二章表 2.3 设定的得分规则以及数据挖掘结果，样本城市在能源结构维度检查环节得分变量的得分数据如表 5.7 所示。

可以看出，样本城市在"能源结构优化的监督"环节的得分普遍较低，表明多数城市在检查环节的重视程度不够。大多数城市在"相关监督规章制度的完善程度""监督专项资金保障程度""监督人力资源保障程度""监督技术条件保障程度"方面的表现都很不理想，说明各城市在能源结构维度检查环节上还有很大的提升空间。

表 5.6　能源结构维度检查环节指标的得分变量编码

环节	指标	得分变量	编码
检查（En-C）	能源结构优化的监督	相关监督规章制度的完善程度	En-C$_1$
		监督专项资金保障程度	En-C$_2$
		监督人力资源保障程度	En-C$_3$
		监督技术条件保障程度	En-C$_4$

表 5.7　各样本城市在能源结构维度检查环节得分变量的取值

城市	得分变量				城市	得分变量			
	En-C$_1$	En-C$_2$	En-C$_3$	En-C$_4$		En-C$_1$	En-C$_2$	En-C$_3$	En-C$_4$
北京市	75	50	75	50	鹤壁市	25	0	75	25
天津市	25	25	75	25	新乡市	25	0	50	25
石家庄市	0	0	75	25	焦作市	25	0	75	25
唐山市	25	0	50	0	濮阳市	0	0	0	0
秦皇岛市	0	0	25	25	许昌市	25	0	100	25
邯郸市	0	0	50	0	漯河市	25	0	75	25
邢台市	0	0	25	0	三门峡市	0	0	50	25

续表

城市	得分变量				城市	得分变量			
	En-C$_1$	En-C$_2$	En-C$_3$	En-C$_4$		En-C$_1$	En-C$_2$	En-C$_3$	En-C$_4$
保定市	0	0	0	25	南阳市	0	0	0	25
张家口市	25	0	75	25	商丘市	25	0	75	50
承德市	25	0	75	0	信阳市	25	0	50	25
沧州市	0	0	0	0	周口市	50	0	75	25
廊坊市	0	0	0	25	驻马店市	0	0	50	25
衡水市	0	0	25	0	武汉市	50	0	75	25
太原市	50	0	75	25	黄石市	0	0	50	25
大同市	25	0	75	25	十堰市	25	0	50	25
阳泉市	0	0	0	25	宜昌市	50	25	75	25
长治市	25	0	75	25	襄阳市	25	0	50	25
晋城市	0	0	75	25	鄂州市	25	0	50	25
朔州市	25	0	0	25	荆门市	25	0	75	25
晋中市	0	0	0	25	孝感市	0	0	25	0
运城市	0	0	25	0	荆州市	50	0	75	25
忻州市	25	0	25	25	黄冈市	50	0	50	0
临汾市	0	0	0	25	咸宁市	0	0	0	25
吕梁市	50	0	75	25	随州市	50	0	50	0
呼和浩特市	50	0	75	25	长沙市	0	0	75	0
包头市	25	0	50	25	株洲市	0	0	0	0
乌海市	0	0	0	0	湘潭市	25	0	75	25
赤峰市	0	0	0	0	衡阳市	25	0	75	25
通辽市	25	0	75	25	邵阳市	0	0	50	25
鄂尔多斯市	25	0	75	25	岳阳市	25	0	75	0
呼伦贝尔市	25	0	75	0	常德市	25	0	75	25
巴彦淖尔市	50	0	50	25	张家界市	0	0	50	25
乌兰察布市	25	0	25	25	益阳市	0	0	75	25
沈阳市	25	0	75	25	郴州市	0	0	25	25
大连市	25	0	75	0	永州市	0	0	25	0
鞍山市	0	0	50	0	怀化市	50	0	50	25
抚顺市	25	0	50	25	娄底市	50	0	75	0
本溪市	25	0	75	25	广州市	0	25	75	25
丹东市	0	0	25	25	韶关市	0	0	0	0
锦州市	0	0	0	0	深圳市	50	25	25	50
营口市	0	0	0	0	珠海市	0	0	75	0

续表

城市	得分变量				城市	得分变量			
	En-C$_1$	En-C$_2$	En-C$_3$	En-C$_4$		En-C$_1$	En-C$_2$	En-C$_3$	En-C$_4$
阜新市	25	0	75	25	汕头市	25	0	75	25
辽阳市	0	0	75	0	佛山市	50	0	75	25
盘锦市	50	0	75	25	江门市	25	0	50	0
铁岭市	0	0	0	0	湛江市	25	0	75	25
朝阳市	0	0	75	25	茂名市	50	0	50	25
葫芦岛市	0	0	75	0	肇庆市	0	0	0	25
长春市	25	0	50	0	惠州市	0	0	25	25
吉林市	25	0	75	25	梅州市	0	0	50	0
四平市	0	0	50	0	汕尾市	0	0	25	0
辽源市	0	0	50	0	河源市	25	0	50	0
通化市	0	0	50	25	阳江市	0	0	25	0
白山市	25	0	50	0	清远市	0	0	0	0
松原市	0	0	25	0	东莞市	50	25	25	25
白城市	0	0	50	0	中山市	50	25	25	25
哈尔滨市	25	0	100	25	潮州市	0	0	0	0
齐齐哈尔市	0	0	50	25	揭阳市	0	0	50	0
鸡西市	0	0	0	0	云浮市	0	0	25	0
鹤岗市	0	0	0	0	南宁市	0	0	50	25
双鸭山市	0	0	25	0	柳州市	25	0	25	0
大庆市	0	0	50	0	桂林市	0	0	50	25
伊春市	0	0	0	0	梧州市	0	0	25	0
佳木斯市	0	0	25	0	北海市	0	0	50	0
七台河市	25	0	75	25	防城港市	0	0	50	0
牡丹江市	0	0	25	0	钦州市	0	0	50	25
黑河市	0	0	0	0	贵港市	0	0	25	0
绥化市	0	0	0	0	玉林市	25	0	75	25
上海市	50	0	75	25	百色市	25	0	0	0
南京市	50	50	100	25	贺州市	0	0	50	0
无锡市	0	0	50	0	河池市	0	0	25	0
徐州市	0	0	75	0	来宾市	0	0	50	25
常州市	25	0	0	0	崇左市	0	0	50	25
苏州市	25	0	75	0	海口市	50	0	75	0
南通市	0	0	25	50	三亚市	25	25	100	0
连云港市	0	0	50	0	三沙市	N/A	N/A	N/A	N/A

续表

城市	得分变量				城市	得分变量			
	En-C$_1$	En-C$_2$	En-C$_3$	En-C$_4$		En-C$_1$	En-C$_2$	En-C$_3$	En-C$_4$
淮安市	0	0	0	25	儋州市	0	0	75	25
盐城市	0	0	25	25	重庆市	0	0	50	25
扬州市	25	0	75	25	成都市	0	0	0	0
镇江市	0	0	50	25	自贡市	25	0	75	0
泰州市	0	0	50	25	攀枝花市	0	0	50	25
宿迁市	25	0	50	25	泸州市	0	0	25	0
杭州市	25	0	75	75	德阳市	25	0	75	25
宁波市	25	0	100	25	绵阳市	25	0	75	25
温州市	25	0	75	25	广元市	25	0	75	25
嘉兴市	25	0	75	25	遂宁市	25	0	75	0
湖州市	25	0	50	0	内江市	25	0	50	0
绍兴市	25	0	75	25	乐山市	0	0	75	25
金华市	0	0	75	25	南充市	0	0	25	25
衢州市	50	0	75	25	眉山市	25	0	50	25
舟山市	25	0	75	0	宜宾市	0	0	50	0
台州市	25	0	75	25	广安市	0	0	25	25
丽水市	50	0	75	25	达州市	25	0	50	25
合肥市	75	50	50	25	雅安市	25	25	50	0
芜湖市	50	0	75	25	巴中市	0	0	75	0
蚌埠市	50	25	75	25	资阳市	0	0	0	0
淮南市	50	0	75	25	贵阳市	50	0	75	50
马鞍山市	0	0	50	0	六盘水市	25	0	0	25
淮北市	0	0	25	25	遵义市	0	0	50	25
铜陵市	0	0	25	0	安顺市	25	0	50	25
安庆市	25	0	75	25	毕节市	0	0	75	25
黄山市	0	0	50	0	铜仁市	0	0	50	25
滁州市	25	0	50	25	昆明市	50	0	75	25
阜阳市	25	0	75	25	曲靖市	25	0	50	0
宿州市	50	0	75	25	玉溪市	25	0	25	0
六安市	50	0	75	0	保山市	25	0	75	50
亳州市	0	0	25	0	昭通市	25	0	25	25
池州市	0	0	75	25	丽江市	0	0	50	0
宣城市	0	0	75	25	普洱市	0	0	0	0
福州市	0	0	25	25	临沧市	25	0	75	25

城市	得分变量				城市	得分变量			
	En-C$_1$	En-C$_2$	En-C$_3$	En-C$_4$		En-C$_1$	En-C$_2$	En-C$_3$	En-C$_4$
厦门市	50	0	75	25	拉萨市	25	0	75	25
莆田市	0	0	50	25	日喀则市	0	0	75	25
三明市	0	0	50	0	昌都市	0	0	75	25
泉州市	25	0	50	25	林芝市	0	0	75	0
漳州市	0	0	0	0	山南市	0	0	0	0
南平市	0	0	0	0	那曲市	25	0	50	0
龙岩市	50	0	75	25	西安市	25	0	75	0
宁德市	25	0	0	0	铜川市	0	0	50	0
南昌市	0	0	50	25	宝鸡市	0	0	50	0
景德镇市	25	0	25	0	咸阳市	25	0	75	25
萍乡市	0	0	0	0	渭南市	0	0	25	25
九江市	25	0	50	25	延安市	0	0	25	25
新余市	0	0	75	25	汉中市	50	25	75	25
鹰潭市	25	0	75	50	榆林市	25	0	75	25
赣州市	0	0	75	25	安康市	0	0	50	25
吉安市	0	0	75	25	商洛市	0	0	50	25
宜春市	0	0	0	25	兰州市	0	0	50	25
抚州市	25	0	50	25	嘉峪关市	50	0	75	25
上饶市	0	0	50	25	金昌市	0	0	75	25
济南市	25	0	75	25	白银市	25	0	75	25
青岛市	0	0	75	25	天水市	0	0	75	25
淄博市	25	0	25	0	武威市	50	0	50	25
枣庄市	25	0	50	25	张掖市	25	0	75	25
东营市	0	0	0	25	平凉市	0	0	50	0
烟台市	25	0	50	25	酒泉市	0	0	50	0
潍坊市	25	0	75	25	庆阳市	0	0	0	25
济宁市	25	0	100	50	定西市	25	0	0	0
泰安市	25	0	75	25	陇南市	0	0	0	25
威海市	0	0	50	25	西宁市	25	0	75	0
日照市	25	0	50	25	海东市	0	0	50	25
临沂市	25	0	75	25	银川市	50	0	75	25
德州市	25	0	25	25	石嘴山市	0	0	75	25
聊城市	25	0	75	50	吴忠市	25	0	50	25
滨州市	0	0	75	25	固原市	50	0	50	25

续表

城市	得分变量				城市	得分变量			
	En-C$_1$	En-C$_2$	En-C$_3$	En-C$_4$		En-C$_1$	En-C$_2$	En-C$_3$	En-C$_4$
菏泽市	25	0	75	0	中卫市	50	0	75	0
郑州市	25	0	50	25	乌鲁木齐市	50	0	25	0
开封市	0	0	50	50	克拉玛依市	0	0	50	25
洛阳市	0	0	50	25	吐鲁番市	25	0	50	25
平顶山市	50	0	75	25	哈密市	25	0	25	0
安阳市	0	0	75	25	/	/	/	/	/

注：对于数据缺失的城市，本表记录为 not available，N/A。

四、能源结构维度结果环节实证数据

能源结构维度结果环节的得分变量的编码如表 5.8 所示。依据第三章中建立的定量得分变量的计算方法，结合表第二章表 2.4 中的数据来源，样本城市在能源结构维度结果环节得分变量的得分数据如表 5.9 所示。

可以看出，大多数样本城市在"能源结构的低碳水平"上的得分并不高，表明不少城市的能源结构绿色转型还有很大进步空间。其中，"非化石能源占一次能源消费比重（%）"的得分相对较低，平均分约为 34 分，说明各城市在发展绿色清洁能源方面还需要更加努力。"煤炭占一次能源消费比重（%）"的得分也不高，表明不少城市在改进对传统能源的依赖方面还需要继续加强。

表 5.8　能源结构维度结果环节指标的得分变量编码

环节	指标	得分变量	编码
检查（En-O）	能源结构的低碳水平	非化石能源占一次能源消费比重（%）	En-O$_1$
		煤炭占一次能源消费比重（%）	En-O$_2$

表 5.9　各样本城市在能源结构维度结果环节得分变量的取值

城市	得分变量		城市	得分变量		城市	得分变量	
	En-O$_1$	En-O$_2$		En-O$_1$	En-O$_2$		En-O$_1$	En-O$_2$
北京市	14.38	96.29	安庆市	17.78	32.52	汕尾市	52.73	63.99
天津市	13.78	85.62	黄山市	17.78	93.47	河源市	74.30	58.82
石家庄市	8.39	32.52	滁州市	33.95	48.47	阳江市	58.32	63.99
唐山市	12.38	20.37	阜阳市	12.06	27.49	清远市	62.31	63.99
秦皇岛市	12.38	53.82	宿州市	24.17	34.30	东莞市	58.32	76.90
邯郸市	12.38	20.37	六安市	22.29	27.49	中山市	32.56	74.38
邢台市	14.58	20.37	亳州市	29.10	27.49	潮州市	28.16	41.96
保定市	12.38	20.37	池州市	17.78	27.28	揭阳市	58.32	60.85

续表

城市	得分变量		城市	得分变量		城市	得分变量	
	En-O$_1$	En-O$_2$		En-O$_1$	En-O$_2$		En-O$_1$	En-O$_2$
张家口市	14.58	20.37	宣城市	17.78	27.49	云浮市	23.57	29.37
承德市	14.58	20.37	福州市	45.14	41.17	南宁市	23.57	38.39
沧州市	12.38	20.37	厦门市	45.14	39.25	柳州市	50.33	38.82
廊坊市	12.38	20.37	莆田市	66.91	70.29	桂林市	50.33	48.99
衡水市	14.58	40.39	三明市	45.14	62.31	梧州市	50.33	51.40
太原市	13.38	46.45	泉州市	16.18	54.97	北海市	50.33	48.99
大同市	13.38	16.79	漳州市	18.17	53.92	防城港市	50.33	43.22
阳泉市	13.38	16.79	南平市	45.14	50.36	钦州市	50.33	56.23
长治市	13.38	16.79	龙岩市	45.14	35.35	贵港市	50.33	39.86
晋城市	13.38	48.90	宁德市	45.14	57.49	玉林市	50.33	72.41
朔州市	13.38	16.79	南昌市	25.56	70.90	百色市	50.33	48.26
晋中市	13.38	24.13	景德镇市	25.56	38.19	贺州市	50.33	48.99
运城市	13.38	28.20	萍乡市	16.38	38.19	河池市	50.33	75.53
忻州市	13.38	16.79	九江市	21.97	28.13	来宾市	50.33	51.40
临汾市	13.38	16.79	新余市	3.79	11.54	崇左市	50.33	48.99
吕梁市	13.38	16.79	鹰潭市	28.56	32.64	海口市	34.35	100
呼和浩特市	20.77	5.01	赣州市	25.56	38.19	三亚市	32.36	60.85
包头市	20.77	12.59	吉安市	25.56	41.12	三沙市	N/A	N/A
乌海市	20.77	6.53	宜春市	30.96	38.19	儋州市	32.36	60.85
赤峰市	20.77	22.03	抚州市	25.56	48.63	重庆市	40.14	54.24
通辽市	24.93	11.85	上饶市	33.35	56.96	成都市	86.68	90.80
鄂尔多斯市	4.33	9.44	济南市	4.39	75.26	自贡市	74.30	86.02
呼伦贝尔市	20.77	6.29	青岛市	17.38	76.78	攀枝花市	74.30	27.28
巴彦淖尔市	20.77	17.83	淄博市	13.18	36.12	泸州市	74.30	68.71
乌兰察布市	20.77	33.05	枣庄市	13.18	27.28	德阳市	86.18	72.39
沈阳市	15.58	14.07	东营市	13.18	37.77	绵阳市	74.30	72.39
大连市	15.58	82.70	烟台市	13.18	34.61	广元市	74.30	72.39
鞍山市	15.58	44.38	潍坊市	13.18	34.09	遂宁市	74.30	94.63
抚顺市	15.58	37.77	济宁市	10.79	34.61	内江市	23.17	30.42
本溪市	15.58	17.62	泰安市	13.98	34.61	乐山市	74.30	72.39
丹东市	15.58	44.38	威海市	13.18	48.26	南充市	74.30	91.27
锦州市	15.58	44.38	日照市	13.18	34.61	眉山市	100	86.63
营口市	15.58	44.38	临沂市	9.99	38.61	宜宾市	74.30	72.39
阜新市	15.58	44.38	德州市	13.18	34.61	广安市	74.30	41.96

续表

城市	得分变量		城市	得分变量		城市	得分变量	
	En-O$_1$	En-O$_2$		En-O$_1$	En-O$_2$		En-O$_1$	En-O$_2$
辽阳市	15.58	44.38	聊城市	13.18	34.61	达州市	74.30	72.39
盘锦市	15.58	44.38	滨州市	13.18	34.61	雅安市	74.30	70.50
铁岭市	15.58	44.38	菏泽市	13.18	34.61	巴中市	74.30	72.39
朝阳市	15.58	29.37	郑州市	13.98	64.81	资阳市	73.92	85.81
葫芦岛市	15.58	44.38	开封市	15.38	34.30	贵阳市	33.55	33.18
长春市	25.76	28.64	洛阳市	24.77	32.52	六盘水市	74.30	55.29
吉林市	25.76	49.31	平顶山市	20.77	34.30	遵义市	46.94	27.59
四平市	12.76	34.62	安阳市	18.37	27.28	安顺市	33.55	30.42
辽源市	15.58	16.64	鹤壁市	20.77	34.30	毕节市	33.55	17.69
通化市	14.60	18.69	新乡市	12.56	25.28	铜仁市	33.55	27.59
白山市	24.37	27.28	焦作市	20.77	28.64	昆明市	82.29	76.77
松原市	25.76	58.75	濮阳市	20.77	42.38	曲靖市	82.29	64.80
白城市	25.76	34.62	许昌市	17.58	56.65	玉溪市	82.29	42.59
哈尔滨市	26.36	20.37	漯河市	20.77	34.30	保山市	82.29	64.13
齐齐哈尔市	24.37	34.93	三门峡市	20.77	34.30	昭通市	82.29	64.80
鸡西市	24.37	32.52	南阳市	22.97	34.30	丽江市	82.29	64.13
鹤岗市	24.37	37.77	商丘市	20.77	34.30	普洱市	98.26	64.80
双鸭山市	24.37	37.77	信阳市	20.77	34.30	临沧市	82.29	64.13
大庆市	24.37	37.77	周口市	20.77	34.30	拉萨市	79.89	36.77
伊春市	24.37	37.77	驻马店市	20.77	34.30	日喀则市	79.29	36.77
佳木斯市	24.37	37.77	武汉市	33.35	66.77	昌都市	79.29	36.77
七台河市	24.37	37.77	黄石市	33.35	44.59	林芝市	79.29	36.77
牡丹江市	24.37	19.83	十堰市	38.75	53.50	山南市	79.29	36.77
黑河市	24.37	37.77	宜昌市	70.30	43.01	那曲市	79.29	36.77
绥化市	24.37	37.77	襄阳市	37.15	44.59	西安市	26.36	32.25
上海市	34.35	93.97	鄂州市	29.36	44.59	铜川市	26.36	27.28
南京市	11.38	84.26	荆门市	33.35	44.06	宝鸡市	26.36	11.64
无锡市	15.38	50.77	孝感市	33.35	44.59	咸阳市	26.36	24.36
徐州市	23.37	41.96	荆州市	26.36	44.59	渭南市	26.36	16.79
常州市	20.37	47.10	黄冈市	33.35	68.19	延安市	26.36	46.16
苏州市	15.38	38.61	咸宁市	33.35	35.72	汉中市	26.36	27.28
南通市	20.37	41.96	随州市	33.35	44.59	榆林市	26.36	22.03
连云港市	20.37	41.96	长沙市	33.75	66.25	安康市	26.36	47.24
淮安市	20.37	41.96	株洲市	33.35	50.04	商洛市	26.36	41.12

续表

城市	得分变量		城市	得分变量		城市	得分变量	
	En-O$_1$	En-O$_2$		En-O$_1$	En-O$_2$		En-O$_1$	En-O$_2$
盐城市	20.37	41.96	湘潭市	40.34	28.85	兰州市	51.61	65.62
扬州市	20.37	41.96	衡阳市	40.34	50.04	嘉峪关市	51.61	27.28
镇江市	20.37	41.96	邵阳市	40.34	50.04	金昌市	51.61	44.69
泰州市	20.37	41.96	岳阳市	40.34	50.04	白银市	51.61	16.79
宿迁市	20.37	62.94	常德市	40.20	41.96	天水市	51.61	37.77
杭州市	29.36	58.67	张家界市	40.34	73.43	武威市	73.50	35.67
宁波市	34.95	73.95	益阳市	40.34	50.04	张掖市	51.61	44.69
温州市	34.95	59.80	郴州市	34.99	29.79	平凉市	39.15	23.82
嘉兴市	34.95	59.80	永州市	40.34	50.04	酒泉市	51.61	32.52
湖州市	34.95	48.68	怀化市	40.34	50.04	庆阳市	51.61	44.69
绍兴市	34.95	66.51	娄底市	34.35	8.60	定西市	51.61	40.18
金华市	34.95	67.25	广州市	58.32	87.70	陇南市	51.61	43.01
衢州市	34.95	41.96	韶关市	40.34	18.88	西宁市	100	72.32
舟山市	34.95	59.80	深圳市	58.32	85.50	海东市	92.27	68.71
台州市	42.34	59.80	珠海市	8.19	54.97	银川市	19.17	85.06
丽水市	34.95	59.80	汕头市	58.32	12.06	石嘴山市	19.17	10.60
合肥市	10.98	33.78	佛山市	58.32	74.90	吴忠市	19.17	15.74
芜湖市	23.97	27.49	江门市	58.32	40.70	固原市	51.61	15.74
蚌埠市	17.78	27.49	湛江市	58.32	63.99	中卫市	31.76	17.20
淮南市	17.78	27.49	茂名市	58.32	63.99	乌鲁木齐市	32.36	28.43
马鞍山市	0	27.49	肇庆市	58.32	58.01	克拉玛依市	25.76	16.79
淮北市	11.20	27.49	惠州市	26.16	82.44	吐鲁番市	25.76	0
铜陵市	1.00	27.49	梅州市	33.95	65.51	哈密市	25.76	16.79

注：对于数据缺失的城市，本表记录为 not available，N/A。

五、能源结构维度反馈环节实证数据

能源结构维度反馈环节的得分变量编码如表 5.10 所示。依据第二章表 2.5 设定的得分规则以及数据挖掘结果，样本城市在能源结构维度反馈环节得分变量的得分数据如表 5.11 所示。

可以看出，我国城市在"进一步改进能源结构实现减排的措施和方案"上的得分较低，表明多数城市在反馈环节上的重视程度不足。尽管"对通过优化能源结构产生减排效果的主体给予激励"上的得分表现较好，但是在"对没有采取优化能源结构而无法减排的主体施以处罚"和"制定优化能源结构实现减排的进一步措施和方案"得分变量上的表现较差，尤其是后者的改进空间更大。

表 5.10 能源结构维度反馈环节指标的得分变量编码

环节	指标	得分变量	编码
反馈（En-F）	进一步改进能源结构实现减排的措施和方案	对通过优化能源结构产生减排效果的主体给予激励	En-F$_1$
		对没有采取优化能源结构而无法减排的主体施以处罚	En-F$_2$
		制定优化能源结构实现减排的进一步措施和方案	En-F$_3$

表 5.11 各样本城市在能源结构维度反馈环节得分变量的取值

城市	得分变量			城市	得分变量		
	En-F$_1$	En-F$_2$	En-F$_3$		En-F$_1$	En-F$_2$	En-F$_3$
北京市	100	100	75	鹤壁市	50	25	25
天津市	100	100	25	新乡市	75	75	25
石家庄市	50	75	25	焦作市	75	75	25
唐山市	75	75	25	濮阳市	0	0	25
秦皇岛市	50	25	25	许昌市	75	75	25
邯郸市	75	50	25	漯河市	75	75	25
邢台市	75	0	25	三门峡市	75	50	25
保定市	50	75	25	南阳市	75	100	25
张家口市	75	75	25	商丘市	75	50	25
承德市	75	75	50	信阳市	50	50	25
沧州市	75	75	25	周口市	50	75	50
廊坊市	75	50	25	驻马店市	50	75	25
衡水市	75	75	25	武汉市	75	50	25
太原市	75	75	50	黄石市	50	50	25
大同市	75	100	25	十堰市	75	75	25
阳泉市	50	50	75	宜昌市	75	50	25
长治市	50	75	100	襄阳市	50	75	25
晋城市	75	75	50	鄂州市	50	75	25
朔州市	75	50	50	荆门市	75	75	75
晋中市	50	0	75	孝感市	50	0	0
运城市	50	50	25	荆州市	75	50	50
忻州市	75	50	25	黄冈市	50	75	25
临汾市	75	75	50	咸宁市	50	0	25
吕梁市	50	75	75	随州市	75	50	25
呼和浩特市	75	75	75	长沙市	50	75	50
包头市	75	50	75	株洲市	75	50	50
乌海市	0	0	0	湘潭市	50	75	25
赤峰市	75	25	25	衡阳市	50	75	25

续表

城市	得分变量			城市	得分变量		
	En-F$_1$	En-F$_2$	En-F$_3$		En-F$_1$	En-F$_2$	En-F$_3$
通辽市	50	75	50	邵阳市	75	75	25
鄂尔多斯市	75	75	25	岳阳市	75	100	25
呼伦贝尔市	50	25	25	常德市	75	50	25
巴彦淖尔市	75	25	25	张家界市	75	25	25
乌兰察布市	75	25	25	益阳市	75	75	25
沈阳市	75	100	25	郴州市	75	50	0
大连市	75	50	50	永州市	75	75	25
鞍山市	25	50	25	怀化市	75	50	50
抚顺市	50	50	25	娄底市	75	75	50
本溪市	75	100	25	广州市	75	75	50
丹东市	75	0	25	韶关市	0	0	0
锦州市	0	0	0	深圳市	100	75	50
营口市	0	0	0	珠海市	75	50	50
阜新市	75	75	75	汕头市	75	50	50
辽阳市	75	25	25	佛山市	75	75	75
盘锦市	50	75	50	江门市	75	50	50
铁岭市	50	0	25	湛江市	50	50	50
朝阳市	75	50	50	茂名市	75	50	50
葫芦岛市	75	50	50	肇庆市	0	25	0
长春市	75	75	25	惠州市	75	75	25
吉林市	75	75	25	梅州市	25	0	25
四平市	75	75	25	汕尾市	50	50	25
辽源市	75	50	25	河源市	75	75	25
通化市	50	50	25	阳江市	75	75	50
白山市	75	75	25	清远市	0	0	0
松原市	75	0	25	东莞市	25	25	25
白城市	75	75	25	中山市	50	25	25
哈尔滨市	75	100	25	潮州市	0	0	0
齐齐哈尔市	50	75	50	揭阳市	75	25	25
鸡西市	75	25	50	云浮市	75	50	25
鹤岗市	50	0	25	南宁市	75	75	25
双鸭山市	50	0	25	柳州市	75	50	75
大庆市	75	75	25	桂林市	75	50	25
伊春市	75	75	25	梧州市	75	50	25

续表

城市	得分变量			城市	得分变量		
	En-F$_1$	En-F$_2$	En-F$_3$		En-F$_1$	En-F$_2$	En-F$_3$
佳木斯市	50	50	50	北海市	50	50	0
七台河市	75	25	25	防城港市	50	0	25
牡丹江市	50	75	25	钦州市	75	75	50
黑河市	50	25	25	贵港市	50	50	25
绥化市	0	0	0	玉林市	75	50	25
上海市	100	100	25	百色市	75	50	25
南京市	100	100	25	贺州市	50	50	50
无锡市	75	75	50	河池市	50	50	25
徐州市	75	75	75	来宾市	75	50	50
常州市	25	0	25	崇左市	75	75	25
苏州市	50	50	50	海口市	75	100	25
南通市	75	75	25	三亚市	75	75	75
连云港市	50	75	25	三沙市	N/A	N/A	N/A
淮安市	25	25	25	儋州市	50	75	25
盐城市	50	75	25	重庆市	50	50	25
扬州市	75	100	75	成都市	75	25	75
镇江市	50	75	75	自贡市	75	25	25
泰州市	75	75	25	攀枝花市	75	50	25
宿迁市	75	75	75	泸州市	50	50	75
杭州市	100	100	100	德阳市	75	75	50
宁波市	75	75	75	绵阳市	75	50	50
温州市	75	100	50	广元市	50	50	50
嘉兴市	75	75	50	遂宁市	75	50	25
湖州市	75	75	25	内江市	50	50	25
绍兴市	75	75	25	乐山市	75	50	25
金华市	50	100	25	南充市	75	50	50
衢州市	75	75	75	眉山市	50	25	50
舟山市	50	75	25	宜宾市	75	25	25
台州市	75	75	50	广安市	50	50	25
丽水市	75	75	50	达州市	75	50	25
合肥市	50	50	50	雅安市	50	25	25
芜湖市	50	75	75	巴中市	75	50	50
蚌埠市	50	75	75	资阳市	0	0	0
淮南市	75	100	50	贵阳市	75	75	50

续表

城市	得分变量			城市	得分变量		
	En-F$_1$	En-F$_2$	En-F$_3$		En-F$_1$	En-F$_2$	En-F$_3$
马鞍山市	50	75	25	六盘水市	50	50	25
淮北市	75	0	25	遵义市	25	0	50
铜陵市	50	75	25	安顺市	75	50	50
安庆市	75	75	50	毕节市	75	100	75
黄山市	50	75	25	铜仁市	75	75	25
滁州市	75	75	25	昆明市	50	75	75
阜阳市	50	50	25	曲靖市	75	25	25
宿州市	75	50	25	玉溪市	50	50	25
六安市	50	75	75	保山市	50	50	50
亳州市	50	25	25	昭通市	75	50	50
池州市	75	75	25	丽江市	75	50	25
宣城市	75	75	75	普洱市	0	0	0
福州市	75	75	50	临沧市	75	75	25
厦门市	75	75	25	拉萨市	50	50	25
莆田市	50	50	50	日喀则市	50	25	25
三明市	75	25	25	昌都市	75	50	25
泉州市	50	75	25	林芝市	75	25	25
漳州市	0	0	0	山南市	50	25	25
南平市	0	0	0	那曲市	75	75	25
龙岩市	50	75	50	西安市	0	75	50
宁德市	75	0	25	铜川市	50	75	25
南昌市	75	75	50	宝鸡市	75	75	25
景德镇市	50	0	25	咸阳市	75	75	25
萍乡市	0	0	25	渭南市	25	25	25
九江市	75	50	75	延安市	75	75	25
新余市	75	75	50	汉中市	75	75	50
鹰潭市	50	50	25	榆林市	75	75	25
赣州市	75	75	50	安康市	75	50	50
吉安市	75	100	50	商洛市	75	50	25
宜春市	75	0	0	兰州市	50	50	75
抚州市	75	75	50	嘉峪关市	75	50	50
上饶市	75	75	25	金昌市	50	50	25
济南市	75	75	25	白银市	50	75	50
青岛市	50	75	75	天水市	75	50	50

续表

城市	得分变量			城市	得分变量		
	En-F$_1$	En-F$_2$	En-F$_3$		En-F$_1$	En-F$_2$	En-F$_3$
淄博市	75	75	25	武威市	50	25	50
枣庄市	75	100	25	张掖市	75	75	50
东营市	75	75	25	平凉市	75	75	25
烟台市	75	75	50	酒泉市	50	75	50
潍坊市	75	75	25	庆阳市	75	50	25
济宁市	50	25	25	定西市	50	50	25
泰安市	50	75	25	陇南市	50	75	25
威海市	75	75	25	西宁市	75	50	25
日照市	75	75	25	海东市	75	25	25
临沂市	75	75	25	银川市	75	75	75
德州市	75	75	25	石嘴山市	75	75	25
聊城市	75	75	75	吴忠市	50	75	75
滨州市	75	50	25	固原市	75	75	50
菏泽市	75	75	25	中卫市	75	50	50
郑州市	75	75	25	乌鲁木齐市	75	75	25
开封市	75	50	25	克拉玛依市	50	25	0
洛阳市	75	50	25	吐鲁番市	75	75	50
平顶山市	75	75	25	哈密市	50	50	0
安阳市	75	50	25	/	/	/	/

注：对于数据缺失的城市，本表记录为 not available，N/A。

第二节　经济发展维度诊断指标实证数据

一、经济发展维度规划环节实证数据

按照"维度-环节-指标-得分变量"四个层级，对经济发展维度规划环节的得分变量进行编码，如表 5.12 所示。依据第二章表 2.6 设定的得分规则以及数据来源，城市在经济发展维度规划环节得分变量的得分数据如表 5.13 所示。

可以看出，城市经济发展维度规划环节在"绿色低碳工业转型规划内容"上得分较高，平均得分为 88 分，表明样本城市均较重视工业制造业领域的低碳建设。在"绿色低碳建筑业规划内容""绿色低碳交通体系规划内容""绿色低碳基础设施规划内容"三个得分变量上的得分较低，平均得分分别为 48 分、44 分和 55 分，表明样本城市对建筑业、交通、基础设施领域的低碳建设重视程度还有待提升。

表 5.12　经济发展维度规划环节指标的得分变量编码

环节	指标	得分变量	编码
规划（Ec-P）	绿色低碳经济规划	绿色低碳工业转型规划内容	Ec-P$_1$
		绿色低碳建筑业规划内容	Ec-P$_2$
		绿色低碳交通体系规划内容	Ec-P$_3$
		绿色低碳基础设施规划内容	Ec-P$_4$

表 5.13　样本城市在经济发展维度规划环节得分变量取值

城市	得分变量				城市	得分变量			
	Ec-P$_1$	Ec-P$_2$	Ec-P$_3$	Ec-P$_4$		Ec-P$_1$	Ec-P$_2$	Ec-P$_3$	Ec-P$_4$
北京市	100	80	100	60	鹤壁市	80	60	80	60
天津市	100	80	80	60	新乡市	80	40	20	60
石家庄市	100	80	80	60	焦作市	100	60	40	40
唐山市	100	80	20	60	濮阳市	100	60	60	60
秦皇岛市	100	80	60	60	许昌市	100	60	60	60
邯郸市	100	80	20	60	漯河市	100	60	40	40
邢台市	80	60	40	40	三门峡市	80	60	60	60
保定市	60	40	40	40	南阳市	80	60	40	60
张家口市	80	60	20	60	商丘市	100	60	20	60
承德市	80	60	40	80	信阳市	80	60	20	60
沧州市	100	60	60	60	周口市	80	20	40	40
廊坊市	100	60	40	40	驻马店市	100	40	60	60
衡水市	100	80	40	60	武汉市	100	60	60	100
太原市	100	80	40	60	黄石市	80	60	40	40
大同市	100	60	40	60	十堰市	80	40	60	40
阳泉市	60	60	60	60	宜昌市	100	80	20	60
长治市	100	40	20	60	襄阳市	100	60	80	80
晋城市	80	60	40	40	鄂州市	80	60	20	40
朔州市	100	40	60	40	荆门市	100	60	60	60
晋中市	100	60	20	60	孝感市	80	40	20	40
运城市	80	60	60	60	荆州市	60	60	20	40
忻州市	100	40	20	60	黄冈市	60	60	20	40
临汾市	60	60	20	20	咸宁市	80	40	40	40
吕梁市	80	40	40	60	随州市	80	20	20	60
呼和浩特市	80	40	60	60	长沙市	100	40	80	60
包头市	80	40	40	40	株洲市	100	60	80	40
乌海市	80	40	60	40	湘潭市	80	60	40	60

续表

城市	得分变量				城市	得分变量			
	Ec-P$_1$	Ec-P$_2$	Ec-P$_3$	Ec-P$_4$		Ec-P$_1$	Ec-P$_2$	Ec-P$_3$	Ec-P$_4$
赤峰市	100	80	60	60	衡阳市	100	60	20	40
通辽市	100	20	40	60	邵阳市	100	40	40	60
鄂尔多斯市	100	40	20	60	岳阳市	100	40	40	60
呼伦贝尔市	100	80	60	40	常德市	80	20	20	40
巴彦淖尔市	100	60	20	60	张家界市	80	60	40	60
乌兰察布市	100	60	60	60	益阳市	80	20	40	60
沈阳市	100	60	80	60	郴州市	100	60	40	60
大连市	100	40	60	60	永州市	80	40	40	60
鞍山市	80	40	60	60	怀化市	80	60	20	40
抚顺市	60	40	40	40	娄底市	100	60	80	40
本溪市	100	40	20	60	广州市	100	60	80	60
丹东市	100	40	60	40	韶关市	80	60	40	60
锦州市	100	40	20	60	深圳市	100	60	80	60
营口市	100	80	20	60	珠海市	80	40	60	80
阜新市	100	40	20	40	汕头市	80	20	60	60
辽阳市	80	60	20	60	佛山市	100	60	40	40
盘锦市	100	40	20	40	江门市	80	40	20	60
铁岭市	100	40	40	40	湛江市	80	40	40	60
朝阳市	80	40	40	60	茂名市	80	60	60	80
葫芦岛市	80	40	80	80	肇庆市	60	60	60	40
长春市	100	40	60	60	惠州市	100	40	40	60
吉林市	80	60	20	40	梅州市	100	60	40	60
四平市	80	40	20	40	汕尾市	100	40	60	60
辽源市	100	60	20	40	河源市	100	40	40	60
通化市	80	40	40	60	阳江市	100	60	40	60
白山市	80	20	20	60	清远市	40	60	20	60
松原市	80	20	60	60	东莞市	100	60	60	40
白城市	20	60	20	60	中山市	80	40	40	60
哈尔滨市	80	60	80	60	潮州市	80	20	20	60
齐齐哈尔市	100	60	60	60	揭阳市	40	60	20	60
鸡西市	100	20	20	40	云浮市	100	60	60	60
鹤岗市	80	40	40	60	南宁市	100	60	80	40
双鸭山市	100	20	40	60	柳州市	100	60	60	60
大庆市	40	60	40	40	桂林市	100	40	60	60

城市	得分变量				城市	得分变量			
	Ec-P$_1$	Ec-P$_2$	Ec-P$_3$	Ec-P$_4$		Ec-P$_1$	Ec-P$_2$	Ec-P$_3$	Ec-P$_4$
伊春市	80	20	40	40	梧州市	80	40	40	60
佳木斯市	60	20	20	60	北海市	100	60	40	60
七台河市	100	20	20	60	防城港市	100	40	20	80
牡丹江市	60	40	40	60	钦州市	100	60	40	80
黑河市	100	40	20	80	贵港市	100	40	40	40
绥化市	60	20	20	40	玉林市	80	40	40	80
上海市	100	80	100	60	百色市	100	40	40	40
南京市	100	60	80	60	贺州市	100	20	40	40
无锡市	100	40	60	40	河池市	100	60	20	60
徐州市	60	40	60	20	来宾市	100	60	80	60
常州市	100	20	20	60	崇左市	100	60	40	40
苏州市	60	40	80	80	海口市	100	40	60	40
南通市	80	40	60	60	三亚市	80	40	60	60
连云港市	80	20	20	60	三沙市	N/A	N/A	N/A	N/A
淮安市	100	40	40	40	儋州市	80	20	20	60
盐城市	100	80	40	80	重庆市	100	80	80	60
扬州市	80	40	20	60	成都市	100	80	60	60
镇江市	100	40	80	40	自贡市	80	40	60	40
泰州市	100	20	20	40	攀枝花市	80	60	40	60
宿迁市	100	60	60	60	泸州市	80	60	60	40
杭州市	100	60	80	80	德阳市	80	40	40	60
宁波市	100	40	60	80	绵阳市	80	40	80	40
温州市	100	40	60	60	广元市	100	60	40	60
嘉兴市	100	60	60	60	遂宁市	100	60	60	40
湖州市	100	40	40	60	内江市	100	40	40	20
绍兴市	100	40	40	60	乐山市	100	60	40	40
金华市	100	60	20	20	南充市	80	40	20	60
衢州市	100	40	40	40	眉山市	80	40	20	40
舟山市	80	20	20	40	宜宾市	100	60	20	40
台州市	80	40	60	60	广安市	60	60	40	40
丽水市	80	20	20	60	达州市	80	60	40	40
合肥市	100	40	80	60	雅安市	100	20	80	60
芜湖市	100	60	40	60	巴中市	60	40	20	40
蚌埠市	100	80	40	60	资阳市	60	20	20	40

续表

城市	得分变量				城市	得分变量			
	Ec-P$_1$	Ec-P$_2$	Ec-P$_3$	Ec-P$_4$		Ec-P$_1$	Ec-P$_2$	Ec-P$_3$	Ec-P$_4$
淮南市	60	40	20	40	贵阳市	80	60	60	60
马鞍山市	100	60	40	60	六盘水市	100	40	60	60
淮北市	80	60	80	60	遵义市	80	40	60	60
铜陵市	80	60	60	60	安顺市	100	60	40	60
安庆市	80	20	20	60	毕节市	80	60	40	40
黄山市	80	40	40	60	铜仁市	80	60	40	60
滁州市	100	60	40	40	昆明市	100	40	60	80
阜阳市	100	80	40	60	曲靖市	100	40	20	60
宿州市	100	60	60	80	玉溪市	100	60	40	60
六安市	80	20	20	80	保山市	60	60	40	40
亳州市	100	60	60	40	昭通市	60	60	40	60
池州市	100	60	20	60	丽江市	100	20	40	80
宣城市	100	20	60	60	普洱市	100	20	40	80
福州市	100	40	80	60	临沧市	100	40	20	60
厦门市	80	40	80	60	拉萨市	100	40	40	60
莆田市	100	80	60	60	日喀则市	80	40	20	20
三明市	80	60	80	60	昌都市	60	40	60	40
泉州市	100	40	20	40	林芝市	60	60	20	40
漳州市	60	20	40	60	山南市	60	40	20	60
南平市	80	60	20	40	那曲市	80	60	20	60
龙岩市	80	40	40	60	西安市	100	60	80	60
宁德市	100	20	60	60	铜川市	100	60	40	60
南昌市	100	40	60	60	宝鸡市	80	20	40	40
景德镇市	100	40	20	40	咸阳市	80	40	40	80
萍乡市	100	60	20	60	渭南市	100	60	20	60
九江市	100	40	60	60	延安市	60	40	40	60
新余市	80	40	20	40	汉中市	80	40	20	60
鹰潭市	80	20	20	60	榆林市	100	60	20	60
赣州市	100	40	60	60	安康市	80	60	20	60
吉安市	60	60	40	60	商洛市	100	60	20	60
宜春市	80	20	60	60	兰州市	100	60	60	60
抚州市	100	60	60	60	嘉峪关市	100	20	40	60
上饶市	100	60	40	40	金昌市	80	40	20	40
济南市	100	60	60	40	白银市	100	60	20	60

续表

城市	得分变量				城市	得分变量			
	Ec-P$_1$	Ec-P$_2$	Ec-P$_3$	Ec-P$_4$		Ec-P$_1$	Ec-P$_2$	Ec-P$_3$	Ec-P$_4$
青岛市	80	60	60	60	天水市	80	40	60	60
淄博市	80	40	20	40	武威市	100	40	60	60
枣庄市	60	20	40	40	张掖市	80	40	60	40
东营市	100	40	20	60	平凉市	80	60	20	60
烟台市	80	40	20	60	酒泉市	80	40	40	60
潍坊市	80	60	60	40	庆阳市	60	20	80	40
济宁市	100	60	60	60	定西市	80	40	40	60
泰安市	80	40	40	40	陇南市	80	20	20	40
威海市	100	60	60	40	西宁市	100	40	20	60
日照市	80	60	60	40	海东市	60	60	60	60
临沂市	100	20	60	40	银川市	100	60	60	60
德州市	80	20	40	60	石嘴山市	100	20	20	40
聊城市	100	60	60	60	吴忠市	100	40	60	60
滨州市	100	40	40	60	固原市	60	20	20	60
菏泽市	60	40	40	60	三沙市	100	40	20	60
郑州市	100	40	80	60	乌鲁木齐市	80	40	40	40
开封市	80	60	60	60	克拉玛依市	100	20	20	40
洛阳市	100	60	40	60	吐鲁番市	80	80	40	40
平顶山市	100	60	40	60	哈密市	100	60	40	60
安阳市	80	60	40	60	/	/	/	/	/

注：对于数据缺失的城市，本表记录为 not available，N/A

二、经济发展维度实施环节实证数据

经济发展维度实施环节的得分变量的编码如表 5.14 所示。依据第二章表 2.7 设定的得分规则以及数据挖掘结果，城市在经济发展维度实施环节得分变量的得分数据如表 5.15 所示。

从整体得分情况可以看出，经济发展维度实施环节的资源保障整体得分相较于机制保障得分较高，样本城市在"专项资金保障程度"、"人力资源保障程度"和"技术条件保障程度" 3 个得分变量的平均值分别为 68 分、80 分、58 分，而"相关规章制度的完善和畅通程度""绿色低碳经济建设的市场运行机制"的平均分为 52 分和 56 分，表明在低碳经济发展方面，各个城市均在积极响应国家号召，在人力、资金、技术方面给予支持，但是市场运行机制与相关规章制度尚未健全。

表 5.14 经济发展维度实施环节指标的得分变量编码

环节	指标	得分变量	编码
实施（Ec-I）	发展绿色低碳经济的保障	相关规章制度的完善和畅通程度	$Ec\text{-}I_1$
		绿色低碳经济建设的市场运行机制	$Ec\text{-}I_2$
		专项资金保障程度	$Ec\text{-}I_3$
		人力资源保障程度	$Ec\text{-}I_4$
		技术条件保障程度	$Ec\text{-}I_5$

表 5.15 样本城市在经济发展维度实施环节得分变量取值

城市	$Ec\text{-}I_1$	$Ec\text{-}I_2$	$Ec\text{-}I_3$	$Ec\text{-}I_4$	$Ec\text{-}I_5$	城市	$Ec\text{-}I_1$	$Ec\text{-}I_2$	$Ec\text{-}I_3$	$Ec\text{-}I_4$	$Ec\text{-}I_5$
北京市	100	80	100	100	70	鹤壁市	80	60	70	100	70
天津市	40	80	70	100	70	新乡市	20	80	40	20	70
石家庄市	60	60	70	40	70	焦作市	20	40	70	70	70
唐山市	20	20	70	100	70	濮阳市	80	20	70	40	20
秦皇岛市	20	20	70	100	30	许昌市	100	60	40	100	70
邯郸市	20	60	70	100	70	漯河市	60	40	40	70	30
邢台市	20	60	70	100	30	三门峡市	40	60	70	100	30
保定市	80	60	40	100	70	南阳市	100	80	100	100	70
张家口市	60	80	70	40	70	商丘市	20	40	70	30	30
承德市	20	40	100	100	70	信阳市	20	40	70	70	30
沧州市	20	20	40	60	70	周口市	80	60	100	100	70
廊坊市	60	60	100	70	70	驻马店市	20	20	40	20	30
衡水市	20	20	20	20	30	武汉市	100	80	100	100	70
太原市	80	60	100	100	70	黄石市	20	40	40	70	30
大同市	100	80	100	100	70	十堰市	20	60	40	100	70
阳泉市	20	40	40	70	70	宜昌市	80	80	70	100	70
长治市	80	80	40	100	70	襄阳市	20	40	40	100	70
晋城市	80	80	100	100	70	鄂州市	80	80	70	70	70
朔州市	20	20	70	100	30	荆门市	100	100	100	100	70
晋中市	80	80	70	100	70	孝感市	20	20	40	40	70
运城市	20	20	100	70	30	荆州市	80	80	70	100	70
忻州市	60	40	70	100	70	黄冈市	80	60	40	100	70
临汾市	20	40	40	70	30	咸宁市	80	60	100	70	70
吕梁市	60	100	100	100	70	随州市	80	60	70	100	30
呼和浩特市	80	20	70	100	70	长沙市	40	60	70	100	70
包头市	80	40	70	100	70	株洲市	20	40	70	40	30

续表

城市	得分变量					城市	得分变量				
	Ec-I$_1$	Ec-I$_2$	Ec-I$_3$	Ec-I$_4$	Ec-I$_5$		Ec-I$_1$	Ec-I$_2$	Ec-I$_3$	Ec-I$_4$	Ec-I$_5$
乌海市	100	20	40	70	70	湘潭市	20	20	70	40	30
赤峰市	60	40	70	40	30	衡阳市	80	80	100	70	70
通辽市	40	80	80	80	70	邵阳市	20	40	40	100	70
鄂尔多斯市	100	60	100	100	70	岳阳市	20	20	70	70	30
呼伦贝尔市	40	40	70	100	30	常德市	20	40	70	100	30
巴彦淖尔市	20	20	40	60	30	张家界市	80	40	60	70	30
乌兰察布市	40	20	20	70	30	益阳市	20	60	70	100	30
沈阳市	80	100	70	100	70	郴州市	80	60	60	40	70
大连市	20	40	100	100	70	永州市	20	20	40	70	30
鞍山市	20	20	20	20	70	怀化市	80	60	70	70	70
抚顺市	80	40	100	70	70	娄底市	40	60	70	70	30
本溪市	60	60	70	100	70	广州市	60	60	100	100	70
丹东市	20	20	70	100	20	韶关市	60	100	70	100	70
锦州市	40	80	70	100	70	深圳市	60	80	100	100	70
营口市	20	60	70	40	70	珠海市	60	60	70	100	30
阜新市	80	60	70	100	70	汕头市	40	60	70	100	70
辽阳市	40	60	100	70	70	佛山市	80	40	40	100	70
盘锦市	60	60	40	100	30	江门市	40	80	70	100	30
铁岭市	20	20	40	40	70	湛江市	20	40	70	70	30
朝阳市	60	60	70	20	70	茂名市	20	20	70	70	30
葫芦岛市	20	20	40	40	30	肇庆市	60	80	70	100	30
长春市	20	80	70	100	70	惠州市	80	80	70	100	70
吉林市	100	80	100	100	70	梅州市	80	60	100	100	70
四平市	60	60	80	100	70	汕尾市	100	80	40	70	70
辽源市	60	60	70	70	70	河源市	20	20	40	70	30
通化市	60	80	40	40	70	阳江市	60	60	100	100	30
白山市	60	60	100	70	70	清远市	20	20	70	100	30
松原市	60	60	100	20	70	东莞市	20	20	70	100	30
白城市	60	40	70	100	70	中山市	20	80	70	100	30
哈尔滨市	80	80	70	100	70	潮州市	40	20	70	100	30
齐齐哈尔市	20	20	40	70	30	揭阳市	60	40	70	100	30
鸡西市	20	20	40	30	30	云浮市	40	80	70	100	30
鹤岗市	20	60	20	40	70	南宁市	100	60	70	70	70
双鸭山市	40	20	20	20	20	柳州市	40	60	100	70	70

续表

城市	得分变量					城市	得分变量				
	Ec-I$_1$	Ec-I$_2$	Ec-I$_3$	Ec-I$_4$	Ec-I$_5$		Ec-I$_1$	Ec-I$_2$	Ec-I$_3$	Ec-I$_4$	Ec-I$_5$
大庆市	60	40	70	70	30	桂林市	40	40	100	100	70
伊春市	20	20	40	100	30	梧州市	20	40	70	70	70
佳木斯市	20	40	70	100	70	北海市	20	20	20	20	30
七台河市	40	80	40	100	70	防城港市	20	20	40	40	30
牡丹江市	60	100	70	100	70	钦州市	40	60	100	70	30
黑河市	20	20	40	20	70	贵港市	20	20	20	20	70
绥化市	20	20	20	20	20	玉林市	40	20	80	70	30
上海市	80	100	100	100	70	百色市	20	20	40	70	70
南京市	80	100	100	100	70	贺州市	20	20	40	70	70
无锡市	40	80	100	100	70	河池市	20	20	20	100	30
徐州市	60	60	100	100	70	来宾市	20	40	70	100	70
常州市	80	60	70	100	30	崇左市	20	20	20	20	30
苏州市	100	80	40	100	30	海口市	20	60	100	100	70
南通市	40	60	100	100	70	三亚市	60	80	70	70	70
连云港市	20	40	40	70	30	三沙市	N/A	N/A	N/A	N/A	N/A
淮安市	40	60	40	40	70	儋州市	20	20	70	40	40
盐城市	40	80	70	100	70	重庆市	60	80	100	100	70
扬州市	40	40	70	100	70	成都市	80	80	70	100	70
镇江市	60	80	100	100	70	自贡市	20	20	70	100	70
泰州市	40	40	70	60	70	攀枝花市	20	60	100	100	70
宿迁市	60	80	100	100	70	泸州市	40	60	70	100	70
杭州市	100	100	100	100	70	德阳市	40	40	70	100	70
宁波市	60	100	100	100	70	绵阳市	100	60	100	100	70
温州市	100	100	100	100	70	广元市	100	100	70	100	70
嘉兴市	100	100	100	100	70	遂宁市	60	60	70	100	70
湖州市	100	80	100	100	70	内江市	20	60	70	100	70
绍兴市	100	100	100	100	70	乐山市	40	80	70	100	70
金华市	80	80	100	100	70	南充市	20	60	70	100	70
衢州市	100	100	100	70	70	眉山市	60	100	100	100	70
舟山市	40	100	70	100	70	宜宾市	20	40	40	100	70
台州市	100	100	100	100	70	广安市	80	60	100	100	70
丽水市	20	100	100	100	70	达州市	20	40	70	100	70
合肥市	60	60	70	100	30	雅安市	80	60	70	100	70
芜湖市	80	80	70	100	70	巴中市	20	20	40	100	70

城市	得分变量					城市	得分变量				
	Ec-I$_1$	Ec-I$_2$	Ec-I$_3$	Ec-I$_4$	Ec-I$_5$		Ec-I$_1$	Ec-I$_2$	Ec-I$_3$	Ec-I$_4$	Ec-I$_5$
蚌埠市	20	80	70	100	70	资阳市	0	0	0	0	0
淮南市	60	100	70	100	70	贵阳市	100	80	100	100	70
马鞍山市	20	40	40	70	70	六盘水市	60	20	70	40	70
淮北市	80	60	70	70	70	遵义市	20	20	40	70	70
铜陵市	100	40	90	100	70	安顺市	40	40	40	100	70
安庆市	60	80	70	100	70	毕节市	60	80	40	20	70
黄山市	80	20	20	70	30	铜仁市	40	40	100	100	70
滁州市	20	20	40	70	30	昆明市	40	80	70	100	70
阜阳市	100	60	100	100	70	曲靖市	20	20	40	70	30
宿州市	80	60	100	100	70	玉溪市	20	40	20	70	30
六安市	100	80	70	100	70	保山市	80	80	40	100	70
亳州市	20	60	70	100	70	昭通市	80	60	70	70	70
池州市	20	60	70	100	70	丽江市	80	80	100	100	70
宣城市	20	20	70	100	30	普洱市	0	0	0	0	0
福州市	100	80	100	100	70	临沧市	20	80	70	70	30
厦门市	80	80	70	100	70	拉萨市	80	80	40	70	70
莆田市	20	20	70	100	30	日喀则市	60	80	40	40	30
三明市	40	60	100	100	70	昌都市	80	80	40	40	70
泉州市	100	80	100	100	70	林芝市	40	40	40	40	70
漳州市	0	0	0	0	0	山南市	20	60	40	20	70
南平市	0	0	0	0	0	那曲市	20	20	20	20	20
龙岩市	80	60	70	100	70	西安市	80	80	100	100	70
宁德市	40	20	70	100	30	铜川市	80	80	100	100	70
南昌市	40	40	70	70	30	宝鸡市	60	80	100	100	70
景德镇市	20	20	20	20	20	咸阳市	60	100	100	100	70
萍乡市	20	20	20	40	30	渭南市	20	60	40	40	70
九江市	40	80	100	70	70	延安市	20	20	40	40	30
新余市	20	40	70	70	30	汉中市	80	100	70	100	70
鹰潭市	100	60	100	100	70	榆林市	80	40	40	100	70
赣州市	60	80	100	100	70	安康市	100	100	100	100	70
吉安市	40	80	100	100	70	商洛市	20	20	70	70	30
宜春市	60	80	70	100	70	兰州市	40	60	100	70	70
抚州市	20	40	70	100	70	嘉峪关市	80	100	100	60	70
上饶市	80	40	70	100	70	金昌市	80	60	100	40	70

续表

城市	得分变量					城市	得分变量				
	Ec-I$_1$	Ec-I$_2$	Ec-I$_3$	Ec-I$_4$	Ec-I$_5$		Ec-I$_1$	Ec-I$_2$	Ec-I$_3$	Ec-I$_4$	Ec-I$_5$
济南市	100	80	100	100	70	白银市	100	100	100	100	70
青岛市	80	40	70	100	70	天水市	100	80	100	100	70
淄博市	60	80	70	100	70	武威市	80	80	70	70	70
枣庄市	100	80	70	100	70	张掖市	40	80	40	100	70
东营市	60	60	100	100	70	平凉市	40	80	70	100	70
烟台市	100	100	70	100	70	酒泉市	20	40	70	70	70
潍坊市	80	80	70	100	70	庆阳市	80	80	100	100	70
济宁市	60	80	100	100	70	定西市	20	20	100	100	70
泰安市	80	80	70	100	70	陇南市	60	20	40	40	30
威海市	20	100	70	70	70	西宁市	40	40	70	100	70
日照市	80	80	70	70	70	海东市	80	60	40	40	70
临沂市	100	80	70	100	70	银川市	40	60	100	100	70
德州市	100	100	100	100	70	石嘴山市	40	60	70	100	70
聊城市	40	20	40	70	30	吴忠市	20	40	80	100	70
滨州市	40	60	40	100	70	固原市	40	20	40	40	30
菏泽市	20	60	70	100	70	三沙市	20	20	40	30	70
郑州市	80	40	40	100	70	乌鲁木齐市	60	40	70	70	70
开封市	40	40	40	70	70	克拉玛依市	80	60	40	40	70
洛阳市	40	60	70	70	70	吐鲁番市	40	20	70	40	70
平顶山市	20	40	70	70	30	哈密市	20	20	20	20	40
安阳市	20	40	40	40	70	/	/	/	/	/	/

注：对于数据缺失的城市，本表记录为 not available，N/A

三、经济发展维度检查环节实证数据

经济发展维度检查环节的得分变量的编码如表 5.16 所示。依据第二章表 2.8 设定的得分规则以及数据来源，城市在经济发展维度检查环节得分变量的得分数据如表 5.17 所示。

从整体得分情况来看，样本城市在经济发展维度检查环节的 3 个得分变量上，"监督行为的公开程度"得分较低，平均得分仅为 15 分，表明政府在监督检查方面的政务公开信息明显不足。"相关规章制度的完善程度和公开化程度"和"落实监督行为的公开程度"两个得分变量的得分也不高，平均得分分别为 56 分和 57 分，经济发展维度的低碳建设管理过程工作在检查环节上还亟待加强。

表 5.16　经济发展维度检查环节指标的得分变量编码

环节	指标	得分变量	编码
检查（Ec-C）	绿色低碳经济体系的检查内容	相关规章制度的完善程度和公开化程度	$Ec\text{-}C_1$
		落实监督行为的资源保障	$Ec\text{-}C_2$
		监督行为的公开程度	$Ec\text{-}C_3$

表 5.17　样本城市在经济发展维度检查环节得分变量取值

城市	得分变量			城市	得分变量		
	$Ec\text{-}C_1$	$Ec\text{-}C_2$	$Ec\text{-}C_3$		$Ec\text{-}C_1$	$Ec\text{-}C_2$	$Ec\text{-}C_3$
北京市	70	75	75	鹤壁市	70	75	25
天津市	70	75	50	新乡市	40	25	0
石家庄市	40	50	0	焦作市	40	75	0
唐山市	30	25	0	濮阳市	20	25	0
秦皇岛市	40	25	0	许昌市	70	100	0
邯郸市	70	75	0	漯河市	70	50	50
邢台市	40	75	0	三门峡市	70	75	0
保定市	70	50	50	南阳市	70	75	25
张家口市	70	75	0	商丘市	40	25	0
承德市	70	50	50	信阳市	30	25	0
沧州市	20	25	0	周口市	70	75	0
廊坊市	40	50	0	驻马店市	70	25	0
衡水市	20	25	0	武汉市	70	75	25
太原市	70	75	25	黄石市	20	25	0
大同市	70	75	25	十堰市	70	25	75
阳泉市	30	25	0	宜昌市	70	75	25
长治市	40	25	0	襄阳市	70	25	0
晋城市	40	50	0	鄂州市	70	75	0
朔州市	20	25	0	荆门市	70	75	0
晋中市	70	40	0	孝感市	40	25	0
运城市	40	50	0	荆州市	70	75	50
忻州市	40	75	0	黄冈市	70	75	0
临汾市	20	25	0	咸宁市	70	50	25
吕梁市	40	50	0	随州市	70	75	0
呼和浩特市	70	75	25	长沙市	70	75	25
包头市	70	75	0	株洲市	20	25	0
乌海市	40	25	25	湘潭市	20	25	0
赤峰市	70	50	0	衡阳市	20	25	25

续表

城市	得分变量			城市	得分变量		
	Ec-C$_1$	Ec-C$_2$	Ec-C$_3$		Ec-C$_1$	Ec-C$_2$	Ec-C$_3$
通辽市	70	50	0	邵阳市	40	25	0
鄂尔多斯市	70	50	25	岳阳市	70	50	0
呼伦贝尔市	70	75	0	常德市	70	75	0
巴彦淖尔市	70	50	0	张家界市	20	25	50
乌兰察布市	20	25	0	益阳市	70	50	0
沈阳市	40	75	25	郴州市	40	25	25
大连市	40	50	0	永州市	70	25	0
鞍山市	70	25	0	怀化市	70	25	25
抚顺市	70	50	0	娄底市	70	75	0
本溪市	40	25	0	广州市	70	75	25
丹东市	70	25	0	韶关市	50	75	0
锦州市	70	75	0	深圳市	70	75	25
营口市	70	25	0	珠海市	70	75	50
阜新市	70	75	100	汕头市	40	75	0
辽阳市	70	50	0	佛山市	40	50	50
盘锦市	70	50	25	江门市	20	25	50
铁岭市	40	50	0	湛江市	40	50	0
朝阳市	70	50	0	茂名市	40	50	0
葫芦岛市	70	75	0	肇庆市	70	50	0
长春市	20	50	0	惠州市	70	50	0
吉林市	70	75	25	梅州市	70	50	0
四平市	70	25	0	汕尾市	40	25	0
辽源市	70	75	0	河源市	20	50	0
通化市	70	50	0	阳江市	40	50	0
白山市	70	50	0	清远市	70	50	0
松原市	40	50	25	东莞市	70	50	50
白城市	40	75	0	中山市	70	100	0
哈尔滨市	70	75	25	潮州市	70	75	0
齐齐哈尔市	70	25	0	揭阳市	70	75	25
鸡西市	20	25	0	云浮市	70	75	0
鹤岗市	40	50	0	南宁市	70	75	0
双鸭山市	20	25	0	柳州市	70	75	0
大庆市	70	25	0	桂林市	40	75	25
伊春市	20	25	0	梧州市	70	25	0

续表

城市	得分变量			城市	得分变量		
	Ec-C$_1$	Ec-C$_2$	Ec-C$_3$		Ec-C$_1$	Ec-C$_2$	Ec-C$_3$
佳木斯市	70	75	50	北海市	70	25	0
七台河市	70	100	0	防城港市	20	25	0
牡丹江市	70	75	75	钦州市	70	75	0
黑河市	40	50	50	贵港市	40	25	25
绥化市	20	25	0	玉林市	40	50	50
上海市	70	75	50	百色市	70	25	0
南京市	70	75	50	贺州市	20	25	0
无锡市	70	75	50	河池市	20	25	0
徐州市	40	75	0	来宾市	70	25	0
常州市	70	75	25	崇左市	70	25	0
苏州市	30	75	75	海口市	40	75	50
南通市	70	75	50	三亚市	70	50	0
连云港市	40	25	0	三沙市	N/A	N/A	N/A
淮安市	70	25	50	儋州市	20	25	0
盐城市	70	75	25	重庆市	70	75	25
扬州市	70	75	50	成都市	70	50	50
镇江市	70	75	25	自贡市	70	75	0
泰州市	40	50	75	攀枝花市	70	75	0
宿迁市	70	75	0	泸州市	70	75	0
杭州市	70	75	50	德阳市	40	25	0
宁波市	70	75	25	绵阳市	70	100	25
温州市	70	100	50	广元市	70	75	25
嘉兴市	70	75	25	遂宁市	70	100	25
湖州市	70	75	25	内江市	40	75	0
绍兴市	70	75	25	乐山市	70	75	0
金华市	70	100	0	南充市	70	50	0
衢州市	70	75	50	眉山市	70	75	50
舟山市	40	75	50	宜宾市	30	50	0
台州市	70	75	25	广安市	70	75	0
丽水市	70	75	25	达州市	70	75	0
合肥市	70	75	50	雅安市	70	100	25
芜湖市	70	100	25	巴中市	70	75	0
蚌埠市	70	75	0	资阳市	0	0	0
淮南市	70	75	0	贵阳市	70	100	25

续表

城市	得分变量			城市	得分变量		
	Ec-C$_1$	Ec-C$_2$	Ec-C$_3$		Ec-C$_1$	Ec-C$_2$	Ec-C$_3$
马鞍山市	20	75	0	六盘水市	40	50	0
淮北市	70	75	25	遵义市	70	25	0
铜陵市	70	50	50	安顺市	70	75	0
安庆市	70	75	0	毕节市	30	25	0
黄山市	70	50	50	铜仁市	40	75	0
滁州市	70	75	0	昆明市	70	75	50
阜阳市	70	75	50	曲靖市	20	25	0
宿州市	70	75	25	玉溪市	70	50	0
六安市	70	100	0	保山市	70	75	50
亳州市	70	100	0	昭通市	70	75	0
池州市	70	75	0	丽江市	70	75	25
宣城市	40	75	25	普洱市	0	0	0
福州市	70	75	25	临沧市	20	75	0
厦门市	70	75	50	拉萨市	70	75	0
莆田市	40	25	0	日喀则市	70	25	0
三明市	70	75	25	昌都市	70	75	0
泉州市	70	75	25	林芝市	70	50	0
漳州市	0	0	0	山南市	40	25	0
南平市	0	0	0	那曲市	20	25	0
龙岩市	70	50	0	西安市	70	75	25
宁德市	70	50	0	铜川市	70	75	0
南昌市	70	50	50	宝鸡市	70	75	25
景德镇市	20	25	0	咸阳市	70	75	25
萍乡市	70	25	0	渭南市	70	50	0
九江市	20	75	25	延安市	20	25	0
新余市	70	50	0	汉中市	70	100	50
鹰潭市	70	75	50	榆林市	40	75	0
赣州市	70	75	25	安康市	70	75	25
吉安市	70	75	0	商洛市	70	50	0
宜春市	70	75	25	兰州市	70	75	50
抚州市	20	25	0	嘉峪关市	70	75	75
上饶市	70	75	0	金昌市	70	75	0
济南市	70	50	25	白银市	70	50	0
青岛市	70	75	50	天水市	40	75	0

续表

城市	得分变量			城市	得分变量		
	Ec-C$_1$	Ec-C$_2$	Ec-C$_3$		Ec-C$_1$	Ec-C$_2$	Ec-C$_3$
淄博市	70	75	50	武威市	70	75	0
枣庄市	40	50	0	张掖市	70	50	25
东营市	70	75	50	平凉市	20	75	0
烟台市	70	75	25	酒泉市	70	25	50
潍坊市	70	50	0	庆阳市	70	75	0
济宁市	70	75	25	定西市	40	25	0
泰安市	70	75	0	陇南市	30	25	0
威海市	40	75	25	西宁市	70	50	0
日照市	70	25	0	海东市	40	75	0
临沂市	70	75	25	银川市	40	50	25
德州市	70	75	25	石嘴山市	70	75	0
聊城市	20	75	0	吴忠市	40	50	25
滨州市	70	25	0	固原市	70	75	0
菏泽市	20	25	0	三沙市	40	25	0
郑州市	70	75	75	乌鲁木齐市	70	75	50
开封市	70	75	0	克拉玛依市	20	25	50
洛阳市	40	25	50	吐鲁番市	70	75	0
平顶山市	40	75	0	哈密市	20	25	0
安阳市	40	25	0	/	/	/	/

注：对于数据缺失的城市，本表记录为 not available，N/A

四、经济发展维度结果环节实证数据

经济发展维度结果环节的得分变量的编码如表 5.18 所示。依据第三章中定量得分变量的计算方法，结合第二章表 2.9 中的数据来源，城市在经济发展维度结果环节得分变量的得分数据如表 5.19 所示。

城市经济发展维度结果环节在"碳排放总量""人均二氧化碳排放量""单位工业增加值的碳排放量""GDP""人均 GDP""第三产业增加值占第二产业增加值的百分比"和"泰尔指数"七个得分变量的平均得分分别为 79 分、79 分、75 分、17 分、32 分、37 分、77 分。这一结果表明，在碳排放水平上，城市得分均较高，整体表现较好。但在经济发展和产业结构上，头部城市的得分变量值很高，导致其余大部分城市在 Ec-O$_4$、Ec-O$_5$、Ec-O$_6$ 这三个得分变量上得分很低，拉低了整体水平。这一情况说明我国经济发展在城市之间存在较大的不均衡性。

表 5.18　经济发展维度结果环节指标的得分变量编码

环节	指标	得分变量	编码
结果（Ec-O）	碳排放水平	碳排放总量（吨 CO_2）	Ec-O_1
		人均二氧化碳排放量（吨 CO_2/人）	Ec-O_2
		单位工业增加值的碳排放量（吨 CO_2/万元）	Ec-O_3
	经济发展与产业结构合理化水平	GDP（万元）	Ec-O_4
		人均 GDP（元）	Ec-O_5
		第三产业增加值占第二产业增加值的百分比（%）	Ec-O_6
		泰尔指数	Ec-O_7

表 5.19　样本城市在经济发展维度结果环节得分变量取值

城市	得分变量						
	Ec-O_1	Ec-O_2	Ec-O_3	Ec-O_4	Ec-O_5	Ec-O_6	Ec-O_7
北京市	100	89.16	95.82	100	100	100	99.70
天津市	100	75.37	83.68	79.53	57.62	45.62	98.33
石家庄市	100	81.76	77.55	32.95	26.27	51.37	81.40
唐山市	51.72	24.48	45.31	40.24	52.06	17.60	92.64
秦皇岛市	38.35	70.63	62.67	8.66	24.83	39.79	67.66
邯郸市	78.10	71.26	48.83	19.82	14.47	28.21	80.09
邢台市	2.83	83.63	63.06	11.60	9.19	34.62	65.12
保定市	66.62	87.37	75.59	18.19	12.90	40.03	77.09
张家口市	100	79.51	63.58	8.17	14.61	56.81	75.59
承德市	65.74	67.49	51.83	7.89	19.69	35.48	64.92
沧州市	89.61	86.33	81.33	20.18	22.77	33.25	78.32
廊坊市	89.27	87.48	85.77	17.90	29.43	50.06	83.84
衡水市	100	92.03	84.60	7.94	13.38	41.78	58.17
太原市	100	76.96	80.03	22.76	41.70	38.66	98.79
大同市	100	72.07	56.53	6.86	18.25	33.11	91.65
阳泉市	100	66.66	59.53	3.27	26.61	24.15	98.95
长治市	44.09	61.63	51.31	8.81	24.90	15.49	93.11
晋城市	12.98	64.39	62.67	7.18	32.58	15.08	94.66
朔州市	99.59	50.67	51.44	5.32	35.39	28.70	94.83
晋中市	93.97	70.71	53.79	7.42	17.83	21.06	81.37
运城市	96.26	67.68	35.52	8.42	11.59	29.99	63.23
忻州市	89.34	76.48	57.84	4.94	14.40	21.36	76.30
临汾市	100	67.37	40.87	7.63	13.99	22.58	78.39
吕梁市	0	51.66	27.03	7.82	19.07	11.17	81.30

续表

城市	得分变量						
	$Ec\text{-}O_1$	$Ec\text{-}O_2$	$Ec\text{-}O_3$	$Ec\text{-}O_4$	$Ec\text{-}O_5$	$Ec\text{-}O_6$	$Ec\text{-}O_7$
呼和浩特市	77.18	58.40	65.28	15.04	43.76	51.21	92.89
包头市	64.91	14.41	43.74	14.96	58.58	27.64	93.96
乌海市	90.32	0	0	2.25	57.41	9.38	90.87
赤峰市	80.84	68.47	50.53	9.11	17.97	38.18	72.48
通辽市	94.73	48.42	20.77	6.33	18.45	38.48	50.59
鄂尔多斯市	40.33	0	21.55	19.23	100	12.00	87.08
呼伦贝尔市	100	42.72	25.33	5.73	23.87	35.18	95.53
巴彦淖尔市	49.16	66.10	59.27	4.02	26.96	34.21	73.34
乌兰察布市	74.45	25.31	0	3.76	21.26	27.31	57.65
沈阳市	100	86.54	87.34	36.59	37.93	47.10	94.66
大连市	75.64	80.53	86.16	39.21	52.75	33.21	92.15
鞍山市	59.08	53.72	39.69	8.97	23.87	33.92	86.35
抚顺市	100	71.07	55.36	3.76	18.52	25.51	96.69
本溪市	26.85	15.25	5.75	3.66	29.91	24.61	78.67
丹东市	86.08	85.81	72.20	3.48	12.41	58.61	69.97
锦州市	0	54.78	22.07	5.16	15.23	60.52	54.85
营口市	43.15	49.40	39.43	6.61	27.02	27.70	68.55
阜新市	100	81.53	58.10	1.91	8.99	52.68	63.13
辽阳市	85.69	55.53	41.91	3.82	23.80	26.49	96.28
盘锦市	100	76.02	82.77	6.48	52.33	19.19	87.99
铁岭市	96.23	70.19	25.60	2.80	6.93	46.59	90.50
朝阳市	65.37	75.66	44.78	4.04	8.92	44.66	47.59
葫芦岛市	100	79.85	55.88	3.43	9.67	34.13	59.58
长春市	82.96	86.42	87.34	36.97	38.20	33.43	87.76
吉林市	100	73.00	53.66	7.33	15.50	38.23	93.31
四平市	73.17	71.24	31.60	2.04	7.89	65.12	43.79
辽源市	63.72	79.68	67.50	1.49	17.56	57.06	91.23
通化市	79.08	65.93	42.83	2.07	15.98	56.47	90.27
白山市	100	83.38	78.59	1.94	24.69	63.99	99.85
松原市	100	89.68	78.07	3.33	10.91	74.24	61.91
白城市	69.36	82.74	62.01	1.84	9.74	87.61	75.67
哈尔滨市	100	87.83	83.68	28.66	23.53	79.55	84.59
齐齐哈尔市	59.39	82.82	59.40	5.89	8.23	53.13	84.66
鸡西市	100	82.15	67.50	2.30	14.13	45.11	82.96
鹤岗市	52.36	42.66	0	0.96	13.99	33.80	99.63

续表

城市	得分变量						
	Ec-O$_1$	Ec-O$_2$	Ec-O$_3$	Ec-O$_4$	Ec-O$_5$	Ec-O$_6$	Ec-O$_7$
双鸭山市	91.68	66.56	44.52	1.88	16.32	35.08	93.52
大庆市	100	76.83	81.07	12.18	44.72	18.83	78.92
伊春市	48.10	71.92	42.43	0.71	11.04	64.70	97.15
佳木斯市	100	88.17	77.94	3.67	13.79	81.01	94.02
七台河市	100	28.81	0	0.21	8.51	25.66	91.08
牡丹江市	100	89.72	80.03	3.78	12.90	71.22	95.59
黑河市	91.01	85.36	78.72	2.54	20.78	89.34	93.99
绥化市	60.68	92.43	82.12	5.60	8.99	98.29	51.26
上海市	100	81.90	92.43	100	94.72	78.22	99.69
南京市	68.26	76.81	90.47	83.72	97.12	47.85	96.30
无锡市	66.65	73.31	89.43	69.73	100	28.93	98.24
徐州市	95.29	80.87	83.94	40.87	43.28	32.32	91.72
常州市	68.67	73.11	87.99	43.64	89.44	28.65	96.37
苏州市	84.38	72.07	88.38	100	96.51	29.07	94.11
南通市	100	88.60	94.26	56.39	77.10	26.03	80.91
连云港市	50.78	79.93	80.81	17.76	36.90	28.37	86.51
淮安市	100	88.66	91.38	22.03	48.56	32.33	77.34
盐城市	100	90.33	92.69	33.05	48.84	32.48	91.75
扬州市	62.75	82.84	91.52	33.60	78.95	26.65	87.60
镇江市	83.65	65.49	82.51	23.15	78.12	26.56	94.38
泰州市	83.46	84.28	91.12	29.39	68.73	25.68	80.04
宿迁市	81.15	92.51	92.04	17.67	32.85	29.48	78.04
杭州市	100	87.56	94.00	91.08	80.53	62.92	93.86
宁波市	100	82.22	91.12	69.95	78.47	27.99	94.83
温州市	76.47	93.05	93.34	38.30	37.24	36.42	95.89
嘉兴市	99.95	85.59	90.60	30.52	57.96	21.23	95.80
湖州市	100	81.12	86.69	17.32	53.23	23.33	90.27
绍兴市	94.96	82.30	89.69	33.33	66.05	27.98	82.27
金华市	57.77	87.10	86.69	25.91	33.75	37.31	93.96
衢州市	88.50	67.89	69.72	8.40	37.38	32.92	89.34
舟山市	100	69.22	84.21	7.67	77.58	28.40	79.35
台州市	73.30	90.77	92.17	29.11	42.53	31.49	86.39
丽水市	83.26	92.76	91.78	7.83	30.11	41.92	85.57
合肥市	90.84	89.19	93.34	56.45	61.53	45.90	90.45
芜湖市	60.36	68.24	79.25	20.48	58.64	27.47	95.45

续表

城市	得分变量						
	Ec-O$_1$	Ec-O$_2$	Ec-O$_3$	Ec-O$_4$	Ec-O$_5$	Ec-O$_6$	Ec-O$_7$
蚌埠市	100	91.83	90.99	10.93	31.35	42.89	70.20
淮南市	100	66.80	48.44	6.67	18.25	32.67	91.83
马鞍山市	59.62	45.86	63.84	11.53	57.41	25.11	93.76
淮北市	100	74.38	65.67	5.42	23.05	33.08	88.74
铜陵市	65.68	29.53	37.47	4.77	40.47	24.57	97.61
安庆市	100	91.80	87.60	13.13	20.10	28.95	97.19
黄山市	100	94.11	93.60	3.89	31.83	43.75	89.61
滁州市	0	84.38	86.03	16.36	40.13	23.18	89.83
阜阳市	96.66	95.49	90.21	15.06	11.45	35.84	77.99
宿州市	90.59	93.86	88.38	10.72	14.34	38.24	63.17
六安市	100	95.96	92.04	8.57	14.06	33.85	86.23
亳州市	83.16	96.92	93.34	9.35	12.76	41.39	65.53
池州市	68.33	63.04	61.10	4.00	32.37	26.07	81.98
宣城市	71.64	78.51	77.16	8.22	32.10	23.08	87.13
福州市	77.51	84.57	92.82	56.30	84.09	41.24	83.40
厦门市	100	88.44	97.13	35.52	100	39.45	97.55
莆田市	0	90.39	90.86	14.14	37.59	21.84	89.72
三明市	45.29	67.91	76.90	14.47	52.40	19.67	82.79
泉州市	90.05	84.77	92.43	57.09	78.95	18.85	94.10
漳州市	94.24	85.25	88.77	24.74	49.04	21.93	88.30
南平市	100	92.87	93.47	10.50	39.37	37.06	83.24
龙岩市	69.00	71.09	81.59	15.44	60.29	29.93	81.51
宁德市	50.37	87.56	88.51	14.00	38.41	15.32	70.36
南昌市	100	91.93	94.13	31.87	51.03	26.76	94.58
景德镇市	98.41	78.74	75.33	4.50	28.53	30.34	86.60
萍乡市	71.24	78.66	72.59	4.54	24.62	29.07	90.03
九江市	43.92	80.43	81.07	17.55	36.28	25.66	89.99
新余市	75.50	55.05	63.45	4.75	45.13	27.49	90.11
鹰潭市	99.54	86.36	89.17	4.65	46.37	20.72	99.18
赣州市	52.99	92.91	87.47	19.86	15.84	34.65	80.59
吉安市	60.15	91.04	87.08	11.43	21.26	26.04	90.50
宜春市	100	86.75	83.55	14.97	26.20	30.19	80.59
抚州市	84.86	92.97	88.51	8.02	17.83	34.36	73.08
上饶市	79.04	91.70	85.38	14.03	15.71	34.82	85.83
济南市	88.47	83.69	90.08	56.99	63.58	49.64	92.23

续表

城市	得分变量						
	Ec-O$_1$	Ec-O$_2$	Ec-O$_3$	Ec-O$_4$	Ec-O$_5$	Ec-O$_6$	Ec-O$_7$
青岛市	100	87.19	93.21	69.91	72.43	47.16	90.05
淄博市	100	69.61	73.63	20.03	41.57	25.21	93.71
枣庄市	63.08	65.25	47.13	8.93	18.86	33.36	70.35
东营市	83.28	64.33	82.51	16.07	81.21	16.51	87.48
烟台市	89.02	82.11	89.17	43.70	63.51	34.14	84.95
潍坊市	88.80	78.00	75.98	32.59	30.93	34.35	76.30
济宁市	100	83.63	78.98	24.71	24.90	32.92	69.47
泰安市	100	80.95	74.02	14.84	22.70	35.34	72.50
威海市	100	88.37	92.56	16.28	59.19	35.64	84.45
日照市	26.34	61.13	60.84	10.49	34.36	33.73	74.68
临沂市	65.10	82.92	72.85	26.49	17.90	37.23	79.18
德州市	100	82.42	77.94	16.63	25.65	32.07	80.14
聊城市	90.70	78.54	61.88	12.27	14.68	36.91	55.14
滨州市	100	30.01	25.47	13.36	31.76	31.02	77.12
菏泽市	56.05	90.14	82.38	18.94	15.16	31.88	66.90
郑州市	100	91.04	93.73	67.63	53.36	40.97	97.95
开封市	100	93.51	90.60	12.59	21.74	34.07	61.21
洛阳市	100	87.56	88.38	28.34	37.86	32.21	89.68
平顶山市	100	85.02	78.98	13.07	21.74	28.42	83.28
安阳市	61.26	78.39	64.49	12.18	16.80	28.91	73.19
鹤壁市	100	79.64	77.81	4.64	30.93	15.68	82.40
新乡市	93.60	85.94	79.77	16.26	21.06	28.08	81.50
焦作市	100	82.78	80.42	11.17	29.36	36.53	84.08
濮阳市	100	93.37	89.17	8.46	17.97	37.34	73.53
许昌市	100	88.79	90.34	18.74	41.98	21.63	92.38
漯河市	100	93.18	92.95	8.02	33.61	30.26	82.30
三门峡市	100	78.00	78.98	7.32	36.90	24.44	81.38
南阳市	81.74	92.18	86.16	21.47	15.71	45.30	68.28
商丘市	100	94.88	89.95	15.75	13.65	32.06	46.88
信阳市	63.07	92.78	88.64	15.07	18.86	36.08	47.49
周口市	49.69	97.15	93.86	17.70	12.83	28.04	77.25
驻马店市	100	93.97	89.30	15.37	15.98	30.01	65.00
武汉市	100	87.71	93.60	88.28	74.90	49.67	96.88
黄石市	69.67	70.76	69.98	8.41	33.61	28.57	89.51
十堰市	100	93.84	92.69	9.97	28.95	36.62	91.65

续表

城市	得分变量						
	$Ec\text{-}O_1$	$Ec\text{-}O_2$	$Ec\text{-}O_3$	$Ec\text{-}O_4$	$Ec\text{-}O_5$	$Ec\text{-}O_6$	$Ec\text{-}O_7$
宜昌市	95.26	85.02	90.60	23.38	60.77	30.66	90.44
襄阳市	87.02	91.20	93.21	25.33	48.01	27.43	96.01
鄂州市	93.14	60.23	71.15	4.77	51.85	30.20	74.16
荆门市	68.63	80.76	82.12	9.92	38.34	29.85	80.48
孝感市	54.75	91.01	87.73	11.57	23.25	31.66	80.06
荆州市	100	94.40	91.12	12.57	19.07	41.16	88.44
黄冈市	100	94.66	89.43	11.43	13.31	42.18	76.89
咸宁市	69.86	84.44	81.33	7.74	27.37	31.47	68.01
随州市	93.53	95.69	94.26	5.30	24.76	27.25	70.99
长沙市	57.45	92.91	96.21	68.43	70.85	39.92	93.78
株洲市	41.45	90.95	92.30	16.78	42.59	25.29	82.53
湘潭市	100	72.40	78.20	12.42	46.92	21.42	78.13
衡阳市	85.73	92.39	89.82	19.08	24.21	44.64	75.71
邵阳市	60.96	95.09	89.43	11.89	11.52	44.70	70.69
岳阳市	100	88.89	90.47	21.90	42.32	31.29	85.03
常德市	53.54	90.52	90.86	20.46	36.70	30.64	79.81
张家界市	72.36	95.11	90.21	2.21	13.17	100	74.15
益阳市	95.80	92.72	89.30	9.62	20.99	24.00	72.10
郴州市	95.53	92.03	89.56	13.33	24.76	34.75	76.88
永州市	91.18	94.22	89.43	11.08	15.30	41.62	61.44
怀化市	100	97.19	94.00	8.58	12.96	50.74	68.35
娄底市	51.16	72.80	57.45	8.63	18.11	33.97	67.20
广州市	96.81	92.18	96.35	100	79.91	73.88	98.48
韶关市	55.75	74.23	62.67	6.76	20.51	36.74	71.10
深圳市	100	95.80	98.56	100	96.10	47.35	98.06
珠海市	100	84.34	92.82	18.93	85.88	37.17	96.39
汕头市	85.82	91.97	88.64	14.64	22.02	26.56	90.60
佛山市	94.78	88.81	93.47	60.85	66.12	19.86	96.95
江门市	100	88.79	88.51	17.32	33.75	27.42	84.38
湛江市	74.63	86.88	79.38	16.75	18.45	30.62	81.11
茂名市	100	95.65	94.13	17.77	24.42	36.01	50.73
肇庆市	57.53	83.69	80.03	12.24	26.54	26.67	55.63
惠州市	100	87.38	87.60	23.16	35.94	20.84	90.14
梅州市	100	87.13	71.02	5.93	9.40	43.89	49.63
汕尾市	95.90	88.71	81.20	5.45	16.80	33.67	76.52

续表

城市	得分变量						
	Ec-O$_1$	Ec-O$_2$	Ec-O$_3$	Ec-O$_4$	Ec-O$_5$	Ec-O$_6$	Ec-O$_7$
河源市	94.01	93.84	88.51	5.33	14.68	39.12	72.30
阳江市	45.28	79.93	73.63	6.80	23.87	30.98	66.80
清远市	76.15	76.68	64.10	9.18	18.73	31.18	53.09
东莞市	100	87.52	90.86	54.18	51.24	18.63	96.36
中山市	76.41	89.10	89.56	17.04	36.90	26.18	0
潮州市	90.88	87.25	79.11	5.30	17.28	23.39	79.74
揭阳市	100	94.20	88.77	11.04	13.86	40.83	81.27
云浮市	89.76	83.40	72.59	4.76	16.80	40.28	73.54
南宁市	44.12	93.45	91.52	26.04	25.10	78.22	84.03
柳州市	75.14	82.92	84.86	17.19	40.40	32.53	87.54
桂林市	100	95.96	93.08	11.20	17.63	69.89	63.54
梧州市	10.03	95.88	91.91	5.21	14.27	26.70	67.84
北海市	44.16	87.62	87.99	6.46	36.15	27.32	89.02
防城港市	17.32	49.90	51.44	3.22	36.08	19.64	62.98
钦州市	100	90.35	83.81	6.96	16.80	41.48	75.74
贵港市	77.55	86.86	70.50	6.76	9.47	35.09	63.22
玉林市	90.26	94.72	87.08	9.09	8.85	48.98	77.88
百色市	0.89	77.99	59.27	6.65	13.58	24.04	57.83
贺州市	100	91.02	83.03	3.34	13.72	31.50	65.54
河池市	44.76	96.78	90.60	4.33	6.58	48.70	67.49
来宾市	100	90.52	80.16	3.06	11.32	46.36	83.14
崇左市	73.55	86.33	75.33	3.65	14.54	34.81	77.56
海口市	34.42	94.99	94.39	9.27	30.80	100	100
三亚市	36.14	90.97	90.73	3.00	34.23	100	88.24
三沙市	N/A	N/A	N/A	N/A	N/A	N/A	N/A
儋州市	0	89.93	81.07	1.08	13.86	100	8.25
重庆市	100	89.48	90.86	100	41.50	36.32	87.74
成都市	100	96.28	97.00	100	46.02	60.31	97.90
自贡市	98.77	95.69	94.78	7.36	28.19	31.64	50.90
攀枝花市	68.24	58.21	67.11	4.98	46.92	17.99	83.64
泸州市	100	94.43	92.17	11.36	22.77	22.07	58.71
德阳市	100	94.66	94.65	12.77	35.74	23.74	60.62
绵阳市	91.60	94.05	93.21	16.23	30.39	33.30	73.25
广元市	100	92.18	87.34	4.79	17.97	27.68	60.59
遂宁市	100	97.82	96.61	7.05	22.22	23.67	35.21

城市	得分变量						
	Ec-O$_1$	Ec-O$_2$	Ec-O$_3$	Ec-O$_4$	Ec-O$_5$	Ec-O$_6$	Ec-O$_7$
内江市	100	86.11	79.38	7.41	20.03	39.60	69.57
乐山市	73.06	80.01	78.46	10.48	31.48	27.59	78.14
南充市	100	98.13	96.48	12.75	17.35	28.30	65.07
眉山市	100	93.99	91.12	7.17	21.06	33.96	67.16
宜宾市	100	91.85	90.73	15.04	29.91	20.47	64.81
广安市	100	88.85	80.42	6.47	15.43	42.80	52.35
达州市	91.04	91.87	85.25	11.13	14.95	38.65	55.78
雅安市	96.99	92.99	90.60	3.34	24.08	45.03	55.67
巴中市	30.19	96.32	89.95	3.41	7.41	44.48	62.13
资阳市	100	97.69	94.65	3.65	12.00	46.57	53.46
贵阳市	100	87.75	88.38	23.67	37.38	44.20	92.25
六盘水市	82.63	57.95	34.99	6.69	18.31	24.30	68.93
遵义市	87.46	88.91	86.29	20.29	26.61	24.53	58.58
安顺市	92.50	89.06	80.29	4.56	14.82	45.10	73.01
毕节市	52.44	83.67	61.10	10.57	8.09	50.42	43.88
铜仁市	74.76	91.49	84.99	6.62	15.64	57.48	35.91
昆明市	100	94.24	95.04	37.52	42.59	55.57	95.98
曲靖市	94.38	82.32	76.24	15.94	23.18	32.48	75.28
玉溪市	82.43	75.81	82.12	10.79	50.76	29.12	79.89
保山市	63.98	93.70	89.56	5.05	17.70	28.67	54.45
昭通市	54.65	93.64	81.46	6.40	5.35	31.94	54.92
丽江市	100	93.57	88.64	1.96	16.05	47.92	74.95
普洱市	0	92.35	86.03	4.43	14.95	53.81	79.30
临沧市	0	94.40	88.77	3.72	12.96	50.19	67.85
拉萨市	0	90.58	91.78	2.90	41.57	34.45	85.04
日喀则市	0	97.92	95.82	0.87	15.71	9.09	0
昌都市	25.71	97.69	94.39	0.47	10.77	5.84	0
林芝市	0	100	100	0.12	42.94	2.66	0
山南市	69.57	94.28	93.47	0.26	29.70	0	0
那曲市	100	99.87	98.83	0	11.11	9.43	0
西安市	86.02	93.88	94.65	56.30	41.09	53.58	95.72
铜川市	100	54.70	43.48	1.21	25.52	45.33	85.70
宝鸡市	100	86.65	86.69	12.04	34.98	16.61	84.73
咸阳市	100	87.58	84.60	11.63	26.20	24.63	63.15
渭南市	45.75	76.89	59.93	9.69	15.30	35.42	75.23

续表

城市	得分变量						
	$Ec\text{-}O_1$	$Ec\text{-}O_2$	$Ec\text{-}O_3$	$Ec\text{-}O_4$	$Ec\text{-}O_5$	$Ec\text{-}O_6$	$Ec\text{-}O_7$
延安市	100	89.93	90.21	8.18	36.15	15.17	67.37
汉中市	94.25	91.29	87.73	8.13	22.02	29.20	69.50
榆林市	100	25.17	55.23	22.40	65.37	12.28	82.37
安康市	100	97.34	95.30	5.25	17.97	30.58	63.57
商洛市	80.18	93.43	86.95	3.25	12.83	37.13	68.82
兰州市	100	80.05	79.38	15.53	33.40	56.90	96.25
嘉峪关市	100	0	0	0.64	49.80	13.66	96.56
金昌市	97.67	42.89	52.75	1.08	44.17	10.98	96.20
白银市	77.12	70.96	39.17	1.87	10.56	36.53	65.89
天水市	77.46	94.43	81.33	2.84	3.29	65.94	67.39
武威市	87.81	91.95	83.94	2.03	12.62	93.28	41.08
张掖市	100	89.27	81.73	1.70	16.32	81.84	71.06
平凉市	70.26	72.71	26.77	1.75	5.69	60.03	55.81
酒泉市	99.59	82.80	81.07	2.79	30.73	27.20	83.74
庆阳市	91.06	95.07	89.43	3.34	11.73	22.45	70.77
定西市	71.22	94.61	76.77	1.55	0	100	56.95
陇南市	31.97	94.53	78.07	1.61	0.89	68.48	65.75
西宁市	100	74.46	68.54	6.88	26.13	52.37	95.48
海东市	52.58	84.90	64.49	1.97	8.44	31.90	60.99
银川市	81.51	9.50	10.58	10.25	35.12	30.43	97.00
石嘴山市	100	5.24	10.85	2.13	37.45	21.23	88.08
吴忠市	86.03	50.44	21.81	2.58	17.70	19.91	80.99
固原市	100	89.93	76.77	1.04	9.19	80.81	54.49
中卫市	55.37	54.12	24.03	1.54	16.32	26.65	73.17
乌鲁木齐市	85.89	70.86	75.98	18.10	44.45	71.19	99.11
克拉玛依市	100	40.62	78.07	4.10	100	9.25	94.41
吐鲁番市	73.33	52.79	40.22	1.16	24.90	8.57	0
哈密市	15.15	0	0	2.50	49.93	1.65	53.31

注：对于数据缺失的城市，本表记录为 not available，N/A。

五、经济发展维度反馈环节实证数据

经济发展维度反馈环节的得分变量的编码如表 5.20 所示。依据第二章表 2.10 设定的得分规则以及数据来源，样本城市在经济发展维度反馈环节得分变量的得分数据如表 5.21 所示。

可以看出，样本城市经济发展维度反馈环节的两个得分变量"对实施绿色低碳循环经济建设表现较好/差的主体给予激励/处罚措施"和"进一步优化绿色低碳经济结构的措施和方案"都表现一般，平均得分为 50 分和 43 分，且有较多城市在这两个得分变量的得分来源于得分点"提出基于绩效考核的奖惩制度的重要性，但无具体落实制度措施，或未公布具体措施"和"提出进一步优化方案的重要性，但未在公开渠道公开具体方案"，表明样本城市普遍对经济发展维度低碳建设的反馈环节不够重视。

表 5.20　经济发展维度反馈环节指标的得分变量编码

环节	指标	得分变量	编码
反馈（Ec-F）	进一步改进低碳绿色经济的措施和方案	对实施绿色低碳循环经济建设表现较好/差的主体给予激励/处罚措施	Ec-F$_1$
		进一步优化绿色低碳经济结构的措施和方案	Ec-F$_2$

表 5.21　样本城市在经济发展维度反馈环节得分变量取值

城市	得分变量		城市	得分变量		城市	得分变量	
	Ec-F$_1$	Ec-F$_2$		Ec-F$_1$	Ec-F$_2$		Ec-F$_1$	Ec-F$_2$
北京市	75	75	安庆市	50	50	汕尾市	50	25
天津市	50	75	黄山市	75	50	河源市	50	25
石家庄市	25	25	滁州市	50	25	阳江市	50	25
唐山市	25	25	阜阳市	50	75	清远市	25	25
秦皇岛市	75	25	宿州市	75	75	东莞市	75	75
邯郸市	50	50	六安市	75	50	中山市	75	25
邢台市	25	25	亳州市	75	25	潮州市	50	50
保定市	50	25	池州市	75	25	揭阳市	50	25
张家口市	50	50	宣城市	50	25	云浮市	50	25
承德市	50	25	福州市	75	50	南宁市	25	50
沧州市	25	25	厦门市	50	75	柳州市	75	25
廊坊市	25	50	莆田市	25	25	桂林市	50	75
衡水市	25	25	三明市	50	50	梧州市	50	25
太原市	100	75	泉州市	75	50	北海市	25	25
大同市	50	50	漳州市	0	0	防城港市	50	25
阳泉市	25	25	南平市	0	0	钦州市	50	50
长治市	50	25	龙岩市	50	50	贵港市	25	25
晋城市	25	25	宁德市	25	25	玉林市	25	25
朔州市	25	75	南昌市	50	100	百色市	50	25
晋中市	75	75	景德镇市	25	25	贺州市	25	25
运城市	50	25	萍乡市	50	25	河池市	25	25
忻州市	25	25	九江市	25	25	来宾市	75	25

续表

城市	得分变量		城市	得分变量		城市	得分变量	
	Ec-F$_1$	Ec-F$_2$		Ec-F$_1$	Ec-F$_2$		Ec-F$_1$	Ec-F$_2$
临汾市	25	25	新余市	25	25	崇左市	50	25
吕梁市	50	25	鹰潭市	50	75	海口市	50	25
呼和浩特市	75	25	赣州市	50	50	三亚市	50	25
包头市	25	75	吉安市	75	75	三沙市	N/A	N/A
乌海市	100	25	宜春市	100	50	儋州市	25	25
赤峰市	75	25	抚州市	50	25	重庆市	50	75
通辽市	50	50	上饶市	50	100	成都市	75	75
鄂尔多斯市	25	0	济南市	100	75	自贡市	25	25
呼伦贝尔市	50	25	青岛市	75	75	攀枝花市	25	25
巴彦淖尔市	25	25	淄博市	75	75	泸州市	50	75
乌兰察布市	25	25	枣庄市	75	25	德阳市	25	25
沈阳市	75	50	东营市	50	25	绵阳市	100	50
大连市	50	25	烟台市	75	50	广元市	75	100
鞍山市	25	25	潍坊市	50	50	遂宁市	75	100
抚顺市	25	25	济宁市	75	75	内江市	50	25
本溪市	50	25	泰安市	75	50	乐山市	50	75
丹东市	25	25	威海市	25	75	南充市	50	50
锦州市	75	25	日照市	50	25	眉山市	50	75
营口市	50	25	临沂市	75	75	宜宾市	25	25
阜新市	50	75	德州市	50	50	广安市	75	50
辽阳市	50	25	聊城市	25	25	达州市	50	50
盘锦市	50	25	滨州市	75	25	雅安市	50	100
铁岭市	25	25	菏泽市	25	25	巴中市	25	25
朝阳市	25	50	郑州市	50	75	资阳市	0	0
葫芦岛市	75	50	开封市	75	25	贵阳市	75	100
长春市	50	25	洛阳市	75	25	六盘水市	25	25
吉林市	75	50	平顶山市	25	25	遵义市	25	25
四平市	75	50	安阳市	25	25	安顺市	50	25
辽源市	50	50	鹤壁市	50	75	毕节市	25	25
通化市	75	25	新乡市	25	25	铜仁市	75	50
白山市	50	50	焦作市	50	25	昆明市	50	75
松原市	25	25	濮阳市	75	25	曲靖市	25	25
白城市	25	25	许昌市	25	25	玉溪市	25	25
哈尔滨市	25	75	漯河市	25	25	保山市	75	75

城市	得分变量		城市	得分变量		城市	得分变量	
	Ec-F$_1$	Ec-F$_2$		Ec-F$_1$	Ec-F$_2$		Ec-F$_1$	Ec-F$_2$
齐齐哈尔市	50	25	三门峡市	50	75	昭通市	50	50
鸡西市	25	25	南阳市	75	75	丽江市	25	50
鹤岗市	25	25	商丘市	25	25	普洱市	0	0
双鸭山市	25	25	信阳市	50	25	临沧市	50	50
大庆市	25	25	周口市	50	50	拉萨市	75	25
伊春市	25	25	驻马店市	50	25	日喀则市	25	25
佳木斯市	50	25	武汉市	75	50	昌都市	25	25
七台河市	50	25	黄石市	25	25	林芝市	25	25
牡丹江市	75	50	十堰市	50	25	山南市	25	25
黑河市	100	50	宜昌市	100	50	那曲市	25	25
绥化市	25	25	襄阳市	25	25	西安市	75	75
上海市	75	50	鄂州市	75	50	铜川市	25	25
南京市	50	75	荆门市	50	50	宝鸡市	75	75
无锡市	100	50	孝感市	25	25	咸阳市	50	100
徐州市	100	50	荆州市	50	75	渭南市	75	25
常州市	100	50	黄冈市	75	25	延安市	25	25
苏州市	100	50	咸宁市	75	75	汉中市	50	50
南通市	100	25	随州市	25	25	榆林市	25	25
连云港市	25	25	长沙市	75	75	安康市	75	100
淮安市	50	50	株洲市	25	25	商洛市	25	25
盐城市	50	75	湘潭市	25	25	兰州市	50	100
扬州市	50	50	衡阳市	25	25	嘉峪关市	50	75
镇江市	75	75	邵阳市	25	25	金昌市	25	25
泰州市	75	50	岳阳市	50	75	白银市	50	25
宿迁市	50	50	常德市	25	25	天水市	50	50
杭州市	75	75	张家界市	25	100	武威市	25	75
宁波市	75	100	益阳市	50	25	张掖市	25	50
温州市	100	50	郴州市	25	25	平凉市	50	25
嘉兴市	50	75	永州市	25	25	酒泉市	25	25
湖州市	75	75	怀化市	50	25	庆阳市	75	50
绍兴市	75	100	娄底市	50	25	定西市	25	25
金华市	50	25	广州市	75	100	陇南市	25	25
衢州市	75	50	韶关市	50	25	西宁市	50	50
舟山市	50	25	深圳市	75	100	海东市	50	25

续表

城市	得分变量		城市	得分变量		城市	得分变量	
	Ec-F$_1$	Ec-F$_2$		Ec-F$_1$	Ec-F$_2$		Ec-F$_1$	Ec-F$_2$
台州市	50	75	珠海市	50	75	银川市	50	25
丽水市	50	100	汕头市	50	25	石嘴山市	50	75
合肥市	75	75	佛山市	50	75	吴忠市	50	25
芜湖市	75	50	江门市	50	25	固原市	50	25
蚌埠市	50	25	湛江市	50	25	中卫市	25	25
淮南市	75	50	茂名市	50	25	乌鲁木齐市	75	100
马鞍山市	25	25	肇庆市	75	25	克拉玛依市	50	25
淮北市	75	50	惠州市	25	25	吐鲁番市	75	75
铜陵市	25	25	梅州市	50	75	哈密市	25	25

注：对于数据缺失的城市，本表记录为 not available，N/A。

第三节　生产效率维度诊断指标实证数据

一、生产效率维度规划环节实证数据

根据"维度-环节-指标-得分变量"四个层级，对生产效率维度规划环节的得分变量进行编码，如表 5.22 所示。依据第二章表 2.11 设定的得分点以及数据来源，样本城市在生产效率维度规划环节得分变量的得分数据如表 5.23 所示。

可以看出，样本城市整体对于生产效率维度低碳建设规划环节比较重视，均在不同程度上在规划文件中提及通过提高生产效率以提升城市节能减排能力从而实现低碳建设，但在提高生产效率的方式上有不同的侧重点。部分城市强调通过高效利用资源来提升低碳生产效率，部分城市紧抓通过提升绿色生产技术或节能装备的水平来提升低碳生产效率，前者是城市低碳建设的基石，而后者要求城市具有更高的低碳建设能力。因此，城市在低碳建设中，应注意两者的统筹协调发展。

表 5.22　生产效率维度规划环节指标的得分变量编码

环节	指标	得分变量	编码
规划（Ef-P）	提升生产效率的减排规划	高效利用资源以降低能耗的规划	Ef-P$_1$
		提升绿色生产技术或节能装备水平以提升效率的规划	Ef-P$_2$

表 5.23　样本城市在生产效率维度规划环节得分变量值

城市	得分变量		城市	得分变量		城市	得分变量	
	Ef-P$_1$	Ef-P$_2$		Ef-P$_1$	Ef-P$_2$		Ef-P$_1$	Ef-P$_2$
北京市	80	100	安庆市	40	100	汕尾市	20	100
天津市	80	100	黄山市	60	100	河源市	100	50

续表

城市	得分变量		城市	得分变量		城市	得分变量	
	Ef-P$_1$	Ef-P$_2$		Ef-P$_1$	Ef-P$_2$		Ef-P$_1$	Ef-P$_2$
石家庄市	20	100	滁州市	80	50	阳江市	40	100
唐山市	100	75	阜阳市	100	50	清远市	100	50
秦皇岛市	60	100	宿州市	40	100	东莞市	60	100
邯郸市	100	75	六安市	60	100	中山市	60	100
邢台市	100	75	亳州市	80	50	潮州市	20	100
保定市	60	100	池州市	80	50	揭阳市	60	100
张家口市	100	50	宣城市	40	100	云浮市	100	50
承德市	60	100	福州市	100	50	南宁市	100	50
沧州市	100	50	厦门市	40	100	柳州市	40	100
廊坊市	60	100	莆田市	100	75	桂林市	100	50
衡水市	20	100	三明市	60	25	梧州市	100	50
太原市	100	50	泉州市	100	75	北海市	20	100
大同市	60	100	漳州市	40	100	防城港市	60	75
阳泉市	100	50	南平市	20	100	钦州市	60	100
长治市	100	50	龙岩市	40	100	贵港市	100	50
晋城市	100	50	宁德市	60	100	玉林市	20	100
朔州市	100	50	南昌市	20	100	百色市	20	100
晋中市	100	50	景德镇市	60	100	贺州市	20	100
运城市	100	50	萍乡市	80	50	河池市	80	50
忻州市	40	100	九江市	20	100	来宾市	40	100
临汾市	100	50	新余市	20	100	崇左市	40	100
吕梁市	80	50	鹰潭市	60	75	海口市	60	75
呼和浩特市	60	50	赣州市	100	50	三亚市	20	100
包头市	60	100	吉安市	100	50	三沙市	N/A	N/A
乌海市	100	50	宜春市	20	100	儋州市	100	50
赤峰市	60	100	抚州市	60	100	重庆市	100	50
通辽市	100	50	上饶市	100	50	成都市	80	100
鄂尔多斯市	60	75	济南市	60	100	自贡市	40	100
呼伦贝尔市	20	100	青岛市	60	100	攀枝花市	60	100
巴彦淖尔市	60	100	淄博市	100	50	泸州市	60	100
乌兰察布市	60	25	枣庄市	60	100	德阳市	60	100
沈阳市	100	50	东营市	100	25	绵阳市	100	50
大连市	100	50	烟台市	100	75	广元市	20	100
鞍山市	60	100	潍坊市	100	75	遂宁市	60	100

续表

城市	得分变量		城市	得分变量		城市	得分变量	
	Ef-P$_1$	Ef-P$_2$		Ef-P$_1$	Ef-P$_2$		Ef-P$_1$	Ef-P$_2$
抚顺市	60	100	济宁市	100	75	内江市	60	100
本溪市	100	50	泰安市	80	50	乐山市	60	100
丹东市	100	50	威海市	20	100	南充市	100	50
锦州市	60	100	日照市	40	100	眉山市	20	100
营口市	100	50	临沂市	100	75	宜宾市	60	100
阜新市	40	100	德州市	80	50	广安市	20	100
辽阳市	60	100	聊城市	60	100	达州市	20	100
盘锦市	100	50	滨州市	20	100	雅安市	20	100
铁岭市	20	100	菏泽市	100	50	巴中市	60	100
朝阳市	40	100	郑州市	100	50	资阳市	40	100
葫芦岛市	100	50	开封市	100	50	贵阳市	20	100
长春市	60	100	洛阳市	100	50	六盘水市	100	50
吉林市	100	50	平顶山市	80	50	遵义市	60	100
四平市	40	100	安阳市	40	100	安顺市	40	100
辽源市	60	75	鹤壁市	60	75	毕节市	60	100
通化市	60	100	新乡市	60	100	铜仁市	100	50
白山市	60	75	焦作市	60	100	昆明市	40	100
松原市	60	100	濮阳市	80	50	曲靖市	100	50
白城市	20	100	许昌市	60	100	玉溪市	100	50
哈尔滨市	100	50	漯河市	100	50	保山市	20	100
齐齐哈尔市	80	50	三门峡市	40	100	昭通市	20	100
鸡西市	60	100	南阳市	40	100	丽江市	20	100
鹤岗市	20	100	商丘市	100	50	普洱市	60	100
双鸭山市	20	100	信阳市	100	75	临沧市	40	100
大庆市	60	100	周口市	20	100	拉萨市	60	25
伊春市	60	25	驻马店市	40	100	日喀则市	20	50
佳木斯市	40	100	武汉市	40	100	昌都市	80	50
七台河市	100	50	黄石市	40	100	林芝市	100	50
牡丹江市	40	100	十堰市	20	100	山南市	20	100
黑河市	60	100	宜昌市	60	100	那曲市	40	100
绥化市	100	50	襄阳市	100	75	西安市	20	75
上海市	100	75	鄂州市	20	100	铜川市	60	25
南京市	100	50	荆门市	80	50	宝鸡市	100	50
无锡市	100	50	孝感市	60	100	咸阳市	100	50

续表

城市	得分变量		城市	得分变量		城市	得分变量	
	Ef-P$_1$	Ef-P$_2$		Ef-P$_1$	Ef-P$_2$		Ef-P$_1$	Ef-P$_2$
徐州市	60	100	荆州市	40	75	渭南市	60	100
常州市	40	100	黄冈市	60	100	延安市	40	100
苏州市	60	100	咸宁市	40	100	汉中市	40	100
南通市	60	100	随州市	100	50	榆林市	100	50
连云港市	60	100	长沙市	60	100	安康市	20	100
淮安市	80	50	株洲市	60	100	商洛市	60	100
盐城市	20	100	湘潭市	100	50	兰州市	100	50
扬州市	60	100	衡阳市	60	100	嘉峪关市	80	50
镇江市	80	50	邵阳市	100	50	金昌市	20	100
泰州市	100	50	岳阳市	60	100	白银市	60	75
宿迁市	60	100	常德市	60	100	天水市	40	100
杭州市	100	75	张家界市	60	100	武威市	80	50
宁波市	80	100	益阳市	60	100	张掖市	20	100
温州市	60	100	郴州市	100	50	平凉市	80	50
嘉兴市	100	50	永州市	40	100	酒泉市	60	25
湖州市	40	100	怀化市	80	50	庆阳市	40	100
绍兴市	60	100	娄底市	40	75	定西市	100	50
金华市	40	100	广州市	60	100	陇南市	40	100
衢州市	60	100	韶关市	60	100	西宁市	40	75
舟山市	20	100	深圳市	60	100	海东市	20	100
台州市	60	100	珠海市	60	100	银川市	40	75
丽水市	40	100	汕头市	60	100	石嘴山市	60	25
芜湖市	60	100	江门市	40	100	固原市	60	100
蚌埠市	60	100	湛江市	80	100	中卫市	20	100
淮南市	60	100	茂名市	60	100	乌鲁木齐市	40	75
马鞍山市	60	100	肇庆市	100	50	克拉玛依市	20	100
淮北市	100	50	惠州市	100	50	吐鲁番市	60	75
铜陵市	60	75	梅州市	60	100	哈密市	60	25

注：对于数据缺失的城市，本表记录为 not available，N/A。

二、生产效率维度实施环节实证数据

生产效率维度实施环节的得分变量编码如表 5.24 所示。依据第二章表 2.12 设定的得分点以及数据来源，样本城市在生产效率维度实施环节得分变量的得分情况如表 5.25 所示。

可以看出，样本城市在"相关规章制度的完善程度和通畅度"和"专项资金保障程度"两点做得较为突出，较多城市取得满分。说明生产效率维度的低碳建设实施环节中，各城市已经较为重视规章制度的建立，并且基于一定的基金支持，为后续低碳建设活动打好基础。但对于生产效率维度的实施环节，"人力资源保障程度"稍显薄弱，一些城市仅得0分。

表5.24　生产效率维度实施环节指标的得分变量编码

环节	指标	得分变量	编码
实施（Ef-I）	提升生产效率减排的实施保障	相关规章制度的完善程度和通畅度	Ef-I$_1$
		专项资金保障程度	Ef-I$_2$
		人力资源保障程度	Ef-I$_3$
		技术条件保障程度	Ef-I$_4$

表5.25　样本城市在生产效率维度实施环节得分变量值

城市	得分变量				城市	得分变量			
	Ef-I$_1$	Ef-I$_2$	Ef-I$_3$	Ef-I$_4$		Ef-I$_1$	Ef-I$_2$	Ef-I$_3$	Ef-I$_4$
北京市	100	100	100	100	鹤壁市	100	100	75	75
天津市	100	100	0	25	新乡市	100	0	50	50
石家庄市	100	100	50	100	焦作市	100	0	50	100
唐山市	75	0	0	0	濮阳市	100	0	0	50
秦皇岛市	100	100	50	75	许昌市	100	0	0	100
邯郸市	75	0	75	25	漯河市	100	0	50	75
邢台市	50	0	25	0	三门峡市	100	100	100	100
保定市	100	100	75	100	南阳市	100	100	50	75
张家口市	100	100	50	100	商丘市	75	0	0	0
承德市	100	100	50	100	信阳市	100	100	0	50
沧州市	100	60	0	50	周口市	100	0	0	100
廊坊市	100	100	0	50	驻马店市	100	0	50	75
衡水市	100	100	0	100	武汉市	100	100	0	100
太原市	100	100	50	25	黄石市	100	100	0	50
大同市	100	100	75	100	十堰市	100	100	50	75
阳泉市	100	100	0	75	宜昌市	100	100	0	100
长治市	100	100	50	75	襄阳市	100	100	50	75
晋城市	100	100	75	50	鄂州市	100	100	0	50
朔州市	100	100	0	75	荆门市	100	100	50	75
晋中市	100	0	0	75	孝感市	100	100	0	75
运城市	100	0	0	50	荆州市	100	100	50	100
忻州市	100	100	100	100	黄冈市	100	100	50	75

续表

城市	得分变量				城市	得分变量			
	Ef-I$_1$	Ef-I$_2$	Ef-I$_3$	Ef-I$_4$		Ef-I$_1$	Ef-I$_2$	Ef-I$_3$	Ef-I$_4$
临汾市	100	100	0	50	咸宁市	100	100	0	75
吕梁市	100	100	50	100	随州市	100	100	0	75
呼和浩特市	100	0	25	0	长沙市	100	100	100	100
包头市	100	100	50	100	株洲市	100	100	0	75
乌海市	50	0	0	25	湘潭市	100	100	50	100
赤峰市	100	0	0	50	衡阳市	100	100	0	75
通辽市	100	100	0	100	邵阳市	100	100	0	75
鄂尔多斯市	100	100	50	100	岳阳市	100	100	0	75
呼伦贝尔市	100	0	50	50	常德市	100	100	25	100
巴彦淖尔市	100	100	0	75	张家界市	100	100	50	50
乌兰察布市	100	100	50	75	益阳市	100	100	0	100
沈阳市	100	100	50	100	郴州市	100	100	0	75
大连市	100	100	0	75	永州市	100	100	0	100
鞍山市	100	60	0	25	怀化市	100	100	50	50
抚顺市	100	0	0	75	娄底市	100	100	50	75
本溪市	100	0	0	50	广州市	100	100	25	50
丹东市	100	0	0	25	韶关市	100	0	0	0
锦州市	100	0	0	0	深圳市	100	100	75	75
营口市	100	0	50	75	珠海市	100	0	0	25
阜新市	100	100	50	75	汕头市	100	0	75	50
辽阳市	100	0	0	100	佛山市	50	0	0	0
盘锦市	100	100	0	100	江门市	100	0	0	25
铁岭市	100	0	50	100	湛江市	75	60	50	0
朝阳市	100	0	0	100	茂名市	100	0	0	25
葫芦岛市	100	0	50	50	肇庆市	75	100	0	0
长春市	100	100	25	75	惠州市	100	0	0	0
吉林市	100	100	50	100	梅州市	100	0	0	50
四平市	100	100	50	100	汕尾市	75	0	50	0
辽源市	100	100	0	100	河源市	100	0	50	25
通化市	100	100	50	100	阳江市	100	0	0	50
白山市	100	100	50	100	清远市	75	0	0	0
松原市	100	100	0	75	东莞市	100	100	0	25
白城市	100	100	0	50	中山市	100	0	25	0
哈尔滨市	100	100	50	100	潮州市	75	0	0	0

续表

城市	得分变量				城市	得分变量			
	Ef-I$_1$	Ef-I$_2$	Ef-I$_3$	Ef-I$_4$		Ef-I$_1$	Ef-I$_2$	Ef-I$_3$	Ef-I$_4$
齐齐哈尔市	100	0	75	50	揭阳市	100	0	75	0
鸡西市	100	0	0	25	云浮市	100	0	0	50
鹤岗市	100	0	0	25	南宁市	100	100	0	75
双鸭山市	100	0	0	25	柳州市	100	100	50	100
大庆市	100	0	0	25	桂林市	100	100	0	100
伊春市	75	0	0	25	梧州市	100	100	50	100
佳木斯市	100	100	0	100	北海市	100	0	0	25
七台河市	100	0	0	100	防城港市	100	100	100	50
牡丹江市	100	100	0	100	钦州市	100	100	50	50
黑河市	100	0	100	50	贵港市	100	0	50	50
绥化市	100	0	0	25	玉林市	100	100	0	25
上海市	100	100	50	100	百色市	100	0	0	50
南京市	100	100	75	75	贺州市	100	0	50	50
无锡市	100	100	50	100	河池市	100	100	0	25
徐州市	100	100	100	100	来宾市	100	60	0	25
常州市	100	60	0	0	崇左市	100	100	0	25
苏州市	100	100	50	50	海口市	100	100	100	50
南通市	100	0	0	75	三亚市	100	100	75	50
连云港市	100	100	50	25	三沙市	N/A	N/A	N/A	N/A
淮安市	100	100	0	25	儋州市	100	100	0	50
盐城市	100	100	100	75	重庆市	100	100	0	50
扬州市	100	100	50	50	成都市	100	100	50	75
镇江市	100	100	50	100	自贡市	100	100	0	50
泰州市	100	100	50	100	攀枝花市	100	0	0	50
宿迁市	100	100	0	100	泸州市	100	20	0	50
杭州市	100	100	50	100	德阳市	100	100	75	100
宁波市	100	100	100	100	绵阳市	100	100	25	100
温州市	100	100	50	100	广元市	100	100	50	75
嘉兴市	100	100	50	100	遂宁市	100	100	0	50
湖州市	100	100	50	100	内江市	100	100	0	75
绍兴市	100	100	50	100	乐山市	100	100	75	75
金华市	100	100	50	100	南充市	75	0	50	50
衢州市	100	100	0	100	眉山市	75	0	25	25
舟山市	100	100	0	75	宜宾市	100	100	0	25

续表

城市	得分变量				城市	得分变量			
	$Ef\text{-}I_1$	$Ef\text{-}I_2$	$Ef\text{-}I_3$	$Ef\text{-}I_4$		$Ef\text{-}I_1$	$Ef\text{-}I_2$	$Ef\text{-}I_3$	$Ef\text{-}I_4$
台州市	100	100	100	100	广安市	100	100	0	75
丽水市	100	100	75	100	达州市	100	0	0	75
合肥市	100	0	0	75	雅安市	100	100	50	75
芜湖市	100	100	0	100	巴中市	100	100	0	50
蚌埠市	100	0	50	0	资阳市	100	0	25	0
淮南市	100	100	100	100	贵阳市	100	100	50	100
马鞍山市	100	0	0	100	六盘水市	100	100	0	25
淮北市	100	100	50	100	遵义市	100	100	50	75
铜陵市	100	0	75	50	安顺市	100	100	100	100
安庆市	100	100	50	75	毕节市	100	0	0	50
黄山市	100	100	0	75	铜仁市	100	100	0	100
滁州市	100	0	50	50	昆明市	100	100	25	0
阜阳市	100	100	0	100	曲靖市	100	0	0	25
宿州市	100	100	0	75	玉溪市	100	100	0	100
六安市	100	100	50	75	保山市	100	0	75	0
亳州市	100	100	50	100	昭通市	75	0	75	0
池州市	100	100	75	75	丽江市	100	100	0	100
宣城市	100	100	50	100	普洱市	100	0	50	50
福州市	100	100	0	50	临沧市	75	0	0	0
厦门市	100	100	0	75	拉萨市	100	100	50	100
莆田市	100	100	0	25	日喀则市	50	0	0	0
三明市	100	60	0	75	昌都市	100	100	50	100
泉州市	100	40	50	25	林芝市	100	60	0	75
漳州市	50	100	0	0	山南市	100	0	0	25
南平市	100	0	0	100	那曲市	100	100	0	25
龙岩市	100	40	50	25	西安市	100	100	50	50
宁德市	100	60	0	50	铜川市	100	100	100	100
南昌市	100	100	0	50	宝鸡市	100	100	100	100
景德镇市	100	0	0	25	咸阳市	100	100	0	50
萍乡市	0	0	0	0	渭南市	0	0	0	0
九江市	100	100	50	100	延安市	100	100	50	100
新余市	100	100	0	50	汉中市	100	100	0	100
鹰潭市	100	0	0	100	榆林市	100	100	0	100
赣州市	100	100	0	75	安康市	100	100	50	100

续表

城市	得分变量				城市	得分变量			
	Ef-I$_1$	Ef-I$_2$	Ef-I$_3$	Ef-I$_4$		Ef-I$_1$	Ef-I$_2$	Ef-I$_3$	Ef-I$_4$
吉安市	100	100	0	50	商洛市	100	100	0	50
宜春市	100	100	50	100	兰州市	100	100	50	100
抚州市	75	0	50	0	嘉峪关市	100	100	100	75
上饶市	100	100	0	100	金昌市	100	100	50	100
济南市	100	100	50	100	白银市	100	100	50	100
青岛市	100	100	0	100	天水市	75	0	0	0
淄博市	100	100	50	100	武威市	100	0	0	25
枣庄市	100	100	100	100	张掖市	100	100	50	100
东营市	100	100	100	100	平凉市	100	100	50	100
烟台市	100	0	50	100	酒泉市	100	100	0	100
潍坊市	100	0	50	100	庆阳市	100	100	50	100
济宁市	100	100	0	100	定西市	100	100	0	50
泰安市	100	100	75	100	陇南市	100	0	0	50
威海市	100	0	0	75	西宁市	100	100	50	100
日照市	100	100	100	100	海东市	75	0	0	0
临沂市	75	0	50	25	银川市	100	100	100	75
德州市	100	100	75	50	石嘴山市	100	100	0	75
聊城市	50	0	25	0	吴忠市	100	100	0	100
滨州市	100	100	50	75	固原市	100	100	0	100
菏泽市	100	0	0	100	中卫市	100	100	0	50
郑州市	100	100	0	100	乌鲁木齐市	100	100	50	100
开封市	100	100	25	0	克拉玛依市	100	0	0	50
洛阳市	100	0	100	75	吐鲁番市	100	0	0	100
平顶山市	100	100	25	100	哈密市	100	0	0	25
安阳市	100	100	50	100	/	/	/	/	/

注：对于数据缺失的城市，本表记录为 not available，N/A。

三、生产效率维度检查环节实证数据

生产效率维度检查环节的得分变量编码如表5.26所示。依据第二章表2.13设定的得分点以及数据来源，样本城市在生产效率维度检查环节得分变量的得分数据如表5.27所示。

可以看出，样本城市在"相关规章制度的完善程度和公开化程度"表现较好。在"专项资金保障程度"方面，样本城市出现了两极分化的情况，部分城市未对检查环节提供资金支持，而对检查环节提供资金支持的城市其支持力度均较大。此外，在生产效率维度的检察环节，需要进一步重视与加强"人力资源保障程度"。

表 5.26　生产效率维度检查环节指标的得分变量编码

环节	指标	得分变量	编码
检查（Ef-C）	监督提升生产效率减排的检查内容	相关规章制度的完善程度和公开化程度	$Ef\text{-}C_1$
		专项资金保障程度	$Ef\text{-}C_2$
		人力资源保障程度	$Ef\text{-}C_3$

表 5.27　样本城市在生产效率维度检查环节得分变量值

城市	得分变量			城市	得分变量		
	$Ef\text{-}C_1$	$Ef\text{-}C_2$	$Ef\text{-}C_3$		$Ef\text{-}C_1$	$Ef\text{-}C_2$	$Ef\text{-}C_3$
北京市	100	100	65	鹤壁市	25	30	0
天津市	50	65	30	新乡市	50	100	30
石家庄市	25	0	0	焦作市	25	65	65
唐山市	50	65	30	濮阳市	0	0	0
秦皇岛市	50	65	0	许昌市	25	30	0
邯郸市	25	30	30	漯河市	25	30	30
邢台市	25	0	0	三门峡市	100	0	65
保定市	50	0	0	南阳市	25	0	65
张家口市	50	65	30	商丘市	0	0	0
承德市	75	65	65	信阳市	0	30	0
沧州市	25	0	0	周口市	50	10	65
廊坊市	25	30	0	驻马店市	25	30	0
衡水市	25	30	30	武汉市	25	0	65
太原市	25	65	65	黄石市	25	0	0
大同市	75	0	30	十堰市	25	0	0
阳泉市	0	0	0	宜昌市	25	0	65
长治市	0	0	0	襄阳市	25	0	0
晋城市	0	0	0	鄂州市	25	0	0
朔州市	25	30	65	荆门市	50	30	65
晋中市	25	0	0	孝感市	50	0	30
运城市	50	0	65	荆州市	100	30	30
忻州市	25	0	0	黄冈市	25	0	0
临汾市	25	0	65	咸宁市	0	0	0
吕梁市	0	0	65	随州市	25	0	0
呼和浩特市	50	30	0	长沙市	75	0	65
包头市	25	30	0	株洲市	0	0	0
乌海市	25	0	0	湘潭市	25	0	65
赤峰市	0	0	0	衡阳市	25	0	0

续表

城市	得分变量			城市	得分变量		
	Ef-C$_1$	Ef-C$_2$	Ef-C$_3$		Ef-C$_1$	Ef-C$_2$	Ef-C$_3$
通辽市	25	0	65	邵阳市	25	0	0
鄂尔多斯市	25	0	0	岳阳市	25	0	65
呼伦贝尔市	0	0	65	常德市	50	65	0
巴彦淖尔市	25	0	0	张家界市	0	0	0
乌兰察布市	0	0	0	益阳市	25	30	30
沈阳市	0	30	0	郴州市	50	65	65
大连市	50	30	0	永州市	25	0	0
鞍山市	25	0	0	怀化市	25	0	0
抚顺市	0	0	0	娄底市	50	65	65
本溪市	0	30	0	广州市	50	65	30
丹东市	0	0	30	韶关市	0	0	0
锦州市	25	0	0	深圳市	75	65	65
营口市	0	0	0	珠海市	50	0	30
阜新市	75	100	65	汕头市	50	30	0
辽阳市	25	0	0	佛山市	50	65	0
盘锦市	50	0	30	江门市	0	0	0
铁岭市	25	0	65	湛江市	50	30	65
朝阳市	0	30	0	茂名市	0	0	0
葫芦岛市	50	0	30	肇庆市	0	0	0
长春市	25	65	0	惠州市	25	30	0
吉林市	25	65	65	梅州市	25	0	0
四平市	50	65	30	汕尾市	25	30	30
辽源市	50	0	0	河源市	25	0	0
通化市	25	0	0	阳江市	25	30	0
白山市	25	0	0	清远市	25	0	0
松原市	0	0	0	东莞市	50	0	65
白城市	0	0	0	中山市	50	30	0
哈尔滨市	50	0	65	潮州市	0	0	65
齐齐哈尔市	25	65	0	揭阳市	50	65	30
鸡西市	0	0	0	云浮市	25	0	0
鹤岗市	50	0	0	南宁市	0	0	65
双鸭山市	0	0	0	柳州市	50	0	0
大庆市	50	0	0	桂林市	25	30	30
伊春市	25	30	0	梧州市	0	0	0

续表

城市	得分变量			城市	得分变量		
	$Ef\text{-}C_1$	$Ef\text{-}C_2$	$Ef\text{-}C_3$		$Ef\text{-}C_1$	$Ef\text{-}C_2$	$Ef\text{-}C_3$
佳木斯市	25	30	30	北海市	25	0	0
七台河市	25	0	65	防城港市	0	0	0
牡丹江市	25	30	30	钦州市	25	0	65
黑河市	50	65	0	贵港市	25	0	0
绥化市	0	65	0	玉林市	0	0	0
上海市	75	100	65	百色市	0	0	0
南京市	75	65	0	贺州市	0	0	0
无锡市	25	0	30	河池市	0	0	0
徐州市	50	0	30	来宾市	25	0	0
常州市	0	0	0	崇左市	0	0	0
苏州市	50	0	65	海口市	25	0	65
南通市	0	0	0	三亚市	25	0	30
连云港市	50	0	0	三沙市	N/A	N/A	N/A
淮安市	0	0	0	儋州市	25	0	0
盐城市	25	65	65	重庆市	50	65	0
扬州市	50	65	65	成都市	75	65	30
镇江市	75	100	65	自贡市	50	0	30
泰州市	0	0	0	攀枝花市	50	65	0
宿迁市	50	0	0	泸州市	0	0	0
杭州市	75	65	65	德阳市	25	0	0
宁波市	75	65	65	绵阳市	75	65	65
温州市	50	0	35	广元市	25	0	0
嘉兴市	25	0	0	遂宁市	50	0	65
湖州市	50	0	65	内江市	25	0	0
绍兴市	50	0	0	乐山市	25	0	30
金华市	50	65	65	南充市	25	30	0
衢州市	25	0	0	眉山市	0	0	0
舟山市	50	0	65	宜宾市	25	0	65
台州市	75	0	30	广安市	25	0	0
丽水市	50	30	0	达州市	75	65	30
合肥市	50	0	30	雅安市	50	0	65
芜湖市	50	0	65	巴中市	25	0	0
蚌埠市	50	30	0	资阳市	25	0	0
淮南市	50	0	35	贵阳市	50	30	65

续表

城市	得分变量			城市	得分变量		
	Ef-C$_1$	Ef-C$_2$	Ef-C$_3$		Ef-C$_1$	Ef-C$_2$	Ef-C$_3$
马鞍山市	25	0	0	六盘水市	0	0	0
淮北市	25	0	0	遵义市	50	65	0
铜陵市	0	0	0	安顺市	25	65	0
安庆市	75	65	65	毕节市	0	0	0
黄山市	25	0	0	铜仁市	0	0	0
滁州市	25	0	65	昆明市	25	65	0
阜阳市	50	65	65	曲靖市	0	0	0
宿州市	50	0	0	玉溪市	50	0	30
六安市	50	0	0	保山市	25	30	0
亳州市	50	0	0	昭通市	0	0	0
池州市	50	30	0	丽江市	0	0	0
宣城市	50	0	30	普洱市	50	30	0
福州市	25	0	65	临沧市	25	30	0
厦门市	50	65	0	拉萨市	0	0	65
莆田市	0	0	0	日喀则市	0	0	0
三明市	25	0	0	昌都市	0	65	0
泉州市	25	30	0	林芝市	0	0	0
漳州市	0	0	35	山南市	0	0	0
南平市	0	0	0	那曲市	25	0	0
龙岩市	25	0	0	西安市	50	30	30
宁德市	25	0	0	铜川市	50	0	65
南昌市	25	0	65	宝鸡市	50	0	65
景德镇市	50	65	0	咸阳市	50	30	65
萍乡市	0	0	0	渭南市	50	65	0
九江市	50	0	65	延安市	25	0	0
新余市	25	0	30	汉中市	25	0	65
鹰潭市	25	0	65	榆林市	0	0	0
赣州市	0	0	0	安康市	50	0	65
吉安市	25	0	0	商洛市	0	0	0
宜春市	75	0	65	兰州市	50	0	30
抚州市	25	30	0	嘉峪关市	50	65	30
上饶市	0	0	65	金昌市	0	0	65
济南市	0	0	65	白银市	50	0	65
青岛市	0	0	65	天水市	50	0	0

续表

城市	得分变量			城市	得分变量		
	Ef-C$_1$	Ef-C$_2$	Ef-C$_3$		Ef-C$_1$	Ef-C$_2$	Ef-C$_3$
淄博市	50	0	65	武威市	25	0	0
枣庄市	50	0	0	张掖市	25	0	0
东营市	50	100	65	平凉市	0	0	0
烟台市	50	0	65	酒泉市	0	0	65
潍坊市	50	0	30	庆阳市	0	0	0
济宁市	75	0	30	定西市	25	0	0
泰安市	50	65	65	陇南市	0	0	0
威海市	100	30	30	西宁市	0	0	65
日照市	25	30	30	海东市	0	0	0
临沂市	25	0	0	银川市	50	30	65
德州市	75	65	0	石嘴山市	25	0	0
聊城市	0	0	0	吴忠市	25	0	0
滨州市	25	0	0	固原市	50	0	0
菏泽市	25	0	30	中卫市	50	0	65
郑州市	25	0	0	乌鲁木齐市	25	0	0
开封市	75	0	65	克拉玛依市	0	0	0
洛阳市	0	0	0	吐鲁番市	25	0	0
平顶山市	75	65	30	哈密市	25	0	0
安阳市	0	0	0	/	/	/	/

注：对于数据缺失的城市，本表记录为 not available，N/A。

四、生产效率维度结果环节实证数据

生产效率维度结果环节的得分变量编码如表 5.28 所示。依据第二章表 2.14 设定的得分点以及数据来源，样本城市在生产效率维度结果环节得分变量的得分情况如表 5.29 所示。

可以看出，样本城市在生产效率维度结果环节的四个得分变量中，"单位 GDP 碳排放量"的得分较高，说明自我国提出"双碳"目标以来，各城市已初步对碳排放量进行了一定的控制。此外，部分城市在"单位工业增加值碳排放量"得分较低，这部分城市应重视产业结构的优化。

表 5.28 生产效率维度结果环节指标的得分变量编码

环节	指标	得分变量	编码
结果（Ef-O）	生产效率的低碳水平	单位用地面积产生 GDP（亿元/公里^2）	Ef-O$_1$
		单位 GDP 碳排放量（吨/万元）	Ef-O$_2$
		单位工业增加值碳排放量（吨/万元）	Ef-O$_3$
		万元 GDP 固体废物综合利用率（%）	Ef-O$_4$

表 5.29 样本城市在生产效率维度结果环节得分变量值

城市	得分变量				城市	得分变量			
	Ef-O$_1$	Ef-O$_2$	Ef-O$_3$	Ef-O$_4$		Ef-O$_1$	Ef-O$_2$	Ef-O$_3$	Ef-O$_4$
北京市	61.02	64.27	47.28	48.34	鹤壁市	20.84	22.40	18.47	19.25
天津市	47.24	67.52	49.81	67.71	新乡市	37.18	43.85	36.27	41.42
石家庄市	37.50	42.72	38.50	42.08	焦作市	37.10	36.18	43.94	41.46
唐山市	48.70	69.59	56.56	74.83	濮阳市	24.64	29.35	24.00	27.64
秦皇岛市	46.89	55.35	45.73	52.27	许昌市	26.17	25.54	30.74	29.07
邯郸市	33.83	38.68	34.90	38.19	漯河市	N/A	25.46	20.68	22.35
邢台市	43.69	63.45	51.65	69.05	三门峡市	24.50	30.91	21.84	27.26
保定市	42.14	50.61	40.19	46.95	南阳市	34.42	41.14	33.50	38.70
张家口市	40.65	48.40	39.60	45.59	商丘市	N/A	35.45	24.97	29.31
承德市	31.50	40.38	27.43	35.05	信阳市	24.98	30.14	24.34	28.31
沧州市	35.84	42.67	34.91	40.19	周口市	29.21	31.94	31.43	32.86
廊坊市	29.59	30.85	33.01	33.04	驻马店市	21.79	23.24	19.17	19.80
衡水市	32.27	38.59	31.41	36.29	武汉市	53.85	69.94	70.69	84.03
太原市	57.36	59.18	43.01	N/A	黄石市	26.68	31.43	26.03	29.70
大同市	43.11	38.73	50.07	N/A	十堰市	35.61	42.36	34.69	39.90
阳泉市	N/A	16.25	12.83	N/A	宜昌市	46.39	57.43	42.63	51.75
长治市	27.25	32.48	26.53	30.58	襄阳市	54.51	47.83	51.85	43.17
晋城市	N/A	27.66	33.99	29.88	鄂州市	18.99	25.68	18.28	24.10
朔州市	30.19	36.00	30.92	N/A	荆门市	32.47	40.04	30.24	36.41
晋中市	41.60	49.83	40.48	46.84	孝感市	32.46	38.23	31.67	36.13
运城市	33.04	39.54	33.87	N/A	荆州市	57.36	60.64	47.84	48.96
忻州市	22.77	26.95	22.20	25.43	黄冈市	23.65	33.58	17.43	26.38
临汾市	30.31	35.25	30.37	33.99	咸宁市	23.57	29.03	21.84	26.32
吕梁市	25.56	30.44	26.17	N/A	随州市	25.71	30.61	25.04	28.83
呼和浩特市	40.63	48.46	39.57	45.62	长沙市	52.37	64.81	71.43	81.19
包头市	56.13	55.34	45.58	42.84	株洲市	38.98	38.96	45.47	43.75
乌海市	25.76	30.83	26.39	N/A	湘潭市	26.66	31.89	25.94	29.99
赤峰市	36.04	43.24	34.60	40.28	衡阳市	38.22	46.04	36.73	42.88
通辽市	22.67	27.04	22.08	25.45	邵阳市	17.73	21.16	17.27	19.92
鄂尔多斯市	25.86	29.96	25.88	28.90	岳阳市	39.02	46.04	38.06	43.49
呼伦贝尔市	22.51	19.93	28.75	25.21	常德市	41.07	47.38	41.35	45.92
巴彦淖尔市	16.86	20.60	15.49	18.61	张家界市	31.39	37.16	30.60	35.06
乌兰察布市	15.51	15.08	18.64	17.50	益阳市	31.97	34.94	34.30	35.87
沈阳市	54.95	52.78	52.98	48.69	郴州市	23.13	27.69	22.50	26.03

续表

城市	得分变量				城市	得分变量			
	Ef-O$_1$	Ef-O$_2$	Ef-O$_3$	Ef-O$_4$		Ef-O$_1$	Ef-O$_2$	Ef-O$_3$	Ef-O$_4$
大连市	40.25	48.20	39.17	45.31	永州市	50.73	68.84	56.47	72.11
鞍山市	38.93	48.02	35.96	43.44	怀化市	24.32	28.96	23.68	27.27
抚顺市	58.01	60.78	50.18	50.83	娄底市	22.74	27.28	22.12	25.63
本溪市	18.96	20.52	25.10	25.74	广州市	69.44	68.13	56.84	53.27
丹东市	29.38	36.14	27.59	33.04	韶关市	22.52	27.90	20.89	25.28
锦州市	38.07	47.59	34.91	42.75	深圳市	36.79	36.53	42.88	41.08
营口市	18.15	23.90	22.48	N/A	珠海市	31.41	37.37	30.43	35.08
阜新市	25.47	31.41	23.58	28.46	汕头市	28.65	33.69	27.96	31.86
辽阳市	29.37	28.75	34.41	32.63	佛山市	39.16	46.71	38.13	43.96
盘锦市	26.42	34.67	22.71	29.76	江门市	41.54	49.30	40.48	46.48
铁岭市	22.64	26.91	22.05	25.36	湛江市	38.95	48.85	35.52	43.72
朝阳市	31.19	30.40	36.98	34.87	茂名市	25.95	31.33	24.48	28.83
葫芦岛市	23.87	28.58	23.23	26.87	肇庆市	23.97	27.16	24.86	26.98
长春市	56.45	59.30	48.61	49.32	惠州市	22.19	29.12	18.92	24.89
吉林市	64.28	62.50	51.09	47.02	梅州市	N/A	40.76	29.72	34.25
四平市	24.58	24.57	28.50	27.46	汕尾市	22.11	26.29	21.54	24.79
辽源市	25.60	31.32	23.96	28.61	河源市	17.92	29.01	13.86	24.08
通化市	23.63	23.05	27.92	26.36	阳江市	23.01	27.56	22.39	25.91
白山市	24.58	29.11	23.96	27.48	清远市	N/A	39.69	32.34	34.90
松原市	27.52	32.80	26.80	30.88	东莞市	N/A	41.54	34.38	36.88
白城市	17.78	21.13	17.33	19.92	中山市	N/A	62.40	54.64	56.75
哈尔滨市	48.64	74.44	53.48	N/A	潮州市	N/A	40.22	32.75	35.36
齐齐哈尔市	57.10	59.36	48.56	48.66	揭阳市	34.14	40.23	33.31	38.01
鸡西市	26.07	30.82	26.66	N/A	云浮市	N/A	27.29	18.44	22.16
鹤岗市	20.29	28.34	11.39	18.65	南宁市	48.28	57.39	61.50	68.19
双鸭山市	20.14	21.78	17.85	18.70	柳州市	38.49	45.99	37.47	43.26
大庆市	27.38	37.37	21.72	30.57	桂林市	35.30	42.17	34.37	39.68
伊春市	18.20	20.41	25.14	26.41	梧州市	28.73	27.95	34.51	32.41
佳木斯市	26.52	31.74	25.81	29.84	北海市	23.92	29.43	22.30	26.79
七台河市	19.07	24.50	21.23	25.72	防城港市	16.96	22.03	14.54	18.91
牡丹江市	16.46	16.01	19.77	18.56	钦州市	20.30	22.61	24.92	26.36
黑河市	18.59	23.94	22.04	N/A	贵港市	16.39	19.67	15.94	18.48
绥化市	25.01	29.78	25.61	N/A	玉林市	24.10	28.85	23.45	27.12
上海市	52.25	69.07	53.54	50.06	百色市	20.12	23.91	19.60	22.53

续表

城市	得分变量				城市	得分变量			
	$Ef\text{-}O_1$	$Ef\text{-}O_2$	$Ef\text{-}O_3$	$Ef\text{-}O_4$		$Ef\text{-}O_1$	$Ef\text{-}O_2$	$Ef\text{-}O_3$	$Ef\text{-}O_4$
南京市	52.68	74.80	64.84	84.16	贺州市	17.34	20.60	16.89	19.41
无锡市	45.23	64.04	52.24	68.69	河池市	16.24	20.21	14.96	18.22
徐州市	35.03	41.77	34.11	39.32	来宾市	19.50	22.55	16.48	18.72
常州市	55.90	61.01	41.51	44.63	崇左市	19.08	20.60	16.69	17.43
苏州市	66.97	65.94	54.34	50.99	海口市	49.26	55.83	63.92	68.11
南通市	49.78	66.83	54.83	69.48	三亚市	38.12	43.38	35.20	N/A
连云港市	57.28	60.69	45.89	47.27	三沙市	N/A	16.27	11.20	18.61
淮安市	35.67	40.74	36.47	40	儋州市	N/A	21.21	17.30	18.67
盐城市	30.23	35.96	29.45	33.88	重庆市	62.26	61.73	51.06	47.52
扬州市	45.66	54.54	43.89	50.90	成都市	44.22	56.49	39.09	49.48
镇江市	21.82	21.54	19.67	18.57	自贡市	28.37	33.62	27.66	31.71
泰州市	16.41	19.69	15.96	18.50	攀枝花市	35.23	41.53	34.37	39.24
宿迁市	32.15	38.07	31.35	35.92	泸州市	29.75	33.12	30.92	33.09
杭州市	46.09	68.18	49.96	69.69	德阳市	36.00	37.44	40.13	40.10
宁波市	48.47	66.71	54.31	70.07	绵阳市	37.54	46.54	34.90	42.22
温州市	57.18	60.02	49.42	50.14	广元市	17.71	17.25	21.05	19.83
嘉兴市	35.94	44.09	33.96	40.49	遂宁市	21.78	32.81	14.37	24.45
湖州市	35.02	41.36	34.16	39.06	内江市	25.42	36.75	18.31	28.53
绍兴市	38.99	41.21	42.83	43.45	乐山市	32.20	37.93	31.42	35.85
金华市	36.76	43.93	35.78	41.32	南充市	35.73	45.58	31.80	40.09
衢州市	32.54	32.75	37.33	36.22	眉山市	15.56	18.49	15.93	N/A
舟山市	24.76	30.65	22.92	27.74	宜宾市	23.02	27.20	22.45	25.68
台州市	47.56	48.79	53.75	53.02	广安市	26.00	28.33	27.91	29.12
丽水市	36.98	39.92	39.84	41.25	达州市	34.14	42.39	31.65	38.38
合肥市	55.62	58.39	47.76	48.40	雅安市	22.03	22.89	18.76	18.80
芜湖市	57.30	60.34	49.76	50.68	巴中市	18.83	25.76	21.03	27.02
蚌埠市	24.03	26.27	25.57	26.81	资阳市	20.74	20.09	28.94	27.35
淮南市	39.16	46.18	38.20	43.62	贵阳市	49.29	61.86	59.07	69.22
马鞍山市	22.31	24.57	20.50	21.94	六盘水市	26.94	32.43	26.03	30.31
淮北市	26.76	34.07	24.03	30.14	遵义市	45.66	53.89	44.54	50.90
铜陵市	25.75	36.50	19.10	28.77	安顺市	14.53	17.14	14.17	16.19
安庆市	32.08	38.03	31.27	35.87	毕节市	18.30	21.58	17.85	20.39
黄山市	36.05	42.71	35.15	40.29	铜仁市	20.10	24.56	16.07	19.71
滁州市	32.86	39.13	32.00	36.85	昆明市	50.86	69.83	57.28	73.75

城市	得分变量				城市	得分变量			
	Ef-O_1	Ef-O_2	Ef-O_3	Ef-O_4		Ef-O_1	Ef-O_2	Ef-O_3	Ef-O_4
阜阳市	28.73	35.93	26.53	32.41	曲靖市	53.63	52.84	43.08	40.34
宿州市	22.42	27.81	20.85	25.24	玉溪市	32.32	38.64	31.46	36.34
六安市	56.65	55.86	46.10	43.36	保山市	22.49	26.73	21.91	25.19
亳州市	26.48	31.54	27.14	N/A	昭通市	18.18	23.40	15.91	20.36
池州市	21.66	22.62	18.49	18.63	丽江市	22.53	27.80	20.94	25.24
宣城市	30.36	33.43	32.15	33.94	普洱市	23.10	22.68	27.14	25.77
福州市	52.56	76.38	62.47	83.51	临沧市	30.01	35.56	29.25	33.54
厦门市	54.66	74.31	68.29	85.14	拉萨市	23.16	27.75	22.54	26.08
莆田市	43.16	59.34	54.70	68.52	日喀则市	16.04	18.62	15.69	17.69
三明市	23.85	28.57	23.21	26.85	昌都市	23.56	25.06	25.95	26.43
泉州市	34.16	41.07	33.22	38.55	林芝市	20.02	21.61	16.71	N/A
漳州市	23.69	29.36	22.05	26.66	山南市	21.13	25.32	21.65	N/A
南平市	17.96	26.71	16.94	24.78	那曲市	N/A	24.54	19.80	N/A
龙岩市	31.11	39.90	27.16	34.67	西安市	50.13	68.04	57.36	72.75
宁德市	24.88	29.41	24.26	27.76	铜川市	17.24	23.62	17.95	23.46
南昌市	45.45	64.36	52.50	69.04	宝鸡市	22.19	26.72	21.57	25.07
景德镇市	29.89	35.63	29.11	33.54	咸阳市	38.80	46.35	37.77	43.60
萍乡市	18.76	24.17	19.77	24.29	渭南市	21.67	23.47	19.16	20.09
九江市	23.29	22.75	27.63	26.09	延安市	29.32	28.87	34.74	32.98
新余市	17.96	21.35	17.50	20.11	汉中市	24.11	28.54	23.50	26.93
鹰潭市	17.99	17.54	21.27	20.08	榆林市	19.92	21.49	17.58	18.36
赣州市	40.75	46.48	41.70	45.67	安康市	23.04	27.39	22.44	25.81
吉安市	29.66	37.89	26.36	33.29	商洛市	18.16	21.30	23.99	26.19
宜春市	38.68	39.41	44.45	43.47	兰州市	51.97	66.57	70.51	82.30
抚州市	27.97	32.88	27.30	31.09	嘉峪关市	26.44	25.75	31.48	29.65
上饶市	57.12	57.69	48.91	47.32	金昌市	27.71	36.96	23.00	31.05
济南市	50.09	66.25	56.19	69.95	白银市	22.69	26.50	18.19	21.14
青岛市	51.02	67.38	58.56	72.44	天水市	31.54	37.39	30.74	35.26
淄博市	40.68	49.62	38.44	45.62	武威市	18.75	20.55	22.91	23.84
枣庄市	47.44	56.41	45.58	52.68	张掖市	15.16	18.01	14.77	16.98
东营市	24.78	29.20	24.18	27.59	平凉市	16.96	20.21	16.52	19.03
烟台市	43.03	62.79	50.99	68.39	酒泉市	20.19	21.70	17.59	18.28
潍坊市	52.48	52.77	42.79	41.08	庆阳市	28.38	33.63	27.67	31.72
济宁市	44.33	51.18	40.36	N/A	定西市	21.83	22.26	25.04	24.51

续表

城市	得分变量				城市	得分变量			
	Ef-O$_1$	Ef-O$_2$	Ef-O$_3$	Ef-O$_4$		Ef-O$_1$	Ef-O$_2$	Ef-O$_3$	Ef-O$_4$
泰安市	54.80	58.07	45.61	46.80	陇南市	18.99	22.27	18.54	21.08
威海市	31.99	38.05	31.16	35.84	西宁市	43.46	51.70	42.34	48.70
日照市	29.52	28.03	35.57	32.88	海东市	17.21	22.89	18.57	23.38
临沂市	33.74	41.39	34.66	38.94	银川市	40.99	49.01	39.90	46.09
德州市	37.85	45.07	36.87	42.45	石嘴山市	17.12	18.52	22.83	23.37
聊城市	37.89	44.91	36.93	42.35	吴忠市	21.64	22.56	18.45	18.55
滨州市	14.65	18.22	13.45	16.40	固原市	21.41	26.44	16.51	20.72
菏泽市	23.86	29.61	22.18	26.86	中卫市	19.02	27.26	16.88	24.25
郑州市	63.73	61.03	51.93	46.95	乌鲁木齐市	44.90	43.83	53.29	50.30
开封市	45.94	62.15	54.44	68.28	克拉玛依市	16.55	19.67	16.13	18.53
洛阳市	56.40	57.78	48.58	47.80	吐鲁番市	21.01	23.20	19.13	20.51
平顶山市	29.11	37.05	25.96	32.64	哈密市	18.15	20.25	24.96	26.12
安阳市	31.23	37.02	30.44	34.91	/	/	//	/	/

注：对于数据缺失的城市，本表记录为 not available，N/A。

五、生产效率维度反馈环节实证数据

生产效率维度反馈环节的得分变量编码如表5.30所示。依据第二章表2.15设定的得分点以及数据来源，样本城市在生产效率维度反馈环节得分变量的得分数据如表5.31所示。

可以看出，与生产效率维度反馈环节之前的四个环节（PICO）相比，样本城市在反馈环节表现较为落后，尤其在"对降低能耗强度效果好的主体给予激励措施"和"对降低能耗强度效果较差的主体施以相应措施"中，较多城市取得0分，应重视对城市低碳建设行为主体的评价反馈，并加大宣传力度，有助于可持续的推进城市低碳建设。

表 5.30 生产效率维度反馈环节指标的得分变量编码

环节	指标	得分变量	编码
反馈（Ef-F）	进一步提升生产效率实现减排的措施和方案	对降低能耗强度效果好的主体给予激励措施	Ef-F$_1$
		对降低能耗强度效果较差的主体施以相应措施	Ef-F$_2$
		进一步改进生产效率实现减排的措施和方案	Ef-F$_3$

表 5.31 样本城市在生产效率维度反馈环节得分变量值

城市	得分变量			城市	得分变量		
	Ef-F$_1$	Ef-F$_2$	Ef-F$_3$		Ef-F$_1$	Ef-F$_2$	Ef-F$_3$
北京市	80	40	83	鹤壁市	40	40	83
天津市	40	40	66	新乡市	0	20	66

续表

城市	得分变量			城市	得分变量		
	Ef-F$_1$	Ef-F$_2$	Ef-F$_3$		Ef-F$_1$	Ef-F$_2$	Ef-F$_3$
石家庄市	0	0	49	焦作市	40	20	66
唐山市	40	20	83	濮阳市	0	0	0
秦皇岛市	0	0	32	许昌市	20	0	49
邯郸市	0	0	32	漯河市	20	20	32
邢台市	0	0	0	三门峡市	40	40	66
保定市	40	0	49	南阳市	0	20	66
张家口市	80	40	100	商丘市	0	0	0
承德市	80	40	83	信阳市	40	20	49
沧州市	0	0	83	周口市	40	0	32
廊坊市	20	0	32	驻马店市	0	0	49
衡水市	60	0	49	武汉市	40	0	32
太原市	40	20	49	黄石市	0	0	32
大同市	40	40	49	十堰市	0	20	32
阳泉市	0	0	32	宜昌市	0	20	83
长治市	0	0	49	襄阳市	0	20	32
晋城市	0	0	66	鄂州市	0	0	49
朔州市	20	0	83	荆门市	40	40	83
晋中市	0	0	32	孝感市	0	0	32
运城市	0	0	49	荆州市	40	40	83
忻州市	0	0	49	黄冈市	40	20	49
临汾市	0	0	49	咸宁市	40	0	66
吕梁市	0	0	83	随州市	40	20	66
呼和浩特市	0	0	32	长沙市	40	40	32
包头市	40	0	49	株洲市	20	0	32
乌海市	0	0	0	湘潭市	40	40	49
赤峰市	0	0	49	衡阳市	40	0	32
通辽市	80	0	32	邵阳市	40	0	49
鄂尔多斯市	20	20	49	岳阳市	60	0	32
呼伦贝尔市	0	0	49	常德市	40	0	66
巴彦淖尔市	0	0	32	张家界市	0	0	32
乌兰察布市	0	0	49	益阳市	60	0	66
沈阳市	80	0	100	郴州市	20	60	66
大连市	0	0	66	永州市	0	0	32
鞍山市	0	0	32	怀化市	80	0	32

续表

城市	得分变量			城市	得分变量		
	Ef-F_1	Ef-F_2	Ef-F_3		Ef-F_1	Ef-F_2	Ef-F_3
抚顺市	20	0	49	娄底市	80	80	32
本溪市	0	40	49	广州市	40	0	100
丹东市	0	0	32	韶关市	0	0	0
锦州市	0	0	0	深圳市	60	40	100
营口市	0	0	49	珠海市	0	0	49
阜新市	20	0	66	汕头市	40	20	49
辽阳市	40	0	49	佛山市	0	20	32
盘锦市	40	40	49	江门市	40	0	16
铁岭市	0	0	66	湛江市	0	0	32
朝阳市	40	20	32	茂名市	0	0	0
葫芦岛市	40	20	49	肇庆市	40	0	16
长春市	20	20	49	惠州市	0	0	32
吉林市	20	40	83	梅州市	40	0	16
四平市	20	0	66	汕尾市	20	40	49
辽源市	60	40	32	河源市	20	0	32
通化市	0	0	100	阳江市	40	20	49
白山市	20	0	49	清远市	0	0	49
松原市	40	0	32	东莞市	40	0	32
白城市	80	0	49	中山市	0	0	33
哈尔滨市	40	40	32	潮州市	0	0	16
齐齐哈尔市	0	0	0	揭阳市	0	0	32
鸡西市	0	0	32	云浮市	0	0	16
鹤岗市	0	0	33	南宁市	40	0	32
双鸭山市	0	0	16	柳州市	40	0	66
大庆市	0	0	32	桂林市	40	0	49
伊春市	0	0	32	梧州市	0	0	32
佳木斯市	60	0	66	北海市	0	0	16
七台河市	0	0	32	防城港市	0	0	32
牡丹江市	80	0	66	钦州市	0	0	33
黑河市	0	0	49	贵港市	40	0	16
绥化市	0	0	49	玉林市	0	0	32
上海市	80	80	100	百色市	20	0	49
南京市	60	40	32	贺州市	0	0	32
无锡市	0	0	66	河池市	0	0	16

续表

城市	得分变量			城市	得分变量		
	Ef-F$_1$	Ef-F$_2$	Ef-F$_3$		Ef-F$_1$	Ef-F$_2$	Ef-F$_3$
徐州市	20	40	49	来宾市	0	0	16
常州市	0	0	0	崇左市	0	0	17
苏州市	20	0	66	海口市	0	0	49
南通市	40	0	32	三亚市	40	80	49
连云港市	40	40	100	三沙市	N/A	N/A	N/A
淮安市	0	0	16	儋州市	0	0	66
盐城市	40	0	100	重庆市	60	20	32
扬州市	40	20	49	成都市	20	0	32
镇江市	20	80	83	自贡市	0	0	32
泰州市	20	0	32	攀枝花市	0	0	32
宿迁市	40	20	83	泸州市	0	0	32
杭州市	80	20	32	德阳市	60	20	66
宁波市	100	60	66	绵阳市	40	60	66
温州市	60	20	100	广元市	20	40	83
嘉兴市	80	40	49	遂宁市	40	0	83
湖州市	0	0	32	内江市	80	40	66
绍兴市	40	60	100	乐山市	40	0	100
金华市	80	80	49	南充市	0	0	0
衢州市	80	20	83	眉山市	40	0	66
舟山市	40	0	49	宜宾市	0	0	49
台州市	60	20	49	广安市	40	0	66
丽水市	60	20	83	达州市	0	0	32
合肥市	0	20	32	雅安市	0	20	83
芜湖市	40	0	49	巴中市	20	20	66
蚌埠市	20	0	32	资阳市	0	0	0
淮南市	40	40	49	贵阳市	100	0	83
马鞍山市	40	0	49	六盘水市	20	0	66
淮北市	40	0	49	遵义市	0	0	32
铜陵市	0	0	0	安顺市	20	0	49
安庆市	40	20	83	毕节市	0	0	0
黄山市	40	0	32	铜仁市	0	0	83
滁州市	0	0	66	昆明市	0	0	33
阜阳市	40	40	66	曲靖市	0	0	49
宿州市	0	0	49	玉溪市	40	40	83

城市	得分变量			城市	得分变量		
	Ef-F$_1$	Ef-F$_2$	Ef-F$_3$		Ef-F$_1$	Ef-F$_2$	Ef-F$_3$
六安市	80	0	83	保山市	20	0	32
亳州市	0	0	49	昭通市	0	0	0
池州市	60	0	66	丽江市	0	0	32
宣城市	40	0	66	普洱市	20	0	32
福州市	0	0	32	临沧市	0	0	32
厦门市	40	0	66	拉萨市	40	0	32
莆田市	20	0	16	日喀则市	0	0	32
三明市	20	0	32	昌都市	40	20	32
泉州市	20	20	32	林芝市	60	0	66
漳州市	0	0	0	山南市	0	0	32
南平市	0	0	66	那曲市	40	0	32
龙岩市	40	0	32	西安市	40	40	49
宁德市	40	0	0	铜川市	40	0	66
南昌市	20	0	32	宝鸡市	0	60	83
景德镇市	0	0	32	咸阳市	40	0	83
萍乡市	0	0	0	渭南市	0	0	0
九江市	0	20	83	延安市	40	20	66
新余市	20	0	32	汉中市	40	40	32
鹰潭市	40	20	83	榆林市	0	0	49
赣州市	40	40	32	安康市	0	60	100
吉安市	0	0	32	商洛市	0	0	32
宜春市	40	0	66	兰州市	40	0	49
抚州市	40	20	49	嘉峪关市	40	40	100
上饶市	40	0	49	金昌市	80	0	49
济南市	0	0	66	白银市	80	0	66
青岛市	40	0	66	天水市	0	0	0
淄博市	40	20	32	武威市	0	0	0
枣庄市	60	20	100	张掖市	0	0	83
东营市	80	20	66	平凉市	20	0	66
烟台市	40	40	66	酒泉市	0	0	66
潍坊市	60	40	66	庆阳市	0	0	32
济宁市	60	20	66	定西市	20	0	66
泰安市	80	0	49	陇南市	0	0	32
威海市	0	0	32	西宁市	20	40	100

续表

城市	得分变量			城市	得分变量		
	Ef-F$_1$	Ef-F$_2$	Ef-F$_3$		Ef-F$_1$	Ef-F$_2$	Ef-F$_3$
日照市	80	0	66	海东市	0	0	32
临沂市	40	0	16	银川市	80	0	100
德州市	40	40	49	石嘴山市	0	20	66
聊城市	0	0	0	吴忠市	40	0	66
滨州市	0	0	50	固原市	40	0	83
菏泽市	0	0	49	中卫市	60	0	49
郑州市	40	0	49	乌鲁木齐市	0	0	49
开封市	20	20	32	克拉玛依市	0	0	32
洛阳市	40	0	49	吐鲁番市	80	40	83
平顶山市	60	0	100	哈密市	20	0	32
安阳市	0	0	32	/	/	/	/

注：对于数据缺失的城市，本表记录为 not available，N/A。

第四节　城市居民维度诊断指标实证数据

一、城市居民维度规划环节实证数据

按照"维度-环节-指标-得分变量"四个层级，对城市居民维度规划环节的得分变量进行编码，如表 5.32 所示。依据第二章表 2.16 设定的得分规则以及数据来源，样本城市在规划环节得分变量的得分情况如表 5.33 所示。

可以看出，样本城市在"规划居民低碳生活目标的丰富度"上得分多为 35 分或 65 分，得分偏低，说明各样本城市规划居民低碳生活的目标不明确或较为单一。在"引导居民低碳居住节能的工作方案的详尽程度"和"引导居民低碳出行的工作方案详尽的程度"得分都比较高，平均分分别为 88 分和 78 分，说明各城市对引导居民低碳居住和低碳出行方面设置有多元化目标，在各城市或其所在省的国民经济和社会发展第十四个五年规划和二〇三五年远景目标纲要及其专项规划中有所提及。但在"引导居民低碳消费的工作方案的详尽程度"这一得分变量上的得分较相对较低，平均分为 64 分，说明各样本城市在居民低碳消费方面的目标较为单一。

表 5.32　城市居民维度规划环节指标的得分变量编码

环节	指标	得分变量	编码
规划（Po-P）	引导居民低碳生活的规划	规划居民低碳生活目标的丰富度	Po-P$_1$
		引导居民低碳居住节能的工作方案的详尽程度	Po-P$_2$
		引导居民低碳出行的工作方案的详尽程度	Po-P$_3$
		引导居民低碳消费的工作方案的详尽程度	Po-P$_4$

表 5.33　各样本城市在城市居民维度规划环节得分变量值

城市	得分变量				城市	得分变量			
	Po-P$_1$	Po-P$_2$	Po-P$_3$	Po-P$_4$		Po-P$_1$	Po-P$_2$	Po-P$_3$	Po-P$_4$
北京市	100	100	75	100	鹤壁市	100	100	100	75
天津市	100	100	100	100	新乡市	35	60	15	30
石家庄市	100	80	100	100	焦作市	65	100	75	75
唐山市	0	40	15	30	濮阳市	65	100	60	75
秦皇岛市	65	100	75	75	许昌市	65	80	60	75
邯郸市	65	80	60	60	漯河市	0	40	0	15
邢台市	65	100	75	100	三门峡市	65	80	60	75
保定市	65	80	60	60	南阳市	65	100	75	60
张家口市	65	100	60	30	商丘市	100	100	75	100
承德市	65	100	60	45	信阳市	100	100	100	60
沧州市	35	40	75	60	周口市	65	100	30	75
廊坊市	65	100	45	75	驻马店市	65	80	100	75
衡水市	35	100	100	100	武汉市	100	80	75	75
太原市	65	40	100	45	黄石市	65	100	75	75
大同市	65	80	75	60	十堰市	65	100	100	100
阳泉市	65	100	75	45	宜昌市	65	100	100	75
长治市	35	100	100	45	襄阳市	65	100	100	100
晋城市	35	100	75	45	鄂州市	65	100	75	100
朔州市	65	100	100	100	荆门市	65	100	75	100
晋中市	65	100	100	75	孝感市	0	60	30	30
运城市	65	100	75	75	荆州市	65	80	100	45
忻州市	65	100	100	60	黄冈市	35	100	75	60
临汾市	65	100	100	75	咸宁市	100	100	100	60
吕梁市	35	100	100	75	随州市	65	80	60	60
呼和浩特市	100	80	60	75	长沙市	65	80	100	75
包头市	35	60	100	60	株洲市	100	100	60	45
乌海市	65	100	100	30	湘潭市	65	100	75	45
赤峰市	35	100	60	60	衡阳市	35	0	15	0
通辽市	65	60	60	45	邵阳市	35	100	100	60
鄂尔多斯市	65	100	60	100	岳阳市	65	100	75	45
呼伦贝尔市	35	80	45	45	常德市	35	40	15	15
巴彦淖尔市	65	100	75	100	张家界市	65	100	60	60
乌兰察布市	0	60	15	30	益阳市	100	100	75	45
沈阳市	65	40	75	60	郴州市	65	100	75	60

续表

城市	得分变量				城市	得分变量			
	Po-P₁	Po-P₂	Po-P₃	Po-P₄		Po-P₁	Po-P₂	Po-P₃	Po-P₄
大连市	100	40	100	75	永州市	65	100	100	75
鞍山市	65	80	100	30	怀化市	65	100	60	60
抚顺市	65	100	100	60	娄底市	65	100	75	60
本溪市	0	80	75	100	广州市	65	100	100	60
丹东市	65	100	75	60	韶关市	65	100	75	45
锦州市	65	100	75	45	深圳市	65	100	100	100
营口市	35	0	30	15	珠海市	35	60	100	45
阜新市	65	100	45	60	汕头市	65	60	100	0
辽阳市	65	60	75	75	佛山市	65	80	100	60
盘锦市	65	100	45	30	江门市	65	100	75	75
铁岭市	65	60	75	15	湛江市	65	100	100	45
朝阳市	65	60	100	0	茂名市	65	100	75	75
葫芦岛市	35	100	60	60	肇庆市	65	80	100	15
长春市	100	60	75	100	惠州市	65	100	100	100
吉林市	65	100	100	75	梅州市	65	100	100	60
四平市	65	100	60	60	汕尾市	65	100	100	60
辽源市	65	100	75	100	河源市	65	80	100	75
通化市	65	100	75	60	阳江市	65	80	75	75
白山市	65	100	100	60	清远市	65	100	100	60
松原市	65	100	60	60	东莞市	65	100	100	75
白城市	65	100	60	75	中山市	65	100	75	75
哈尔滨市	65	40	60	60	潮州市	65	100	75	100
齐齐哈尔市	65	100	75	100	揭阳市	100	80	75	60
鸡西市	65	80	75	0	云浮市	65	100	75	75
鹤岗市	65	100	75	60	南宁市	100	60	60	100
双鸭山市	65	100	75	75	柳州市	100	100	100	100
大庆市	65	100	60	15	桂林市	65	100	75	75
伊春市	100	80	75	75	梧州市	35	100	100	100
佳木斯市	35	60	75	0	北海市	65	100	100	100
七台河市	100	100	100	75	防城港市	65	100	75	75
牡丹江市	65	100	100	30	钦州市	65	100	75	15
黑河市	35	100	60	15	贵港市	65	100	100	75
绥化市	35	60	30	0	玉林市	65	100	100	60
上海市	100	80	75	100	百色市	65	100	60	45

续表

城市	得分变量				城市	得分变量			
	Po-P$_1$	Po-P$_2$	Po-P$_3$	Po-P$_4$		Po-P$_1$	Po-P$_2$	Po-P$_3$	Po-P$_4$
南京市	100	60	60	75	贺州市	65	80	75	60
无锡市	100	100	75	60	河池市	65	100	100	60
徐州市	65	80	60	60	来宾市	65	100	100	75
常州市	35	100	60	75	崇左市	65	100	100	60
苏州市	65	100	100	100	海口市	65	40	45	60
南通市	65	100	45	75	三亚市	65	100	100	75
连云港市	65	60	75	100	三沙市	N/A	N/A	N/A	N/A
淮安市	65	80	75	100	儋州市	65	80	75	75
盐城市	65	80	100	100	重庆市	65	80	75	100
扬州市	65	100	100	100	成都市	65	80	100	100
镇江市	35	80	75	15	自贡市	65	100	75	75
泰州市	65	80	100	60	攀枝花市	65	80	75	15
宿迁市	65	80	75	60	泸州市	65	80	75	45
杭州市	65	100	100	100	德阳市	65	80	75	15
宁波市	100	100	100	100	绵阳市	100	100	60	60
温州市	100	100	75	100	广元市	65	40	75	15
嘉兴市	100	100	60	100	遂宁市	65	100	100	100
湖州市	65	100	100	75	内江市	65	80	100	30
绍兴市	65	100	75	100	乐山市	35	100	100	60
金华市	100	100	75	100	南充市	65	100	100	60
衢州市	65	100	100	60	眉山市	65	100	75	75
舟山市	65	100	75	60	宜宾市	65	60	75	60
台州市	65	100	60	45	广安市	65	100	75	75
丽水市	65	60	75	45	达州市	65	100	75	45
合肥市	65	80	75	45	雅安市	65	100	75	100
芜湖市	65	40	100	0	巴中市	100	100	60	60
蚌埠市	35	100	45	45	资阳市	65	80	100	75
淮南市	65	100	100	60	贵阳市	100	60	100	60
马鞍山市	35	100	100	75	六盘水市	65	100	100	100
淮北市	65	100	75	75	遵义市	65	100	75	75
铜陵市	65	100	100	75	安顺市	65	100	100	30
安庆市	65	100	60	75	毕节市	65	80	75	45
黄山市	65	100	75	100	铜仁市	65	100	100	75
滁州市	65	100	75	45	昆明市	65	40	60	60

续表

城市	得分变量				城市	得分变量			
	Po-P₁	Po-P₂	Po-P₃	Po-P₄		Po-P₁	Po-P₂	Po-P₃	Po-P₄
阜阳市	65	100	100	100	曲靖市	65	100	100	60
宿州市	65	80	100	75	玉溪市	65	100	100	100
六安市	35	100	75	75	保山市	65	80	60	45
亳州市	65	100	45	30	昭通市	65	80	75	30
池州市	65	100	75	45	丽江市	65	100	75	100
宣城市	65	100	100	75	普洱市	65	100	100	75
福州市	100	60	75	60	临沧市	65	100	75	45
厦门市	35	40	15	15	拉萨市	65	20	75	30
莆田市	65	100	100	60	日喀则市	35	80	30	15
三明市	35	80	75	75	昌都市	35	80	30	60
泉州市	65	100	100	45	林芝市	65	100	75	45
漳州市	65	100	100	100	山南市	35	100	60	45
南平市	65	80	75	60	那曲市	35	60	15	15
龙岩市	65	100	75	60	西安市	100	60	75	75
宁德市	65	100	60	15	铜川市	65	80	75	45
南昌市	100	100	75	100	宝鸡市	65	80	60	30
景德镇市	100	100	75	60	咸阳市	65	100	75	60
萍乡市	65	100	60	60	渭南市	65	60	75	15
九江市	65	100	75	75	延安市	65	100	100	100
新余市	65	80	60	60	汉中市	65	80	45	45
鹰潭市	65	100	100	60	榆林市	65	40	100	15
赣州市	100	100	75	75	安康市	35	80	60	60
吉安市	65	100	100	75	商洛市	100	100	75	60
宜春市	65	100	100	75	兰州市	65	80	100	75
抚州市	35	80	60	30	嘉峪关市	65	100	75	45
上饶市	65	100	75	60	金昌市	100	100	75	100
济南市	65	80	45	100	白银市	65	100	100	75
青岛市	100	60	45	100	天水市	65	80	100	60
淄博市	100	100	100	100	武威市	65	100	100	75
枣庄市	65	100	60	100	张掖市	65	100	100	100
东营市	65	100	75	100	平凉市	65	100	100	60
烟台市	65	100	60	100	酒泉市	65	100	60	60
潍坊市	65	100	100	100	庆阳市	35	80	45	45
济宁市	65	100	100	100	定西市	100	80	60	75

续表

城市	得分变量				城市	得分变量			
	Po-P$_1$	Po-P$_2$	Po-P$_3$	Po-P$_4$		Po-P$_1$	Po-P$_2$	Po-P$_3$	Po-P$_4$
泰安市	65	100	100	60	陇南市	65	100	75	75
威海市	65	100	100	100	西宁市	65	80	60	75
日照市	65	100	100	75	海东市	35	100	60	60
临沂市	65	100	75	100	银川市	100	100	60	60
德州市	65	100	75	100	石嘴山市	100	100	100	100
聊城市	65	100	100	100	吴忠市	35	80	45	15
滨州市	65	100	100	75	固原市	65	80	60	0
菏泽市	65	40	60	45	中卫市	100	80	100	45
郑州市	65	60	100	60	乌鲁木齐市	65	80	60	60
开封市	65	100	100	75	克拉玛依市	65	60	75	60
洛阳市	65	100	100	60	吐鲁番市	35	40	60	45
平顶山市	100	100	75	75	哈密市	65	100	75	75
安阳市	65	100	100	100	/	/	/	/	/

注：对于数据缺失的城市，本表记录为 not available，N/A。

二、城市居民维度实施环节实证数据

城市居民维度实施环节的得分变量的编码如表 5.34 所示。依据第二章表 2.17 设定的得分规则以及数据来源，样本城市在实施环节得分变量的得分情况如表 5.35 所示。

可以看出，大部分城市在实施环节的四个得分变量得分较低，如"碳普惠制的完善程度"得分变量中，仅有 43 个城市（约占总样本城市的 14%）高于或等于 60 分；"引导居民低碳生活的专项资金投入力度"得分变量中有 117 个城市（约占总样本城市的 39%）得分高于或等于 60 分；"引导居民低碳生活的人力资源保障程度"得分变量中有 29 个城市（约占总样本城市的 10%）得分高于或等于 60 分；"引导居民低碳生活的技术条件保障程度"得分变量中有 25 个城市（约占总样本城市的 8%）得分高于或等于 60 分。此外，高分多集中于北京、上海、成都、深圳、杭州、十堰、襄阳等大城市及以上规模的城市。

表 5.34　城市居民维度实施环节指标的得分变量编码

环节	指标	得分变量	编码
实施（Po-I）	引导居民低碳生活的保障	碳普惠制的完善程度	Po-I$_1$
		引导居民低碳生活的专项资金投入力度	Po-I$_2$
		引导居民低碳生活的人力资源保障程度	Po-I$_3$
		引导居民低碳生活的技术条件保障程度	Po-I$_4$

表 5.35　各样本城市在城市居民维度实施环节得分变量值

城市	得分变量				城市	得分变量			
	Po-I$_1$	Po-I$_2$	Po-I$_3$	Po-I$_4$		Po-I$_1$	Po-I$_2$	Po-I$_3$	Po-I$_4$
北京市	100	80	100	100	鹤壁市	0	100	25	50
天津市	40	60	75	100	新乡市	0	40	25	25
石家庄市	40	40	75	100	焦作市	0	40	50	50
唐山市	0	40	0	0	濮阳市	50	60	25	25
秦皇岛市	50	0	25	0	许昌市	0	0	50	25
邯郸市	25	40	25	25	漯河市	0	40	25	25
邢台市	0	40	50	0	三门峡市	0	40	25	25
保定市	25	0	25	0	南阳市	50	60	25	50
张家口市	50	80	25	25	商丘市	0	40	25	50
承德市	75	60	50	50	信阳市	0	40	25	50
沧州市	0	0	60	0	周口市	50	60	25	50
廊坊市	0	40	0	0	驻马店市	0	60	25	50
衡水市	0	60	25	0	武汉市	25	100	25	100
太原市	75	60	25	100	黄石市	25	40	25	50
大同市	100	60	50	25	十堰市	100	100	50	50
阳泉市	100	0	50	25	宜昌市	50	60	75	0
长治市	75	60	25	50	襄阳市	100	100	50	50
晋城市	75	40	25	50	鄂州市	0	60	25	0
朔州市	0	40	25	25	荆门市	50	60	25	50
晋中市	75	60	25	25	孝感市	0	40	0	0
运城市	50	40	25	50	荆州市	75	60	50	50
忻州市	0	60	25	25	黄冈市	0	40	25	50
临汾市	75	0	25	25	咸宁市	0	40	50	25
吕梁市	75	60	25	50	随州市	100	60	50	50
呼和浩特市	75	80	25	50	长沙市	50	100	50	50
包头市	50	60	25	50	株洲市	0	40	25	25
乌海市	0	40	25	50	湘潭市	0	60	25	25
赤峰市	50	60	0	0	衡阳市	0	40	0	0
通辽市	0	60	25	50	邵阳市	0	60	0	0
鄂尔多斯市	0	40	25	50	岳阳市	25	40	25	25
呼伦贝尔市	50	0	50	50	常德市	0	40	25	0
巴彦淖尔市	0	40	0	0	张家界市	0	40	0	0
乌兰察布市	0	40	25	0	益阳市	0	60	25	0
沈阳市	40	60	75	25	郴州市	0	40	25	25

续表

城市	得分变量				城市	得分变量			
	Po-I$_1$	Po-I$_2$	Po-I$_3$	Po-I$_4$		Po-I$_1$	Po-I$_2$	Po-I$_3$	Po-I$_4$
大连市	0	0	50	75	永州市	0	60	25	50
鞍山市	0	40	0	0	怀化市	0	40	25	0
抚顺市	0	80	25	0	娄底市	0	40	25	0
本溪市	50	40	25	25	广州市	40	80	50	100
丹东市	0	40	0	0	韶关市	25	40	25	0
锦州市	0	40	25	25	深圳市	75	60	100	100
营口市	75	60	25	0	珠海市	0	40	50	25
阜新市	0	40	50	50	汕头市	25	40	50	0
辽阳市	0	40	25	25	佛山市	0	0	25	25
盘锦市	0	40	25	0	江门市	0	40	50	25
铁岭市	0	40	0	0	湛江市	50	80	0	0
朝阳市	0	100	25	0	茂名市	0	40	0	0
葫芦岛市	50	80	25	0	肇庆市	50	40	75	50
长春市	50	40	25	25	惠州市	75	60	25	0
吉林市	75	100	75	50	梅州市	25	80	25	50
四平市	75	40	25	25	汕尾市	25	60	75	50
辽源市	50	60	25	0	河源市	0	40	25	0
通化市	0	60	25	25	阳江市	0	100	0	0
白山市	0	60	25	0	清远市	0	40	50	0
松原市	0	40	25	0	东莞市	25	60	25	25
白城市	0	40	25	0	中山市	25	80	25	25
哈尔滨市	0	100	25	75	潮州市	0	40	25	0
齐齐哈尔市	0	60	0	0	揭阳市	0	80	25	0
鸡西市	0	40	0	0	云浮市	25	40	0	0
鹤岗市	0	20	25	0	南宁市	20	40	25	50
双鸭山市	50	40	0	0	柳州市	0	60	25	50
大庆市	0	40	0	0	桂林市	0	40	25	0
伊春市	0	40	25	50	梧州市	0	40	0	0
佳木斯市	0	20	25	0	北海市	0	60	25	0
七台河市	50	40	25	50	防城港市	0	40	0	0
牡丹江市	0	40	25	0	钦州市	50	40	25	25
黑河市	0	20	25	0	贵港市	0	40	0	0
绥化市	0	40	25	50	玉林市	0	60	25	0
上海市	50	100	100	100	百色市	0	0	25	0

续表

城市	得分变量				城市	得分变量			
	Po-I$_1$	Po-I$_2$	Po-I$_3$	Po-I$_4$		Po-I$_1$	Po-I$_2$	Po-I$_3$	Po-I$_4$
南京市	20	40	75	100	贺州市	0	20	0	0
无锡市	25	40	25	50	河池市	50	40	25	0
徐州市	0	60	25	0	来宾市	0	40	25	0
常州市	50	0	0	0	崇左市	0	60	0	0
苏州市	0	40	25	25	海口市	0	40	25	25
南通市	50	60	25	0	三亚市	50	60	25	25
连云港市	0	40	25	25	三沙市	N/A	N/A	N/A	N/A
淮安市	0	40	0	25	儋州市	0	40	50	0
盐城市	50	60	25	0	重庆市	50	40	75	100
扬州市	75	60	75	50	成都市	100	100	25	100
镇江市	50	80	75	25	自贡市	0	60	25	50
泰州市	0	40	25	25	攀枝花市	50	60	25	25
宿迁市	50	60	25	50	泸州市	0	0	25	50
杭州市	75	80	100	100	德阳市	25	20	25	50
宁波市	75	60	50	75	绵阳市	25	60	50	50
温州市	50	60	75	50	广元市	25	20	50	50
嘉兴市	25	40	50	0	遂宁市	50	40	50	50
湖州市	100	40	75	50	内江市	0	80	25	0
绍兴市	25	40	25	50	乐山市	50	40	25	50
金华市	50	80	75	50	南充市	0	20	25	25
衢州市	75	40	25	50	眉山市	75	100	25	50
舟山市	75	40	25	50	宜宾市	0	40	50	50
台州市	50	40	25	25	广安市	50	80	50	50
丽水市	25	60	50	50	达州市	25	40	25	50
合肥市	20	40	50	75	雅安市	0	40	25	50
芜湖市	50	60	75	50	巴中市	0	60	25	0
蚌埠市	0	60	75	50	资阳市	0	0	0	0
淮南市	50	60	25	25	贵阳市	75	60	50	0
马鞍山市	25	60	50	50	六盘水市	0	40	25	0
淮北市	0	40	0	0	遵义市	0	40	25	25
铜陵市	25	100	75	25	安顺市	0	40	0	0
安庆市	50	40	75	50	毕节市	0	40	25	25
黄山市	0	40	25	0	铜仁市	0	40	25	0
滁州市	50	40	25	50	昆明市	100	40	75	75

续表

城市	得分变量				城市	得分变量			
	Po-I$_1$	Po-I$_2$	Po-I$_3$	Po-I$_4$		Po-I$_1$	Po-I$_2$	Po-I$_3$	Po-I$_4$
阜阳市	100	60	75	50	曲靖市	0	60	0	0
宿州市	50	40	50	0	玉溪市	75	40	25	50
六安市	75	40	50	25	保山市	75	40	25	25
亳州市	75	40	25	50	昭通市	0	40	25	0
池州市	0	40	25	0	丽江市	0	40	0	25
宣城市	0	40	75	0	普洱市	0	0	0	0
福州市	50	40	75	100	临沧市	50	40	0	0
厦门市	50	40	25	75	拉萨市	0	40	25	75
莆田市	0	40	25	50	日喀则市	50	60	0	0
三明市	25	60	25	25	昌都市	75	40	25	25
泉州市	0	40	0	0	林芝市	0	20	25	0
漳州市	50	60	0	0	山南市	0	50	0	25
南平市	50	40	25	0	那曲市	25	0	0	0
龙岩市	0	60	25	25	西安市	20	40	25	100
宁德市	50	40	25	0	铜川市	50	80	25	50
南昌市	50	40	50	50	宝鸡市	0	40	25	50
景德镇市	50	40	25	0	咸阳市	50	60	50	50
萍乡市	0	60	25	0	渭南市	0	60	25	0
九江市	25	40	25	50	延安市	0	40	25	50
新余市	0	40	25	0	汉中市	100	40	25	50
鹰潭市	100	40	25	50	榆林市	0	60	25	50
赣州市	50	60	50	50	安康市	75	60	75	50
吉安市	0	60	25	50	商洛市	0	40	0	0
宜春市	50	40	25	25	兰州市	0	40	25	0
抚州市	25	60	25	50	嘉峪关市	50	60	25	50
上饶市	25	60	25	50	金昌市	0	40	25	25
济南市	50	60	25	50	白银市	0	100	25	25
青岛市	50	40	75	100	天水市	50	60	25	25
淄博市	50	60	25	25	武威市	100	60	50	25
枣庄市	25	40	50	50	张掖市	0	60	25	50
东营市	25	40	50	50	平凉市	25	40	25	50
烟台市	75	60	25	50	酒泉市	0	40	50	25
潍坊市	50	60	25	100	庆阳市	0	40	25	50
济宁市	50	40	25	50	定西市	0	0	25	0

城市	得分变量				城市	得分变量			
	Po-I₁	Po-I₂	Po-I₃	Po-I₄		Po-I₁	Po-I₂	Po-I₃	Po-I₄
泰安市	0	40	25	0	陇南市	0	0	25	0
威海市	50	60	50	25	西宁市	50	100	25	50
日照市	25	60	25	25	海东市	50	40	25	25
临沂市	0	60	25	25	银川市	100	100	25	50
德州市	75	40	50	50	石嘴山市	50	60	25	0
聊城市	25	40	25	25	吴忠市	0	40	25	0
滨州市	0	40	0	25	固原市	0	0	25	50
菏泽市	25	40	50	50	中卫市	0	20	25	0
郑州市	20	40	25	100	乌鲁木齐市	0	40	0	75
开封市	50	60	25	0	克拉玛依市	0	40	0	50
洛阳市	75	40	25	25	吐鲁番市	0	40	25	25
平顶山市	0	40	0	0	哈密市	0	40	25	25
安阳市	0	60	50	50	/	/	/	/	/

注：对于数据缺失的城市，本表记录为 not available，N/A。

三、城市居民维度检查环节实证数据

城市居民维度检查环节的得分变量的编码如表 5.36 所示。依据第二章表 2.18 设定的得分规则以及数据来源，样本城市在检查环节得分变量的得分情况如表 5.37 所示。

可以看出，样本城市在"对居民低碳生活的跟进检查的机制内容""检查居民低碳生活习惯的人力资源保障程度"上表现较好，但在"检查居民低碳生活习惯所需的管理资金保障程度""检查居民低碳生活习惯的技术条件保障程度"方面表现较差。由此可见，在实施（I）环节，虽然各城市均有宣传居民低碳生活消费习惯的公众号、小程序或应用，但这些技术平台较少能反映检查居民低碳生活消费的效果。

表 5.36　城市居民维度检查环节指标的得分变量编码

环节	指标	得分变量	编码
检查（Po-C）	检查居民低碳生活的保障	对居民低碳生活跟进检查的机制内容	Po-C₁
		检查居民低碳生活习惯所需的管理资金保障程度	Po-C₂
		检查居民低碳生活习惯的人力资源保障程度	Po-C₃
		检查居民低碳生活习惯的技术条件保障程度	Po-C₄

表 5.37　各样本城市在城市居民维度检查环节得分变量值

城市	得分变量				城市	得分变量			
	Po-C₁	Po-C₂	Po-C₃	Po-C₄		Po-C₁	Po-C₂	Po-C₃	Po-C₄
北京市	100	65	100	100	鹤壁市	35	35	100	65
天津市	100	100	35	100	新乡市	100	35	100	35

续表

城市	得分变量				城市	得分变量			
	Po-C$_1$	Po-C$_2$	Po-C$_3$	Po-C$_4$		Po-C$_1$	Po-C$_2$	Po-C$_3$	Po-C$_4$
石家庄市	65	65	100	35	焦作市	65	35	100	100
唐山市	35	65	65	35	濮阳市	0	35	65	0
秦皇岛市	35	35	100	35	许昌市	0	0	35	0
邯郸市	0	35	35	35	漯河市	100	0	65	0
邢台市	65	35	35	65	三门峡市	35	0	65	0
保定市	65	0	65	0	南阳市	100	35	100	65
张家口市	35	35	65	0	商丘市	100	65	100	35
承德市	65	35	65	35	信阳市	35	35	65	35
沧州市	35	100	35	35	周口市	100	100	100	35
廊坊市	0	0	35	0	驻马店市	35	0	65	35
衡水市	35	65	35	35	武汉市	35	65	100	100
太原市	100	65	100	35	黄石市	35	35	65	35
大同市	100	100	100	35	十堰市	100	35	100	65
阳泉市	0	35	35	0	宜昌市	100	65	100	65
长治市	65	35	65	0	襄阳市	100	35	100	65
晋城市	35	65	65	0	鄂州市	65	65	100	35
朔州市	0	35	65	35	荆门市	65	65	100	35
晋中市	35	35	100	35	孝感市	0	0	35	35
运城市	100	35	65	0	荆州市	100	100	100	65
忻州市	35	65	100	65	黄冈市	0	0	100	35
临汾市	0	35	0	0	咸宁市	35	35	65	35
吕梁市	35	65	100	35	随州市	100	35	65	35
呼和浩特市	100	35	100	65	长沙市	0	35	35	35
包头市	100	35	100	65	株洲市	35	35	65	35
乌海市	35	0	65	0	湘潭市	0	35	100	35
赤峰市	35	35	65	35	衡阳市	0	35	35	35
通辽市	35	100	100	35	邵阳市	0	0	35	0
鄂尔多斯市	100	35	100	35	岳阳市	35	35	35	35
呼伦贝尔市	35	0	65	0	常德市	0	65	35	35
巴彦淖尔市	0	0	35	0	张家界市	0	35	65	0
乌兰察布市	65	35	35	35	益阳市	35	35	35	35
沈阳市	65	0	100	65	郴州市	35	35	35	0
大连市	65	0	35	0	永州市	0	35	35	35
鞍山市	0	0	35	0	怀化市	35	35	35	35
抚顺市	65	0	100	35	娄底市	35	35	65	35
本溪市	65	35	35	65	广州市	100	100	65	65
丹东市	0	35	35	0	韶关市	35	35	100	65
锦州市	0	0	35	0	深圳市	100	100	65	100
营口市	35	35	100	35	珠海市	35	0	100	65
阜新市	35	0	65	65	汕头市	100	35	65	35

续表

城市	得分变量				城市	得分变量			
	Po-C$_1$	Po-C$_2$	Po-C$_3$	Po-C$_4$		Po-C$_1$	Po-C$_2$	Po-C$_3$	Po-C$_4$
辽阳市	35	0	100	35	佛山市	0	65	35	0
盘锦市	65	35	65	65	江门市	0	35	35	35
铁岭市	0	0	65	0	湛江市	35	35	65	35
朝阳市	65	65	35	65	茂名市	35	35	65	0
葫芦岛市	35	0	65	65	肇庆市	65	35	100	0
长春市	35	35	100	65	惠州市	35	65	65	35
吉林市	65	100	100	100	梅州市	65	65	100	65
四平市	100	35	100	35	汕尾市	100	65	65	35
辽源市	65	65	65	35	河源市	35	35	65	0
通化市	65	35	65	0	阳江市	35	35	65	35
白山市	65	35	100	65	清远市	65	65	65	0
松原市	65	35	35	50	东莞市	35	35	100	35
白城市	35	0	65	0	中山市	100	65	100	65
哈尔滨市	35	35	35	65	潮州市	35	0	100	35
齐齐哈尔市	35	35	100	35	揭阳市	35	35	35	0
鸡西市	0	0	35	0	云浮市	35	35	65	35
鹤岗市	35	65	35	35	南宁市	65	65	100	65
双鸭山市	35	65	35	65	柳州市	35	35	65	0
大庆市	0	0	35	0	桂林市	0	35	65	35
伊春市	65	35	65	35	梧州市	0	0	35	0
佳木斯市	0	35	0	0	北海市	35	35	35	0
七台河市	35	35	100	35	防城港市	0	0	65	0
牡丹江市	0	65	100	35	钦州市	35	0	35	35
黑河市	35	35	35	0	贵港市	0	0	35	35
绥化市	65	35	65	0	玉林市	100	65	100	35
上海市	100	65	100	65	百色市	0	35	0	35
南京市	65	65	65	100	贺州市	0	0	35	0
无锡市	65	65	100	35	河池市	35	35	65	35
徐州市	65	0	65	65	来宾市	0	0	35	65
常州市	0	0	35	35	崇左市	35	35	65	0
苏州市	35	35	35	65	海口市	35	35	35	0
南通市	65	65	65	65	三亚市	0	35	35	35
连云港市	35	35	65	0	三沙市	N/A	N/A	N/A	N/A
淮安市	0	35	65	35	儋州市	0	35	35	0
盐城市	100	35	100	35	重庆市	100	65	35	100
扬州市	65	65	100	65	成都市	65	65	100	100
镇江市	100	65	100	100	自贡市	35	0	65	35
泰州市	0	35	35	65	攀枝花市	65	35	35	65
宿迁市	100	35	100	100	泸州市	65	0	35	65
杭州市	100	35	100	100	德阳市	35	35	100	35

续表

城市	得分变量				城市	得分变量			
	Po-C$_1$	Po-C$_2$	Po-C$_3$	Po-C$_4$		Po-C$_1$	Po-C$_2$	Po-C$_3$	Po-C$_4$
宁波市	100	65	100	65	绵阳市	65	65	100	100
温州市	100	35	100	100	广元市	35	0	100	0
嘉兴市	100	35	100	35	遂宁市	100	35	100	0
湖州市	100	35	100	100	内江市	65	35	65	35
绍兴市	65	65	65	100	乐山市	65	0	35	35
金华市	100	35	100	100	南充市	35	35	65	35
衢州市	65	65	100	65	眉山市	100	35	65	65
舟山市	100	35	100	35	宜宾市	0	35	35	0
台州市	35	65	65	35	广安市	100	65	100	35
丽水市	100	100	100	100	达州市	35	0	35	0
合肥市	65	35	65	35	雅安市	65	35	100	35
芜湖市	100	100	65	65	巴中市	0	0	65	35
蚌埠市	100	65	100	35	资阳市	0	35	0	0
淮南市	65	65	100	35	贵阳市	100	65	65	65
马鞍山市	100	100	100	65	六盘水市	0	35	35	35
淮北市	35	35	35	35	遵义市	35	35	35	65
铜陵市	65	65	100	65	安顺市	0	35	35	100
安庆市	100	35	100	65	毕节市	65	35	65	0
黄山市	35	0	65	0	铜仁市	35	35	35	35
滁州市	100	0	100	35	昆明市	65	65	100	65
阜阳市	100	65	100	65	曲靖市	0	0	35	35
宿州市	100	35	100	0	玉溪市	35	65	100	65
六安市	65	65	100	65	保山市	65	35	100	35
亳州市	100	35	65	65	昭通市	0	65	35	65
池州市	65	0	65	35	丽江市	0	35	65	0
宣城市	65	35	65	35	普洱市	0	0	0	0
福州市	65	35	65	65	临沧市	0	35	65	35
厦门市	100	65	100	65	拉萨市	100	100	100	35
莆田市	65	35	65	35	日喀则市	35	35	35	35
三明市	100	35	65	35	昌都市	65	0	35	35
泉州市	35	35	65	35	林芝市	0	0	35	0
漳州市	65	35	35	65	山南市	35	35	0	0
南平市	35	35	35	35	那曲市	0	35	0	0
龙岩市	65	65	100	35	西安市	100	100	100	65
宁德市	65	35	65	35	铜川市	100	35	65	35
南昌市	65	65	100	35	宝鸡市	100	100	100	35
景德镇市	65	35	65	35	咸阳市	65	35	65	65
萍乡市	35	35	35	0	渭南市	35	65	35	0
九江市	65	0	65	0	延安市	65	0	35	35
新余市	100	0	65	0	汉中市	65	35	100	65

续表

城市	得分变量				城市	得分变量			
	Po-C$_1$	Po-C$_2$	Po-C$_3$	Po-C$_4$		Po-C$_1$	Po-C$_2$	Po-C$_3$	Po-C$_4$
鹰潭市	100	35	100	65	榆林市	65	35	65	65
赣州市	65	65	100	65	安康市	100	100	100	65
吉安市	35	65	100	35	商洛市	0	0	35	0
宜春市	65	35	65	35	兰州市	100	35	100	35
抚州市	65	0	100	65	嘉峪关市	100	65	100	35
上饶市	100	35	100	35	金昌市	65	0	35	35
济南市	100	35	100	65	白银市	65	35	65	65
青岛市	65	65	100	65	天水市	100	65	65	0
淄博市	100	35	65	35	武威市	65	35	65	65
枣庄市	65	65	100	65	张掖市	65	35	65	35
东营市	100	100	100	65	平凉市	65	0	65	35
烟台市	100	0	100	65	酒泉市	35	0	35	35
潍坊市	65	35	65	65	庆阳市	65	0	100	35
济宁市	100	35	100	100	定西市	0	0	35	0
泰安市	65	0	65	35	陇南市	0	0	35	0
威海市	100	100	100	65	西宁市	100	35	65	65
日照市	0	35	65	35	海东市	35	35	35	35
临沂市	65	100	100	100	银川市	100	35	100	35
德州市	100	35	100	65	石嘴山市	35	35	100	35
聊城市	100	35	100	65	吴忠市	0	0	35	35
滨州市	0	0	35	0	固原市	0	0	65	0
菏泽市	35	0	65	65	中卫市	35	0	65	65
郑州市	35	35	65	100	乌鲁木齐市	0	35	35	0
开封市	65	65	35	65	克拉玛依市	0	0	35	0
洛阳市	35	35	65	65	吐鲁番市	35	35	100	35
平顶山市	65	0	35	35	哈密市	0	0	65	0
安阳市	100	0	65	35	/	/	/	/	/

注：对于数据缺失的城市，本表记录为 not available，N/A。

四、城市居民维度结果环节实证数据

城市居民维度结果环节的得分变量的编码如表 5.38 所示。依据第三章中定量得分变量的计算方法，结合表第二章表 2.19 中的数据来源，样本城市在结果环节得分变量的得分情况如表 5.39 所示。

可以看出，样本城市在"城市燃气普及率"这一得分变量上得分较高，"人均能耗""人均居民年生活用电量"均分得分次之，均高于 60 分，但在其他得分变量方面得分都较低，尤其是在居民低碳出行习惯的引导结果的"轨道交通年客运总量""公共汽（电）车年客运总量"和"新能源汽车充电站数量"，以及在居民低碳消费习惯的引导结果的"新能源汽车保有量""旧衣物回收水平""快递包装回收水平""抑制一次性餐具使用的程度"。

表 5.38　城市居民维度结果环节指标的得分变量编码

环节	指标	得分变量	编码
结果（Po-O）	居民能耗水平	人均能耗[千克标准煤/(人·年)]	Po-O$_{1-1}$
	居民低碳居住水平	居民日人均用水量（升）	Po-O$_{2-1}$
		人均居民年生活用电量（千瓦时）	Po-O$_{2-2}$
		城市燃气普及率（%）	Po-O$_{2-3}$
	居民低碳出行水平	轨道交通年客运总量（万人次）	Po-O$_{3-1}$
		公共汽（电）车年客运总量（万人次）	Po-O$_{3-2}$
		新能源汽车充电站数量（个）	Po-O$_{3-3}$
		城市人行道面积占道路面积比例（%）	Po-O$_{3-4}$
	居民低碳消费水平	新能源汽车保有量（辆）	Po-O$_{4-1}$
		旧衣物回收水平	Po-O$_{4-2}$
		光盘行动水平	Po-O$_{4-3}$
		抑制一次性餐具使用的程度	Po-O$_{4-4}$
		快递包装回收水平	Po-O$_{4-5}$

表 5.39　各样本城市在城市居民维度结果环节得分变量值

城市	得分变量												
	O$_{1-1}$	O$_{2-1}$	O$_{2-2}$	O$_{2-3}$	O$_{3-1}$	O$_{3-2}$	O$_{3-3}$	O$_{3-4}$	O$_{4-1}$	O$_{4-2}$	O$_{4-3}$	O$_{4-4}$	O$_{4-5}$
北京市	0	0	70.87	100	100	100	100	25.23	100	59.46	78.90	78.60	100
天津市	18.41	34.63	83.34	100	75.19	33.65	100	43.13	100	29.73	0	7.86	100
石家庄市	61.46	67.60	80.85	100	21.70	6.67	30.67	41.21	32.37	0	0.42	3.93	23.86
唐山市	71.15	63.85	76.17	100	11.27	0.38	25.12	33.93	17.55	0	70.89	31.44	80.26
秦皇岛市	68.08	62.57	78.70	100	6.26	0.28	10.20	51.63	3.77	14.87	67.51	39.30	17.35
邯郸市	69.29	76.56	85.44	100	7.57	5.20	12.67	58.59	15.49	0	0.42	3.93	0
邢台市	76.06	73.74	66.31	99.97	4.65	0.17	16.72	62.01	10.11	0	51.90	0	23.86
保定市	70.78	67.42	85.60	93.66	5.74	0.72	21.59	60.54	16.70	29.73	51.05	23.58	26.03
张家口市	75.63	62.56	85.77	98.57	10.01	0.27	13.27	36.26	2.06	14.87	7.17	0	10.85
承德市	83.66	74.05	78.76	99.90	6.74	0.62	4.65	21.42	1.02	0	54.43	3.93	0
沧州市	83.89	74.50	68.42	100	8.12	0.62	14.02	16.53	11.71	0	53.16	39.30	19.52
廊坊市	38.63	40.70	83.19	100	1.67	0.54	22.94	28.04	10.71	74.33	70.89	11.79	15.19
衡水市	77.67	72.07	86.98	100	3.30	3.47	7.12	45.90	4.55	0	60.34	66.81	13.02
太原市	21.68	20.37	72.49	100	25.86	2.84	42.66	38.26	32.86	0	53.16	31.44	100
大同市	57.97	47.63	68.06	96.52	23.42	N/A	5.02	44.70	2.04	44.60	51.05	58.95	13.02
阳泉市	44.43	57.62	84.89	80.07	15.91	N/A	4.72	46.64	2.25	14.87	59.49	27.51	28.20
长治市	66.00	72.10	68.51	98.57	7.15	N/A	11.32	26.74	5.45	14.87	52.74	23.58	13.02
晋城市	77.70	77.78	62.82	99.41	4.83	N/A	12.60	53.76	4.75	100	52.32	31.44	23.86

城市	得分变量												
	O_{1-1}	O_{2-1}	O_{2-2}	O_{2-3}	O_{3-1}	O_{3-2}	O_{3-3}	O_{3-4}	O_{4-1}	O_{4-2}	O_{4-3}	O_{4-4}	O_{4-5}
朔州市	69.88	73.32	86.22	47.00	0.80	N/A	3.90	85.37	1.43	0	40.93	39.30	10.85
晋中市	81.16	69.27	93.17	97.94	2.42	N/A	10.80	36.30	4.44	44.60	69.62	90.38	8.68
运城市	73.33	66.18	77.65	100	8.93	0.41	8.32	42.53	8.19	0	53.59	70.74	0
忻州市	73.54	66.00	93.01	91.29	1.18	N/A	5.40	30	2.61	0	43.46	31.44	4.34
临汾市	79.40	65.22	90.04	95.71	2.26	N/A	11.62	34.20	6.82	14.87	24.89	15.72	2.17
吕梁市	79.28	62.01	90.92	47.73	0.90	N/A	5.85	31.71	3.52	0	57.38	7.86	10.85
呼和浩特市	42.59	41.60	91.04	93.45	20.09	0	7.27	27.62	3.60	0	71.31	27.51	56.40
包头市	0	46.46	93.98	100	12.99	0.21	2.25	68.55	3.00	0	79.75	55.02	49.89
乌海市	47.44	36.88	86.20	97.56	1.60	0.32	0.75	42.34	0.52	0	47.68	23.58	19.52
赤峰市	75.82	64.35	81.71	95.50	5.79	0.40	0.67	44.31	0.94	0	51.90	55.02	15.19
通辽市	82.25	69.32	66.29	95.09	4.44	0.22	0.60	23.04	0.75	0	49.37	19.65	52.06
鄂尔多斯市	60.05	55.59	85.13	100	4.07	0.30	9.82	61.48	4.03	89.19	26.16	19.65	19.52
呼伦贝尔市	71.17	48.86	62.35	99.90	4.96	0.40	1.57	19.39	0.20	0	78.48	31.44	19.52
巴彦淖尔市	71.94	53.79	94.25	100	0.89	0.12	1.12	89.47	0.66	0	39.24	3.93	36.88
乌兰察布市	73.18	53.00	79.10	51.21	1.68	0.04	2.85	39.11	0.43	0	51.05	31.44	0
沈阳市	48.17	33.66	58.78	100	82.06	27.84	12.75	56.21	13.99	59.46	61.18	11.79	91.11
大连市	63.20	44.66	73.11	87.32	70.89	12.26	30.52	55.17	11.12	14.87	58.23	43.23	47.72
鞍山市	72.06	46.61	85.19	100	20.63	1.73	3.60	17.63	1.46	0	41.35	66.81	39.05
抚顺市	51.75	39.59	72.15	93.90	17.07	0.76	1.27	47.59	0.34	0	33.76	19.65	15.19
本溪市	53.23	33.23	90.82	97.98	14.08	0.48	1.42	81.31	0.27	0	23.63	19.65	8.68
丹东市	72.64	51.68	83.88	100	7.49	0.82	0.60	84.98	0.54	0	18.99	11.79	2.17
锦州市	71.89	70.46	70.51	100	8.79	0.52	1.35	69.37	0.96	0	30.80	35.37	10.85
营口市	62.01	58.16	77.73	99.27	7.38	0.46	1.72	34.68	1.63	0	47.26	15.72	19.52
阜新市	74.59	57.05	96.83	24.17	3.05	0.18	0.45	47.92	0.45	0	24.89	3.93	8.68
辽阳市	68.09	56.32	67.31	100	8.75	0.52	2.85	44.26	0.64	0	29.54	0	6.51
盘锦市	57.73	57.95	79.44	100	4.62	0.34	2.25	38.22	1.16	29.73	49.37	35.37	17.35
铁岭市	96.32	N/A	79.26	59.72	2.63	0.74	1.12	54.43	0.59	0	14.35	0	8.68
朝阳市	84.41	73.03	66.75	99.83	2.55	0.50	1.05	0	0.50	0	17.72	11.79	21.69
葫芦岛市	74.70	72.51	71.64	96.27	10.50	0.56	1.87	71.63	0.74	0	10.13	3.93	2.17
长春市	65.97	62.68	72.40	90.17	57.73	14.91	11.32	32.50	12.99	14.87	0	0	23.86
吉林市	65.79	59.67	88.32	98.47	17.95	14.94	1.80	100	0.78	0	43.04	27.51	0
四平市	70.11	58.83	89.78	94.42	3.37	0.53	1.20	29.84	1.27	0	45.15	31.44	10.85
辽源市	79.23	61.18	97.92	91.50	4.42	0.34	0.30	46.71	0.13	0	3.80	0	2.17
通化市	70.82	42.56	100	93.52	5.37	0.52	0.52	48.10	0.69	14.87	31.22	0	0

续表

城市	得分变量												
	O_{1-1}	O_{2-1}	O_{2-2}	O_{2-3}	O_{3-1}	O_{3-2}	O_{3-3}	O_{3-4}	O_{4-1}	O_{4-2}	O_{4-3}	O_{4-4}	O_{4-5}
白山市	63.31	37.03	92.77	86.06	3.17	0.26	1.05	29.53	0.30	0	13.50	3.93	2.17
松原市	78.39	73.93	84.17	90.87	3.56	0.74	0.90	52.05	0.53	14.87	34.60	7.86	2.17
白城市	76.36	61.79	82.03	76.58	0.54	0.20	0.37	15.56	0.31	0	40.08	23.58	13.02
哈尔滨市	64.47	55.22	77.75	100	59.36	5.25	11.02	46.68	5.28	0	64.56	74.67	21.69
齐齐哈尔市	72.34	58.83	90.55	94.63	4.18	0.50	1.05	29.60	0.35	0	36.29	7.86	28.20
鸡西市	81.78	69.33	94.35	0	8.88	1.11	0.30	8.44	0.07	0	38.40	27.51	6.51
鹤岗市	71.82	58.02	89.00	0.30	7.42	0.11	0.15	17.46	0.04	0	26.16	11.79	8.68
双鸭山市	87.42	83.36	80.08	14.41	3.79	0.47	0.07	25.45	0.11	14.87	32.07	27.51	10.85
大庆市	49.29	52.52	88.37	99.48	5.92	0.78	0.90	17.54	0.80	0	28.69	0	36.88
伊春市	64.40	41.86	92.79	78.12	3.80	3.32	0	15.62	0.02	0	43.88	0	32.54
佳木斯市	72.92	60.32	86.36	95.33	7.62	0.82	0.52	35.96	0.28	0	44.30	23.58	2.17
七台河市	88.92	78.69	96.05	100	4.90	0.11	0	39.03	0.08	0	56.54	19.65	6.51
牡丹江市	79.42	69.90	78.79	94.53	8.91	0.50	0.90	38.91	0.32	0	0	0	32.54
黑河市	80.23	62.04	88.02	91.78	0.66	0.12	1.05	73.58	0.05	0	10.97	7.86	2.17
绥化市	85.09	71.58	89.29	93.90	1.78	0.73	1.05	100	0.27	0	25.74	3.93	10.85
上海市	0	0	56.05	100	100	100	100	49.59	100	44.60	64.56	3.93	28.20
南京市	8.72	8.41	21.87	98.88	66.24	63.92	68.53	13.68	47.35	0	70.04	11.79	84.60
无锡市	53.09	54.35	59.54	100	23.37	10.60	41.61	6.00	39.71	29.73	5.06	0	34.71
徐州市	72.03	65.54	83.70	100	23.08	2.55	22.87	19.98	21.10	0	53.16	39.30	30.37
常州市	55.91	50.16	43.12	100	14.62	2.39	38.31	14.78	20.56	0	80.17	7.86	34.71
苏州市	47.77	33.28	48.83	100	38.47	29.26	100	20.31	64.81	0	59.07	19.65	28.20
南通市	68.81	60.64	50.82	100	12.75	1.47	31.19	20.44	22.27	0	62.87	19.65	32.54
连云港市	59.65	62.75	48.32	100	11.66	0.97	10.05	33.27	8.53	0	51.90	3.93	36.88
淮安市	54.60	57.12	66.43	100	33.94	0.72	14.17	27.39	8.46	0	55.27	0	28.20
盐城市	61.18	64.31	75.05	100	14.16	2.14	30.44	33.03	8.87	0	2.11	3.93	21.69
扬州市	53.00	41.58	56.55	97.98	14.62	0.48	18.67	28.41	10.31	29.73	67.93	23.58	2.17
镇江市	54.82	44.80	53.45	100	9.38	0.77	16.94	29.16	7.48	100	53.16	0	30.37
泰州市	69.93	60.14	60.41	100	19.07	0.32	21.07	23.58	9.60	14.87	43.46	51.09	6.51
宿迁市	77.23	66.94	80.14	100	16.12	0.22	16.12	17.75	6.10	0	68.35	47.16	8.68
杭州市	28.37	17.08	57.43	100	80.23	65.03	94.40	23.26	100	29.73	73.42	23.58	91.11
宁波市	50.14	42.31	45.11	100	32.63	18.75	62.08	41.44	46.71	89.19	10.55	23.58	56.40
温州市	63.23	37.38	51.59	100	19.29	1.43	37.79	32.53	50.37	0	61.18	19.65	34.71
嘉兴市	62.82	42.83	60.17	100	5.84	8.20	35.99	33.92	26.11	14.87	67.09	39.30	62.91
湖州市	58.71	39.30	52.49	100	6.20	0.47	23.39	69.41	16.33	0	62.87	19.65	75.93

续表

城市	得分变量												
	O1-1	O2-1	O2-2	O2-3	O3-1	O3-2	O3-3	O3-4	O4-1	O4-2	O4-3	O4-4	O4-5
绍兴市	55.84	44.26	51.27	100	13.83	0.61	17.17	41.21	16.57	0	82.28	66.81	54.23
金华市	70.47	47.10	34.34	100	7.01	0.35	32.39	43.84	32.65	44.60	67.09	55.02	60.74
衢州市	68.73	58.12	33.09	100	2.76	2.87	14.55	45.84	5.61	44.60	48.52	7.86	54.23
舟山市	31.84	27.54	75.88	100	6.94	1.91	10.05	23.08	1.76	0	64.56	86.45	19.52
台州市	69.77	57.29	41.32	100	6.19	1.79	26.92	24.64	32.39	0	60.34	58.95	58.57
丽水市	94.79	99.99	50.79	100	3.29	0.71	10.80	45.27	6.62	14.87	55.27	35.37	32.54
合肥市	40.87	40.81	62.21	100	39.62	19.64	33.14	30.38	36.18	0	65.40	19.65	23.86
芜湖市	58.31	64.35	71.09	99.44	10.10	0.21	10.12	47.80	13.42	0	70.46	19.65	17.35
蚌埠市	62.79	68.30	37.11	100	9.97	0.60	4.57	57.43	3.03	0	73.84	39.30	23.86
淮南市	67.90	64.12	63.66	100	8.44	1.07	4.42	32.30	2.65	14.87	75.11	31.44	43.39
马鞍山市	60.77	55.66	62.08	100	4.23	0.76	3.30	40.12	3.79	0	67.93	11.79	21.69
淮北市	64.73	67.80	73.27	100	3.72	0.29	2.85	35.29	1.94	0	57.81	0	10.85
铜陵市	63.34	62.84	58.18	100	5.62	0.25	4.95	30.25	2.04	14.87	69.20	47.16	4.34
安庆市	83.35	76.61	69.92	97.56	3.74	0.40	8.55	29.21	4.33	14.87	62.03	0	0
黄山市	71.57	58.17	54.97	97.84	0.80	1.09	8.70	51.69	1.25	0	3.38	7.86	8.68
滁州市	78.41	71.33	67.99	100	4.50	N/A	10.50	23.52	4.08	0	77.22	7.86	10.85
阜阳市	86.74	82.90	73.90	89.89	3.66	1.45	14.02	10.59	10.02	0	3.80	3.93	13.02
宿州市	83.38	76.81	59.54	100	2.46	0.94	6.82	33.37	5.55	14.87	77.22	43.23	6.51
六安市	81.99	78.75	39.74	95.40	5.23	0.88	7.95	27.82	3.85	0	74.68	0	30.37
亳州市	84.97	79.18	58.61	98.95	1.51	0.60	8.40	40.47	7.73	0	77.22	47.16	6.51
池州市	77.09	70.04	66.57	99.44	1.95	0.42	5.25	25.40	1.62	0	14.35	7.86	8.68
宣城市	75.20	61.92	47.96	96.86	1.50	0.53	9.67	26.47	3.53	0	64.98	0	30.37
福州市	52.94	21.31	54.04	96.90	35.92	8.60	32.92	28.40	21.37	74.33	68.78	23.58	93.28
厦门市	39.14	4.67	58.82	97.73	65.67	12.33	29.84	27.92	31.57	44.60	69.20	90.38	43.39
莆田市	72.48	60.50	58.72	99.97	5.37	N/A	8.17	44.69	4.09	0	64.56	74.67	13.02
三明市	60.65	36.65	49.90	93.87	8.56	0.73	7.42	66.18	2.25	0	46.84	3.93	8.68
泉州市	72.98	51.76	39.24	98.95	6.32	2.24	40.04	27.01	20.08	14.87	61.18	23.58	100
漳州市	71.01	49.50	46.51	98.01	3.82	0.85	17.77	20.02	4.86	0	61.18	100	15.19
南平市	65.95	37.49	53.06	94.56	5.62	0.91	9.00	22.16	2.16	44.60	70.04	15.72	8.68
龙岩市	65.61	44.56	48.91	98.68	6.98	0.58	7.35	20.93	3.27	0	59.49	15.72	8.68
宁德市	67.73	40.68	48.31	99.62	4.22	1.80	6.67	30.01	4.11	0	50.21	0	34.71
南昌市	46.32	32.47	47.17	93.03	26.38	18.86	22.12	23.38	20.06	0	74.68	39.30	41.22
景德镇市	66.57	49.64	39.58	98.57	2.81	0.36	3.52	19.22	1.78	29.73	70.89	15.72	6.51
萍乡市	23.97	63.31	55.53	98.36	8.02	0.23	6.67	47.70	2.74	0	5.49	3.93	15.19

续表

城市	得分变量												
	O_{1-1}	O_{2-1}	O_{2-2}	O_{2-3}	O_{3-1}	O_{3-2}	O_{3-3}	O_{3-4}	O_{4-1}	O_{4-2}	O_{4-3}	O_{4-4}	O_{4-5}
九江市	69.06	55.01	47.74	96.52	6.77	2.59	10.35	34.41	7.72	14.87	65.40	15.72	10.85
新余市	56.94	51.97	50.81	98.99	2.21	0.25	3.52	64.52	1.76	0	59.49	15.72	21.69
鹰潭市	74.42	63.48	67.63	95.99	1.30	1.13	1.95	48.39	1.05	0	38.40	7.86	43.39
赣州市	79.17	68.41	59.28	98.29	5.00	1.79	29.92	45.53	8.51	0	67.93	3.93	15.19
吉安市	82.32	71.91	72.94	94.04	5.18	0.96	6.07	48.14	2.88	0	48.52	55.02	0
宜春市	77.89	71.07	73.43	94.81	4.40	0.85	5.70	24.78	4.17	0	62.03	39.30	32.54
抚州市	73.64	65.71	61.51	98.92	13.27	N/A	5.77	51.35	3.05	0	24.89	15.72	26.03
上饶市	83.03	72.97	59.57	98.19	4.24	2.56	8.47	14.16	3.73	0	28.69	3.93	10.85
济南市	20.69	48.06	77.40	100	64.37	3.95	29.92	33.36	31.75	0	69.20	15.72	39.05
青岛市	47.88	42.95	76.59	100	79.63	17.98	63.13	38.30	47.40	0	2.11	0	0
淄博市	51.54	50.34	84.38	100	7.77	0.08	20.47	32.33	12.09	44.60	68.35	11.79	52.06
枣庄市	73.66	62.17	90.10	99.65	5.32	N/A	8.85	41.72	10.23	0	57.38	23.58	19.52
东营市	36.37	49.26	57.49	99.86	5.57	0.16	27.22	37.79	7.61	0	63.29	19.65	10.85
烟台市	68.39	56.84	79.69	92.96	23.71	15.83	28.27	30.87	11.47	0	70.04	66.81	28.20
潍坊市	70.92	57.05	87.05	100	8.56	6.18	26.69	43.51	18.65	0	62.87	19.65	23.86
济宁市	69.73	63.71	86.23	96.48	6.61	0.62	18.44	28.13	34.66	0	70.04	3.93	17.35
泰安市	76.44	64.31	90.19	100	5.18	N/A	14.85	18.36	4.33	0	17.30	3.93	6.51
威海市	58.79	42.68	84.96	100	12.53	7.37	9.60	23.69	4.48	29.73	9.28	7.86	0
日照市	64.05	60.07	79.39	99.72	5.56	0.14	14.02	29.92	4.73	100	64.98	11.79	45.56
临沂市	77.20	70.41	83.41	88.12	5.74	N/A	32.47	18.58	24.33	59.46	100	0	49.89
德州市	73.27	67.98	84.76	100	1.54	0.42	9.82	86.77	8.95	0	81.01	23.58	21.69
聊城市	80.70	71.57	92.59	100	3.63	N/A	10.80	33.10	12.56	0	6.75	11.79	36.88
滨州市	66.51	61.02	65.34	100	1.12	0.12	8.02	25.11	10.60	14.87	56.12	19.65	2.17
菏泽市	81.57	72.17	78.85	66.62	5.14	N/A	7.50	40.39	23.49	0	40.51	23.58	13.02
郑州市	41.24	28.04	77.37	83.06	67.94	31.63	82.33	28.08	80.86	29.73	62.45	19.65	99.79
开封市	74.75	75.07	69.13	98.75	4.78	1.17	6.60	48.89	8.75	0	70.89	23.58	8.68
洛阳市	34.22	53.63	69.43	88.01	16.40	N/A	9.97	32.26	25.53	59.46	76.79	39.30	47.72
平顶山市	74.81	67.12	73.36	96.62	5.23	1.16	5.92	30.02	6.77	0	51.05	7.86	8.68
安阳市	78.08	71.70	60.95	98.64	5.61	1.21	6.45	45.15	9.56	44.60	61.60	35.37	62.91
鹤壁市	70.93	69.15	96.58	98.15	2.18	0.31	1.87	33.61	2.81	0	67.93	19.65	21.69
新乡市	71.63	62.75	71.16	98.12	5.30	1.81	9.75	52.20	13.25	0	32.49	7.86	13.02
焦作市	71.96	67.53	81.07	97.49	5.37	N/A	11.25	38.25	9.95	29.73	61.60	35.37	2.17
濮阳市	76.67	72.16	67.83	100	2.36	0.64	13.50	49.00	11.90	0	73.00	82.53	8.68
许昌市	62.96	52.55	79.81	96.13	5.25	0.66	8.47	21.06	10.28	0	14.77	31.44	45.56

续表

城市	得分变量												
	O_{1-1}	O_{2-1}	O_{2-2}	O_{2-3}	O_{3-1}	O_{3-2}	O_{3-3}	O_{3-4}	O_{4-1}	O_{4-2}	O_{4-3}	O_{4-4}	O_{4-5}
漯河市	64.35	61.90	69.87	100	3.98	0.87	3.82	53.55	5.82	0	69.20	31.44	28.20
三门峡市	76.43	61.97	90.31	88.15	5.38	1.05	3.60	52.15	3.48	0	74.26	39.30	26.03
南阳市	80.86	68.07	92.26	100	10.29	2.64	6.00	57.89	11.79	59.46	78.48	58.95	65.08
商丘市	79.71	70.57	83.44	95.47	9.98	1.23	6.00	47.94	15.67	0	47.68	31.44	13.02
信阳市	75.84	64.11	73.56	100	3.02	1.90	6.52	47.23	4.42	0	67.09	15.72	23.86
周口市	85.14	82.07	79.50	97.91	3.95	2.24	5.77	47.99	9.10	0	49.37	31.44	10.85
驻马店市	82.63	73.01	63.62	100	6.53	N/A	5.62	37.21	14.62	0	50.63	19.65	13.02
武汉市	7.27	0	60.66	97.80	71.75	73.48	67.70	62.10	57.40	0	15.61	7.86	6.51
黄石市	61.90	45.71	51.01	97.56	10.22	N/A	7.50	24.84	2.37	0	54.85	23.58	0
十堰市	64.59	49.02	46.53	94.74	17.88	0.51	5.55	35.26	2.70	0	63.71	35.37	6.51
宜昌市	57.48	49.82	51.55	96.86	9.74	N/A	20.77	32.22	6.02	100	71.31	51.09	6.51
襄阳市	73.36	71.07	81.90	100	17.89	1.66	15.90	33.79	6.27	29.73	61.60	35.37	32.54
鄂州市	51.65	38.92	65.89	99.65	3.26	N/A	4.35	40.17	0.65	0	42.19	27.51	8.68
荆门市	66.74	51.84	75.22	100	7.29	0.42	6.00	41.12	1.52	0	51.05	35.37	34.71
孝感市	72.77	57.52	55.81	95.54	1.40	N/A	5.70	38.05	2.09	0	65.40	7.86	45.56
荆州市	71.14	57.91	54.38	99.51	11.96	1.98	3.90	56.95	3.80	0	9.70	7.86	13.02
黄冈市	79.71	64.10	40.04	100	0.88	1.69	8.85	38.74	4.19	0	37.97	15.72	13.02
咸宁市	66.22	44.62	60.74	99.93	1.21	0.69	4.27	23.30	1.91	0	5.91	0	0
随州市	68.89	56.60	53.73	96.48	1.90	N/A	5.85	48.84	0.97	0	68.35	35.37	10.85
长沙市	28.90	16.63	51.95	98.61	50.63	42.64	57.21	36.58	50.46	29.73	58.65	0	56.40
株洲市	54.70	49.79	52.84	91.88	11.71	N/A	7.72	32.48	4.41	100	54.43	0	34.71
湘潭市	59.37	54.86	73.81	89.13	7.85	0.33	7.35	12.76	3.76	0	59.92	11.79	47.72
衡阳市	75.92	67.45	53.75	87.14	9.24	N/A	8.62	31.11	5.14	29.73	66.67	11.79	60.74
邵阳市	82.58	73.44	54.54	84.11	6.76	0.95	7.05	63.85	3.60	0	45.15	0	13.02
岳阳市	66.56	66.52	54.36	99.51	14.87	3.05	6.07	41.80	4.71	0	60.76	19.65	0
常德市	79.49	74.79	50.37	93.31	9.49	2.22	7.20	39.70	4.27	14.87	68.35	51.09	13.02
张家界市	72.68	62.06	55.72	69.06	7.29	1.95	2.47	31.05	1.05	14.87	7.17	0	10.85
益阳市	78.71	72.45	52.07	98.57	8.12	N/A	4.80	88.07	2.43	14.87	5.91	7.86	15.19
郴州市	76.11	72.41	46.52	91.50	17.32	1.41	7.80	50.67	3.48	0	18.99	11.79	19.52
永州市	78.17	65.89	11.22	93.41	10.63	N/A	5.32	56.79	2.61	0	12.24	0	0
怀化市	74.19	57.67	58.95	86.24	5.27	0.73	4.35	59.19	2.44	0	16.03	11.79	6.51
娄底市	74.36	66.02	49.88	97.39	N/A	N/A	6.07	41.15	2.39	14.87	2.11	3.93	15.19
广州市	35.66	24.79	11.50	90.14	100	100	100	6.12	100	44.60	60.34	31.44	100
韶关市	70.11	61.68	23.38	98.85	3.31	N/A	18.82	40.24	2.16	0	11.81	55.02	10.85

续表

城市	得分变量												
	O_{1-1}	O_{2-1}	O_{2-2}	O_{2-3}	O_{3-1}	O_{3-2}	O_{3-3}	O_{3-4}	O_{4-1}	O_{4-2}	O_{4-3}	O_{4-4}	O_{4-5}
深圳市	28.82	7.16	62.94	100	100	100	100	29.53	100	29.73	13.50	27.51	19.52
珠海市	42.46	34.48	21.23	93.38	32.49	N/A	17.02	41.80	10.76	0	16.03	3.93	41.22
汕头市	53.70	56.75	61.10	96.38	11.56	0.44	11.55	50.64	7.84	100	64.98	11.79	0
佛山市	52.73	36.81	9.54	74.60	39.47	N/A	64.33	36.10	41.53	0	65.82	15.72	75.93
江门市	63.83	44.21	35.68	97.42	6.57	1.23	28.04	12.48	9.87	0	45.57	31.44	13.02
湛江市	78.23	66.64	20.63	100	3.81	2.79	13.05	57.23	3.74	0	65.82	19.65	58.57
茂名市	82.00	76.16	61.93	100	2.87	1.02	11.02	45.57	4.32	14.87	76.79	39.30	17.35
肇庆市	72.86	58.66	30.10	95.47	5.93	0.59	20.92	56.53	4.25	0	83.54	100	4.34
惠州市	47.31	26.19	59.88	97.11	11.16	N/A	37.41	22.00	15.46	100	59.49	15.72	28.20
梅州市	73.89	57.84	41.90	100	5.45	0.25	21.07	40.85	4.01	14.87	66.67	100	39.05
汕尾市	71.26	46.20	53.16	100	N/A	0.39	11.55	42.24	7.84	14.87	61.18	27.51	15.19
河源市	73.97	59.57	31.82	38.63	1.84	0.72	20.54	83.82	3.88	0	2.95	3.93	0
阳江市	67.66	50.12	36.23	76.48	4.49	0.19	10.72	29.63	2.24	100	70.04	0	8.68
清远市	62.57	47.22	0	99.06	3.15	0.81	17.02	68.46	5.21	29.73	67.51	43.23	8.68
东莞市	56.90	41.23	59.17	95.40	N/A	N/A	38.76	100	39.91	14.87	54.43	58.95	43.39
中山市	79.06	70.31	44.75	99.97	N/A	0.45	28.79	56.44	19.04	0	74.26	74.67	23.86
潮州市	99.49	N/A	47.35	93.45	0.98	0.11	8.10	28.87	4.36	0	51.05	15.72	6.51
揭阳市	96.98	100	23.44	92.75	1.61	0.48	15.52	24.68	4.23	0	43.88	19.65	8.68
云浮市	81.78	70.47	67.47	99.90	0.46	0.35	16.42	32.54	2.27	0	57.81	27.51	2.17
南宁市	82.13	99.89	25.40	99.79	23.67	20.94	31.12	1.06	39.76	0	0.84	3.93	91.11
柳州市	50.54	26.19	39.28	96.86	11.75	0.66	24.07	38.72	38.37	0	38.40	27.51	4.34
桂林市	91.98	99.90	37.13	95.19	11.85	1.22	12.07	42.33	12.04	0	52.32	15.72	15.19
梧州市	74.36	59.85	38.18	95.09	4.25	0.36	9.52	11.96	2.90	29.73	58.65	35.37	21.69
北海市	34.46	7.12	41.16	96.17	0.58	0.49	4.20	24.90	4.82	0	64.56	3.93	4.34
防城港市	49.78	15.07	26.02	99.76	0.89	0.12	5.62	56.98	1.49	0	24.89	3.93	8.68
钦州市	75.02	60.88	35.44	100	0.82	0.37	9.22	30.87	4.12	0	29.11	7.86	13.02
贵港市	76.02	63.09	52.20	100	1.33	1.06	10.05	10.82	3.37	14.87	57.81	55.02	8.68
玉林市	80.83	70.26	64.77	99.65	1.90	1.45	16.72	37.25	6.04	0	62.87	19.65	4.34
百色市	75.20	58.36	42.27	97.84	0.90	1.99	8.17	41.89	3.15	0	50.63	23.58	2.17
贺州市	97.15	99.79	47.34	100	1.15	0.38	3.30	34.32	2.84	0	8.44	0	6.51
河池市	77.90	61.99	43.88	87.63	2.52	1.22	7.80	42.30	4.11	0	37.55	19.65	8.68
来宾市	77.30	63.60	51.41	98.22	1.05	N/A	10.27	17.42	3.38	0	56.54	7.86	6.51
崇左市	79.67	64.69	51.69	100	0.28	N/A	5.55	10.19	1.53	0	38.40	100	8.68
海口市	45.39	56.68	36.23	97.84	14.99	0.73	26.77	72.91	36.34	0	46.84	35.37	100

续表

城市	得分变量												
	O_{1-1}	O_{2-1}	O_{2-2}	O_{2-3}	O_{3-1}	O_{3-2}	O_{3-3}	O_{3-4}	O_{4-1}	O_{4-2}	O_{4-3}	O_{4-4}	O_{4-5}
三亚市	25.54	0	0	100	4.04	1.06	14.55	72.92	12.58	0	16.46	7.86	6.51
三沙市	N/A	N/A	N/A	N/A	N/A	N/A	N/A	N/A	N/A	N/A	N/A	N/A	N/A
儋州市	85.76	81.42	51.26	100	N/A	N/A	2.32	24.78	0.94	59.46	3.38	15.72	10.85
重庆市	29.89	53.68	66.19	93.69	100	79.57	88.55	62.63	69.31	29.73	28.69	7.86	100
成都市	12.59	43.33	45.67	98.88	100	100	100	36.96	100	29.73	71.73	23.58	58.57
自贡市	38.51	53.75	91.30	92.33	20.78	N/A	2.17	20.86	1.27	0	27.85	3.93	41.22
攀枝花市	74.12	52.63	55.42	95.30	10.09	1.02	2.70	51.12	1.12	0	54.43	43.23	17.35
泸州市	68.61	73.28	78.23	92.79	20.40	2.63	3.67	64.60	2.44	0	73.42	35.37	0
德阳市	61.17	56.25	69.83	99.41	3.96	2.07	6.67	51.13	3.78	0	51.90	19.65	15.19
绵阳市	51.80	64.94	57.40	99.41	13.92	0.64	12.90	53.82	6.08	14.87	66.24	11.79	15.19
广元市	62.45	67.49	73.81	98.95	8.50	0.51	12.22	62.90	1.22	0	80.17	7.86	23.86
遂宁市	68.07	69.78	58.63	91.01	6.62	N/A	3.37	40.58	1.55	14.87	82.28	58.95	32.54
内江市	70.03	72.12	66.56	99.97	N/A	2.97	2.25	59.81	1.24	0	47.68	19.65	17.35
乐山市	57.76	59.87	69.46	90.10	7.39	1.41	3.60	32.15	2.68	29.73	67.93	27.51	6.51
南充市	68.57	74.67	68.00	95.40	10.65	2.02	4.57	62.82	3.58	0	34.60	3.93	13.02
眉山市	64.14	69.43	54.28	89.75	N/A	1.14	6.07	41.68	2.59	0	4.22	0	6.51
宜宾市	49.68	72.01	84.08	80.45	14.21	2.90	4.65	71.40	3.09	0	45.15	7.86	13.02
广安市	87.96	N/A	67.09	99.27	N/A	1.00	2.32	63.86	1.58	0	75.95	27.51	2.17
达州市	90.21	88.54	87.33	96.52	17.11	1.72	1.72	55.91	1.53	0	47.26	7.86	10.85
雅安市	N/A	N/A	45.47	97.14	1.86	0.69	3.07	50.70	1.18	14.87	57.38	11.79	4.34
巴中市	68.85	77.84	58.87	99.16	4.57	1.66	2.25	82.14	1.11	0	18.14	31.44	13.02
资阳市	78.39	78.19	63.07	100	2.75	N/A	2.70	50.71	1.01	0	19.83	7.86	4.34
贵阳市	12.42	0	46.65	93.76	50.86	6.51	23.02	64.37	22.24	0	6.33	3.93	8.68
六盘水市	72.96	61.43	75.68	68.04	17.59	N/A	5.55	42.04	2.63	0	51.05	27.51	41.22
遵义市	57.10	26.57	79.81	15.29	37.96	N/A	22.64	27.62	6.36	14.87	54.01	23.58	6.51
安顺市	76.94	61.24	60.50	43.76	6.38	N/A	8.70	41.02	2.19	0	67.51	39.30	13.02
毕节市	99.19	100	87.61	50.66	12.38	N/A	14.10	74.52	2.11	0	47.26	3.93	15.19
铜仁市	67.02	37.93	83.41	67.49	3.70	N/A	5.55	44.34	2.64	0	58.23	11.79	19.52
昆明市	63.50	45.21	68.59	87.14	53.18	14.91	39.36	35.89	26.87	59.46	14.35	19.65	34.71
曲靖市	89.99	80.64	78.36	0	14.62	N/A	14.55	33.20	4.47	0	58.23	47.16	8.68
玉溪市	86.11	75.06	48.03	0	3.00	N/A	11.85	35.14	2.61	29.73	66.24	39.30	56.40
保山市	78.73	60.73	56.61	0	1.04	1.17	7.42	31.29	2.46	0	50.21	23.58	6.51
昭通市	89.57	79.43	81.54	20.13	2.75	N/A	7.35	20.03	1.66	0	45.99	39.30	6.51
丽江市	75.86	76.41	44.35	84.53	2.07	2.15	9.00	50.49	1.32	14.87	42.62	27.51	6.51

续表

城市	得分变量												
	O_{1-1}	O_{2-1}	O_{2-2}	O_{2-3}	O_{3-1}	O_{3-2}	O_{3-3}	O_{3-4}	O_{4-1}	O_{4-2}	O_{4-3}	O_{4-4}	O_{4-5}
普洱市	91.86	84.26	51.09	81.50	0.75	N/A	6.52	74.54	1.37	0	20.68	0	0
临沧市	92.92	86.31	92.70	0	0.37	N/A	3.22	36.35	1.06	14.87	48.95	35.37	0
拉萨市	50.60	82.94	57.80	0	8.12	0.33	1.42	75.14	0.47	0	72.57	3.93	2.17
日喀则市	N/A	N/A	2.62	0	0.01	0.15	0.30	80.06	0.04	100	34.60	7.86	100
昌都市	100	N/A	85.50	0	N/A	0.02	0.67	7.51	0	44.60	23.21	43.23	2.17
林芝市	55.51	38.14	0	95.40	0.01	0.08	0.90	28.48	0.08	0	7.59	23.58	4.34
山南市	94.62	N/A	2.12	1.00	0	0.06	0	82.01	0	0	13.92	7.86	0
那曲市	89.48	77.99	6.04	0	N/A	N/A	0.15	88.88	0.10	14.87	5.49	0	13.02
西安市	16.34	30.54	67.58	99.97	98.88	74.20	74.53	40.30	56.37	14.87	17.30	7.86	47.72
铜川市	23.79	58.60	88.95	90.77	3.43	N/A	2.32	45.81	0.43	0	47.68	19.65	13.02
宝鸡市	46.75	68.70	78.88	96.24	21.54	0.88	12.82	86.59	2.88	14.87	67.51	15.72	0
咸阳市	48.03	51.15	51.86	98.08	6.94	1.07	9.75	95.01	5.07	0	28.69	7.86	6.51
渭南市	75.59	83.23	75.36	91.04	2.12	0.94	6.22	64.93	3.16	0	13.50	11.79	36.88
延安市	49.39	69.07	84.54	97.04	13.74	0.57	5.40	28.76	1.41	14.87	26.16	35.37	6.51
汉中市	70.10	68.11	72.64	97.53	4.17	0.81	4.50	55.50	2.47	0	75.53	100	15.19
榆林市	29.50	70.99	84.53	62.50	8.22	0.27	3.30	35.76	3.39	0	35.44	55.02	21.69
安康市	70.39	60.01	77.93	98.64	3.47	N/A	3.30	40.44	1.18	29.73	71.73	78.60	26.03
商洛市	75.53	74.37	79.90	95.12	0.13	0.60	3.37	62.30	0.83	0	43.88	19.65	2.17
兰州市	11.89	42.83	74.21	97.94	73.11	4.65	10.50	38.15	6.94	0	68.35	23.58	54.23
嘉峪关市	43.93	27.29	72.82	95.68	1.34	2.64	0.52	90.03	0.18	0	48.95	51.09	28.20
金昌市	68.60	51.36	68.98	61.67	2.28	0.06	2.17	27.28	0.38	0	54.85	23.58	2.17
白银市	73.57	74.54	67.43	99.41	6.54	0.24	1.50	28.97	0.72	0	45.15	19.65	2.17
天水市	83.79	79.95	99.55	82.72	12.90	2.01	1.72	64.33	0.62	0	38.40	15.72	10.85
武威市	88.73	90.86	81.27	89.86	6.18	1.21	1.20	64.59	0.77	0	70.89	43.23	10.85
张掖市	75.05	76.41	61.01	91.67	1.32	N/A	3.67	47.15	0.65	0	63.29	3.93	17.35
平凉市	85.81	75.30	94.24	67.28	6.87	0.66	2.40	19.90	1.13	14.87	36.71	19.65	32.54
酒泉市	70.99	66.77	77.34	98.92	3.22	2.01	3.30	27.91	0.64	0	10.13	11.79	4.34
庆阳市	88.66	88.43	83.18	84.46	1.55	N/A	2.85	44.69	1.23	0	46.84	7.86	21.69
定西市	92.87	86.27	98.34	68.71	2.03	0.67	2.77	20.52	0.54	0	48.10	0	30.37
陇南市	92.65	86.89	81.43	75.19	0.29	2.49	0.60	64.31	0.29	0	21.94	0	17.35
西宁市	0	32.12	83.77	86.34	N/A	1.36	1.72	43.78	2.09	0	70.46	27.51	28.20
海东市	25.47	74.80	80.44	88.78	0.37	N/A	1.27	52.77	0.20	0	4.22	0	4.34
银川市	43.77	81.89	67.85	97.18	N/A	0.31	13.57	31.00	5.37	0	73.84	35.37	19.52
石嘴山市	48.31	N/A	44.69	77.56	1.02	N/A	3.82	1.40	0.22	0	51.90	3.93	4.34

续表

城市	得分变量												
	O_{1-1}	O_{2-1}	O_{2-2}	O_{2-3}	O_{3-1}	O_{3-2}	O_{3-3}	O_{3-4}	O_{4-1}	O_{4-2}	O_{4-3}	O_{4-4}	O_{4-5}
吴忠市	71.02	76.95	88.03	100	2.41	N/A	3.37	46.87	0.30	0	66.67	3.93	34.71
固原市	75.95	79.68	87.22	75.15	1.88	0.01	1.87	19.70	0.17	0	7.17	19.65	0
中卫市	48.62	88.66	61.12	89.96	1.04	N/A	3.00	37.81	0.26	0	1.27	3.93	10.85
乌鲁木齐市	0	46.78	81.05	100	53.73	2.22	6.82	4.01	3.54	59.46	27.43	3.93	17.35
克拉玛依市	0	13.38	53.94	100	2.98	0.12	0.67	19.45	0.30	0	35.86	11.79	4.34
吐鲁番市	73.61	73.47	84.48	97.18	0.30	9.78	1.35	31.41	0.09	44.60	12.66	0	8.68
哈密市	49.87	53.78	13.42	97.46	2.47	0.06	1.42	30.97	0.43	14.87	39.24	31.44	2.17

注：对于数据缺失的城市，本表记录为 not available，N/A。

五、城市居民维度反馈环节实证数据

城市居民维度反馈环节的得分变量的编码如表 5.40 所示。依据第二章表 2.20 设定的得分规则以及数据来源，样本城市在反馈环节得分变量的得分情况如表 5.41 所示。

可以看出，各样本城市在"对居民低碳生活消费习惯的奖励"表现较好，但是在"推动居民低碳生活的创新措施和方案"得分变量上的表现都较差，其中有 220 个城市得分为 0 分。

表 5.40　城市居民维度反馈环节指标的得分变量编码

环节	指标	得分变量	编码
反馈（Po-F）	进一步提升居民低碳生活的措施和方案	对居民低碳生活习惯的奖励	Po-F₁
		推动居民低碳生活的创新措施和方案	Po-F₂

表 5.41　各样本城市在城市居民维度反馈环节得分变量值

城市	得分变量		城市	得分变量		城市	得分变量	
	Po-F₁	Po-F₂		Po-F₁	Po-F₂		Po-F₁	Po-F₂
北京市	100	75	安庆市	50	75	汕尾市	50	0
天津市	50	50	黄山市	50	0	河源市	0	0
石家庄市	50	50	滁州市	50	0	阳江市	25	0
唐山市	50	0	阜阳市	25	0	清远市	25	0
秦皇岛市	50	0	宿州市	50	0	东莞市	50	50
邯郸市	25	0	六安市	25	0	中山市	50	50
邢台市	50	50	亳州市	25	0	潮州市	50	0
保定市	50	0	池州市	50	0	揭阳市	0	0
张家口市	25	0	宣城市	25	0	云浮市	0	0
承德市	25	0	福州市	50	75	南宁市	50	50

续表

城市	得分变量		城市	得分变量		城市	得分变量	
	Po-F$_1$	Po-F$_2$		Po-F$_1$	Po-F$_2$		Po-F$_1$	Po-F$_2$
沧州市	50	0	厦门市	50	25	柳州市	75	0
廊坊市	0	0	莆田市	50	50	桂林市	25	0
衡水市	50	0	三明市	75	0	梧州市	0	0
太原市	75	50	泉州市	50	0	北海市	50	0
大同市	75	0	漳州市	50	0	防城港市	0	0
阳泉市	75	0	南平市	50	50	钦州市	25	50
长治市	75	0	龙岩市	50	0	贵港市	0	0
晋城市	75	0	宁德市	50	0	玉林市	0	0
朔州市	0	0	南昌市	50	0	百色市	0	0
晋中市	75	0	景德镇市	50	0	贺州市	0	0
运城市	50	0	萍乡市	0	0	河池市	50	0
忻州市	25	50	九江市	25	50	来宾市	0	0
临汾市	75	0	新余市	50	0	崇左市	50	0
吕梁市	25	0	鹰潭市	50	75	海口市	50	0
呼和浩特市	50	50	赣州市	50	0	三亚市	50	50
包头市	50	0	吉安市	50	50	三沙	N/A	N/A
乌海市	50	0	宜春市	50	75	儋州市	0	0
赤峰市	75	50	抚州市	100	0	重庆市	75	50
通辽市	0	0	上饶市	50	50	成都市	100	75
鄂尔多斯市	75	0	济南市	75	0	自贡市	50	0
呼伦贝尔市	25	0	青岛市	100	25	攀枝花市	50	0
巴彦淖尔市	50	0	淄博市	25	0	泸州市	50	0
乌兰察布市	0	0	枣庄市	50	0	德阳市	50	0
沈阳市	50	25	东营市	25	0	绵阳市	50	0
大连市	25	0	烟台市	50	0	广元市	50	50
鞍山市	25	0	潍坊市	50	50	遂宁市	50	0
抚顺市	25	0	济宁市	50	0	内江市	75	50
本溪市	25	0	泰安市	50	0	乐山市	50	0
丹东市	25	0	威海市	50	50	南充市	50	0
锦州市	25	0	日照市	25	50	眉山市	50	50
营口市	75	0	临沂市	50	0	宜宾市	25	0
阜新市	75	0	德州市	50	0	广安市	75	0
辽阳市	25	0	聊城市	50	0	达州市	75	0
盘锦市	25	50	滨州市	0	0	雅安市	50	50

续表

城市	得分变量		城市	得分变量		城市	得分变量	
	Po-F_1	Po-F_2		Po-F_1	Po-F_2		Po-F_1	Po-F_2
铁岭市	50	0	菏泽市	0	0	巴中市	50	0
朝阳市	25	50	郑州市	75	50	资阳市	0	0
葫芦岛市	25	50	开封市	50	0	贵阳市	75	50
长春市	50	0	洛阳市	25	0	六盘水市	25	0
吉林市	50	0	平顶山市	25	0	遵义市	25	0
四平市	0	0	安阳市	50	0	安顺市	0	0
辽源市	0	0	鹤壁市	50	0	毕节市	25	0
通化市	25	0	新乡市	50	0	铜仁市	50	0
白山市	0	0	焦作市	25	0	昆明市	50	0
松原市	50	0	濮阳市	50	0	曲靖市	0	0
白城市	25	0	许昌市	50	0	玉溪市	25	0
哈尔滨市	25	0	漯河市	50	0	保山市	50	0
齐齐哈尔市	0	0	三门峡市	50	0	昭通市	25	0
鸡西市	25	0	南阳市	75	0	丽江市	0	0
鹤岗市	50	0	商丘市	25	50	普洱市	0	0
双鸭山市	50	0	信阳市	25	0	临沧市	0	0
大庆市	0	0	周口市	50	50	拉萨市	50	0
伊春市	0	0	驻马店市	0	0	日喀则市	75	0
佳木斯市	0	0	武汉市	100	75	昌都市	25	0
七台河市	0	0	黄石市	50	0	林芝市	0	0
牡丹江市	0	0	十堰市	50	0	山南市	50	0
黑河市	50	0	宜昌市	25	50	那曲市	50	0
绥化市	50	50	襄阳市	50	0	西安市	50	50
上海市	50	50	鄂州市	75	0	铜川市	50	0
南京市	75	75	荆门市	50	0	宝鸡市	25	0
无锡市	50	50	孝感市	25	0	咸阳市	50	0
徐州市	25	0	荆州市	50	0	渭南市	0	0
常州市	50	0	黄冈市	50	50	延安市	50	0
苏州市	25	50	咸宁市	25	0	汉中市	25	50
南通市	50	0	随州市	50	50	榆林市	50	0
连云港市	25	0	长沙市	75	50	安康市	50	0
淮安市	50	0	株洲市	0	0	商洛市	0	0
盐城市	75	0	湘潭市	25	0	兰州市	50	0
扬州市	50	0	衡阳市	0	0	嘉峪关市	50	0

续表

城市	得分变量		城市	得分变量		城市	得分变量	
	Po-F$_1$	Po-F$_2$		Po-F$_1$	Po-F$_2$		Po-F$_1$	Po-F$_2$
镇江市	50	50	邵阳市	25	0	金昌市	50	50
泰州市	75	0	岳阳市	50	0	白银市	50	0
宿迁市	50	0	常德市	50	50	天水市	50	0
杭州市	100	50	张家界市	25	0	武威市	50	0
宁波市	75	50	益阳市	50	0	张掖市	50	50
温州市	75	0	郴州市	50	0	平凉市	50	0
嘉兴市	50	50	永州市	50	0	酒泉市	50	0
湖州市	100	50	怀化市	25	0	庆阳市	50	0
绍兴市	50	50	娄底市	50	50	定西市	0	0
金华市	75	50	广州市	75	50	陇南市	50	0
衢州市	100	0	韶关市	50	0	西宁市	75	75
舟山市	25	0	深圳市	75	50	海东市	0	0
台州市	0	0	珠海市	50	50	银川市	50	50
丽水市	50	50	汕头市	25	0	石嘴山市	50	0
合肥市	75	0	佛山市	0	0	吴忠市	50	0
芜湖市	50	50	江门市	50	0	固原市	25	0
蚌埠市	50	0	湛江市	50	50	中卫市	50	0
淮南市	50	0	茂名市	0	0	乌鲁木齐市	0	0
马鞍山市	50	0	肇庆市	50	50	克拉玛依市	0	0
淮北市	25	0	惠州市	50	50	吐鲁番市	0	0
铜陵市	50	75	梅州市	50	0	哈密市	25	50

注：对于数据缺失的城市，本表记录为 not available，N/A。

第五节　水域碳汇维度诊断指标实证数据

一、水域碳汇维度规划环节实证数据

按照"维度-环节-指标-得分变量"四个层级，对水域碳汇维度规划环节的得分变量进行编码，如表5.42所示。依据第二章表2.21设定的得分规则以及数据来源，样本城市在水域碳汇维度规划环节得分变量的得分数据如表5.43所示。

可以看出，样本城市在水域碳汇维度规划环节中，都在不同程度上在规划文件中提及了通过水域面积的提升与保护来实现城市低碳建设的目标。具体而言，各样本城市在"水域面积提升与保护规划"这一得分变量上表现出较高的分数，这表明各样本城市高度重视水域的保护和水域面积的提升。然而，在"规划项目的丰富度"这一指标上，各样本城市的得分大多集中在25分或50分，表现偏低，这意味着各样本城市在提升水域面积与水域保护的规划目标方面可能存在不够明确或相对单一的情况。因此，为更好地发挥水域的碳汇功能，实现城市低碳可持续发展，各样本城市在低碳城市建设过程中不仅要重视现有水域的保护，还要充实水域保护规划的多样性内容，明确多元化的规划目标。

表 5.42 水域碳汇维度规划环节指标的得分变量编码

环节	指标	得分变量	编码
规划（Wa-P）	提升水域固碳能力的规划	水域面积提升与保护规划	Wa-P$_1$
		规划项目的丰富度	Wa-P$_2$

表 5.43 各样本城市在水域碳汇维度规划环节得分变量值

城市	Wa-P$_1$	Wa-P$_2$	城市	Wa-P$_1$	Wa-P$_2$	城市	Wa-P$_1$	Wa-P$_2$
北京市	100	75	安庆市	50	25	汕尾市	50	25
天津市	75	50	黄山市	50	25	河源市	100	50
石家庄市	50	25	滁州市	50	50	阳江市	50	50
唐山市	50	25	阜阳市	50	75	清远市	100	75
秦皇岛市	75	50	宿州市	100	75	东莞市	25	100
邯郸市	50	25	六安市	75	50	中山市	100	50
邢台市	25	25	亳州市	25	50	潮州市	75	75
保定市	25	25	池州市	25	25	揭阳市	100	75
张家口市	50	25	宣城市	100	75	云浮市	100	50
承德市	25	25	福州市	75	25	南宁市	50	25
沧州市	75	25	厦门市	100	75	柳州市	50	50
廊坊市	25	25	莆田市	50	25	桂林市	50	25
衡水市	50	50	三明市	75	100	梧州市	50	25
太原市	50	50	泉州市	50	50	北海市	100	50
大同市	50	50	漳州市	75	75	防城港市	100	50
阳泉市	50	25	南平市	50	25	钦州市	75	75
长治市	50	25	龙岩市	50	25	贵港市	100	75
晋城市	50	50	宁德市	75	25	玉林市	25	25
朔州市	50	75	南昌市	50	25	百色市	50	50
晋中市	75	75	景德镇市	75	25	贺州市	50	25
运城市	75	25	萍乡市	25	25	河池市	25	25
忻州市	50	75	九江市	75	75	来宾市	75	25
临汾市	50	75	新余市	25	25	崇左市	100	50
吕梁市	50	50	鹰潭市	25	25	海口市	75	75

续表

城市	得分变量		城市	得分变量		城市	得分变量	
	Wa-P$_1$	Wa-P$_2$		Wa-P$_1$	Wa-P$_2$		Wa-P$_1$	Wa-P$_2$
呼和浩特市	50	25	赣州市	75	25	三亚市	25	25
包头市	75	50	吉安市	100	75	三沙市	N/A	N/A
乌海市	100	50	宜春市	50	75	儋州市	75	75
赤峰市	50	25	抚州市	75	25	重庆市	50	25
通辽市	25	25	上饶市	50	0	成都市	50	100
鄂尔多斯市	50	75	济南市	100	50	自贡市	50	25
呼伦贝尔市	75	25	青岛市	50	25	攀枝花市	0	25
巴彦淖尔市	50	25	淄博市	50	50	泸州市	75	50
乌兰察布市	50	25	枣庄市	50	25	德阳市	75	75
沈阳市	50	100	东营市	75	75	绵阳市	25	25
大连市	75	50	烟台市	75	75	广元市	75	25
鞍山市	50	75	潍坊市	75	25	遂宁市	50	25
抚顺市	50	50	济宁市	75	75	内江市	50	50
本溪市	25	25	泰安市	75	50	乐山市	50	50
丹东市	50	25	威海市	75	25	南充市	25	25
锦州市	25	25	日照市	75	75	眉山市	25	25
营口市	50	50	临沂市	50	50	宜宾市	50	75
阜新市	25	75	德州市	50	75	广安市	50	75
辽阳市	25	50	聊城市	100	75	达州市	75	75
盘锦市	50	25	滨州市	75	100	雅安市	25	25
铁岭市	50	75	菏泽市	50	25	巴中市	100	75
朝阳市	25	25	郑州市	50	25	资阳市	50	75
葫芦岛市	75	0	开封市	75	50	贵阳市	50	25
长春市	75	50	洛阳市	75	50	六盘水市	50	50
吉林市	75	75	平顶山市	100	100	遵义市	100	75
四平市	25	50	安阳市	50	50	安顺市	50	75
辽源市	0	25	鹤壁市	100	50	毕节市	50	50
通化市	50	25	新乡市	50	75	铜仁市	50	0
白山市	25	50	焦作市	25	25	昆明市	50	25
松原市	50	25	濮阳市	100	100	曲靖市	75	75
白城市	50	50	许昌市	50	50	玉溪市	100	100
哈尔滨市	75	25	漯河市	50	0	保山市	75	25
齐齐哈尔市	50	50	三门峡市	25	50	昭通市	50	75
鸡西市	100	50	南阳市	50	25	丽江市	100	75

续表

城市	得分变量		城市	得分变量		城市	得分变量	
	Wa-P$_1$	Wa-P$_2$		Wa-P$_1$	Wa-P$_2$		Wa-P$_1$	Wa-P$_2$
鹤岗市	100	50	商丘市	100	50	普洱市	50	25
双鸭山市	100	75	信阳市	75	75	临沧市	75	50
大庆市	100	25	周口市	50	75	拉萨市	75	75
伊春市	75	75	驻马店市	100	75	日喀则市	0	0
佳木斯市	75	75	武汉市	100	100	昌都市	75	75
七台河市	50	50	黄石市	25	25	林芝市	50	25
牡丹江市	50	100	十堰市	100	100	山南市	50	25
黑河市	75	100	宜昌市	75	75	那曲市	50	25
绥化市	100	100	襄阳市	50	25	西安市	25	25
上海市	100	50	鄂州市	50	50	铜川市	75	25
南京市	75	25	荆门市	100	50	宝鸡市	50	50
无锡市	50	50	孝感市	50	50	咸阳市	50	25
徐州市	100	100	荆州市	100	100	渭南市	75	50
常州市	75	25	黄冈市	75	50	延安市	50	25
苏州市	75	75	咸宁市	50	50	汉中市	100	75
南通市	50	50	随州市	50	25	榆林市	50	75
连云港市	50	75	长沙市	75	100	安康市	50	25
淮安市	50	25	株洲市	50	0	商洛市	50	50
盐城市	100	75	湘潭市	25	25	兰州市	75	50
扬州市	100	100	衡阳市	75	75	嘉峪关市	50	50
镇江市	50	0	邵阳市	25	25	金昌市	75	25
泰州市	50	75	岳阳市	75	75	白银市	50	25
宿迁市	100	50	常德市	50	25	天水市	25	25
杭州市	100	100	张家界市	25	0	武威市	100	75
宁波市	50	100	益阳市	75	25	张掖市	50	50
温州市	50	50	郴州市	50	75	平凉市	50	50
嘉兴市	50	75	永州市	50	50	酒泉市	50	50
湖州市	75	75	怀化市	50	50	庆阳市	75	25
绍兴市	50	50	娄底市	50	50	定西市	25	50
金华市	25	25	广州市	75	75	陇南市	50	0
衢州市	50	50	韶关市	50	75	西宁市	50	50
舟山市	50	25	深圳市	75	25	海东市	50	75
台州市	100	25	珠海市	75	25	银川市	50	25
丽水市	75	50	汕头市	100	75	石嘴山市	50	25

续表

城市	得分变量		城市	得分变量		城市	得分变量	
	Wa-P$_1$	Wa-P$_2$		Wa-P$_1$	Wa-P$_2$		Wa-P$_1$	Wa-P$_2$
合肥市	100	50	佛山市	100	100	吴忠市	100	75
芜湖市	75	25	江门市	75	75	固原市	50	50
蚌埠市	75	75	湛江市	100	75	中卫市	50	25
淮南市	75	25	茂名市	100	75	乌鲁木齐市	50	75
马鞍山市	50	75	肇庆市	100	75	克拉玛依市	25	25
淮北市	75	25	惠州市	100	75	吐鲁番市	25	25
铜陵市	50	75	梅州市	75	100	哈密市	25	50

注：对于数据缺失的城市，本表记录为 not available，N/A。

二、水域碳汇维度实施环节实证数据

水域碳汇维度实施环节的得分变量的编码如表 5.44 所示。依据第二章表 2.22 设定的得分规则以及数据来源，样本城市在水域碳汇维度实施环节得分变量的得分数据如表 5.45 所示。

可以看出，样本城市水域碳汇维度实施环节中，在"相关规章制度的完善程度"和"人力资源保障程度"两个方面表现较好，较多城市取得满分。这表明各样本城市已经较为重视规章制度的建立，并提供了一定的人力资源支持，为水域碳汇工作的开展奠定了基础。但是在"专项资金设置"这一得分变量存在明显的两极分化状态，有 101 个城市获得了满分，但同时也有 61 个城市得分为 0 分，导致该得分变量整体表现不够理想，部分样本城市应该增加专项资金的设置，以此来提升对区域范围内水域固碳能力的保障力度。技术条件保障也是水域碳汇工作的重要支撑，各样本城市有必要加大对这方面的投入。

表 5.44　水域碳汇维度实施环节指标的得分变量编码

环节	指标	得分变量	编码
实施（Wa-I）	提升水域固碳能力的保障力度	相关规章制度的完善程度	Wa-I$_1$
		专项资金设置	Wa-I$_2$
		人力资源保障程度	Wa-I$_3$
		技术条件保障程度	Wa-I$_4$

表 5.45　各样本城市在水域碳汇维度实施环节得分变量值

城市	得分变量				城市	得分变量			
	Wa-I$_1$	Wa-I$_2$	Wa-I$_3$	Wa-I$_4$		Wa-I$_1$	Wa-I$_2$	Wa-I$_3$	Wa-I$_4$
北京市	100	70	100	75	鹤壁市	80	30	75	50
天津市	100	70	75	50	新乡市	100	0	75	75

续表

城市	得分变量				城市	得分变量			
	Wa-I$_1$	Wa-I$_2$	Wa-I$_3$	Wa-I$_4$		Wa-I$_1$	Wa-I$_2$	Wa-I$_3$	Wa-I$_4$
石家庄市	100	40	75	50	焦作市	80	100	75	50
唐山市	80	60	50	25	濮阳市	80	0	75	0
秦皇岛市	80	30	75	50	许昌市	100	0	75	50
邯郸市	60	60	75	25	漯河市	100	30	75	75
邢台市	100	40	75	25	三门峡市	100	40	50	50
保定市	60	40	50	50	南阳市	100	70	100	75
张家口市	100	100	75	50	商丘市	60	100	100	75
承德市	40	0	75	25	信阳市	40	0	50	0
沧州市	20	60	75	25	周口市	100	100	100	75
廊坊市	0	0	25	50	驻马店市	80	100	75	50
衡水市	100	100	100	75	武汉市	100	100	100	100
太原市	100	60	100	50	黄石市	100	100	100	100
大同市	100	100	75	50	十堰市	60	30	100	0
阳泉市	40	0	100	50	宜昌市	0	0	25	0
长治市	80	60	75	25	襄阳市	60	30	100	0
晋城市	100	70	50	50	鄂州市	100	100	100	75
朔州市	20	0	50	0	荆门市	100	100	100	75
晋中市	80	100	50	75	孝感市	60	70	50	50
运城市	60	30	50	0	荆州市	100	100	75	50
忻州市	60	100	100	75	黄冈市	100	100	100	50
临汾市	100	30	50	25	咸宁市	40	0	50	75
吕梁市	100	0	75	75	随州市	80	40	25	25
呼和浩特市	100	100	100	75	长沙市	100	100	100	50
包头市	100	70	100	50	株洲市	40	0	75	25
乌海市	100	70	50	50	湘潭市	100	70	100	75
赤峰市	60	70	75	50	衡阳市	100	70	75	25
通辽市	100	70	100	75	邵阳市	100	70	100	75
鄂尔多斯市	100	100	75	50	岳阳市	100	40	100	75
呼伦贝尔市	60	30	25	50	常德市	100	70	100	75
巴彦淖尔市	60	0	25	25	张家界市	40	0	75	0
乌兰察布市	80	100	75	50	益阳市	100	100	100	75
沈阳市	100	100	100	75	郴州市	100	100	75	50
大连市	100	60	50	25	永州市	60	70	50	25
鞍山市	20	60	50	25	怀化市	100	70	100	75

续表

城市	得分变量				城市	得分变量			
	$Wa\text{-}I_1$	$Wa\text{-}I_2$	$Wa\text{-}I_3$	$Wa\text{-}I_4$		$Wa\text{-}I_1$	$Wa\text{-}I_2$	$Wa\text{-}I_3$	$Wa\text{-}I_4$
抚顺市	100	60	75	75	娄底市	100	100	75	50
本溪市	60	70	50	25	广州市	100	30	100	100
丹东市	20	100	75	25	韶关市	20	30	25	0
锦州市	60	70	50	50	深圳市	100	0	75	100
营口市	20	0	25	25	珠海市	80	30	75	75
阜新市	0	0	0	0	汕头市	100	70	75	25
辽阳市	20	100	50	25	佛山市	20	70	25	25
盘锦市	100	70	100	75	江门市	80	0	100	100
铁岭市	0	70	75	25	湛江市	40	0	25	25
朝阳市	60	100	50	50	茂名市	60	40	50	0
葫芦岛市	60	60	75	75	肇庆市	100	40	50	50
长春市	100	100	75	75	惠州市	80	70	75	50
吉林市	80	40	75	75	梅州市	80	100	75	50
四平市	80	100	100	50	汕尾市	100	100	100	75
辽源市	100	100	75	100	河源市	40	100	75	0
通化市	60	70	25	75	阳江市	40	70	50	25
白山市	60	40	75	75	清远市	40	100	75	25
松原市	20	30	50	25	东莞市	40	70	75	50
白城市	80	0	50	75	中山市	40	0	100	50
哈尔滨市	100	100	100	75	潮州市	40	0	50	25
齐齐哈尔市	40	100	50	25	揭阳市	40	30	100	50
鸡西市	80	100	75	25	云浮市	60	100	100	0
鹤岗市	80	60	75	25	南宁市	80	0	75	25
双鸭山市	0	70	50	0	柳州市	80	100	75	50
大庆市	40	70	100	75	桂林市	100	30	75	75
伊春市	80	100	75	25	梧州市	0	30	75	50
佳木斯市	100	70	75	75	北海市	40	0	25	0
七台河市	60	70	75	75	防城港市	60	40	25	0
牡丹江市	60	100	75	50	钦州市	0	70	0	0
黑河市	40	70	100	75	贵港市	40	70	25	25
绥化市	0	0	0	0	玉林市	40	0	0	0
上海市	100	70	100	100	百色市	0	0	25	0
南京市	100	100	100	75	贺州市	40	0	50	25
无锡市	80	0	100	50	河池市	40	0	25	25

续表

城市	得分变量				城市	得分变量			
	Wa-I_1	Wa-I_2	Wa-I_3	Wa-I_4		Wa-I_1	Wa-I_2	Wa-I_3	Wa-I_4
徐州市	0	40	50	50	来宾市	40	0	0	0
常州市	20	0	25	0	崇左市	60	0	75	0
苏州市	80	0	100	75	海口市	60	0	75	50
南通市	20	0	0	25	三亚市	60	40	100	50
连云港市	60	40	0	0	三沙市	N/A	N/A	N/A	N/A
淮安市	80	0	50	50	儋州市	60	100	100	50
盐城市	100	60	75	75	重庆市	80	60	100	75
扬州市	100	70	75	100	成都市	100	30	50	50
镇江市	100	0	100	50	自贡市	100	30	50	50
泰州市	60	40	75	100	攀枝花市	100	100	75	75
宿迁市	100	100	75	100	泸州市	80	60	75	75
杭州市	100	100	100	75	德阳市	100	100	100	75
宁波市	100	70	100	75	绵阳市	80	70	75	50
温州市	80	30	100	75	广元市	100	100	75	75
嘉兴市	40	40	75	25	遂宁市	80	60	75	25
湖州市	100	100	100	100	内江市	100	100	75	75
绍兴市	60	60	100	75	乐山市	80	100	100	50
金华市	100	70	75	75	南充市	20	0	75	25
衢州市	80	40	75	50	眉山市	100	30	50	75
舟山市	100	30	75	50	宜宾市	0	40	25	25
台州市	100	70	50	100	广安市	100	100	75	25
丽水市	80	70	75	25	达州市	80	0	50	25
合肥市	80	40	100	75	雅安市	20	0	25	75
芜湖市	100	30	100	100	巴中市	80	70	100	75
蚌埠市	100	100	100	75	资阳市	0	0	0	0
淮南市	100	100	100	75	贵阳市	100	100	100	75
马鞍山市	40	100	100	25	六盘水市	20	30	50	50
淮北市	60	60	50	25	遵义市	60	0	75	50
铜陵市	60	30	75	75	安顺市	100	60	75	75
安庆市	100	100	100	50	毕节市	100	100	100	75
黄山市	100	30	100	75	铜仁市	80	100	75	50
滁州市	100	100	75	25	昆明市	100	100	100	75
阜阳市	100	60	100	100	曲靖市	20	30	50	0
宿州市	100	100	75	75	玉溪市	100	100	100	75

续表

城市	得分变量				城市	得分变量			
	Wa-I$_1$	Wa-I$_2$	Wa-I$_3$	Wa-I$_4$		Wa-I$_1$	Wa-I$_2$	Wa-I$_3$	Wa-I$_4$
六安市	100	100	75	50	保山市	100	100	100	75
亳州市	100	30	100	0	昭通市	100	100	100	50
池州市	100	100	100	50	丽江市	100	100	100	100
宣城市	100	100	75	75	普洱市	0	0	0	0
福州市	60	30	75	25	临沧市	100	100	100	75
厦门市	100	100	75	50	拉萨市	100	100	75	50
莆田市	20	0	75	25	日喀则市	100	70	75	100
三明市	40	0	50	0	昌都市	100	70	75	50
泉州市	80	100	100	50	林芝市	20	0	75	25
漳州市	0	0	0	0	山南市	100	40	50	25
南平市	0	0	0	0	那曲市	0	0	25	25
龙岩市	80	100	75	50	西安市	100	100	100	100
宁德市	0	0	25	0	铜川市	100	70	100	75
南昌市	80	100	100	75	宝鸡市	100	70	100	100
景德镇市	0	0	25	0	咸阳市	60	100	100	100
萍乡市	0	0	25	25	渭南市	100	60	100	100
九江市	100	100	100	75	延安市	100	60	75	75
新余市	60	100	100	75	汉中市	100	100	100	100
鹰潭市	100	100	100	50	榆林市	100	70	100	75
赣州市	100	70	75	25	安康市	100	100	75	50
吉安市	100	100	75	75	商洛市	40	40	50	0
宜春市	100	70	100	100	兰州市	100	60	100	50
抚州市	100	100	100	75	嘉峪关市	100	100		75
上饶市	20	60	75	75	金昌市	80	100	100	100
济南市	80	30	100	100	白银市	100	100	100	100
青岛市	100	100	100	75	天水市	80	70	100	75
淄博市	0	0	50	50	武威市	100	60	100	50
枣庄市	100	60	75	75	张掖市	60	0	100	25
东营市	100	0	75	50	平凉市	40	100	50	25
烟台市	100	40	75	50	酒泉市	80	100	100	25
潍坊市	100	100	75	100	庆阳市	100	40	100	25
济宁市	100	100	75	50	定西市	60	100	75	75
泰安市	100	100	100	100	陇南市	40	40	50	0
威海市	100	30	100	100	西宁市	100	100	75	50

城市	得分变量				城市	得分变量			
	Wa-I$_1$	Wa-I$_2$	Wa-I$_3$	Wa-I$_4$		Wa-I$_1$	Wa-I$_2$	Wa-I$_3$	Wa-I$_4$
日照市	100	100	75	50	海东市	0	0	50	50
临沂市	100	100	75	100	银川市	100	100	75	100
德州市	100	70	50	75	石嘴山市	100	30	100	75
聊城市	60	0	75	25	吴忠市	100	100	75	50
滨州市	100	0	0	25	固原市	100	100	100	100
菏泽市	100	100	100	50	中卫市	100	70	75	50
郑州市	60	100	100	75	乌鲁木齐市	60	60	100	75
开封市	60	40	50	50	克拉玛依市	80	40	75	75
洛阳市	80	60	75	50	吐鲁番市	60	40	75	75
平顶山市	40	0	25	25	哈密市	0	0	25	25
安阳市	100	40	100	75	/	/	/	/	/

注：对于数据缺失的城市，本表记录为 not available，N/A。

三、水域碳汇维度检查环节实证数据

水域碳汇维度检查环节的得分变量的编码如表 5.46 所示。依据第二章表 2.23 设定的得分规则以及数据来源，样本城市在水域碳汇维度检查环节得分变量的得分数据如表 5.47 所示。

可以看出，样本城市在检查环节的"相关规章制度的完善程度"上表现较好，但在"专项资金保障程度""人力资源保障程度""技术条件保障程度"方面则显得比较薄弱，仍有较多城市未对检查环节提供资金、人力以及技术支持。这表明各样本城市检查水域固碳实施措施时，相关保障措施尚待进一步强化和完善。

表 5.46　水域碳汇维度检查环节指标的得分变量编码

环节	指标	得分变量	编码
检查（Wa-C）	检查水域固碳能力提升的具体内容	相关规章制度的完善程度	Wa-C$_1$
		专项资金保障程度	Wa-C$_2$
		人力资源保障程度	Wa-C$_3$
		技术条件保障程度	Wa-C$_4$

表 5.47　各样本城市在水域碳汇维度检查环节得分变量值

城市	得分变量				城市	得分变量			
	Wa-C$_1$	Wa-C$_2$	Wa-C$_3$	Wa-C$_4$		Wa-C$_1$	Wa-C$_2$	Wa-C$_3$	Wa-C$_4$
北京市	100	100	70	75	鹤壁市	100	60	100	75
天津市	80	40	70	75	新乡市	80	100	100	100

续表

城市	得分变量				城市	得分变量			
	Wa-C$_1$	Wa-C$_2$	Wa-C$_3$	Wa-C$_4$		Wa-C$_1$	Wa-C$_2$	Wa-C$_3$	Wa-C$_4$
石家庄市	100	70	40	25	焦作市	80	100	70	100
唐山市	40	30	30	0	濮阳市	40	0	30	25
秦皇岛市	80	0	70	50	许昌市	60	0	70	50
邯郸市	80	60	70	75	漯河市	100	60	70	50
邢台市	100	60	40	25	三门峡市	80	100	70	100
保定市	80	70	0	25	南阳市	100	60	70	75
张家口市	100	100	100	100	商丘市	60	0	100	100
承德市	60	70	40	75	信阳市	60	0	40	0
沧州市	80	30	70	25	周口市	100	100	70	75
廊坊市	20	0	0	0	驻马店市	80	30	70	50
衡水市	100	100	100	100	武汉市	80	100	70	100
太原市	80	100	70	75	黄石市	80	100	70	75
大同市	80	100	40	50	十堰市	60	70	70	0
阳泉市	0	30	30	25	宜昌市	40	30	0	25
长治市	80	0	70	50	襄阳市	60	70	70	0
晋城市	80	0	30	75	鄂州市	100	100	100	100
朔州市	0	0	0	0	荆门市	100	100	70	75
晋中市	40	60	40	50	孝感市	100	70	0	75
运城市	20	0	0	0	荆州市	100	100	70	75
忻州市	80	30	100	100	黄冈市	100	60	70	75
临汾市	40	0	0	25	咸宁市	60	60	70	100
吕梁市	80	60	70	75	随州市	40	0	0	0
呼和浩特市	100	100	70	75	长沙市	100	70	70	75
包头市	100	100	100	100	株洲市	40	60	40	0
乌海市	80	100	40	75	湘潭市	80	100	100	75
赤峰市	100	100	40	75	衡阳市	100	70	40	50
通辽市	100	100	70	100	邵阳市	100	60	100	75
鄂尔多斯市	80	100	40	75	岳阳市	60	100	40	50
呼伦贝尔市	20	0	40	50	常德市	100	40	40	75
巴彦淖尔市	0	0	40	25	张家界市	20	0	40	0
乌兰察布市	100	40	40	25	益阳市	60	100	100	75
沈阳市	80	100	100	75	郴州市	100	40	100	75
大连市	20	0	0	25	永州市	40	70	70	25
鞍山市	0	30	0	0	怀化市	100	70	70	50

城市	得分变量				城市	得分变量			
	Wa-C$_1$	Wa-C$_2$	Wa-C$_3$	Wa-C$_4$		Wa-C$_1$	Wa-C$_2$	Wa-C$_3$	Wa-C$_4$
抚顺市	80	100	60	75	娄底市	80	30	70	25
本溪市	40	100	40	75	广州市	100	30	40	25
丹东市	40	30	30	25	韶关市	60	100	40	75
锦州市	80	30	40	0	深圳市	80	30	70	75
营口市	20	0	0	0	珠海市	80	0	40	50
阜新市	0	70	40	25	汕头市	40	100	0	75
辽阳市	40	0	30	0	佛山市	80	70	70	50
盘锦市	80	100	70	100	江门市	80	0	100	25
铁岭市	60	30	30	100	湛江市	20	0	30	25
朝阳市	0	100	40	75	茂名市	60	0	40	0
葫芦岛市	60	30	40	75	肇庆市	80	100	0	25
长春市	40	60	70	75	惠州市	60	0	70	0
吉林市	100	30	40	100	梅州市	80	100	40	25
四平市	100	60	40	75	汕尾市	80	100	100	50
辽源市	100	100	100	100	河源市	60	60	0	0
通化市	80	100	40	75	阳江市	40	40	30	0
白山市	100	100	100	75	清远市	20	0	30	0
松原市	100	60	40	50	东莞市	20	40	40	25
白城市	80	30	40	100	中山市	60	0	70	50
哈尔滨市	100	30	70	50	潮州市	40	0	40	25
齐齐哈尔市	40	0	30	25	揭阳市	80	0	40	0
鸡西市	60	40	0	0	云浮市	80	60	100	75
鹤岗市	60	0	70	75	南宁市	80	0	30	25
双鸭山市	0	30	0	0	柳州市	80	30	70	75
大庆市	40	30	70	75	桂林市	80	60	70	75
伊春市	40	30	70	25	梧州市	80	0	70	50
佳木斯市	100	30	70	100	北海市	80	60	0	0
七台河市	60	30	70	100	防城港市	40	0	40	0
牡丹江市	60	100	70	25	钦州市	40	0	0	0
黑河市	80	100	40	100	贵港市	60	70	0	0
绥化市	0	0	0	0	玉林市	60	0	0	0
上海市	100	40	100	100	百色市	40	0	0	0
南京市	100	60	70	75	贺州市	80	0	0	25
无锡市	60	30	70	50	河池市	40	0	0	25

城市	得分变量				城市	得分变量			
	Wa-C$_1$	Wa-C$_2$	Wa-C$_3$	Wa-C$_4$		Wa-C$_1$	Wa-C$_2$	Wa-C$_3$	Wa-C$_4$
徐州市	20	30	40	50	来宾市	100	0	0	25
常州市	20	0	40	0	崇左市	60	0	40	0
苏州市	80	30	100	75	海口市	40	0	40	25
南通市	40	0	0	0	三亚市	60	70	70	75
连云港市	40	100	0	25	三沙市	N/A	N/A	N/A	N/A
淮安市	0	0	0	0	儋州市	40	0	0	25
盐城市	80	0	70	100	重庆市	60	60	40	50
扬州市	80	0	40	75	成都市	80	0	70	50
镇江市	100	60	70	75	自贡市	80	30	70	50
泰州市	100	40	100	75	攀枝花市	100	100	70	75
宿迁市	100	60	70	75	泸州市	80	70	70	50
杭州市	100	70	40	100	德阳市	80	70	70	75
宁波市	100	60	70	75	绵阳市	80	100	70	75
温州市	100	0	70	100	广元市	80	100	70	75
嘉兴市	100	70	40	25	遂宁市	60	0	40	25
湖州市	100	100	70	100	内江市	100	100	70	75
绍兴市	80	60	70	100	乐山市	100	0	40	25
金华市	100	70	70	100	南充市	40	0	70	25
衢州市	100	100	100	75	眉山市	80	0	40	50
舟山市	80	100	40	100	宜宾市	40	0	0	25
台州市	100	40	40	100	广安市	40	40	40	50
丽水市	100	30	100	25	达州市	60	0	40	25
合肥市	60	30	100	25	雅安市	80	0	70	25
芜湖市	100	70	100	100	巴中市	60	0	70	50
蚌埠市	80	70	100	75	资阳市	0	0	0	0
淮南市	100	100	70	100	贵阳市	100	100	70	100
马鞍山市	80	100	70	50	六盘水市	0	0	40	25
淮北市	40	0	0	25	遵义市	80	60	70	75
铜陵市	60	0	0	75	安顺市	100	60	70	75
安庆市	80	100	70	25	毕节市	80	30	100	75
黄山市	80	60	40	25	铜仁市	100	30	70	75
滁州市	60	60	70	25	昆明市	100	100	100	100
阜阳市	100	100	100	100	曲靖市	60	0	40	25
宿州市	80	100	70	100	玉溪市	100	100	100	100

续表

城市	得分变量				城市	得分变量			
	Wa-C$_1$	Wa-C$_2$	Wa-C$_3$	Wa-C$_4$		Wa-C$_1$	Wa-C$_2$	Wa-C$_3$	Wa-C$_4$
六安市	100	100	100	75	保山市	100	100	100	100
亳州市	80	0	40	25	昭通市	100	100	100	75
池州市	80	30	70	75	丽江市	100	100	100	100
宣城市	80	0	40	100	普洱市	0	0	0	0
福州市	100	0	70	0	临沧市	80	100	70	100
厦门市	100	100	100	75	拉萨市	100	100	40	100
莆田市	40	0	0	0	日喀则市	100	30	70	75
三明市	60	0	0	0	昌都市	100	100	70	75
泉州市	80	100	40	75	林芝市	40	100	100	75
漳州市	0	0	0	0	山南市	80	0	0	25
南平市	0	0	0	0	那曲市	0	60	0	50
龙岩市	40	0	70	50	西安市	100	100	100	75
宁德市	0	0	0	0	铜川市	100	100	100	100
南昌市	100	70	100	75	宝鸡市	100	100	70	75
景德镇市	0	0	0	0	咸阳市	100	60	100	25
萍乡市	80	30	0	25	渭南市	100	100	70	100
九江市	80	100	40	75	延安市	80	100	70	50
新余市	60	70	40	50	汉中市	100	70	100	75
鹰潭市	100	100	100	100	榆林市	80	0	70	50
赣州市	100	100	70	75	安康市	100	100	70	100
吉安市	100	100	70	100	商洛市	60	40	40	0
宜春市	100	100	100	100	兰州市	80	100	70	100
抚州市	100	100	100	100	嘉峪关市	100	60	100	100
上饶市	60	60	60	50	金昌市	60	70	40	100
济南市	100	100	70	100	白银市	100	100	70	75
青岛市	100	100	40	75	天水市	100	70	70	75
淄博市	60	60	70	50	武威市	100	60	100	50
枣庄市	100	60	40	100	张掖市	100	30	70	75
东营市	60	60	70	50	平凉市	80	100	30	50
烟台市	100	100	70	100	酒泉市	40	30	100	25
潍坊市	100	100	70	75	庆阳市	100	30	40	75
济宁市	100	100	100	75	定西市	80	100	0	75
泰安市	100	100	70	75	陇南市	20	0	0	25
威海市	100	100	100	100	西宁市	100	40	40	100

续表

城市	得分变量				城市	得分变量			
	Wa-C$_1$	Wa-C$_2$	Wa-C$_3$	Wa-C$_4$		Wa-C$_1$	Wa-C$_2$	Wa-C$_3$	Wa-C$_4$
日照市	20	0	30	25	海东市	40	0	0	75
临沂市	80	60	40	100	银川市	100	70	70	100
德州市	80	70	0	50	石嘴山市	100	60	70	100
聊城市	0	0	30	25	吴忠市	80	100	70	75
滨州市	40	0	0	25	固原市	80	100	100	100
菏泽市	40	70	30	25	中卫市	100	70	40	75
郑州市	100	0	40	50	乌鲁木齐市	40	70	70	75
开封市	40	70	100	25	克拉玛依市	100	70	40	75
洛阳市	40	0	30	50	吐鲁番市	80	100	100	75
平顶山市	0	30	30	0	哈密市	40	30	0	25
安阳市	100	30	70	50	/	/	/	/	/

注：对于数据缺失的城市，本表记录为 not available，N/A。

四、水域碳汇维度结果环节实证数据

水域碳汇维度结果环节的得分变量的编码如表 5.48 所示。依据第三章中定量得分变量的计算方法，结合第二章表 2.24 中的数据来源，样本城市在水域碳汇维度结果环节得分变量的得分数据如表 5.49 所示。

可以看出，样本城市在"水域固碳量"和"人均水域拥有量"两个得分变量上得分均较低。其中，仅 5 个城市在"水域固碳量"这一得分变量中获得满分，分别为日喀则市、昌都市、山南市、林芝市以及那曲市，而在"人均水域拥有量"得分变量中获得满分的城市仅有 1 个，为那曲市。各样本城市需要继续加大水域保护力度，以进一步提升水域的碳汇效应。

表 5.48　水域碳汇维度结果环节指标的得分变量编码

环节	指标	得分变量	编码
结果（Wa-O）	水域固碳能力	水域固碳量（万吨）	Wa-O$_1$
		人均水域拥有量（平方米）	Wa-O$_2$

表 5.49　各样本城市在水域碳汇维度结果环节得分变量值

城市	得分变量		城市	得分变量		城市	得分变量	
	Wa-O$_1$	Wa-O$_2$		Wa-O$_1$	Wa-O$_2$		Wa-O$_1$	Wa-O$_2$
北京市	20.58	56.95	安庆市	69.86	72.64	汕尾市	56.46	46.44
天津市	43.02	77.71	黄山市	43.56	33.42	河源市	55.11	54.52
石家庄市	24.97	43.84	滁州市	66.60	63.84	阳江市	42.84	41.83

续表

城市	得分变量		城市	得分变量		城市	得分变量	
	Wa-O$_1$	Wa-O$_2$		Wa-O$_1$	Wa-O$_2$		Wa-O$_1$	Wa-O$_2$
唐山市	57.10	73.10	阜阳市	46.37	48.07	清远市	46.45	48.61
秦皇岛市	39.11	44.20	宿州市	33.06	27.97	东莞市	20.48	48.62
邯郸市	24.13	31.90	六安市	56.84	60.06	中山市	33.61	47.96
邢台市	23.12	23.99	亳州市	34.36	29.45	潮州市	38.91	40.09
保定市	34.24	43.84	池州市	61.79	55.89	揭阳市	36.21	37.01
张家口市	44.47	48.93	宣城市	64.72	54.20	云浮市	45.45	34.31
承德市	47.02	42.59	福州市	34.41	52.31	南宁市	32.69	53.62
沧州市	61.55	65.65	厦门市	10.34	25.94	柳州市	35.21	46.10
廊坊市	36.86	33.00	莆田市	32.46	37.49	桂林市	36.98	41.66
衡水市	33.19	31.74	三明市	49.87	40.79	梧州市	49.23	47.01
太原市	17.73	33.90	泉州市	35.77	41.22	北海市	45.72	43.34
大同市	25.30	31.98	漳州市	48.61	49.20	防城港市	46.52	35.42
阳泉市	14.25	2.15	南平市	51.10	45.35	钦州市	45.60	40.39
长治市	32.05	33.01	龙岩市	34.56	31.63	贵港市	48.00	47.51
晋城市	25.80	18.46	宁德市	55.54	48.68	玉林市	36.19	33.54
朔州市	36.98	27.08	南昌市	47.10	66.95	百色市	55.02	51.17
晋中市	31.93	29.36	景德镇市	35.88	29.14	贺州市	48.24	37.94
运城市	52.08	51.35	萍乡市	16.00	6.78	河池市	55.28	50.44
忻州市	49.86	41.01	九江市	68.30	75.15	来宾市	48.66	40.69
临汾市	32.69	28.08	新余市	37.23	33.88	崇左市	55.36	40.77
吕梁市	50.31	40.25	鹰潭市	41.75	31.51	海口市	19.77	27.59
呼和浩特市	27.36	37.67	赣州市	41.21	50.35	三亚市	24.95	19.29
包头市	45.97	58.05	吉安市	61.02	56.86	三沙市	N/A	N/A
乌海市	41.47	35.26	宜春市	53.57	53.62	儋州市	44.34	30.63
赤峰市	56.22	62.15	抚州市	49.16	50.22	重庆市	33.64	71.69
通辽市	63.04	59.16	上饶市	56.35	64.51	成都市	15.27	46.74
鄂尔多斯市	61.65	63.21	济南市	25.44	48.18	自贡市	36.04	34.02
呼伦贝尔市	92.14	94.36	青岛市	29.58	53.49	攀枝花市	41.14	38.40
巴彦淖尔市	68.02	64.10	淄博市	21.98	32.08	泸州市	40.63	43.08
乌兰察布市	65.60	60.50	枣庄市	30.63	31.93	德阳市	31.26	26.31
沈阳市	30.74	57.05	东营市	68.48	75.87	绵阳市	43.67	51.07
大连市	47.05	72.76	烟台市	44.78	57.37	广元市	53.98	49.40
鞍山市	32.65	38.42	潍坊市	56.31	70.32	遂宁市	40.61	39.25
抚顺市	42.45	47.80	济宁市	60.25	70.35	内江市	39.83	34.28

续表

城市	得分变量		城市	得分变量		城市	得分变量	
	Wa-O$_1$	Wa-O$_2$		Wa-O$_1$	Wa-O$_2$		Wa-O$_1$	Wa-O$_2$
本溪市	47.76	48.18	泰安市	47.47	53.34	乐山市	50.96	50.89
丹东市	54.08	54.35	威海市	51.23	50.56	南充市	45.62	51.48
锦州市	51.21	56.10	日照市	42.54	43.31	眉山市	45.38	43.62
营口市	50.97	55.02	临沂市	41.02	55.53	宜宾市	43.62	47.72
阜新市	34.23	30.54	德州市	42.49	39.79	广安市	44.82	36.00
辽阳市	40.88	39.44	聊城市	29.67	30.96	达州市	42.08	44.43
盘锦市	50.78	54.60	滨州市	68.67	73.11	雅安市	63.30	54.13
铁岭市	59.42	47.54	菏泽市	42.18	42.28	巴中市	39.40	31.65
朝阳市	44.51	40.67	郑州市	22.39	43.22	资阳市	41.71	32.51
葫芦岛市	47.64	45.71	开封市	28.07	29.16	贵阳市	23.71	40.40
长春市	45.90	65.81	洛阳市	37.49	48.43	六盘水市	30.33	26.02
吉林市	56.03	65.18	平顶山市	43.72	46.69	遵义市	31.34	36.92
四平市	55.34	51.20	安阳市	22.85	21.43	安顺市	37.10	30.55
辽源市	46.67	38.46	鹤壁市	15.91	4.46	毕节市	43.96	40.56
通化市	52.44	44.81	新乡市	36.55	39.33	铜仁市	46.33	38.42
白山市	56.80	48.73	焦作市	27.28	23.58	昆明市	35.59	59.21
松原市	75.52	75.45	濮阳市	37.47	33.38	曲靖市	34.00	34.69
白城市	83.98	76.90	许昌市	17.45	12.47	玉溪市	58.40	55.75
哈尔滨市	51.85	79.29	漯河市	16.35	8.13	保山市	47.20	36.89
齐齐哈尔市	62.01	71.53	三门峡市	44.03	34.43	昭通市	54.17	46.49
鸡西市	75.42	79.01	南阳市	60.23	64.67	丽江市	65.26	53.62
鹤岗市	60.66	58.22	商丘市	30.89	27.68	普洱市	60.77	51.04
双鸭山市	60.52	53.70	信阳市	55.93	60.02	临沧市	56.93	41.34
大庆市	71.42	83.62	周口市	30.19	26.80	拉萨市	69.40	69.95
伊春市	64.79	56.21	驻马店市	53.32	48.75	日喀则市	100	91.83
佳木斯市	71.21	74.88	武汉市	40.04	72.85	昌都市	100	82.29
七台河市	44.20	35.56	黄石市	57.58	58.35	林芝市	100	93.69
牡丹江市	59.65	62.01	十堰市	56.00	62.78	山南市	100	85.82
黑河市	79.35	66.90	宜昌市	55.01	63.17	那曲市	100	100
绥化市	80.73	76.38	襄阳市	49.32	58.66	西安市	10.54	36.20
上海市	34.21	74.97	鄂州市	59.02	54.77	铜川市	17.41	0
南京市	32.91	61.18	荆门市	61.17	60.89	宝鸡市	42.92	43.77
无锡市	48.62	69.65	孝感市	55.98	56.89	咸阳市	23.72	26.60
徐州市	41.20	53.33	荆州市	70.68	76.95	渭南市	49.22	44.19

城市	得分变量		城市	得分变量		城市	得分变量	
	Wa-O$_1$	Wa-O$_2$		Wa-O$_1$	Wa-O$_2$		Wa-O$_1$	Wa-O$_2$
常州市	41.92	59.61	黄冈市	71.95	65.95	延安市	40.12	32.09
苏州市	60.44	85.44	咸宁市	63.47	60.22	汉中市	42.12	36.45
南通市	52.83	63.95	随州市	50.31	44.05	榆林市	48.92	50.62
连云港市	56.29	62.35	长沙市	24.20	45.92	安康市	52.16	41.79
淮安市	65.44	76.66	株洲市	37.03	42.36	商洛市	51.94	33.34
盐城市	58.72	69.02	湘潭市	41.03	39.14	兰州市	20.20	32.41
扬州市	56.60	67.87	衡阳市	46.66	50.73	嘉峪关市	30.69	14.69
镇江市	51.62	53.40	邵阳市	43.04	39.93	金昌市	30.74	12.00
泰州市	50.61	54.86	岳阳市	62.04	69.89	白银市	44.40	36.57
宿迁市	68.08	73.82	常德市	61.37	66.78	天水市	29.01	23.45
杭州市	36.55	66.91	张家界市	47.68	37.69	武威市	45.43	36.54
宁波市	43.68	63.81	益阳市	63.90	62.39	张掖市	68.88	59.68
温州市	38.66	52.22	郴州市	47.14	47.52	平凉市	17.78	0.41
嘉兴市	64.63	72.00	永州市	49.49	46.66	酒泉市	81.41	76.84
湖州市	48.94	49.25	怀化市	58.22	57.33	庆阳市	24.17	7.62
绍兴市	40.48	53.17	娄底市	38.12	31.96	定西市	44.13	25.77
金华市	43.43	43.58	广州市	22.95	57.49	陇南市	61.85	46.43
衢州市	45.85	41.06	韶关市	44.00	43.16	西宁市	31.77	38.74
舟山市	43.72	39.97	深圳市	0	31.79	海东市	61.49	46.33
台州市	44.72	51.91	珠海市	38.55	49.07	银川市	35.48	42.40
丽水市	50.36	43.01	汕头市	35.10	48.71	石嘴山市	52.53	44.14
合肥市	50.39	72.54	佛山市	26.44	54.35	吴忠市	44.98	35.26
芜湖市	50.15	58.28	江门市	47.28	57.97	固原市	32.49	14.66
蚌埠市	52.85	52.95	湛江市	50.23	57.48	中卫市	51.43	36.75
淮南市	53.09	59.27	茂名市	39.18	39.90	乌鲁木齐市	44.48	65.22
马鞍山市	51.43	54.22	肇庆市	51.76	54.20	克拉玛依市	59.87	55.91
淮北市	32.13	30.09	惠州市	35.38	49.75	吐鲁番市	77.61	59.49
铜陵市	59.74	58.75	梅州市	39.64	36.34	哈密市	83.14	80.13

注：对于数据缺失的城市，本表记录为 not available，N/A。

五、水域碳汇维度反馈环节实证数据

水域碳汇维度反馈环节的得分变量的编码如表 5.50 所示。依据第二章表 2.25 设定的得分规则以及数据来源，样本城市在水域碳汇维度反馈环节得分变量的得分数据如表 5.51 所示。

可以看出，样本城市在反馈环节中"对影响水域固碳能力的主体给予奖惩措施"这一得分变量上的得分相对较低，在"改进水域固碳能力的总结与进一步提升方案"这一得分变量上的得分相对较高。这表明各样本城市在总结经验并提出水域碳汇工作的进一步完善方案方面取得了一定进展，但在奖惩机制建设上还存在不足。因此，各样本城市需建立完善的奖惩机制，以更好地调动各方力量参与城市低碳建设。

表 5.50　水域碳汇维度反馈环节指标的得分变量编码

环节	指标	得分变量	编码
反馈（Wa-F）	提升水域固碳能力的措施和方案	对影响水域固碳能力的主体给予奖惩措施	Wa-F$_1$
		改进水域固碳能力的总结与进一步提升方案	Wa-F$_2$

表 5.51　各样本城市在水域碳汇维度反馈环节得分变量值

城市	得分变量		城市	得分变量		城市	得分变量	
	Wa-F$_1$	Wa-F$_2$		Wa-F$_1$	Wa-F$_2$		Wa-F$_1$	Wa-F$_2$
北京市	100	75	安庆市	80	100	汕尾市	60	75
天津市	60	50	黄山市	0	50	河源市	40	75
石家庄市	20	50	滁州市	20	50	阳江市	20	50
唐山市	0	50	阜阳市	80	100	清远市	20	25
秦皇岛市	80	50	宿州市	80	75	东莞市	20	100
邯郸市	40	75	六安市	80	75	中山市	20	100
邢台市	60	100	亳州市	60	75	潮州市	60	25
保定市	0	0	池州市	60	100	揭阳市	60	50
张家口市	80	50	宣城市	100	100	云浮市	60	25
承德市	40	25	福州市	0	25	南宁市	20	50
沧州市	80	75	厦门市	100	100	柳州市	100	75
廊坊市	20	25	莆田市	0	25	桂林市	60	75
衡水市	100	100	三明市	0	50	梧州市	40	25
太原市	60	100	泉州市	80	75	北海市	40	0
大同市	80	50	漳州市	0	0	防城港市	0	25
阳泉市	80	0	南平市	0	0	钦州市	0	0
长治市	80	0	龙岩市	20	25	贵港市	40	25
晋城市	80	75	宁德市	0	0	玉林市	0	0
朔州市	0	25	南昌市	60	25	百色市	0	0
晋中市	40	50	景德镇市	0	0	贺州市	0	25
运城市	40	25	萍乡市	0	0	河池市	40	0
忻州市	80	75	九江市	80	50	来宾市	20	25
临汾市	40	75	新余市	80	75	崇左市	20	25

续表

城市	得分变量		城市	得分变量		城市	得分变量	
	Wa-F_1	Wa-F_2		Wa-F_1	Wa-F_2		Wa-F_1	Wa-F_2
吕梁市	80	50	鹰潭市	100	100	海口市	40	50
呼和浩特市	100	100	赣州市	60	50	三亚市	60	75
包头市	80	75	吉安市	80	100	三沙市	N/A	N/A
乌海市	100	25	宜春市	80	100	儋州市	20	50
赤峰市	40	75	抚州市	100	100	重庆市	20	75
通辽市	80	75	上饶市	20	75	成都市	20	25
鄂尔多斯市	40	100	济南市	100	75	自贡市	100	25
呼伦贝尔市	20	75	青岛市	60	75	攀枝花市	80	100
巴彦淖尔市	60	25	淄博市	80	25	泸州市	80	25
乌兰察布市	20	100	枣庄市	80	75	德阳市	60	100
沈阳市	100	100	东营市	100	100	绵阳市	80	50
大连市	0	50	烟台市	80	50	广元市	80	75
鞍山市	60	25	潍坊市	100	100	遂宁市	100	75
抚顺市	60	75	济宁市	100	100	内江市	100	75
本溪市	100	25	泰安市	80	100	乐山市	40	75
丹东市	60	0	威海市	80	100	南充市	0	0
锦州市	60	50	日照市	60	50	眉山市	40	50
营口市	0	0	临沂市	100	100	宜宾市	0	0
阜新市	0	0	德州市	40	25	广安市	80	75
辽阳市	60	25	聊城市	40	0	达州市	40	0
盘锦市	80	100	滨州市	20	25	雅安市	20	75
铁岭市	80	0	菏泽市	80	50	巴中市	80	75
朝阳市	60	25	郑州市	20	25	资阳市	0	0
葫芦岛市	40	75	开封市	20	75	贵阳市	100	100
长春市	60	25	洛阳市	60	50	六盘水市	20	0
吉林市	20	100	平顶山市	0	50	遵义市	40	25
四平市	80	50	安阳市	60	100	安顺市	0	75
辽源市	80	75	鹤壁市	80	75	毕节市	100	50
通化市	80	50	新乡市	100	50	铜仁市	40	75
白山市	100	50	焦作市	80	100	昆明市	100	75
松原市	40	50	濮阳市	0	100	曲靖市	40	25
白城市	80	75	许昌市	60	50	玉溪市	100	100
哈尔滨市	100	50	漯河市	100	100	保山市	100	100
齐齐哈尔市	40	50	三门峡市	80	100	昭通市	80	50

续表

城市	得分变量		城市	得分变量		城市	得分变量	
	$Wa\text{-}F_1$	$Wa\text{-}F_2$		$Wa\text{-}F_1$	$Wa\text{-}F_2$		$Wa\text{-}F_1$	$Wa\text{-}F_2$
鸡西市	60	25	南阳市	80	50	丽江市	100	100
鹤岗市	20	25	商丘市	20	50	普洱市	0	0
双鸭山市	60	0	信阳市	0	50	临沧市	60	100
大庆市	60	0	周口市	80	100	拉萨市	60	50
伊春市	0	50	驻马店市	60	75	日喀则市	80	100
佳木斯市	100	50	武汉市	100	100	昌都市	40	100
七台河市	100	50	黄石市	60	100	林芝市	20	0
牡丹江市	60	75	十堰市	0	0	山南市	40	25
黑河市	60	50	宜昌市	40	50	那曲市	40	0
绥化市	0	0	襄阳市	0	0	西安市	100	75
上海市	80	100	鄂州市	100	25	铜川市	100	100
南京市	60	100	荆门市	80	75	宝鸡市	40	100
无锡市	40	50	孝感市	80	25	咸阳市	80	50
徐州市	0	50	荆州市	100	75	渭南市	80	75
常州市	0	25	黄冈市	100	100	延安市	100	75
苏州市	40	100	咸宁市	100	25	汉中市	100	100
南通市	0	0	随州市	0	50	榆林市	20	75
连云港市	80	25	长沙市	40	75	安康市	80	75
淮安市	20	25	株洲市	20	50	商洛市	0	50
盐城市	80	100	湘潭市	20	100	兰州市	40	75
扬州市	20	75	衡阳市	40	50	嘉峪关市	60	100
镇江市	80	75	邵阳市	80	75	金昌市	60	50
泰州市	20	50	岳阳市	40	25	白银市	80	100
宿迁市	100	100	常德市	100	100	天水市	40	75
杭州市	100	50	张家界市	40	75	武威市	80	50
宁波市	80	75	益阳市	60	100	张掖市	40	100
温州市	80	75	郴州市	80	50	平凉市	60	75
嘉兴市	20	75	永州市	80	50	酒泉市	40	25
湖州市	100	50	怀化市	40	50	庆阳市	40	50
绍兴市	40	50	娄底市	60	25	定西市	40	75
金华市	100	100	广州市	80	100	陇南市	40	0
衢州市	100	75	韶关市	60	50	西宁市	80	50
舟山市	40	75	深圳市	40	100	海东市	20	0
台州市	40	75	珠海市	0	100	银川市	80	100

续表

城市	得分变量		城市	得分变量		城市	得分变量	
	Wa-F$_1$	Wa-F$_2$		Wa-F$_1$	Wa-F$_2$		Wa-F$_1$	Wa-F$_2$
丽水市	0	75	汕头市	60	50	石嘴山市	100	100
合肥市	40	75	佛山市	40	50	吴忠市	60	75
芜湖市	60	75	江门市	40	25	固原市	60	100
蚌埠市	80	100	湛江市	0	50	中卫市	0	100
淮南市	100	100	茂名市	40	50	乌鲁木齐市	40	50
马鞍山市	0	75	肇庆市	0	50	克拉玛依市	60	0
淮北市	40	50	惠州市	40	50	吐鲁番市	60	25
铜陵市	60	50	梅州市	80	50	哈密市	0	0

注：对于数据缺失的城市，本表记录为 not available，N/A。

第六节　森林碳汇维度诊断指标实证数据

一、森林碳汇维度规划环节实证数据

按照"维度-环节-指标-得分变量"四个层级，对森林碳汇维度规划环节诊断指标的得分变量进行编码，如表5.52所示。依据第二章表2.26中的得分规则与数据来源，得出各样本城市在森林碳汇维度规划环节的得分数据，如表5.53所示。

总体而言，样本城市在"提高森林植被碳储量的目标体系"这一得分变量上的平均得分（41分）显著高于在"保护森林植被碳储量的目标体系"上的平均得分（17分），前者约为后者的2.4倍。这表明我国城市在建设森林碳汇时，相对更重视提高森林覆盖率、蓄积量等方面的工作，在森林灾害防治、控制采伐量等保护现存植被碳储量的工作上有较大提升空间。

表 5.52　森林碳汇维度规划环节指标的得分变量编码

环节	指标	得分变量	编码
规划（Fo-P）	提升森林碳汇水平的规划	保护森林植被碳储量的目标体系	Fo-P$_1$
		提高森林植被碳储量的目标体系	Fo-P$_2$

表 5.53　样本城市在森林碳汇维度规划环节得分变量值

城市	得分变量		城市	得分变量		城市	得分变量	
	Fo-P$_1$	Fo-P$_2$		Fo-P$_1$	Fo-P$_2$		Fo-P$_1$	Fo-P$_2$
北京市	25	60	安庆市	0	20	汕尾市	50	80
天津市	0	20	黄山市	50	80	河源市	0	40
石家庄市	0	80	滁州市	25	60	阳江市	25	100
唐山市	0	20	阜阳市	50	80	清远市	25	100

续表

城市	得分变量		城市	得分变量		城市	得分变量	
	Fo-P_1	Fo-P_2		Fo-P_1	Fo-P_2		Fo-P_1	Fo-P_2
秦皇岛市	0	20	宿州市	50	80	东莞市	0	0
邯郸市	0	20	六安市	0	40	中山市	0	0
邢台市	50	80	亳州市	0	80	潮州市	0	20
保定市	0	20	池州市	50	100	揭阳市	50	20
张家口市	0	20	宣城市	25	40	云浮市	0	0
承德市	0	20	福州市	50	100	南宁市	75	80
沧州市	0	20	厦门市	50	60	柳州市	0	20
廊坊市	0	20	莆田市	0	20	桂林市	0	20
衡水市	0	40	三明市	50	60	梧州市	50	80
太原市	0	0	泉州市	0	40	北海市	0	20
大同市	0	20	漳州市	50	80	防城港市	0	20
阳泉市	0	20	南平市	50	40	钦州市	0	0
长治市	0	0	龙岩市	50	100	贵港市	0	0
晋城市	0	20	宁德市	0	80	玉林市	50	100
朔州市	50	40	南昌市	25	100	百色市	0	40
晋中市	0	20	景德镇市	25	100	贺州市	75	80
运城市	0	20	萍乡市	50	100	河池市	0	60
忻州市	25	40	九江市	50	80	来宾市	0	60
临汾市	0	40	新余市	25	80	崇左市	75	100
吕梁市	0	0	鹰潭市	25	60	海口市	75	80
呼和浩特市	25	80	赣州市	0	0	三亚市	50	80
包头市	0	0	吉安市	25	80	三沙市	N/A	N/A
乌海市	0	20	宜春市	0	40	儋州市	0	60
赤峰市	50	100	抚州市	75	80	重庆市	50	40
通辽市	50	60	上饶市	50	100	成都市	25	40
鄂尔多斯市	0	20	济南市	0	40	自贡市	0	20
呼伦贝尔市	0	40	青岛市	25	100	攀枝花市	0	20
巴彦淖尔市	50	60	淄博市	25	20	泸州市	0	40
乌兰察布市	50	80	枣庄市	0	0	德阳市	0	0
沈阳市	0	20	东营市	0	0	绵阳市	0	40
大连市	75	60	烟台市	25	0	广元市	50	60
鞍山市	50	100	潍坊市	0	0	遂宁市	25	0
抚顺市	0	0	济宁市	50	80	内江市	0	0
本溪市	0	20	泰安市	25	40	乐山市	50	0

续表

城市	得分变量		城市	得分变量		城市	得分变量	
	Fo-P$_1$	Fo-P$_2$		Fo-P$_1$	Fo-P$_2$		Fo-P$_1$	Fo-P$_2$
丹东市	0	20	威海市	0	40	南充市	0	20
锦州市	0	40	日照市	0	20	眉山市	25	60
营口市	0	0	临沂市	0	0	宜宾市	75	100
阜新市	0	0	德州市	0	0	广安市	25	40
辽阳市	0	40	聊城市	50	80	达州市	25	100
盘锦市	0	0	滨州市	75	40	雅安市	0	0
铁岭市	0	20	菏泽市	0	0	巴中市	50	80
朝阳市	0	0	郑州市	0	80	资阳市	0	0
葫芦岛市	0	20	开封市	0	20	贵阳市	0	20
长春市	0	20	洛阳市	0	0	六盘水市	0	20
吉林市	0	20	平顶山市	0	0	遵义市	0	80
四平市	50	80	安阳市	0	40	安顺市	0	0
辽源市	0	20	鹤壁市	25	80	毕节市	50	80
通化市	0	20	新乡市	0	40	铜仁市	0	40
白山市	0	60	焦作市	0	40	昆明市	50	80
松原市	0	20	濮阳市	0	40	曲靖市	0	40
白城市	0	40	许昌市	0	0	玉溪市	50	80
哈尔滨市	0	40	漯河市	0	0	保山市	50	80
齐齐哈尔市	25	60	三门峡市	0	0	昭通市	0	40
鸡西市	0	40	南阳市	0	40	丽江市	0	20
鹤岗市	0	0	商丘市	0	20	普洱市	0	0
双鸭山市	25	60	信阳市	0	0	临沧市	50	80
大庆市	0	0	周口市	0	40	拉萨市	0	0
伊春市	50	100	驻马店市	50	80	日喀则市	0	20
佳木斯市	0	40	武汉市	50	100	昌都市	0	0
七台河市	0	60	黄石市	0	20	林芝市	0	20
牡丹江市	0	0	十堰市	75	80	山南市	0	0
黑河市	0	60	宜昌市	0	40	那曲市	0	0
绥化市	0	0	襄阳市	50	60	西安市	75	80
上海市	25	40	鄂州市	0	0	铜川市	0	20
南京市	0	20	荆门市	50	100	宝鸡市	0	20
无锡市	0	20	孝感市	0	20	咸阳市	50	0
徐州市	0	20	荆州市	25	0	渭南市	50	80
常州市	0	20	黄冈市	50	100	延安市	50	80

续表

城市	得分变量		城市	得分变量		城市	得分变量	
	Fo-P_1	Fo-P_2		Fo-P_1	Fo-P_2		Fo-P_1	Fo-P_2
苏州市	0	20	咸宁市	50	80	汉中市	0	0
南通市	0	20	随州市	0	0	榆林市	50	80
连云港市	0	20	长沙市	25	60	安康市	0	0
淮安市	0	20	株洲市	50	100	商洛市	25	20
盐城市	50	80	湘潭市	50	60	兰州市	25	60
扬州市	0	20	衡阳市	0	20	嘉峪关市	0	20
镇江市	0	0	邵阳市	25	80	金昌市	25	60
泰州市	50	80	岳阳市	0	0	白银市	25	60
宿迁市	0	20	常德市	50	100	天水市	0	20
杭州市	25	80	张家界市	50	80	武威市	25	60
宁波市	0	60	益阳市	0	80	张掖市	0	0
温州市	0	20	郴州市	50	80	平凉市	0	0
嘉兴市	0	20	永州市	50	80	酒泉市	50	60
湖州市	0	40	怀化市	50	20	庆阳市	75	40
绍兴市	0	20	娄底市	50	80	定西市	50	80
金华市	0	20	广州市	50	60	陇南市	50	80
衢州市	0	20	韶关市	0	20	西宁市	0	40
舟山市	0	20	深圳市	0	40	海东市	0	20
台州市	0	0	珠海市	0	20	银川市	0	20
丽水市	0	20	汕头市	0	20	石嘴山市	0	20
合肥市	50	60	佛山市	25	40	吴忠市	0	20
芜湖市	0	40	江门市	0	0	固原市	0	60
蚌埠市	50	100	湛江市	0	0	中卫市	0	20
淮南市	50	100	茂名市	25	80	乌鲁木齐市	0	20
马鞍山市	50	100	肇庆市	25	60	克拉玛依市	50	80
淮北市	0	0	惠州市	0	20	吐鲁番市	0	0
铜陵市	50	100	梅州市	0	40	哈密市	0	0

注：对于数据缺失的城市，本表记录为 not available，N/A。

二、森林碳汇维度实施环节实证数据

按照"维度-环节-指标-得分变量"四个层级，对森林碳汇维度规划环节诊断指标的得分变量进行编码，如表5.54所示。依据第二章表2.27中的得分规则与数据来源，得出各样本城市在森林碳汇维度实施环节的得分数据，如表5.55所示。

样本城市在"人力资源保障程度"这一得分变量上的平均得分（73分）最高，在"相关机制的完善和畅通程度"上表现较好（平均分 65 分），这显示了国家近年来大力推行林长制对森林碳汇人力及规章制度方面的建设起到了积极推动作用。但在落实森林碳汇规划所需的技术与资金支撑上，各城市的表现较为一般，样本城市在"技术条件保障程度"上的平均得分最低为 53 分，在"专项资金投入力度"上的平均分较低为 54 分。将来各城市需要统筹安排实施环节的各类资源，夯实森林碳汇的建设基础。

表 5.54　森林碳汇维度实施环节指标的得分变量编码

环节	指标	得分变量	编码
实施（Fo-I）	落实森林碳汇水平提升工作的保障	相关机制的完善和畅通程度	Fo-I$_1$
		专项资金投入力度	Fo-I$_2$
		人力资源保障程度	Fo-I$_3$
		技术条件保障程度	Fo-I$_4$

表 5.55　样本城市在森林碳汇维度实施环节得分变量值

城市	得分变量				城市	得分变量			
	Fo-I$_1$	Fo-I$_2$	Fo-I$_3$	Fo-I$_4$		Fo-I$_1$	Fo-I$_2$	Fo-I$_3$	Fo-I$_4$
北京市	100	100	100	100	鹤壁市	40	25	80	50
天津市	60	100	80	50	新乡市	60	75	80	50
石家庄市	60	25	80	50	焦作市	60	25	60	50
唐山市	40	50	80	50	濮阳市	40	0	20	25
秦皇岛市	60	75	100	50	许昌市	60	75	80	50
邯郸市	60	75	100	75	漯河市	60	0	0	50
邢台市	60	50	100	50	三门峡市	80	50	100	50
保定市	60	25	80	50	南阳市	60	50	80	50
张家口市	80	100	80	75	商丘市	80	50	100	50
承德市	60	50	100	50	信阳市	40	25	80	50
沧州市	60	0	40	50	周口市	80	50	80	50
廊坊市	60	25	80	50	驻马店市	80	50	80	50
衡水市	80	25	80	50	武汉市	60	75	100	50
太原市	80	75	100	75	黄石市	60	75	100	50
大同市	60	75	100	50	十堰市	60	25	80	50
阳泉市	40	25	80	50	宜昌市	80	75	80	50
长治市	40	75	80	50	襄阳市	60	25	80	50
晋城市	40	0	40	50	鄂州市	60	25	80	50
朔州市	60	50	0	25	荆门市	80	100	100	75
晋中市	0	25	20	50	孝感市	80	50	20	50
运城市	60	0	80	50	荆州市	60	100	100	50
忻州市	40	25	40	50	黄冈市	100	100	100	50

续表

城市	得分变量				城市	得分变量			
	Fo-I$_1$	Fo-I$_2$	Fo-I$_3$	Fo-I$_4$		Fo-I$_1$	Fo-I$_2$	Fo-I$_3$	Fo-I$_4$
临汾市	60	50	100	50	咸宁市	40	0	100	50
吕梁市	60	50	0	50	随州市	60	75	100	75
呼和浩特市	80	100	80	75	长沙市	80	50	80	50
包头市	100	100	100	75	株洲市	40	0	20	50
乌海市	40	0	40	50	湘潭市	80	75	100	50
赤峰市	60	75	0	50	衡阳市	60	25	100	50
通辽市	80	50	80	50	邵阳市	100	75	100	50
鄂尔多斯市	60	50	80	50	岳阳市	80	0	0	50
呼伦贝尔市	80	75	100	50	常德市	80	100	80	50
巴彦淖尔市	80	50	0	50	张家界市	40	25	100	50
乌兰察布市	80	50	80	50	益阳市	60	25	100	50
沈阳市	80	100	80	75	郴州市	80	75	100	50
大连市	60	0	100	75	永州市	40	0	80	50
鞍山市	40	25	0	50	怀化市	60	100	100	50
抚顺市	40	75	100	50	娄底市	40	0	20	50
本溪市	80	100	100	50	广州市	80	50	80	50
丹东市	40	0	80	50	韶关市	80	100	80	50
锦州市	80	75	100	50	深圳市	80	75	80	75
营口市	0	0	0	0	珠海市	60	25	40	50
阜新市	80	75	100	50	汕头市	80	100	100	50
辽阳市	80	50	20	50	佛山市	60	50	100	50
盘锦市	80	75	100	50	江门市	60	50	100	50
铁岭市	80	50	40	50	湛江市	60	25	40	50
朝阳市	80	75	100	50	茂名市	60	50	80	50
葫芦岛市	60	75	100	50	肇庆市	80	100	80	50
长春市	80	25	0	50	惠州市	60	50	100	50
吉林市	80	100	100	75	梅州市	80	100	60	50
四平市	60	100	100	50	汕尾市	60	100	100	50
辽源市	60	75	80	50	河源市	60	100	80	50
通化市	80	50	80	50	阳江市	60	75	100	50
白山市	40	25	60	50	清远市	60	50	100	50
松原市	40	0	20	50	东莞市	80	50	100	50
白城市	60	75	100	25	中山市	60	0	40	50
哈尔滨市	80	50	80	50	潮州市	60	75	100	50

续表

城市	得分变量				城市	得分变量			
	Fo-I$_1$	Fo-I$_2$	Fo-I$_3$	Fo-I$_4$		Fo-I$_1$	Fo-I$_2$	Fo-I$_3$	Fo-I$_4$
齐齐哈尔市	40	0	80	25	揭阳市	80	75	80	50
鸡西市	40	0	40	50	云浮市	100	25	80	50
鹤岗市	40	0	0	50	南宁市	60	25	100	50
双鸭山市	80	25	0	50	柳州市	100	100	80	50
大庆市	40	50	40	50	桂林市	100	75	100	50
伊春市	80	50	60	50	梧州市	80	50	80	50
佳木斯市	40	25	80	50	北海市	100	50	60	50
七台河市	60	75	80	50	防城港市	80	75	80	50
牡丹江市	60	50	40	50	钦州市	100	50	0	50
黑河市	0	0	0	0	贵港市	100	50	80	50
绥化市	0	0	0	25	玉林市	100	75	40	50
上海市	100	50	40	50	百色市	80	50	0	50
南京市	60	25	100	75	贺州市	80	50	100	50
无锡市	60	25	80	50	河池市	80	0	0	50
徐州市	40	25	20	50	来宾市	80	75	100	50
常州市	80	0	0	50	崇左市	80	75	20	50
苏州市	40	0	60	50	海口市	80	50	80	50
南通市	60	25	0	50	三亚市	60	50	80	50
连云港市	40	0	80	50	三沙市	N/A	N/A	N/A	N/A
淮安市	60	0	40	50	儋州市	60	50	20	50
盐城市	60	25	80	75	重庆市	100	75	60	50
扬州市	60	25	80	50	成都市	80	75	80	75
镇江市	80	75	80	50	自贡市	40	50	80	25
泰州市	60	0	80	50	攀枝花市	60	100	80	75
宿迁市	60	75	80	50	泸州市	60	25	40	50
杭州市	80	50	80	75	德阳市	80	100	100	50
宁波市	60	75	100	75	绵阳市	80	75	100	50
温州市	60	75	80	50	广元市	80	100	100	75
嘉兴市	60	50	80	75	遂宁市	80	75	100	50
湖州市	60	75	40	50	内江市	80	75	100	50
绍兴市	100	75	80	50	乐山市	60	75	80	50
金华市	60	50	40	50	南充市	40	25	40	50
衢州市	60	100	80	75	眉山市	60	100	100	50
舟山市	80	50	80	50	宜宾市	60	25	100	50

续表

城市	得分变量				城市	得分变量			
	Fo-I$_1$	Fo-I$_2$	Fo-I$_3$	Fo-I$_4$		Fo-I$_1$	Fo-I$_2$	Fo-I$_3$	Fo-I$_4$
台州市	60	100	100	50	广安市	80	100	100	50
丽水市	40	0	40	50	达州市	80	25	80	50
合肥市	80	75	100	75	雅安市	80	100	100	75
芜湖市	60	75	80	75	巴中市	80	100	100	75
蚌埠市	60	100	100	50	资阳市	0	0	0	0
淮南市	100	50	100	50	贵阳市	60	75	100	75
马鞍山市	60	100	100	50	六盘水市	60	50	80	75
淮北市	80	25	60	75	遵义市	60	100	100	50
铜陵市	60	0	60	50	安顺市	60	50	100	50
安庆市	80	100	100	75	毕节市	60	100	100	50
黄山市	80	75	100	75	铜仁市	40	25	100	50
滁州市	60	100	100	100	昆明市	80	100	100	50
阜阳市	80	75	100	50	曲靖市	40	75	80	50
宿州市	80	50	100	50	玉溪市	80	75	100	50
六安市	80	100	80	75	保山市	60	75	100	50
亳州市	100	100	100	50	昭通市	60	75	40	50
池州市	80	100	100	75	丽江市	80	75	100	50
宣城市	80	100	100	50	普洱市	0	0	0	0
福州市	60	50	80	50	临沧市	40	0	20	25
厦门市	40	25	40	50	拉萨市	60	100	100	50
莆田市	40	25	40	25	日喀则市	80	75	40	50
三明市	40	50	100	75	昌都市	80	75	100	50
泉州市	60	50	60	50	林芝市	60	25	0	50
漳州市	0	0	0	0	山南市	80	50	100	50
南平市	40	25	20	0	那曲市	40	0	40	50
龙岩市	60	25	80	50	西安市	40	25	100	50
宁德市	20	0	0	25	铜川市	80	75	100	50
南昌市	60	100	100	50	宝鸡市	80	100	100	75
景德镇市	60	0	0	50	咸阳市	40	50	100	100
萍乡市	40	0	80	50	渭南市	60	75	80	50
九江市	80	75	100	100	延安市	80	75	100	50
新余市	100	75	100	50	汉中市	80	100	100	50
鹰潭市	100	100	100	75	榆林市	60	50	80	50
赣州市	60	50	100	50	安康市	60	100	100	100

城市	得分变量				城市	得分变量			
	Fo-I₁	Fo-I₂	Fo-I₃	Fo-I₄		Fo-I₁	Fo-I₂	Fo-I₃	Fo-I₄
吉安市	80	75	100	50	商洛市	40	0	40	50
宜春市	80	100	100	50	兰州市	80	25	100	50
抚州市	80	100	100	75	嘉峪关市	80	100	80	75
上饶市	80	50	100	50	金昌市	80	100	80	50
济南市	60	50	100	75	白银市	80	75	80	50
青岛市	80	25	40	100	天水市	60	75	80	50
淄博市	60	25	100	50	武威市	80	100	40	50
枣庄市	80	50	80	50	张掖市	60	50	80	75
东营市	80	75	80	50	平凉市	60	50	100	50
烟台市	60	100	100	50	酒泉市	60	75	80	50
潍坊市	80	75	40	50	庆阳市	40	25	0	50
济宁市	60	50	80	50	定西市	60	0	80	50
泰安市	60	50	100	50	陇南市	60	0	80	50
威海市	60	0	20	50	西宁市	40	0	20	50
日照市	60	0	40	50	海东市	60	75	100	50
临沂市	60	75	100	50	银川市	60	100	80	50
德州市	80	100	80	50	石嘴山市	80	25	100	50
聊城市	60	50	80	50	吴忠市	60	75	80	50
滨州市	60	50	80	50	固原市	60	50	0	100
菏泽市	40	25	20	50	中卫市	80	75	40	50
郑州市	40	50	100	50	乌鲁木齐市	80	75	80	50
开封市	60	25	80	25	克拉玛依市	100	50	40	50
洛阳市	60	50	80	50	吐鲁番市	80	100	100	50
平顶山市	80	25	80	50	哈密市	80	50	100	50
安阳市	40	25	80	75	/	/	/	/	/

注：对于数据缺失的城市，本表记录为 not available，N/A。

三、森林碳汇维度检查环节实证数据

按照"维度-环节-指标-得分变量"四个层级，对森林碳汇维度规划环节诊断指标的得分变量进行编码，如表5.56所示。依据第二章表2.28中的得分规则与数据来源，得出各样本城市在森林碳汇维度检查环节的得分数据，如表5.57所示。

各样本城市在"落实监督行为的机制保障"这一得分变量上的表现最好（平均得分74分），近四成的城市得到了满分，表明在党中央多年来坚持完善党和国家监督制度的精神指引下，我国城市充分认识到了完善相关规章制度对森林碳汇建设监督工作的重要性，为监督森林碳汇建设中的各类工作制定了相对完善的机制。但在"监督行为的体现形式"上，样本城市的表现有较大提升空间（平均得分 55 分），仅有两个城市在此方面得到满分，表明在森林碳汇建设中，我国城市应当及时定期公开监督行为。此外，样本城市在"落实监督行为的资源保障"上的表现也较为一般（平均得分 60 分），未来需要进一步提升。

表 5.56　森林碳汇维度检查环节指标的得分变量编码

环节	指标	得分变量	编码
检查（Fo-C）	监督森林碳汇水平提升工作的行为	落实监督行为的机制保障	Fo-C$_1$
		落实监督行为的资源保障	Fo-C$_2$
		监督行为的体现形式	Fo-C$_3$

表 5.57　样本城市在森林碳汇维度检查环节得分变量值

城市	得分变量			城市	得分变量		
	Fo-C$_1$	Fo-C$_2$	Fo-C$_3$		Fo-C$_1$	Fo-C$_2$	Fo-C$_3$
北京市	100	100	75	鹤壁市	25	75	50
天津市	100	50	50	新乡市	25	75	50
石家庄市	100	25	75	焦作市	75	50	50
唐山市	75	25	50	濮阳市	25	0	50
秦皇岛市	100	50	50	许昌市	100	50	50
邯郸市	100	50	50	漯河市	50	0	50
邢台市	25	25	50	三门峡市	100	75	75
保定市	75	0	50	南阳市	75	0	50
张家口市	100	100	75	商丘市	25	0	25
承德市	100	75	75	信阳市	50	50	50
沧州市	50	25	50	周口市	75	100	75
廊坊市	75	25	25	驻马店市	75	25	50
衡水市	100	25	75	武汉市	50	25	75
太原市	75	75	75	黄石市	100	100	75
大同市	100	100	50	十堰市	25	0	50
阳泉市	0	0	50	宜昌市	100	100	75
长治市	75	50	75	襄阳市	25	0	50
晋城市	50	0	50	鄂州市	25	0	50
朔州市	75	0	50	荆门市	100	100	75
晋中市	50	0	50	孝感市	50	100	50
运城市	75	50	0	荆州市	100	100	75
忻州市	50	25	50	黄冈市	100	100	50
临汾市	100	25	75	咸宁市	50	25	25

续表

城市	得分变量			城市	得分变量		
	Fo-C_1	Fo-C_2	Fo-C_3		Fo-C_1	Fo-C_2	Fo-C_3
吕梁市	50	0	25	随州市	100	75	75
呼和浩特市	100	100	75	长沙市	50	25	50
包头市	100	100	75	株洲市	0	0	50
乌海市	50	25	50	湘潭市	100	50	75
赤峰市	75	75	50	衡阳市	100	25	50
通辽市	100	100	75	邵阳市	100	50	50
鄂尔多斯市	100	75	50	岳阳市	50	50	50
呼伦贝尔市	100	100	50	常德市	100	75	75
巴彦淖尔市	50	0	50	张家界市	75	50	50
乌兰察布市	100	25	50	益阳市	75	50	50
沈阳市	100	100	50	郴州市	75	75	75
大连市	100	25	50	永州市	75	25	50
鞍山市	50	25	25	怀化市	100	75	75
抚顺市	75	50	50	娄底市	75	25	25
本溪市	100	75	75	广州市	100	100	75
丹东市	50	0	25	韶关市	75	75	50
锦州市	100	75	50	深圳市	100	50	75
营口市	0	0	25	珠海市	75	25	75
阜新市	75	50	50	汕头市	100	75	75
辽阳市	75	100	50	佛山市	100	100	50
盘锦市	100	100	75	江门市	100	75	25
铁岭市	100	75	50	湛江市	75	25	50
朝阳市	50	75	75	茂名市	75	100	50
葫芦岛市	100	75	75	肇庆市	100	100	75
长春市	75	50	50	惠州市	100	100	50
吉林市	100	100	75	梅州市	75	100	75
四平市	100	75	75	汕尾市	75	100	50
辽源市	100	50	50	河源市	75	50	50
通化市	100	75	50	阳江市	75	50	50
白山市	50	0	50	清远市	50	50	50
松原市	25	0	25	东莞市	75	100	50
白城市	100	75	50	中山市	100	75	100
哈尔滨市	75	100	50	潮州市	100	100	75
齐齐哈尔市	50	75	50	揭阳市	100	100	75
鸡西市	100	25	50	云浮市	100	100	100

续表

城市	得分变量			城市	得分变量		
	$Fo\text{-}C_1$	$Fo\text{-}C_2$	$Fo\text{-}C_3$		$Fo\text{-}C_1$	$Fo\text{-}C_2$	$Fo\text{-}C_3$
鹤岗市	50	0	0	南宁市	75	75	75
双鸭山市	100	50	50	柳州市	100	75	50
大庆市	75	0	50	桂林市	100	100	75
伊春市	100	100	50	梧州市	75	75	50
佳木斯市	75	75	50	北海市	75	75	50
七台河市	50	100	75	防城港市	75	75	50
牡丹江市	75	50	75	钦州市	100	75	75
黑河市	0	0	0	贵港市	100	100	50
绥化市	0	0	25	玉林市	100	100	50
上海市	50	75	75	百色市	100	75	50
南京市	75	75	75	贺州市	100	100	75
无锡市	50	50	25	河池市	75	75	50
徐州市	50	0	50	来宾市	75	100	75
常州市	25	0	50	崇左市	75	75	75
苏州市	75	25	75	海口市	50	75	25
南通市	25	25	25	三亚市	100	75	50
连云港市	25	0	50	三沙市	N/A	N/A	N/A
淮安市	25	25	50	儋州市	75	100	50
盐城市	25	25	50	重庆市	50	50	50
扬州市	100	25	50	成都市	100	75	50
镇江市	75	100	50	自贡市	75	75	25
泰州市	0	0	50	攀枝花市	100	75	50
宿迁市	75	75	50	泸州市	75	75	25
杭州市	75	50	50	德阳市	100	75	50
宁波市	100	75	50	绵阳市	100	100	75
温州市	75	75	75	广元市	100	100	75
嘉兴市	25	0	50	遂宁市	100	75	75
湖州市	50	100	75	内江市	75	50	75
绍兴市	75	50	50	乐山市	100	100	50
金华市	100	75	25	南充市	50	25	50
衢州市	75	100	75	眉山市	75	100	75
舟山市	100	100	50	宜宾市	50	0	0
台州市	100	75	75	广安市	100	100	50
丽水市	100	75	50	达州市	25	0	75
合肥市	75	50	50	雅安市	75	100	50

续表

城市	得分变量			城市	得分变量		
	Fo-I$_1$	Fo-I$_2$	Fo-I$_3$		Fo-I$_1$	Fo-I$_2$	Fo-I$_3$
芜湖市	100	75	75	巴中市	50	100	50
蚌埠市	100	75	75	资阳市	0	0	0
淮南市	75	75	50	贵阳市	100	100	75
马鞍山市	100	100	75	六盘水市	100	100	50
淮北市	75	75	50	遵义市	75	100	50
铜陵市	50	25	50	安顺市	100	50	50
安庆市	75	75	50	毕节市	100	100	50
黄山市	100	75	75	铜仁市	25	0	25
滁州市	100	100	75	昆明市	100	100	75
阜阳市	75	100	50	曲靖市	50	75	50
宿州市	100	50	75	玉溪市	100	100	75
六安市	100	100	75	保山市	100	50	75
亳州市	100	75	75	昭通市	100	75	50
池州市	100	100	75	丽江市	75	50	75
宣城市	100	75	75	普洱市	0	0	0
福州市	75	50	50	临沧市	50	75	50
厦门市	100	0	50	拉萨市	75	50	50
莆田市	50	25	25	日喀则市	75	75	75
三明市	0	25	50	昌都市	100	100	50
泉州市	25	25	50	林芝市	25	0	50
漳州市	0	0	25	山南市	100	25	50
南平市	25	0	0	那曲市	50	0	25
龙岩市	50	25	25	西安市	75	50	50
宁德市	0	0	25	铜川市	100	75	50
南昌市	100	75	50	宝鸡市	100	100	75
景德镇市	0	0	50	咸阳市	75	50	50
萍乡市	50	75	50	渭南市	100	100	50
九江市	100	100	75	延安市	100	100	50
新余市	100	100	50	汉中市	50	75	75
鹰潭市	100	100	75	榆林市	50	50	50
赣州市	100	100	50	安康市	100	100	75
吉安市	100	50	50	商洛市	50	50	25
宜春市	100	100	50	兰州市	75	100	50
抚州市	75	100	50	嘉峪关市	100	100	75
上饶市	75	100	50	金昌市	75	25	50

续表

城市	得分变量			城市	得分变量		
	Fo-I$_1$	Fo-I$_2$	Fo-I$_3$		Fo-I$_1$	Fo-I$_2$	Fo-I$_3$
济南市	100	100	50	白银市	75	75	50
青岛市	75	50	75	天水市	50	50	50
淄博市	50	0	50	武威市	75	75	50
枣庄市	100	50	75	张掖市	25	0	50
东营市	25	25	50	平凉市	100	75	50
烟台市	100	100	75	酒泉市	75	25	50
潍坊市	100	25	25	庆阳市	50	75	50
济宁市	75	75	75	定西市	50	50	50
泰安市	75	100	50	陇南市	75	50	50
威海市	50	25	75	西宁市	50	0	50
日照市	25	75	50	海东市	50	25	75
临沂市	75	75	75	银川市	100	75	50
德州市	75	100	75	石嘴山市	100	75	75
聊城市	50	50	75	吴忠市	100	50	50
滨州市	75	75	25	固原市	100	75	50
菏泽市	25	25	50	中卫市	75	75	75
郑州市	75	50	75	乌鲁木齐市	100	100	75
开封市	100	100	75	克拉玛依市	100	100	75
洛阳市	100	75	50	吐鲁番市	100	100	75
平顶山市	100	75	75	哈密市	50	100	50
安阳市	100	100	50	/	/	/	/

注：对于数据缺失的城市，本表记录为 not available，N/A。

四、森林碳汇维度结果环节实证数据

按照"维度-环节-指标-得分变量"四个层级，对森林碳汇维度规划环节诊断指标的得分变量进行编码，如表 5.58 所示。依据第二章表 2.29 中的得分规则与数据来源，得出各样本城市在森林碳汇维度结果环节的得分情况，如表 5.59 所示。

样本城市在"森林覆盖率"（平均得分 80 分）、"林业有害生物成灾率"（平均得分 75 分）、"森林火灾受害率"（平均得分 69 分）上均有较好表现，这表明了我国城市在建设森林碳汇过程中，高度重视森林覆盖率的提升，对林业有害生物与森林火灾防治的重要性也有较好认知。但在"森林植被碳储量"上，样本城市普遍表现不佳（平均得分 11 分），这一方面表明我国城市目前普遍尚未开展森林植被碳储量的测定工作，导致该得分变量的信息公示度不足，另一方面显示了我国城市需要进一步强化对森林植被碳储量重要性的认知程度。

表 5.58　森林碳汇维度结果环节指标的得分变量编码

环节	指标	得分变量	编码
结果（Fo-O）	森林碳汇水平	森林覆盖率（%）	Fo-O$_1$
		森林植被碳储量（万吨）	Fo-O$_2$
		森林火灾受害率（‰）	Fo-O$_3$
		林业有害生物成灾率（‰）	Fo-O$_4$

表 5.59　样本城市在森林碳汇维度结果环节得分变量值

城市	Fo-O$_1$	Fo-O$_2$	Fo-O$_3$	Fo-O$_4$	城市	Fo-O$_1$	Fo-O$_2$	Fo-O$_3$	Fo-O$_4$
北京市	100	5.68	53.72	53.17	鹤壁市	80	1.29	53.72	98.35
天津市	40	1.18	53.72	53.17	新乡市	60	2.40	53.72	80.17
石家庄市	100	2.93	84.57	99.28	焦作市	80	1.42	53.72	79.06
唐山市	100	1.74	84.57	99.28	濮阳市	80	1.06	53.72	79.06
秦皇岛市	100	3.30	84.57	99.28	许昌市	N/A	1.84	53.72	79.06
邯郸市	100	2.45	84.57	99.28	漯河市	60	3.03	53.72	79.06
邢台市	80	2.15	84.57	88.98	三门峡市	100	31.91	53.72	79.06
保定市	80	8.84	84.57	99.28	南阳市	100	9.67	53.72	79.06
张家口市	100	11.27	84.57	99.28	商丘市	40	2.21	53.72	79.06
承德市	100	24.15	84.57	77.96	信阳市	100	8.94	84.57	79.06
沧州市	80	1.02	84.57	99.28	周口市	20	1.85	53.72	79.06
廊坊市	80	0.67	84.57	99.28	驻马店市	80	4.00	100	99.12
衡水市	80	1.15	84.57	99.28	武汉市	40	1.93	100	98.07
太原市	100	4.07	74.29	80.72	黄石市	100	1.51	53.72	81.27
大同市	60	3.53	74.29	80.72	十堰市	100	24.84	53.72	81.27
阳泉市	60	2.83	74.29	80.72	宜昌市	100	20.67	53.72	81.27
长治市	60	8.17	74.29	80.72	襄阳市	100	12.20	53.72	81.27
晋城市	100	6.74	74.29	80.72	鄂州市	N/A	0.32	53.72	81.27
朔州市	60	1.81	76.86	91.74	荆门市	80	5.91	53.72	83.47
晋中市	40	9.04	74.29	80.72	孝感市	40	1.07	53.72	81.27
运城市	60	3.12	74.29	80.72	荆州市	60	2.47	53.72	81.27
忻州市	40	10.68	74.29	80.72	黄冈市	100	10.29	83.03	81.27
临汾市	60	10.59	74.29	80.72	咸宁市	100	4.05	53.72	88.82
吕梁市	60	6.87	74.29	80.72	随州市	100	7.11	53.72	81.27
呼和浩特市	60	1.84	85.09	75.21	长沙市	100	7.02	53.72	77.96
包头市	40	0.88	48.58	83.47	株洲市	100	6.39	98.46	99.67
乌海市	20	0.02	48.58	83.47	湘潭市	100	2.80	53.72	77.96

续表

城市	得分变量				城市	得分变量			
	$Fo\text{-}O_1$	$Fo\text{-}O_2$	$Fo\text{-}O_3$	$Fo\text{-}O_4$		$Fo\text{-}O_1$	$Fo\text{-}O_2$	$Fo\text{-}O_3$	$Fo\text{-}O_4$
赤峰市	100	16.52	48.58	80.72	衡阳市	100	4.58	53.72	77.96
通辽市	60	9.77	99.81	61.43	邵阳市	100	19.89	53.72	83.47
鄂尔多斯市	60	2.48	48.58	98.29	岳阳市	100	6.26	53.72	77.96
呼伦贝尔市	100	100	48.58	83.47	常德市	100	10.33	53.72	77.96
巴彦淖尔市	20	0.63	48.58	68.38	张家界市	100	7.71	53.72	96.31
乌兰察布市	60	2.84	48.58	80.72	益阳市	100	8.11	53.72	77.96
沈阳市	40	4.91	53.72	75.21	郴州市	100	15.50	97.99	95.87
大连市	100	3.69	53.72	75.21	永州市	100	16.65	97.69	88.98
鞍山市	100	3.55	53.72	96.91	怀化市	100	23.23	53.72	77.96
抚顺市	100	16.46	96.19	75.21	娄底市	100	4.03	94.34	81.82
本溪市	100	14.68	53.72	75.21	广州市	100	4.63	98.97	96.97
丹东市	100	21.74	53.72	75.21	韶关市	100	24.83	96.91	87.33
锦州市	40	2.41	53.72	75.21	深圳市	100	1.04	96.91	87.33
营口市	100	0.73	53.72	75.21	珠海市	80	0.58	96.91	87.33
阜新市	60	2.32	53.72	75.21	汕头市	60	0.50	96.91	87.33
辽阳市	100	4.40	53.72	75.21	佛山市	60	1.23	96.91	87.33
盘锦市	N/A	0.38	53.72	75.21	江门市	100	5.98	96.91	87.33
铁岭市	80	11.62	53.72	75.21	湛江市	60	7.39	96.91	87.33
朝阳市	100	9.42	53.72	75.21	茂名市	100	7.10	96.91	87.33
葫芦岛市	80	2.37	53.72	75.21	肇庆市	100	14.37	96.91	87.33
长春市	20	6.24	94.86	84.02	惠州市	100	10.32	96.91	87.33
吉林市	100	71.13	94.86	84.02	梅州市	100	17.09	96.91	87.33
四平市	40	3.31	99.49	100	汕尾市	100	1.64	96.91	87.33
辽源市	80	3.32	94.86	84.02	河源市	100	16.95	96.91	87.33
通化市	100	22.49	94.86	84.02	阳江市	100	6.54	53.72	80.72
白山市	100	65.35	94.86	84.02	清远市	100	18.85	53.72	77.96
松原市	40	2.64	94.86	84.02	东莞市	100	0.86	96.91	87.33
白城市	40	3.83	94.86	84.02	中山市	60	0.34	96.91	87.33
哈尔滨市	100	25.33	53.72	85.12	潮州市	100	1.60	96.91	87.33
齐齐哈尔市	40	11.78	53.72	85.12	揭阳市	100	2.57	96.91	87.33
鸡西市	60	35.79	53.72	85.12	云浮市	100	7.10	96.91	87.33
鹤岗市	100	29.12	53.72	85.12	南宁市	100	15.13	95.89	98.73
双鸭山市	100	23.69	53.72	100	柳州市	100	20.81	53.72	53.17
大庆市	40	6.90	53.72	85.12	桂林市	100	28.88	53.72	53.17

续表

城市	得分变量				城市	得分变量			
	Fo-O₁	Fo-O₂	Fo-O₃	Fo-O₄		Fo-O₁	Fo-O₂	Fo-O₃	Fo-O₄
伊春市	100	100	53.72	85.12	梧州市	100	17.47	53.72	53.17
佳木斯市	40	15.73	53.72	85.12	北海市	80	2.88	53.72	53.17
七台河市	100	12.66	74.29	85.12	防城港市	100	7.42	53.72	53.17
牡丹江市	100	97.30	53.72	99.89	钦州市	100	13.04	53.72	53.17
黑河市	100	56.59	53.72	85.12	贵港市	100	8.55	53.72	53.17
绥化市	40	44.81	53.72	85.12	玉林市	100	11.49	53.72	53.17
上海市	40	0.95	53.72	53.17	百色市	100	42.76	53.72	53.17
南京市	80	1.29	84.57	88.98	贺州市	100	11.67	99.59	89.64
无锡市	60	1.08	84.57	88.98	河池市	100	22.49	53.72	53.17
徐州市	60	3.32	84.57	88.98	来宾市	100	10.21	53.72	53.17
常州市	60	0.95	84.57	88.98	崇左市	100	10.38	58.86	80.72
苏州市	80	0.83	84.57	88.98	海口市	100	0.76	84.57	84.57
南通市	60	2.28	84.57	88.98	三亚市	100	1.81	84.57	84.57
连云港市	60	2.27	84.57	88.98	三沙市	N/A	N/A	N/A	N/A
淮安市	60	2.19	84.57	95.03	儋州市	100	2.57	84.57	83.47
盐城市	40	2.70	0	88.98	重庆市	100	57.06	97.94	81.76
扬州市	40	1.86	84.57	88.98	成都市	100	8.70	94.86	83.47
镇江市	60	0.88	84.57	88.98	自贡市	100	1.49	53.72	53.17
泰州市	60	1.67	84.57	88.98	攀枝花市	100	8.91	53.72	53.17
宿迁市	60	3.54	84.57	88.98	泸州市	100	6.18	53.72	53.17
杭州市	100	16.08	99.64	53.17	德阳市	60	3.50	53.72	53.17
宁波市	100	5.33	53.72	53.17	绵阳市	100	23.19	53.72	53.17
温州市	100	9.37	53.72	53.17	广元市	100	14.39	98.46	99.39
嘉兴市	40	0.78	53.72	53.17	遂宁市	60	2.53	53.72	53.17
湖州市	100	5.08	53.72	53.17	内江市	80	1.76	53.72	53.17
绍兴市	100	5.68	53.72	53.17	乐山市	100	16.06	53.72	53.17
金华市	100	9.62	53.72	53.17	南充市	100	6.34	53.72	53.17
衢州市	100	10.86	53.72	53.17	眉山市	100	9.01	53.72	53.17
舟山市	100	0.83	53.72	53.17	宜宾市	100	5.83	58.86	0
台州市	100	7.52	53.72	53.17	广安市	80	1.67	53.72	53.17
丽水市	100	26.04	53.72	53.17	达州市	100	10.90	53.72	53.17
合肥市	60	2.38	74.29	70.25	雅安市	100	24.46	53.72	53.17
芜湖市	80	1.68	74.29	70.25	巴中市	100	15.38	94.86	83.47
蚌埠市	60	1.92	74.29	70.25	资阳市	100	9.17	53.72	53.17

续表

城市	得分变量				城市	得分变量			
	Fo-O$_1$	Fo-O$_2$	Fo-O$_3$	Fo-O$_4$		Fo-O$_1$	Fo-O$_2$	Fo-O$_3$	Fo-O$_4$
淮南市	40	0.53	74.29	70.25	贵阳市	100	5.78	69.15	88.98
马鞍山市	40	1.51	74.29	70.25	六盘水市	100	4.50	99.70	99.08
淮北市	40	1.89	74.29	70.25	遵义市	100	29.24	99.70	99.08
铜陵市	60	0.93	90.74	91.74	安顺市	100	4.22	58.86	99.08
安庆市	100	9.79	74.29	70.25	毕节市	100	14.70	99.91	98.35
黄山市	100	1.86	99.49	99.45	铜仁市	100	19.39	99.70	98.02
滁州市	100	5.11	74.29	75.21	昆明市	100	14.34	98.05	97.96
阜阳市	60	3.10	74.29	94.44	曲靖市	100	16.55	98.05	97.96
宿州市	60	4.28	74.29	70.25	玉溪市	100	14.09	90.27	96.09
六安市	100	9.23	0	73.00	保山市	100	29.42	99.23	99.94
亳州市	60	2.64	74.29	70.25	昭通市	100	12.31	98.05	97.96
池州市	100	7.45	74.29	88.10	丽江市	100	29.73	98.05	97.96
宣城市	100	7.53	74.29	70.25	普洱市	100	71.03	98.05	97.96
福州市	100	11.66	88.43	88.98	临沧市	100	27.70	100	96.69
厦门市	100	0.85	58.86	83.47	拉萨市	40	5.85	53.72	53.17
莆田市	100	3.53	58.86	83.47	日喀则市	20	14.39	53.72	53.17
三明市	100	45.22	92.29	92.89	昌都市	80	61.79	53.72	53.17
泉州市	100	10.27	58.86	83.47	林芝市	100	100	53.72	53.17
漳州市	100	11.96	58.86	83.47	山南市	60	8.20	53.72	53.17
南平市	100	45.69	58.86	83.47	那曲市	20	19.86	53.72	53.17
龙岩市	100	30.14	98.97	92.29	西安市	100	10	53.72	53.17
宁德市	100	13.14	58.86	83.47	铜川市	100	3.79	53.72	53.17
南昌市	60	1.74	53.72	0	宝鸡市	100	17.76	99.49	91.02
景德镇市	100	6.93	97.84	82.92	咸阳市	100	5.54	89.72	73.55
萍乡市	100	4.34	91.26	0	渭南市	100	2.42	53.72	75.21
九江市	100	13.21	74.29	85.68	延安市	100	36.77	53.72	53.17
新余市	100	2.58	91.26	78.07	汉中市	100	35.51	53.72	53.17
鹰潭市	100	2.62	91.26	83.47	榆林市	100	1.73	98.46	74.66
赣州市	100	27.66	91.26	0	安康市	100	18.26	53.72	53.17
吉安市	100	27.23	91.26	0	商洛市	100	30.50	53.72	53.17
宜春市	100	0.91	91.26	0	兰州市	20	2.13	53.72	75.76
抚州市	100	17.74	74.29	1.93	嘉峪关市	40	0.34	53.72	75.76
上饶市	100	18.37	75.83	75.76	金昌市	40	0.27	53.72	75.76
济南市	60	2.49	53.72	53.17	白银市	40	0.19	53.72	75.76

续表

城市	得分变量				城市	得分变量			
	Fo-O$_1$	Fo-O$_2$	Fo-O$_3$	Fo-O$_4$		Fo-O$_1$	Fo-O$_2$	Fo-O$_3$	Fo-O$_4$
青岛市	40	2.56	74.29	53.17	天水市	100	19.18	53.72	75.76
淄博市	80	2.30	53.72	53.17	武威市	40	2.49	53.72	77.96
枣庄市	40	1.09	53.72	53.17	张掖市	60	5.74	53.72	75.76
东营市	20	0.69	53.72	53.17	平凉市	80	11.80	53.72	77.96
烟台市	100	3.75	84.57	53.17	酒泉市	20	0.42	53.72	75.76
潍坊市	60	1.64	53.72	53.17	庆阳市	60	5.45	53.72	75.76
济宁市	80	1.43	53.72	53.17	定西市	40	1.61	53.72	75.76
泰安市	60	4.25	53.72	53.17	陇南市	100	8.69	99.49	75.76
威海市	100	1.75	53.72	53.17	西宁市	100	4.91	53.72	99.50
日照市	60	1.21	53.72	53.17	海东市	100	8.77	53.72	99.50
临沂市	60	3.79	74.29	72.45	银川市	40	0.15	53.72	77.96
德州市	40	2.13	53.72	53.17	石嘴山市	20	0.08	53.72	61.98
聊城市	40	1.96	95.37	87.33	吴忠市	40	0.14	53.72	77.96
滨州市	40	1.03	53.72	85.68	固原市	80	1.38	53.72	77.96
菏泽市	60	1.81	53.72	53.17	中卫市	40	0.44	53.72	77.96
郑州市	60	1.13	53.72	79.06	乌鲁木齐市	40	4.29	53.72	53.17
开封市	80	2.23	53.72	79.06	克拉玛依市	40	0.10	48.58	83.47
洛阳市	100	10.87	53.72	79.06	吐鲁番市	20	0.76	53.72	53.17
平顶山市	100	2.85	53.72	79.06	哈密市	20	2.20	53.72	53.17
安阳市	60	1.80	53.72	79.06	/	/	/	/	/

注：对于数据缺失的城市，本表记录为 not available，N/A。

五、森林碳汇维度反馈环节实证数据

按照"维度-环节-指标-得分变量"四个层级，对森林碳汇维度规划环节诊断指标的得分变量进行编码，如表5.60所示。依据第二章表2.30中的得分规则与数据来源，得出各样本城市在森林碳汇维度反馈环节的得分数据，如表5.61所示。

总体而言，样本城市在反馈环节三个得分变量上的平均得分差异较大，表明了我国城市在森林碳汇建设过程中，对反馈环节内涵的认识度有待深入。具体而言，样本城市在"森林碳汇建设工作的总结"这个得分变量上的表现最好（平均得分82分），表明我国城市在建设森林碳汇过程中已经初步形成了及时总结经验的工作机制。但在"奖励对提升森林碳汇水平有突出贡献的主体"（27分）、"处罚破坏森林碳汇的主体"（26分），样本城市表现较差，分别约有45%和47%的城市在这两个得分变量上取得了0分，这削弱了反馈环节的纠偏与优化前进方向作用，未来需要提升。

表 5.60　森林碳汇维度反馈环节指标的得分变量编码

环节	指标	得分变量	编码
反馈（Fo-F）	进一步提升森林碳汇水平的措施	森林碳汇建设工作的总结	Fo-F_1
		奖励对提升森林碳汇水平有突出贡献的主体	Fo-F_2
		处罚破坏森林碳汇的主体	Fo-F_3

表 5.61　样本城市在森林碳汇维度反馈环节得分变量值

城市	得分变量			城市	得分变量		
	Fo-F_1	Fo-F_2	Fo-F_3		Fo-F_1	Fo-F_2	Fo-F_3
北京市	100	50	50	鹤壁市	80	50	0
天津市	100	50	50	新乡市	80	50	50
石家庄市	80	50	0	焦作市	80	50	50
唐山市	80	0	0	濮阳市	40	50	50
秦皇岛市	80	50	0	许昌市	100	50	0
邯郸市	100	50	50	漯河市	80	0	0
邢台市	100	50	0	三门峡市	100	50	50
保定市	80	0	0	南阳市	80	50	50
张家口市	100	50	50	商丘市	80	0	0
承德市	100	50	50	信阳市	80	0	0
沧州市	100	0	0	周口市	80	50	0
廊坊市	80	0	50	驻马店市	100	50	0
衡水市	100	50	50	武汉市	40	50	0
太原市	80	50	50	黄石市	80	0	50
大同市	80	50	50	十堰市	80	0	50
阳泉市	100	50	0	宜昌市	80	50	50
长治市	80	50	0	襄阳市	80	0	50
晋城市	40	0	50	鄂州市	80	0	0
朔州市	80	0	50	荆门市	100	0	50
晋中市	40	0	50	孝感市	80	0	50
运城市	40	0	0	荆州市	100	0	50
忻州市	80	0	50	黄冈市	80	50	50
临汾市	100	50	50	咸宁市	80	0	0
吕梁市	80	0	50	随州市	100	50	50
呼和浩特市	100	50	50	长沙市	80	0	0
包头市	100	50	0	株洲市	80	0	0
乌海市	80	0	50	湘潭市	80	50	50
赤峰市	80	0	0	衡阳市	80	0	50

续表

城市	得分变量			城市	得分变量		
	Fo-F₁	Fo-F₂	Fo-F₃		Fo-F₁	Fo-F₂	Fo-F₃
通辽市	100	50	50	邵阳市	100	0	0
鄂尔多斯市	80	50	50	岳阳市	40	0	0
呼伦贝尔市	100	50	0	常德市	100	50	50
巴彦淖尔市	80	0	50	张家界市	80	0	50
乌兰察布市	80	50	0	益阳市	80	50	50
沈阳市	80	0	0	郴州市	80	50	0
大连市	80	0	0	永州市	80	0	0
鞍山市	80	0	50	怀化市	100	50	50
抚顺市	80	50	50	娄底市	40	0	0
本溪市	80	0	50	广州市	100	0	50
丹东市	40	50	0	韶关市	80	0	50
锦州市	100	50	50	深圳市	100	0	0
营口市	80	0	0	珠海市	80	0	0
阜新市	80	0	0	汕头市	80	0	50
辽阳市	80	50	0	佛山市	80	0	0
盘锦市	100	50	50	江门市	80	0	0
铁岭市	100	50	50	湛江市	80	0	0
朝阳市	80	0	50	茂名市	80	0	0
葫芦岛市	80	50	50	肇庆市	100	50	50
长春市	80	0	50	惠州市	100	0	0
吉林市	100	50	50	梅州市	100	0	0
四平市	100	50	50	汕尾市	80	0	0
辽源市	80	50	0	河源市	80	0	50
通化市	100	0	50	阳江市	80	0	0
白山市	80	50	0	清远市	80	0	50
松原市	40	0	0	东莞市	100	50	0
白城市	80	50	50	中山市	40	0	0
哈尔滨市	80	0	0	潮州市	100	0	50
齐齐哈尔市	80	0	0	揭阳市	100	50	50
鸡西市	40	0	0	云浮市	40	0	0
鹤岗市	40	0	0	南宁市	80	0	50
双鸭山市	80	0	50	柳州市	80	50	50
大庆市	80	50	0	桂林市	80	50	50
伊春市	80	0	50	梧州市	80	50	50

续表

城市	得分变量			城市	得分变量		
	Fo-F$_1$	Fo-F$_2$	Fo-F$_3$		Fo-F$_1$	Fo-F$_2$	Fo-F$_3$
佳木斯市	80	50	50	北海市	80	50	50
七台河市	80	50	50	防城港市	100	50	50
牡丹江市	80	50	50	钦州市	80	50	0
黑河市	0	0	0	贵港市	100	50	50
绥化市	40	0	0	玉林市	80	0	50
上海市	80	50	50	百色市	80	0	50
南京市	80	0	0	贺州市	80	50	50
无锡市	80	50	0	河池市	80	0	50
徐州市	80	0	0	来宾市	80	50	50
常州市	80	50	0	崇左市	100	50	50
苏州市	80	50	50	海口市	80	50	0
南通市	80	0	0	三亚市	100	50	0
连云港市	100	0	0	三沙市	40	0	0
淮安市	40	0	50	儋州市	80	0	0
盐城市	80	0	0	重庆市	80	50	0
扬州市	80	0	0	成都市	80	50	50
镇江市	80	0	0	自贡市	40	0	0
泰州市	80	0	0	攀枝花市	80	0	50
宿迁市	80	50	0	泸州市	80	50	50
杭州市	80	0	50	德阳市	100	50	50
宁波市	100	50	0	绵阳市	80	50	50
温州市	100	0	0	广元市	100	50	50
嘉兴市	80	0	0	遂宁市	100	50	50
湖州市	80	50	50	内江市	100	0	50
绍兴市	80	0	50	乐山市	80	50	0
金华市	80	50	50	南充市	80	0	50
衢州市	100	50	50	眉山市	100	50	50
舟山市	100	50	50	宜宾市	80	0	0
台州市	80	0	50	广安市	100	50	50
丽水市	80	50	0	达州市	80	0	0
合肥市	100	50	50	雅安市	80	50	50
芜湖市	80	50	50	巴中市	80	50	50
蚌埠市	80	50	50	资阳市	0	0	0
淮南市	100	50	50	贵阳市	100	0	0

续表

城市	得分变量			城市	得分变量		
	Fo-F₁	Fo-F₂	Fo-F₃		Fo-F₁	Fo-F₂	Fo-F₃
马鞍山市	100	50	50	六盘水市	80	0	50
淮北市	100	50	50	遵义市	80	50	0
铜陵市	80	50	0	安顺市	80	50	50
安庆市	80	50	50	毕节市	80	50	50
黄山市	100	0	50	铜仁市	80	0	50
滁州市	100	50	50	昆明市	100	50	50
阜阳市	80	0	50	曲靖市	80	0	0
宿州市	80	50	50	玉溪市	100	50	50
六安市	100	50	50	保山市	100	50	50
亳州市	80	50	50	昭通市	80	50	50
池州市	100	50	50	丽江市	100	50	50
宣城市	100	50	50	普洱市	0	0	0
福州市	80	0	0	临沧市	80	0	50
厦门市	80	0	0	拉萨市	80	50	50
莆田市	80	0	0	日喀则市	80	0	0
三明市	80	0	0	昌都市	100	50	0
泉州市	80	50	0	林芝市	80	0	0
漳州市	40	0	0	山南市	80	50	0
南平市	80	0	0	那曲市	80	50	0
龙岩市	80	0	0	西安市	80	50	0
宁德市	40	0	0	铜川市	100	50	0
南昌市	80	50	50	宝鸡市	100	50	50
景德镇市	80	50	0	咸阳市	80	50	0
萍乡市	80	0	0	渭南市	100	50	0
九江市	100	50	50	延安市	80	50	50
新余市	80	50	50	汉中市	100	50	50
鹰潭市	100	50	50	榆林市	80	50	50
赣州市	100	50	0	安康市	80	50	50
吉安市	80	0	50	商洛市	80	50	50
宜春市	80	50	50	兰州市	80	0	50
抚州市	80	50	50	嘉峪关市	100	50	50
上饶市	80	50	0	金昌市	80	0	0
济南市	100	50	50	白银市	80	50	0
青岛市	100	50	50	天水市	80	0	0

续表

城市	得分变量			城市	得分变量		
	Fo-F₁	Fo-F₂	Fo-F₃		Fo-F₁	Fo-F₂	Fo-F₃
淄博市	80	0	0	武威市	80	0	0
枣庄市	80	0	50	张掖市	80	0	0
东营市	80	0	0	平凉市	80	50	0
烟台市	100	50	50	酒泉市	100	0	0
潍坊市	80	0	0	庆阳市	80	0	0
济宁市	80	50	0	定西市	100	50	0
泰安市	100	50	0	陇南市	80	50	0
威海市	40	0	0	西宁市	80	0	50
日照市	80	0	0	海东市	100	0	0
临沂市	80	50	50	银川市	80	50	50
德州市	80	0	50	石嘴山市	100	50	50
聊城市	80	50	0	吴忠市	100	50	0
滨州市	40	0	0	固原市	80	50	0
菏泽市	80	0	0	中卫市	80	50	50
郑州市	100	50	0	乌鲁木齐市	80	50	50
开封市	100	50	0	克拉玛依市	80	50	50
洛阳市	100	50	50	吐鲁番市	100	50	50
平顶山市	80	0	50	哈密市	80	50	0
安阳市	80	50	0	/	/	/	/

注：对于数据缺失的城市，本表记录为 not available，N/A。

第七节 绿地碳汇维度诊断指标实证数据

一、绿地碳汇维度规划环节实证数据

按照"维度-环节-指标-得分变量"四个层级，对绿地碳汇维度规划环节的得分变量进行编码，如表 5.62 所示。依据第二章表 2.31 设定的得分规则以及数据来源，样本城市在绿地碳汇维度规划环节得分变量的得分数据如表 5.63 所示。

可以看出，样本城市在"绿地面积保护与提升的规划"上得分多为 80 分或 100 分，得分偏高，说明各样本有明确的绿地保护的类型及面积，并提出了具体绿地建设要求。在"绿地固碳质量提升规划"得分多为 40 分或 60 分，得分偏低。说明各个城市尚未明确如何建立多层次、完善的绿色生态网络，也没有明确规定如何提高乔木和灌木的覆盖率以及树种的规划要求。在"绿地管理水平提升的规划"这一得分变量上的得分较相对较低，平均分为 46 分，说明各城市未能准确识别绿地管理的重点内容。

表 5.62 绿地碳汇维度规划环节指标的得分变量编码

环节	指标	得分变量	编码
绿地（GS-P）	提升绿地固碳能力的规划	绿地面积保护与提升的规划	GS-P$_1$
		绿地固碳质量提升规划	GS-P$_2$
		绿地管理水平提升的规划	GS-P$_3$

表 5.63 样本城市在绿地碳汇维度规划环节得分变量值

城市	得分变量			城市	得分变量		
	GS-P$_1$	GS-P$_2$	GS-P$_3$		GS-P$_1$	GS-P$_2$	GS-P$_3$
北京市	60	60	40	鹤壁市	20	40	20
天津市	100	100	80	新乡市	80	40	40
石家庄市	80	60	40	焦作市	60	60	60
唐山市	100	80	40	濮阳市	100	80	80
秦皇岛市	100	80	20	许昌市	100	60	80
邯郸市	80	60	0	漯河市	40	40	20
邢台市	60	60	60	三门峡市	60	60	60
保定市	80	60	40	南阳市	100	80	60
张家口市	40	60	20	商丘市	100	60	80
承德市	60	60	80	信阳市	60	40	0
沧州市	100	60	60	周口市	100	80	100
廊坊市	100	40	20	驻马店市	60	60	60
衡水市	100	60	80	武汉市	80	60	20
太原市	60	60	60	黄石市	60	60	40
大同市	60	40	20	十堰市	100	80	60
阳泉市	40	40	60	宜昌市	80	60	60
长治市	80	60	60	襄阳市	100	40	20
晋城市	80	60	20	鄂州市	80	60	60
朔州市	100	60	60	荆门市	100	60	60
晋中市	80	40	20	孝感市	60	60	20
运城市	40	60	20	荆州市	40	60	40
忻州市	60	60	80	黄冈市	100	100	100
临汾市	40	40	40	咸宁市	100	40	40
吕梁市	60	60	20	随州市	80	40	20
呼和浩特市	100	60	40	长沙市	80	60	80
包头市	60	40	0	株洲市	100	80	60
乌海市	80	40	60	湘潭市	80	60	0
赤峰市	80	40	20	衡阳市	40	40	40
通辽市	80	60	40	邵阳市	100	60	40

续表

城市	得分变量			城市	得分变量		
	GS-P$_1$	GS-P$_2$	GS-P$_3$		GS-P$_1$	GS-P$_2$	GS-P$_3$
鄂尔多斯市	80	40	20	岳阳市	100	60	60
呼伦贝尔市	80	60	40	常德市	80	60	40
巴彦淖尔市	80	60	40	张家界市	60	40	40
乌兰察布市	80	60	20	益阳市	80	40	40
沈阳市	40	40	40	郴州市	100	60	40
大连市	100	60	60	永州市	100	60	60
鞍山市	100	80	80	怀化市	80	40	60
抚顺市	80	60	60	娄底市	40	40	20
本溪市	60	60	60	广州市	100	100	80
丹东市	100	60	80	韶关市	60	60	40
锦州市	60	60	20	深圳市	100	80	80
营口市	100	40	40	珠海市	80	60	80
阜新市	20	20	20	汕头市	100	60	40
辽阳市	60	60	60	佛山市	100	80	60
盘锦市	40	20	20	江门市	80	60	60
铁岭市	80	60	60	湛江市	80	60	60
朝阳市	60	40	40	茂名市	60	40	60
葫芦岛市	60	40	40	肇庆市	100	80	100
长春市	80	60	60	惠州市	100	80	60
吉林市	100	80	80	梅州市	80	60	40
四平市	100	60	40	汕尾市	100	60	40
辽源市	60	60	20	河源市	80	60	80
通化市	80	60	40	阳江市	60	60	80
白山市	60	60	20	清远市	80	60	40
松原市	100	60	40	东莞市	80	60	20
白城市	100	60	60	中山市	80	40	40
哈尔滨市	40	60	20	潮州市	100	80	100
齐齐哈尔市	20	20	0	揭阳市	60	60	20
鸡西市	80	60	40	云浮市	80	60	60
鹤岗市	80	80	40	南宁市	80	60	80
双鸭山市	100	60	40	柳州市	80	40	80
大庆市	60	60	40	桂林市	60	60	20
伊春市	80	60	60	梧州市	80	80	60
佳木斯市	80	60	60	北海市	80	60	20

续表

城市	得分变量			城市	得分变量		
	GS-P$_1$	GS-P$_2$	GS-P$_3$		GS-P$_1$	GS-P$_2$	GS-P$_3$
七台河市	60	60	40	防城港市	60	60	80
牡丹江市	60	60	60	钦州市	40	40	0
黑河市	20	60	40	贵港市	60	60	40
绥化市	40	60	20	玉林市	80	60	20
上海市	60	60	60	百色市	60	20	40
南京市	80	60	80	贺州市	80	60	60
无锡市	100	60	40	河池市	100	60	40
徐州市	40	40	60	来宾市	60	60	40
常州市	100	40	40	崇左市	80	60	60
苏州市	100	40	40	海口市	100	60	60
南通市	60	40	20	三亚市	80	40	20
连云港市	100	60	40	三沙市	20	20	20
淮安市	100	40	60	儋州市	100	100	80
盐城市	100	80	100	重庆市	100	60	60
扬州市	80	60	40	成都市	100	100	100
镇江市	40	60	20	自贡市	100	40	60
泰州市	40	40	0	攀枝花市	100	60	40
宿迁市	100	60	60	泸州市	80	60	60
杭州市	100	100	60	德阳市	100	60	40
宁波市	60	80	40	绵阳市	80	60	20
温州市	80	60	40	广元市	100	60	40
嘉兴市	40	40	20	遂宁市	20	60	60
湖州市	100	60	20	内江市	100	60	80
绍兴市	80	40	0	乐山市	100	60	100
金华市	60	60	40	南充市	100	80	60
衢州市	40	60	40	眉山市	100	60	40
舟山市	80	40	40	宜宾市	80	40	60
台州市	80	60	40	广安市	80	60	40
丽水市	100	80	60	达州市	100	80	100
合肥市	60	60	40	雅安市	80	60	60
芜湖市	80	40	80	巴中市	80	60	40
蚌埠市	80	60	40	资阳市	100	60	40
淮南市	60	60	40	贵阳市	100	40	40
马鞍山市	0	0	0	六盘水市	80	60	40

续表

城市	得分变量			城市	得分变量		
	GS-P$_1$	GS-P$_2$	GS-P$_3$		GS-P$_1$	GS-P$_2$	GS-P$_3$
淮北市	80	60	20	遵义市	100	80	40
铜陵市	100	80	60	安顺市	60	40	20
安庆市	60	40	60	毕节市	80	60	40
黄山市	60	60	40	铜仁市	60	80	20
滁州市	80	60	40	昆明市	80	40	20
阜阳市	80	60	100	曲靖市	100	80	100
宿州市	100	60	100	玉溪市	80	60	60
六安市	40	60	40	保山市	40	40	0
亳州市	80	60	40	昭通市	40	40	20
池州市	40	60	40	丽江市	100	60	80
宣城市	60	60	0	普洱市	80	60	40
福州市	80	80	60	临沧市	80	60	40
厦门市	100	80	60	拉萨市	60	40	40
莆田市	60	40	60	日喀则市	40	40	20
三明市	100	80	60	昌都市	20	20	0
泉州市	80	60	20	林芝市	80	60	60
漳州市	60	60	60	山南市	60	40	40
南平市	60	80	40	那曲市	60	60	40
龙岩市	100	80	40	西安市	100	60	60
宁德市	60	60	20	铜川市	40	40	60
南昌市	80	60	60	宝鸡市	100	60	60
景德镇市	80	60	40	咸阳市	80	40	40
萍乡市	60	60	40	渭南市	60	60	0
九江市	40	40	20	延安市	80	60	60
新余市	40	40	20	汉中市	80	60	40
鹰潭市	60	60	40	榆林市	20	40	0
赣州市	100	80	20	安康市	80	60	20
吉安市	60	60	40	商洛市	80	60	40
宜春市	100	60	40	兰州市	80	40	60
抚州市	80	40	60	嘉峪关市	100	60	80
上饶市	60	60	20	金昌市	60	60	40
济南市	80	60	80	白银市	80	40	0
青岛市	60	60	40	天水市	80	60	0
淄博市	100	60	40	武威市	80	60	60

城市	得分变量			城市	得分变量		
	GS-P$_1$	GS-P$_2$	GS-P$_3$		GS-P$_1$	GS-P$_2$	GS-P$_3$
枣庄市	80	60	80	张掖市	60	40	40
东营市	80	60	60	平凉市	40	40	20
烟台市	40	40	0	酒泉市	80	60	40
潍坊市	100	60	40	庆阳市	100	60	40
济宁市	100	60	80	定西市	60	40	20
泰安市	80	60	20	陇南市	80	60	20
威海市	100	60	40	西宁市	100	40	60
日照市	100	100	100	海东市	60	60	20
临沂市	60	60	40	银川市	40	40	40
德州市	80	40	80	石嘴山市	80	100	80
聊城市	100	60	60	吴忠市	100	80	80
滨州市	80	60	80	固原市	60	60	20
菏泽市	80	60	40	中卫市	100	80	60
郑州市	80	60	20	乌鲁木齐市	20	40	40
开封市	80	60	80	克拉玛依市	80	40	0
洛阳市	80	60	40	吐鲁番市	60	60	60
平顶山市	60	60	80	哈密市	80	60	40
安阳市	80	80	60	/	/	/	/

注：对于数据缺失的城市，本表记录为 not available，N/A。

二、绿地碳汇维度实施环节实证数据

绿地碳汇维度实施环节的得分变量的编码如表 5.64 所示。依据第二章表 2.32 设定的得分规则以及数据来源，样本城市在绿地碳汇维度实施环节得分变量的得分数据如表 5.65 所示。

可以看出，样本城市在"相关规章制度的完善和畅通程度""专项资金投入力度"上表现较好，但在"人力资源保障程度""技术条件保障程度"方面表现较差。由此可见，在实施（I）环节，虽然各城市均有负责绿地系统修复的专家人才和有关于绿地碳汇相关的研究与设计推广机构，如研究院所、设计院、集团公司等，但这些措施未能保障绿地碳汇工作的开展。

表 5.64　绿地碳汇维度实施环节指标的得分变量编码

环节	指标	得分变量	编码
绿地（GS-I）	提升绿地固碳能力的保障	相关规章制度的完善和畅通程度	GS-I$_1$
		专项资金投入力度	GS-I$_2$
		人力资源保障程度	GS-I$_3$
		技术条件保障程度	GS-I$_4$

表 5.65 样本城市在绿地碳汇维度实施环节得分变量值

城市	得分变量				城市	得分变量			
	GS-I$_1$	GS-I$_2$	GS-I$_3$	GS-I$_4$		GS-I$_1$	GS-I$_2$	GS-I$_3$	GS-I$_4$
北京市	100	100	100	100	鹤壁市	60	60	80	60
天津市	80	60	60	60	新乡市	80	80	60	60
石家庄市	100	80	80	60	焦作市	100	40	40	80
唐山市	60	60	20	20	濮阳市	0	0	0	0
秦皇岛市	40	60	80	60	许昌市	80	60	40	20
邯郸市	80	60	60	40	漯河市	80	60	40	60
邢台市	40	60	80	60	三门峡市	80	80	40	20
保定市	80	80	40	80	南阳市	100	80	60	80
张家口市	80	100	60	80	商丘市	100	80	60	60
承德市	60	100	80	80	信阳市	80	40	40	40
沧州市	100	80	60	60	周口市	100	80	60	40
廊坊市	20	20	0	0	驻马店市	40	60	40	40
衡水市	100	60	100	80	武汉市	80	80	80	80
太原市	100	100	80	80	黄石市	60	80	80	60
大同市	80	80	40	40	十堰市	60	80	80	20
阳泉市	20	40	0	0	宜昌市	100	60	40	60
长治市	60	60	20	60	襄阳市	80	60	80	20
晋城市	80	60	100	40	鄂州市	80	80	60	80
朔州市	40	40	20	40	荆门市	100	100	80	60
晋中市	80	60	20	80	孝感市	40	20	0	0
运城市	80	20	20	20	荆州市	100	80	80	60
忻州市	80	80	60	80	黄冈市	80	80	80	60
临汾市	60	40	40	20	咸宁市	40	80	20	20
吕梁市	80	80	40	100	随州市	100	80	80	20
呼和浩特市	100	80	60	80	长沙市	80	80	80	60
包头市	80	60	80	80	株洲市	60	80	60	40
乌海市	60	40	0	40	湘潭市	60	80	40	40
赤峰市	80	40	40	20	衡阳市	60	60	80	60
通辽市	100	100	40	40	邵阳市	60	80	60	40
鄂尔多斯市	80	60	40	60	岳阳市	80	60	60	40
呼伦贝尔市	60	20	0	0	常德市	100	60	60	40
巴彦淖尔市	20	20	60	0	张家界市	80	20	40	20
乌兰察布市	80	60	80	100	益阳市	80	80	60	20
沈阳市	80	80	40	60	郴州市	60	60	40	60
大连市	100	40	40	20	永州市	60	60	80	40

续表

城市	得分变量				城市	得分变量			
	GS-I$_1$	GS-I$_2$	GS-I$_3$	GS-I$_4$		GS-I$_1$	GS-I$_2$	GS-I$_3$	GS-I$_4$
鞍山市	40	40	0	0	怀化市	80	80	60	60
抚顺市	80	60	60	40	娄底市	100	40	100	60
本溪市	100	80	20	60	广州市	80	60	80	80
丹东市	40	40	0	20	韶关市	80	80	60	20
锦州市	80	80	0	40	深圳市	100	40	80	60
营口市	80	20	20	0	珠海市	80	60	60	40
阜新市	80	80	80	40	汕头市	60	80	80	40
辽阳市	80	60	20	60	佛山市	80	60	60	40
盘锦市	100	60	60	60	江门市	60	40	80	40
铁岭市	60	80	40	40	湛江市	40	80	40	40
朝阳市	80	80	20	20	茂名市	40	40	0	0
葫芦岛市	80	60	20	40	肇庆市	60	80	40	20
长春市	60	60	60	40	惠州市	80	80	40	40
吉林市	100	80	80	60	梅州市	60	40	60	20
四平市	100	80	60	60	汕尾市	80	60	60	60
辽源市	60	80	40	60	河源市	60	40	80	40
通化市	40	60	40	40	阳江市	80	40	100	20
白山市	80	60	60	40	清远市	100	40	60	20
松原市	60	40	40	20	东莞市	20	40	20	0
白城市	100	40	20	60	中山市	80	60	40	40
哈尔滨市	80	80	40	60	潮州市	60	40	20	0
齐齐哈尔市	40	40	40	0	揭阳市	60	80	100	20
鸡西市	60	20	0	40	云浮市	60	40	20	40
鹤岗市	20	20	0	0	南宁市	80	60	40	60
双鸭山市	60	20	0	0	柳州市	100	60	60	60
大庆市	60	20	0	0	桂林市	80	100	80	40
伊春市	60	20	40	20	梧州市	40	0	20	0
佳木斯市	60	40	20	40	北海市	0	0	0	0
七台河市	80	60	60	80	防城港市	40	0	0	0
牡丹江市	60	60	20	60	钦州市	40	20	0	0
黑河市	40	20	20	20	贵港市	80	40	40	0
绥化市	N/A	N/A	N/A	N/A	玉林市	40	40	20	40
上海市	80	100	60	80	百色市	40	40	0	0
南京市	100	80	80	100	贺州市	60	40	0	20
无锡市	80	40	60	80	河池市	60	40	0	20

城市	得分变量				城市	得分变量			
	GS-I$_1$	GS-I$_2$	GS-I$_3$	GS-I$_4$		GS-I$_1$	GS-I$_2$	GS-I$_3$	GS-I$_4$
徐州市	100	60	40	80	来宾市	60	0	0	20
常州市	60	20	60	0	崇左市	40	20	0	0
苏州市	80	80	40	80	海口市	80	60	20	80
南通市	80	60	40	60	三亚市	80	60	40	40
连云港市	40	80	40	0	三沙市	40	0	0	0
淮安市	60	60	20	80	儋州市	80	20	20	20
盐城市	80	100	80	80	重庆市	80	80	60	60
扬州市	80	60	40	20	成都市	80	60	60	100
镇江市	80	100	80	80	自贡市	60	60	60	60
泰州市	80	40	40	20	攀枝花市	100	100	60	60
宿迁市	100	100	100	80	泸州市	100	100	40	60
杭州市	100	80	100	100	德阳市	80	80	20	40
宁波市	100	80	100	100	绵阳市	80	80	60	100
温州市	100	60	80	100	广元市	100	80	60	80
嘉兴市	100	80	100	100	遂宁市	100	80	60	40
湖州市	100	60	80	80	内江市	80	60	60	60
绍兴市	100	80	100	100	乐山市	80	60	60	40
金华市	100	100	100	100	南充市	80	80	20	40
衢州市	80	60	80	80	眉山市	80	80	60	80
舟山市	100	80	60	80	宜宾市	80	40	80	60
台州市	80	40	80	100	广安市	100	80	40	80
丽水市	100	60	80	60	达州市	100	80	40	20
合肥市	100	80	60	60	雅安市	80	80	80	40
芜湖市	100	60	60	80	巴中市	60	60	40	40
蚌埠市	100	80	80	20	资阳市	N/A	N/A	N/A	N/A
淮南市	100	80	80	60	贵阳市	80	80	60	100
马鞍山市	100	80	60	80	六盘水市	40	60	20	20
淮北市	80	40	40	20	遵义市	60	0	20	40
铜陵市	80	80	20	40	安顺市	60	60	40	80
安庆市	100	60	60	40	毕节市	60	80	40	60
黄山市	60	40	20	0	铜仁市	60	20	60	60
滁州市	60	60	20	0	昆明市	80	100	60	80
阜阳市	80	100	60	80	曲靖市	40	20	20	40
宿州市	100	60	40	60	玉溪市	60	60	60	40
六安市	80	80	100	80	保山市	80	60	40	40

续表

城市	得分变量				城市	得分变量			
	GS-I$_1$	GS-I$_2$	GS-I$_3$	GS-I$_4$		GS-I$_1$	GS-I$_2$	GS-I$_3$	GS-I$_4$
亳州市	100	80	80	60	昭通市	40	40	20	0
池州市	80	80	40	60	丽江市	80	40	40	60
宣城市	80	80	60	60	普洱市	N/A	N/A	N/A	N/A
福州市	80	40	40	40	临沧市	80	40	60	80
厦门市	80	60	60	80	拉萨市	100	80	60	60
莆田市	60	60	60	40	日喀则市	60	80	20	0
三明市	80	80	40	80	昌都市	100	80	40	60
泉州市	80	100	60	100	林芝市	60	20	0	0
漳州市	20	0	0	0	山南市	60	60	40	20
南平市	20	20	0	0	那曲市	40	60	0	0
龙岩市	80	60	60	80	西安市	100	100	60	100
宁德市	60	40	40	20	铜川市	80	80	100	80
南昌市	60	60	40	40	宝鸡市	100	80	60	60
景德镇市	40	20	0	0	咸阳市	80	60	100	40
萍乡市	40	40	40	0	渭南市	100	80	60	60
九江市	100	80	60	60	延安市	80	60	60	60
新余市	60	80	40	0	汉中市	100	80	100	60
鹰潭市	100	80	60	80	榆林市	100	60	40	60
赣州市	60	80	60	60	安康市	100	80	100	100
吉安市	80	80	40	80	商洛市	60	40	40	40
宜春市	80	60	80	60	兰州市	80	60	40	40
抚州市	80	80	100	60	嘉峪关市	100	80	80	80
上饶市	80	60	60	40	金昌市	80	60	20	60
济南市	100	60	80	100	白银市	60	80	40	60
青岛市	100	80	80	40	天水市	80	60	40	40
淄博市	80	80	60	60	武威市	60	60	20	80
枣庄市	80	60	60	40	张掖市	100	80	40	60
东营市	100	60	40	80	平凉市	60	80	40	40
烟台市	100	100	40	80	酒泉市	40	20	0	40
潍坊市	100	60	60	80	庆阳市	80	40	40	80
济宁市	80	80	100	80	定西市	60	40	20	20
泰安市	80	60	60	60	陇南市	40	40	0	20
威海市	100	80	80	100	西宁市	80	60	60	60
日照市	60	40	20	40	海东市	60	80	40	20
临沂市	80	80	80	80	银川市	80	80	40	100

续表

城市	得分变量				城市	得分变量			
	GS-I$_1$	GS-I$_2$	GS-I$_3$	GS-I$_4$		GS-I$_1$	GS-I$_2$	GS-I$_3$	GS-I$_4$
德州市	80	80	60	100	石嘴山市	80	80	20	20
聊城市	100	80	80	60	吴忠市	80	80	60	40
滨州市	60	40	40	40	固原市	60	40	60	60
菏泽市	80	40	60	20	中卫市	60	40	20	0
郑州市	80	60	60	60	乌鲁木齐市	80	100	60	60
开封市	100	60	40	40	克拉玛依市	60	60	20	20
洛阳市	60	40	20	80	吐鲁番市	60	40	20	20
平顶山市	80	80	40	60	哈密市	20	0	0	0
安阳市	100	40	20	40	/	/	/	/	/

注：对于数据缺失的城市，本表记录为 not available，N/A。

三、绿地碳汇维度检查环节实证数据

绿地碳汇维度检查环节的得分变量的编码如表 5.66 所示。依据第二章表 2.33 设定的得分规则以及数据来源，样本城市在绿地碳汇维度检查环节得分变量的得分数据如表 5.67 所示。

可以看出，样本城市在"相关规章制度的完善和畅通程度"这一得分变量上得分较高，"专项资金保障程度"平均得分次之，但在其他得分变量方面得分都较低，尤其是在人力资源保障程度的"是否有由政府单一部门负责人牵头组成的监督小组""是否有由政府单一部门内园林绿化、林业管理、城镇建设等多部门负责人牵头组成的监督小组"和"是否有由当地园林绿化局内园林绿化处负责人牵头的监督小组"，以及在技术条件保障程度的"是否有用于监督绿地固碳能力提升工作的智慧城市实施监控平台（如研究院所、设计院、集团公司等）""是否有用于监督绿地固碳能力提升工作的安全应急保障系统""未提出引进绿地碳汇监督相关技术"。

表 5.66　绿地碳汇维度检查环节指标的得分变量编码

环节	指标	得分变量	编码
检查（GS-C）	监督绿地固碳能力提升的检查内容	相关规章制度的完善和畅通程度	GS-C$_1$
		专项资金保障程度	GS-C$_2$
		人力资源保障程度	GS-C$_3$
		技术条件保障程度	GS-C$_4$

表 5.67　样本城市在绿地碳汇维度检查环节得分变量值

城市	得分变量				城市	得分变量			
	GS-C$_1$	GS-C$_2$	GS-C$_3$	GS-C$_4$		GS-C$_1$	GS-C$_2$	GS-C$_3$	GS-C$_4$
北京市	100	100	100	100	鹤壁市	60	40	40	0
天津市	40	60	80	0	新乡市	40	80	60	0

续表

城市	得分变量				城市	得分变量			
	GS-C$_1$	GS-C$_2$	GS-C$_3$	GS-C$_4$		GS-C$_1$	GS-C$_2$	GS-C$_3$	GS-C$_4$
石家庄市	60	80	0	25	焦作市	100	60	60	25
唐山市	40	20	0	0	濮阳市	0	0	0	0
秦皇岛市	40	0	0	25	许昌市	100	60	0	25
邯郸市	20	0	40	0	漯河市	40	80	20	0
邢台市	40	20	40	25	三门峡市	80	40	0	0
保定市	40	20	100	25	南阳市	80	80	80	75
张家口市	80	100	80	50	商丘市	80	100	80	50
承德市	60	80	80	0	信阳市	20	60	0	0
沧州市	80	20	40	0	周口市	80	80	40	50
廊坊市	0	0	0	25	驻马店市	0	60	0	0
衡水市	60	100	20	25	武汉市	80	100	100	50
太原市	100	100	60	25	黄石市	60	80	20	0
大同市	40	100	80	0	十堰市	100	40	40	0
阳泉市	0	0	0	0	宜昌市	100	60	20	0
长治市	60	60	0	25	襄阳市	100	40	40	0
晋城市	100	100	100	0	鄂州市	60	60	40	0
朔州市	40	0	0	0	荆门市	80	80	60	0
晋中市	80	100	0	0	孝感市	40	20	0	0
运城市	0	0	0	0	荆州市	60	20	20	0
忻州市	80	100	60	0	黄冈市	80	40	20	25
临汾市	40	80	0	25	咸宁市	60	60	0	25
吕梁市	80	100	40	0	随州市	80	60	0	25
呼和浩特市	60	80	100	50	长沙市	80	100	40	0
包头市	100	80	40	0	株洲市	40	40	40	0
乌海市	60	60	0	0	湘潭市	40	40	0	0
赤峰市	40	60	20	0	衡阳市	80	60	60	25
通辽市	80	80	80	25	邵阳市	40	40	20	0
鄂尔多斯市	60	40	0	0	岳阳市	40	100	40	0
呼伦贝尔市	60	0	0	0	常德市	60	60	20	0
巴彦淖尔市	20	0	0	0	张家界市	40	0	0	0
乌兰察布市	40	40	40	0	益阳市	20	20	40	25
沈阳市	60	100	20	25	郴州市	40	60	40	0
大连市	80	20	0	25	永州市	40	80	40	0
鞍山市	0	0	0	0	怀化市	60	60	20	25

续表

城市	得分变量				城市	得分变量			
	GS-C$_1$	GS-C$_2$	GS-C$_3$	GS-C$_4$		GS-C$_1$	GS-C$_2$	GS-C$_3$	GS-C$_4$
抚顺市	40	80	60	25	娄底市	40	40	40	0
本溪市	80	20	0	0	广州市	100	60	0	50
丹东市	0	0	0	0	韶关市	60	100	0	0
锦州市	60	20	0	0	深圳市	60	100	0	0
营口市	40	40	0	0	珠海市	20	80	0	0
阜新市	100	100	100	75	汕头市	80	80	0	0
辽阳市	20	60	0	0	佛山市	60	0	0	0
盘锦市	100	40	40	0	江门市	0	20	0	0
铁岭市	60	60	0	0	湛江市	20	0	20	0
朝阳市	20	20	0	0	茂名市	20	0	0	0
葫芦岛市	40	0	0	25	肇庆市	20	40	0	0
长春市	40	80	20	0	惠州市	40	0	20	0
吉林市	100	100	40	25	梅州市	40	20	0	25
四平市	80	80	80	25	汕尾市	40	40	0	0
辽源市	80	80	80	0	河源市	60	0	0	0
通化市	60	40	0	0	阳江市	40	20	0	0
白山市	60	80	60	0	清远市	40	40	0	0
松原市	40	20	0	0	东莞市	40	20	40	0
白城市	40	60	0	0	中山市	40	60	0	0
哈尔滨市	80	100	0	0	潮州市	40	0	20	0
齐齐哈尔市	0	20	0	0	揭阳市	60	80	0	0
鸡西市	20	0	0	0	云浮市	40	80	80	0
鹤岗市	40	0	0	0	南宁市	60	80	0	0
双鸭山市	20	0	0	0	柳州市	80	80	80	0
大庆市	20	40	0	25	桂林市	80	100	60	25
伊春市	20	0	0	0	梧州市	40	0	0	0
佳木斯市	60	20	20	0	北海市	20	0	0	0
七台河市	80	100	60	0	防城港市	60	0	0	25
牡丹江市	60	80	80	25	钦州市	40	20	40	0
黑河市	60	60	0	0	贵港市	60	40	100	0
绥化市	N/A	N/A	N/A	N/A	玉林市	60	0	40	0
上海市	60	100	100	50	百色市	20	60	20	0
南京市	100	100	40	100	贺州市	60	40	0	0
无锡市	60	60	40	0	河池市	60	20	0	0

续表

城市	得分变量				城市	得分变量			
	GS-C$_1$	GS-C$_2$	GS-C$_3$	GS-C$_4$		GS-C$_1$	GS-C$_2$	GS-C$_3$	GS-C$_4$
徐州市	80	80	40	25	来宾市	60	0	0	0
常州市	60	0	0	0	崇左市	60	20	0	0
苏州市	60	40	100	25	海口市	80	60	0	0
南通市	80	40	0	0	三亚市	40	20	20	0
连云港市	40	0	0	0	三沙市	20	0	0	0
淮安市	40	20	40	0	儋州市	40	20	0	0
盐城市	80	80	60	25	重庆市	40	40	40	25
扬州市	80	80	0	25	成都市	80	60	40	0
镇江市	100	100	40	50	自贡市	60	80	40	25
泰州市	40	0	0	0	攀枝花市	60	80	20	0
宿迁市	100	80	40	75	泸州市	60	80	20	0
杭州市	80	100	40	50	德阳市	60	40	20	0
宁波市	60	100	80	75	绵阳市	100	80	0	50
温州市	80	80	40	25	广元市	100	80	80	0
嘉兴市	100	100	40	50	遂宁市	80	0	0	25
湖州市	80	100	100	50	内江市	60	80	40	50
绍兴市	60	100	100	50	乐山市	80	0	20	0
金华市	100	100	100	50	南充市	60	40	0	0
衢州市	60	80	60	25	眉山市	80	100	40	50
舟山市	80	60	60	50	宜宾市	80	60	60	0
台州市	60	100	40	50	广安市	60	80	40	25
丽水市	80	100	40	50	达州市	80	60	0	0
合肥市	80	100	100	0	雅安市	80	20	40	0
芜湖市	100	20	40	0	巴中市	100	0	20	0
蚌埠市	100	80	40	0	资阳市	N/A	N/A	N/A	N/A
淮南市	60	60	40	0	贵阳市	100	100	40	0
马鞍山市	100	100	60	75	六盘水市	0	0	40	0
淮北市	80	20	40	0	遵义市	60	0	20	0
铜陵市	100	80	0	50	安顺市	20	100	0	0
安庆市	80	80	60	50	毕节市	40	60	40	0
黄山市	20	20	0	0	铜仁市	0	40	0	0
滁州市	80	0	0	0	昆明市	80	100	100	50
阜阳市	80	100	0	25	曲靖市	40	20	0	0
宿州市	100	60	20	25	玉溪市	60	80	40	50

续表

城市	得分变量				城市	得分变量			
	GS-C$_1$	GS-C$_2$	GS-C$_3$	GS-C$_4$		GS-C$_1$	GS-C$_2$	GS-C$_3$	GS-C$_4$
六安市	80	80	60	50	保山市	20	80	40	25
亳州市	80	80	20	0	昭通市	40	40	0	0
池州市	80	80	0	0	丽江市	80	60	0	25
宣城市	80	40	0	0	普洱市	N/A	N/A	N/A	N/A
福州市	60	0	0	0	临沧市	60	60	0	25
厦门市	100	80	100	50	拉萨市	80	40	60	0
莆田市	60	0	0	0	日喀则市	60	40	80	0
三明市	100	40	40	75	昌都市	60	80	0	0
泉州市	60	100	40	25	林芝市	0	0	0	0
漳州市	0	0	0	0	山南市	80	0	0	0
南平市	0	0	0	0	那曲市	80	80	0	0
龙岩市	100	80	60	0	西安市	60	100	80	25
宁德市	0	0	0	0	铜川市	80	100	40	0
南昌市	20	20	40	0	宝鸡市	100	100	100	25
景德镇市	60	0	0	0	咸阳市	80	20	0	0
萍乡市	0	20	0	0	渭南市	60	40	0	75
九江市	100	100	0	0	延安市	40	60	0	25
新余市	60	60	40	25	汉中市	80	100	40	0
鹰潭市	60	100	100	25	榆林市	80	40	0	0
赣州市	100	60	0	50	安康市	100	80	80	0
吉安市	80	80	0	75	商洛市	60	20	0	0
宜春市	40	20	0	0	兰州市	60	80	100	25
抚州市	100	80	40	25	嘉峪关市	60	60	80	0
上饶市	40	80	20	0	金昌市	40	80	40	25
济南市	100	80	100	50	白银市	40	80	100	25
青岛市	40	60	40	25	天水市	40	40	40	0
淄博市	60	80	40	50	武威市	60	20	0	25
枣庄市	60	40	80	25	张掖市	60	60	0	75
东营市	60	80	0	50	平凉市	60	80	0	0
烟台市	100	80	80	50	酒泉市	0	20	0	0
潍坊市	60	80	40	25	庆阳市	40	60	N/A	0
济宁市	80	100	80	75	定西市	0	0	0	0
泰安市	60	80	80	50	陇南市	20	0	0	0
威海市	60	60	100	50	西宁市	80	80	80	50

城市	得分变量				城市	得分变量			
	GS-C$_1$	GS-C$_2$	GS-C$_3$	GS-C$_4$		GS-C$_1$	GS-C$_2$	GS-C$_3$	GS-C$_4$
日照市	40	20	0	0	海东市	0	100	20	0
临沂市	100	100	40	100	银川市	60	60	40	50
德州市	100	100	0	75	石嘴山市	100	80	0	0
聊城市	100	80	100	25	吴忠市	60	80	40	0
滨州市	20	20	40	0	固原市	80	60	100	0
菏泽市	80	60	0	0	中卫市	80	0	0	0
郑州市	60	100	0	0	乌鲁木齐市	80	100	40	0
开封市	80	60	0	50	克拉玛依市	40	0	0	0
洛阳市	60	40	0	25	吐鲁番市	80	20	20	25
平顶山市	40	20	40	0	哈密市	0	0	0	0
安阳市	60	80	40	25	/	/	/	/	/

注：对于数据缺失的城市，本表记录为 not available，N/A。

四、绿地碳汇维度结果环节实证数据

绿地碳汇维度结果环节的得分变量的编码如表 5.68 所示。依据第二章表 2.34 设定的得分规则以及数据来源，样本城市在绿地碳汇维度结果环节得分变量的得分数据如表 5.69 所示。

可以看出，大部分城市在结果环节的三个得分变量得分较低，如"建成区绿地率（%）"得分变量中，仅有 31 个城市（约占样本城市的 10%）的得分高于 60 分；"人均绿地面积（平方米）"得分变量中有 20 个城市（约占样本城市的 7%）的得分高于 60 分；"人均公园绿地面积（平方米）"得分变量中有 51 个城市（约占样本城市的 17%）的得分高于 60 分。

表 5.68　绿地碳汇维度结果环节指标的得分变量编码

环节	指标	得分变量	编码
结果（GS-O）	绿地固碳能力	建成区绿地率（%）	GS-O$_1$
		人均绿地面积（平方米）	GS-O$_2$
		人均公园绿地面积（平方米）	GS-O$_3$

表 5.69　样本城市在绿地碳汇维度结果环节得分变量值

城市	得分变量			城市	得分变量		
	GS-O$_1$	GS-O$_2$	GS-O$_3$		GS-O$_1$	GS-O$_2$	GS-O$_3$
北京市	98.98	100	100	鹤壁市	20.03	23.27	61.34
天津市	54.67	39.56	41.30	新乡市	6.35	1.72	52.70

续表

城市	得分变量			城市	得分变量		
	GS-O$_1$	GS-O$_2$	GS-O$_3$		GS-O$_1$	GS-O$_2$	GS-O$_3$
石家庄市	17.99	17.28	23.74	焦作市	13.07	11.61	46.24
唐山市	18.04	17.75	43.71	濮阳市	3.88	4.65	44.70
秦皇岛市	28.22	32.22	49.73	许昌市	8.86	3.76	34.58
邯郸市	7.78	10.20	62.10	漯河市	10.05	14.49	44.12
邢台市	8.16	5.41	53.32	三门峡市	12.13	9.74	56.77
保定市	7.12	4.40	47.49	南阳市	6.11	4.98	57.29
张家口市	8.16	5.68	45.90	商丘市	1.05	3.05	0
承德市	10.87	8.82	53.37	信阳市	3.53	0	47.44
沧州市	1.55	0	51.48	周口市	0.13	1.89	27.44
廊坊市	10.72	4.01	69.57	驻马店市	1.37	0	56.54
衡水市	10.09	4.80	56.46	武汉市	57.44	74.83	55.24
太原市	48.63	52.96	54.87	黄石市	13.23	9.89	49.48
大同市	25.46	26.53	50.09	十堰市	17.10	10.71	60.39
阳泉市	24.22	20.01	19.20	宜昌市	25.74	14.34	56.04
长治市	15.17	13.94	48.99	襄阳市	16.55	13.36	54.76
晋城市	10.01	13.53	27.73	鄂州市	14.73	14.70	48.42
朔州市	13.77	13.08	54.18	荆门市	9.22	7.71	51.16
晋中市	34.76	8.42	53.22	孝感市	0.77	0.77	9.50
运城市	2.75	1.47	57.85	荆州市	3.05	3.41	36.68
忻州市	2.22	2.25	56.37	黄冈市	0	0	0
临汾市	2.34	2.67	7.42	咸宁市	16.90	4.48	8.83
吕梁市	0	0.16	57.64	随州市	15.62	5.56	52.32
呼和浩特市	100	71.09	56.91	长沙市	31.84	33.38	28.58
包头市	63.34	56.01	56.14	株洲市	20.30	15.76	54.76
乌海市	87.05	100	60.39	湘潭市	14.31	13.89	53.23
赤峰市	10.56	13.78	50.66	衡阳市	10.53	6.55	49.90
通辽市	6.61	9.02	50.27	邵阳市	0.78	0.38	45.65
鄂尔多斯市	39.32	38.75	54.45	岳阳市	8.18	5.10	56.18
呼伦贝尔市	2.77	3.73	0	常德市	6.18	3.98	34.73
巴彦淖尔市	10.01	7.15	33.97	张家界市	9.62	3.43	39.19
乌兰察布市	38.02	12.00	45.90	益阳市	7.29	3.00	55.09
沈阳市	40.44	36.05	52.45	郴州市	4.73	3.39	63.82
大连市	45.94	28.61	68.91	永州市	1.48	0	48.92
鞍山市	28.29	22.07	56.23	怀化市	1.71	9.03	42.72

续表

城市	得分变量			城市	得分变量		
	GS-O$_1$	GS-O$_2$	GS-O$_3$		GS-O$_1$	GS-O$_2$	GS-O$_3$
抚顺市	32.22	24.88	52.41	娄底市	1.41	0	43.78
本溪市	100	27.95	81.40	广州市	100	100	49.16
丹东市	14.82	11.54	53.23	韶关市	19.18	9.72	63.14
锦州市	16.47	17.39	54.89	深圳市	100	100	21.83
营口市	43.13	18.14	50.74	珠海市	100	100	65.08
阜新市	23.68	18.32	52.06	汕头市	20.30	21.49	49.91
辽阳市	34.41	19.67	64.15	佛山市	19.23	31.51	67.21
盘锦市	47.08	38.38	55.89	江门市	47.28	24.26	69.15
铁岭市	10.25	5.01	47.48	湛江市	3.11	3.30	58.32
朝阳市	4.22	5.26	32.15	茂名市	5.11	3.71	59.38
葫芦岛市	16.77	10.39	56.14	肇庆市	13.10	12.06	11.45
长春市	77.94	29.32	47.20	惠州市	40.82	44.53	50.49
吉林市	24.10	15.13	50.56	梅州市	2.82	82.94	85.78
四平市	13.40	8.32	49.96	汕尾市	1.25	0.90	58.94
辽源市	20.45	16.26	34.98	河源市	1.75	0.47	60.54
通化市	12.88	11.62	47.95	阳江市	76.29	15.13	50.79
白山市	100	10.23	26.88	清远市	14.93	3.90	35.82
松原市	8.16	4.98	44.79	东莞市	100	86.27	62.32
白城市	11.62	3.05	59.21	中山市	100	80.68	69.94
哈尔滨市	20.41	19.97	23.79	潮州市	20.27	14.31	49.76
齐齐哈尔市	20.54	10.17	59.77	揭阳市	9.71	3.88	60.71
鸡西市	21.68	15.54	41.33	云浮市	1.27	2.87	64.73
鹤岗市	51.59	31.18	54.66	南宁市	18.99	24.35	29.96
双鸭山市	22.08	15.97	49.52	柳州市	36.50	23.12	46.57
大庆市	75.76	30.60	59.37	桂林市	8.58	7.00	42.24
伊春市	45.23	65.32	42.04	梧州市	13.17	6.71	56.80
佳木斯市	20.54	12.39	54.87	北海市	42.76	15.59	45.98
七台河市	62.10	32.91	57.42	防城港市	24.90	25.14	50.76
牡丹江市	16.73	9.43	15.50	钦州市	37.58	0	38.18
黑河市	2.54	1.23	52.91	贵港市	3.57	0	42.94
绥化市	0	0	15.97	玉林市	0.33	1.35	40.39
上海市	100	64.16	43.67	百色市	4.37	0.11	37.73
南京市	100	65.22	58.51	贺州市	8.10	2.43	48.02
无锡市	56.84	32.89	57.54	河池市	0.71	0	41.70

续表

城市	得分变量			城市	得分变量		
	GS-O₁	GS-O₂	GS-O₃		GS-O₁	GS-O₂	GS-O₃
徐州市	21.70	11.11	62.62	来宾市	5.57	1.85	35.48
常州市	46.91	32.71	55.85	崇左市	3.82	2.50	42.61
苏州市	45.17	30.90	52.42	海口市	51.60	49.28	45.01
南通市	22.78	19.41	58.07	三亚市	45.04	50.03	52.88
连云港市	58.30	8.79	51.51	三沙市	3.70	79.01	100
淮安市	22.58	16.38	56.06	儋州市	56.59	65.57	100
盐城市	11.12	7.77	59.88	重庆市	28.59	31.86	53.91
扬州市	27.26	20.07	62.66	成都市	34.54	35.18	51.67
镇江市	51.21	22.48	58.18	自贡市	20.67	22.04	52.23
泰州市	15.91	10.01	56.51	攀枝花市	42.85	35.89	53.46
宿迁市	23.72	6.58	63.21	泸州市	18.33	25.08	52.21
杭州市	90.26	56.20	43.85	德阳市	9.17	6.87	42.13
宁波市	40.19	35.35	56.06	绵阳市	15.38	12.67	50.08
温州市	13.32	12.19	34.10	广元市	15.70	8.88	52.46
嘉兴市	23.97	13.51	45.53	遂宁市	21.36	6.99	46.41
湖州市	27.18	25.42	60.40	内江市	8.91	8.40	45.33
绍兴市	30.08	21.18	46.94	乐山市	27.91	11.21	55.38
金华市	9.80	6.68	53.50	南充市	9.26	8.52	52.41
衢州市	14.41	7.07	53.95	眉山市	7.78	6.35	76.64
舟山市	100	46.10	52.64	宜宾市	13.69	16.86	45.08
台州市	11.86	9.33	53.90	广安市	3.51	2.23	52.77
丽水市	5.18	3.09	51.40	达州市	5.14	1.67	48.74
合肥市	36.80	33.57	56.01	雅安市	12.28	5.42	45.32
芜湖市	41.21	25.14	62.54	巴中市	6.26	9.67	62.09
蚌埠市	20.28	12.03	56.19	资阳市	3.58	2.77	42.56
淮南市	16.01	15.32	44.88	贵阳市	48.79	42.35	35.50
马鞍山市	39.14	18.81	66.58	六盘水市	8.29	3.32	39.55
淮北市	29.28	23.11	69.09	遵义市	6.95	5.59	58.84
铜陵市	61.25	22.10	57.80	安顺市	10.20	11.99	57.63
安庆市	15.07	5.23	55.87	毕节市	0	0	51.02
黄山市	100	14.01	55.37	铜仁市	2.15	1.61	50.64
滁州市	14.35	8.03	57.15	昆明市	45.83	34.02	61.09
阜阳市	5.36	3.18	56.25	曲靖市	3.68	2.15	44.00
宿州市	8.19	2.51	55.03	玉溪市	9.18	8.50	45.95

续表

城市	得分变量			城市	得分变量		
	GS-O$_1$	GS-O$_2$	GS-O$_3$		GS-O$_1$	GS-O$_2$	GS-O$_3$
六安市	4.05	2.54	54.98	保山市	4.55	2.26	43.97
亳州市	4.52	0	56.31	昭通市	0	0	43.42
池州市	13.66	12.56	56.30	丽江市	6.70	10.01	49.33
宣城市	20.96	6.19	56.26	普洱市	1.03	0	52.03
福州市	25.66	29.33	56.35	临沧市	0	0	33.96
厦门市	100	89.16	60.57	拉萨市	91.17	37.71	78.51
莆田市	14.60	11.27	59.23	日喀则市	10.62	5.31	5.11
三明市	11.42	5.11	49.45	昌都市	1.13	0.56	0
泉州市	14.95	7.80	47.18	林芝市	41.50	82.57	39.56
漳州市	9.92	8.13	63.12	山南市	8.20	2.74	0
南平市	4.56	2.06	54.12	那曲市	19.68	0	0
龙岩市	10.62	7.15	61.74	西安市	63.13	35.23	51.76
宁德市	2.50	1.81	60.19	铜川市	34.18	25.04	43.28
南昌市	37.51	29.33	56.02	宝鸡市	17.01	13.26	57.07
景德镇市	43.81	18.22	84.12	咸阳市	12.73	12.34	38.70
萍乡市	13.68	12.39	75.71	渭南市	0	0	23.64
九江市	16.93	6.49	72.58	延安市	11.78	6.22	42.63
新余市	44.63	30.84	78.08	汉中市	3.18	4.34	58.71
鹰潭市	23.16	15.79	54.49	榆林市	5.76	6.79	40.72
赣州市	12.50	7.83	78.79	安康市	3.73	1.24	47.18
吉安市	3.24	2.64	62.09	商洛市	1.39	0.61	30.21
宜春市	5.21	3.55	73.32	兰州市	34.01	34.94	67.20
抚州市	13.05	10.28	75.36	嘉峪关市	100	100	56.55
上饶市	4.27	4.61	73.98	金昌市	53.65	43.42	42.52
济南市	52.50	41.93	47.44	白银市	15.78	5.67	41.91
青岛市	74.49	51.80	51.85	天水市	3.63	5.11	42.39
淄博市	68.44	36.87	43.47	武威市	4.49	4.86	39.23
枣庄市	22.85	12.53	51.52	张掖市	19.45	17.79	42.15
东营市	73.90	55.81	52.48	平凉市	5.27	4.50	48.12
烟台市	34.22	28.18	54.81	酒泉市	29.30	21.40	40.37
潍坊市	14.63	11.00	56.47	庆阳市	0.41	0	33.02
济宁市	12.99	9.88	52.97	定西市	0	0.71	21.50
泰安市	15.12	15.59	54.93	陇南市	0	0	44.56
威海市	53.91	44.41	67.37	西宁市	29.18	35.61	56.41

续表

城市	得分变量			城市	得分变量		
	GS-O$_1$	GS-O$_2$	GS-O$_3$		GS-O$_1$	GS-O$_2$	GS-O$_3$
日照市	21.88	19.59	57.59	海东市	5.41	2.32	13.45
临沂市	12.34	12.53	46.18	银川市	55.03	51.13	60.10
德州市	14.23	12.15	49.23	石嘴山市	100	75.19	53.81
聊城市	18.85	6.14	56.71	吴忠市	28.13	12.11	60.31
滨州市	15.75	18.47	59.32	固原市	14.86	20.76	50.07
菏泽市	7.11	1.55	55.94	中卫市	23.07	9.62	54.38
郑州市	41.28	50.34	45.76	乌鲁木齐市	100	51.55	45.90
开封市	12.00	7.36	53.22	克拉玛依市	100	80.99	56.80
洛阳市	18.38	22.08	51.80	吐鲁番市	17.24	6.27	60.21
平顶山市	2.83	4.27	50.26	哈密市	45.17	26.79	51.82
安阳市	3.21	2.29	46.51	/	/	/	/

注：对于数据缺失的城市，本表记录为 not available，N/A。

五、绿地碳汇维度反馈环节实证数据

绿地碳汇维度反馈环节的得分变量的编码如表 5.70 所示。依据第二章表 2.35 设定的得分规则以及数据来源，样本城市在绿地碳汇维度反馈环节得分变量的得分数据如表 5.71 所示。

可以看出，各样本城市在"基于绩效考核对政府相关部门的相应措施"表现较好，但是在"绿地管理相关主体提出改进措施和方案"和"对提升绿地固碳能力的主体给予奖励"得分变量上的表现都较差。如"绿地管理相关主体提出改进措施和方案"得分变量中，仅有 61 个城市（约占样本城市的 20%）高于或等于 60 分，87 个城市得分为 0 分；"对提升绿地固碳能力的主体给予奖励"得分变量中有 39 个城市（约占样本城市的 13%）得分高于 60 分，69 个城市得分为 0 分。

表 5.70　绿地碳汇维度反馈环节指标的得分变量编码

环节	指标	得分变量	编码
结果（GS-F）	改进绿地固碳能力的措施和方案	绿地管理相关主体提出改进措施和方案	GS-F$_1$
		对提升绿地固碳能力的主体给予奖励	GS-F$_2$
		基于绩效考核对政府相关部门的相应措施	GS-F$_3$

表 5.71　样本城市在绿地碳汇维度反馈环节得分变量值

城市	得分变量			城市	得分变量		
	GS-F$_1$	GS-F$_2$	GS-F$_3$		GS-F$_1$	GS-F$_2$	GS-F$_3$
北京市	100	100	75	鹤壁市	20	50	50
天津市	40	25	25	新乡市	40	25	0

续表

城市	得分变量			城市	得分变量		
	GS-F$_1$	GS-F$_2$	GS-F$_3$		GS-F$_1$	GS-F$_2$	GS-F$_3$
石家庄市	40	75	75	焦作市	60	50	75
唐山市	0	25	25	濮阳市	0	0	0
秦皇岛市	20	25	50	许昌市	0	50	75
邯郸市	40	0	25	漯河市	40	50	75
邢台市	60	0	50	三门峡市	20	25	50
保定市	20	0	50	南阳市	20	75	75
张家口市	40	100	75	商丘市	20	25	100
承德市	40	75	50	信阳市	20	25	25
沧州市	20	50	50	周口市	0	75	75
廊坊市	0	0	25	驻马店市	40	25	0
衡水市	40	75	100	武汉市	60	100	100
太原市	60	25	75	黄石市	40	25	75
大同市	40	25	75	十堰市	20	25	50
阳泉市	0	0	0	宜昌市	60	25	75
长治市	20	0	50	襄阳市	40	25	50
晋城市	60	50	75	鄂州市	20	50	50
朔州市	0	0	50	荆门市	100	100	75
晋中市	20	25	75	孝感市	0	0	25
运城市	0	0	0	荆州市	40	25	50
忻州市	20	25	50	黄冈市	40	50	75
临汾市	20	0	25	咸宁市	20	50	75
吕梁市	0	75	50	随州市	40	25	50
呼和浩特市	60	25	75	长沙市	40	25	50
包头市	20	0	50	株洲市	0	25	50
乌海市	0	25	50	湘潭市	20	25	50
赤峰市	0	25	25	衡阳市	20	0	25
通辽市	60	25	75	邵阳市	20	50	75
鄂尔多斯市	20	25	50	岳阳市	40	0	25
呼伦贝尔市	0	0	50	常德市	20	0	50
巴彦淖尔市	0	0	0	张家界市	0	0	0
乌兰察布市	20	25	75	益阳市	20	25	50
沈阳市	40	25	50	郴州市	0	25	50
大连市	20	25	25	永州市	20	50	50
鞍山市	0	0	0	怀化市	0	25	50

续表

城市	得分变量			城市	得分变量		
	GS-F$_1$	GS-F$_2$	GS-F$_3$		GS-F$_1$	GS-F$_2$	GS-F$_3$
抚顺市	20	25	75	娄底市	20	25	25
本溪市	60	25	100	广州市	40	50	75
丹东市	0	25	25	韶关市	0	25	50
锦州市	20	25	25	深圳市	40	50	25
营口市	0	25	50	珠海市	40	50	50
阜新市	60	75	100	汕头市	0	25	25
辽阳市	0	25	0	佛山市	60	25	50
盘锦市	20	25	75	江门市	20	0	0
铁岭市	40	0	25	湛江市	0	25	25
朝阳市	40	25	25	茂名市	0	0	25
葫芦岛市	20	25	50	肇庆市	20	0	100
长春市	20	50	50	惠州市	80	25	50
吉林市	40	25	75	梅州市	0	25	0
四平市	40	100	75	汕尾市	0	25	25
辽源市	20	25	75	河源市	20	25	50
通化市	20	25	50	阳江市	0	25	0
白山市	80	50	100	清远市	20	25	75
松原市	0	0	25	东莞市	20	0	25
白城市	20	25	75	中山市	0	25	50
哈尔滨市	40	75	100	潮州市	0	0	25
齐齐哈尔市	0	0	0	揭阳市	0	25	50
鸡西市	0	25	0	云浮市	0	0	25
鹤岗市	0	0	50	南宁市	20	25	75
双鸭山市	0	0	0	柳州市	40	50	50
大庆市	0	25	0	桂林市	20	50	75
伊春市	0	0	0	梧州市	0	0	25
佳木斯市	20	50	25	北海市	0	0	25
七台河市	40	50	75	防城港市	0	0	25
牡丹江市	40	75	75	钦州市	0	0	25
黑河市	0	0	0	贵港市	20	0	25
绥化市	N/A	N/A	N/A	玉林市	20	0	25
上海市	60	25	75	百色市	0	25	25
南京市	60	75	75	贺州市	0	0	25
无锡市	40	50	75	河池市	0	0	25

续表

城市	得分变量			城市	得分变量		
	GS-F$_1$	GS-F$_2$	GS-F$_3$		GS-F$_1$	GS-F$_2$	GS-F$_3$
徐州市	20	50	75	来宾市	0	0	25
常州市	20	25	25	崇左市	0	0	25
苏州市	60	50	75	海口市	20	25	50
南通市	0	25	50	三亚市	40	25	25
连云港市	0	50	0	三沙市	0	0	25
淮安市	20	0	0	儋州市	20	25	25
盐城市	20	25	50	重庆市	40	25	100
扬州市	0	25	0	成都市	20	75	25
镇江市	20	50	75	自贡市	20	25	25
泰州市	40	0	0	攀枝花市	60	0	50
宿迁市	60	50	100	泸州市	80	25	75
杭州市	80	75	100	德阳市	0	25	50
宁波市	80	75	75	绵阳市	40	50	75
温州市	60	50	50	广元市	40	25	75
嘉兴市	60	100	100	遂宁市	40	25	75
湖州市	0	75	75	内江市	0	50	75
绍兴市	80	50	75	乐山市	20	25	75
金华市	60	75	50	南充市	0	25	75
衢州市	20	50	25	眉山市	40	75	75
舟山市	60	50	50	宜宾市	20	25	50
台州市	80	50	50	广安市	60	75	75
丽水市	80	25	75	达州市	20	25	75
合肥市	40	50	50	雅安市	60	25	75
芜湖市	20	25	75	巴中市	0	25	0
蚌埠市	20	25	75	资阳市	N/A	N/A	N/A
淮南市	40	25	75	贵阳市	40	25	50
马鞍山市	60	100	100	六盘水市	0	0	0
淮北市	40	25	25	遵义市	0	0	0
铜陵市	20	50	75	安顺市	20	0	0
安庆市	60	50	50	毕节市	20	25	25
黄山市	40	25	50	铜仁市	0	0	25
滁州市	0	25	25	昆明市	60	25	50
阜阳市	60	25	75	曲靖市	20	25	25
宿州市	60	50	75	玉溪市	40	25	50

续表

城市	得分变量			城市	得分变量		
	GS-F$_1$	GS-F$_2$	GS-F$_3$		GS-F$_1$	GS-F$_2$	GS-F$_3$
六安市	80	50	100	保山市	20	50	50
亳州市	20	50	75	昭通市	20	25	25
池州市	60	25	75	丽江市	40	25	50
宣城市	20	25	50	普洱市	N/A	N/A	N/A
福州市	60	25	0	临沧市	20	25	75
厦门市	60	25	75	拉萨市	20	50	75
莆田市	0	25	25	日喀则市	20	25	25
三明市	60	25	25	昌都市	0	25	50
泉州市	0	50	75	林芝市	20	0	0
漳州市	0	0	0	山南市	20	25	25
南平市	0	0	0	那曲市	20	0	50
龙岩市	40	50	75	西安市	60	100	75
宁德市	0	0	50	铜川市	80	50	75
南昌市	20	25	50	宝鸡市	40	25	75
景德镇市	0	25	25	咸阳市	20	0	25
萍乡市	0	0	0	渭南市	0	25	75
九江市	40	50	75	延安市	60	0	50
新余市	0	25	50	汉中市	40	50	100
鹰潭市	20	75	75	榆林市	0	25	75
赣州市	0	75	75	安康市	60	25	75
吉安市	20	75	100	商洛市	0	25	0
宜春市	60	50	50	兰州市	40	75	25
抚州市	60	50	75	嘉峪关市	80	100	75
上饶市	0	50	50	金昌市	20	75	50
济南市	100	50	75	白银市	20	0	75
青岛市	40	50	75	天水市	40	50	50
淄博市	60	50	75	武威市	0	25	50
枣庄市	60	25	100	张掖市	20	25	0
东营市	40	75	75	平凉市	0	25	50
烟台市	60	75	100	酒泉市	0	0	0
潍坊市	20	25	50	庆阳市	0	50	75
济宁市	60	75	50	定西市	20	0	0
泰安市	60	50	50	陇南市	20	75	0
威海市	60	100	100	西宁市	40	50	75

城市	得分变量			城市	得分变量		
	GS-F$_1$	GS-F$_2$	GS-F$_3$		GS-F$_1$	GS-F$_2$	GS-F$_3$
日照市	40	0	50	海东市	0	0	25
临沂市	60	75	75	银川市	60	75	75
德州市	40	50	75	石嘴山市	60	50	75
聊城市	60	100	100	吴忠市	40	25	100
滨州市	20	0	75	固原市	40	50	75
菏泽市	20	0	0	中卫市	0	25	50
郑州市	40	0	25	乌鲁木齐市	0	25	75
开封市	20	25	25	克拉玛依市	0	0	50
洛阳市	0	50	50	吐鲁番市	20	0	50
平顶山市	60	25	0	哈密市	0	0	0
安阳市	20	50	75	/	/	/	/

注：对于数据缺失的城市，本表记录为 not available，N/A。

第八节　低碳技术维度诊断指标实证数据

一、低碳技术维度规划环节实证数据

按照"维度-环节-指标-得分变量"四个层级，对低碳技术维度规划环节的得分变量进行编码，如表 5.72 所示。依据第二章表 2.36 设定的得分规则以及数据来源，样本城市在低碳技术维度规划环节得分变量的得分数据如表 5.73 所示。

可以看出，样本城市在"低碳技术研发规划内容的全面性"上得分多为 60 分或 80 分，得分较高。在"低碳技术应用规划内容的全面性"上得分都比较低，多数城市的得分不高于 60 分。

表 5.72　低碳技术维度规划环节指标的得分变量编码

环节	指标	得分变量	编码
规划（Te-P）	低碳技术研发的规划	低碳技术研发规划内容的全面性	Te-P$_1$
	低碳技术应用的规划	低碳技术应用规划内容的全面性	Te-P$_2$

表 5.73　各样本城市在低碳技术维度规划环节得分变量值

城市	得分变量		城市	得分变量		城市	得分变量	
	Te-P$_1$	Te-P$_2$		Te-P$_1$	Te-P$_2$		Te-P$_1$	Te-P$_2$
北京市	100	80	安庆市	60	20	汕尾市	60	40
天津市	100	80	黄山市	100	40	河源市	60	20
石家庄市	60	40	滁州市	60	40	阳江市	100	40

续表

城市	得分变量		城市	得分变量		城市	得分变量	
	Te-P$_1$	Te-P$_2$		Te-P$_1$	Te-P$_2$		Te-P$_1$	Te-P$_2$
唐山市	60	60	阜阳市	60	20	清远市	100	80
秦皇岛市	60	0	宿州市	80	40	东莞市	100	60
邯郸市	40	20	六安市	80	60	中山市	100	80
邢台市	80	20	亳州市	40	40	潮州市	40	20
保定市	100	40	池州市	60	20	揭阳市	100	40
张家口市	60	60	宣城市	20	40	云浮市	60	40
承德市	100	80	福州市	40	40	南宁市	100	40
沧州市	60	40	厦门市	60	40	柳州市	60	60
廊坊市	60	40	莆田市	80	40	桂林市	80	20
衡水市	60	0	三明市	20	0	梧州市	40	40
太原市	40	40	泉州市	80	80	北海市	40	20
大同市	60	40	漳州市	80	40	防城港市	80	20
阳泉市	80	0	南平市	80	40	钦州市	40	20
长治市	80	60	龙岩市	100	80	贵港市	20	0
晋城市	60	60	宁德市	60	20	玉林市	40	20
朔州市	80	60	南昌市	60	40	百色市	40	20
晋中市	80	80	景德镇市	60	40	贺州市	20	0
运城市	60	20	萍乡市	100	100	河池市	40	20
忻州市	60	40	九江市	100	60	来宾市	60	20
临汾市	60	60	新余市	40	40	崇左市	80	20
吕梁市	40	20	鹰潭市	60	40	海口市	60	40
呼和浩特市	40	80	赣州市	40	40	三亚市	60	20
包头市	60	60	吉安市	100	60	三沙市	N/A	N/A
乌海市	80	80	宜春市	100	60	儋州市	20	20
赤峰市	40	40	抚州市	60	20	重庆市	80	40
通辽市	80	60	上饶市	60	60	成都市	100	80
鄂尔多斯市	60	60	济南市	80	40	自贡市	60	40
呼伦贝尔市	60	40	青岛市	40	60	攀枝花市	80	80
巴彦淖尔市	80	60	淄博市	40	20	泸州市	20	0
乌兰察布市	100	60	枣庄市	80	80	德阳市	60	60
沈阳市	60	40	东营市	20	0	绵阳市	40	60
大连市	40	20	烟台市	40	0	广元市	60	40
鞍山市	40	60	潍坊市	80	60	遂宁市	60	20
抚顺市	60	40	济宁市	60	60	内江市	0	0

续表

城市	得分变量		城市	得分变量		城市	得分变量	
	Te-P_1	Te-P_2		Te-P_1	Te-P_2		Te-P_1	Te-P_2
本溪市	60	60	泰安市	60	40	乐山市	60	0
丹东市	80	20	威海市	80	60	南充市	60	0
锦州市	40	20	日照市	60	20	眉山市	40	40
营口市	60	40	临沂市	100	60	宜宾市	100	60
阜新市	20	0	德州市	100	80	广安市	60	0
辽阳市	40	20	聊城市	100	40	达州市	40	0
盘锦市	80	40	滨州市	60	0	雅安市	80	100
铁岭市	100	0	菏泽市	60	0	巴中市	40	20
朝阳市	20	0	郑州市	60	40	资阳市	40	20
葫芦岛市	60	20	开封市	40	0	贵阳市	60	40
长春市	60	40	洛阳市	80	80	六盘水市	80	20
吉林市	40	40	平顶山市	100	40	遵义市	40	40
四平市	20	20	安阳市	100	60	安顺市	40	40
辽源市	40	40	鹤壁市	20	0	毕节市	40	0
通化市	20	20	新乡市	80	60	铜仁市	100	20
白山市	60	20	焦作市	40	20	昆明市	80	20
松原市	60	40	濮阳市	60	40	曲靖市	80	60
白城市	20	0	许昌市	60	40	玉溪市	20	0
哈尔滨市	40	20	漯河市	60	20	保山市	80	20
齐齐哈尔市	60	0	三门峡市	80	40	昭通市	0	0
鸡西市	60	40	南阳市	100	40	丽江市	40	0
鹤岗市	20	0	商丘市	100	60	普洱市	40	0
双鸭山市	60	60	信阳市	40	40	临沧市	100	60
大庆市	60	40	周口市	40	40	拉萨市	20	0
伊春市	40	40	驻马店市	80	60	日喀则市	0	0
佳木斯市	60	40	武汉市	100	60	昌都市	40	20
七台河市	80	40	黄石市	80	60	林芝市	Te-P_1	Te-P_2
牡丹江市	40	40	十堰市	100	60	山南市	20	0
黑河市	60	20	宜昌市	20	20	那曲市	40	40
绥化市	20	0	襄阳市	60	60	西安市	80	40
上海市	80	60	鄂州市	60	20	铜川市	40	0
南京市	60	60	荆门市	80	40	宝鸡市	60	80
无锡市	60	40	孝感市	40	20	咸阳市	40	0
徐州市	40	60	荆州市	80	20	渭南市	40	20

续表

城市	得分变量		城市	得分变量		城市	得分变量	
	Te-P_1	Te-P_2		Te-P_1	Te-P_2		Te-P_1	Te-P_2
常州市	20	0	黄冈市	40	0	延安市	100	60
苏州市	40	40	咸宁市	60	60	汉中市	60	0
南通市	60	40	随州市	60	20	榆林市	80	60
连云港市	40	40	长沙市	80	60	安康市	60	40
淮安市	80	40	株洲市	60	40	商洛市	80	40
盐城市	100	80	湘潭市	60	60	兰州市	60	60
扬州市	60	40	衡阳市	60	60	嘉峪关市	80	20
镇江市	80	60	邵阳市	60	60	金昌市	60	20
泰州市	40	20	岳阳市	20	0	白银市	100	60
宿迁市	40	20	常德市	100	80	天水市	100	20
杭州市	100	80	张家界市	80	40	武威市	80	80
宁波市	80	40	益阳市	80	60	张掖市	0	0
温州市	100	60	郴州市	40	0	平凉市	40	0
嘉兴市	40	20	永州市	40	20	酒泉市	60	40
湖州市	60	0	怀化市	20	0	庆阳市	100	40
绍兴市	80	40	娄底市	40	20	定西市	40	20
金华市	40	20	广州市	100	60	陇南市	40	40
衢州市	60	60	韶关市	80	60	西宁市	60	60
舟山市	80	80	深圳市	100	80	海东市	60	0
台州市	100	60	珠海市	80	40	银川市	60	60
丽水市	40	40	汕头市	40	40	石嘴山市	80	40
合肥市	80	40	佛山市	60	60	吴忠市	80	60
芜湖市	100	60	江门市	80	60	固原市	80	60
蚌埠市	80	60	湛江市	100	80	中卫市	100	80
淮南市	80	0	茂名市	60	20	乌鲁木齐市	40	40
马鞍山市	100	60	肇庆市	80	60	克拉玛依市	80	60
淮北市	80	40	惠州市	80	80	吐鲁番市	20	0
铜陵市	60	60	梅州市	80	20	哈密市	60	20

注：对于数据缺失的城市，本表记录为 not available，N/A。

二、低碳技术维度实施环节实证数据

低碳技术维度实施环节的得分变量的编码如表 5.74 所示。依据第二章表 2.37 设定的得分规则以及数据来源，样本城市在低碳技术维度实施环节得分变量的得分数据如表 5.75 所示。

可以看出，大部分城市在实施环节得分较低，如"相关规章制度的完善程度和通畅度"得分变量中，237 个城市为 0 分；"专项资金保障程度"得分变量中有超过 270 个城市的得分为 0 分或 25 分；"科学研究和技术服务业企业数"得分变量中仅有 60 个城市得分高于 10 分。

表 5.74　低碳技术维度实施环节指标的得分变量编码

环节	指标	得分变量	编码
实施（Te-I）	低碳技术发展的保障	相关规章制度的完善程度和通畅度	Te-I$_1$
		专项资金保障程度	Te-I$_2$
		科学研究和技术服务业企业数	Te-I$_3$

表 5.75　各样本城市在低碳技术维度实施环节得分变量值

城市	Te-I$_1$	Te-I$_2$	Te-I$_3$	城市	Te-I$_1$	Te-I$_2$	Te-I$_3$
北京市	25	25	100	鹤壁市	0	25	2.04
天津市	0	0	91.48	新乡市	50	0	5.43
石家庄市	0	0	36.64	焦作市	0	25	2.92
唐山市	0	25	10.22	濮阳市	0	0	2.94
秦皇岛市	25	0	5.02	许昌市	0	0	3.90
邯郸市	0	0	11.52	漯河市	0	25	2.21
邢台市	0	25	8.24	三门峡市	25	25	1.55
保定市	0	25	16.39	南阳市	0	0	6.98
张家口市	25	25	4.31	商丘市	0	0	5.30
承德市	0	50	3.38	信阳市	0	25	3.90
沧州市	0	0	7.20	周口市	0	0	4.18
廊坊市	0	25	12.50	驻马店市	0	25	3.18
衡水市	0	0	6.05	武汉市	50	0	58.24
太原市	0	25	30.34	黄石市	25	100	2.53
大同市	0	0	2.82	十堰市	0	25	3.15
阳泉市	0	0	1.22	宜昌市	0	25	6.09
长治市	0	50	3.31	襄阳市	0	25	5.54
晋城市	0	0	2.59	鄂州市	0	0	1.19
朔州市	0	0	1.13	荆门市	25	50	2.18
晋中市	0	0	4.10	孝感市	0	0	2.72
运城市	0	0	5.65	荆州市	0	25	3.91
忻州市	0	0	1.68	黄冈市	0	25	3.49
临汾市	0	25	3.72	咸宁市	0	25	2.98
吕梁市	0	0	2.37	随州市	0	0	1.03

续表

城市	得分变量			城市	得分变量		
	$Te\text{-}I_1$	$Te\text{-}I_2$	$Te\text{-}I_3$		$Te\text{-}I_1$	$Te\text{-}I_2$	$Te\text{-}I_3$
呼和浩特市	25	25	9.38	长沙市	25	25	48.60
包头市	25	0	4.21	株洲市	0	0	3.94
乌海市	0	25	0.68	湘潭市	25	0	2.56
赤峰市	0	0	3.96	衡阳市	0	25	3.12
通辽市	25	25	2.21	邵阳市	0	25	2.45
鄂尔多斯市	50	25	4.46	岳阳市	0	25	3.26
呼伦贝尔市	0	25	1.64	常德市	0	25	2.55
巴彦淖尔市	0	0	1.55	张家界市	0	0	0.63
乌兰察布市	0	0	1.42	益阳市	0	0	1.84
沈阳市	0	25	30.82	郴州市	0	25	2.97
大连市	0	0	21.20	永州市	0	0	2.06
鞍山市	0	25	2.76	怀化市	0	0	1.79
抚顺市	0	25	2.23	娄底市	0	0	1.96
本溪市	0	25	0.95	广州市	0	25	100
丹东市	0	0	2.10	韶关市	0	0	3.05
锦州市	0	25	2.34	深圳市	50	25	69.57
营口市	0	0	2.46	珠海市	0	0	14.65
阜新市	0	25	1.37	汕头市	50	0	4.42
辽阳市	0	25	1.16	佛山市	0	25	37.59
盘锦市	25	25	2.07	江门市	0	25	6.70
铁岭市	0	25	1.58	湛江市	0	25	5.59
朝阳市	0	0	2.79	茂名市	0	50	4.86
葫芦岛市	25	25	1.89	肇庆市	0	25	4.39
长春市	0	25	22.29	惠州市	0	0	15.74
吉林市	0	25	3.68	梅州市	0	0	3.14
四平市	0	0	1.04	汕尾市	0	0	1.67
辽源市	25	25	0.62	河源市	0	0	2.80
通化市	0	25	1.35	阳江市	0	0	2.44
白山市	0	0	0.68	清远市	0	25	3.67
松原市	0	25	2.15	东莞市	0	25	42.12
白城市	0	25	0.87	中山市	0	0	15.87
哈尔滨市	0	25	21.55	潮州市	0	0	2.30
齐齐哈尔市	0	0	2.77	揭阳市	0	0	2.06
鸡西市	0	25	0.69	云浮市	0	0	1.81

续表

城市	得分变量			城市	得分变量		
	Te-I$_1$	Te-I$_2$	Te-I$_3$		Te-I$_1$	Te-I$_2$	Te-I$_3$
鹤岗市	0	0	0.35	南宁市	0	25	30.05
双鸭山市	0	0	0.95	柳州市	25	25	6.00
大庆市	0	0	5.43	桂林市	50	0	5.52
伊春市	0	0	0.36	梧州市	25	0	1.78
佳木斯市	0	0	1.66	北海市	0	25	2.61
七台河市	0	25	0.33	防城港市	0	25	0.90
牡丹江市	0	0	1.76	钦州市	0	25	3.58
黑河市	0	0	0.70	贵港市	0	25	1.93
绥化市	0	0	2.19	玉林市	0	25	3.10
上海市	25	25	100	百色市	0	25	1.71
南京市	25	0	77.19	贺州市	0	25	1.31
无锡市	25	50	48.59	河池市	0	25	1.44
徐州市	0	0	24.54	来宾市	0	25	1.20
常州市	0	0	25.92	崇左市	0	25	0.95
苏州市	0	25	87.83	海口市	0	25	19.06
南通市	0	0	21.22	三亚市	0	25	3.70
连云港市	0	0	6.60	三沙市	N/A	N/A	0.11
淮安市	0	0	9.32	儋州市	0	25	0.90
盐城市	0	25	17.53	重庆市	0	0	44.79
扬州市	0	0	13.22	成都市	0	0	85.58
镇江市	25	25	8.56	自贡市	0	25	1.46
泰州市	0	25	12.91	攀枝花市	50	50	0.96
宿迁市	25	75	10.04	泸州市	0	0	2.59
杭州市	75	100	59.68	德阳市	0	25	3.50
宁波市	75	25	32.18	绵阳市	25	25	8.43
温州市	25	25	19.38	广元市	0	50	1.27
嘉兴市	50	25	11.85	遂宁市	25	0	1.39
湖州市	25	25	9.23	内江市	0	0	2.19
绍兴市	0	25	11.66	乐山市	0	0	1.77
金华市	50	25	14.95	南充市	0	0	2.36
衢州市	25	50	4.87	眉山市	0	25	1.79
舟山市	0	25	2.31	宜宾市	0	0	2.91
台州市	25	25	10.99	广安市	0	25	1.21
丽水市	25	25	3.33	达州市	0	0	1.67

续表

城市	得分变量			城市	得分变量		
	Te-I$_1$	Te-I$_2$	Te-I$_3$		Te-I$_1$	Te-I$_2$	Te-I$_3$
合肥市	0	0	54.31	雅安市	25	25	0.75
芜湖市	0	25	6.23	巴中市	0	0	1.13
蚌埠市	0	25	4.63	资阳市	N/A	N/A	0.76
淮南市	25	25	3.08	贵阳市	0	25	14.55
马鞍山市	0	0	5.54	六盘水市	0	25	1.34
淮北市	0	0	2.26	遵义市	0	25	3.16
铜陵市	0	0	2.21	安顺市	0	25	1.06
安庆市	0	25	5.12	毕节市	0	0	2.16
黄山市	0	0	1.89	铜仁市	0	0	1.13
滁州市	0	25	5.32	昆明市	25	25	21.81
阜阳市	0	25	7.78	曲靖市	0	0	2.17
宿州市	0	25	4.40	玉溪市	25	25	1.66
六安市	75	50	3.99	保山市	0	25	1.09
亳州市	0	0	7.78	昭通市	0	25	1.18
池州市	0	0	1.59	丽江市	0	25	0.70
宣城市	25	0	2.24	普洱市	N/A	N/A	0.93
福州市	50	25	21.33	临沧市	0	0	0.80
厦门市	0	0	35.63	拉萨市	0	25	2.69
莆田市	0	25	5.20	日喀则市	0	0	0.26
三明市	25	25	2.48	昌都市	0	25	0.25
泉州市	50	25	16.50	林芝市	0	25	0.22
漳州市	0	0	5.79	山南市	0	0	0.12
南平市	0	0	2.56	那曲市	0	25	0
龙岩市	0	25	4.18	西安市	25	50	42.30
宁德市	0	25	3.47	铜川市	0	0	0.35
南昌市	0	25	11.65	宝鸡市	25	25	1.91
景德镇市	0	0	1.77	咸阳市	0	0	2.69
萍乡市	0	0	2.08	渭南市	0	0	1.30
九江市	0	25	4.23	延安市	0	0	1.99
新余市	0	0	1.31	汉中市	0	25	1.20
鹰潭市	0	25	0.87	榆林市	0	0	2.38
赣州市	0	0	6.46	安康市	0	25	0.79
吉安市	0	25	3.76	商洛市	0	0	0.41
宜春市	50	25	4.77	兰州市	0	0	7.23

续表

城市	得分变量			城市	得分变量		
	Te-I$_1$	Te-I$_2$	Te-I$_3$		Te-I$_1$	Te-I$_2$	Te-I$_3$
抚州市	0	25	2.08	嘉峪关市	0	0	0.25
上饶市	0	25	4.50	金昌市	0	50	0.51
济南市	100	50	31.45	白银市	0	25	0.87
青岛市	0	25	34.85	天水市	0	25	1.04
淄博市	50	50	10.12	武威市	0	25	0.98
枣庄市	0	25	3.63	张掖市	0	0	0.98
东营市	0	25	6.40	平凉市	0	50	0.81
烟台市	0	25	12.41	酒泉市	0	25	1.38
潍坊市	0	0	18.71	庆阳市	0	0	1.46
济宁市	0	0	9.12	定西市	0	25	0.91
泰安市	0	25	6.76	陇南市	0	0	0.76
威海市	0	25	5.05	西宁市	0	25	3.99
日照市	0	0	3.50	海东市	0	0	0.34
临沂市	0	25	10.29	银川市	25	25	8.25
德州市	25	25	5.69	石嘴山市	0	25	0.65
聊城市	0	25	12.04	吴忠市	0	25	0.90
滨州市	0	0	5.07	固原市	0	25	0.52
菏泽市	0	25	6.27	中卫市	25	50	0.73
郑州市	0	25	56.30	乌鲁木齐市	0	25	10.72
开封市	0	25	4.48	克拉玛依市	0	0	0.94
洛阳市	0	25	9.48	吐鲁番市	0	0	0.28
平顶山市	0	25	3.45	哈密市	25	25	0.61
安阳市	0	25	4.35	/	/	/	/

注：对于数据缺失的城市，本表记录为 not available，N/A。

三、低碳技术维度检查环节实证数据

低碳技术维度检查环节的得分变量的编码如表 5.76 所示。依据第二章表 2.38 设定的得分规则以及数据来源，样本城市在低碳技术维度检查环节得分变量的得分数据如表 5.77 所示。

可以看出，样本城市在"相关规章制度的完善程度"上表现一般，大多数城市的得分为 0 分或 25 分。但在"人力资源保障程度"方面表现较好，多数城市（149 个）的得分为 75 分。

表 5.76　城市居民维度检查环节指标的得分变量编码

环节	指标	得分变量	编码
检查（Te-C）	监督低碳技术发展的保障	相关规章制度的完善程度	Te-C$_1$
		人力资源保障程度	Te-C$_2$

表 5.77　各样本城市在低碳技术维度检查环节得分变量值

城市	得分变量		城市	得分变量		城市	得分变量	
	Te-C$_1$	Te-C$_2$		Te-C$_1$	Te-C$_2$		Te-C$_1$	Te-C$_2$
北京市	100	75	安庆市	0	50	汕尾市	0	75
天津市	0	100	黄山市	0	25	河源市	25	50
石家庄市	0	50	滁州市	0	50	阳江市	0	75
唐山市	25	75	阜阳市	25	75	清远市	25	25
秦皇岛市	0	75	宿州市	25	75	东莞市	0	75
邯郸市	25	75	六安市	0	75	中山市	25	75
邢台市	0	50	亳州市	0	50	潮州市	25	75
保定市	25	100	池州市	25	75	揭阳市	25	75
张家口市	25	75	宣城市	0	75	云浮市	0	75
承德市	0	100	福州市	25	75	南宁市	0	25
沧州市	0	50	厦门市	25	25	柳州市	25	75
廊坊市	0	25	莆田市	0	50	桂林市	25	75
衡水市	25	50	三明市	0	75	梧州市	25	50
太原市	25	50	泉州市	0	75	北海市	25	25
大同市	0	75	漳州市	0	0	防城港市	0	50
阳泉市	0	25	南平市	0	0	钦州市	25	25
长治市	25	75	龙岩市	25	75	贵港市	25	50
晋城市	0	75	宁德市	0	50	玉林市	25	50
朔州市	0	25	南昌市	25	75	百色市	0	25
晋中市	0	25	景德镇市	0	25	贺州市	25	25
运城市	0	50	萍乡市	0	0	河池市	25	25
忻州市	0	75	九江市	25	75	来宾市	25	50
临汾市	0	50	新余市	0	75	崇左市	0	25
吕梁市	0	50	鹰潭市	0	75	海口市	0	50
呼和浩特市	0	100	赣州市	0	75	三亚市	0	75
包头市	0	75	吉安市	25	75	三沙市	0	25
乌海市	0	75	宜春市	25	100	儋州市	25	50
赤峰市	0	25	抚州市	0	75	重庆市	0	75
通辽市	25	75	上饶市	25	50	成都市	25	100

续表

城市	得分变量		城市	得分变量		城市	得分变量	
	Te-C$_1$	Te-C$_2$		Te-C$_1$	Te-C$_2$		Te-C$_1$	Te-C$_2$
鄂尔多斯市	25	75	济南市	100	100	自贡市	25	100
呼伦贝尔市	0	75	青岛市	25	75	攀枝花市	50	75
巴彦淖尔市	0	50	淄博市	0	100	泸州市	25	50
乌兰察布市	0	25	枣庄市	0	75	德阳市	50	75
沈阳市	25	50	东营市	0	50	绵阳市	25	75
大连市	25	50	烟台市	0	25	广元市	50	100
鞍山市	0	50	潍坊市	0	50	遂宁市	0	75
抚顺市	0	75	济宁市	0	0	内江市	25	50
本溪市	0	75	泰安市	0	50	乐山市	0	75
丹东市	0	25	威海市	50	75	南充市	0	50
锦州市	0	75	日照市	0	50	眉山市	50	100
营口市	0	75	临沂市	25	75	宜宾市	0	75
阜新市	0	75	德州市	25	75	广安市	0	75
辽阳市	25	75	聊城市	0	75	达州市	0	50
盘锦市	25	75	滨州市	0	25	雅安市	0	75
铁岭市	0	50	菏泽市	0	75	巴中市	0	50
朝阳市	0	100	郑州市	25	75	资阳市	0	0
葫芦岛市	0	75	开封市	0	75	贵阳市	25	75
长春市	0	75	洛阳市	0	75	六盘水市	25	50
吉林市	25	75	平顶山市	0	75	遵义市	0	50
四平市	0	75	安阳市	25	75	安顺市	25	75
辽源市	25	75	鹤壁市	25	75	毕节市	25	25
通化市	0	50	新乡市	25	50	铜仁市	0	75
白山市	25	75	焦作市	25	75	昆明市	50	75
松原市	0	25	濮阳市	0	50	曲靖市	0	50
白城市	0	25	许昌市	0	75	玉溪市	25	50
哈尔滨市	25	75	漯河市	25	75	保山市	0	100
齐齐哈尔市	0	75	三门峡市	75	50	昭通市	0	50
鸡西市	0	25	南阳市	0	75	丽江市	25	50
鹤岗市	0	50	商丘市	0	50	普洱市	0	0
双鸭山市	25	50	信阳市	0	75	临沧市	0	50
大庆市	25	50	周口市	25	75	拉萨市	0	25
伊春市	25	50	驻马店市	0	50	日喀则市	0	50
佳木斯市	0	25	武汉市	25	75	昌都市	25	50

续表

城市	得分变量		城市	得分变量		城市	得分变量	
	Te-C$_1$	Te-C$_2$		Te-C$_1$	Te-C$_2$		Te-C$_1$	Te-C$_2$
七台河市	0	50	黄石市	75	100	林芝市	0	25
牡丹江市	0	25	十堰市	25	75	山南市	0	50
黑河市	0	25	宜昌市	0	75	那曲市	0	50
绥化市	0	25	襄阳市	25	75	西安市	25	100
上海市	25	75	鄂州市	25	75	铜川市	25	75
南京市	0	100	荆门市	0	75	宝鸡市	0	75
无锡市	50	75	孝感市	0	50	咸阳市	0	75
徐州市	0	75	荆州市	0	75	渭南市	0	25
常州市	0	25	黄冈市	25	75	延安市	0	50
苏州市	0	50	咸宁市	0	50	汉中市	25	75
南通市	0	50	随州市	0	75	榆林市	0	75
连云港市	0	50	长沙市	50	75	安康市	0	75
淮安市	0	50	株洲市	25	50	商洛市	0	25
盐城市	25	75	湘潭市	0	75	兰州市	0	75
扬州市	0	75	衡阳市	0	75	嘉峪关市	0	75
镇江市	75	75	邵阳市	0	75	金昌市	0	50
泰州市	0	75	岳阳市	25	75	白银市	25	75
宿迁市	0	75	常德市	25	75	天水市	0	50
杭州市	50	100	张家界市	0	50	武威市	0	75
宁波市	50	100	益阳市	0	75	张掖市	25	50
温州市	0	75	郴州市	0	50	平凉市	0	50
嘉兴市	0	75	永州市	0	25	酒泉市	0	75
湖州市	25	100	怀化市	0	75	庆阳市	0	50
绍兴市	25	75	娄底市	0	75	定西市	0	50
金华市	50	75	广州市	25	75	陇南市	0	50
衢州市	50	75	韶关市	0	75	西宁市	0	75
舟山市	0	75	深圳市	50	75	海东市	0	50
台州市	0	75	珠海市	0	75	银川市	25	75
丽水市	25	75	汕头市	0	50	石嘴山市	0	75
合肥市	0	50	佛山市	0	75	吴忠市	25	50
芜湖市	0	75	江门市	0	25	固原市	0	50
蚌埠市	0	75	湛江市	25	50	中卫市	25	50
淮南市	0	75	茂名市	25	50	乌鲁木齐市	25	50
马鞍山市	0	75	肇庆市	25	75	克拉玛依市	0	75

城市	得分变量		城市	得分变量		城市	得分变量	
	Te-C$_1$	Te-C$_2$		Te-C$_1$	Te-C$_2$		Te-C$_1$	Te-C$_2$
淮北市	0	50	惠州市	25	100	吐鲁番市	0	50
铜陵市	0	25	梅州市	0	75	哈密市	25	25

四、低碳技术维度结果环节实证数据

低碳技术维度结果环节的得分变量的编码如表 5.78 所示。依据第三章中定量得分变量的计算方法，结合表第二章表 2.39 中的数据来源，样本城市在低碳技术维度结果环节得分变量的得分数据如表 5.79 所示。

可以看出，样本城市在该环节的表现差异较大。一些大规模城市，如北京、上海，在"获得的绿色发明数量""获得的绿色实用新型专利数量""获得的绿色专利（绿色发明及绿色实用新型）数量占碳排放量的百分比"这些得分变量上得分较高，展现出较强的绿色专利获得能力。然而，在"获得的绿色发明数量占发明总数的百分比""获得的绿色实用新型专利数量占实用新型专利数量总数的百分比"和"绿色全要素生产率"方面，不少小规模城市反而表现更好。如林芝市在得分变量"获得的绿色实用新型专利数量占实用新型专利数量总数的百分比"的得分为 100 分。

表 5.78 低碳技术维度结果环节指标的得分变量编码

环节	指标	得分变量	编码
结果（Te-O）	低碳技术研发成果	获得的绿色发明数量（个）	Te-O$_{1-1}$
		获得的绿色实用新型专利数量（个）	Te-O$_{1-2}$
		获得的绿色发明数量占发明总数的百分比（%）	Te-O$_{1-3}$
		获得的绿色实用新型专利数量占实用新型专利数量总数的百分比（%）	Te-O$_{1-4}$
	低碳技术应用效果	绿色全要素生产率（%）	Te-O$_{2-1}$
		获得的绿色专利（绿色发明及绿色实用新型）数量占碳排放量的百分比（%）	Te-O$_{2-2}$

表 5.79 各样本城市在低碳技术维度结果环节得分变量值

城市	得分变量					
	Te-O$_{1-1}$	Te-O$_{1-2}$	Te-O$_{1-3}$	Te-O$_{1-4}$	Te-O$_{2-1}$	Te-O$_{2-2}$
北京市	100	100	34.31	73.62	71.33	100
天津市	47.68	88.41	31.99	53.38	70.83	28.39
石家庄市	16.34	33.14	36.37	59.86	79.61	18.21
唐山市	10.54	16.86	53.59	56.75	71.89	3.35
秦皇岛市	5.51	5.23	30.47	54.35	71.25	7.55

城市	得分变量					
	Te-O$_{1-1}$	Te-O$_{1-2}$	Te-O$_{1-3}$	Te-O$_{1-4}$	Te-O$_{2-1}$	Te-O$_{2-2}$
邯郸市	2.17	9.50	19.63	50.27	63.43	3.41
邢台市	0.93	7.72	15.22	44.23	70.77	6.00
保定市	10.30	24.46	50.99	50.09	67.85	21.29
张家口市	1.37	5.09	42.27	70.16	60.06	5.90
承德市	0.56	2.79	17.91	42.63	53.11	2.47
沧州市	2.98	12.69	34.59	48.67	65.21	12.00
廊坊市	4.39	11.93	30.88	51.69	55.88	17.35
衡水市	0.84	6.62	25.43	45.21	72.23	17.04
太原市	15.01	20.19	31.61	62.79	57.93	19.55
大同市	1.13	2.41	50.16	62.52	71.49	2.99
阳泉市	0.36	0.98	38.56	38.99	75.82	2.35
长治市	0.76	4.87	39.13	71.85	75.31	3.78
晋城市	0.44	2.07	38.33	43.34	77.06	2.58
朔州市	0.36	1.12	66.36	63.94	64.75	1.48
晋中市	0.80	2.57	29.49	41.74	79.78	2.62
运城市	1.13	2.91	39.44	54.44	65.75	1.97
忻州市	0.52	1.68	44.33	64.65	83.67	2.68
临汾市	0.04	2.37	3.17	53.20	93.75	1.62
吕梁市	0.72	2.31	49.62	67.41	66.08	1.44
呼和浩特市	4.87	9.42	42.71	71.14	63.02	7.25
包头市	1.49	5.35	27.62	49.38	75.89	2.33
乌海市	0.36	2.13	39.63	81.88	56.96	2.15
赤峰市	0.20	3.07	16.52	58.70	83.43	2.18
通辽市	0.32	2.43	26.70	97.52	80.70	1.55
鄂尔多斯市	1.53	8.84	50	96.63	74.61	2.08
呼伦贝尔市	0.40	1.94	42.84	47.69	69.57	1.48
巴彦淖尔市	0.12	2.21	23.78	81.00	72.83	3.82
乌兰察布市	0.36	3.05	59.45	99.74	76.80	2.25
沈阳市	16.82	32.30	28.70	50.62	80.30	28.22
大连市	19.64	24.38	36.08	36.41	70.72	20.22
鞍山市	2.17	6.06	27.62	56.31	94.09	4.08
抚顺市	0.56	4.23	21.34	77.27	66.19	7.31
本溪市	0.32	1.04	20.13	38.10	86.56	0.96
丹东市	0.32	2.37	27.87	36.32	61.15	6.93

城市	得分变量					
	Te-O$_{1-1}$	Te-O$_{1-2}$	Te-O$_{1-3}$	Te-O$_{1-4}$	Te-O$_{2-1}$	Te-O$_{2-2}$
锦州市	0.64	2.07	28.51	45.92	54.83	1.73
营口市	0.32	4.37	17.85	66.61	66.76	3.39
阜新市	0.93	2.25	36.12	66.25	84.73	7.67
辽阳市	0.08	1.66	6.69	34.55	60.22	2.12
盘锦市	1.17	2.25	60.09	44.85	82.81	7.38
铁岭市	0.04	1.46	18.64	30.02	75.60	1.84
朝阳市	0.16	2.37	25.37	40.05	75.83	3.05
葫芦岛市	0.24	1.62	18.11	52.67	77.00	3.09
长春市	19.68	21.96	27.62	50.18	67.71	21.77
吉林市	6.16	2.53	99.82	41.74	89.24	4.98
四平市	0.32	1.32	22.26	39.34	56.01	2.50
辽源市	0	0.24	0	13.23	70.17	1.11
通化市	0.08	0.84	16.27	50.09	50.09	1.77
白山市	0.08	0.14	52.86	12.70	67.22	1.08
松原市	0	0.78	0	48.40	68.71	2.86
白城市	0.24	1.40	32.25	90.23	74.07	4.92
哈尔滨市	19.80	22.00	22.01	50.18	55.31	21.93
齐齐哈尔市	1.29	2.53	36.62	37.66	72.46	3.89
鸡西市	0.04	0.34	6.09	9.50	76.37	1.22
鹤岗市	0.04	0.38	17.63	32.59	64.17	0.73
双鸭山市	0.12	0.44	45.31	38.54	73.70	1.12
大庆市	1.73	4.35	21.09	60.92	57.25	7.01
伊春市	0	0.34	0	36.95	84.83	1.27
佳木斯市	0.32	0.94	17.03	23.71	75.27	3.68
七台河市	0.12	0.32	67.95	43.25	60.23	0.72
牡丹江市	0.12	1.18	7.93	33.66	84.00	4.44
黑河市	0.04	0.48	9.92	22.65	87.51	2.34
绥化市	0.08	1.82	9.48	45.65	63.04	5.36
上海市	100	100	30.28	56.13	71.35	50.73
南京市	100	100	44.23	75.22	86.08	76.20
无锡市	30.86	98.45	28.76	61.55	60.61	49.54
徐州市	13.72	23.28	19.63	40.32	76.66	14.88
常州市	26.07	64.06	30.60	50	82.38	47.10
苏州市	62.49	100	23.94	40.14	61.11	50.06

续表

城市	得分变量					
	$Te\text{-}O_{1\text{-}1}$	$Te\text{-}O_{1\text{-}2}$	$Te\text{-}O_{1\text{-}3}$	$Te\text{-}O_{1\text{-}4}$	$Te\text{-}O_{2\text{-}1}$	$Te\text{-}O_{2\text{-}2}$
南通市	20.16	34.87	25.62	38.99	83.87	42.57
连云港市	3.30	11.31	23.08	58.62	67.79	12.07
淮安市	4.10	13.15	29.55	44.94	66.65	24.57
盐城市	11.31	33.85	34.24	54.53	85.10	50.28
扬州市	10.74	35.35	31.90	68.56	68.03	44.38
镇江市	11.87	17.02	28.63	32.86	77.84	18.08
泰州市	5.43	20.69	21.94	36.41	64.57	28.05
宿迁市	2.86	13.96	27.27	44.23	70.69	33.28
杭州市	100	100	30.76	51.07	68.89	97.06
宁波市	24.34	46.68	19.94	29.49	62.68	30.06
温州市	8.89	22.50	18.30	12.17	67.53	32.45
嘉兴市	14.36	31.70	28.82	29.57	64.34	42.26
湖州市	7.24	14.20	25.43	28.60	79.45	24.02
绍兴市	9.17	24.30	20.77	26.29	63.07	26.45
金华市	9.50	22.28	26.98	32.95	77.24	24.98
衢州市	3.46	6.80	28.44	40.68	75.47	10.18
舟山市	3.54	2.55	37.61	46.89	69.82	10.57
台州市	8.09	16.30	21.72	21.76	59.03	27.38
丽水市	2.74	6.76	34.05	26.02	57.81	36.07
合肥市	54.52	70.32	33.90	57.64	65.70	80.13
芜湖市	7.36	13.01	20.23	29.40	63.33	12.56
蚌埠市	1.93	5.85	20.04	38.46	76.77	20.67
淮南市	2.29	5.37	26.22	52.67	61.61	5.66
马鞍山市	4.71	10.27	20.71	44.85	59.06	9.50
淮北市	1.25	4.63	19.12	49.47	85.53	8.15
铜陵市	1.21	3.71	28.66	45.21	59.45	4.14
安庆市	2.17	6.60	19.56	35.44	76.64	14.49
黄山市	0.72	1.80	20.77	23.36	81.69	21.97
滁州市	3.30	10.05	18.30	34.28	69.18	15.98
阜阳市	3.26	6.78	21.28	36.86	76.34	17.30
宿州市	0.80	4.13	9.39	30.82	60.44	11.00
六安市	1.93	5.51	22.64	25.49	52.06	27.32
亳州市	0.97	1.72	19.98	20.43	62.93	10.25
池州市	1.29	3.29	25.43	46.27	81.42	6.95

续表

城市	得分变量					
	Te-O$_{1-1}$	Te-O$_{1-2}$	Te-O$_{1-3}$	Te-O$_{1-4}$	Te-O$_{2-1}$	Te-O$_{2-2}$
宣城市	1.29	6.52	16.08	37.74	64.19	11.50
福州市	24.83	32.88	36.02	53.91	65.86	34.84
厦门市	19.96	34.01	29.52	42.19	75.76	100
莆田市	1.01	3.07	22.26	31.44	63.07	8.43
三明市	0.76	3.49	21.21	40.68	59.38	3.67
泉州市	6.44	17.75	18.26	15.63	64.36	15.24
漳州市	1.81	6.76	20.83	30.37	85.83	8.72
南平市	0.44	3.05	18.17	36.41	88.50	13.83
龙岩市	2.25	8.16	37.29	59.15	70.79	10.27
宁德市	3.22	6.86	36.88	50.18	86.47	16.08
南昌市	16.58	18.95	34.88	49.47	65.04	43.91
景德镇市	0.36	1.22	7.10	27.98	81.15	3.56
萍乡市	0.52	1.84	14.01	46.00	62.77	4.75
九江市	1.13	3.61	12.30	24.69	82.77	3.99
新余市	0.52	2.37	34.94	52.58	72.44	4.29
鹰潭市	0.24	2.09	7.32	37.21	59.34	11.92
赣州市	4.14	7.72	26.54	32.15	75.51	12.39
吉安市	1.29	5.11	17.88	37.83	74.02	11.84
宜春市	0.89	5.69	10.62	40.94	77.94	7.82
抚州市	1.13	2.99	22.77	29.49	58.85	11.27
上饶市	1.45	3.85	41.98	31.97	74.02	6.94
济南市	43.05	75.91	28.44	50.98	71.37	55.23
青岛市	47.32	70.62	25.78	34.64	76.99	61.45
淄博市	8.85	21.09	33.64	54.97	76.51	15.53
枣庄市	2.37	9.70	27.46	49.73	78.90	7.11
东营市	6.96	11.33	29.84	57.91	55.36	16.53
烟台市	10.94	23.36	22.32	42.36	70.14	19.39
潍坊市	14.12	38.08	28.35	54.89	54.58	18.83
济宁市	4.91	17.32	22.29	38.10	71.96	12.31
泰安市	3.58	14.72	28.47	54.62	80.34	13.58
威海市	5.75	10.33	30.69	26.82	78.67	32.66
日照市	2.25	7.46	23.97	42.81	58.95	6.52
临沂市	4.99	17.89	25.49	36.95	58.63	9.24
德州市	2.86	14.58	23.34	42.98	65.68	13.87

城市	得分变量					
	Te-O$_{1-1}$	Te-O$_{1-2}$	Te-O$_{1-3}$	Te-O$_{1-4}$	Te-O$_{2-1}$	Te-O$_{2-2}$
聊城市	2.58	11.83	21.31	33.93	74.19	8.86
滨州市	3.10	9.28	24.48	44.05	61.07	3.48
菏泽市	1.49	7.36	22.99	32.42	69.76	7.74
郑州市	25.83	62.46	27.46	51.69	86.23	54.72
开封市	1.97	4.03	26.63	37.83	72.13	12.79
洛阳市	3.54	12.69	16.17	32.24	69.38	13.85
平顶山市	1.81	4.01	32.72	39.88	75.54	5.60
安阳市	1.17	4.61	28.63	40.32	60.28	3.79
鹤壁市	0.24	2.79	19.21	60.04	67.34	7.89
新乡市	3.38	12.53	23.24	36.95	68.83	13.69
焦作市	1.69	6.18	21.18	37.30	71.15	9.91
濮阳市	0.52	2.87	21.24	50.18	73.88	10.05
许昌市	3.66	5.55	52.19	52.31	60.96	12.56
漯河市	0.44	1.74	26.22	22.47	67.39	9.85
三门峡市	0.40	1.90	37.29	47.69	71.78	4.09
南阳市	1.25	6.22	18.90	29.40	80.59	7.32
商丘市	0.64	4.21	24.99	42.90	72.79	8.80
信阳市	0.60	3.17	25.43	36.77	72.70	6.24
周口市	0.48	3.01	35.23	39.34	59.88	8.89
驻马店市	0.52	2.73	23.97	27.80	64.69	5.61
武汉市	90.77	100	30.12	56.93	80.39	80.50
黄石市	1.21	6.30	22.61	43.52	69.66	8.33
十堰市	0.28	3.87	7.26	22.74	63.47	16.11
宜昌市	8.13	13.59	47.37	50.45	67.11	24.87
襄阳市	2.17	9.56	18.45	29.84	52.05	18.87
鄂州市	0.52	2.87	15.60	50.36	74.61	6.42
荆门市	1.53	6.84	33.74	52.13	57.99	13.07
孝感市	1.21	4.57	19.98	28.86	62.38	11.09
荆州市	0.89	5.53	15.41	28.33	58.86	15.98
黄冈市	1.09	6.04	30.47	31.44	78.63	16.32
咸宁市	0.20	3.61	6.88	30.46	63.70	7.65
随州市	0.24	2.53	21.62	72.29	52.00	22.76
长沙市	53.31	49.33	33.86	58.62	59.53	85.57
株洲市	13.76	8.88	51.18	65.01	64.21	36.65

城市	得分变量					
	Te-O$_{1-1}$	Te-O$_{1-2}$	Te-O$_{1-3}$	Te-O$_{1-4}$	Te-O$_{2-1}$	Te-O$_{2-2}$
湘潭市	4.27	5.25	27.84	61.01	60.36	8.53
衡阳市	2.09	3.21	21.28	35.08	66.56	6.83
邵阳市	1.17	1.64	22.48	20.16	57.15	5.36
岳阳市	1.17	3.93	17.82	57.91	54.44	6.72
常德市	1.49	2.05	12.91	21.76	59.05	4.63
张家界市	0	0.14	0	9.59	74.04	1.66
益阳市	2.13	2.55	30.38	35.17	75.43	10.43
郴州市	1.65	2.89	43.47	48.76	62.92	8.13
永州市	0.84	1.06	23.43	26.02	70.42	3.87
怀化市	1.17	2.01	21.88	49.02	76.79	14.10
娄底市	0.72	1.46	16.17	29.57	68.28	1.54
广州市	100	100	35.07	46.45	72.55	99.26
韶关市	2.25	3.85	26.86	46.54	85.79	5.88
深圳市	100	100	25.94	48.76	75.30	100
珠海市	13.48	25.55	17.19	44.76	55.41	71.79
汕头市	1.13	3.43	14.01	18.74	66.80	7.37
佛山市	24.42	57.23	22.32	25.40	71.03	54.46
江门市	2.94	12.17	19.56	27.44	61.44	21.16
湛江市	2.45	3.33	25.49	42.72	54.27	4.20
茂名市	1.13	2.55	37.45	47.25	69.09	8.78
肇庆市	1.73	3.81	20.26	13.14	57.50	5.95
惠州市	7.97	24.20	30	35.08	79.10	31.05
梅州市	1.29	2.55	42.27	39.88	67.21	5.41
汕尾市	0.24	1.94	27.97	42.10	52.24	5.77
河源市	0.32	2.81	15.28	22.91	70.59	13.49
阳江市	0.60	2.29	35.23	42.19	60.61	4.29
清远市	1.69	4.23	21.37	33.75	65.43	4.75
东莞市	21.77	66.01	16.08	28.95	92.56	49.38
中山市	5.55	19.83	22.80	23.98	68.84	39.08
潮州市	0.40	1.24	19.56	24.33	58.73	3.76
揭阳市	0.48	1.70	28.19	23.80	76.68	4.78
云浮市	0.52	2.01	36.15	54.44	54.82	4.92
南宁市	14.85	17.02	52.95	49.47	79.43	34.04
柳州市	1.97	5.77	18.80	26.20	77.38	8.14

续表

城市	得分变量					
	Te-O$_{1-1}$	Te-O$_{1-2}$	Te-O$_{1-3}$	Te-O$_{1-4}$	Te-O$_{2-1}$	Te-O$_{2-2}$
桂林市	4.18	3.87	23.69	35.44	66.58	22.40
梧州市	0.20	1.14	17.06	38.90	68.77	8.13
北海市	0.24	0.70	14.52	30.46	70.77	3.08
防城港市	0.36	0.76	58.25	49.47	69.44	1.61
钦州市	0.89	1.46	46.83	48.49	80.44	4.99
贵港市	0.20	0.98	30.50	29.04	73.39	1.64
玉林市	0.76	2.45	25.97	31.53	81.36	7.23
百色市	0.24	1.02	23.78	14.12	70.14	1.27
贺州市	0.16	0.76	19.21	28.24	63.55	3.93
河池市	0.24	1.04	43.25	44.58	77.68	7.71
来宾市	0.24	0.50	31.20	23.71	65.03	2.69
崇左市	0.32	1.00	29.84	47.60	71.00	3.50
海口市	6.36	11.77	40.08	63.23	64.38	80.04
三亚市	0.68	1.86	30.12	59.95	65.49	19.61
三沙市	0.04	0.02	100	50.89	0	0
儋州市	0.12	1.20	41.35	73.80	0	11.03
重庆市	45.83	59.55	29.58	39.25	69.25	20.30
成都市	74.92	81.77	30.19	52.22	67.47	100
自贡市	1.29	2.71	31.99	36.24	61.72	23.69
攀枝花市	1.25	1.56	25.14	36.50	71.82	3.81
泸州市	0.48	2.95	19.31	33.22	53.08	10.59
德阳市	2.37	5.83	32.60	35.70	67.20	29.68
绵阳市	6.28	7.08	17.95	36.77	73.06	27.81
广元市	0.16	1.36	31.71	48.22	74.31	6.59
遂宁市	0.20	2.49	7.93	38.99	71.45	27.96
内江市	0.20	1.46	12.49	27.09	74.82	3.07
乐山市	0.60	2.95	31.07	67.94	60.81	4.44
南充市	0.28	2.63	15.09	35.61	87.86	16.73
眉山市	0.60	3.95	20.07	60.13	77.74	18.98
宜宾市	0.89	4.79	25.18	50.45	65.75	11.43
广安市	0.28	1.14	37.61	30.11	60.35	2.99
达州市	0.32	1.82	23.50	27.44	71.46	3.73
雅安市	0.48	1.42	27.97	40.85	65.17	13.43
巴中市	0.04	0.84	15.85	30.11	72.20	6.49

续表

城市	得分变量					
	Te-O$_{1-1}$	Te-O$_{1-2}$	Te-O$_{1-3}$	Te-O$_{1-4}$	Te-O$_{2-1}$	Te-O$_{2-2}$
资阳市	0.16	0.98	48.77	53.73	74.57	13.49
贵阳市	12.59	13.86	36.53	43.96	63.75	23.03
六盘水市	0.12	1.44	13.98	32.59	77.86	1.05
遵义市	1.33	2.39	27.40	18.30	85.89	3.49
安顺市	0.12	1.04	11.89	23.62	73.42	3.46
毕节市	0.64	1.40	57.64	39.52	63.27	1.32
铜仁市	0.52	1.62	50.89	68.03	70.33	5.54
昆明市	21.37	38.36	48.89	67.32	77.99	78.94
曲靖市	0.40	3.63	31.07	72.56	63.43	3.23
玉溪市	0.48	3.21	30.95	42.98	74.59	5.51
保山市	0.04	0.70	12.21	31.71	60.90	3.84
昭通市	0.16	0.86	25.37	71.23	62.46	2.36
丽江市	0.08	0.64	42.27	45.38	71.47	6.92
普洱市	0.12	0.68	79.27	41.83	61.84	3.35
临沧市	0.89	0.78	100	40.32	75.26	7.69
拉萨市	0.56	2.87	35.80	73.45	58.99	31.92
日喀则市	0	0.08	0	45.12	70.35	3.90
昌都市	0	0.12	0	78.24	66.71	5.33
林芝市	0.08	0.22	39.63	100	48.83	100
山南市	0.04	0.10	52.86	44.58	69.74	5.42
那曲市	0	0	0	0	92.85	3.87
西安市	54.80	70.32	25.05	64.57	57.18	97.40
铜川市	0.04	0.80	8.56	48.40	80.34	2.34
宝鸡市	0.44	3.33	15.03	39.34	100	6.78
咸阳市	2.41	5.92	25.14	36.15	82.82	12.18
渭南市	0.44	3.11	34.53	62.35	58.81	2.67
延安市	0.12	1.72	12.52	50	87.71	6.50
汉中市	0.48	1.72	16.90	46.27	68.15	5.81
榆林市	0.72	6.18	29.27	66.79	69.52	2.14
安康市	0.16	1.00	22.64	47.07	81.31	11.46
商洛市	0.24	0.38	47.56	31.97	81.08	3.10
兰州市	6.40	14.10	26.48	65.81	71.16	17.08
嘉峪关市	0.04	1.18	7.39	49.11	60.19	1.58
金昌市	0.32	1.62	47.85	51.16	55.94	6.35

续表

城市	得分变量					
	$Te\text{-}O_{1-1}$	$Te\text{-}O_{1-2}$	$Te\text{-}O_{1-3}$	$Te\text{-}O_{1-4}$	$Te\text{-}O_{2-1}$	$Te\text{-}O_{2-2}$
白银市	0.44	1.56	37.92	50.27	69.93	3.57
天水市	0.12	1.16	14.87	35.17	90.20	5.85
武威市	0.04	1.16	8.12	33.84	84.77	8.30
张掖市	0.20	1.46	24.03	36.59	58.33	10.84
平凉市	0.16	1.04	39.63	31.71	73.51	1.96
酒泉市	0.28	2.75	49.34	86.86	82.13	13.65
庆阳市	0.16	1.18	18.39	71.40	70.67	9.21
定西市	0.04	1.12	13.22	30.82	55.97	6.65
陇南市	0.12	0.30	55.96	25.04	81.33	2.25
西宁市	2.01	6.58	39.54	70.96	67.06	10.44
海东市	0.08	0.64	42.27	53.91	73.63	2.28
银川市	5.55	10.75	50.19	60.66	62.53	4.63
石嘴山市	0.12	3.39	8.34	76.64	80.34	4.31
吴忠市	0.24	2.97	19.63	68.92	75.39	3.84
固原市	0.16	0.88	18.64	49.56	70.80	7.07
中卫市	0.24	2.33	35.89	91.74	85.00	4.42
乌鲁木齐市	5.71	10.27	49.15	51.51	61.52	9.66
克拉玛依市	0.32	2.21	31.33	90.68	69.63	7.22
吐鲁番市	0.08	0.60	37.29	52.49	59.88	1.77
哈密市	0.20	2.19	58.72	100	67.31	1.67

注：对于数据缺失的城市，本表记录为 not available，N/A。

五、低碳技术维度反馈环节实证数据

低碳技术维度反馈环节的得分变量的编码如表 5.80 所示。依据第二章表 2.40 设定的得分规则以及数据来源，样本城市在低碳技术维度反馈环节得分变量的得分数据如表 5.81 所示。

可以看出，各样本城市该环节的表现一般。大多城市在"基于绩效考核对政府相关部门的奖励"和"对有效推进低碳技术发展的主体给予激励措施"的得分为 0 分或 25 分。

表 5.80　低碳技术维度反馈环节指标的得分变量编码

环节	指标	得分变量	编码
反馈（Te-A）	进一步推进低碳技术发展的措施和方案	基于绩效考核对政府相关部门的奖励	$Te\text{-}A_1$
		对有效推进低碳技术发展的主体给予激励措施	$Te\text{-}A_2$

表 5.81　各样本城市在低碳技术维度反馈环节得分变量值

城市	得分变量		城市	得分变量		城市	得分变量	
	Te-A$_1$	Te-A$_2$		Te-A$_1$	Te-A$_2$		Te-A$_1$	Te-A$_2$
北京市	75	75	安庆市	50	75	汕尾市	0	0
天津市	25	25	黄山市	25	0	河源市	25	25
石家庄市	25	25	滁州市	0	0	阳江市	50	0
唐山市	25	0	阜阳市	50	25	清远市	25	25
秦皇岛市	0	50	宿州市	0	0	东莞市	25	50
邯郸市	25	50	六安市	25	25	中山市	0	0
邢台市	25	25	亳州市	25	25	潮州市	25	0
保定市	25	50	池州市	25	25	揭阳市	25	0
张家口市	50	25	宣城市	25	0	云浮市	0	25
承德市	25	50	福州市	75	0	南宁市	50	50
沧州市	0	0	厦门市	0	50	柳州市	75	50
廊坊市	0	0	莆田市	0	0	桂林市	25	0
衡水市	25	25	三明市	25	25	梧州市	25	25
太原市	25	25	泉州市	25	25	北海市	0	0
大同市	25	25	漳州市	0	0	防城港市	25	25
阳泉市	25	25	南平市	0	0	钦州市	25	25
长治市	50	50	龙岩市	25	50	贵港市	50	50
晋城市	25	50	宁德市	0	0	玉林市	50	0
朔州市	25	0	南昌市	25	0	百色市	25	50
晋中市	0	0	景德镇市	0	0	贺州市	50	50
运城市	0	0	萍乡市	0	0	河池市	25	0
忻州市	0	25	九江市	25	0	来宾市	25	25
临汾市	25	0	新余市	0	0	崇左市	25	0
吕梁市	0	0	鹰潭市	25	25	海口市	25	0
呼和浩特市	25	50	赣州市	25	0	三亚市	25	50
包头市	25	25	吉安市	25	0	三沙市	N/A	N/A
乌海市	25	25	宜春市	50	50	儋州市	50	50
赤峰市	0	0	抚州市	25	0	重庆市	25	50
通辽市	25	25	上饶市	25	50	成都市	0	25
鄂尔多斯市	75	75	济南市	50	75	自贡市	25	25
呼伦贝尔市	25	0	青岛市	50	50	攀枝花市	25	0
巴彦淖尔市	0	0	淄博市	50	50	泸州市	0	0

续表

城市	得分变量		城市	得分变量		城市	得分变量	
	Te-A₁	Te-A₂		Te-A₁	Te-A₂		Te-A₁	Te-A₂
乌兰察布市	25	25	枣庄市	25	25	德阳市	25	25
沈阳市	50	50	东营市	25	0	绵阳市	25	25
大连市	50	25	烟台市	0	25	广元市	75	25
鞍山市	0	0	潍坊市	0	0	遂宁市	0	0
抚顺市	25	0	济宁市	0	0	内江市	0	0
本溪市	0	0	泰安市	25	0	乐山市	0	0
丹东市	25	0	威海市	50	50	南充市	0	0
锦州市	25	50	日照市	25	50	眉山市	25	0
营口市	25	25	临沂市	50	50	宜宾市	0	0
阜新市	25	25	德州市	50	25	广安市	25	0
辽阳市	25	0	聊城市	0	25	达州市	0	0
盘锦市	75	50	滨州市	0	0	雅安市	0	0
铁岭市	0	0	菏泽市	25	50	巴中市	25	25
朝阳市	25	25	郑州市	75	100	资阳市	N/A	N/A
葫芦岛市	25	25	开封市	25	0	贵阳市	25	25
长春市	0	25	洛阳市	0	0	六盘水市	25	25
吉林市	25	50	平顶山市	0	0	遵义市	25	0
四平市	25	0	安阳市	25	25	安顺市	50	0
辽源市	25	0	鹤壁市	25	25	毕节市	25	25
通化市	0	0	新乡市	50	75	铜仁市	50	0
白山市	25	25	焦作市	50	50	昆明市	50	0
松原市	0	0	濮阳市	0	0	曲靖市	0	0
白城市	0	0	许昌市	25	25	玉溪市	25	0
哈尔滨市	25	25	漯河市	0	0	保山市	25	0
齐齐哈尔市	0	0	三门峡市	50	50	昭通市	25	0
鸡西市	25	50	南阳市	25	25	丽江市	75	0
鹤岗市	0	0	商丘市	25	0	普洱市	N/A	N/A
双鸭山市	0	0	信阳市	25	25	临沧市	0	0
大庆市	25	25	周口市	25	25	拉萨市	25	0
伊春市	0	0	驻马店市	25	0	日喀则市	0	0
佳木斯市	0	0	武汉市	25	50	昌都市	25	0
七台河市	0	0	黄石市	75	25	林芝市	25	0

续表

城市	得分变量		城市	得分变量		城市	得分变量	
	Te-A$_1$	Te-A$_2$		Te-A$_1$	Te-A$_2$		Te-A$_1$	Te-A$_2$
牡丹江市	0	0	十堰市	25	25	山南市	0	0
黑河市	0	0	宜昌市	25	25	那曲市	0	0
绥化市	0	0	襄阳市	25	25	西安市	50	25
上海市	50	75	鄂州市	50	50	铜川市	50	25
南京市	75	25	荆门市	100	100	宝鸡市	25	25
无锡市	50	0	孝感市	0	0	咸阳市	0	0
徐州市	0	0	荆州市	50	50	渭南市	0	0
常州市	0	0	黄冈市	25	25	延安市	0	0
苏州市	50	0	咸宁市	50	25	汉中市	50	0
南通市	0	0	随州市	25	25	榆林市	0	0
连云港市	0	0	长沙市	25	25	安康市	50	0
淮安市	0	0	株洲市	25	25	商洛市	25	0
盐城市	25	25	湘潭市	0	0	兰州市	25	0
扬州市	25	50	衡阳市	25	25	嘉峪关市	25	0
镇江市	50	25	邵阳市	25	25	金昌市	25	0
泰州市	25	25	岳阳市	25	0	白银市	50	25
宿迁市	25	25	常德市	25	25	天水市	25	0
杭州市	50	25	张家界市	25	0	武威市	0	0
宁波市	25	25	益阳市	25	25	张掖市	25	25
温州市	50	75	郴州市	25	0	平凉市	25	0
嘉兴市	0	0	永州市	25	0	酒泉市	25	0
湖州市	50	25	怀化市	0	0	庆阳市	0	0
绍兴市	50	25	娄底市	0	0	定西市	25	0
金华市	25	0	广州市	50	50	陇南市	0	0
衢州市	25	25	韶关市	50	50	西宁市	0	0
舟山市	25	0	深圳市	50	75	海东市	0	0
台州市	25	0	珠海市	25	25	银川市	100	75
丽水市	25	0	汕头市	25	25	石嘴山市	25	0
合肥市	50	50	佛山市	0	0	吴忠市	25	25
芜湖市	0	0	江门市	25	25	固原市	25	0
蚌埠市	25	0	湛江市	25	0	中卫市	25	50
淮南市	25	50	茂名市	0	0	乌鲁木齐市	25	25

续表

城市	得分变量		城市	得分变量		城市	得分变量	
	Te-A$_1$	Te-A$_2$		Te-A$_1$	Te-A$_2$		Te-A$_1$	Te-A$_2$
马鞍山市	25	0	肇庆市	50	25	克拉玛依市	0	25
淮北市	0	0	惠州市	25	25	吐鲁番市	0	0
铜陵市	0	0	梅州市	25	0	哈密市	75	25

注：对于数据缺失的城市，本表记录为 not available，N/A。

第九节　城市特征值和修正系数

根据第三章修正系数的内涵、机理和计算方法，应用公式 3.18 和 3.19，再结合收集到的各样本城市在各低碳建设维度的特征指标值数据 K（煤炭占一次能源消费比重 K_{En}、第三产业增加值占 GDP 比重 K_{Ec}、平均受教育年限（15 岁以上）K_{Po}、水域面积占城市行政区面积比例 K_{Wa}、森林碳汇年降水量 K_{Fo}、绿地碳汇年降水量 K_{GS}），可以得到各样本城市在各维度的规划和结果环节的低碳建设水平诊断修正系数（α），见表 5.82。

在城市低碳建设的八个维度中，生产效率的提高主要依赖于科技创新，即依赖于全社会在科技方面的共同努力，低碳技术的提升也同样取决于全社会对于低碳技术的研发与应用程度，因此，两个维度的发展水平受客观条件影响较小，不应用修正系数就可以较为真实地反映城市在这两个维度的低碳建设水平。对于城市低碳建设的其余 6 个维度（能源结构 α_{En}、经济发展 α_{Ec}、城市居民 α_{Po}、水域碳汇 α_{Wa}、森林碳汇 α_{Fo}、绿地碳汇 α_{GS}），他们的建设水平均受客观条件影响，需要应用修正系数。但在不同低碳建设维度上导致城市间差异的客观条件不同，因此需要针对 6 个维度确定相对应的能反映城市客观条件的城市特征指标，从而得出应用在不同维度的城市低碳建设水平修正系数。

表 5.82　样本城市的客观条件特征值和修正系数

城市	能源结构		经济发展		城市居民		水域碳汇		森林碳汇和绿地碳汇年降水量	
	K_{En}（%）	α_{En}	K_{Ec}（%）	α_{Ec}	K_{Po}（年）	α_{Po}	K_{Wa}（%）	α_{Wa}	K_{Fo}/K_{GS}（毫米）	α_{Fo}/α_{Gs}
北京市	4.2	0.83	81.7	0.93	12.21	0.96	2.2	0.97	513.73	1.09
天津市	14.4	0.83	61.3	0.94	10.87	0.98	14.4	0.92	547.4	1.08
石家庄市	65.0	1.03	59.8	0.95	10.19	1.00	0.9	1.03	609.76	1.06
唐山市	76.6	1.07	37.4	1.07	9.67	1.05	8.8	0.92	555.94	1.07
秦皇岛市	44.7	0.94	51.4	0.98	9.97	1.05	1.8	0.98	567.93	1.07
邯郸市	76.6	1.07	45.5	1.01	8.87	1.05	0.5	1.08	536.37	1.08
邢台市	76.6	1.07	48.0	1.00	8.84	1.05	0.3	1.08	536.48	1.08
保定市	76.6	1.07	52.6	0.98	9.19	1.05	0.6	1.06	577.54	1.07
张家口市	76.6	1.07	56.2	0.96	9.19	1.05	0.5	1.07	426.33	1.09

续表

城市	能源结构		经济发展		城市居民		水域碳汇		森林碳汇和绿地碳汇 年降水量	
	K_{En}（%）	α_{En}	K_{Ec}（%）	α_{Ec}	K_{Po}（年）	α_{Po}	K_{Wa}（%）	α_{Wa}	K_{Fo}/K_{GS}（毫米）	α_{Fo}/α_{GS}
承德市	76.6	1.07	44.0	1.02	9.12	1.05	0.3	1.08	461.62	1.09
沧州市	76.6	1.07	50.5	0.99	8.88	1.05	5.1	0.92	559.77	1.07
廊坊市	76.6	1.07	60.3	0.94	9.61	1.05	0.9	1.03	511.64	1.09
衡水市	57.5	1.00	51.8	0.98	9.15	1.05	0.6	1.06	505.82	1.09
太原市	51.7	0.98	57.9	0.95	11.32	1.05	0.9	1.03	601.34	1.06
大同市	80.0	1.08	51.5	0.98	9.79	1.05	0.4	1.08	550.64	1.07
阳泉市	80.0	1.08	46.6	1.01	10.06	1.05	0.1	1.08	688.56	1.04
长治市	80.0	1.08	36.1	1.08	9.85	1.05	0.4	1.08	566.14	1.07
晋城市	49.4	0.96	35.6	1.08	10.15	1.05	0.2	1.08	592.49	1.06
朔州市	80.0	1.08	48.1	1.00	9.64	1.05	0.4	1.08	622.39	1.05
晋中市	73.0	1.06	40.7	1.04	10.01	1.05	0.3	1.08	554.95	1.07
运城市	69.1	1.05	43.8	1.02	9.88	1.05	1.7	0.99	589.18	1.06
忻州市	80.0	1.08	40.7	1.04	9.43	1.05	0.4	1.08	712.42	1.03
临汾市	80.0	1.08	42.3	1.03	9.81	1.05	0.2	1.08	588.44	1.06
吕梁市	80.0	1.08	29.7	1.10	9.43	1.05	0.5	1.08	645.04	1.05
呼和浩特市	91.2	1.10	61.9	0.94	10.85	1.05	0.5	1.08	462.68	1.09
包头市	84.0	1.10	48.8	0.99	10.39	1.05	1.4	1.00	229.17	1.09
乌海市	89.8	1.10	28.0	1.10	10.32	1.05	4.0	0.93	202.18	1.09
赤峰市	75.0	1.07	47.0	1.00	9.21	1.05	0.6	1.07	328.36	1.09
通辽市	84.7	1.10	44.5	1.02	9.34	1.05	0.7	1.05	478.22	1.09
鄂尔多斯市	87.0	1.10	31.6	1.10	9.73	1.05	0.7	1.06	371.93	1.09
呼伦贝尔市	90.0	1.10	42.6	1.03	9.84	1.05	2.3	0.97	438.77	1.09
巴彦淖尔市	79.0	1.08	41.7	1.04	9.37	1.05	0.9	1.03	144.16	1.09
乌兰察布市	64.5	1.03	42.0	1.03	8.83	1.05	0.9	1.04	273.17	1.09
沈阳市	82.6	1.09	60.0	0.94	11.04	0.97	2.8	0.95	829.54	1.01
大连市	17.2	0.83	51.3	0.98	10.49	1.05	8.9	0.92	820.52	1.01
鞍山市	53.7	0.99	51.8	0.98	9.82	1.05	1.0	1.03	891.71	1.00
抚顺市	60.0	1.01	45.3	1.01	10.03	1.05	1.6	0.99	998.54	0.98
本溪市	79.2	1.08	44.9	1.02	10.05	1.05	2.2	0.97	1028.4	0.98
丹东市	53.7	0.99	54.1	0.97	9.44	1.05	2.0	0.98	1061.69	0.97
锦州市	53.7	0.99	55.7	0.96	9.75	1.05	3.3	0.94	680.01	1.04
营口市	53.7	0.99	46.4	1.01	9.48	1.05	5.6	0.92	851.75	1.00
阜新市	53.7	0.99	50.7	0.99	9.81	1.05	0.5	1.08	664.11	1.04

续表

城市	能源结构		经济发展		城市居民		水域碳汇		森林碳汇和绿地碳汇年降水量	
	K_{En}（%）	α_{En}	K_{Ec}（%）	α_{Ec}	K_{Po}（年）	α_{Po}	K_{Wa}（%）	α_{Wa}	K_{Fo}/K_{GS}（毫米）	α_{Fo}/α_{Gs}
辽阳市	53.7	0.99	44.1	1.02	9.73	1.05	2.0	0.98	882.08	1.00
盘锦市	53.7	0.99	38.7	1.06	10.24	1.05	7.3	0.92	737.97	1.03
铁岭市	53.7	0.99	47.5	1.00	9.10	1.05	1.4	1.00	958.6	0.99
朝阳市	68.0	1.04	46.8	1.01	9.08	1.05	0.5	1.07	542.58	1.08
葫芦岛市	53.7	0.99	45.8	1.01	9.31	1.05	1.5	1.00	574.32	1.07
长春市	68.7	1.05	51.0	0.98	10.35	1.00	2.8	0.95	727.38	1.03
吉林市	49.0	0.96	50.6	0.99	9.85	1.05	2.4	0.96	892.43	1.00
四平市	63.0	1.02	47.2	1.00	9.39	1.05	2.3	0.97	780.36	1.02
辽源市	80.1	1.08	59.8	0.95	9.30	1.05	1.7	0.99	944.07	0.99
通化市	78.2	1.08	59.0	0.95	9.59	1.05	0.9	1.03	1134.69	0.96
白山市	70.0	1.05	60.9	0.94	9.86	1.05	1.1	1.02	1199.44	0.96
松原市	40.0	0.91	52.5	0.98	8.99	1.05	7.2	0.92	559.44	1.07
白城市	63.0	1.02	55.1	0.96	9.31	1.05	6.3	0.92	441.74	1.09
哈尔滨市	76.6	1.07	65.1	0.93	10.18	1.00	3.6	0.94	677.53	1.04
齐齐哈尔市	62.7	1.02	45.4	1.01	9.35	1.05	2.4	0.96	460.96	1.09
鸡西市	65.0	1.03	40.9	1.04	9.49	1.05	8.4	0.92	642.17	1.05
鹤岗市	60.0	1.01	39.8	1.05	9.68	1.05	2.7	0.96	637.18	1.05
双鸭山市	60.0	1.01	34.4	1.09	9.43	1.05	1.2	1.01	622.55	1.05
大庆市	60.0	1.01	37.8	1.06	10.02	1.05	12.4	0.92	441.28	1.09
伊春市	60.0	1.01	43.5	1.03	9.81	1.05	1.0	1.02	644.35	1.05
佳木斯市	60.0	1.01	40.4	1.05	9.67	1.05	4.3	0.93	608.15	1.06
七台河市	60.0	1.01	41.0	1.04	9.38	1.05	1.2	1.01	574.42	1.07
牡丹江市	77.1	1.07	54.3	0.97	9.74	1.05	1.4	1.00	631.21	1.05
黑河市	60.0	1.01	42.5	1.03	9.55	1.05	1.1	1.02	549.17	1.07
绥化市	60.0	1.01	40.0	1.05	8.69	1.05	4.4	0.93	505.1	1.09
上海市	6.4	0.83	73.3	0.93	11.50	0.96	22.0	0.92	967.17	0.99
南京市	15.7	0.83	62.1	0.94	11.36	0.96	7.5	0.92	834.55	1.01
无锡市	47.6	0.96	51.2	0.98	10.39	1.05	20.4	0.92	953.17	0.99
徐州市	56.0	1.00	49.3	0.99	9.19	1.05	2.4	0.96	711.24	1.03
常州市	51.1	0.97	50.4	0.99	10.23	1.05	10.0	0.92	889	1.00
苏州市	59.2	1.01	51.3	0.98	10.30	1.00	36.6	0.92	963.05	0.99
南通市	56.0	1.00	47.0	1.00	9.43	1.05	7.2	0.92	877.48	1.00
连云港市	56.0	1.00	45.7	1.01	9.51	1.05	7.1	0.92	661.12	1.04

续表

城市	能源结构		经济发展		城市居民		水域碳汇		森林碳汇和绿地碳汇年降水量	
	K_{En}（%）	α_{En}	K_{Ec}（%）	α_{Ec}	K_{Po}（年）	α_{Po}	K_{Wa}（%）	α_{Wa}	K_{Fo}/K_{GS}（毫米）	α_{Fo}/α_{Gs}
淮安市	56.0	1.00	49.2	0.99	9.18	1.05	16.1	0.92	677.71	1.04
盐城市	56.0	1.00	48.3	1.00	8.93	1.05	5.3	0.92	762.57	1.02
扬州市	56.0	1.00	47.4	1.00	9.48	1.05	12.5	0.92	723.53	1.03
镇江市	56.0	1.00	48.0	1.00	10.02	1.05	7.6	0.92	787.12	1.02
泰州市	56.0	1.00	46.3	1.01	9.32	1.05	5.3	0.92	790.27	1.02
宿迁市	36.0	0.89	47.1	1.00	9.00	1.05	15.2	0.92	666.11	1.04
杭州市	40.1	0.91	67.9	0.93	10.76	0.98	4.6	0.92	1356.75	0.94
宁波市	25.5	0.83	49.6	0.99	9.70	1.02	6.4	0.92	1438.68	0.93
温州市	39.0	0.91	55.8	0.96	8.88	1.05	2.1	0.97	1523.99	0.93
嘉兴市	39.0	0.91	43.6	1.02	9.34	1.05	28.4	0.92	1111.3	0.97
湖州市	49.6	0.97	44.8	1.02	9.21	1.05	3.5	0.94	1105.07	0.97
绍兴市	32.6	0.86	49.2	0.99	9.55	1.05	3.3	0.94	1354.92	0.94
金华市	31.9	0.86	56.0	0.96	9.38	1.05	1.2	1.01	1569.22	0.92
衢州市	56.0	1.00	52.1	0.98	8.83	1.05	1.2	1.01	1762.86	0.92
舟山市	39.0	0.91	46.4	1.01	9.50	1.05	6.9	0.92	1185.9	0.96
台州市	39.0	0.91	50.8	0.98	8.77	1.05	2.6	0.96	1552.71	0.92
丽水市	39.0	0.91	56.4	0.96	8.88	1.05	0.7	1.05	1689.55	0.92
合肥市	63.8	1.03	60.4	0.94	10.39	0.99	10.1	0.92	831.7	1.01
芜湖市	69.8	1.05	48.4	1.00	9.24	1.05	6.6	0.92	1033.55	0.98
蚌埠市	69.8	1.05	52.4	0.98	8.78	1.05	4.5	0.92	690.21	1.04
淮南市	69.8	1.05	48.8	0.99	8.88	1.05	7.6	0.92	746.49	1.02
马鞍山市	69.8	1.05	46.3	1.01	9.04	1.05	7.2	0.92	935.35	0.99
淮北市	69.8	1.05	50.9	0.98	9.03	1.05	1.7	0.99	686.1	1.04
铜陵市	69.8	1.05	45.4	1.01	8.82	1.05	13.7	0.92	987.94	0.98
安庆市	65.0	1.03	46.7	1.01	8.93	1.05	8.6	0.92	1059.91	0.97
黄山市	6.9	0.83	56.6	0.96	8.93	1.05	0.6	1.06	1437.57	0.93
滁州市	49.8	0.97	42.5	1.03	9.45	1.05	4.5	0.92	764.61	1.02
阜阳市	69.8	1.05	48.9	0.99	8.18	1.05	1.8	0.98	748.88	1.02
宿州市	63.3	1.03	49.2	0.99	9.08	1.05	0.4	1.08	689.23	1.04
六安市	69.8	1.05	47.9	1.00	8.71	1.05	3.0	0.95	884.86	1.00
亳州市	69.8	1.05	51.7	0.98	8.05	1.05	0.5	1.07	657.49	1.04
池州市	70.0	1.05	44.6	1.02	8.56	1.05	3.9	0.93	1252.96	0.95
宣城市	69.8	1.05	42.1	1.03	8.61	1.05	2.4	0.96	1140.31	0.96

续表

城市	能源结构		经济发展		城市居民		水域碳汇		森林碳汇和绿地碳汇 年降水量	
	K_{En}（%）	α_{En}	K_{Ec}（%）	α_{Ec}	K_{Po}（年）	α_{Po}	K_{Wa}（%）	α_{Wa}	K_{Fo}/K_{GS} （毫米）	α_{Fo}/α_{Gs}
福州市	56.8	1.00	56.5	0.96	9.95	1.05	2.1	0.97	1841.15	0.92
厦门市	58.6	1.01	58.6	0.95	10.68	1.05	2.0	0.97	1573.38	0.92
莆田市	29.0	0.83	43.0	1.03	8.76	1.05	2.0	0.98	1723.62	0.92
三明市	36.6	0.89	38.1	1.06	8.84	1.05	0.5	1.08	1811.05	0.92
泉州市	43.6	0.93	41.0	1.04	8.89	1.05	1.0	1.03	1759.23	0.92
漳州市	44.6	0.94	40.5	1.05	8.61	1.05	1.6	0.99	1657.24	0.92
南平市	48.0	0.96	48.0	1.00	8.74	1.05	0.6	1.07	1882.43	0.92
龙岩市	62.3	1.02	47.3	1.00	8.98	1.05	0.3	1.08	1933.22	0.92
宁德市	41.2	0.92	33.2	1.10	8.49	1.05	1.4	1.00	1715.35	0.92
南昌市	28.4	0.83	48.0	1.00	10.52	1.05	10.6	0.92	1566.21	0.92
景德镇市	59.6	1.01	49.3	0.99	9.06	1.05	0.8	1.04	1779.82	0.92
萍乡市	59.6	1.01	48.1	1.00	9.50	1.05	0.2	1.08	1576.39	0.92
九江市	69.2	1.05	45.6	1.01	9.31	1.05	7.4	0.92	1314.23	0.94
新余市	85.0	1.10	47.4	1.00	9.41	1.05	2.0	0.98	1669.6	0.92
鹰潭市	64.9	1.03	41.1	1.04	9.34	1.05	1.5	1.00	1920.56	0.92
赣州市	59.6	1.01	50.1	0.99	9.09	1.05	0.6	1.07	1675.32	0.92
吉安市	56.8	1.00	44.4	1.02	8.71	1.05	1.4	1.00	1490.09	0.93
宜春市	59.6	1.01	47.1	1.00	9.05	1.05	1.4	1.00	1655.04	0.92
抚州市	49.6	0.97	48.5	1.00	8.68	1.05	1.2	1.01	1721.41	0.92
上饶市	41.7	0.92	50.1	0.99	8.85	1.05	2.8	0.95	1823.83	0.92
济南市	24.3	0.83	61.8	0.94	10.54	0.99	1.8	0.98	667.15	1.04
青岛市	22.8	0.83	60.8	0.94	10.43	0.99	2.4	0.96	759.45	1.02
淄博市	61.6	1.02	46.4	1.01	10.07	1.05	0.9	1.03	716.29	1.03
枣庄市	70.0	1.05	49.7	0.99	8.86	1.05	1.2	1.01	741.9	1.03
东营市	60.0	1.01	36.9	1.07	10.22	1.05	17.3	0.92	699.42	1.04
烟台市	63.0	1.02	51.5	0.98	10.01	1.05	2.7	0.96	788.73	1.02
潍坊市	63.5	1.03	50.7	0.99	9.60	1.03	6.1	0.92	740.13	1.03
济宁市	63.0	1.02	48.4	1.00	8.97	1.05	8.8	0.92	641.13	1.05
泰安市	63.0	1.02	50.2	0.99	9.27	1.05	3.5	0.94	654.8	1.05
威海市	50.0	0.97	50.8	0.98	10.09	1.05	3.8	0.93	752.27	1.02
日照市	63.0	1.02	50.4	0.99	9.07	1.05	2.4	0.96	716.11	1.03
临沂市	59.2	1.01	52.4	0.98	8.35	1.05	1.9	0.98	751.51	1.02
德州市	63.0	1.02	48.4	1.00	8.96	1.05	1.0	1.03	605.74	1.06

续表

城市	能源结构		经济发展		城市居民		水域碳汇		森林碳汇和绿地碳汇 年降水量	
	K_{En}（%）	α_{En}	K_{Ec}（%）	α_{Ec}	K_{Po}（年）	α_{Po}	K_{Wa}（%）	α_{Wa}	K_{Fo}/K_{GS} （毫米）	α_{Fo}/α_{Gs}
聊城市	63.0	1.02	49.2	0.99	8.84	1.05	0.6	1.07	553.92	1.07
滨州市	63.0	1.02	48.1	1.00	8.93	1.05	12.5	0.92	650.66	1.05
菏泽市	63.0	1.02	48.6	1.00	8.13	1.05	1.0	1.03	544.85	1.08
郑州市	34.2	0.87	58.9	0.95	11.11	0.97	1.7	0.99	534.74	1.08
开封市	63.3	1.03	47.2	1.00	8.94	1.05	0.7	1.05	490.7	1.09
洛阳市	65.0	1.03	51.5	0.98	9.74	1.05	1.2	1.01	541.53	1.08
平顶山市	63.3	1.03	47.1	1.00	9.10	1.05	2.1	0.97	515.64	1.09
安阳市	70.0	1.05	46.6	1.01	8.97	1.05	0.3	1.08	495.29	1.09
鹤壁市	63.3	1.03	35.3	1.08	9.26	1.05	0.3	1.08	420.17	1.09
新乡市	71.9	1.06	46.3	1.01	9.68	1.05	1.1	1.01	485.47	1.09
焦作市	68.7	1.05	53.3	0.97	10	1.05	0.7	1.05	470.88	1.09
濮阳市	55.6	0.99	50.8	0.98	8.86	1.05	1.4	1.00	479.18	1.09
许昌市	42.0	0.92	42.7	1.03	9.24	1.05	0.3	1.08	501.16	1.09
漯河市	63.3	1.03	47.9	1.00	9.33	1.05	0.3	1.08	507.27	1.09
三门峡市	63.3	1.03	43.2	1.03	9.66	1.05	0.7	1.06	650.47	1.05
南阳市	63.3	1.03	51.6	0.98	8.65	1.05	2.4	0.96	576.59	1.07
商丘市	63.3	1.03	43.9	1.02	8.59	1.05	0.4	1.08	566.98	1.07
信阳市	63.3	1.03	45.6	1.01	8.51	1.05	2.4	0.96	817.35	1.01
周口市	63.3	1.03	42.0	1.03	8.31	1.05	0.3	1.08	569.56	1.07
驻马店市	63.3	1.03	43.0	1.03	8.64	1.05	1.3	1.01	722.7	1.03
武汉市	32.4	0.86	62.5	0.94	11.54	0.96	14.0	0.92	986.42	0.98
黄石市	53.5	0.98	47.8	1.00	9.19	1.05	8.7	0.92	972.52	0.99
十堰市	45.0	0.94	51.6	0.98	9.17	1.05	2.4	0.97	749.02	1.02
宜昌市	55.0	0.99	47.2	1.00	9.96	1.05	2.7	0.96	953.24	0.99
襄阳市	53.5	0.98	45.1	1.02	9.27	1.05	2.1	0.97	763.29	1.02
鄂州市	53.5	0.98	47.4	1.00	9.57	1.05	19.2	0.92	946.09	0.99
荆门市	54.0	0.99	45.5	1.01	9.98	1.05	4.0	0.93	823.85	1.01
孝感市	53.5	0.98	45.7	1.01	8.80	1.05	4.0	0.93	897.13	1.00
荆州市	53.5	0.98	48.2	1.00	9.03	1.05	11.2	0.92	998.85	0.98
黄冈市	31.0	0.85	48.4	1.00	8.62	1.05	4.0	0.93	984.8	0.98
咸宁市	62.0	1.02	46.4	1.01	9.08	1.05	4.6	0.92	1116.38	0.97
随州市	53.5	0.98	42.7	1.03	9.12	1.05	1.4	1.00	816.3	1.01
长沙市	32.9	0.86	57.2	0.96	11.02	0.97	1.3	1.00	1525.75	0.92

续表

城市	能源结构		经济发展		城市居民		水域碳汇		森林碳汇和绿地碳汇年降水量	
	K_{En}（%）	α_{En}	K_{Ec}（%）	α_{Ec}	K_{Po}（年）	α_{Po}	K_{Wa}（%）	α_{Wa}	K_{Fo}/K_{GS}（毫米）	α_{Fo}/α_{Gs}
株洲市	48.3	0.96	44.8	1.02	9.76	1.05	1.1	1.02	1561.17	0.92
湘潭市	68.5	1.05	41.7	1.04	10.09	1.05	1.9	0.98	1565.27	0.92
衡阳市	48.3	0.96	54.5	0.97	9.06	1.05	1.5	1.00	1413.86	0.93
邵阳市	48.3	0.96	51.5	0.98	9.03	1.05	0.5	1.08	1420.08	0.93
岳阳市	48.3	0.96	47.8	1.00	9.64	1.05	6.4	0.92	1257.55	0.95
常德市	56.0	1.00	46.9	1.01	9.23	1.05	4.1	0.93	1122.99	0.97
张家界市	26.0	0.83	71.7	0.93	8.94	1.05	0.9	1.03	1215.82	0.95
益阳市	48.3	0.96	39.7	1.05	8.99	1.05	4.4	0.93	1315.45	0.94
郴州市	67.6	1.04	50.0	0.99	9.09	1.05	0.9	1.03	1587.51	0.92
永州市	48.3	0.96	49.5	0.99	8.86	1.05	0.7	1.05	1624.76	0.92
怀化市	48.3	0.96	55.1	0.96	8.80	1.05	1.3	1.00	1295.94	0.95
娄底市	87.8	1.10	49.2	0.99	9.23	1.05	0.7	1.06	1428.19	0.93
广州市	12.4	0.83	71.6	0.93	11.20	0.96	5.2	0.92	2166.52	0.92
韶关市	78.0	1.08	49.3	0.99	9.18	1.05	0.7	1.05	1864.39	0.92
深圳市	14.5	0.83	62.9	0.93	11.38	0.96	2.7	0.96	1845.21	0.92
珠海市	43.6	0.93	56.7	0.96	10.99	1.05	11.4	0.92	1879.79	0.92
汕头市	84.5	1.10	47.5	1.00	8.82	1.05	8.8	0.92	1538.37	0.92
佛山市	24.6	0.83	42.3	1.03	10.11	1.01	7.8	0.92	1919.29	0.92
江门市	57.2	1.00	46.3	1.01	9.65	1.05	4.1	0.93	1859.67	0.92
湛江市	35.0	0.88	43.4	1.03	8.87	1.05	2.8	0.95	1474.67	0.93
茂名市	35.0	0.88	46.8	1.01	8.87	1.05	0.9	1.04	1821.17	0.92
肇庆市	40.7	0.92	41.1	1.04	9.02	1.05	2.0	0.98	2126.12	0.92
惠州市	17.4	0.83	42.0	1.03	9.58	1.05	1.8	0.98	1971.71	0.92
梅州市	33.6	0.87	49.5	0.99	9.12	1.05	0.5	1.08	1657.62	0.92
汕尾市	35.0	0.88	47.7	1.00	8.00	1.05	3.3	0.94	1760.24	0.92
河源市	39.9	0.91	51.6	0.98	9.00	1.05	1.9	0.98	1712.42	0.92
阳江市	35.0	0.88	44.5	1.02	8.91	1.05	1.4	1.00	1912.04	0.92
清远市	35.0	0.88	45.3	1.01	8.79	1.05	1.0	1.02	2117.67	0.92
东莞市	22.7	0.83	41.5	1.04	10.07	1.01	7.8	0.92	1961.01	0.92
中山市	25.1	0.83	48.1	1.00	9.83	1.05	10.2	0.92	1698.48	0.92
潮州市	56.0	1.00	42.4	1.03	8.62	1.05	3.2	0.95	1717.7	0.92
揭阳市	38.0	0.90	54.2	0.97	8.37	1.05	1.5	0.99	1652.57	0.92
云浮市	68.0	1.04	48.4	1.00	8.76	1.05	0.8	1.04	1840.95	0.92

续表

城市	能源结构		经济发展		城市居民		水域碳汇		森林碳汇和绿地碳汇 年降水量	
	K_{En}（%）	α_{En}	K_{Ec}（%）	α_{Ec}	K_{Po}（年）	α_{Po}	K_{Wa}（%）	α_{Wa}	K_{Fo}/K_{GS}（毫米）	α_{Fo}/α_{GS}
南宁市	59.4	1.01	64.7	0.93	10.06	1.01	1.3	1.01	1740.58	0.92
柳州市	59.0	1.01	49.8	0.99	9.46	1.05	0.9	1.04	2040.52	0.92
桂林市	49.3	0.96	54.3	0.97	9.27	1.05	0.4	1.08	1980.07	0.92
梧州市	47.0	0.95	42.6	1.03	8.80	1.05	1.4	1.00	1949.84	0.92
北海市	49.3	0.96	42.8	1.03	9.42	1.05	3.2	0.94	1721.09	0.92
防城港市	54.8	0.99	36.5	1.08	9.08	1.05	1.1	1.02	1787.62	0.92
钦州市	42.4	0.93	48.5	1.00	8.50	1.05	0.9	1.03	1745.79	0.92
贵港市	58.0	1.00	46.4	1.01	8.63	1.05	1.7	0.99	1915.95	0.92
玉林市	27.0	0.83	51.4	0.98	8.67	1.05	0.5	1.08	1793.12	0.92
百色市	50.0	0.97	38.4	1.06	8.30	1.05	0.6	1.06	1466.38	0.93
贺州市	49.3	0.96	43.9	1.02	8.36	1.05	0.7	1.05	2144.58	0.92
河池市	24.0	0.83	49.6	0.99	8.24	1.05	0.7	1.06	1807.38	0.92
来宾市	47.0	0.95	47.8	1.00	8.65	1.05	0.8	1.04	1928.6	0.92
崇左市	49.3	0.96	44.6	1.02	8.86	1.05	0.6	1.06	1542.1	0.92
海口市	0.7	0.83	79.0	0.93	10.85	1.05	1.7	0.99	1623.11	0.92
三亚市	38.0	0.90	73.8	0.93	10.36	1.05	1.1	1.02	1438.18	0.93
三沙	N/A	N/A	N/A	N/A	N/A	N/A	N/A	N/A	N/A	N/A
儋州市	38.0	0.90	38.7	1.06	8.52	1.05	1.5	1.00	1400.07	0.94
重庆市	44.3	0.94	53.0	0.97	9.47	1.03	1.3	1.00	1074.62	0.97
成都市	9.5	0.83	65.7	0.93	10.51	0.99	1.2	1.01	1035.21	0.98
自贡市	14.0	0.83	45.2	1.01	8.62	1.05	1.5	1.00	795.18	1.02
攀枝花市	70.0	1.05	37.0	1.07	9.22	1.05	1.2	1.01	1427.72	0.93
泸州市	30.5	0.85	40.0	1.05	8.40	1.05	1.0	1.02	946.32	0.99
德阳市	27.0	0.83	41.7	1.04	8.77	1.05	0.6	1.06	995	0.98
绵阳市	27.0	0.83	49.1	0.99	8.94	1.05	1.1	1.02	1069.36	0.97
广元市	27.0	0.83	42.4	1.03	8.50	1.05	1.2	1.01	1000.55	0.98
遂宁市	5.8	0.83	40.5	1.04	8.40	1.05	1.8	0.98	828.86	1.01
内江市	67.0	1.04	49.0	0.99	8.51	1.05	1.2	1.01	776.2	1.02
乐山市	27.0	0.83	43.9	1.02	8.72	1.05	1.8	0.98	1304.73	0.95
南充市	9.0	0.83	42.2	1.03	8.41	1.05	1.9	0.98	940.1	0.99
眉山市	13.4	0.83	47.4	1.00	8.57	1.05	1.8	0.98	1066.46	0.97
宜宾市	27.0	0.83	39.0	1.06	8.63	1.05	1.4	1.00	990.92	0.98
广安市	56.0	1.00	50.8	0.98	8.25	1.05	1.2	1.01	961.7	0.99

续表

城市	能源结构		经济发展		城市居民		水域碳汇		森林碳汇和绿地碳汇年降水量	
	K_{En}（%）	α_{En}	K_{Ec}（%）	α_{Ec}	K_{Po}（年）	α_{Po}	K_{Wa}（%）	α_{Wa}	K_{Fo}/K_{GS}（毫米）	α_{Fo}/α_{Gs}
达州市	27.0	0.83	48.5	1.00	8.56	1.05	0.8	1.04	1153.04	0.96
雅安市	28.8	0.83	50.9	0.98	8.80	1.05	1.9	0.98	1600.64	0.92
巴中市	27.0	0.83	51.5	0.98	8.73	1.05	0.4	1.08	1171.74	0.96
资阳市	14.2	0.83	51.2	0.98	8.08	1.05	1.0	1.03	794.86	1.02
贵阳市	64.4	1.03	59.0	0.95	10.28	1.05	1.3	1.01	1182.6	0.96
六盘水市	43.3	0.93	41.8	1.04	8.04	1.05	0.4	1.08	1345.59	0.94
遵义市	69.7	1.05	41.9	1.04	8.46	1.05	0.3	1.08	1118.86	0.97
安顺市	67.0	1.04	51.4	0.98	7.94	1.05	0.5	1.07	1305.92	0.94
毕节市	79.1	1.08	49.5	0.99	7.43	1.05	0.4	1.08	1158.69	0.96
铜仁市	69.7	1.05	53.5	0.97	8.29	1.05	0.5	1.08	1237.66	0.95
昆明市	22.8	0.83	63.7	0.93	10.22	1.05	2.0	0.98	1357.65	0.94
曲靖市	34.2	0.87	45.3	1.01	8.21	1.05	0.2	1.08	1226.27	0.95
玉溪市	55.4	0.99	47.0	1.00	8.72	1.05	2.1	0.97	1205.77	0.96
保山市	34.9	0.88	40.5	1.05	8.24	1.05	0.4	1.08	1555	0.92
昭通市	34.2	0.87	45.0	1.02	7.76	1.05	0.7	1.05	1158.77	0.96
丽江市	34.9	0.88	54.7	0.97	8.57	1.05	1.4	1.00	1287.82	0.95
普洱市	34.2	0.87	50.8	0.98	7.92	1.05	0.5	1.08	1480.33	0.93
临沧市	34.9	0.88	46.6	1.01	7.65	1.05	0.5	1.08	1337.5	0.94
拉萨市	61.0	1.02	53.9	0.97	8.34	1.05	3.2	0.94	723.82	1.03
日喀则市	61.0	1.02	14.7	1.10	6.10	1.05	2.8	0.95	590.41	1.06
昌都市	61.0	1.02	12.3	1.10	5.77	1.05	2.2	0.97	837.89	1.01
林芝市	61.0	1.02	6.3	1.10	7.73	1.05	5.0	0.92	2402.49	0.92
山南市	61.0	1.02	3.8	1.10	6.89	1.05	4.0	0.93	2136.76	0.92
那曲市	61.0	1.02	12.5	1.10	4.81	1.05	5.7	0.92	503.91	1.09
西安市	65.3	1.03	63.7	0.93	11.38	0.96	0.7	1.05	901.15	1.00
铜川市	70.0	1.05	57.0	0.96	9.69	1.05	0.1	1.08	626.22	1.05
宝鸡市	84.9	1.10	35.6	1.08	9.51	1.05	0.7	1.05	893.1	1.00
咸阳市	72.8	1.06	40.5	1.04	9.75	1.05	0.4	1.08	577.68	1.07
渭南市	80.0	1.08	45.1	1.02	9.32	1.05	1.1	1.02	605.03	1.06
延安市	52.0	0.98	32.8	1.10	9.17	1.05	0.2	1.08	526.55	1.08
汉中市	70.0	1.05	43.3	1.03	8.78	1.05	0.3	1.08	1144.74	0.96
榆林市	75.0	1.07	30.9	1.10	8.87	1.05	0.5	1.08	559.5	1.07
安康市	51.0	0.97	45.3	1.01	8.24	1.05	0.5	1.08	936.56	0.99

城市	能源结构		经济发展		城市居民		水域碳汇		森林碳汇和绿地碳汇年降水量	
	K_{En}（%）	α_{En}	K_{Ec}（%）	α_{Ec}	K_{Po}（年）	α_{Po}	K_{Wa}（%）	α_{Wa}	K_{Fo}/K_{GS}（毫米）	α_{Fo}/α_{Gs}
商洛市	56.8	1.00	48.6	1.00	8.58	1.05	0.3	1.08	842.21	1.01
兰州市	33.5	0.87	65.7	0.93	10.91	1.05	0.4	1.08	268.71	1.09
嘉峪关市	70.0	1.05	34.5	1.09	11.14	1.05	0.5	1.08	91.02	1.09
金昌市	53.4	0.98	28.5	1.10	9.73	1.05	0.1	1.08	252.22	1.09
白银市	80.0	1.08	45.5	1.01	9.25	1.05	0.4	1.08	235.65	1.09
天水市	60.0	1.01	56.8	0.96	8.31	1.05	0.2	1.08	719.65	1.03
武威市	62.0	1.02	53.1	0.97	8.83	1.05	0.2	1.08	268.7	1.09
张掖市	53.4	0.98	53.8	0.97	9.11	1.05	1.1	1.02	389.35	1.09
平凉市	73.3	1.06	52.4	0.98	8.30	1.05	0.1	1.08	565.04	1.07
酒泉市	65.0	1.03	41.6	1.04	9.56	1.05	0.8	1.04	108.26	1.09
庆阳市	53.4	0.98	39.9	1.05	8.51	1.05	0.0	1.08	464.55	1.09
定西市	57.7	1.00	64.1	0.93	8.10	1.05	0.2	1.08	472.84	1.09
陇南市	55.0	0.99	58.3	0.95	7.39	1.05	0.6	1.07	899.86	1.00
西宁市	27.1	0.83	62.7	0.93	9.77	1.05	1.2	1.01	728.91	1.03
海东市	30.5	0.85	46.1	1.01	7.46	1.05	1.2	1.01	488.61	1.09
银川市	14.9	0.83	50.9	0.98	10.51	1.05	1.4	1.00	227.44	1.09
石嘴山市	85.9	1.10	41.8	1.04	9.52	1.05	2.6	0.96	226.92	1.09
吴忠市	81.0	1.09	37.2	1.07	8.52	1.05	0.3	1.08	278.18	1.09
固原市	81.0	1.09	61.4	0.94	8.24	1.05	0.1	1.08	417.02	1.09
中卫市	79.6	1.08	42.3	1.03	8.51	1.05	0.5	1.08	253.7	1.09
乌鲁木齐市	68.9	1.05	71.1	0.93	11.06	1.05	4.9	0.92	318.84	1.09
克拉玛依市	80.0	1.08	27.5	1.10	11.20	1.05	4.5	0.92	94.22	1.09
吐鲁番市	96.0	1.10	16.1	1.10	9.20	1.05	0.6	1.06	80.15	1.09
哈密市	80.0	1.08	7.4	1.10	10.24	1.05	1.5	1.00	49.88	1.09

注：对于数据缺失的城市，本表记录为 not available，N/A。

第六章 城市低碳建设总体水平

第一节 样本城市低碳建设总体水平得分

应用第五章的实证数据，计算得出了样本城市各维度各环节的得分。在此基础上根据确定的各环节权重、各维度权重和应用在各维度的 P、O 环节的修正系数，得到了样本城市总体低碳建设水平诊断结果及其排名，见表 6.1。

表 6.1 样本城市低碳建设总体水平得分表

排名序号	城市	规模分组	总分	排名序号	城市	规模分组	总分	排名序号	城市	规模分组	总分
1	北京市	1	76.35	102	舟山市	3	49.16	203	吕梁市	4	43.40
2	杭州市	1	71.50	103	淄博市	2	49.14	204	晋中市	3	43.24
3	上海市	1	67.11	104	惠州市	2	49.04	205	淮北市	3	43.08
4	广州市	1	65.38	105	赣州市	2	49.02	206	乌兰察布市	4	43.02
5	深圳市	1	64.07	106	东莞市	1	49.00	207	南通市	2	42.95
6	武汉市	1	63.84	107	周口市	3	48.77	208	邯郸市	2	42.90
7	宁波市	2	62.96	108	益阳市	3	48.73	209	安顺市	3	42.79
8	南京市	1	62.74	109	遂宁市	3	48.58	210	咸宁市	4	42.70
9	成都市	1	60.56	110	武威市	4	48.53	211	佳木斯市	3	42.57
10	济南市	1	60.02	111	焦作市	3	48.52	212	新余市	3	42.33
11	天津市	1	59.89	112	长春市	2	48.50	213	三明市	4	42.31
12	昆明市	1	59.43	113	石家庄市	2	48.44	214	钦州市	3	42.20
13	荆门市	3	58.68	114	拉萨市	3	48.38	215	白城市	4	42.19
14	西安市	1	57.64	115	石嘴山市	4	48.28	216	株洲市	2	42.12
15	长沙市	1	56.98	116	池州市	4	48.11	217	昭通市	4	42.10
16	青岛市	1	56.96	117	马鞍山市	3	48.11	218	南充市	2	42.02
17	吉林市	2	56.76	118	宣城市	4	48.10	219	平凉市	4	42.01
18	温州市	2	56.66	119	三门峡市	4	48.10	220	宜宾市	2	41.99
19	厦门市	2	55.89	120	东营市	3	48.06	221	通化市	4	41.98
20	重庆市	1	55.54	121	三亚市	3	47.98	222	曲靖市	3	41.97
21	太原市	2	55.19	122	聊城市	2	47.97	223	赤峰市	2	41.95
22	银川市	2	55.03	123	黄石市	3	47.94	224	云浮市	4	41.89
23	六安市	3	54.98	124	延安市	4	47.89	225	茂名市	3	41.87

排名序号	城市	规模分组	总分	排名序号	城市	规模分组	总分	排名序号	城市	规模分组	总分
24	广元市	4	54.89	125	四平市	4	47.83	226	邢台市	2	41.81
25	湖州市	3	54.87	126	大连市	1	47.82	227	莆田市	2	41.60
26	贵阳市	2	54.86	127	乌鲁木齐市	2	47.70	228	吐鲁番市	4	41.44
27	宿迁市	3	54.68	128	雅安市	4	47.70	229	六盘水市	3	41.20
28	绍兴市	2	54.30	129	金昌市	4	47.60	230	伊春市	4	41.04
29	济宁市	2	54.21	130	衡水市	3	47.49	231	临汾市	3	40.90
30	呼和浩特市	2	54.19	131	铜川市	4	47.12	232	漯河市	3	40.88
31	盐城市	2	54.00	132	咸阳市	2	47.12	233	梧州市	3	40.86
32	金华市	3	53.89	133	临沧市	4	47.11	234	来宾市	4	40.86
33	阜阳市	3	53.88	134	安阳市	3	47.10	235	沧州市	3	40.83
34	荆州市	3	53.88	135	乐山市	3	47.08	236	滨州市	3	40.82
35	郑州市	1	53.71	136	新乡市	2	47.07	237	崇左市	4	40.78
36	台州市	2	53.60	137	珠海市	2	47.06	238	连云港市	2	40.77
37	芜湖市	2	53.60	138	徐州市	2	47.04	239	玉林市	3	40.40
38	无锡市	2	53.52	139	滁州市	4	46.76	240	儋州市	4	40.37
39	绵阳市	2	53.47	140	白山市	4	46.72	241	信阳市	3	40.20
40	合肥市	2	53.47	141	吴忠市	4	46.67	242	菏泽市	3	40.16
41	衢州市	3	53.31	142	固原市	4	46.63	243	克拉玛依市	4	40.15
42	嘉峪关市	4	53.17	143	湘潭市	3	46.58	244	朝阳市	3	40.09
43	安庆市	3	53.17	144	辽源市	4	46.53	245	朔州市	4	39.91
44	沈阳市	1	53.15	145	中山市	2	46.45	246	贺州市	4	39.87
45	吉安市	4	53.15	146	昌都市	4	46.35	247	呼伦贝尔市	4	39.86
46	镇江市	3	53.11	147	汕头市	2	46.32	248	大庆市	2	39.80
47	临沂市	2	53.07	148	梅州市	3	46.20	249	张家界市	4	39.63
48	淮南市	2	53.04	149	中卫市	4	46.20	250	清远市	3	39.57
49	西宁市	2	52.64	150	开封市	2	46.19	251	辽阳市	3	39.43
50	鹰潭市	4	52.52	151	郴州市	3	46.17	252	齐齐哈尔市	2	39.42
51	扬州市	2	52.51	152	晋城市	3	46.09	253	林芝市	4	39.34
52	威海市	3	52.50	153	洛阳市	2	46.07	254	定西市	4	38.72
53	柳州市	2	52.49	154	榆林市	3	46.03	255	海东市	4	38.67
54	苏州市	2	52.48	155	鄂州市	4	46.03	256	贵港市	3	38.58
55	汉中市	3	52.44	156	长治市	2	45.99	257	淮安市	2	38.44
56	南阳市	3	52.38	157	抚顺市	3	45.96	258	商洛市	4	38.23
57	宝鸡市	3	52.25	158	铜陵市	3	45.89	259	双鸭山市	4	38.19

续表

排名序号	城市	规模分组	总分	排名序号	城市	规模分组	总分	排名序号	城市	规模分组	总分
58	宜昌市	2	51.91	159	鹤壁市	3	45.86	260	*渭南市	4	38.17
59	兰州市	2	51.90	160	驻马店市	4	45.79	261	铁岭市	4	38.06
60	九江市	3	51.87	161	揭阳市	3	45.76	262	松原市	4	38.05
61	宿州市	3	51.87	162	湛江市	2	45.69	263	*黑河市	4	38.01
62	张家口市	2	51.86	163	阜新市	3	45.67	264	防城港市	4	38.00
63	德州市	3	51.78	164	自贡市	3	45.65	265	巴彦淖尔市	4	37.66
64	福州市	2	51.63	165	黄山市	4	45.54	266	韶关市	3	37.62
65	蚌埠市	3	51.61	166	忻州市	4	45.53	267	鞍山市	2	37.46
66	宜春市	3	51.56	167	邵阳市	3	45.51	268	河池市	4	37.33
67	白银市	4	51.54	168	阳江市	3	45.45	269	鸡西市	3	37.03
68	通辽市	4	51.41	169	巴中市	4	45.44	270	常州市	2	36.77
69	德阳市	3	51.37	170	汕尾市	4	45.41	271	濮阳市	3	36.72
70	大同市	2	51.22	171	怀化市	3	45.33	272	陇南市	4	36.69
71	玉溪市	3	51.16	172	毕节市	3	45.22	273	运城市	3	36.52
72	哈尔滨市	1	51.09	173	天水市	3	45.17	274	*乌海市	3	36.48
73	嘉兴市	3	51.06	174	遵义市	2	45.14	275	那曲市	4	36.31
74	丽水市	4	51.01	175	肇庆市	3	45.03	276	丹东市	3	36.27
75	烟台市	2	51.01	176	平顶山市	3	45.01	277	北海市	3	36.20
76	黄冈市	4	50.94	177	内江市	3	44.90	278	孝感市	3	36.09
77	十堰市	2	50.89	178	岳阳市	2	44.89	279	百色市	4	36.04
78	泰安市	2	50.88	179	七台河市	4	44.82	280	日喀则市	4	35.92
79	承德市	3	50.87	180	葫芦岛市	3	44.73	281	潮州市	3	35.87
80	潍坊市	2	50.66	181	许昌市	3	44.47	282	廊坊市	3	35.83
81	鄂尔多斯市	3	50.62	182	商丘市	3	44.42	283	宁德市	4	35.79
82	抚州市	3	50.52	183	江门市	2	44.39	284	哈密市	4	35.72
83	安康市	4	50.51	184	秦皇岛市	2	44.35	285	景德镇市	3	35.60
84	南昌市	2	50.39	185	牡丹江市	3	44.30	286	阳泉市	3	35.55
85	包头市	2	50.19	186	亳州市	3	44.20	287	锦州市	2	35.39
86	泉州市	2	50.09	187	酒泉市	4	44.19	288	山南市	4	35.08
87	常德市	3	49.98	188	张掖市	4	44.10	289	鹤岗市	3	33.50
88	海口市	2	49.96	189	日照市	3	44.08	290	*营口市	3	31.81
89	南宁市	2	49.94	190	泸州市	3	44.06	291	*萍乡市	3	31.02
90	枣庄市	2	49.69	191	随州市	4	43.97	292	*漳州市	3	31.02
91	桂林市	2	49.65	192	本溪市	3	43.97	293	*南平市	4	29.43

排名序号	城市	规模分组	总分	排名序号	城市	规模分组	总分	排名序号	城市	规模分组	总分
92	上饶市	2	49.65	193	保定市	2	43.89	294	*普洱市	4	26.27
93	龙岩市	3	49.64	194	永州市	3	43.85	295	*绥化市	4	25.22
94	眉山市	3	49.52	195	衡阳市	2	43.79	296	*资阳市	4	24.29
95	广安市	4	49.49	196	唐山市	2	43.71	297	**三沙市	4	N/A
96	保山市	4	49.44	197	庆阳市	4	43.66	最大值			76.35
97	盘锦市	3	49.30	198	河源市	3	43.64	最小值			24.29
98	襄阳市	2	49.28	199	娄底市	3	43.61	平均值			46.41
99	攀枝花市	3	49.28	200	达州市	3	43.59	标准差			7.15
100	丽江市	4	49.27	201	铜仁市	4	43.46	变异系数（CV）			0.15
101	佛山市	1	49.20	202	泰州市	3	43.42				

注：*因部分数据资料不完整，可能影响诊断结果。**三沙市因相关数据极少，不参与统计。

根据表 6.1 中数据可得到样本城市总体水平统计分布，见图 6.1。

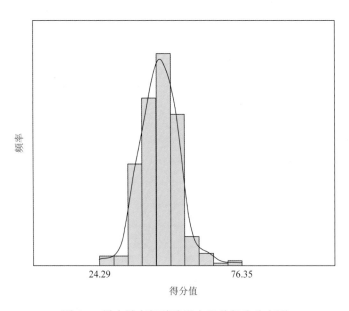

图 6.1　样本城市低碳建设水平总得分分布图

如表 6.1 所示，最高得分城市是北京，为 76.35 分，高于得分最低城市相差 50 多分，说明城市之间低碳建设发展不均衡。样本城市的平均得分为 46.41 分，且大多数城市得分在 46.38 分左右（如图 6.1 所示），这表明我国城市总体上低碳建设水平仍处于较低水平。变异系数达到 0.15，说明样本城市间得分差异较大，低碳建设发展不平衡问题突出。总体上看，不同城市在低碳建设水平上存在着显著的差异，整体发展呈现不均衡状态。

第二节 样本城市低碳建设总体水平梯队划分

根据第三章第四节的城市低碳建设水平梯队构建方法,结合表 6.1 中的数据,样本城市总体水平的梯队区间值计算划分如表 6.2 所示。

表 6.2 样本城市总体水平的梯队区间值

梯队等级	区间值	梯队等级	区间值
第一梯队	(63.33, 76.35]	第三梯队	(37.31, 50.32]
第二梯队	(50.32, 63.33]	第四梯队	[24.29, 37.31]

将表 6.1 中的数据应用到表 6.2 中的梯队区间值,便可得到样本城市低碳建设总体水平的梯队层级,见表 6.3。

表 6.3 样本城市低碳建设总体水平梯队城市表

梯队	城市	城市排名序号
第一梯队	北京市、杭州市、上海市、广州市、深圳市、武汉市	1~6
第二梯队	宁波市、南京市、成都市、济南市、天津市、昆明市、荆门市、西安市、长沙市、青岛市、吉林市、温州市、厦门市、重庆市、太原市、银川市、六安市、广元市、湖州市、贵阳市、宿迁市、绍兴市、济宁市、呼和浩特市、盐城市、金华市、阜阳市、荆州市、郑州市、台州市、芜湖市、无锡市、绵阳市、合肥市、衢州市、嘉峪关市、安庆市、沈阳市、吉安市、镇江市、临沂市、淮南市、西宁市、鹰潭市、扬州市、威海市、柳州市、苏州市、汉中市、南阳市、宝鸡市、宜昌市、兰州市、九江市、宿州市、张家口市、德州市、福州市、蚌埠市、宜春市、白银市、通辽市、德阳市、大同市、玉溪市、哈尔滨市、嘉兴市、烟台市、丽水市、黄冈市、十堰市、泰安市、承德市、潍坊市、鄂尔多斯市、抚州市、安康市、南昌市	7~84
第三梯队	包头市、泉州市、常德市、海口市、南宁市、枣庄市、桂林市、上饶市、龙岩市、眉山市、广安市、保山市、盘锦市、襄阳市、攀枝花市、丽江市、佛山市、舟山市、淄博市、惠州市、赣州市、东莞市、周口市、益阳市、遂宁市、武威市、焦作市、长春市、石家庄市、拉萨市、石嘴山市、池州市、马鞍山市、宣城市、三门峡市、东营市、三亚市、聊城市、黄石市、延安市、四平市、大连市、乌鲁木齐市、雅安市、金昌市、衡水市、铜川市、咸阳市、临沧市、安阳市、乐山市、新乡市、珠海市、徐州市、滁州市、白山市、吴忠市、固原市、湘潭市、辽源市、中山市、昌都市、汕头市、梅州市、中卫市、开封市、郴州市、晋城市、洛阳市、榆林市、鄂州市、长治市、抚顺市、铜陵市、鹤壁市、驻马店市、揭阳市、阜新市、自贡市、黄山市、忻州市、邵阳市、阳江市、巴中市、汕尾市、怀化市、毕节市、天水市、遵义市、肇庆市、平顶山市、内江市、岳阳市、七台河市、葫芦岛市、许昌市、商丘市、江门市、秦皇岛市、牡丹江市、亳州市、酒泉市、张掖市、日照市、泸州市、随州市、本溪市、保定市、永州市、衡阳市、唐山市、庆阳市、河源市、娄底市、达州市、铜仁市、泰州市、吕梁市、晋中市、淮北市、乌兰察布市、南通市、邯郸市、安顺市、咸宁市、佳木斯市、新余市、三明市、钦州市、白城市、株洲市、昭通市、南充市、平凉市、宜宾市、通化市、曲靖市、赤峰市、云浮市、茂名市、邢台市、莆田市、吐鲁番市、六盘水市、伊春市、临汾市、漯河市、梧州市、来宾市、沧州市、滨州市、崇左市、连云港市、玉林市、儋州市、信阳市、菏泽市、克拉玛依市、朝阳市、朔州市、贺州市、呼伦贝尔市、大庆市、张家界市、清远市、辽阳市、齐齐哈尔市、林芝市、定西市、海东市、贵港市、淮安市、商洛市、双鸭山市、*渭南市、铁岭市、松原市、*黑河市、防城港市、巴彦淖尔市、韶关市、鞍山市、河池市	85~268
第四梯队	鸡西市、常州市、濮阳市、陇南市、运城市、*乌海市、那曲市、丹东市、北海市、孝感市、百色市、日喀则市、潮州市、廊坊市、宁德市、哈密市、景德镇市、阳泉市、锦州市、山南市、鹤岗市、*营口市、*萍乡市、*漳州市、*南平市、*普洱市、*绥化市、*资阳市	269~296

注:*因部分数据资料不完整,可能影响诊断结果,三沙市缺少数据不计入其中。

　　依据样本城市的低碳建设水平，将其归类为四个梯队。第一梯队涵盖了北京、杭州、上海、广州、深圳、武汉等 6 座城市。这些城市展现出在低碳建设领域的杰出领导地位，这一领先地位主要源于其经济实力和政策支持的相互作用。第二梯队包括宁波、南京、成都等 78 座城市。尽管这些城市的低碳建设水平次于第一梯队，但这些城市通常具有相对健全的经济基础，具备采取一系列措施来改进其低碳化进程的能力。第三梯队包括包头、泉州、河池等 184 座城市。这些城市的低碳建设水平相对较低，但值得注意的是，它们正在积极探索提高低碳建设水平的途径。第四梯队包括鸡西、绥化、资阳等 28 座城市，这些城市的低碳建设水平较低。这一梯队的城市可能面临各种挑战，包括有限的经济资源、技术能力不足以及政策执行不力等问题。然而，对于这些城市来说，提高低碳建设水平仍然是一项紧迫的任务。

　　表 6.3 中的数据可以用图 6.2 来进一步表示。

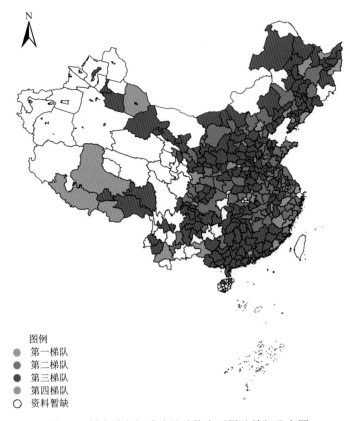

图 6.2　样本城市低碳建设总体水平梯队等级分布图

　　如图 6.2 所示，东部沿海城市普遍低碳建设水平较高，同时也存在个别相邻城市的低碳建设水平差距较大的情况。第一梯队城市主要为一些我国主要城市群的中心城市，如京津冀城市群的北京、长江中游城市群的武汉、长三角城市群的上海及杭州和粤港澳大湾区的广州及深圳。这表明，这些地区的城市在低碳建设方面处于领先地位，这可能得益于其拥有更高的经济水平、更丰富的资源以及更强的政策支持。第二梯队城市也主要集中在东部地区，这表明东部城市整体低碳建设水平较高。而第三梯队和第四梯队城市分布较广，基本覆盖了中国东中西部各地区，这显示出中国各地区在低碳建设方面存在明显的不平衡发展问题，需要更多的政策和资源支持，以促进区域间的均衡发展。

　　结合在第四章中城市规模组的划分，以及本章表 6.1 和表 6.3～表 6.6 中的数据，可以得到以下不同规模城市的总体水平梯队等级分布情况，见表 6.7。

表 6.4　城市总体低碳建设水平的不同梯队分布表

城市规模组	城市个数	第一梯队占比（%）	第二梯队占比（%）	第三梯队占比（%）	第四梯队占比（%）
超大以及特大城市	21	100	15	1	0
大城市	80	0	41	25	7
中等城市	111	0	32	39	52
小城市	84	0	12	35	41
总计	296	100	100	100	100

注：三沙市缺少数据不计入其中，后同。

　　表 6.4 中的数据可以进一步用以下分布图 6.3 表示。

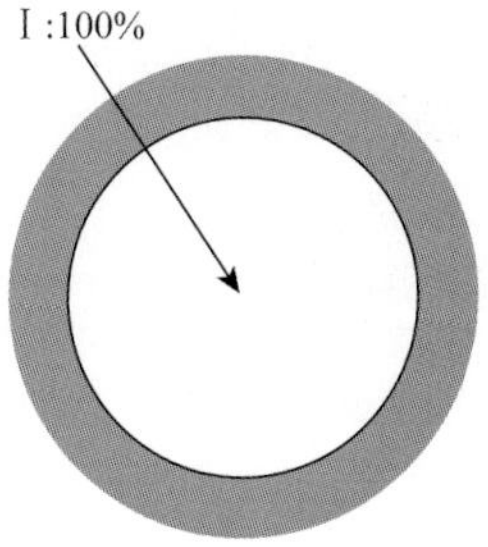

(a) 第一梯队 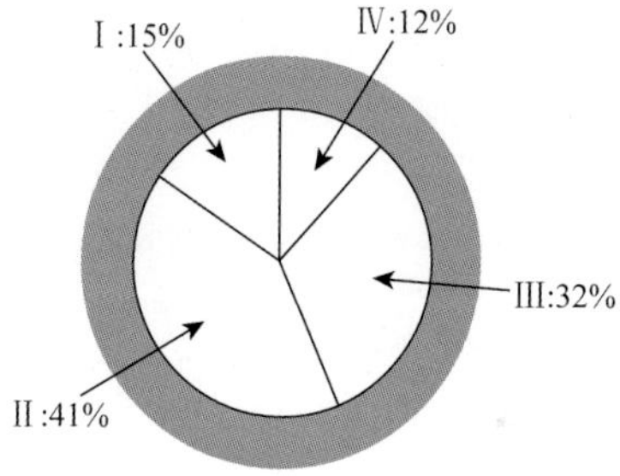　　(b) 第二梯队 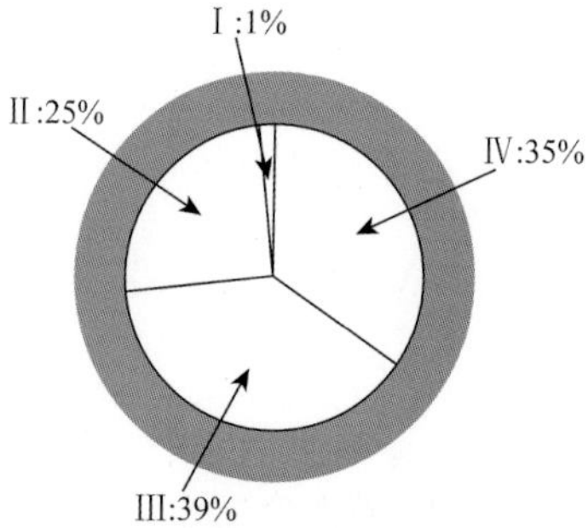　　(c) 第三梯队 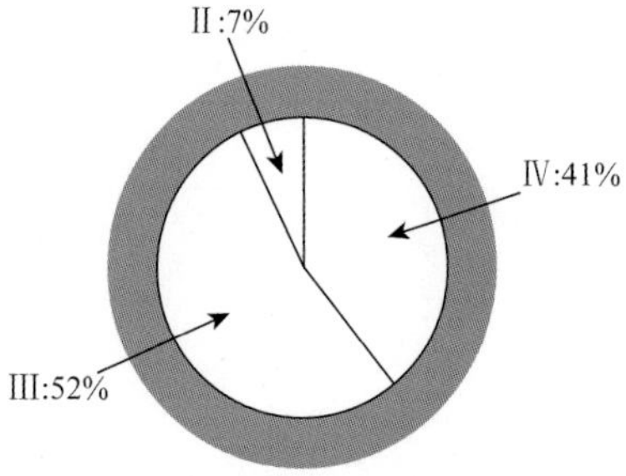　　(d) 第四梯队

图 6.3　城市低碳建设总体水平在不同梯队的构成分布

注：该图中"Ⅰ"表示超大以及特大城市，"Ⅱ"表示大城市，"Ⅲ"表示中等城市，"Ⅳ"表示小城市。

　　如表 6.4 和图 6.3 所示，低碳建设总体水平处于第一梯队的城市均为超大以及特大城市，这反映了超大及特大城市的低碳建设水平处于领先地位。这些城市往往拥有更丰富的资源和更高的资金投入，使其更容易在城市低碳建设中取得良好的成绩。

在第二梯队等级中，超大以及特大城市占第二梯队的 15%，大城市在第二梯队中占比 41%，中等城市和小城市在第二梯队中分别占比 32% 和 12%。大城市在该梯队中占比最高。这主要是由于大城市相对经济实力和资源条件较为充裕，也具有一定的低碳发展优先级，能够取得较好的低碳建设进展。

在第三梯队等级中主要是中等城市和小城市，分别占比 39% 和 35%。也有不少大城市在第三梯队中，占比为 25%。在第三梯队中几乎没有超大及特大城市。中小城市相比大城市，其经济实力和资源较为有限，低碳建设政策和社会关注度不如大城市，因此低碳建设水平较为分散。

在第四梯队等级中，中等城市占 52%，其次是小城市占 41%，小部分大城市也处于这个梯队，占比 7%。在第四梯队水平等级中，没有超大及特大城市。中小城市与大城市相比，存在资金、技术、政策等方面的不足，导致低碳建设整体落后。

第三节　不同规模城市的低碳建设总体水平的梯队等级分布状态

结合在第四章中城市规模组的划分，以及本章表 6.1 以及表 6.3 中的数据，可以得到以下不同规模城市低碳建设总体水平的梯队等级分布情况，见表 6.5。

表 6.5　不同规模城市总体水平的梯队等级分布表

城市梯队等级	城市个数	超大以及特大城市占比（%）	大城市占比（%）	中等城市占比（%）	小城市占比（%）
第一梯队	6	29	0	0	0
第二梯队	78	57	40	22	11
第三梯队	184	14	58	64	76
第四梯队	28	0	2	14	13
总计	296	100	100	100	100

表 6.5 中的数据可以进一步用以下分布图 6.4 表示。

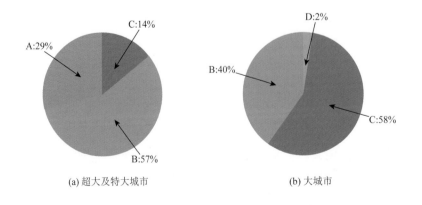

(a) 超大及特大城市　　　　　　　(b) 大城市

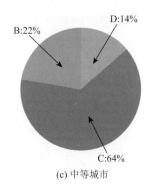
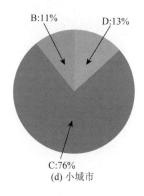

图 6.4　不同规模城市在低碳建设总体水平梯队等级中的分布

注：该图中"A"表示第一梯队城市，"B"表示第二梯队城市，"C"表示第三梯队城市，"D"表示第四梯队城市。

如表 6.5 和图 6.4 所示，超大及特大城市中，第一梯队和第二梯队城市占比较大，分别占 29%和 57%，而第三梯队占 14%。这反映了超大及特大城市的低碳建设水平处于领先地位。

在大城市层面，没有城市位于第一梯队，第二梯队城市占 40%，而第三梯队占 58%，第四梯队仅占 2%。这表明大城市的低碳建设整体水平相对较高，但仍有较大的改进空间。

在中等城市中，没有处于第一梯队的城市，第二梯队城市占 22%，第三梯队占 64%，而第四梯队占 14%。可以看出，随着城市规模变小，相比大城市，中等城市中第三梯队逐渐占据主体地位，且第四梯队的占比显著增加。

从小城市的角度来看，没有城市处于第一梯队，第二梯队仅占 11%。第三梯队占比最大，达到 76%，而第四梯队占 13%。这表明小城市整体上在城市低碳建设中具有相对较低的水平。

第四节　城市群低碳建设水平的同步效应

了解城市群的低碳建设水平有助于分析我国低碳建设水平分布的区域特征和同步效应。2018 年《中共中央　国务院关于建立更加有效的区域协调发展新机制的意见》中提出"建立以中心城市引领城市群发展、城市群带动区域发展新模式，推动区域板块之间融合互动发展"的城市群发展规划，旨在实现资源的更广泛的优化配置，特别是扩大超大及特大城市的辐射作用，将发展机遇传递给周边地区。城市群内部个别城市的自身发展也因为资源更加合理的分配而能进一步增强了城市群作为整体的影响力。

基于第四章对我国当前十一个城市群的划定，可以得到我国十一个城市群的低碳建设水平情况，如图 6.5 所示。图中数据显示目前我国城市群的低碳建设水平同步发展程度都不是很高，同步效应不明显。这也可以通过城市群低碳建设水平的变异系数（CV 值）来反映（见表 6.6）。城市群均值最高的是长三角城市群。该城市群内的中心城市得分较高（如杭州、上海分别排名全国第 2 和第 3），城市群的总体水平差异较大，多数城市处于均值上下，得分较低的城市少，呈现得分的"橄榄球"结构，表明该城市群内部城市的低碳建设协同发展程度还不是很高。城市群平均低碳建设水平最低的是北部湾城市群，该城市群内的中心城市的低碳建设总体水平不高（如南宁、海口、湛江分别排名全国第89、88 和 162），其带动周边城市发展的能力可能非常有限。

　　呼包鄂榆城市群的 CV 值最小，说明该内部城市间的低碳建设总体水平差距最小。然而，京津冀城市群内部城市间的低碳建设总体水平的 CV 值最大（表 6.6），极值差距也最大（图 6.5），多数城市的得分低于该城市群的均值，呈现的"金字塔"水平结构，城市群的辐射作用不明显。相反，京津冀城市群内部的中心城市的虹吸作用更为显著，低碳建设的资源主要集聚于北京、天津这样的中心城市，而导致京津周边中小城市缺少足够的低碳建设资源而发展乏力，水平较低。

表 6.6　我国十一个城市群的低碳建设水平的变异系数（CV 值）

城市群	变异系数	城市群	变异系数	城市群	变异系数
呼包鄂榆	5.75	长三角	13.83	成渝	16.23
中原	9.65	兰西	14.00	哈长	18.86
北部湾	9.99	长江中游	14.33	京津冀	19.83
关中平原	13.73	粤港澳大湾区	14.66	/	/

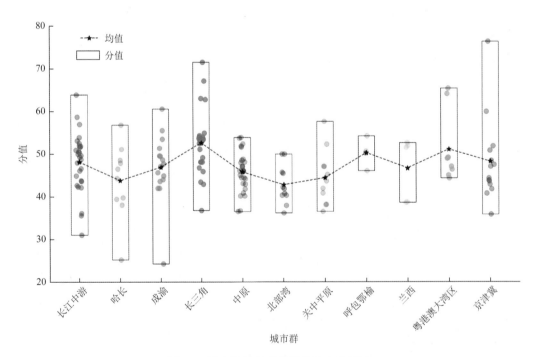

图 6.5　城市群的低碳建设总体水平情况

第七章 城市低碳建设维度水平

第一节 样本城市低碳建设维度水平得分

结合第三章和第四章的方法和第五章的实证数据，可以计算出样本城市在各低碳建设维度的水平得分，见表7.1。

表 7.1 样本城市低碳建设维度水平得分表

城市	能源结构		经济发展		生产效率		城市居民		水域碳汇		森林碳汇		绿地碳汇		低碳技术	
	得分	排名	得分	排名	得分	排名	得分	排名	得分	排名	得分	排名	得分	排名	得分	排名
北京市	68.88	1	83.58	1	77.97	1	79.89	1	71.57	30	70.30	13	92.81	1	76.77	1
天津市	61.63	8	70.32	20	61.22	22	68.06	9	61.06	100	48.59	192	58.89	32	51.10	14
石家庄市	47.48	174	53.67	158	45.26	142	62.87	18	45.69	220	58.45	72	50.61	95	32.74	97
唐山市	49.00	145	46.42	233	54.38	70	34.26	274	43.09	241	47.62	202	37.01	215	34.53	81
秦皇岛市	39.36	265	48.23	215	54.62	68	47.17	144	53.61	173	55.91	99	45.22	139	26.87	181
邯郸市	41.63	250	55.51	130	43.02	163	39.91	234	47.56	212	60.82	58	36.21	218	27.97	164
邢台市	36.94	276	43.26	256	39.59	204	52.79	90	45.53	221	60.21	60	42.35	162	28.03	162
保定市	40.69	257	52.71	164	55.19	59	41.12	221	34.34	270	44.94	230	43.52	152	43.54	31
张家口市	46.04	203	54.50	142	63.82	11	43.62	189	64.07	82	66.72	26	53.55	68	38.15	55
承德市	48.50	155	54.33	147	63.98	9	50.25	113	41.06	252	61.03	56	54.92	58	41.25	41
沧州市	39.40	264	45.61	237	42.42	167	41.29	219	55.03	162	42.18	242	47.65	119	23.73	221
廊坊市	39.44	263	53.79	154	43.34	160	31.25	286	23.84	292	47.22	206	24.93	273	23.58	223
衡水市	44.98	219	40.83	270	47.09	122	48.50	129	69.72	40	57.68	78	60.57	26	25.40	204
太原市	54.30	35	70.11	23	57.90	40	59.22	39	57.99	130	57.34	82	65.98	14	31.74	113
大同市	51.02	103	62.68	70	59.64	27	59.50	37	56.29	140	55.51	105	46.81	123	29.51	139
阳泉市	43.85	229	44.54	246	34.71	248	45.29	164	29.49	282	38.78	257	19.26	290	22.53	234
长治市	47.93	169	49.37	208	42.46	166	51.54	105	44.22	233	46.65	215	41.55	171	42.86	34
晋城市	49.91	126	50.79	189	43.70	156	52.48	93	50.11	193	38.97	256	51.27	89	32.55	100
朔州市	42.29	242	47.00	225	49.61	103	43.63	188	29.36	284	47.19	207	34.99	227	27.74	167
晋中市	39.64	262	60.75	88	40.01	199	58.54	47	55.37	153	32.82	283	45.11	140	27.13	176
运城市	38.79	269	46.74	229	41.34	178	51.64	103	37.85	266	37.26	265	22.10	281	20.88	255
忻州市	41.97	244	49.81	201	45.00	144	52.89	89	68.34	46	43.13	238	48.79	110	28.26	156
临汾市	45.10	217	36.91	287	44.19	152	46.31	154	44.76	228	55.24	109	25.51	270	28.90	146

续表

城市	能源结构		经济发展		生产效率		城市居民		水域碳汇		森林碳汇		绿地碳汇		低碳技术	
	得分	排名	得分	排名	得分	排名	得分	排名	得分	排名	得分	排名	得分	排名	得分	排名
吕梁市	47.62	173	48.72	212	46.12	131	51.38	106	58.46	128	35.69	274	45.34	137	19.47	269
呼和浩特市	48.37	157	57.07	116	35.92	235	59.80	34	65.36	69	70	15	74.12	5	39.16	54
包头市	47.38	177	52.66	167	55.69	54	48.67	127	70.74	34	54.09	125	53.05	70	32.33	105
*乌海市	17.69	296	49.73	204	28.30	282	40.72	225	58.63	126	33.81	279	55.16	56	36.17	67
赤峰市	38.42	271	52.70	166	37.51	226	50.03	116	60.10	109	59.57	63	34.28	233	19.50	267
通辽市	50.17	119	50.84	188	47.39	119	44.09	179	67.24	57	67.52	25	52.13	83	39.66	51
鄂尔多斯市	47.35	179	51.59	174	45.00	145	52.44	95	70.81	33	51.48	155	45.03	141	47.69	16
呼伦贝尔市	34.20	283	53.01	162	34.93	246	37.71	250	56.19	142	66.64	27	22.49	280	28.09	161
巴彦淖尔市	41.41	251	42.90	258	37.97	218	40.32	228	42.43	243	43.66	236	24.34	276	27.62	170
乌兰察布市	46.00	204	38.54	280	32.21	259	27.96	289	59.31	120	58.02	77	48.51	113	33.75	91
沈阳市	50.14	120	67.18	43	58.70	32	50.74	111	73.92	17	48.42	196	47.51	120	39.80	48
大连市	54.21	36	55.45	132	49.02	104	45.01	168	45.19	225	55.77	101	47.50	121	29.85	133
鞍山市	39.34	266	39.09	277	40.58	189	34.72	271	39.06	260	51.25	157	31.94	246	26.42	189
抚顺市	46.51	191	49.40	207	44.69	148	43.70	187	60.77	105	52.19	149	49.53	103	28.71	150
本溪市	46.22	199	42.50	261	35.22	241	42.64	203	47.99	209	55.31	107	58.19	37	28.15	158
丹东市	41.31	252	45.47	238	33.81	254	36.67	259	43.41	237	36.99	266	30.81	248	21.50	250
锦州市	23.71	293	48.50	213	34.50	249	37.58	253	45.26	223	54.02	128	35.43	224	26.21	192
*营口市	27.99	291	45.19	243	35.15	242	38.85	241	28.05	286	22.56	295	36.06	221	28.14	159
阜新市	54.12	38	62.15	74	54.72	67	45.27	165	26.44	289	42.96	239	53.80	66	24.02	219
辽阳市	40.28	261	51.07	186	41.09	182	40.24	230	37.81	267	49.24	185	39.06	190	23.41	225
盘锦市	46.65	187	54.32	148	48.97	106	43.99	181	65.29	70	52.27	148	46.74	124	43.17	32
铁岭市	36.21	281	41.42	267	39.57	205	34.19	275	51.37	189	50.56	170	38.11	203	23.21	227
朝阳市	42.89	239	46.43	232	40.11	197	46.27	155	46.52	218	51.00	161	30.53	249	21.90	241
葫芦岛市	47.97	167	51.64	173	42.14	172	47.21	142	51.25	190	54.80	117	36.04	223	29.56	138
长春市	48.90	150	54.62	139	55.98	50	49.72	120	60.94	103	40.89	251	52.86	75	31.84	111
吉林市	51.40	97	61.83	79	64.27	8	65.87	12	64.60	79	69.69	19	59.19	29	35.74	71
四平市	46.46	194	50.64	193	50.93	94	47.46	137	59.29	121	69.77	18	56.56	49	18.33	275
辽源市	49.46	135	53.68	157	45.81	136	47.31	141	60.42	106	51.19	158	43.33	155	26.60	186
通化市	43.63	234	49.87	199	47.32	120	43.04	198	55.09	160	55.46	106	36.05	222	15.92	286

续表

城市	能源结构		经济发展		生产效率		城市居民		水域碳汇		森林碳汇		绿地碳汇		低碳技术	
	得分	排名	得分	排名	得分	排名	得分	排名	得分	排名	得分	排名	得分	排名	得分	排名
白山市	48.16	162	54.63	138	43.59	157	43.02	200	61.55	97	50.68	166	53.04	72	26.88	180
松原市	40.38	259	50.14	197	42.20	171	43.82	184	50.07	194	29.95	290	32.00	245	20.90	254
白城市	45.15	216	46.90	227	36.66	232	38.10	248	62.61	88	55.74	103	44.71	142	16.18	284
哈尔滨市	51.38	98	64.64	56	61.51	19	45.02	167	67.19	59	53.02	138	45.49	136	30.42	130
齐齐哈尔市	45.90	205	47.13	224	44.78	147	42.63	204	49.98	195	44.76	231	19.47	289	20.46	260
鸡西市	41.64	249	38.58	279	32.21	260	29.10	288	59.19	122	39.90	255	28.82	251	25.63	198
鹤岗市	36.29	280	39.16	276	28.30	281	39.00	240	54.46	168	30.10	289	34.43	231	12.54	294
双鸭山市	41.28	254	38.39	282	24.94	292	45.91	159	46.59	217	55.13	113	28.03	259	26.47	187
大庆市	44.41	227	47.70	219	35.13	243	27.76	290	59.67	116	36.88	268	38.02	205	27.86	165
伊春市	41.29	253	38.40	281	24.61	293	43.02	199	57.83	132	73.36	5	37.72	207	21.50	249
佳木斯市	41.75	247	56.30	121	48.09	112	26.68	293	72.74	25	48.41	197	39.89	185	19.48	268
七台河市	36.76	278	49.09	209	37.89	220	52.18	98	57.28	137	61.68	53	58.90	31	26.20	193
牡丹江市	37.91	273	64.86	55	45.86	135	40.50	227	67.28	56	56.67	93	45.69	134	18.23	276
*黑河市	35.04	282	57.85	112	43.16	161	35.57	267	74.61	13	30.26	288	24.19	277	17.90	277
*绥化市	19.74	294	35.29	291	34.99	245	42.18	209	40.32	254	22.72	294	10.42	296	11.29	295
上海市	66.48	3	78.94	3	76.87	3	68.03	10	73.58	18	48.35	198	67.96	13	60.77	6
南京市	59.42	10	73.69	9	66.84	6	58.94	42	64.34	80	49.53	182	78.58	3	57.96	8
无锡市	52.89	69	70.57	19	55.81	52	55.29	77	51.61	188	42.87	240	54.98	57	47.86	15
徐州市	53.27	55	61.45	85	56.72	46	43.15	194	48.96	204	36.16	272	49.18	104	27.76	166
常州市	37.46	275	63.84	59	37.23	227	36.29	261	29.56	281	36.31	271	38.26	201	21.72	248
苏州市	46.54	190	70.78	17	58.92	31	48.91	125	67.83	53	46.05	222	56.21	52	39.86	46
南通市	47.82	171	68.51	32	46.42	129	49.78	118	29.03	285	34.20	277	38.28	200	29.13	144
连云港市	45.63	211	40.63	272	57.09	44	40.26	229	46.90	215	37.80	261	38.30	199	21.79	245
淮安市	37.70	274	55.26	134	36.52	233	42.12	210	38.85	261	37.94	260	39.50	189	26.65	185
盐城市	46.88	185	68.15	35	55.22	58	54.01	85	72.06	29	44.37	232	58.05	38	47.26	19
扬州市	55.94	22	60.01	93	60.08	23	59.78	35	67.22	58	42.20	241	41.87	169	36.06	70
镇江市	48.33	159	68.57	30	57.77	41	57.20	54	54.63	167	47.38	204	56.67	48	45.36	28
泰州市	47.08	184	57.90	110	40.39	191	45.88	160	56.83	139	47.13	209	26.29	266	28.02	163
宿迁市	52.44	76	63.44	63	50.96	93	56.01	67	78.53	8	50.38	173	65.61	16	33.82	90
杭州市	68.80	2	79.20	2	69.39	4	75.29	2	74.42	14	58.32	73	76.06	4	73.53	2
宁波市	58.25	13	75.81	6	77.52	2	70.33	6	68.91	43	54.68	118	65.77	15	47.28	18

城市	能源结构		经济发展		生产效率		城市居民		水域碳汇		森林碳汇		绿地碳汇		低碳技术	
	得分	排名	得分	排名	得分	排名	得分	排名	得分	排名	得分	排名	得分	排名	得分	排名
温州市	57.19	18	72.96	10	63.01	12	64.13	14	58.96	125	46.35	217	50.05	98	45.44	27
嘉兴市	54.69	31	72.17	14	53.79	76	57.68	51	55.25	154	33.64	280	57.34	43	29.33	143
湖州市	49.58	134	69.67	25	50.07	101	69.43	7	73.08	23	50.75	165	58.42	35	35.54	74
绍兴市	54.87	28	72.62	12	58.49	34	57.99	49	55.83	146	47.37	205	57.63	40	37.30	58
金华市	51.69	92	58.34	106	62.78	14	70.60	5	62.01	95	45.80	225	58.65	33	34.35	85
衢州市	54.57	32	64.01	58	51.81	88	59.54	36	62.70	87	55.12	115	43.72	150	39.85	47
舟山市	49.44	137	56.42	120	43.91	155	48.77	126	51.80	186	52.34	147	62.63	20	34.75	79
台州市	58.07	14	67.30	41	62.93	13	44.01	180	61.00	101	49.34	183	51.38	88	36.59	65
丽水市	52.56	73	61.79	80	56.75	45	62.26	22	55.50	150	42.17	243	54.34	63	30.58	128
合肥市	50.04	122	68.34	33	44.11	153	48.09	131	62.16	94	61.99	50	56.00	54	45.92	25
芜湖市	53.83	43	65.59	49	57.56	42	56.51	63	64.63	78	56.48	97	52.61	78	32.02	108
蚌埠市	51.29	100	58.49	102	37.80	223	50.16	114	72.99	24	68.62	22	49.87	99	33.27	93
淮南市	52.01	83	56.13	122	59.24	30	53.78	86	72.30	28	64.60	37	47.74	117	31.08	120
马鞍山市	45.51	212	46.65	230	38.40	213	56.21	64	56.17	144	67.94	23	53.90	65	32.03	107
淮北市	46.87	186	62.12	75	46.82	126	39.17	238	37.99	264	46.51	216	42.43	161	25.72	197
铜陵市	44.73	224	54.46	144	33.01	257	63.45	15	53.13	179	53.95	132	56.48	50	21.75	246
安庆市	52.37	80	57.92	108	57.94	39	62.35	19	67.84	52	57.26	84	48.92	108	32.36	104
黄山市	46.07	202	55.98	126	46.16	130	41.48	217	46.89	216	69.66	20	38.99	191	27.40	174
滁州市	52.98	67	47.48	221	41.36	177	50.96	108	55.64	148	69.93	17	32.87	237	24.63	214
阜阳市	44.77	221	68.25	34	55.57	55	62.20	24	72.70	26	64.13	41	54.71	60	32.89	94
宿州市	50.24	118	68.03	36	39.92	201	52.47	94	71.16	32	63.98	42	54.74	59	28.51	153
六安市	53.48	52	63.12	69	58.05	37	52.15	99	70.48	37	58.15	75	54.10	64	40.01	45
亳州市	38.75	270	58.45	104	43.97	154	50.14	115	45.39	222	63.59	43	48.89	109	23.12	229
池州市	46.36	196	54.48	143	46.91	123	41.71	213	60.18	108	74.99	2	43.71	151	28.84	148
宣城市	48.03	164	51.39	179	50.54	97	46.78	147	74.85	11	63.47	44	38.99	192	23.30	226
福州市	51.79	89	70.66	18	54.22	73	62.09	25	40.12	256	58.51	71	40.25	180	40.64	43
厦门市	55.45	25	70.20	22	59.98	24	47.49	136	67.67	55	46.18	221	72.11	6	37.77	56
莆田市	54.11	39	47.21	222	47.48	116	53.42	87	26.93	287	34.31	275	33.40	235	25.29	206
三明市	40.32	260	62.04	77	31.79	262	47.34	140	44.23	232	53.93	133	49.86	100	22.08	237
泉州市	51.79	90	69.33	27	45.62	139	44.23	177	61.28	99	43.62	237	47.94	115	39.62	52
*漳州市	33.94	284	29.67	293	30.88	269	50.45	112	29.47	283	32.77	284	19.52	288	21.72	247
*南平市	29.54	289	29.54	294	31.78	263	46.35	153	23.47	293	37.66	263	18.63	292	22.02	239

城市	能源结构		经济发展		生产效率		城市居民		水域碳汇		森林碳汇		绿地碳汇		低碳技术	
	得分	排名	得分	排名	得分	排名	得分	排名	得分	排名	得分	排名	得分	排名	得分	排名
龙岩市	54.43	34	57.31	114	39.56	206	47.36	139	43.53	236	55.74	102	52.07	84	43.16	33
宁德市	43.04	236	50.48	195	37.72	225	42.25	207	26.86	288	30.50	286	25.03	272	24.98	210
南昌市	50.99	105	63.73	60	48.95	107	55.75	70	59.67	115	55.25	108	41.36	174	34.48	83
景德镇市	41.18	255	37.03	286	39.21	210	47.38	138	21.76	294	45.86	224	32.24	244	19.72	265
*萍乡市	32.91	285	43.42	255	19.53	295	32.52	277	16.69	296	48.57	193	25.94	267	27.54	173
九江市	49.64	133	53.58	159	47.88	114	47.72	134	73.12	22	73.12	6	46.11	131	35.40	75
新余市	44.77	222	43.51	254	35.62	239	39.95	233	51.92	185	66.18	30	39.96	184	22.86	231
鹰潭市	50.80	107	65.59	50	40.92	184	62.88	17	63.43	85	69.47	21	53.61	67	28.20	157
赣州市	50.55	110	61.52	83	47.44	117	59.11	41	60.10	110	48.11	199	49.77	101	25.17	207
吉安市	53.23	56	62.26	73	39.89	202	56.69	62	80.06	5	56.70	92	48.77	111	36.06	68
宜春市	38.08	272	64.16	57	54.25	71	57.17	55	75.56	10	54.95	116	44.08	148	46.81	20
抚州市	53.59	51	50.89	187	39.39	208	49.69	121	74.02	16	65.65	32	54.56	61	24.68	213
上饶市	48.89	151	61.97	78	53.53	79	55.43	75	49.32	200	64.19	40	38.47	197	34.26	86
济南市	50.77	108	71.66	16	58.24	36	52.30	97	68.09	48	54.16	124	70.71	9	65.41	4
青岛市	53.29	54	70.24	21	58.26	35	62.27	20	59.90	112	58.06	76	58.55	34	46.06	24
淄博市	46.64	188	63.58	62	55.93	51	54.24	84	40.54	253	40.02	254	60.97	22	39.69	50
枣庄市	48.99	147	49.75	203	62.66	15	55.90	68	55.46	151	42.13	244	52.90	74	37.08	62
东营市	44.58	226	62.57	71	59.48	29	53.08	88	68.93	42	33.15	281	63.28	19	19.09	271
烟台市	44.75	223	66.95	44	59.94	25	57.54	52	65.89	66	60.20	61	56.71	46	20.67	258
潍坊市	50.09	121	58.93	100	56.49	48	61.97	27	73.33	20	36.72	269	49.55	102	29.58	137
济宁市	49.94	123	67.83	39	58.64	33	58.89	43	77.09	9	58.20	74	63.55	18	22.03	238
泰安市	49.45	136	59.46	97	62.60	16	44.61	171	72.38	27	51.97	152	51.23	91	28.59	152
威海市	47.66	172	60.61	89	40.63	187	62.21	23	68.61	44	36.11	273	71.73	7	43.99	29
日照市	45.09	218	49.77	202	55.00	64	51.32	107	54.18	169	34.06	278	45.59	135	25.39	205
临沂市	51.94	84	63.28	65	40.21	194	58.56	46	68.25	47	50.67	167	57.44	42	41.64	38
德州市	47.46	175	62.50	72	54.87	65	60.24	32	52.68	181	46.33	218	56.67	47	43.94	30
聊城市	52.77	71	45.30	241	31.91	261	55.68	72	41.44	250	59.29	67	64.95	17	32.81	96
滨州市	49.19	143	49.85	200	36.71	231	36.05	263	47.68	211	48.95	186	41.89	168	16.09	285
菏泽市	47.14	183	44.19	248	37.89	221	40.70	226	54.14	171	29.36	291	36.11	219	27.56	172
郑州市	53.06	62	69.02	29	52.47	84	56.79	60	44.38	231	53.83	134	48.59	112	52.90	11
开封市	48.26	161	55.99	125	54.16	75	52.37	96	48.10	208	50.44	172	46.44	129	22.48	235
洛阳市	43.69	233	57.91	109	48.99	105	48.53	128	51.62	187	52.93	139	42.55	158	32.59	98

续表

城市	能源结构		经济发展		生产效率		城市居民		水域碳汇		森林碳汇		绿地碳汇		低碳技术	
	得分	排名	得分	排名	得分	排名	得分	排名	得分	排名	得分	排名	得分	排名	得分	排名
平顶山市	49.36	140	49.42	206	55.11	60	41.59	215	43.15	240	49.93	179	41.70	170	30.55	129
安阳市	49.41	138	41.94	264	43.12	162	55.32	76	55.18	158	50.20	176	46.52	127	36.81	64
鹤壁市	40.47	258	66.45	46	47.97	113	56.19	65	55.52	149	54.17	123	41.41	173	23.78	220
新乡市	47.44	176	43.84	251	51.21	91	39.97	232	62.24	92	50.09	177	42.19	165	41.74	37
焦作市	49.15	144	51.54	177	54.45	69	52.57	92	55.12	159	49.29	184	52.17	82	31.43	117
濮阳市	39.07	268	50.46	196	28.42	280	47.80	133	49.42	197	34.27	276	24.61	274	23.05	230
许昌市	51.41	96	61.51	84	40.56	190	36.91	257	41.96	246	45.37	228	45.69	133	29.41	141
漯河市	50.47	111	52.71	165	40.95	183	31.90	282	48.91	205	30.45	287	40.20	181	25.01	209
三门峡市	40.75	256	59.90	95	57.39	43	42.65	202	58.98	124	57.28	83	41.04	175	41.28	40
南阳市	48.31	160	66.79	45	50.13	100	61.06	30	63.71	83	51.91	153	60.67	24	32.52	102
商丘市	48.46	156	44.10	249	27.72	286	58.29	48	57.55	134	36.67	270	52.42	80	30.83	125
信阳市	43.73	231	44.41	247	45.03	143	48.18	130	43.23	238	41.92	245	28.39	255	27.70	168
周口市	47.31	180	57.16	115	41.26	179	59.91	33	68.02	50	48.67	191	52.97	73	27.61	171
驻马店市	49.40	139	47.00	226	36.75	230	44.32	175	67.03	61	63.26	45	32.82	238	28.84	149
武汉市	57.30	17	74.54	7	57.99	38	63.34	16	82.06	3	58.70	69	70.30	10	58.83	7
黄石市	45.41	214	40.88	269	37.89	222	46.16	156	64.76	77	53.95	131	44.67	143	51.74	13
十堰市	53.09	60	56.56	119	43.54	158	62.27	21	53.50	174	56.84	91	48.92	107	36.38	66
宜昌市	55.82	23	69.27	28	55.52	57	60.33	31	42.84	242	60.90	57	50.43	97	26.83	183
襄阳市	53.35	53	56.72	118	52.40	85	65.72	13	40.06	257	51.17	159	44.04	149	32.86	95
鄂州市	48.98	148	58.01	107	34.73	247	49.74	119	68.00	51	31.89	285	47.89	116	31.76	112
荆门市	54.76	30	63.66	61	55.09	61	55.17	78	74.34	15	71.04	10	60.69	23	46.63	21
孝感市	43.73	232	40.19	275	45.74	137	27.20	292	53.65	172	41.66	246	16.91	294	17.49	278
荆州市	53.63	50	63.22	67	61.26	21	57.72	50	81.04	4	53.74	136	38.90	194	32.55	101
黄冈市	48.93	149	56.00	124	46.53	128	46.36	152	74.82	12	74.01	4	49.11	105	26.86	182
咸宁市	39.22	267	59.78	96	40.61	188	44.35	174	54.86	164	48.93	187	35.20	226	30.14	132
随州市	44.38	228	52.05	169	44.56	149	57.52	53	35.40	268	56.36	98	42.81	156	26.68	184
长沙市	54.11	40	68.01	37	68.83	5	54.85	81	66.08	64	47.67	201	51.24	90	51.90	12
株洲市	46.59	189	45.32	240	44.89	146	40.85	224	34.75	269	46.89	213	43.38	154	32.41	103
湘潭市	53.08	61	43.84	250	52.04	86	41.73	212	56.25	141	61.85	51	34.86	228	28.32	155
衡阳市	50.45	112	51.78	171	46.89	124	24.12	296	59.53	117	45.43	227	37.42	211	31.07	121
邵阳市	51.66	93	45.74	236	40.16	196	36.41	260	60.33	107	59.07	68	39.83	186	29.60	136
岳阳市	51.92	85	55.48	131	51.34	90	43.51	190	61.96	96	32.95	282	42.53	160	20.88	256

城市	能源结构		经济发展		生产效率		城市居民		水域碳汇		森林碳汇		绿地碳汇		低碳技术	
	得分	排名	得分	排名	得分	排名	得分	排名	得分	排名	得分	排名	得分	排名	得分	排名
常德市	51.72	91	46.79	228	56.48	49	36.96	255	66.65	63	70	16	37.67	208	37.29	59
张家界市	46.48	193	54.46	145	42.67	165	34.72	272	32.46	276	56.86	90	23.39	279	23.71	222
益阳市	51.34	99	51.55	176	51.83	87	45.64	161	70.11	39	54.03	127	36.93	216	32.57	99
郴州市	45.76	208	51.59	175	52.50	83	41.96	211	65.36	68	66.32	29	38.89	195	20.45	261
永州市	49.87	127	43.78	253	50.46	98	45.21	166	53.27	177	52.90	140	42.14	166	17.39	279
怀化市	51.03	102	53.13	161	42.67	164	38.59	245	62.31	91	62.71	48	40.35	178	17.34	280
娄底市	50.26	116	50.74	190	53.68	77	46.94	146	51.96	184	45.50	226	33.44	234	18.79	273
广州市	61.93	6	76.80	5	62.58	17	66.91	11	62.18	93	65.12	35	71.24	8	62.78	5
韶关市	19.44	295	53.72	156	28.24	283	45.40	163	49.25	201	55.18	110	40.04	183	37.18	60
深圳市	62.15	5	77.53	4	65.54	7	72.27	4	47.94	210	55.12	114	62.12	21	69.84	3
珠海市	47.23	182	65.55	51	38.77	212	44.25	176	48.14	207	41.62	247	60.65	25	35.68	72
汕头市	51.00	104	54.04	152	45.86	134	42.59	205	57.44	135	54.31	121	42.29	164	26.09	196
佛山市	58.37	12	65.03	54	39.45	207	35.12	268	53.39	175	52.43	146	46.58	125	36.06	69
江门市	50.94	106	52.29	168	36.39	234	42.32	206	55.20	155	47.03	210	37.97	206	30.26	131
湛江市	57.39	16	47.65	220	48.63	108	51.71	102	43.15	239	37.79	262	32.40	242	34.70	80
茂名市	52.11	82	50.65	192	30.55	271	40.06	231	48.40	206	57.02	88	22.09	282	26.44	188
肇庆市	36.77	277	53.81	153	34.27	251	54.79	82	56.07	145	67.69	24	38.80	196	35.30	76
惠州市	50.31	115	57.90	111	31.48	266	56.15	66	55.09	161	52.67	143	48.23	114	42.08	35
梅州市	42.00	243	60.25	91	38.02	216	56.96	56	65.47	67	56.48	96	40.27	179	26.38	190
汕尾市	45.64	210	53.37	160	35.06	244	55.66	73	62.87	86	62.45	49	36.39	217	22.80	232
河源市	54.47	33	45.24	242	33.97	252	36.76	258	54.66	166	54.22	122	37.27	213	25.42	203
阳江市	55.63	24	51.67	172	37.12	228	42.21	208	41.29	251	55.14	111	40.86	177	31.42	118
清远市	32.72	286	42.78	260	33.14	256	43.85	183	49.79	196	55.80	100	36.07	220	34.96	78
东莞市	43.08	235	65.05	53	47.88	115	56.73	61	46.45	219	52.43	145	42.70	157	47.35	17
中山市	41.66	248	55.73	128	45.28	141	61.46	29	50.27	192	40.13	253	51.38	87	37.36	57
潮州市	25.66	292	51.38	180	30.63	270	46.73	148	41.44	249	57.07	87	34.44	230	21.92	240
揭阳市	46.40	195	54.57	141	44.53	150	41.22	220	52.09	183	64.24	39	37.43	210	31.65	116
云浮市	43.00	237	55.92	127	31.34	267	41.39	218	59.18	123	49.86	181	35.36	225	25.59	199
南宁市	48.55	154	58.49	103	53.25	81	56.82	58	39.92	258	65.15	34	43.49	153	40.59	44
柳州市	53.71	47	60.05	92	51.69	89	50.02	117	60.95	102	54.31	120	52.05	85	41.00	42
桂林市	53.75	46	61.69	81	50.06	102	43.05	197	55.74	147	57.12	86	46.10	132	32.27	106
梧州市	46.24	197	46.29	234	43.37	159	34.82	270	42.13	244	59.45	65	26.31	265	27.08	177

续表

城市	能源结构		经济发展		生产效率		城市居民		水域碳汇		森林碳汇		绿地碳汇		低碳技术	
	得分	排名	得分	排名	得分	排名	得分	排名	得分	排名	得分	排名	得分	排名	得分	排名
北海市	45.88	206	44.88	245	27.98	285	39.55	235	38.29	263	46.94	211	21.42	285	18.85	272
防城港市	45.15	215	37.86	283	38.03	215	30.58	287	38.84	262	50.88	164	27.99	260	28.64	151
钦州市	56.25	21	58.43	105	44.22	151	42.80	201	33.71	272	44.18	235	19.88	287	25.48	201
贵港市	41.80	246	40.43	273	34.34	250	36.92	256	49.19	202	51.37	156	31.85	247	24.82	211
玉林市	50.31	114	49.67	205	32.61	258	47.83	132	20.99	295	61.13	55	26.69	263	26.17	194
百色市	49.92	124	41.75	265	29.41	274	31.61	283	30.21	280	47.88	200	21.61	284	22.10	236
贺州市	51.56	95	42.04	263	29.17	276	32.34	279	32.99	274	71.79	9	28.66	253	21.88	242
河池市	47.36	178	40.75	271	30.27	273	46.46	151	31.99	277	44.36	233	26.42	264	23.13	228
来宾市	52.52	74	57.02	117	31.09	268	38.61	244	32.60	275	57.26	85	21.27	286	26.29	191
崇左市	47.28	181	42.95	257	31.63	265	43.74	186	45.14	226	65.98	31	24.08	278	24.02	218
海口市	58.82	11	57.68	113	55.73	53	37.63	251	41.76	248	59.90	62	48.93	106	33.95	88
三亚市	54.15	37	54.61	140	51.12	92	44.55	172	44.79	227	61.82	52	41.00	176	31.02	122
儋州市	42.43	241	36.46	289	37.77	224	38.11	247	49.38	198	48.86	188	51.01	92	24.05	217
重庆市	52.34	81	72.65	11	55.54	56	68.36	8	54.16	170	61.53	54	53.04	71	39.49	53
成都市	57.40	15	73.71	8	59.55	28	74.85	3	47.02	214	63.12	46	59.14	30	56.48	9
自贡市	54.86	29	51.08	185	41.20	180	43.82	185	47.47	213	38.40	258	46.36	130	34.00	87
攀枝花市	50.58	109	53.78	155	42.13	173	46.00	157	58.54	127	50.47	171	52.28	81	42.07	36
泸州市	48.77	152	60.85	87	35.62	240	43.10	195	58.12	129	46.27	219	52.65	77	14.67	290
德阳市	61.83	7	49.96	198	54.83	66	43.32	192	66.96	62	50.30	174	38.06	204	37.16	61
绵阳市	52.44	75	68.51	31	61.89	18	55.62	74	55.19	156	58.66	70	50.84	93	35.26	77
广元市	53.66	49	69.92	24	42.34	168	44.83	170	67.05	60	75.28	1	53.40	69	41.29	39
遂宁市	53.02	64	67.99	38	47.41	118	56.83	57	48.98	203	53.09	137	41.90	167	24.70	212
内江市	46.15	201	51.23	183	48.48	110	51.54	104	64.91	74	47.17	208	50.56	96	13.16	293
乐山市	49.85	128	59.91	94	53.56	78	45.99	158	56.18	143	52.78	141	47.06	122	20.48	259
南充市	56.54	19	55.15	136	37.99	217	44.93	169	30.22	279	38.32	259	42.55	159	19.76	263
眉山市	53.97	42	63.15	68	28.55	279	58.76	44	43.89	235	59.51	64	56.42	51	33.34	92
宜宾市	47.98	166	48.84	210	41.58	176	38.32	246	33.22	273	47.59	203	44.48	144	30.66	127
广安市	52.44	77	59.18	99	40.65	185	62.00	26	57.96	131	59.37	66	50.81	94	22.59	233
达州市	51.91	86	54.31	149	41.84	175	47.19	143	44.48	229	48.48	195	46.54	126	15.49	288
雅安市	48.03	165	66.23	47	45.34	140	50.89	109	41.81	247	53.97	130	45.32	138	35.56	73
巴中市	49.73	131	42.90	259	42.00	174	43.10	196	65.17	72	70.36	12	34.75	229	21.23	252
*资阳市	29.79	288	24.07	296	28.78	278	31.45	285	24.24	291	16.45	296	18.50	293	16.64	282

续表

城市	能源结构		经济发展		生产效率		城市居民		水域碳汇		森林碳汇		绿地碳汇		低碳技术	
	得分	排名	得分	排名	得分	排名	得分	排名	得分	排名	得分	排名	得分	排名	得分	排名
贵阳市	52.61	72	72.46	13	63.86	10	54.77	83	64.86	75	55.13	112	54.38	62	34.40	84
六盘水市	51.81	88	45.17	244	39.23	209	43.16	193	31.45	278	55.54	104	24.61	275	28.85	147
遵义市	49.24	141	47.16	223	54.23	72	41.09	222	54.90	163	64.74	36	30.06	250	24.06	216
安顺市	42.89	238	54.04	151	46.60	127	37.80	249	56.90	138	50.58	169	32.60	240	28.13	160
毕节市	52.87	70	41.38	268	29.36	275	44.42	173	65.29	71	72.05	8	37.18	214	20.21	262
铜仁市	47.94	168	56.07	123	40.18	195	43.34	191	53.32	176	46.20	220	28.08	258	31.68	114
昆明市	60.33	9	67.49	40	50.28	99	56.79	59	68.05	49	74.34	3	57.14	44	46.28	23
曲靖市	53.83	44	41.74	266	37.94	219	37.60	252	42.01	245	51.16	160	34.30	232	26.93	179
玉溪市	48.64	153	47.71	218	52.56	82	55.02	79	84.81	2	72.95	7	44.20	146	21.86	243
保山市	53.70	48	62.07	76	33.32	255	46.99	145	73.28	21	70.23	14	32.79	239	27.64	169
昭通市	51.58	94	54.22	150	25.34	290	38.64	243	70.32	38	57.56	80	22.08	283	15.89	287
丽江市	51.20	101	60.45	90	35.84	237	39.08	239	85.43	1	60.27	59	44.34	145	26.16	195
*普洱市	30.11	287	25.77	295	40	200	33.43	276	26.15	290	25.57	293	16.07	295	13.65	292
临沧市	55.26	27	47.84	216	31.73	264	39.31	236	73.42	19	54.66	119	38.94	193	31.35	119
拉萨市	56.40	20	54.39	146	40.32	192	43.98	182	71.17	31	45.05	229	59.96	28	18.64	274
日喀则市	47.86	170	37.61	284	16.20	296	32.19	280	68.52	45	40.88	252	27.57	261	11.03	296
昌都市	55.36	26	45.43	239	45.93	133	39.30	237	79.23	7	54.04	126	25.86	268	23.53	224
林芝市	52.39	78	40.39	274	38.88	211	27.66	291	52.90	180	37.52	264	32.33	243	21.84	244
山南市	44.58	225	38.80	278	26.66	288	32.36	278	52.51	182	41.34	248	25.10	271	15.05	289
那曲市	52.39	79	37.10	285	36.75	229	26.25	294	44.08	234	28.70	292	28.22	256	20.67	257
西安市	48.99	146	71.86	15	55.07	62	58.60	45	59.77	113	57.65	79	69.26	12	54.47	10
铜川市	45.84	207	55.23	135	45.72	138	47.60	135	60.93	104	52.74	142	56.12	53	25.52	200
宝鸡市	43.82	230	65.46	52	55.07	63	46.72	149	66.05	65	66.56	28	57.54	41	37.02	63
咸阳市	48.36	158	67.30	42	53.39	80	50.80	110	54.76	165	56.57	94	38.17	202	19.54	266
*渭南市	28.48	290	48.74	211	28.08	284	35.72	266	70.57	36	65.38	33	37.53	209	16.34	283
延安市	49.23	142	42.13	262	48.49	109	46.63	150	59.76	114	70.59	11	44.17	147	29.36	142
汉中市	53.03	63	63.25	66	46.83	125	54.88	80	79.70	6	54.00	129	52.68	76	27.00	178
榆林市	50.25	117	52.95	163	38.25	214	41.58	216	61.39	98	64.52	38	32.50	241	29.02	145
安康市	41.88	245	69.41	26	50.65	96	59.17	40	65.10	73	57.48	81	52.49	79	30.71	126
商洛市	45.42	213	46.44	231	35.82	238	35.90	264	40.22	255	44.20	234	28.57	254	25.10	208
兰州市	53.01	65	66.18	48	61.30	20	45.54	162	59.37	118	52.08	151	55.76	55	30.83	124
嘉峪关市	49.82	129	61.00	86	56.50	47	51.82	100	62.37	90	56.51	95	82.50	2	24.31	215

续表

城市	能源结构		经济发展		生产效率		城市居民		水域碳汇		森林碳汇		绿地碳汇		低碳技术	
	得分	排名	得分	排名	得分	排名	得分	排名	得分	排名	得分	排名	得分	排名	得分	排名
金昌市	52.99	66	51.15	184	48.11	111	48.98	124	55.18	157	50.06	178	51.94	86	25.45	202
白银市	53.81	45	55.69	129	50.69	95	51.80	101	67.75	54	53.80	135	41.51	172	39.74	49
天水市	53.23	57	58.85	101	30.37	272	52.65	91	50.65	191	46.03	223	37.39	212	28.49	154
武威市	53.19	58	59.43	98	26.95	287	59.43	38	69.19	41	50.92	162	38.45	198	31.96	110
张掖市	50.33	113	55.13	137	39.77	203	55.71	71	59.91	111	36.90	267	42.32	163	16.96	281
平凉市	49.65	132	47.79	217	40.25	193	49.37	122	44.43	230	48.68	190	33.33	236	21.39	251
酒泉市	49.79	130	51.36	181	35.88	236	41.64	214	62.44	89	49.91	180	28.68	252	31.66	115
庆阳市	46.24	198	61.59	82	42.21	170	44.10	178	45.21	224	46.87	214	40.11	182	27.26	175
定西市	44.78	220	45.75	235	40.07	198	34.97	269	53.20	178	52.56	144	19.10	291	19.74	264
陇南市	46.17	200	35.63	290	29.17	277	38.65	242	33.84	271	56.94	89	25.57	269	21.12	253
西宁市	63.82	4	55.44	133	54.21	74	55.81	69	57.30	136	41.03	249	58.31	36	29.84	134
海东市	52.93	68	48.30	214	23.50	294	35.73	265	39.78	259	50.27	175	28.19	257	19.10	270
银川市	53.11	59	51.53	178	59.70	26	61.54	28	64.24	81	50.92	163	60.12	27	46.31	22
石嘴山市	48.10	163	51.32	182	33.94	253	49.07	123	63.70	84	48.48	194	69.70	11	30.88	123
吴忠市	45.64	209	50.49	194	40.64	186	34.52	273	70.60	35	46.92	212	57.75	39	34.48	82
固原市	54.04	41	43.79	252	46.03	132	32.16	281	64.77	76	52.12	150	47.70	118	29.76	135
中卫市	51.88	87	36.68	288	42.26	169	40.86	223	55.42	152	48.69	189	39.59	187	45.89	26
乌鲁木齐市	49.92	125	63.28	64	47.12	121	31.45	284	57.69	133	51.49	154	56.94	45	29.47	140
克拉玛依市	36.49	279	51.92	170	26.42	289	25.23	295	49.35	199	62.89	47	46.52	128	32.00	109
吐鲁番市	46.49	192	50.73	191	41.19	181	36.13	262	59.33	119	50.65	168	39.51	188	13.78	291
哈密市	42.72	240	30.84	292	25.31	291	37.05	254	37.93	265	41.02	250	27.48	262	33.84	89
**三沙市	N/A	N/A	N/A	N/A	N/A	N/A	N/A	N/A	N/A	N/A	N/A	N/A	N/A	N/A	N/A	N/A
最大值	68.88		83.58		77.97		79.89		85.43		75.28		92.81		76.77	
最小值	17.69		24.07		16.20		24.12		16.69		16.45		10.42		11.03	
平均分	47.90		54.66		45.23		47.74		54.86		51.83		44.10		30.64	
标准差	7.31		10.44		10.79		10.05		13.38		10.75		13.11		10.40	
变异系数	0.15		0.19		0.24		0.21		0.24		0.21		0.30		0.34	

注：表中带*的城市，因无法获取有效的官方网络有效数据，可能影响诊断结果。带**的三沙市，不参与统计排名。

由表 7.1 展示的数据，可以进一步绘制出样本城市的低碳建设维度水平统计分布图，如图 7.1 所示。由图可知，不同维度低碳建设水平服从不同的概率分布，反映了样本城市在各维度的不同特点。

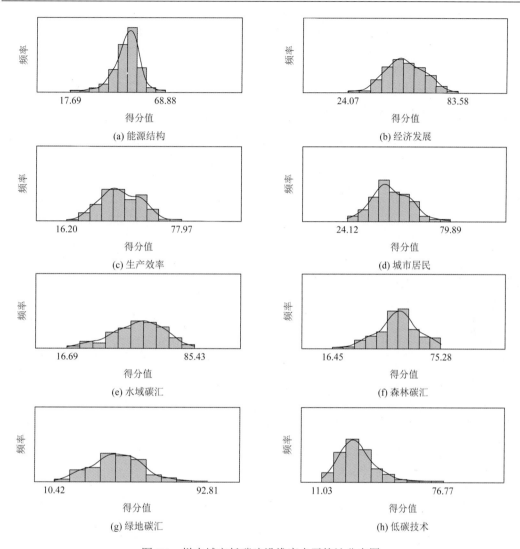

图 7.1 样本城市低碳建设维度水平统计分布图

我国城市低碳建设水平总体不协调，体现在样本城市在不同低碳建设维度之间的水平差异较大。从八个维度的低碳建设水平得分平均值（表 7.1）来看，平均水平依次为水域碳汇＞经济发展＞森林碳汇＞能源结构＞生产效率＞城市居民＞绿地碳汇＞低碳技术，得分最高的水域碳汇维度平均分为 54.86 分，得分最低的低碳技术维度平均分为 30.64 分，差距明显。

（一）能源结构维度低碳建设水平

能源结构维度的低碳建设表现对整个城市的低碳建设水平有很大影响，是城市低碳建设的重要组成部分。从整体情况来看，能源结构维度的得分基本服从正态分布，如图 7.1（a）所示。能源结构维度的低碳建设水平样本城市平均得分值是 47.90 分，标准差为 7.31，总体表现不佳。得分最高的样本城市是北京市（68.88 分），得分最低的样本城市是乌海市（17.69 分），可见样本城市之间的差异程度较大。通过比较样本城市的排名可以发现，能源结构维度的低碳建设水平得分大于等于平均值的城市有 169 个，得分小于平均值的城市有 127 个。从八个维度的排名来看，我国城市在能源结构维度的低碳建设水平处于第四名，属于中等水平的维度，表明我国城市在能源结构维度的低碳建设水平还有待提升。

能源结构维度低碳建设水平排名前三名的城市依次是北京、杭州、上海。北京市出台了《北京市"十四五"时期能源发展规划》《北京市碳达峰实施方案》《北京市进一步强化节能实施方案（2023 年版）》《北京市可再生能源替代行动方案（2023—2025 年）》等能源相关的政策文件，构建起向生态环境部门提供分能源品种、分行业能源活动水平等数据的共享机制，为编制温室气体清单、碳市场运行等提供基础数据支持。杭州市发布了《杭州市能源发展（可再生能源）"十四五"规划》《杭州市人民政府办公厅关于加快推进绿色能源产业高质量发展的实施意见》，支持绿色能源产业生态圈企业的发展，包括储能、光伏、风电、氢能、节能环保和其他新兴能源。此外，杭州还计划开发和运行能源"双碳"数智平台，以实现对全市 2186 家重点用能企业和公共建筑的能耗"双控"和碳排放情况的预算化、实时化和精准化管控。上海市也采取了一系列措施，建立了重点单位能源利用状况和温室气体排放报送平台。不同行业的重点单位将按月或按季向该平台报送信息，内容涵盖了能源消费情况、企业节能指标的完成进度、节能技改项目的实施、节能措施的落实情况以及温室气体排放情况等。这个平台使各行业主管部门和各区能够及时获得所辖的重点单位报送的信息。

（二）经济发展维度低碳建设水平

样本城市在经济发展维度的综合得分最高值是 83.58 分，最低值是 24.07 分，平均值是 54.66 分，标准差为 10.44，变异系数为 0.19。折射出在经济发展维度的总体表现不佳，且城市间表现差异较大。经济发展维度的数据整体基本服从正态分布，如图 7.1（b）所示。从八个维度的排名来看，我国城市在经济发展维度的低碳建设水平处于第二名，稍落后于水域碳汇维度。虽然在所有维度中位列第二，但仍需注意到平均分仍较低，整体而言在经济发展维度仍需加强各环节的低碳建设管理水平，提升管理活动效能。

各样本城市在经济发展维度的低碳建设水平有明显的差异，排名分布显示前三名为北京、杭州、上海。北京是我国的政治、经济、文化中心，在低碳城市建设方面自然是领头羊，当然也与其充足的建设资源密不可分。在规划环节，北京市出台了《北京市国民经济和社会发展第十四个五年规划和二〇三五年远景目标纲要》及多个专项规划，如《北京市"十四五"时期制造业绿色低碳发展行动方案》《北京市"十四五"时期交通发展建设规划》《北京市"十四五"时期高精尖产业发展规划》《北京市"十四五"时期重大基础设施发展规划》《北京市"十四五"时期城乡环境建设管理规划》等，确立了低碳经济领域清晰的建设目标。实施环节，北京市还出台了如《北京市碳达峰实施方案》《北京市低碳城市试点工作实施方案》《北京市"十四五"时期制造业绿色低碳发展行动方案》等一系列行动方案和实施方案，使得低碳城市建设管理工作有清晰的实施工作指导和政策制度保障，确立了任务清单、政策清单、项目清单。在人财物的资源保障上，北京市成立了碳达峰碳中和工作领导小组统筹协调各项工作。检查环节，北京市提出开展动态评估，建立碳达峰、碳中和工作进展动态评估机制，并且印发了标准化的"北京市发展改革系统循环经济领域检查单"，注明了检查事项、内容、方法和结果，使得检查环节的工作体系标准化、明晰化。反馈环节，北京市印发了《节能低碳和循化经济行政处罚裁量基准（试行）》《绿色低碳发展项目奖励》，奖惩有据可依。从结果来看，北京市不管是在经济发展和经济结构指标，还是碳排放结果指标上都表现优异，显示出北京低碳建设管理的突出成绩。总结来说，北京市在经济维度的城市低碳建设各个环节都开展得较好，得分第一实至名归。

位列第二的杭州是低碳理念的先行者，2008 年就在全国率先提出打造"低碳城市"的目标，2009 年出台《杭州关于建设低碳城市的决定》。"十四五"以来，围绕低碳绿色经济发展杭州市出台了《杭州市绿色发展（循环经济）"十四五"规划》《杭州市综合交通发展"十四五"规划》《杭州市城乡建设"十四五"规划》《杭州市经济体制改革"十四五"规划》等一系列专项规划。实施环节，杭州市通过《杭州市强化数字赋能推进"六新"发展行动方案》《杭州市新一轮制造业"腾笼换鸟、凤凰涅槃"攻坚行动方案（2021—2023 年）》等系列实施方案、行动计划等将发展低碳经济的大目标转化成一个个具体的行动。杭州市在检查环节的得分较低，仅 65 分，与检查监督相关的规章制度还有待完善。结果环节杭州在"碳排放总量"和"单位 GDP 碳排放"等碳排放指标上得分都较高，在经济表现上也位列前茅，但与北上广深等超一线城市仍然有差距。反馈环节，杭州市通过出台的《杭州市行政奖励实施细则》对"加快转变经济发展方式""推进生态文明建设和绿色发展"等行为落实了行政奖励。《杭州市发展循环经济专项资金管理暂行办法》除了对实施环节的资金来源和用途予以了支撑外，也明确了反馈环节的奖励标准，激发了企业和项目建设发展低碳经济的积极性。总体上看，杭州在经济发展维度的低碳建设表现较好，但值得注意的是，第二名的杭州与第一名北京的分差有 4 分多，表明杭州市与北京市在城市低碳建设管理工作上依然存在一定的差距。

位列第三的上海市整体经济发展水平很好，投入到低碳城市建设的资源充足。上海在加快建立绿色低碳循环经济体系的工作中表现突出，出台了《上海市关于加快建立健全绿色低碳循环发展经济体系的实施方案》专项工作方案，以及《上海市资源节约和循环经济发展"十四五"规划》、《上海市瞄准新赛道促进绿色低碳产业发展行动方案（2022—2025 年）》、《上海市培育"元宇宙"新赛道行动方案（2022—2025 年）》《上海市促进智能终端产业高质量发展行动方案（2022—2025 年）》等一系列政策文件。上海市生态环境局就碳排放核查相关工作出台了《上海市碳排放核查第三方机构监管和考评细则》指导性文件。从环节上来看，上海市在反馈环节得分较低拉低了城市整体得分，从上海市政府官网搜索关于低碳经济活动的奖惩信息及总结文本，相关信息较少，在后续管理过程中需加强该环节的低碳建设管理，或进一步提升政务信息的披露程度。

（三）生产效率维度低碳建设水平

由图 7.1（c）看出，生产效率维度的得分数据整体基本服从双峰分布。从八个维度的排名来看，我国城市在生产效率维度的低碳建设水平处于第六名，处于中等偏下水平，说明我国城市整体低碳建设水平需要在生产效率维度取得较大提升。根据总排名来看，排名前五位的样本城市分别为北京、宁波、上海、杭州、长沙。

北京市作为在生产效率维度的低碳建设水平最高的城市，在各个环节均有优秀的表现。在规划环节，2022 年 7 月北京市出台《北京市"十四五"时期应对气候变化和节能规划》《北京市既有非节能居住建筑供热计量及节能改造项目管理办法》，并且个别下设行政区也出台了专门的节能规划，如《东城区"十四五"时期节能发展规划》。在实施环节，北京市出台了《北京市"十四五"时期低碳试点工作方案》《关于加快构建北京市安全高效低碳城市供热体系的有关意见》《北京市进一步强化节能实施方案（2023 年版）》《建筑节能与墙体材料革新专向基金使用管理实施办法》。北京市出台了《节能监察办法》，其中提出"对'执行有关能源效率表示规定的情况'实施检查"。在反馈环节，北京市出台了《北京市公共建筑节能绿色化改造项目及奖励资金管理暂行办法》《节能低碳和循化经济行政处罚裁量基准（试行）》等，其中内容有具体涉及对相关生产性行业的生产效率进行奖惩行为。

宁波市的城市规模虽然为"大城市"，但是行政级别为副省级城市，行政级别较高，在生产效率维度的低碳建设各个环节均表现较好。在规划环节，宁波市于"十三五"期间便出台了《宁波市低碳城市发展规划（2016 年—2020 年）》，拥有较为领先的低碳建设行动，虽然在"十四五"期间未单独编制低碳节能相关的专项规划，但是在《宁波市国民经济和社会发展第十四个五年规划和二〇三五年远景目标纲要》中包含了提升相关生产性行业生产效率的内容。在实施环节，《宁波市绿色社区建设行动实施方案》《宁波市既有公共建筑节能改造技术实施细则》等指导不同生产行业提升生产效率的文件。在检查环节，宁波市发布《宁波市区域节能审查办法》《宁波市项目节能量审核暂行规定》等。此外，宁波市还设立"绿色制造专项经费"，并发布《宁波市绿色制造专项经费使用实施细则》来为检查、反馈等环节提供资金支持。

上海市作为我国省级行政区、直辖市、超大城市、国家中心城市和上海大都市圈核心城市，具有极高的经济、政治和文化地位，并且其经济水平、科技创新能力也在我国名列前茅。上海市在生产效率维度的低碳建设各环节水平中，在结果环节稍显落后（排名为 30），其余各环节均有较出色的表现。例如，在规划环节，上海市发布的《上海市国民经济和社会发展第十四个五年规划和二〇三五年远景目标纲要》中详细提出了提升相关生产性行业生产效率的要求，并且上海市长宁区印发《长宁区节能低碳和循环经济发展"十四五"规划》的节能降碳相关专项规划；在实施环节，发布《上海市 2023 年碳达峰碳中和及节能减排重点工作安排》《上海市建筑节能条例》《上海市工业通信业节能减排和合同能源管理专项扶持办法》等文件；在检查环节，发布《上海市 2023 年节能监察计划》《上海市公共机构绿色发展考核评价办法》等检查办法；在反馈环节，发布《上海市首批低碳发展实践区验收评价结果》等检查结果。

（四）城市居民维度低碳建设水平

居民维度的低碳建设水平的得分加权平均值为 47.74 分，标准差为 10.05，表明整体上我国城市在居民维度的低碳建设水平表现较为一般，且城市间的水平差异较大。城市居民维度的数据整体基本服从正态分布，如图 7.1（d）所示。从八个维度的排名来看，我国城市在城市居民维度的低碳建设水平排名第五，处于中等水平。

从空间分布的角度来看，各城市在居民维度的低碳城市建设水平高分主要分布在京津冀、长三角、成渝以及大湾区城市，低分主要在西北、西南、东北地区城市。进一步分析发现，排在前 11 名的城市（第一梯队城市：北京市、杭州市、成都市、深圳市、金华市、宁波市、湖州市、重庆市、天津市、上海市、广州市）具有以下特点：①首先，规划环节引领，强化低碳发展顶层设计，将引导居民低碳居住节能、低碳出行、低碳消费具体指标化在各市的"十四五国民经济和社会发展规划纲要""十四五生态环境保护规划""十四五交通规划"等，也有像杭州、深圳、宁波等专门编制的"低碳发展规划"等。②其次，完善实施检查环节，制定推行低碳发展的政策制度与行动，如北京、金华、广州、天津、宁波制定"低碳试点工作方案"、上海、深圳、重庆、天津、杭州制定"控制温室气体排放工作方案"、湖州制定全国首个绿色低碳生活指数、北京市推广使用的 MaaS 绿色出行平台/深圳推广使用"低碳星球"小程序等技术平台。③再次，压实责任，建立结果导向制度，城市政府相关部门建立有目标考核体系。④最后，建立反馈环节，持续推动城市居民低碳生活和行为，如各市推行的各种对于居民低碳生活与行为方式的鼓励措施等。总之，第一梯队城市在探索引导居民低碳居住、低碳出行、低碳消费等方面的做法，为我国其他城市提供了较好的低碳建设经验。

（五）水域碳汇维度低碳建设水平

如图 7.1（e）所示，在城市低碳建设的水域碳汇维度，样本城市的得分不属于正态分布。水域碳汇维度的低碳建设水平的得分均值为 54.86 分，以 0.2 分的优势超过了经济发展维度（54.66 分），是城市低碳建设八个维度中得分最高的维度。其中，有 110 个城市的水域碳汇维度的得分高于 60 分，这反映出我国城市普遍重视水域碳汇方面的低碳建设，取得了不错的成绩。在所有样本城市中，丽江市（85.43 分）、玉溪市（84.81 分）和武汉市（82.06 分）分别取得了水域碳汇维度得分的前三名，这些城市普遍拥有丰富的水域资源，能够较好地运用水资源来建设碳汇。

此外，具有较高行政或经济地位的城市，如北京（第 30 名）、上海（第 18 名）等，也表现出优秀的水域碳汇水平，这反映出政府支持和资源配置对城市低碳建设的积极推动作用。这些城市的基础设施建设水平和管理措施较好，因此其在水域碳汇的建设能力相对较好。例如，北京市通过实施《北京市碳达峰实施方案》等，积极推进碳排放削减和碳汇增加工作，进一步提升了水域碳汇方面的低碳建设水平。而上海市通过推行碳排放交易和碳市场机制，鼓励企业减少碳排放，同时通过湿地保护和恢复项目提高了水域碳汇能力。

（六）森林碳汇维度低碳建设水平

如图 7.1（f）所示，在城市低碳建设的森林碳汇维度，样本城市的得分不属于正态分布，总分分布于 16.45～75.28 分之间，大部分城市的得分集中在 40～60 的区间上，平均得分约为 51.83 分，标准差约为 11.05，变异系数为 0.21。表明我国城市在森林碳汇维度的低碳建设水平虽然处于第三名，属于较为领先的维度，但城市整体的森林碳汇建设呈现出低水平的不均衡状态，大部分城市的森林碳汇建设水平有较大提升空间，各城市间的森林碳汇建设水平存在明显差异。在所有样本城市中，得分前五名的依次为：广元、池州、昆明、黄冈和伊春市；得分后五名的依次为：资阳、营口、绥化、普洱和那曲，森林碳汇建设水平最好与最差的城市得分相差近 5 倍。

广元市、池州市与昆明市作为在森林碳汇维度低碳建设水平前三名的城市，在五个过程环节上表现相对均衡。尤其是在各样本城市表现不佳的规划环节，这三个城市不仅在提升森林碳汇水平方面规划得相对全面，在森林主要灾害防治等保护森林碳汇现有水平方面的规划也同样相对完备。在实施、检查与反馈环节，这三个城市在森林碳汇方面的信息公开度相对更好，对于大部分城市表现不佳的"监督行为的体现形式"方面，这三个城市较为及时清晰地展示了森林碳汇建设的计划完成情况与重点工作。在结果环节，这三个城市均在 2013 年便入选国家森林城市，十年来的持续建设，使得森林覆盖率、蓄积量等指标在全国处于领先水平，对于森林主要灾害的防治也较为重视，有较好表现。但也值得注意的是，这三个城市在森林碳汇的规划环节，对保护森林碳汇水平的关注度也同样大于对提升森林碳汇水平的关注度，这也显示了我国城市普遍对森林碳汇建设的原理缺乏深入认知，未来需要进一步加强。

（七）绿地碳汇维度低碳建设水平

如图 7.1（g）所示，在城市低碳建设的绿地碳汇维度，样本城市的得分不属于正态分布。绿地碳汇维度的低碳建设水平的得分均值为 44.10 分，标准差为 13.11，大部分样本城市得分偏低，并且城市间的得分差异较大。在八个维度的平均得分排名中，绿地碳汇维度位于第七名，这些结果均表明样本城市对绿地碳汇维度的重视程度不足，需要进一步提升相关的低碳建设水平。在所有样本城市中，北京市（92.81 分）、嘉峪关市（82.50 分）和南京市（78.58 分）分别取得了绿地碳汇维度得分的前三名，这些城市普遍拥有丰富的绿地资源，能够较好地利用自然资源来建设绿地碳汇。

此外，具有较高行政或经济地位的城市，如武汉、深圳、成都等，也表现出优秀的绿地碳汇水平，这反映出政府支持和资源配置对城市低碳建设的积极推动作用。这些城市的基础设施建设水平和管理措施相对较好，使其在绿地碳汇方面的建设取得了不错的成绩。例如武汉市政府颁布了《武汉市推动降碳及发展低碳产业工作方案》，进一步加强森林、湿地、山体、绿地等生态要素保护，减少生态碳汇损耗。而深圳市则颁布了《深圳市促进绿色低碳产业高质量发展的若干措施》，提出了稳步提升绿地碳汇能力的任务，包括实施增绿提质工程、提升全市森林碳汇总量、加强森林、湿地、山体、绿地等生态要素保护等。另外成都市政府颁布了《成都市"十四五"生态环境保护规划》，提出了一些具体的绿地建设措施，如推进城市森林、湿地、草地等生态系统保护和修复工程，加强城市绿化建设和管理等。

（八）低碳技术维度低碳建设水平

低碳技术维度的低碳建设水平的得分加权平均值为 30.64 分，标准差为 10.40。低碳技术维度的数据整体基本服从正态分布。由图 7.1（h）可以看出样本城市在低碳技术维度的得分较低，大部分城市的得分在 40 分以下，在 30 分左右的城市最多。另外，从表 7.1 中看出，北京市、杭州市、深圳市、济南市、广州市和上海市在低碳技术维度的得分最高。该现象原因主要有以下几点。

（1）城市规模大。这六座城市全部为超大或特大城市，其平均分为 52.76 分，显著高于其他规模的城市。城市人口规模提升有利于城市内部的知识溢出和工资增长，可以为低碳技术人才提供更好的发展平台和更高的收入。越多的低碳技术人才的集聚又有利于他们之间的交流和思想碰撞，从而推动低碳技术进步。另外城市人口规模大往往会提升城市服务业的劳动力供给，包括科学研究和技术服务业。例如，北京和上海的人口规模最大，其科学研究和技术服务业企业数也最多，分别为 693733 和 529847。因此，城市规模越大的样本城市在低碳技术维度的建设水平往往越高。

（2）行政级别高。北京市、杭州市、深圳市、济南市、广州市和上海市这六座城市包含了三座直辖市和三座副省级市，行政级别较高。根据中心-外围理论（centre-periphery theory），行政级别较高的城市通常承担政治、经济、文化、交通、科技等多项城市职能，在制定和执行政策时更具效率。同时这些城市可以充分利用自身的行政优势制定政策，也可以提供更多的税收优惠和财政补贴，以增加创新投资，促进低碳技术的发展。另一方面，与其他城市相比，行政级别高的城市，其高校的数量和水平也有明显的优势。例如北京拥有 90 余所本科和专科高校，其中有 34 所双一流高校，占全国双一流高校总数的 23%。高校是绿色专利申请的主要来源，高校数量和水平的差距与城市间的技术专利数量差距有密切关系。因此，行政级别越高的样本城市在低碳技术维度的建设水平越高。

（3）经济基础佳。在低碳技术维度建设水平高的城市经济基础都比较好。这些城市出于生态文明的建设和可持续发展的目的，对低碳技术有更多实际需求。北京市、杭州市、深圳市、广州市和上海市的经济水平在 2022 年的 GDP 均位于我国城市的前十名。济南市尽管其 GDP 在 2022 年位于我国城市第 20 名，但其 GDP 增长速度在第一梯队的城市中仅落后于深圳。经济发展水平越高的城市，在低碳技术上可投入的资金相对越多。例如，根据《关于发布上海市 2021 年度"科技创新行动计划"科技支撑碳达峰碳中和专项（第一批）项目申报指南的通知》，上海市为 39 个碳达峰科技项目累计资助高达 7700 万元，而南京的单个相关项目拨款金额最高可达 1000 万元（南京市《关于碳达峰碳中和科技创新专项的实施细则》）。相比之下，其他经济基础较差的城市，或未设立低碳技术专项资金，或资助额度会远低于这些经济基础较好的城市。

（4）集聚优势。集聚是促进创新的重要力量。由于我国城市间的发展梯度落差，发展低碳技术所需的人才、资本和创新载体（如研发和相关服务平台）会由中小城市向中心城市转移，最终形成集聚效应。集聚效应导致知识与资源的共享以及一体化的市场形态，能降低交换创新资源的交易成本，便于创新成果的转化应用，从而提高低碳技术研发和应用能力，提高低碳技术创新的效率。城市规模大、行政级别高、经济发达的城市往往能提供优越的科研设施和条件，可以吸引周边地区城市的人才和相关科技资源聚集在该地区。这些城市的外来人口占比非常高，不断注入的"人才血液"为这些城市的低碳技术发展提供了强有力的人力资源保障。

然而，绝大部分城市在低碳技术维度的建设水平是较低的。这些城市的规模、行政级别、经济基础和集聚效应等方面水平都较低，尤其是中、小城市。但也有一些超大及特大城市如重庆市（排全国第 53 名）、佛山市（排全国第 69 名）、哈尔滨市（排全国第 130 名）和大连市（排全国第 133 名）在低碳技术维度的建设水平较低。这类城市或许在近年来随着经济增长压力的加大，投入低碳技术研发与应用的资源有所减弱。当然，实现减排和碳中和目标有多种多样的方式，这类城市可能更多从碳源、碳汇其他角度入手减排增汇。例如重庆在低碳技术维度的得分仅排第 53 名，而在经济发展和城市居民维度的得分名列前茅，分别为第 11 和第 8 名。

第二节　不同规模城市的低碳建设维度水平

将表 7.1 中的数据与本书中第四章的城市规模划分标准相结合，可以得到图 7.2，进而可针对不同规模城市的低碳建设维度水平进行分析。

一、超大及特大城市低碳建设维度水平分布

图 7.2（a）展示了超大及特大城市（21 个）的低碳建设维度水平分布情况。由图可知，超大及特大城市的低碳建设维度总体得分都比较高，但城市间的得分差异较大，这

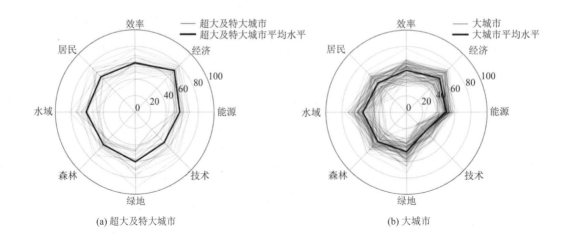

(a) 超大及特大城市　　　　　　　　　　　　(b) 大城市

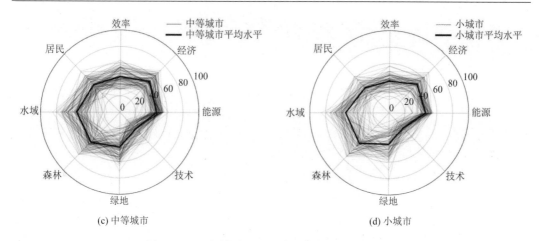

(c) 中等城市　　　　　　　　　　　　(d) 小城市

图 7.2　不同规模城市组低碳建设维度水平分布图

类城市在八个维度的低碳建设的平均水平分布可以归纳为：经济发展＞水域碳汇＞绿地碳汇＞城市居民＞生产效率＞能源结构＞森林碳汇＞低碳技术。其中，超大及特大城市在经济发展维度上的低碳建设表现最好，平均得分为 71.27 分，得分高于其他七个维度。可见，该类城市在碳源的低碳建设方面，以经济发展为突出代表。其次，水域碳汇维度表现得也较好，平均得分为 61.46 分，表明该类城市在碳汇的低碳建设方面，以建设水域碳汇为主，其实这类城市大多位于东部沿海或水资源较为充沛的地方。但有趣的是，超大及特大城市在低碳技术维度的水平相对最低，表明这类城市在低碳技术研发和应用方面还需提高。

再以超大及特大城市总体排名（表 6.1）前三名的城市为例，图 7.3 依次是北京、杭州和上海这三个城市的低碳建设维度水平分布情况。由图可知，北京市的绿地碳汇维度得分最高，为 92.81 分，其次是经济发展维度，为 83.58 分，能源结构维度得分最低，为68.88 分，其余五个维度的表现差距不大。杭州市的经济发展维度得分最高，为 79.20 分，森林碳汇维度得分最低，为 58.32 分，其余六个维度的分数差距不大。上海市的情况与杭

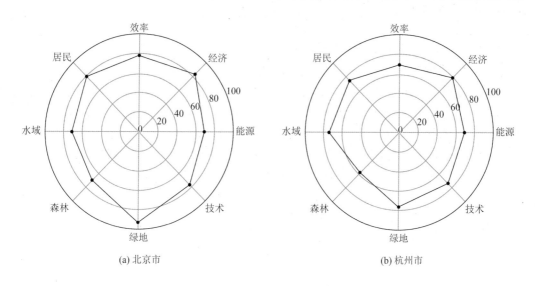

(a) 北京市　　　　　　　　　　　　(b) 杭州市

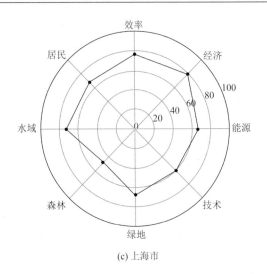

（c）上海市

图 7.3　超大及特大城市排名前三的城市低碳建设维度水平分布图

州类似，也是经济发展维度得分最高，为 78.94 分，森林碳汇维度得分最低，为 48.35 分，其余六个维度的表现差距不大。可见，超大及特大城市往往都还是重视低碳经济方面的发展，强调通过低碳经济模式，减少碳排放，实现城市的可持续发展。但是，杭州和上海对于森林碳汇建设的重视程度都有待提升。不过，这三个城市的低碳技术维度水平得分都不低，这表明北京、杭州和上海拥有雄厚的低碳科技力量，可助力城市低碳建设和可持续发展。

二、大城市低碳建设维度水平分布

图 7.2（b）展示了样本城市中 80 个大城市的低碳建设维度水平分布情况。这类城市在八个维度的低碳建设平均水平分布可以归纳为：经济发展＞水域碳汇＞生产效率＞森林碳汇＞城市居民＞能源结构＞绿地碳汇＞低碳技术。大城市的低碳建设表现在经济发展维度最好，平均得分为 58.31 分；在低碳技术维度表现最差，平均得分仅为 32.73 分，表明大城市与超大和特大城市有相似之处，在城市低碳建设中更重视经济发展，同时对低碳技术开发的支持力度不足。

相较于超大和特大城市，大城市的低碳建设水平在各个维度上的得分均有降低，总体得分降低了 10.72 分，各维度得分降低幅度分别为森林碳汇（–5.88 分），水域碳汇（–7.49 分），能源结构（–7.53 分），生产效率（–8.69 分），城市居民（–10.42 分），绿地碳汇（–12.73 分），经济发展（–12.96 分），低碳技术（–20.03 分）。从图 7.2 的对比中可以看出，大城市与超大特大城市相比，在除低碳技术维度外的其余 7 个维度上表现出相似的分布趋向，但是在低碳技术维度的平均得分暴跌 20.03，表明相较于超大和特大城市，大城市在低碳技术助力城市低碳发展方面的重视度更加不足，亟待提升。

再以大城市中总体排名前三名的城市为例，图 7.4 依次展示了宁波、吉林和温州的低碳建设维度水平分布情况。由图可知，在该类城市中排第一的宁波市的生产效率维度得分最高，为 77.52 分，其次是经济发展维度，为 75.81 分，低碳技术维度得分最低，为 47.28 分。吉林市的森林碳汇维度得分最高，为 69.69 分，其次是水域碳汇维度，为 64.60 分，低碳技术维度得分最低，为 35.74 分。温州市的经济发展维度得分最高，为 72.96 分，其次是城市居民维度，为 64.13 分，低碳技术维度得分最低，为 45.44 分。从中可以发现，宁波市和温州市的低碳建设各维度水平展现出类似的倾向，得分较高的维度主要为经济发展、生产效率、城市居民等碳源维度，而吉林市的得分较高的维度主要为森林碳汇、水域碳汇等碳汇维度。这或许是因为东部沿海地区经济发展强势，且较少重化工业，碳源视角下各维度的低碳建设较容易取得进展，因此在碳源方面的低碳建设表现更好；而吉林市地处东北老工业基地，且受冬季采暖的影响，碳源方面的低碳建设各维度表现不佳，但凭借森林碳汇建设和水域碳汇建设的较出色表现，也位列大城市类的第二名。另一方面，从这三个城市的对比可以发现，各城市低碳建设重视和发力的维度不尽类同，但也显示出对低碳技术的重视都不高，有待提升。

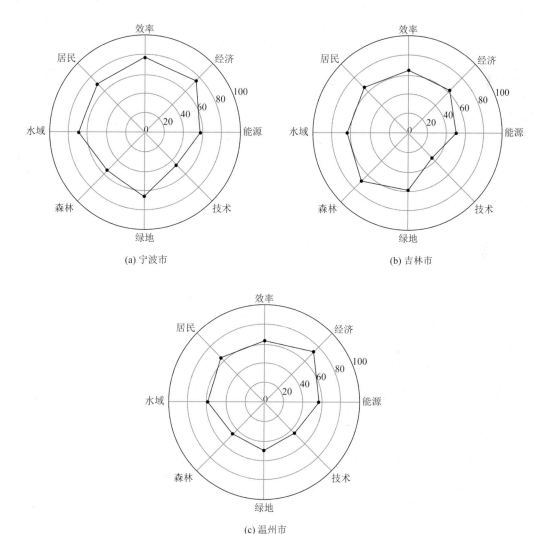

图 7.4　大城市中排名前三的城市低碳建设维度水平分布图

三、中等城市低碳建设维度水平分布

中等城市（共 111 个）的低碳建设水平的各维度表现得分分布如图 7.2（c）所示。中等城市低碳建设水平见表 6.1，总平均分为 45.16 分，标准差为 5.84。与超大及特大城市、大城市相比，中等城市低碳建设的低碳技术维度（27.72 分）得分更低，其次得分较低的维度有绿地碳汇维度（42.76 分）和生产效率维度（43.26 分）。因此对于中等城市而言，提升低碳建设水平应重点加强低碳技术开发，增加绿地碳汇和注重产业转型升级、提升生产效率。此外，由图 7.2 可以进一步发现，各中等城市低碳建设水平在水域维度差异较大。

全部中等城市中，总体排名（见表 6.1）前三位的城市分别为荆门市（58.68 分）、六安市（54.98 分）、湖州市（54.87 分），如图 7.5 所示。从排名来看，三个城市在样本城市的低碳建设水平排名中分为排名 13，23 和 25 位，均处于得分第二梯队的前列。从总分来看，荆门市得分较高于六安市和湖州市，六安市和湖州市的得分较为接近。从各维度视角来看，荆门市和六安市的得分分布较为相似，均在经济发展、水域碳汇、森林碳汇和绿地碳汇维度表现较好，在城市居民和低碳技术维度表现较差。

荆门市（第一名）于 2007 年被确定为国家循环经济试点市、世界低碳城市联盟，建成国家资源综合利用"双百工程"示范基地，致力于将资源进行高效循环利用。2021 年，荆门市发布《荆门市加快建立健全绿色低碳循环发展经济体系实施方案》助力城市实现碳达峰碳中和目标。六安市（第二名）是第三批国家低碳试点城市，曾发布《六安市 2014—2015 年节能减排低碳发展行动方案》《六安市节能奖励办法》等。此外，六安市较为重视建筑行业的绿色低碳发展，在未来的城市低碳建设中，其他生产性行业应以建筑行业为标杆，全面发展六安市低碳城市建设。湖州市（第三名）在经济发展维度表现突出，出台全国首部地市级绿色金融促进条例，入选国家数字化绿色化双化协同发展综合试点、国家产融合作试点城市、国家工业资源综合利用基地，大力发展绿色低碳产业、加快传统产业绿色化转型、加快构建绿色制造体系、着力营造绿色发展环境，加快低碳城市建设进程。

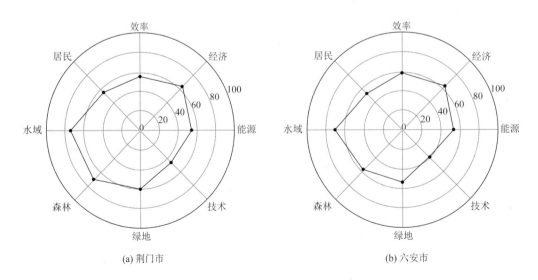

(a) 荆门市　　　　　　　　　　　　　　　　(b) 六安市

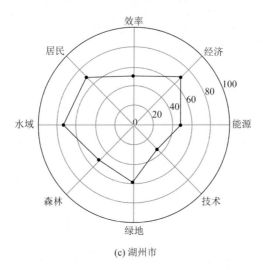

(c) 湖州市

图 7.5 中等城市中排名前三的城市低碳建设维度水平分布图

四、小城市低碳建设维度水平分布

小城市（84 个）低碳建设水平各维度表现得分分布如图 7.2（d）所示。可以看出，小城市在各维度的建设水平存在显著性差异，其中技术维度（25.64 分）和效率维度（38.73 分）得分较低，但在水域维度（54.65 分）和森林维度（52.52 分）得分较高。小城市总体水平排名（表 6.1）前三名的广元市、嘉峪关市以及吉安市表现出相似的分布情况（如图 7.6 所示），因此，应用低碳技术和提高低碳建设水平效率是提升小城市低碳建设水平的关键所在。

排名前三的广元市、嘉峪关市和吉安市，这些城市都为国家低碳试点城市或国家低碳试点园区，在低碳建设发展方面均取得积极成效，如广元市和吉安市都制定了支持低碳发展的政策制度，广元市低碳发展专线规划、吉安市制定控制温室气体排放工作方案。据

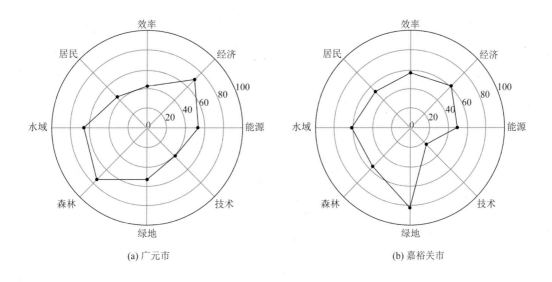

(a) 广元市   (b) 嘉峪关市

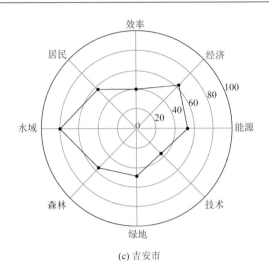

(c) 吉安市

图 7.6　小城市组总体水平排名前三的低碳城市建设维度水平分布图

生态环境部 2023 年发布的《国家低碳城市试点工作进展评估报告》中显示，2015～2020 年广元市和吉安市煤炭消费量占能源消费总量比重的下降率高于 7 个百分点，显著高于同期全国平均水平，为推动城市低碳建设发展打下了坚实基础。嘉峪关市是全国首批 55 个国家低碳工业园区之一，同时也荣获"国家园林城市"荣誉称号，因此在碳汇维度以及经济维度得分较高。

第三节　样本城市低碳建设维度水平梯队划分

基于第三章第四节中提出的城市低碳建设水平梯队构建方法，结合表 7.1 中的数据，可以计算出样本城市在各维度的水平梯队区间值，见表 7.2。表中 A 表示第一梯队城市，B 表示第二梯队城市，C 表示第三梯队城市，D 表示第四梯队城市，下文不再赘述。

表 7.2　样本城市在各维度的低碳建设水平梯队区间值

低碳建设维度	第一梯队（A）	第二梯队（B）	第三梯队（C）	第四梯队（D）
能源	(56.08, 68.88]	(43.28, 56.08]	(30.49, 43.28]	[17.69, 30.49]
经济	(68.70, 83.58]	(53.82, 68.70]	(38.94, 53.82]	[24.07, 38.94]
效率	(62.53, 77.97]	(47.09, 62.53]	(31.64, 47.09]	[16.20, 31.64]
居民	(65.95, 79.89]	(52.01, 65.95]	(38.06, 52.01]	[24.12, 38.06]
水域	(68.25, 85.43]	(51.06, 68.25]	(33.88, 51.06]	[16.69, 33.88]
森林	(60.57, 75.28]	(45.86, 60.57]	(31.16, 45.86]	[16.45, 31.16]
绿地	(72.21, 92.81]	(51.62, 72.21]	(31.02, 51.62]	[10.42, 31.02]
技术	(60.34, 76.77]	(43.90, 60.34]	(27.47, 43.90]	[11.03, 27.47]

结合表 7.1 和表 7.2 中的数据，可以得到样本城市在不同低碳建设维度的水平等级，见表 7.3。

表 7.3 样本城市在不同低碳建设维度的水平梯队等级表

城市	能源	经济	效率	居民	水域	森林	绿地	技术
北京市	A	A	A	A	A	A	A	A
天津市	A	A	B	A	B	B	B	B
石家庄市	B	C	C	B	C	B	C	C
唐山市	B	C	B	D	C	B	C	C
秦皇岛市	C	C	B	C	B	B	C	D
邯郸市	C	B	C	C	C	A	C	C
邢台市	C	C	C	B	C	B	C	C
保定市	C	C	B	C	C	C	C	C
张家口市	B	B	A	C	B	A	B	C
承德市	B	B	A	C	C	A	B	C
沧州市	C	C	C	C	B	C	C	D
廊坊市	C	C	C	D	D	B	D	D
衡水市	B	C	B	C	A	B	B	D
太原市	B	A	B	B	B	B	B	C
大同市	B	B	B	B	B	B	C	C
阳泉市	B	C	C	C	D	C	D	D
长治市	B	C	C	C	C	B	C	C
晋城市	B	C	C	B	C	C	C	C
朔州市	C	C	B	C	D	B	C	C
晋中市	C	B	C	B	B	C	C	D
运城市	C	C	C	C	C	C	D	D
忻州市	C	C	C	B	A	C	C	C
临汾市	B	D	C	C	C	B	D	C
吕梁市	B	C	C	C	B	C	C	D
呼和浩特市	B	B	C	B	B	A	A	C
包头市	B	C	B	C	A	B	B	C
乌海市	D	C	D	C	B	C	B	C
赤峰市	C	C	C	C	B	B	C	D
通辽市	B	C	B	C	B	A	B	C
鄂尔多斯市	B	C	C	B	A	B	C	B
呼伦贝尔市	C	C	C	D	B	A	D	C
巴彦淖尔市	C	C	C	C	C	C	D	C

续表

城市	能源	经济	效率	居民	水域	森林	绿地	技术
乌兰察布市	B	D	C	D	B	B	C	C
沈阳市	B	B	B	C	A	B	C	C
大连市	B	B	B	C	C	B	C	C
鞍山市	C	C	C	D	C	B	C	D
抚顺市	B	C	C	C	B	B	C	C
本溪市	B	C	C	C	C	B	B	C
丹东市	C	C	C	D	C	C	D	D
锦州市	D	C	C	D	C	B	C	D
营口市	D	C	C	C	D	D	C	C
阜新市	B	B	B	C	D	C	B	D
辽阳市	C	C	C	C	C	B	C	D
盘锦市	B	B	B	C	B	B	C	C
铁岭市	C	C	C	D	B	B	C	D
朝阳市	C	C	C	C	C	B	D	D
葫芦岛市	B	C	C	C	B	B	C	C
长春市	B	B	B	C	B	C	B	C
吉林市	B	B	A	B	B	A	B	C
四平市	B	C	B	C	B	A	B	D
辽源市	B	C	C	C	B	B	C	D
通化市	B	C	B	C	B	B	C	D
白山市	B	B	C	C	B	B	B	D
松原市	C	C	C	C	C	D	C	D
白城市	B	C	C	C	B	B	C	D
哈尔滨市	B	B	B	C	B	B	C	C
齐齐哈尔市	B	C	C	C	C	C	D	D
鸡西市	C	D	C	D	B	C	D	D
鹤岗市	C	C	D	C	B	D	C	D
双鸭山市	C	D	D	C	C	B	D	D
大庆市	B	C	C	D	B	C	C	C
伊春市	C	D	D	C	B	A	C	D
佳木斯市	C	B	B	D	A	B	C	D
七台河市	C	C	C	B	B	A	B	D
牡丹江市	C	B	C	C	B	B	C	D
黑河市	C	B	C	D	A	D	D	D
绥化市	D	D	C	C	C	D	D	D

续表

城市	能源	经济	效率	居民	水域	森林	绿地	技术
上海市	A	A	A	A	A	B	B	A
南京市	A	A	A	B	B	B	A	B
无锡市	B	A	B	B	B	C	B	B
徐州市	B	B	B	C	C	C	C	C
常州市	C	B	C	D	D	C	C	D
苏州市	B	A	B	C	B	B	B	C
南通市	B	B	C	C	D	C	C	C
连云港市	B	C	B	C	C	C	C	D
淮安市	C	B	C	C	C	C	C	D
盐城市	B	B	B	B	A	C	B	B
扬州市	B	B	B	B	B	C	C	C
镇江市	B	B	B	B	B	B	B	B
泰州市	B	B	C	C	B	B	D	C
宿迁市	B	B	B	B	A	B	B	C
杭州市	A	A	A	A	A	B	A	A
宁波市	A	A	A	A	A	B	B	B
温州市	A	A	A	B	B	B	C	B
嘉兴市	B	A	B	B	B	C	B	C
湖州市	B	A	B	A	A	B	B	C
绍兴市	B	A	B	B	B	B	B	C
金华市	B	B	A	A	B	C	B	C
衢州市	B	B	B	B	B	B	C	C
舟山市	B	B	C	C	B	B	B	C
台州市	A	B	A	C	B	B	C	C
丽水市	B	B	B	B	B	C	B	C
合肥市	B	B	C	C	B	A	B	B
芜湖市	B	B	B	B	B	B	B	C
蚌埠市	B	B	C	C	A	A	C	C
淮南市	B	B	B	B	A	A	C	C
马鞍山市	B	C	C	B	B	A	B	C
淮北市	B	B	C	C	C	B	C	D
铜陵市	B	B	C	B	B	B	B	D
安庆市	B	B	B	B	B	B	C	C
黄山市	B	B	C	C	C	A	C	D
滁州市	B	C	C	C	B	A	C	D

续表

城市	能源	经济	效率	居民	水域	森林	绿地	技术
阜阳市	B	B	B	B	A	A	B	C
宿州市	B	B	C	B	A	A	B	C
六安市	B	B	B	B	A	B	B	C
亳州市	C	B	C	C	C	A	C	D
池州市	B	B	C	C	B	A	C	C
宣城市	B	C	B	C	A	A	C	D
福州市	B	A	B	B	C	B	C	C
厦门市	B	A	B	C	B	B	B	C
莆田市	B	C	B	B	D	C	C	D
三明市	C	B	C	C	C	B	C	D
泉州市	B	A	C	C	B	C	C	C
漳州市	C	D	D	C	D	C	D	D
南平市	D	D	C	C	D	C	D	D
龙岩市	B	B	C	C	C	B	B	C
宁德市	C	C	C	C	D	D	D	D
南昌市	B	B	B	B	B	B	C	C
景德镇市	C	D	C	C	D	C	C	D
萍乡市	C	C	D	D	D	B	D	C
九江市	B	C	B	C	A	A	C	C
新余市	B	C	C	C	B	A	C	D
鹰潭市	B	B	C	B	B	A	B	C
赣州市	B	B	B	B	B	B	C	D
吉安市	B	B	C	B	A	B	C	C
宜春市	C	B	B	B	A	B	C	B
抚州市	B	C	C	C	A	A	B	D
上饶市	B	B	B	B	C	A	C	C
济南市	B	A	B	B	B	B	B	A
青岛市	B	A	B	B	B	B	B	B
淄博市	B	B	B	B	C	C	B	C
枣庄市	B	C	A	B	B	C	B	C
东营市	B	B	B	B	A	C	B	D
烟台市	B	B	B	B	B	B	B	D
潍坊市	B	B	B	B	A	C	C	C
济宁市	B	B	B	B	A	B	B	D
泰安市	B	B	A	C	A	B	C	C

续表

城市	能源	经济	效率	居民	水域	森林	绿地	技术
威海市	B	B	C	B	A	C	B	B
日照市	B	C	B	C	B	C	C	D
临沂市	B	B	C	B	A	B	B	C
德州市	B	B	B	B	B	B	B	B
聊城市	B	C	C	B	C	B	B	C
滨州市	B	C	C	D	C	B	C	D
菏泽市	B	C	C	C	B	D	C	C
郑州市	B	A	B	B	C	B	C	B
开封市	B	B	B	B	C	B	C	D
洛阳市	B	B	B	C	B	B	C	C
平顶山市	B	C	B	C	C	B	C	C
安阳市	B	C	C	B	B	B	C	C
鹤壁市	C	B	B	B	B	B	C	D
新乡市	B	C	B	C	B	B	C	C
焦作市	B	C	B	B	B	B	B	C
濮阳市	C	C	D	C	C	C	D	D
许昌市	B	B	C	D	C	C	C	C
漯河市	B	C	C	D	C	D	C	D
三门峡市	C	B	B	C	B	B	C	C
南阳市	B	B	B	B	B	B	B	C
商丘市	B	C	D	B	B	C	B	C
信阳市	B	C	C	C	C	C	D	C
周口市	B	B	C	B	B	B	B	C
驻马店市	B	C	C	C	B	A	C	C
武汉市	A	A	B	B	A	B	B	B
黄石市	B	C	C	C	B	B	C	B
十堰市	B	B	C	B	B	B	C	C
宜昌市	B	A	B	B	C	A	C	D
襄阳市	B	B	B	B	C	B	C	C
鄂州市	B	B	C	C	B	C	C	C
荆门市	B	B	B	B	A	A	B	B
孝感市	B	C	C	D	B	C	D	D
荆州市	B	B	B	B	A	B	C	C
黄冈市	B	B	C	C	A	A	C	D
咸宁市	C	B	C	C	B	B	C	C

续表

城市	能源	经济	效率	居民	水域	森林	绿地	技术
随州市	B	C	C	B	C	B	C	D
长沙市	B	B	A	B	B	B	C	B
株洲市	B	C	C	C	C	B	C	C
湘潭市	B	C	B	C	B	A	C	C
衡阳市	B	C	C	D	B	C	C	C
邵阳市	B	C	C	D	B	B	C	C
岳阳市	B	B	B	C	B	C	C	D
常德市	B	C	B	D	B	A	C	C
张家界市	B	B	C	D	D	B	D	D
益阳市	B	C	B	C	A	B	C	C
郴州市	B	C	B	C	B	A	C	D
永州市	B	C	B	C	B	B	C	D
怀化市	B	C	C	C	B	A	C	D
娄底市	B	C	B	C	B	C	C	D
广州市	A	A	A	A	B	A	B	A
韶关市	D	C	D	C	C	B	C	C
深圳市	A	A	A	A	C	B	B	A
珠海市	B	B	C	C	C	C	B	C
汕头市	B	B	C	C	B	B	C	D
佛山市	A	B	C	D	B	B	C	C
江门市	B	C	C	C	B	B	C	C
湛江市	A	C	B	C	C	C	C	C
茂名市	B	C	D	C	C	B	D	D
肇庆市	C	C	C	B	B	A	C	C
惠州市	B	B	D	B	B	B	C	C
梅州市	C	B	C	B	B	B	C	D
汕尾市	B	C	C	B	B	A	C	D
河源市	B	C	C	D	B	B	C	D
阳江市	B	C	C	C	C	B	C	C
清远市	C	C	C	C	C	B	C	C
东莞市	C	B	B	B	C	B	C	B
中山市	C	B	C	B	C	C	C	C
潮州市	D	C	D	C	C	B	C	D
揭阳市	B	B	C	C	B	A	C	C
云浮市	C	B	D	C	B	B	C	D

续表

城市	能源	经济	效率	居民	水域	森林	绿地	技术
南宁市	B	B	B	B	C	A	C	C
柳州市	B	B	B	C	B	B	B	C
桂林市	B	B	B	C	B	B	C	C
梧州市	B	C	C	D	C	B	D	D
北海市	B	C	D	C	C	B	D	D
防城港市	B	D	C	D	C	B	D	C
钦州市	A	B	C	C	D	C	D	D
贵港市	C	C	C	D	C	B	C	D
玉林市	B	C	C	C	D	A	D	D
百色市	B	C	D	D	D	B	D	D
贺州市	B	C	D	D	D	A	D	D
河池市	B	C	D	C	D	C	D	D
来宾市	B	B	D	C	D	B	D	D
崇左市	B	C	D	C	C	A	D	D
海口市	A	B	B	D	C	B	C	C
三亚市	B	B	B	C	C	A	C	C
儋州市	C	D	C	C	C	B	C	D
重庆市	B	A	B	A	B	A	B	C
成都市	A	A	B	A	C	A	B	B
自贡市	B	C	C	C	C	C	C	C
攀枝花市	B	C	C	C	B	B	B	C
泸州市	B	B	C	C	B	B	B	D
德阳市	A	C	B	C	B	B	C	C
绵阳市	B	B	B	B	B	B	C	C
广元市	B	A	C	C	B	A	B	C
遂宁市	B	B	B	B	C	B	C	D
内江市	B	C	B	C	B	B	C	D
乐山市	B	B	B	C	B	B	C	D
南充市	A	B	C	C	D	C	C	D
眉山市	B	B	D	B	C	B	B	C
宜宾市	B	C	C	C	D	B	C	C
广安市	B	B	C	B	B	B	C	D
达州市	B	B	C	C	C	B	C	D
雅安市	B	B	C	C	C	B	C	C
巴中市	B	C	C	C	B	A	C	D

续表

城市	能源	经济	效率	居民	水域	森林	绿地	技术
资阳市	D	D	D	D	D	D	D	D
贵阳市	B	A	A	B	B	B	B	C
六盘水市	B	C	C	C	D	B	D	C
遵义市	B	C	B	C	B	A	D	D
安顺市	C	B	C	D	B	B	C	C
毕节市	B	C	D	C	B	A	C	D
铜仁市	B	B	C	C	B	B	D	C
昆明市	A	B	B	B	B	A	B	B
曲靖市	B	C	C	D	C	B	C	D
玉溪市	B	C	B	B	A	A	C	D
保山市	B	B	C	C	A	A	C	C
昭通市	B	B	D	C	A	B	D	D
丽江市	B	B	C	C	A	B	C	D
普洱市	D	D	C	D	D	D	D	D
临沧市	B	C	C	C	A	B	C	C
拉萨市	A	B	C	C	A	C	B	D
日喀则市	B	D	D	D	A	C	D	D
昌都市	B	C	C	C	A	B	D	D
林芝市	B	C	C	D	B	C	C	D
山南市	B	D	D	D	B	C	D	D
那曲市	B	D	C	D	C	D	D	D
西安市	B	A	B	B	B	B	B	B
铜川市	B	B	C	C	B	B	B	D
宝鸡市	B	B	B	C	B	A	B	C
咸阳市	B	B	B	C	B	B	C	D
渭南市	D	C	D	D	A	A	C	D
延安市	B	C	B	C	B	A	C	C
汉中市	B	B	C	B	A	B	B	D
榆林市	B	C	C	C	B	A	C	C
安康市	C	A	B	B	B	B	B	C
商洛市	B	C	C	D	C	C	D	D
兰州市	B	B	B	C	B	B	B	C
嘉峪关市	B	B	B	C	B	B	A	D
金昌市	B	C	B	C	B	B	B	D
白银市	B	B	B	C	B	B	C	C

续表

城市	能源	经济	效率	居民	水域	森林	绿地	技术
天水市	B	B	D	B	C	B	C	C
武威市	B	B	D	B	A	B	C	C
张掖市	B	B	C	B	B	C	C	D
平凉市	B	C	C	C	C	B	C	D
酒泉市	B	C	C	C	B	B	D	C
庆阳市	B	B	C	C	C	B	C	D
定西市	B	B	C	D	B	B	D	D
陇南市	B	D	D	C	D	B	D	D
西宁市	A	B	B	B	B	C	B	C
海东市	B	C	D	D	C	B	D	D
银川市	B	C	B	B	B	B	B	B
石嘴山市	B	C	C	C	B	B	B	C
吴忠市	B	C	C	D	A	B	B	C
固原市	B	C	C	D	B	B	C	C
中卫市	B	D	C	C	B	B	C	B
乌鲁木齐市	B	B	B	D	B	B	B	C
克拉玛依市	C	C	D	D	C	A	C	C
吐鲁番市	B	C	C	D	B	B	C	D
哈密市	C	D	D	D	C	C	D	C
**三沙市	N/A	N/A	N/A	N/A	N/A	N/A	N/A	N/A

注：带**的三沙市，不参与统计排名。

第四节　样本城市低碳建设水平梯队等级空间分布

根据上述水平梯队划分的数据，可以进一步得出样本城市在低碳建设维度的水平梯队等级的空间分布。

一、能源结构维度低碳建设水平梯队空间分布

图 7.7 展示了样本城市在能源结构维度的低碳建设水平梯队空间分布情况。

如图 7.7 所示，样本城市在能源结构维度的低碳建设水平整体上表现较为一般，大部分城市的色块是蓝色，表示得分属于中等水平。可圈可点的是，北京、杭州、上海、西宁、深圳、广州、德阳、天津等一线城市和清洁能源较发达的城市的色块是绿色，表示得分位于较高水平。而乌海、韶关、绥化、锦州、潮州、营口、渭南、南平、资阳等北方城市和三四线城市的色块是紫色或灰色，表示得分位于较低水平。

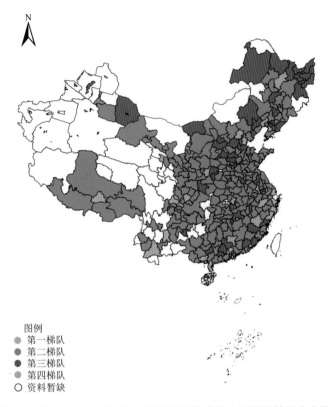

图例
● 第一梯队
● 第二梯队
● 第三梯队
● 第四梯队
○ 资料暂缺

图 7.7 样本城市低碳建设在能源结构维度的水平梯队等级分布图

二、经济发展维度低碳建设水平梯队空间分布

图 7.8 展示了样本城市在经济发展维度的低碳建设水平梯队空间分布情况。

从图 7.8 可以看出，整体上东部沿海城市以及长江经济带沿岸城市得分普遍较高，而西部地区、东北地区及部分中部地区的城市得分相对较低。经济发展维度的低碳建设水平得分第一梯队城市（29 个城市）主要分布在长三角地区（包括上海、南京、杭州、宁波等城市）、珠三角（包括广州、深圳、珠海等城市）、京津冀地区（北京、天津等城市）以及西南地区的"成渝"两地，形成了四个较大的高分集群。第二梯队包含 123 个城市，主要分布中部和东部沿海地区。第三梯队包含 125 个城市，主要分布在西南部、东北部和中部靠北地区。第四梯队包含 19 个城市，主要分布在东北部、西部、西南地区。可以发现城市在经济发展维度的低碳建设水平整体上与地区经济水平具有明显的空间相关性。这一空间分布与庄贵阳（2020）对 70 个试点城市低碳建设水平评价的研究结论基本一致。

三、生产效率维度低碳建设水平梯队空间分布

样本城市在生产效率维度的低碳建设水平梯队等级在空间中的分布如图 7.9 所示。

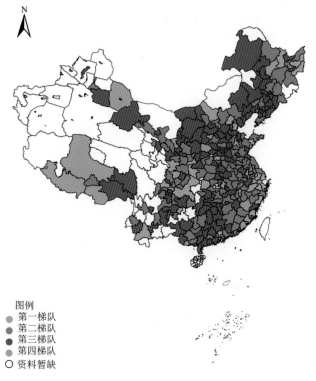

图 7.8　样本城市在低碳建设经济发展维度的水平梯队等级分布图

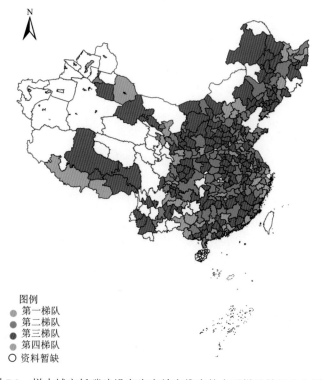

图 7.9　样本城市低碳建设在生产效率维度的水平梯队等级分布图

由图 7.9 可以看出，在生产效率维度，低碳建设水平处于第一梯队的城市共有 17 个，主要分布于长三角和京津冀片区，并且东部沿海城市的低碳建设水平普遍较高，大部分处于低碳建设水平得分的第二梯队此外，也存在个别相邻城市的低碳建设水平差距较大的情况。排名前五位的城市（北京、杭州、上海、广州、深圳）中，第一名北京市虽为内陆城市，但是行政级别高，其余四位均为沿海城市。

四、城市居民维度低碳建设水平梯队空间分布

图 7.10 展示了样本城市在城市居民维度的低碳建设水平梯队分布。

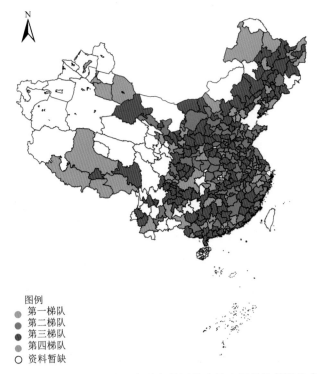

图 7.10　样本城市低碳建设在城市居民维度的水平梯队等级分布图

从图中可以看出，第一梯队城市主要分布在京津冀、长三角、成渝以及大湾区城市，主要包括北京、杭州、成都、深圳、重庆、天津、上海、广州、宁波、金华、湖州，共 11 个城市，这些城市在 2023 年生态部发布的《国家低碳城市试点工作进展评估报告》中都被评估为优良的低碳试点城市，与我们的研究结果基本一致。第二梯队和第三梯队中的城市数量相对较多，分别包含 88 个和 149 个城市，主要分布在沿海以及中部地区。第四梯队城市包含共 48 个城市，主要分布在西北、西南、东北等地区。

五、水域碳汇维度低碳建设水平梯队空间分布

图 7.11 展示了所有样本城市在水域碳汇维度的低碳建设水平的梯队等级分布。

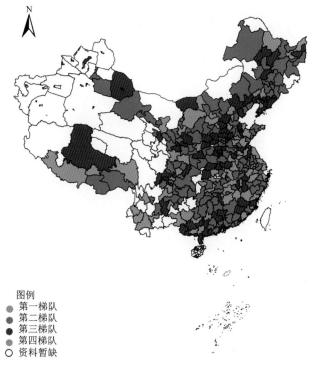

图 7.11　样本城市低碳建设在水域碳汇维度的水平梯队等级分布图

　　从地理位置的角度来看，我国东部沿海地区的城市相较于西部内陆地区的城市，在水域碳汇维度的城市低碳建设水平上呈现出明显的优势，尤其是长三角地区。东部沿海地区的城市因其地理位置的优势，拥有较多的河流、湖泊和海岸线，形成了丰富的水域资源。这些水域资源不仅提供了碳汇的生长场所，还为城市提供了丰富的生态服务，如水质净化、生物多样性维护等。以杭州西湖为例，其湿地生态系统不仅在城市美化和旅游方面具有重要价值，还在碳储存和污染防治方面发挥着关键作用。

六、森林碳汇维度低碳建设水平梯队空间分布

　　图 7.12 展示了样本城市在森林碳汇维度的低碳建设水平的梯队等级分布。
　　如图 7.12 所示，我国城市整体的森林碳汇建设水平在空间上呈现出碎片化的特征。对于每个得分梯队的城市而言，它们在空间上都并非集聚成群，而是散布在全国各地，即每个得分梯队城市的空间形态都是碎片化的。这表明，我国城市的森林碳汇建设水平并不完全由经济社会发展水平与自然资源条件决定，也受到城市本身的发展战略与森林碳汇建设方法的影响。相对而言，我国城市的森林碳汇建设水平呈现出沿海地区与第三阶梯以上的西部区域得分较低、中部地区得分较高的特点。

七、绿地碳汇维度低碳建设发展水平梯队空间分布

　　图 7.13 展示了样本城市在绿地碳汇维度的低碳建设水平的梯队等级分布。

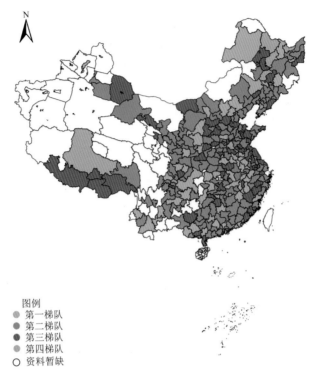

图例
● 第一梯队
● 第二梯队
● 第三梯队
● 第四梯队
○ 资料暂缺

图 7.12　样本城市低碳建设在森林碳汇维度的水平梯队等级分布图

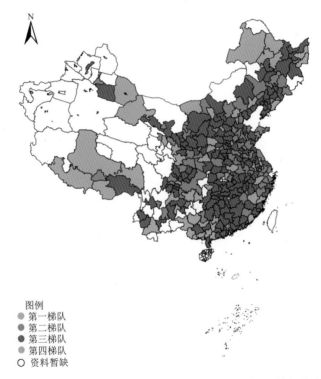

图例
● 第一梯队
● 第二梯队
● 第三梯队
● 第四梯队
○ 资料暂缺

图 7.13　样本城市低碳建设在绿地碳汇维度的水平梯队等级分布图

从图中可以看出，样本城市在绿地碳汇维度的低碳建设水平整体表现良好，大部分城市处于第二和第三梯队。其中处于第一梯队的城市包括北京、嘉峪关、南京、杭州、呼和浩特等，这些城市在绿地碳汇维度的低碳建设方面表现优秀，而处于第四梯队的丹东、商洛、铜仁、张家界、绥化等城市对于绿地碳汇维度的低碳建设重视程度不足，水平较低。

八、低碳技术维度低碳建设发展水平梯队空间分布

图 7.14 展示了样本城市在低碳技术维度的低碳建设水平的梯队等级分布。

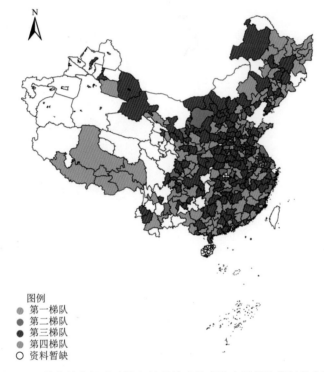

图 7.14　样本城市低碳建设在低碳技术维度的水平梯队等级分布图

从图 7.14 可以看出，在低碳技术维度的第一梯队城市包括北京市、杭州市、深圳市、济南市、广州市和上海市，主要分布在京津冀及周边、长三角和大湾区。而第二梯队城市共有 26 个，主要分布在东部沿海和长江流域。第三梯队和第四梯队中的城市数量相对较多，分别包含 143 个和 123 个城市，主要分布在中部、西部和东北地区。

位于京津冀、长三角、大湾区、东部沿海和长江流域这些地区的城市行政级别较高，经济基础较好，政策支持力度大，技术基础设施投资的增加和改善吸引了周边地区的资源，特别是人才资源聚集在该地区。从全国来看，我国东部地区的样本城市在低碳技术维度的得分优于西部城市；南部地区，特别是东南地区的样本城市在低碳技术维度的得分优于北部城市。尤其我国东部沿海和长江流域这两个重要经济发展轴上的城市，在发

展低碳技术方面更具备市场优势。这也解释了东部沿海（如盐城市、温州市、威海市和惠州市的得分分别排第 19 名、27 名、29 名和 35 名）、长江流域（如黄石市、荆门市、镇江市和攀枝花市的得分分别排第 13 名、21 名、28 名和 36 名）部分行政级别不高的城市在低碳技术维度的建设水平较高。

我国的地势总体特征为"西高东低"。根据经济地理学理论，地势越高，运输成本越高，集聚程度越低，信息传播难度越大。地理位置越近，城市间在产业结构和资源禀赋等方面的相似度越高，吸收政策溢出的成本相对较小。同时我国东部地区的城市受试点政策的驱动，环境监管更严格，驱使东部地区的城市加快研发和应用低碳技术以实现绿色转型。除了经济因素外，环境因素也是导致人口流动而产生集聚效应的重要因素。与环境质量较好的地区相比，环境质量较低的城市更容易失去优质劳动力。我国东南地区相较其他地区气候温暖湿润，环保相关制度更完善，环境监管力度更大，这都为人才引进提供良好的条件。而东北地区城市由于环境、经济发展程度等方面不具备优势，人口流失严重，丧失大量人才。集聚效应在我国大型城市中亦是非常明显的。这也解释了京津冀地区、长三角地区和珠三角地区的周边城市在低碳技术维度得分不高的原因。

第五节　不同规模城市的低碳建设水平梯队等级分布状态

将本书第四章中的城市规模划分为超大及特大城市、大城市、中等城市与小城市（Ⅰ、Ⅱ、Ⅲ、Ⅳ类城市）标准与本章表 7.1 和表 7.2 中的数据相结合，可以得到以下不同规模城市的维度水平梯队等级分布状况，见表 7.4～表 7.11。

一、能源结构维度不同规模城市的低碳建设水平分布

表 7.4 中的数据可以进一步用图 7.15 来表示。图中 A 表示第一梯队城市，B 表示第二梯队城市，C 表示第三梯队城市，D 表示第四梯队城市，下文不再赘述。

在能源结构维度，从超大及特大城市的得分和分布情况来看，平均分为 56.86 分，大部分位于第一和第二梯队，且第一梯队的大部分也都是超大及特大城市，表明该类城市在能源结构的低碳建设水平得分普遍都高。这些城市之所以在该维度表现好，是因为它们在政府支持、科技创新、资源保障、绿色意识和政策措施等方面取得了显著进展。

表 7.4　不同规模城市在能源结构维度低碳建设水平等级分布表

城市规模组	第一梯队	第二梯队	第三梯队	第四梯队	城市总数
超大及特大城市（Ⅰ）	11	9	1	0	21
大城市（Ⅱ）	7	63	9	1	80
中等城市（Ⅲ）	3	81	23	4	111
小城市（Ⅳ）	0	60	19	5	84

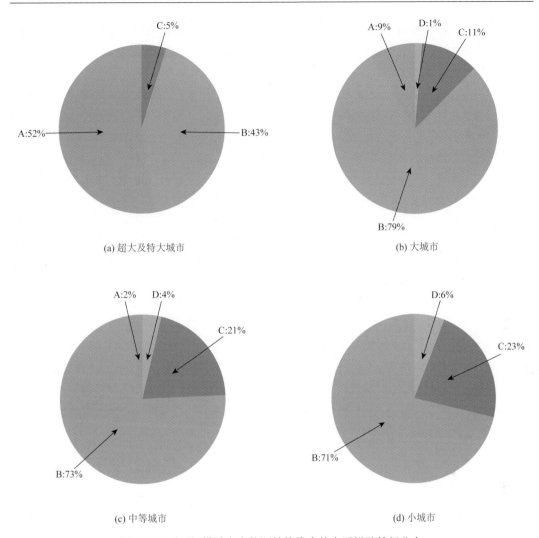

(a) 超大及特大城市　　　　　　　　　　(b) 大城市

(c) 中等城市　　　　　　　　　　　　(d) 小城市

图 7.15　不同规模城市在能源结构维度的水平梯队等级分布

从大城市的得分和分布情况来看，平均分为 49.33 分，大部分位于第二梯队，表明该类城市在能源结构的低碳建设水平得分较高。例如，苏州市重点聚焦于可再生能源替代、关键领域的节能减排、能源高效利用，以及生态固碳增汇。他们采用了"揭榜挂帅"和"赛马制"的策略，组织并推动着重要核心技术的研究和攻关，同时也在先进技术的综合应用和示范方面取得了进展。

从中等城市的得分和分布情况来看，平均分为 46.69 分，大部分位于第二和第三梯队，表明该类城市在能源结构的低碳建设水平得分并不高，但也有表现较好的城市。例如，嘉兴市正在积极加速氢能场景的示范应用，计划推广 135 辆氢燃料电池公交车，并计划建设 4 座加氢站，同时还将开通 5 条氢能示范公交线路。六安市则致力于推动多元化的氢能源利用，以交通领域的公交车和物流车为切入点，推进城市公交和厢式物流车等燃料电池商用车的示范应用。此外，他们还计划展开燃料电池船舶的示范运行，并推动燃料电池在分布式发电、智能家居以及公共建筑的冷热电联供方面的示范应用。

从小城市的得分和分布情况来看，平均分为 45.89 分，大部分位于第二梯队，但在第四梯队中该类城市的数量占比最多，表明该类城市在能源结构的低碳建设水平得分较低。但也有表现比较突出的个别城市。例如，金昌市充分利用丰富的风光资源，积极发展风能、太阳能电池、太阳能热能以及储能发电等领域。他们坚持采用集中式和分布式发展的方式，特别推进了分布式太阳能电池在整个县域的开发，致力于建设一个千万千瓦级的新能源基地。与此同时，金昌市还积极实施了"源网荷储"一体化示范工程，着力打造新能源就地消纳的示范区。

二、经济发展维度不同规模城市的低碳建设水平分布

表 7.5 中的数据可以进一步用图 7.16 来表示。从表 7.5 和图 7.16 可以发现，在经济发展维度的低碳建设整体表现上，超大和特大城市组主要分布在第一梯队和第二梯队（得分平均值为 71.27 分）；大城市组一半以上分布在第二梯队（得分平均值为 58.31 分）；中等城市组一半以上分布在第三得分梯队，第二梯队次之（得分平均值为 52.86 分）；小城市组主要分布在第三梯队，第二梯队次之（得分平均值为 49.43 分）。总体来说，经济发展维度的得分趋势是，越是中小城市，经济水平越低，在该维度的低碳建设水平也相对较低，并且低碳建设的配套管理体系较为薄弱。大部分中小城市在经济发展维度的所有低碳建设环节得分均较低，反映出这些城市在推动绿色低碳循环经济体系建设的工作中还有较大的提升空间，例如低碳建设的规划内容较少、实施方案不具体、缺乏相关监察保障机制和资源保障供给等，还有一部分原因是由于这些城市在目前阶段以经济建设为中心任务，可投入到低碳建设的经济资源有限。

表 7.5　不同规模城市在经济发展维度低碳建设水平等级分布表

城市规模组	第一梯队	第二梯队	第三梯队	第四梯队	城市总数
I	14	7	0	0	21
II	11	44	25	0	80
III	2	45	60	4	111
IV	2	27	40	15	84

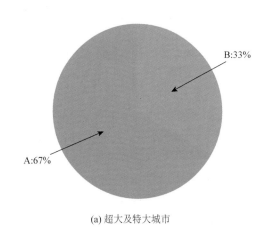

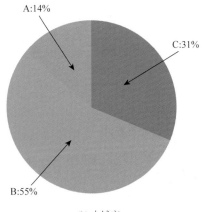

(a) 超大及特大城市　　　　　　　　　　　　　(b) 大城市

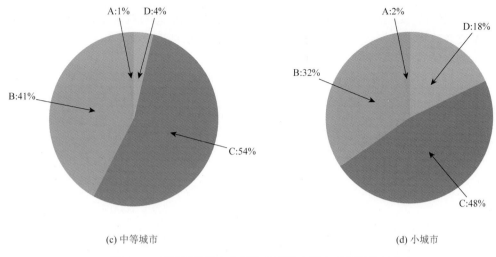

(c) 中等城市　　　　　　　　　　　　(d) 小城市

图 7.16　不同规模城市在经济发展维度的水平梯队等级分布

从得分梯队来看，得分位于总得分第一梯队的城市共有 29 个，包括 14 个超大及特大城市（北京市、上海市、广州市、深圳市、杭州市、成都市、武汉市、南京市、青岛市、重庆市、郑州市、天津市、济南市、西安市）、11 个大城市（苏州市、厦门市、宁波市、无锡市、福州市、泉州市、绍兴市、宜昌市、贵阳市、温州市、太原市）、2 个中等城市（嘉兴市和湖州市）和 2 个小城市（安康市和广元市）。超大和特大城市以及大城市得分较高似乎不足为奇，而 4 个中小城市得分进入第一梯队的原因似乎更值得关注。以第一梯队中的小城市广安市为例，从广安市 5 个环节的得分来看，结果环节的得分并不是特别高，属于中等水平，这与城市本身的经济体量和历史积累有很大关系。但是在城市低碳建设的规划、实施、检查和反馈环节，广安得分均较高，所以总得分进入了第一梯队。广安市可以说是西部地区乃至中国低碳智慧城市的先行区域。2013 年 12 月，广安就正式被国家发改委确定为首批国家循环经济示范城市创建地区。以此为契机，广安市围绕"城市新革命、人类更幸福"这一主题，坚持把低碳智慧城市作为城市发展的核心战略。从政府官网可以查询到，围绕低碳、绿色、循环经济发展，广安市切实地在规划、实施、检查和反馈环节做了很多低碳建设和管理工作。实施环节有各类实施方案、具体措施在政策上保驾护航，各类资源保障和线上线下培训等；检查环节及时对实施的效果进行跟踪；反馈环节及时对检查的结果进行总结和反思。因此，重视低碳城市建设管理的各个环节都非常重要。

三、生产效率维度不同规模城市的低碳建设水平分布

表 7.6 中的数据可以进一步用图 7.17 表示。结合表 7.6 和图 7.17 可知，从超大及特大城市的得分与分布情况来看，大部分城市分布在第二梯队（13 个，占比 62%），其次分布在第一梯队（7 个，占比 33%），在城市低碳建设的生产效率维度，位于前五位的超大及特大城市为：北京市、上海市、杭州市、长沙市及南京市。只有一个超大及特大城市的得分位于第三梯队：佛山市。对于佛山市而言，实施环节和反馈环节表现较差，拉低了佛山市低碳建设在生产效率的整体表现。对于实施环节，佛山市出台《佛山市碳达峰

实施方案》，但其中仅较为笼统地阐述"应提升全社会能源资源利用率和碳排放效率持续提升"，未具体提出针对各生产行业如何提升生产效率以节能降碳的实施方案。

表 7.6　不同规模城市在生产效率维度的低碳建设水平梯队等级分布表

城市规模组	第一梯队	第二梯队	第三梯队	第四梯队	城市总数
I	7	13	1	0	21
II	8	44	27	1	80
III	2	36	60	13	111
IV	0	12	54	18	84

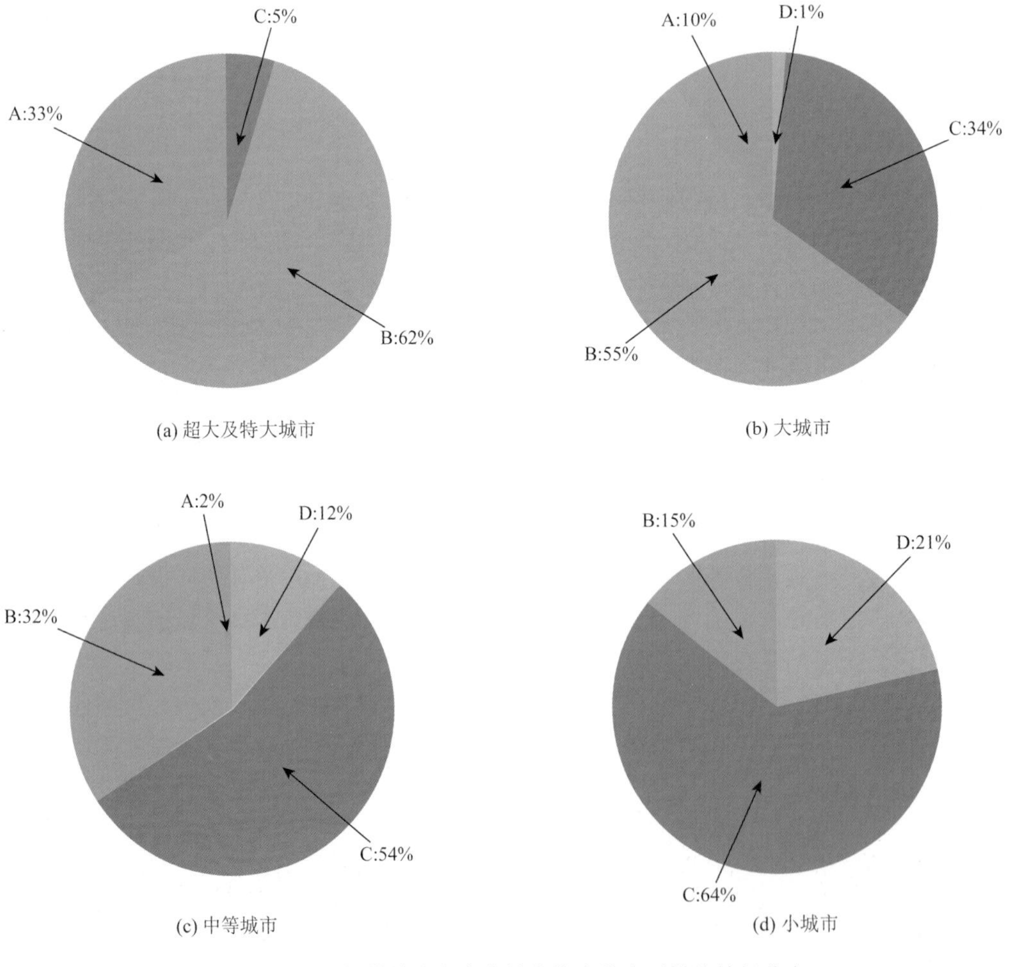

(a) 超大及特大城市　　　　　　　(b) 大城市

(c) 中等城市　　　　　　　(d) 小城市

图 7.17　不同规模城市在生产效率维度的水平梯队等级分布

从大城市的得分和分布情况来看，大部分大城市得分分布在第二梯队（44 个，占比 55%），其次分布在第三梯队（27 个，占比 34%）。只有一个大城市的得分位于第四梯队——惠州市，惠州市在产效率维度的检查环节和反馈环节表现较差而拉低了低碳建设水平。

从中等城市的得分和分布情况来看，大部分城市得分分布在第三梯队（60 个，占比 54%），其次分布在第二梯队和第四梯队，有两个中等城市得分位于第一梯队——承德市和金华市，这两个城市在低碳建设生产效率维度的五个环节表现较为均衡，并且金华市在 2023 年国家低碳城市进展评估中获得优秀。

从小城市的得分和分布情况来看，大部分小城市分布在第四梯队（54 个，占比 64%），其次是第四梯队和第二梯队，没有小城市得分处于第一梯队。可以发现，小城市整体在检查环节和反馈环节表现薄弱，得分相对较高的小城市在规划环节与实施环节表现较好，因此对于小城市而言，应在提升规划与实施环节的基础上，抓紧提升检查和反馈环节的表现。

四、城市居民维度不同规模城市的低碳建设水平分布

在城市居民维度，不同规模的城市处于不同的水平梯队等级，如表 7.7 和图 7.18 所示。从超大及特大城市的得分和分布情况来看，大部分位于第一和第二梯队，表明该类大部分城市在城市居民的低碳建设水平得分普遍都高，其中有 15 个城市都为我国低碳试点城市，这些城市在低碳建设方面都有积极的成效。最高得分的城市为北京市，紧随其后的是杭州市、成都市、深圳市、重庆市、天津市、上海市、广州市，而这些城市在 2023 年生态环境部发布的《国家低碳城市试点工作进展评估报告》中都被评估为优良的低碳试点城市，与我们的研究结果基本一致。但从环节角度来看，超大及特大城市在结果和反馈环节相比于其他环节得分较低。

表 7.7　不同规模城市在城市居民维度低碳建设水平等级分布表

城市规模组	第一梯队	第二梯队	第三梯队	第四梯队	城市总数
I	8	9	3	1	21
II	1	36	35	8	80
III	2	32	61	16	111
IV	0	11	50	23	84

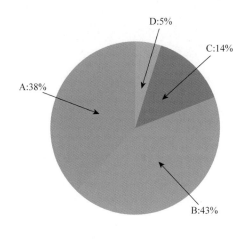

(a) 超大及特大城市

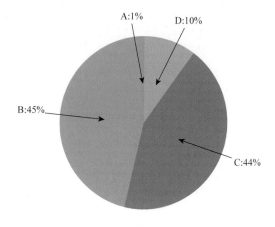

(b) 大城市

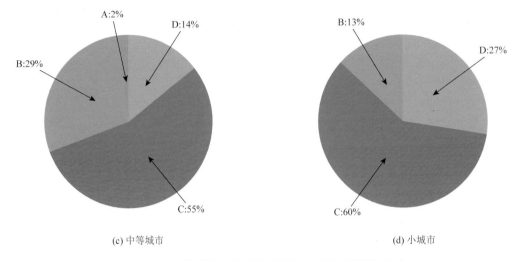

（c）中等城市　　　　　　　　　　　　　（d）小城市

图 7.18　不同规模城市在城市居民维度的水平梯队等级分布

从大城市和中等城市得分和分布情况来看，大部分分布在第二和第三梯队中，总维度得分低于 60 分，表明这两类城市在居民维度的低碳建设水平得分并不高，但也有表现较好的城市。如宁波市、金华市、湖州市排在第一梯队，这些城市在低碳发展模式方面各具特色：宁波以数字经济引领构建高效低碳现代产业体系；金华市开展"无废城市"建设；湖州连续三年发布《湖州市绿色低碳生活指数报告》，积极推动绿色低碳生活。

从小城市的得分和分布情况来看，在第四梯队中该类城市的数量占比最多，其次第三梯队，表明该类城市在城市居民维度的低碳建设水平得分较低，但也有表现突出的个别城市，如鹰潭市、丽水市、广安市，得分均大于 60 分，排在第二梯队，这些城市在规划、检查环节表现较好，因此得分相对较高。

五、水域碳汇维度不同规模城市的低碳建设水平分布

在水域碳汇维度，不同规模的城市处于不同的水平梯队等级，如表 7.8 和图 7.19 所示。从超大及特大城市的得分与分布情况来看，大部分城市分布在第二梯队（11 个，占比 52%），其次分布在第一梯队和第三梯队（各占比 24%），无第四梯队的城市，整体表现优秀。

表 7.8　不同规模城市在水域碳汇维度低碳建设水平等级分布表

城市规模组	第一梯队	第二梯队	第三梯队	第四梯队	城市总数
I	5	11	5	0	21
II	8	42	25	5	80
III	20	49	32	10	111
IV	14	41	18	11	84

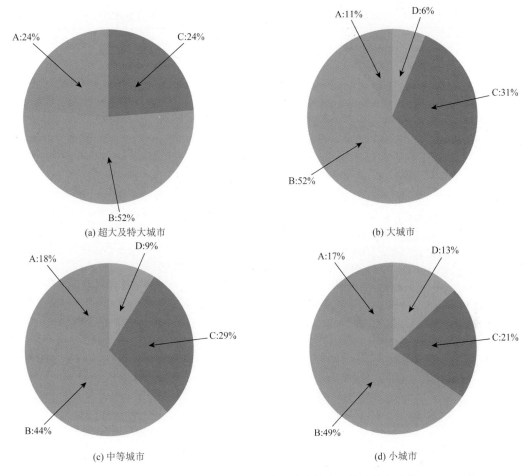

图 7.19　不同规模城市在水域碳汇维度的水平梯队等级分布

　　从大城市的得分和分布情况来看，大部分城市分布在第二梯队（42 个，占比 52%）和第三梯队（25 个，占比 31%），整体表现良好。然而其中有 5 个城市处于第四梯队，表现较差，分别为常州市、南通市、莆田市、南充市、宜宾市。这些大城市需要加强水域碳汇方面的重视程度，投入更多的技术资源来提升低碳建设水平。

　　从中等城市和小城市的得分和分布情况来看，大部分城市分布在第二和第三梯队中。值得一提的是，属于小城市的日喀则市和昌都市因其拥有丰富的水域资源，在水域碳汇维度的低碳建设方面拥有天然的优势，位于第一梯队。

六、森林碳汇维度不同规模城市的低碳建设水平分布

　　表 7.9 中的数据可以进一步用图 7.20 表示。如表 7.9 与图 7.20 所示，超大及特大城市的森林碳汇建设水平约为 56 分，相对最高，这一类别中所有城市得分均属于第一或第二得分梯队，并且城市之间的得分差异较小，整体处于高水平的均衡状态。

表 7.9　不同规模城市在森林碳汇维度的低碳建设水平等级分布表

城市规模组	第一梯队	第二梯队	第三梯队	第四梯队	城市总数
Ⅰ	5	16	0	0	21
Ⅱ	10	46	24	0	80
Ⅲ	22	60	25	4	111
Ⅳ	21	43	13	7	84

A:24%
B:76%

(a) 超大及特大城市

A:12%
C:30%
B:58%

(b) 大城市

D:4%
A:19%
C:23%
B:54%

(c) 中等城市

D:8%
A:26%
C:15%
B:51%

(d) 小城市

图 7.20　不同规模城市在森林碳汇维度的低碳建设水平梯队等级分布

　　大城市的森林碳汇建设水平平均分约为 50.6 分，是四类城市中最低者。此类城市中大部分属于第二梯队，其次属于第三梯队与第一梯队，并且城市之间的得分有一定差异，整体处于低水平的不均衡状态。

中等城市的森林碳汇建设水平平均分约为 51.3 分，较为一般。此类城市大部分属于第二梯队，其次属于第三与第一梯队，有四个城市（漯河，鹤岗，菏泽，营口）属于第四梯队，这与他们的信息公开度不足有一定关联性。不同中等城市的森林碳汇建设水平差异较大，整体处于低水平的不均衡状态。

小城市的森林碳汇建设水平平均分约为 52.5 分，相对较高。此类城市大部分属于第一与第二得分梯队，其次是第三与第四梯队。但城市之间的森林碳汇建设水平差异明显，整体处于高水平的不均衡状态。

总体而言，我国森林碳汇建设水平高的城市主要为超大及特大城市与部分森林资源较多、自然条件较好的小城市，这些城市散布在全国各地，形成了我国城市整体的森林碳汇建设水平在空间分布上碎片化的格局。

七、绿地碳汇维度不同规模城市的低碳建设水平分布

在绿地碳汇维度，不同规模的城市处于不同的水平梯队等级，如表 7.10 和图 7.21 所示。从超大及特大城市的得分与分布情况来看，大部分城市分布在第二梯队（占比 52%），其次分布在第一梯队和第三梯队（分别占比 15% 和 33%），无第四梯队的城市，整体表现优秀。

表 7.10　不同规模城市在绿地碳汇维度的低碳建设水平梯度等级分布表

城市规模组	第一梯队	第二梯队	第三梯队	第四梯队	城市总数
I	3	11	7	0	21
II	1	26	51	2	80
III	0	32	60	19	111
IV	1	12	43	28	84

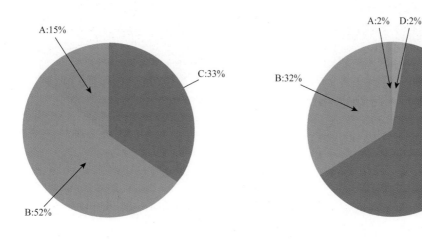

(a) 超大及特大城市　　　　　　　　　(b) 大城市

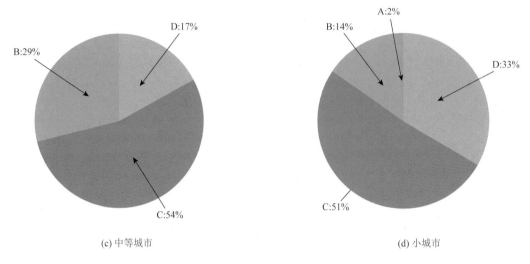

图 7.21　不同规模城市在绿地碳汇维度的水平梯队等级分布

从大城市的得分和分布情况来看，大部分城市分布在第三梯队（占比 64%）和第二梯队（占比 33%），整体表现良好。从中等城市和小城市的得分和分布情况来看，大部分城市分布在第二和第三梯队中，与大城市的分布情况类似。值得一提的是，属于小城市的嘉峪关市城市建成区绿地率和绿化覆盖率分别达到 39.57% 和 40.67%，公众生态环境满意度达到 98.02%，生态环境质量持续提高，生态环境保护各项工作稳步推进，位于第一梯队。

（八）低碳技术维度不同规模城市的低碳建设水平分布

表 7.11 中的数据可以进一步用图 7.22 表示。从图 7.22 也可以看出，在超大及特大城市中，第二梯队城市最多，占 48%；在大城市中，第三梯队城市最多，占比为 69%；在中等城市中，第三和第四梯队城市最多，分别占比为 48% 和 46%；在小城市中，第四梯队城市最多，占比则为 63%。

表 7.11　不同规模城市在低碳技术维度低碳建设水平等级分布表

城市规模组	第一梯队	第二梯队	第三梯队	第四梯队	城市总数
Ⅰ	6	10	5	0	21
Ⅱ	0	6	55	19	80
Ⅲ	0	7	53	51	111
Ⅳ	0	1	30	53	84

同样由表 7.11 可以看出，一些中、小城市的表现较好。例如，中等城市中，黄石市和鄂尔多斯市在低碳技术维度的得分排第 13 和第 16 名；小城市中，中卫市在低碳技术维度的得分排第 26 名。出现这种情况可能与当地经济增长较快或对发展低碳技术的重视

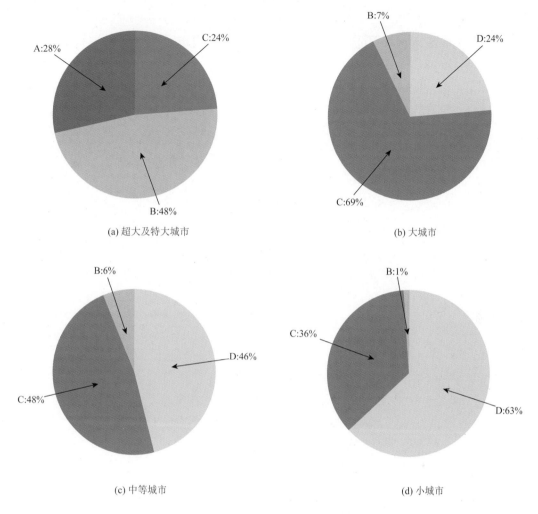

(a) 超大及特大城市　　　　　　　　　　(b) 大城市

(c) 中等城市　　　　　　　　　　　　(d) 小城市

图 7.22　不同规模城市在低碳技术维度的水平梯队等级分布

有关。以鄂尔多斯市和中卫市为例：2022 年鄂尔多斯市的 GDP 在全国排名第 49 名，但其增速为 5.4%，位居全国前列。良好的经济发展态势为鄂尔多斯市发展低碳技术提供了动力。而中卫市近年发布了诸多"十四五"规划文件，如《中卫市国民经济和社会发展第十四个五年规划和二〇三五年远景目标纲要》《中卫市能源产业发展"十四五"规划》《中卫市"十四五"节能规划》《中卫市科技创新"十四五"规划》和《中卫市生态环境保护"十四五"规划》，均涉及推进低碳技术发展。这些文件的出台体现了中卫市对发展低碳技术的重视，也为该市未来低碳技术的进步提供了发展指南。

第六节　不同城市群的维度低碳建设水平分布状态

本节展示了 11 个城市群内部的维度低碳建设水平分布状态，以此展现低碳建设水平可能存在的空间集聚效应。

一、长江中游城市群（不含仙桃市、潜江市、天门市）

　　长江中游城市群的低碳建设水平整体较好，尤其在水域维度的低碳建设水平普遍较高（图7.23）。但城市间差异较大，空间集聚效应不明显。

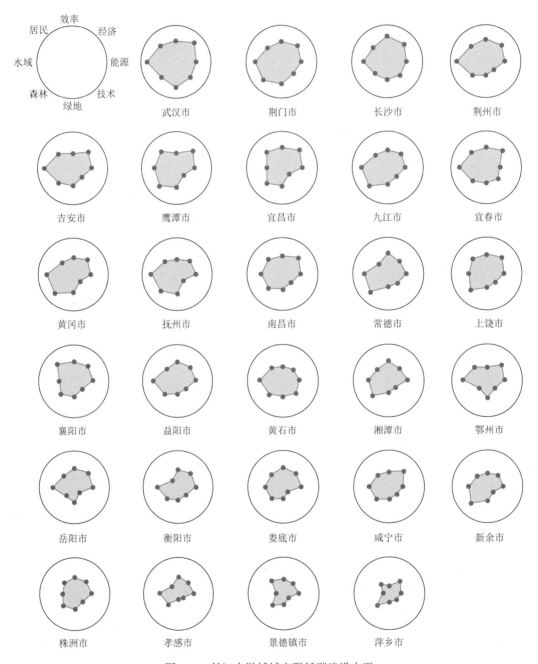

图7.23　长江中游城城市群低碳建设水平

二、哈长城市群

哈长城市群包括十个城市，总体来说维度上的蜘蛛图表现呈现出"45 度"倾斜态势，即在经济、森林、绿地维度上相对表现较好，在技术、居民维度上相对表现较差（图 7.24）。

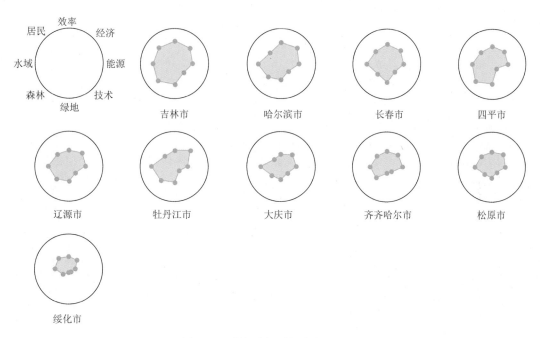

图 7.24　哈长城市群低碳建设水平

三、成渝城市群

成渝城市群在能源结构维度的低碳建设水平较好，除了低碳建设水平排名前四位城市，其他成渝城市群的城市在低碳技术维度的低碳建设水平较差（图 7.25）。

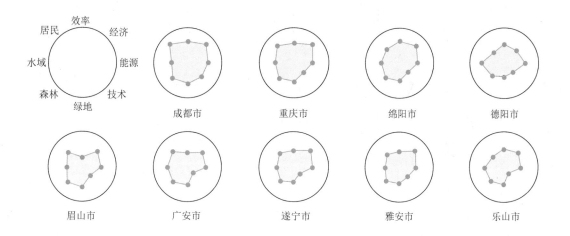

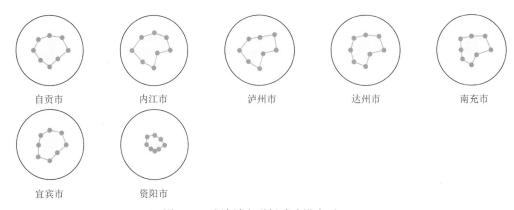

图 7.25　成渝城市群低碳建设水平

四、长三角城市群

相比于其他城市群，长三角城市群低碳建设水平的均值得分是最高分，但该城市群内部城市的低碳建设协同发展程度还不是很高（图 7.26）。

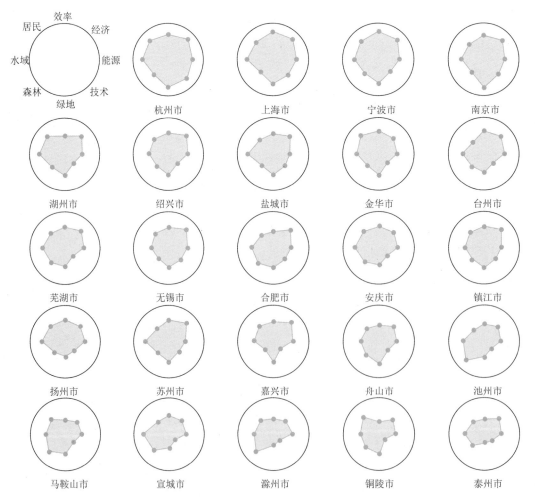

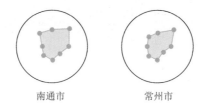

南通市　　　　　　常州市

图 7.26　长三角城市群低碳建设水平

五、中原城市群（不含济源市）

中原城市群的低碳建设水平整体表现一般，大部分城市在经济、水域及森林维度表现相对较好，在技术维度表现较差（图 7.27）。该城市群的城市低碳建设维度水平存在较大差异，无明显的空间集聚效应。

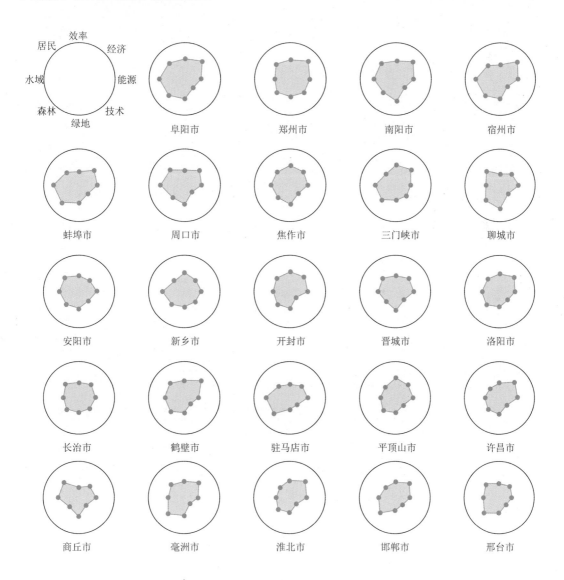

图 7.27　中原城市群低碳建设水平

六、北部湾城市群

北部湾城市群内各城市在低碳建设的八个维度的表现分布见下图，可以看出本区域内各城市的低碳建设水平均较为一般，大部分城市在森林碳汇维度与低碳技术维度的低碳建设水平相对最好与最差（图 7.28）。本区域内，各城市之间的低碳建设维度水平差异明显，没有表现出明显的空间集聚效应。

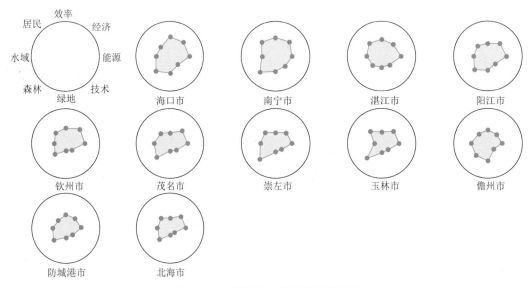

图 7.28　北部湾城市群低碳建设水平

七、关中平原城市群

关中平原城市群的低碳建设水平整体表现较差，该城市群内的样本城市位于第二至第四梯队。关中平原城市群中的样本城市在低碳建设的维度表现出类似的特征：在水域维度及森林维度表现较好，技术维度表现较差（图 7.29）。

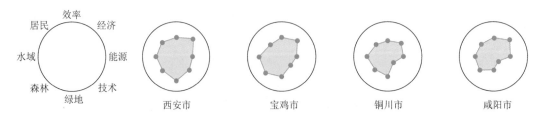

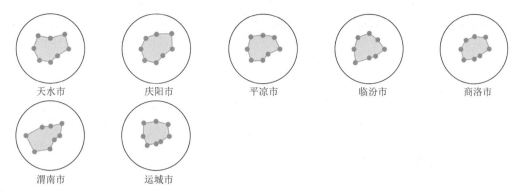

图 7.29　关中平原城市群低碳建设水平

八、呼包鄂榆城市群

呼包鄂榆城市群的低碳建设水平整体表现一般，该城市群内的四个城市全部位于第二和第三梯队。该四个城市在低碳建设的维度表现出类似的特征：水域维度表现较好，技术维度表现较差（图 7.30）。

图 7.30　呼包鄂榆城市群低碳建设水平

九、兰西城市群

兰西城市群在本书中共包括 5 座样本城市，其整体低碳建设水平表现较为一般，城市得分主要位于第三梯队。其中，西宁和兰州的得分排名相对靠前，但低碳技术是相对落后的维度；定西和海东的整体表现较差，但在森林碳汇维度表现较好（图 7.31）。

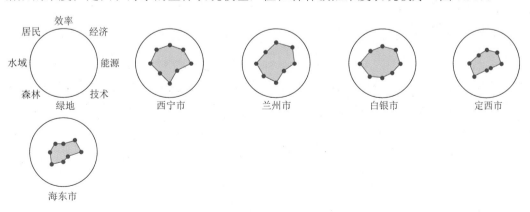

图 7.31　兰西城市群低碳建设水平

十、粤港澳大湾区城市群

　　粤港澳大湾区的城市群大多都在经济发展维度、绿地碳汇维度表现更为优异，这说明该城市群的区域集聚效应主要表现在经济发展和绿地碳汇方面（图7.32）。相比之下，该城市群在其他维度不存在明显的区域集聚效应。

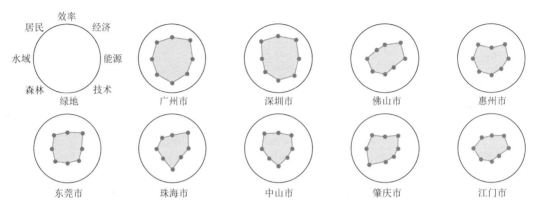

图 7.32　粤港澳大湾区城市群低碳建设水平

十一、京津冀城市群

　　京津冀城市群的整体低碳建设水平良好，其中北京市的表现十分突出，在 8 个维度都有十分优秀的表现。另外，京津冀城市群的其他城市的不同维度得分图近似圆形，表明其不同维度的低碳建设水平比较均衡（图7.33）。

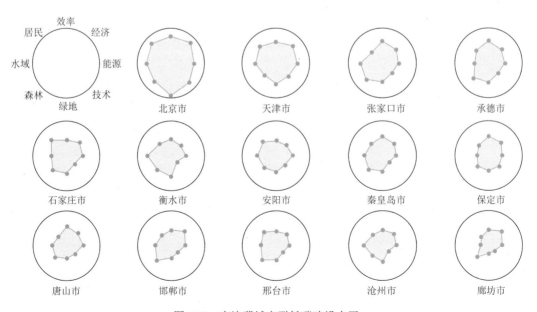

图 7.33　京津冀城市群低碳建设水平

第八章 城市低碳建设环节水平

管理过程各环节决定了一个城市低碳建设水平的高低。结合第三章和第四章的方法，以及第五章的实证数据，可以计算出样本城市在各低碳建设维度下各环节的水平得分。

第一节 能源结构维度的环节水平

一、样本城市在能源结构维度各管理过程环节的低碳建设水平

能源结构维度的低碳建设表现对城市的整体低碳建设水平有很大影响，是城市低碳建设的重要组成部分。根据第五章的实证数据以及第三章构建的城市低碳建设水平诊断公式，可以得到样本城市在能源结构维度各环节的低碳建设水平得分，见表 8.1。

表 8.1 样本城市在能源结构（En）维度各环节的低碳建设水平得分表

城市	规划（P）		实施（I）		检查（C）		结果（O）		反馈（F）		城市规模组
	得分	排名	得分	排名	得分	排名	得分	排名	得分	排名	
北京市	66.26	51	93.75	2	62.50	1	45.83	77	91.67	1	1
天津市	74.55	20	87.50	33	37.50	59	41.16	111	75.00	16	1
石家庄市	61.95	91	87.50	33	25.00	154	21.12	261	50	186	2
唐山市	85.84	4	75.00	170	18.75	208	17.57	278	58.33	113	2
秦皇岛市	46.99	235	68.75	223	12.50	253	31.11	174	33.33	260	2
邯郸市	53.65	167	81.25	101	12.50	253	17.57	278	50	186	2
邢台市	64.38	71	62.50	255	6.25	19	18.75	271	33.33	260	2
保定市	53.65	167	81.25	101	6.25	19	17.57	278	50	186	2
张家口市	53.65	167	81.25	101	31.25	100	18.75	271	58.33	113	2
承德市	64.38	71	81.25	101	25.00	154	18.75	271	66.67	48	3
沧州市	64.38	71	62.50	255	0	285	17.57	278	58.33	113	3
廊坊市	53.65	167	75.00	170	6.25	19	17.57	278	50	186	3
衡水市	60.13	118	75.00	170	6.25	19	27.54	219	58.33	113	3
太原市	68.32	47	81.25	101	37.50	59	29.20	202	66.67	48	2
大同市	75.87	14	81.25	101	31.25	100	16.35	286	66.67	48	2
阳泉市	65.03	63	81.25	101	6.25	19	16.35	286	58.33	113	3
长治市	54.19	162	81.25	101	31.25	100	16.35	286	75.00	16	2
晋城市	48.23	226	87.50	33	25.00	154	30.04	185	66.67	48	3

续表

城市	规划（P）		实施（I）		检查（C）		结果（O）		反馈（F）		城市规模组
	得分	排名	得分	排名	得分	排名	得分	排名	得分	排名	
朔州市	65.03	63	68.75	223	12.50	253	16.35	286	58.33	113	4
晋中市	63.67	76	68.75	223	6.25	19	19.90	268	41.67	233	3
运城市	62.86	82	62.50	255	6.25	19	21.78	259	41.67	233	3
忻州市	65.03	63	68.75	223	18.75	208	16.35	286	50	186	4
临汾市	65.03	63	81.25	101	6.25	19	16.35	286	66.67	48	3
吕梁市	54.19	162	81.25	101	37.50	59	16.35	286	66.67	48	4
呼和浩特市	54.96	152	81.25	101	37.50	59	14.17	295	75.00	16	2
包头市	65.75	57	75.00	170	25.00	154	18.28	273	66.67	48	2
*乌海市	65.94	54	0	295	0	285	15.00	291	0	291	3
赤峰市	64.07	73	62.50	255	0	285	22.85	258	41.67	233	2
通辽市	65.88	56	87.50	33	31.25	100	20.19	266	58.33	113	4
鄂尔多斯市	76.94	12	81.25	101	31.25	100	7.57	6	58.33	113	3
呼伦贝尔市	54.96	152	50	279	25.00	154	14.87	293	33.33	260	4
巴彦淖尔市	64.84	68	56.25	272	31.25	100	20.86	263	41.67	233	4
乌兰察布市	61.83	93	81.25	101	18.75	208	27.73	215	41.67	233	4
沈阳市	65.50	58	87.50	33	31.25	100	16.19	290	66.67	48	1
大连市	66.26	51	81.25	101	25.00	154	40.70	114	58.33	113	1
鞍山市	49.26	218	68.75	223	12.50	253	29.53	194	33.33	260	2
抚顺市	60.76	107	81.25	101	25.00	154	27.01	223	41.67	233	2
本溪市	43.25	250	87.50	33	31.25	100	17.95	274	66.67	48	3
丹东市	59.12	131	68.75	223	12.50	253	29.53	194	33.33	260	3
锦州市	49.26	218	25.00	291	0	285	29.53	194	0	291	2
营口市	39.41	276	56.25	272	0	285	29.53	194	0	291	3
阜新市	59.12	131	87.50	33	31.25	100	29.53	194	75.00	16	3
辽阳市	49.26	218	62.50	255	18.75	208	29.53	194	41.67	233	3
盘锦市	29.55	289	87.50	33	37.50	59	29.53	194	58.33	113	3
铁岭市	49.26	218	68.75	223	0	285	29.53	194	25.00	275	4
朝阳市	41.75	258	75.00	170	25.00	154	23.46	252	58.33	113	3
葫芦岛市	68.97	41	68.75	223	18.75	208	29.53	194	58.33	113	3
长春市	62.77	84	81.25	101	18.75	208	28.46	203	58.33	113	2
吉林市	48.13	228	87.50	33	31.25	100	36.13	136	58.33	113	2
四平市	61.49	101	81.25	101	12.50	253	24.28	243	58.33	113	4
辽源市	86.74	3	87.50	33	12.50	253	17.47	281	50	186	4
通化市	64.69	69	81.25	101	18.75	208	17.95	274	41.67	233	4

续表

城市	规划（P）		实施（I）		检查（C）		结果（O）		反馈（F）		城市规模组
	得分	排名	得分	排名	得分	排名	得分	排名	得分	排名	
白山市	73.56	23	68.75	223	18.75	208	27.13	221	58.33	113	4
松原市	45.62	239	68.75	223	6.25	19	38.55	125	33.33	260	4
白城市	51.24	184	75.00	170	12.50	253	30.94	182	58.33	113	4
哈尔滨市	53.65	167	87.50	33	37.50	59	25.07	234	66.67	48	1
齐齐哈尔市	51.18	186	75.00	170	18.75	208	30.35	183	58.33	113	2
鸡西市	51.62	181	75.00	170	0	285	29.37	201	50	186	3
鹤岗市	40.52	272	75.00	170	0	285	31.46	167	25.00	275	3
双鸭山市	60.76	107	75.00	170	6.25	19	31.46	167	25.00	275	4
大庆市	40.51	274	81.25	101	12.50	253	31.46	167	58.33	113	2
伊春市	40.51	274	75.00	170	0	285	31.46	167	58.33	113	4
佳木斯市	50.63	193	68.75	223	6.25	19	31.46	167	50	186	3
七台河市	50.65	192	31.25	287	31.25	100	31.46	167	41.67	233	4
牡丹江市	42.99	252	68.75	223	6.25	19	23.75	249	50	186	3
黑河市	40.51	274	62.50	255	0	285	31.46	167	33.33	260	4
绥化市	20.25	293	31.25	287	0	285	31.46	167	0	291	4
上海市	74.55	20	93.75	2	37.50	59	53.14	52	75.00	16	1
南京市	57.98	140	81.25	101	56.25	37	39.61	121	75.00	16	1
无锡市	76.43	13	81.25	101	12.50	253	31.60	162	66.67	48	2
徐州市	59.74	125	87.50	33	18.75	208	32.52	156	75.00	16	2
常州市	58.38	135	62.50	255	6.25	19	32.83	155	16.67	283	2
苏州市	60.56	113	75.00	170	25.00	154	27.25	220	50	186	2
南通市	59.74	125	75.00	170	18.75	208	31.03	178	58.33	113	2
连云港市	59.74	125	75.00	170	12.50	253	31.03	178	50	186	2
淮安市	49.78	199	68.75	223	6.25	19	31.03	178	25.00	275	2
盐城市	59.74	125	81.25	101	12.50	253	31.03	178	50	186	2
扬州市	59.74	125	87.50	33	31.25	100	31.03	178	83.33	2	2
镇江市	49.78	199	81.25	101	18.75	208	31.03	178	66.67	48	3
泰州市	49.78	199	81.25	101	18.75	208	31.03	178	58.33	113	3
宿迁市	44.32	242	87.50	33	25.00	154	36.92	132	75.00	16	3
杭州市	82.16	8	93.75	2	43.75	41	40.18	117	100	285	1
宁波市	57.98	140	81.25	101	37.50	59	45.10	81	75.00	16	2
温州市	54.37	158	87.50	33	31.25	100	42.93	103	75.00	16	2
嘉兴市	54.37	158	81.25	101	31.25	100	42.93	103	66.67	48	3
湖州市	48.28	225	81.25	101	18.75	208	40.38	115	58.33	113	3

城市	规划（P）		实施（I）		检查（C）		结果（O）		反馈（F）		城市规模组
	得分	排名	得分	排名	得分	排名	得分	排名	得分	排名	
绍兴市	60.33	117	81.25	101	31.25	100	43.72	87	58.33	113	2
金华市	42.82	253	87.50	33	25.00	154	43.76	86	58.33	113	3
衢州市	49.78	199	81.25	101	37.50	59	38.29	129	75.00	16	3
舟山市	45.31	240	81.25	101	25.00	154	42.93	103	50	186	3
台州市	72.49	27	75.00	170	31.25	100	46.28	74	66.67	48	2
丽水市	45.31	240	75.00	170	37.50	59	42.93	103	66.67	48	4
合肥市	71.96	29	68.75	223	50	38	23.01	257	50	186	2
芜湖市	63.01	79	87.50	33	37.50	59	27.02	222	66.67	48	2
蚌埠市	63.01	79	75.00	170	43.75	41	23.76	247	66.67	48	3
淮南市	52.51	177	87.50	33	37.50	59	23.76	247	75.00	16	3
马鞍山市	84.01	5	75.00	170	12.50	253	14.43	294	50	186	3
淮北市	94.51	1	75.00	170	12.50	253	20.31	265	33.33	260	3
铜陵市	84.01	5	75.00	170	6.25	19	14.96	292	50	186	3
安庆市	61.95	91	87.50	33	31.25	100	25.97	228	66.67	48	3
黄山市	33.13	284	81.25	101	12.50	253	46.07	75	50	186	4
滁州市	67.66	48	75.00	170	25.00	154	39.83	120	58.33	113	4
阜阳市	63.00	81	75.00	170	31.25	100	20.77	264	41.67	233	3
宿州市	71.82	32	68.75	223	37.50	59	29.99	186	50	186	3
六安市	73.51	25	81.25	101	31.25	100	26.13	227	66.67	48	3
亳州市	94.51	1	25.00	291	6.25	19	29.71	188	33.33	260	3
池州市	52.54	174	81.25	101	25.00	154	23.67	250	58.33	113	4
宣城市	42.00	257	87.50	33	25.00	154	23.76	247	75.00	16	4
福州市	59.94	121	75.00	170	12.50	253	43.11	100	66.67	48	2
厦门市	60.41	116	81.25	101	37.50	59	42.48	106	58.33	113	2
莆田市	58.31	136	75.00	170	18.75	208	57.13	39	50	186	2
三明市	26.71	291	62.50	255	12.50	253	47.84	65	41.67	233	4
泉州市	65.36	59	87.50	33	25.00	154	33.22	153	50	186	2
漳州市	75.15	17	43.75	284	0	285	33.86	147	0	291	3
南平市	47.87	233	31.25	287	0	285	45.72	78	0	291	4
龙岩市	51.10	187	87.50	33	37.50	59	41.13	112	58.33	113	3
宁德市	45.99	238	68.75	223	6.25	19	47.19	70	33.33	260	4
南昌市	49.70	207	81.25	101	18.75	208	39.95	119	66.67	48	2
景德镇市	60.66	111	68.75	223	12.50	253	32.23	157	25.00	275	3
萍乡市	60.66	111	56.25	272	0	285	27.58	218	8.33	5	3

续表

| 城市 | 规划（P） | | 实施（I） | | 检查（C） | | 结果（O） | | 反馈（F） | | 城市规模组 |
	得分	排名	得分	排名	得分	排名	得分	排名	得分	排名	
九江市	83.83	7	56.25	272	25.00	154	26.25	226	66.67	48	3
新余市	54.94	155	87.50	33	25.00	154	8.43	1	66.67	48	3
鹰潭市	72.24	28	75.00	170	37.50	59	31.58	163	41.67	233	4
赣州市	60.66	111	75.00	170	25.00	154	32.23	157	66.67	48	2
吉安市	59.95	120	81.25	101	25.00	154	33.32	151	75.00	16	4
宜春市	70.77	37	43.75	284	6.25	19	34.95	141	25.00	275	3
抚州市	57.95	144	87.50	33	25.00	154	35.83	137	66.67	48	3
上饶市	55.36	150	68.75	223	18.75	208	41.67	109	58.33	113	2
济南市	49.70	207	87.50	33	31.25	100	32.99	154	58.33	113	1
青岛市	57.98	140	81.25	101	25.00	154	38.99	123	66.67	48	1
淄博市	61.14	104	81.25	101	12.50	253	25.12	233	58.33	113	2
枣庄市	63.05	78	81.25	101	25.00	154	21.26	260	66.67	48	2
东营市	60.76	107	75.00	170	6.25	19	25.80	231	58.33	113	3
烟台市	30.74	287	87.50	33	25.00	154	24.49	239	66.67	48	2
潍坊市	71.87	30	75.00	170	31.25	100	24.27	244	58.33	113	2
济宁市	81.98	9	75.00	170	43.75	41	23.26	254	33.33	260	2
泰安市	61.49	101	87.50	33	31.25	100	24.90	235	50	186	2
威海市	48.38	223	87.50	33	18.75	208	29.72	187	58.33	113	3
日照市	51.24	184	75.00	170	25.00	154	24.49	239	58.33	113	3
临沂市	80.75	10	75.00	170	31.25	100	24.52	236	58.33	113	2
德州市	61.49	101	81.25	101	18.75	208	24.49	239	58.33	113	3
聊城市	61.49	101	81.25	101	37.50	59	24.49	239	75.00	16	2
滨州市	71.74	35	81.25	101	25.00	154	24.49	239	50	186	3
菏泽市	61.49	101	75.00	170	25.00	154	24.49	239	58.33	113	3
郑州市	69.91	39	81.25	101	25.00	154	34.42	144	58.33	113	1
开封市	71.82	32	75.00	170	25.00	154	25.49	232	50	186	2
洛阳市	41.30	265	81.25	101	18.75	208	29.57	189	50	186	2
平顶山市	51.30	182	81.25	101	37.50	59	28.25	207	58.33	113	3
安阳市	73.56	23	81.25	101	25.00	154	23.99	245	50	186	3
鹤壁市	61.56	96	50	279	31.25	100	28.25	207	33.33	260	3
新乡市	63.45	77	81.25	101	25.00	154	20.01	267	58.33	113	2
焦作市	52.31	180	87.50	33	31.25	100	25.85	229	58.33	113	3
濮阳市	79.51	11	62.50	255	0	285	31.38	172	8.33	5	3
许昌市	46.22	237	87.50	33	37.50	59	34.31	146	58.33	113	3

续表

城市	规划（P）		实施（I）		检查（C）		结果（O）		反馈（F）		城市规模组
	得分	排名	得分	排名	得分	排名	得分	排名	得分	排名	
漯河市	61.56	96	81.25	101	31.25	100	28.25	207	58.33	113	3
三门峡市	41.04	267	68.75	223	18.75	208	28.25	207	50	186	4
南阳市	61.56	96	81.25	101	6.25	19	29.38	200	66.67	48	3
商丘市	71.82	32	62.50	255	37.50	59	28.25	207	50	186	3
信阳市	51.30	182	75.00	170	25.00	154	28.25	207	41.67	233	3
周口市	41.04	267	81.25	101	37.50	59	28.25	207	58.33	113	3
驻马店市	71.82	32	81.25	101	18.75	208	28.25	207	50	186	4
武汉市	68.80	46	87.50	33	37.50	59	43.05	101	50	186	1
黄石市	49.22	221	75.00	170	18.75	208	38.36	127	41.67	233	3
十堰市	75.32	16	62.50	255	25.00	154	43.43	88	58.33	113	2
宜昌市	49.56	214	75.00	170	43.75	41	56.16	40	50	186	2
襄阳市	68.90	43	81.25	101	25.00	154	40.23	116	50	186	2
鄂州市	59.06	133	75.00	170	25.00	154	36.39	134	50	186	4
荆门市	49.33	216	87.50	33	31.25	100	38.19	130	75.00	16	3
孝感市	68.90	43	75.00	170	6.25	19	38.36	127	16.67	283	3
荆州市	68.90	43	75.00	170	37.50	59	34.92	142	58.33	113	3
黄冈市	42.47	254	81.25	101	25.00	154	43.12	99	50	186	4
咸宁市	51.03	188	68.75	223	6.25	19	35.25	140	25.00	275	4
随州市	39.37	277	68.75	223	25.00	154	38.36	127	50	186	4
长沙市	60.46	115	87.50	33	18.75	208	43.19	97	58.33	113	1
株洲市	47.95	230	81.25	101	0	285	39.99	118	58.33	113	2
湘潭市	62.73	85	87.50	33	31.25	100	36.17	135	50	186	3
衡阳市	57.54	147	68.75	223	31.25	100	43.34	92	50	186	2
邵阳市	47.95	230	87.50	33	18.75	208	43.34	92	58.33	113	3
岳阳市	38.36	278	87.50	33	25.00	154	43.34	92	66.67	48	2
常德市	59.74	125	81.25	101	25.00	154	40.90	113	50	186	3
张家界市	41.41	261	75.00	170	18.75	208	47.12	71	41.67	233	4
益阳市	47.95	230	81.25	101	25.00	154	43.34	92	58.33	113	3
郴州市	62.53	87	75.00	170	12.50	253	33.76	148	41.67	233	3
永州市	67.13	49	68.75	223	6.25	19	43.34	92	58.33	113	3
怀化市	47.95	230	75.00	170	31.25	100	43.34	92	58.33	113	3
娄底市	54.96	152	87.50	33	31.25	100	23.61	251	66.67	48	3
广州市	57.98	140	87.50	33	31.25	100	60.47	27	66.67	48	1
韶关市	43.10	251	6.25	267	0	285	31.91	160	0	291	3

续表

城市	规划（P）		实施（I）		检查（C）		结果（O）		反馈（F）		城市规模组
	得分	排名	得分	排名	得分	排名	得分	排名	得分	排名	
深圳市	74.55	20	62.50	255	37.50	59	59.56	31	75.00	16	1
珠海市	65.36	59	68.75	223	18.75	208	29.49	199	58.33	113	2
汕头市	54.87	156	75.00	170	31.25	100	38.62	124	58.33	113	2
佛山市	49.70	207	75.00	170	37.50	59	55.17	45	75.00	16	1
江门市	60.05	119	62.50	255	18.75	208	49.55	57	58.33	113	2
湛江市	70.35	38	75.00	170	31.25	100	53.78	47	50	186	2
茂名市	43.97	243	68.75	223	31.25	100	53.78	47	58.33	113	3
肇庆市	36.67	279	56.25	272	6.25	19	53.32	51	8.33	5	3
惠州市	49.70	207	81.25	101	12.50	253	44.98	82	58.33	113	2
梅州市	60.82	105	62.50	255	12.50	253	43.21	96	16.67	283	3
汕尾市	52.76	171	62.50	255	6.25	19	51.32	54	41.67	233	4
河源市	54.72	157	68.75	223	18.75	208	60.70	26	58.33	113	3
阳江市	61.56	96	81.25	101	6.25	19	53.78	47	66.67	48	3
清远市	61.56	96	18.75	293	0	285	55.54	44	0	291	3
东莞市	57.98	140	31.25	287	31.25	100	56.00	41	25.00	275	1
中山市	49.70	207	43.75	284	31.25	100	44.29	84	33.33	260	2
潮州市	69.69	40	6.25	267	0	285	34.91	143	0	291	3
揭阳市	35.99	280	75.00	170	12.50	253	53.61	49	41.67	233	3
云浮市	62.62	86	68.75	223	6.25	19	27.63	217	50	186	4
南宁市	50.50	194	87.50	33	18.75	208	31.29	173	58.33	113	2
柳州市	60.51	114	81.25	101	12.50	253	44.95	83	66.67	48	2
桂林市	57.85	145	87.50	33	18.75	208	47.88	62	50	186	2
梧州市	47.61	234	68.75	223	6.25	19	48.44	59	50	186	3
北海市	48.21	227	75.00	170	12.50	253	47.88	62	33.33	260	3
防城港市	59.42	130	68.75	223	12.50	253	46.32	73	25.00	275	4
钦州市	55.61	149	87.50	33	18.75	208	49.38	58	66.67	48	3
贵港市	30.13	288	75.00	170	6.25	19	45.29	79	41.67	233	3
玉林市	33.13	284	81.25	101	31.25	100	50.83	56	50	186	3
百色市	48.38	223	87.50	33	6.25	19	47.70	66	50	186	4
贺州市	57.85	145	81.25	101	12.50	253	47.88	62	50	186	4
河池市	41.41	261	81.25	101	6.25	19	52.13	53	41.67	233	4
来宾市	57.14	148	75.00	170	18.75	208	48.44	59	58.33	113	4
崇左市	19.28	295	87.50	33	18.75	208	47.88	62	58.33	113	4
海口市	49.70	207	87.50	33	31.25	100	55.64	43	66.67	48	2

续表

城市	规划（P）		实施（I）		检查（C）		结果（O）		反馈（F）		城市规模组
	得分	排名	得分	排名	得分	排名	得分	排名	得分	排名	
三亚市	35.99	280	87.50	33	37.50	59	41.93	107	75.00	16	3
儋州市	17.99	296	75.00	170	25.00	154	41.93	107	50	186	4
重庆市	75.01	18	75.00	170	18.75	208	44.25	85	41.67	233	1
成都市	57.98	140	75.00	170	0	285	73.50	3	58.33	113	1
自贡市	49.70	207	75.00	170	25.00	154	66.40	10	41.67	233	3
攀枝花市	52.54	174	68.75	223	18.75	208	53.37	50	50	186	3
泸州市	42.27	255	62.50	255	6.25	19	60.45	28	58.33	113	3
德阳市	49.70	207	87.50	33	31.25	100	65.67	13	66.67	48	3
绵阳市	41.41	261	62.50	255	31.25	100	60.75	22	58.33	113	2
广元市	66.26	51	50	279	31.25	100	60.75	22	50	186	4
遂宁市	41.41	261	62.50	255	25.00	154	69.96	7	50	186	3
内江市	62.40	88	81.25	101	18.75	208	27.87	214	41.67	233	3
乐山市	33.13	284	68.75	223	25.00	154	60.75	22	50	186	3
南充市	57.98	140	68.75	223	12.50	253	68.57	8	58.33	113	2
眉山市	41.41	261	62.50	255	25.00	154	77.29	2	41.67	233	3
宜宾市	33.13	284	75.00	170	12.50	253	60.75	22	41.67	233	2
广安市	59.74	125	75.00	170	12.50	253	57.88	38	41.67	233	4
达州市	49.70	207	62.50	255	25.00	154	60.75	22	50	186	3
雅安市	49.87	197	56.25	272	25.00	154	60.17	30	33.33	260	4
巴中市	49.70	207	50	279	18.75	208	60.75	22	58.33	113	4
*资阳市	49.70	207	0	295	0	285	66.15	11	0	291	4
贵阳市	41.20	266	87.50	33	43.75	41	34.37	145	66.67	48	2
六盘水市	46.60	236	81.25	101	12.50	253	60.39	29	41.67	233	3
遵义市	73.48	26	81.25	101	18.75	208	39.12	122	25.00	275	2
安顺市	20.80	292	81.25	101	25.00	154	33.27	152	58.33	113	3
毕节市	54.06	164	87.50	33	25.00	154	27.70	216	83.33	2	3
铜仁市	52.49	178	81.25	101	18.75	208	32.09	159	58.33	113	4
昆明市	49.70	207	75.00	170	37.50	59	65.87	12	66.67	48	1
曲靖市	52.43	179	75.00	170	18.75	208	64.27	17	41.67	233	3
玉溪市	59.58	129	50	279	12.50	253	62.00	19	41.67	233	3
保山市	43.92	245	62.50	255	37.50	59	64.31	15	50	186	4
昭通市	34.95	282	68.75	223	18.75	208	64.27	17	58.33	113	4
丽江市	43.92	245	68.75	223	12.50	253	64.31	15	50	186	4
普洱市	43.69	247	0	295	0	285	71.24	5	0	291	4

续表

城市	规划（P）		实施（I）		检查（C）		结果（O）		反馈（F）		城市规模组
	得分	排名	得分	排名	得分	排名	得分	排名	得分	排名	
临沧市	43.92	245	68.75	223	31.25	100	64.31	15	58.33	113	4
拉萨市	50.85	189	87.50	33	31.25	100	59.30	32	41.67	233	3
日喀则市	50.83	190	56.25	272	25.00	154	58.99	35	33.33	260	4
昌都市	50.83	190	81.25	101	25.00	154	58.99	35	50	186	4
林芝市	40.66	270	87.50	33	18.75	208	58.99	35	41.67	233	4
山南市	40.66	270	68.75	223	0	285	58.99	35	33.33	260	4
那曲市	40.66	270	75.00	170	18.75	208	58.99	35	58.33	113	4
西安市	62.01	89	87.50	33	25.00	154	30.29	184	41.67	233	1
铜川市	52.54	174	87.50	33	12.50	253	28.18	212	50	186	4
宝鸡市	65.91	55	68.75	223	12.50	253	20.88	262	58.33	113	3
咸阳市	53.02	170	81.25	101	31.25	100	26.89	224	58.33	113	2
渭南市	54.19	162	25.00	291	12.50	253	23.38	253	25.00	275	4
延安市	58.64	134	81.25	101	12.50	253	35.44	139	58.33	113	4
汉中市	52.54	174	87.50	33	43.75	41	28.18	212	66.67	48	3
榆林市	64.07	73	81.25	101	31.25	100	25.84	230	58.33	113	3
安康市	29.17	290	68.75	223	18.75	208	35.78	138	58.33	113	4
商洛市	49.96	196	75.00	170	18.75	208	33.71	149	50	186	4
兰州市	43.41	249	87.50	33	18.75	208	50.89	55	58.33	113	2
嘉峪关市	52.54	174	62.50	255	37.50	59	41.45	110	58.33	113	4
金昌市	68.87	45	75.00	170	25.00	154	47.37	68	41.67	233	4
白银市	65.03	63	81.25	101	31.25	100	37.06	131	58.33	113	4
天水市	60.76	107	75.00	170	25.00	154	45.25	80	58.33	113	3
武威市	71.46	36	56.25	272	31.25	100	55.72	42	41.67	233	4
张掖市	19.68	294	87.50	33	31.25	100	47.37	68	66.67	48	4
平凉市	63.73	75	81.25	101	12.50	253	33.44	150	58.33	113	4
酒泉市	61.95	91	75.00	170	12.50	253	43.43	88	50	186	4
庆阳市	49.19	222	68.75	223	6.25	19	47.37	68	50	186	4
定西市	50.15	195	68.75	223	6.25	19	46.03	76	41.67	233	4
陇南市	49.56	214	68.75	223	6.25	19	46.89	72	50	186	4
西宁市	74.55	20	81.25	101	25.00	154	71.37	4	50	186	2
海东市	42.27	255	75.00	170	18.75	208	68.04	9	41.67	233	4
银川市	41.41	261	75.00	170	37.50	59	43.17	98	75.00	16	2
石嘴山市	65.95	53	87.50	33	25.00	154	16.36	282	58.33	113	4
吴忠市	43.48	248	87.50	33	25.00	154	18.97	269	66.67	48	4

续表

城市	规划（P）		实施（I）		检查（C）		结果（O）		反馈（F）		城市规模组
	得分	排名	得分	排名	得分	排名	得分	排名	得分	排名	
固原市	54.35	160	87.50	33	31.25	100	36.60	133	66.67	48	4
中卫市	64.96	67	87.50	33	31.25	100	26.50	225	58.33	113	4
乌鲁木齐市	62.81	83	81.25	101	18.75	208	31.82	161	58.33	113	2
克拉玛依市	65.03	63	50	279	18.75	208	23.06	255	25.00	275	4
吐鲁番市	54.96	152	87.50	33	25.00	154	14.16	296	66.67	48	4
哈密市	75.87	14	68.75	223	12.50	253	23.06	255	33.33	260	4
**三沙市	N/A	/	N/A	/	N/A	/	N/A	/	N/A	/	4
最大值	94.51		93.75		62.50		77.29		100		/
最小值	17.99		0		0		7.57		0		/
平均分	56.01		73.65		21.14		36.92		51.46		/
标准差	12.76		15.60		11.95		14.28		17.20		/
变异系数	0.23		0.21		0.57		0.39		0.33		/

注：*因部分数据资料不完整，可能影响诊断结果；**三沙市因相关数据极少，不参与统计。

据表8.1中的数据，可以得到样本城市在能源结构维度的各环节低碳建设水平统计分布图8.1。可以看出，规划环节的数据基本属于正态分布；实施环节的数据基本符合左偏

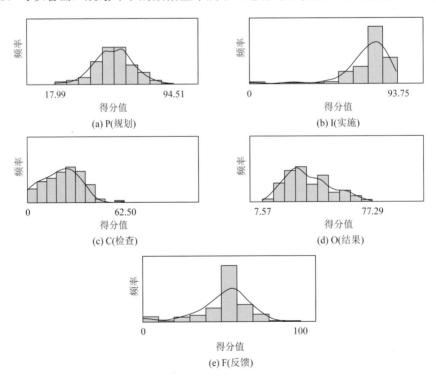

(a) P(规划) (b) I(实施) (c) C(检查) (d) O(结果) (e) F(反馈)

图8.1 样本城市在能源结构维度各环节的低碳建设水平统计分布图

分布,说明大多数都分布于高分处;而检查和结果环节数据属于右偏分布,说明大多数都分布于低分处;反馈环节的数据属于非正态分布。

二、不同规模城市在能源结构维度各环节的水平

根据表8.1中的数据,可以进一步得到不同规模城市在能源结构维度各管理过程环节的水平得分,见表8.2和图8.2。

表8.2　不同规模城市在能源结构维度各环节的低碳建设水平得分表

环节	城市规模	最大值	最小值	平均值	标准差	变异系数
规划（P）	I 类（$N=21$）	82.16	49.70	63.46	9.40	0.15
	II 类（$N=80$）	85.84	30.74	58.36	10.97	0.19
	III 类（$N=111$）	94.51	20.80	56.03	13.19	0.24
	IV 类（$N=84$）	86.74	17.99	51.89	13.34	0.26
实施（I）	I 类（$N=21$）	93.75	31.25	80.95	13.76	0.17
	II 类（$N=80$）	87.50	25.00	77.19	10.05	0.13
	III 类（$N=111$）	87.50	0	72.58	16.90	0.23
	IV 类（$N=84$）	87.50	0	69.87	17.49	0.25
检查（C）	I 类（$N=21$）	62.50	0	32.74	13.10	0.40
	II 类（$N=80$）	50	0	23.52	10.90	0.46
	III 类（$N=111$）	43.75	0	19.65	12.06	0.61
	IV 类（$N=84$）	37.50	0	17.93	10.44	0.58
结果（O）	I 类（$N=21$）	73.50	16.19	44.75	13.82	0.31
	II 类（$N=80$）	71.37	14.17	34.44	12.67	0.37
	III 类（$N=111$）	77.29	7.57	35.28	14.27	0.40
	IV 类（$N=84$）	71.24	14.16	39.48	15.07	0.38
反馈（F）	I 类（$N=21$）	100	25.00	64.29	16.70	0.26
	II 类（$N=80$）	83.33	0	55.73	14.19	0.25
	III 类（$N=111$）	83.33	0	49.55	18.66	0.38
	IV 类（$N=84$）	75.00	0	46.73	15.74	0.34

注:表中的 N 表示该规模分组内的城市数量。

从表8.2和图8.2可以得出以下总结。

（1）在能源结构维度的规划（P）环节,我国大部分城市特别是 I 、II 类城市在能源结构维度的低碳建设在规划环节都制订了一系列能源专项或相关规划文件,因此这两类

样本城市在该环节的得分表现较好。不过，许多中小城市在能源绿色转型方面的规划还不完善，因而得分较低。总体来说，大部分样本城市都有能源绿色转型相关的一些规划文本，因而在规划环节方面的得分比其他环节明显要高。

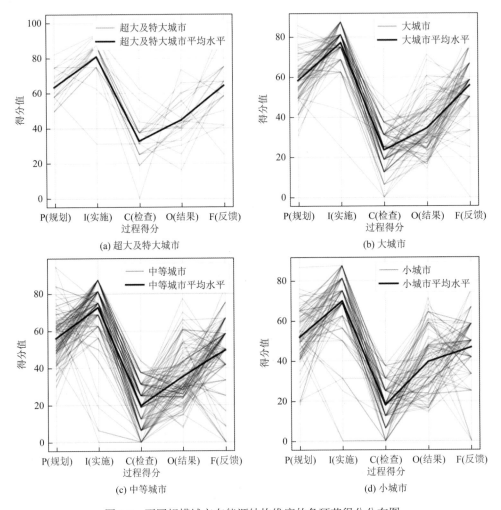

图 8.2　不同规模城市在能源结构维度的各环节得分分布图

（2）在能源结构维度的实施（I）环节，我国大部分城市在这个环节得分都较高，表明在落实规划方面都投入了有效的实施资源。但一些中小城市在实施环节的表现较差，尚未有效地将能源结构低碳建设的规划目标落实到位，这可能是由于这些城市缺乏执行能源低碳转型的制度和资源保障。

（3）在能源结构维度的检查（C）环节，样本城市在这一环节上普遍得分都很低，表明对落实能源结构优化和转型的检查环节重视不足，缺乏相关的政策保障和资源保障。即使是超大及特大城市在这个环节的表现也比较差，对检查能源结构是否转型和优化的机制不完善。

（4）在能源结构维度的结果（O）环节上，不同规模的城市，特别是大型城市在这个环节上得分普遍不高。而一些中小城市可能因有较好的自然资源禀赋等，在这个环节上得分较高，它们的非化石能源消耗的占比相比一些大城市的可能更高，能源生产和消费产生的碳排放较低。这个环节的现象进一步表明，城市一般都注重能源绿色转型的规划，也愿意投放资源去落实规划，但效果较差，这与在实施过程中缺乏必要的检查有关。

（5）在能源结构维度的反馈（F）环节，不同规模的城市对反馈环节的重视程度不同。超大及特大城市能够根据能源结构低碳建设的实际进展进行总结和反馈，而中小规模城市对低碳建设反馈环节明显不够重视。管理过程中的反馈环节非常重要，决策者根据反馈信息可以调整计划并采取改进措施，以确保能够更好地实现低碳目标。

第二节 经济发展维度的城市低碳建设环节水平

一、样本城市在经济发展维度各管理过程环节的低碳建设水平得分

根据第五章的实证数据以及第三章构建的城市低碳建设水平诊断公式，可以得到样本城市在经济发展维度各环节的低碳建设水平得分，见表 8.3。

表 8.3 样本城市在经济发展（Ec）维度各环节的低碳建设水平得分表

城市	规划（P）		实施（I）		检查（C）		结果（O）		反馈（F）		城市规模组
	得分	排名	得分	排名	得分	排名	得分	排名	得分	排名	
北京市	79.47	2	90	11	73.33	2	91.44	1	75.00	12	1
天津市	75.19	9	72.00	99	65.00	8	72.52	20	62.50	48	1
石家庄市	75.65	7	60	176	30	229	60.96	86	25.00	210	2
唐山市	69.42	41	56.00	193	18.33	264	49.44	229	25.00	210	2
秦皇岛市	73.64	16	48.00	220	21.67	249	43.85	265	50	98	2
邯郸市	65.84	70	64.00	154	48.33	95	49.31	230	50	98	2
邢台市	54.96	201	56.00	193	38.33	186	38.55	281	25.00	210	2
保定市	43.92	280	70	115	56.67	37	52.67	207	37.50	149	2
张家口市	52.80	217	64.00	154	48.33	95	54.62	181	50	98	2
承德市	66.44	61	66.00	145	56.67	37	45.71	254	37.50	149	3
沧州市	69.04	44	42.00	246	15.00	269	58.02	136	25.00	210	3
廊坊市	56.61	178	72.00	99	30	229	59.81	103	37.50	149	3
衡水市	68.60	48	22.00	286	15.00	269	55.71	171	25.00	210	3
太原市	66.72	59	82.00	45	56.67	37	62.48	74	87.50	1	2
大同市	63.79	97	90	11	56.67	37	53.06	203	50	98	2
阳泉市	60.39	130	48.00	220	18.33	264	54.52	184	25.00	210	3
长治市	59.30	149	74.00	88	21.67	249	46.10	251	37.50	149	2
晋城市	59.54	147	86.00	26	30	229	44.78	258	25.00	210	3
朔州市	59.93	140	48.00	220	15.00	269	52.22	209	50	98	4

续表

城市	规划（P）		实施（I）		检查（C）		结果（O）		反馈（F）		城市规模组
	得分	排名	得分	排名	得分	排名	得分	排名	得分	排名	
晋中市	62.60	104	80	58	36.67	202	51.59	213	75.00	12	3
运城市	66.51	60	48.00	220	30	229	45.71	255	37.50	149	3
忻州市	57.38	172	68.00	129	38.33	186	50.77	222	25.00	210	4
临汾市	41.32	286	40	254	15.00	269	48.82	233	25.00	210	3
吕梁市	60.38	131	86.00	26	30	229	31.06	293	37.50	149	4
呼和浩特市	56.25	180	68.00	129	56.67	37	54.08	191	50	98	2
包头市	49.74	239	72.00	99	48.33	95	45.22	256	50	98	2
乌海市	60.38	131	60	176	30	229	39.25	278	62.50	48	3
赤峰市	75.33	8	48.00	220	40	158	48.44	237	50	98	2
通辽市	56.04	186	70	115	40	158	40.43	277	50	98	4
鄂尔多斯市	60.38	131	86.00	26	48.33	95	43.95	262	12.50	292	3
呼伦贝尔市	72.15	18	56.00	193	48.33	95	48.35	238	37.50	149	4
巴彦淖尔市	62.21	108	34.00	274	40	158	46.37	249	25.00	210	4
乌兰察布市	72.44	17	36.00	265	15.00	269	36.18	290	25.00	210	4
沈阳市	70.84	24	84.00	40	46.67	150	66.14	46	62.50	48	1
大连市	63.86	94	66.00	145	30	229	64.51	58	37.50	149	1
鞍山市	58.78	162	30	277	31.67	203	42.77	270	25.00	210	2
抚顺市	45.65	267	72.00	99	40	158	53.75	194	25.00	210	2
本溪市	55.91	187	72.00	99	21.67	249	26.82	295	37.50	149	3
丹东市	58.15	167	46.00	233	31.67	203	53.80	193	25.00	210	3
锦州市	52.93	215	72.00	99	48.33	95	29.23	294	50	98	2
营口市	65.53	73	52.00	210	31.67	203	37.71	284	37.50	149	3
阜新市	49.27	249	76.00	79	81.67	1	51.57	214	62.50	48	3
辽阳市	56.20	181	68.00	129	40	158	48.68	234	37.50	149	3
盘锦市	52.90	216	58.00	186	48.33	95	64.21	60	37.50	149	3
铁岭市	55.10	198	38.00	259	30	229	48.49	236	25.00	210	4
朝阳市	55.31	195	56.00	193	40	158	41.81	274	37.50	149	3
葫芦岛市	70.81	25	30	277	48.33	95	49.50	228	62.50	48	3
长春市	63.96	93	68.00	129	23.33	246	63.69	64	37.50	149	2
吉林市	49.28	248	90	11	56.67	37	53.65	196	62.50	48	2
四平市	45.17	274	74.00	88	31.67	203	42.28	273	62.50	48	4
辽源市	52.01	225	66.00	145	48.33	95	51.10	218	50	98	4
通化市	52.18	222	58.00	186	40	158	47.79	241	50	98	4
白山市	42.36	284	72.00	99	40	158	60.85	88	50	98	4

续表

城市	规划（P）		实施（I）		检查（C）		结果（O）		反馈（F）		城市规模组
	得分	排名	得分	排名	得分	排名	得分	排名	得分	排名	
松原市	53.71	212	62.00	168	38.33	186	58.33	134	25.00	210	4
白城市	38.60	292	68.00	129	38.33	186	53.62	197	25.00	210	4
哈尔滨市	65.44	74	80	58	56.67	37	65.16	53	50	98	1
齐齐哈尔市	70.98	23	36.00	265	31.67	203	51.21	217	37.50	149	2
鸡西市	46.89	259	28.00	282	15.00	269	58.68	128	25.00	210	3
鹤岗市	57.76	170	42.00	246	30	229	36.52	288	25.00	210	3
双鸭山市	60.10	136	20	289	15.00	269	54.57	182	25.00	210	4
大庆市	47.90	256	54.00	201	31.67	203	62.74	69	25.00	210	2
伊春市	46.15	266	42.00	246	15.00	269	49.23	231	25.00	210	4
佳木斯市	41.84	285	60	176	65.00	8	68.53	32	37.50	149	3
七台河市	52.09	223	66.00	145	56.67	37	37.84	283	37.50	149	4
牡丹江市	48.41	253	80	58	73.33	2	62.69	71	62.50	48	3
黑河市	61.91	114	34.00	274	46.67	150	68.06	35	75.00	12	4
绥化市	36.70	295	20	289	15.00	269	59.82	102	25.00	210	4
上海市	79.47	2	90	11	65.00	8	86.41	2	62.50	48	1
南京市	70.27	28	90	11	65.00	8	75.03	16	62.50	48	1
无锡市	58.98	155	78.00	73	65.00	8	73.90	18	75.00	12	2
徐州市	44.66	279	78.00	73	38.33	186	66.40	44	75.00	12	2
常州市	49.33	247	68.00	129	56.67	37	68.76	31	75.00	12	2
苏州市	63.84	95	70	115	60	36	79.21	7	75.00	12	2
南通市	60.27	135	74.00	88	65.00	8	75.09	15	62.50	48	2
连云港市	45.53	269	40	254	21.67	249	55.08	178	25.00	210	2
淮安市	54.61	206	50	216	48.33	95	65.29	51	50	98	2
盐城市	74.82	12	72.00	99	56.67	37	69.71	28	62.50	48	2
扬州市	50.13	233	64.00	154	65.00	8	66.44	43	50	98	2
镇江市	64.94	83	82.00	45	56.67	37	64.78	56	75.00	12	3
泰州市	45.39	271	56.00	193	55.00	92	66.67	42	62.50	48	3
宿迁市	70.27	27	82.00	45	48.33	95	60.77	89	50	98	3
杭州市	74.79	13	94.00	1	65.00	8	81.46	5	75.00	12	1
宁波市	69.34	42	86.00	26	56.67	37	77.07	9	87.50	1	2
温州市	62.52	105	94.00	1	73.33	2	64.68	57	75.00	12	2
嘉兴市	71.73	20	94.00	1	56.67	37	70.51	25	62.50	48	3
湖州市	61.05	123	90	11	56.67	37	65.70	49	75.00	12	3
绍兴市	59.58	145	94.00	1	56.67	37	67.61	37	87.50	1	2

续表

城市	规划（P）		实施（I）		检查（C）		结果（O）		反馈（F）		城市规模组
	得分	排名	得分	排名	得分	排名	得分	排名	得分	排名	
金华市	48.05	255	86.00	26	56.67	37	58.01	137	37.50	149	3
衢州市	53.81	209	88.00	24	65.00	8	55.09	177	62.50	48	3
舟山市	40.31	287	76.00	79	55.00	92	64.27	59	37.50	149	3
台州市	59.08	153	94.00	1	56.67	37	62.71	70	62.50	48	2
丽水市	43.16	283	78.00	73	56.67	37	59.35	113	75.00	12	4
合肥市	66.03	64	64.00	154	65.00	8	71.11	22	75.00	12	2
芜湖市	64.79	85	80	58	65.00	8	58.37	133	62.50	48	2
蚌埠市	68.38	49	68.00	129	48.33	95	61.15	84	37.50	149	3
淮南市	39.79	289	80	58	48.33	95	51.82	211	62.50	48	2
马鞍山市	65.56	72	48.00	220	31.67	203	51.46	215	25.00	210	3
淮北市	68.90	47	70	115	56.67	37	54.88	180	62.50	48	3
铜陵市	65.88	65	80	58	56.67	37	43.45	268	25.00	210	3
安庆市	45.28	273	76.00	79	48.33	95	63.06	67	50	98	3
黄山市	52.71	218	44.00	242	56.67	37	62.54	72	62.50	48	4
滁州市	61.89	115	36.00	265	48.33	95	50.08	225	37.50	149	4
阜阳市	69.59	37	86.00	26	65.00	8	60.03	101	62.50	48	3
宿州市	74.45	14	82.00	45	56.67	37	56.62	160	75.00	12	3
六安市	49.97	235	84.00	40	56.67	37	61.49	81	62.50	48	3
亳州市	63.72	99	64.00	154	56.67	37	56.36	166	50	98	3
池州市	61.11	121	64.00	154	48.33	95	49.02	232	50	98	4
宣城市	62.07	112	48.00	220	46.67	150	55.84	168	37.50	149	4
福州市	67.11	53	90	11	56.67	37	71.21	21	62.50	48	2
厦门市	61.76	116	80	58	65.00	8	75.75	13	62.50	48	2
莆田市	77.12	5	48.00	220	21.67	249	50.61	223	25.00	210	2
三明市	74.38	15	74.00	88	56.67	37	54.56	183	50	98	4
泉州市	52.07	224	90	11	56.67	37	76.81	11	62.50	48	2
*漳州市	47.03	258	0	293	0	293	67.53	38	0	293	3
*南平市	49.95	236	0	293	0	293	65.15	54	0	293	4
龙岩市	55.17	197	76.00	79	40	158	58.59	129	50	98	3
宁德市	65.87	66	52.00	210	40	158	57.17	149	25.00	210	4
南昌市	64.93	84	50	216	56.67	37	69.97	27	75.00	12	2
景德镇市	49.60	241	20	289	15.00	269	57.03	153	25.00	210	3
萍乡市	59.90	142	26.00	283	31.67	203	52.88	205	37.50	149	3
九江市	65.81	71	72.00	99	40	158	54.22	190	25.00	210	3

续表

城市	规划（P）		实施（I）		检查（C）		结果（O）		反馈（F）		城市规模组
	得分	排名	得分	排名	得分	排名	得分	排名	得分	排名	
新余市	45.12	275	46.00	233	40	158	51.77	212	25.00	210	3
鹰潭市	46.84	260	86.00	26	65.00	8	66.32	45	62.50	48	4
赣州市	64.23	90	82.00	45	56.67	37	54.25	188	50	98	2
吉安市	56.10	182	78.00	73	48.33	95	56.46	164	75.00	12	4
宜春市	55.22	196	76.00	79	56.67	37	60.56	94	75.00	12	3
抚州市	69.74	36	60	176	15.00	269	56.88	157	37.50	149	3
上饶市	59.28	150	72.00	99	48.33	95	57.38	146	75.00	12	2
济南市	60.97	124	90	11	48.33	95	70.31	26	87.50	1	1
青岛市	61.20	120	72.00	99	65.00	8	75.32	14	75.00	12	1
淄博市	45.37	272	76.00	79	65.00	8	61.03	85	75.00	12	2
枣庄市	39.60	290	84.00	40	30	229	43.42	269	50	98	2
东营市	58.94	156	78.00	73	65.00	8	66.04	47	37.50	149	3
烟台市	49.06	251	94.00	1	56.67	37	68.21	34	62.50	48	2
潍坊市	59.13	152	80	58	40	158	58.70	127	50	98	2
济宁市	69.80	33	82.00	45	56.67	37	59.07	121	75.00	12	2
泰安市	49.40	246	80	58	48.33	95	56.51	162	62.50	48	2
威海市	64.01	91	66.00	145	46.67	150	67.03	39	50	98	3
日照市	59.22	151	74.00	88	31.67	203	42.52	272	37.50	149	3
临沂市	53.73	210	84.00	40	56.67	37	53.26	200	75.00	12	2
德州市	49.86	237	94.00	1	56.67	37	59.10	117	50	98	3
聊城市	69.50	40	40	254	31.67	203	49.66	227	25.00	210	2
滨州市	59.92	141	62.00	168	31.67	203	44.05	260	50	98	3
菏泽市	49.80	238	64.00	154	15.00	269	51.42	216	25.00	210	3
郑州市	66.44	62	66.00	145	73.33	2	73.85	19	62.50	48	1
开封市	65.23	80	52.00	210	48.33	95	59.31	114	50	98	2
洛阳市	63.77	98	62.00	168	38.33	186	65.04	55	50	98	2
平顶山市	65.26	79	46.00	233	38.33	186	58.88	126	25.00	210	3
安阳市	60.40	129	42.00	246	21.67	249	48.21	239	25.00	210	3
鹤壁市	75.95	6	76.00	79	56.67	37	60.62	92	62.50	48	3
新乡市	50.42	231	46.00	233	21.67	249	58.51	130	25.00	210	2
焦作市	58.37	163	54.00	201	38.33	186	58.97	124	37.50	149	3
濮阳市	68.94	45	46.00	233	15.00	269	59.07	120	50	98	3
许昌市	72.12	19	74.00	88	56.67	37	66.80	41	25.00	210	3
漯河市	59.97	139	48.00	220	56.67	37	62.88	68	25.00	210	3

续表

城市	规划（P）		实施（I）		检查（C）		结果（O）		反馈（F）		城市规模组
	得分	排名	得分	排名	得分	排名	得分	排名	得分	排名	
三门峡市	66.77	58	60	176	48.33	95	59.73	104	62.50	48	4
南阳市	58.86	159	90	11	56.67	37	57.58	141	75.00	12	3
商丘市	61.36	118	38.00	259	21.67	249	57.44	144	25.00	210	3
信阳市	55.68	192	46.00	233	18.33	264	52.35	208	37.50	149	3
周口市	46.56	263	82.00	45	48.33	95	55.66	172	50	98	3
驻马店市	66.84	57	26.00	283	31.67	203	60.17	97	37.50	149	4
武汉市	74.84	11	90	11	56.67	37	78.99	8	62.50	48	1
黄石市	55.00	200	40	254	15.00	269	52.93	204	25.00	210	3
十堰市	58.84	161	58.00	186	56.67	37	63.56	65	37.50	149	2
宜昌市	65.23	81	80	58	56.67	37	68.26	33	75.00	12	2
襄阳市	81.23	1	58.00	186	31.67	203	67.91	36	25.00	210	2
鄂州市	50.11	234	74.00	88	48.33	95	55.19	176	62.50	48	4
荆门市	65.85	69	94.00	1	48.33	95	56.46	165	50	98	3
孝感市	45.53	270	38.00	259	21.67	249	54.93	179	25.00	210	3
荆州市	44.91	277	80	58	65.00	8	63.70	63	62.50	48	3
黄冈市	44.86	278	70	115	48.33	95	60.94	87	50	98	4
咸宁市	50.41	232	76.00	79	48.33	95	53.32	199	75.00	12	4
随州市	46.36	265	68.00	129	48.33	95	60.60	93	25.00	210	4
长沙市	66.90	56	68.00	129	56.67	37	70.94	23	75.00	12	1
株洲市	71.20	22	40	254	15.00	269	56.94	155	25.00	210	2
湘潭市	62.21	107	36.00	265	15.00	269	60.65	91	25.00	210	3
衡阳市	53.20	214	80	58	23.33	246	59.64	106	25.00	210	2
邵阳市	58.89	158	54.00	201	21.67	249	53.88	192	25.00	210	3
岳阳市	60	138	42.00	246	40	158	65.70	50	62.50	48	2
常德市	40.21	288	52.00	210	48.33	95	57.81	139	25.00	210	3
张家界市	56.09	183	56.00	193	31.67	203	59.73	105	62.50	48	4
益阳市	52.53	219	56.00	193	40	158	60.72	90	37.50	149	3
郴州市	64.26	88	62.00	168	30	229	60.28	96	25.00	210	3
永州市	54.52	207	36.00	265	31.67	203	57.25	148	25.00	210	3
怀化市	48.24	254	70	115	40	158	59.51	107	37.50	149	3
娄底市	69.50	39	54.00	201	48.33	95	43.87	264	37.50	149	3
广州市	70.12	29	78.00	73	56.67	37	85.16	3	87.50	1	1
韶关市	59.54	146	80	58	41.67	157	46.47	247	37.50	149	3
深圳市	70.12	29	82.00	45	56.67	37	84.93	4	87.50	1	1

续表

城市	规划（P）		实施（I）		检查（C）		结果（O）		反馈（F）		城市规模组
	得分	排名	得分	排名	得分	排名	得分	排名	得分	排名	
珠海市	62.27	106	64.00	154	65.00	8	70.56	24	62.50	48	2
汕头市	55.09	199	68.00	129	38.33	186	60.14	100	37.50	149	2
佛山市	61.98	113	66.00	145	46.67	150	76.86	10	62.50	48	1
江门市	50.44	230	64.00	154	31.67	203	63.43	66	37.50	i49	2
湛江市	56.41	179	46.00	233	30	229	56.82	158	37.50	149	2
茂名市	70.41	26	42.00	246	30	229	60.16	98	37.50	149	3
肇庆市	57.23	173	68.00	129	40	158	50.89	220	50	98	3
惠州市	62.08	111	80	58	40	158	65.78	48	25.00	210	2
梅州市	64.43	87	82.00	45	40	158	51.97	210	62.50	48	3
汕尾市	65.06	82	72.00	99	21.67	249	56.94	154	37.50	149	4
河源市	58.86	160	36.00	265	23.33	246	57.14	150	37.50	149	3
阳江市	66.24	63	70	115	30	229	47.65	244	37.50	149	3
清远市	45.64	268	48.00	220	40	158	47.69	242	25.00	210	3
东莞市	67.49	51	48.00	220	56.67	37	73.99	17	75.00	12	1
中山市	54.94	202	60	176	56.67	37	55.80	169	50	98	2
潮州市	46.45	264	52.00	210	48.33	95	56.47	163	50	98	3
揭阳市	43.59	282	60	176	56.67	37	59.50	108	50	98	3
云浮市	69.79	34	64.00	154	48.33	95	54.29	187	37.50	149	4
南宁市	65.44	74	74.00	88	48.33	95	59.10	119	37.50	149	2
柳州市	69.29	43	68.00	129	48.33	95	59.47	109	50	98	2
桂林市	62.93	101	70	115	46.67	150	62.42	75	62.50	48	2
梧州市	56.69	177	54.00	201	31.67	203	45.91	252	37.50	149	3
北海市	66.94	55	22.00	286	31.67	203	55.72	170	37.50	149	3
防城港市	64.52	86	30	277	15.00	269	36.95	286	37.50	149	4
钦州市	69.75	35	60	176	48.33	95	59.10	118	50	98	3
贵港市	55.43	193	30	277	30	229	50.31	224	25.00	210	3
玉林市	58.90	157	48.00	220	46.67	150	58.46	131	25.00	210	4
百色市	58.29	165	44.00	242	31.67	203	36.38	289	37.50	149	4
贺州市	51.13	229	44.00	242	15.00	269	56.71	159	25.00	210	4
河池市	59.45	148	38.00	259	15.00	269	50.85	221	25.00	210	4
来宾市	75.00	10	60	176	31.67	203	59.22	115	50	98	4
崇左市	61.09	122	22.00	286	31.67	203	53.20	201	37.50	149	4
海口市	56.09	183	70	115	55.00	92	61.95	78	37.50	149	2
三亚市	56.09	183	70	115	40	158	59.21	116	37.50	149	3

续表

城市	规划（P）		实施（I）		检查（C）		结果（O）		反馈（F）		城市规模组
	得分	排名	得分	排名	得分	排名	得分	排名	得分	排名	
儋州市	47.62	257	38.00	259	15.00	269	44.47	259	25.00	210	4
重庆市	77.93	4	82.00	45	56.67	37	75.97	12	62.50	48	1
成都市	70.12	29	80	58	56.67	37	79.80	6	75.00	12	1
自贡市	55.82	189	56.00	193	48.33	95	59.06	122	25.00	210	3
攀枝花市	64.25	89	70	115	48.33	95	53.09	202	25.00	210	3
泸州市	62.91	102	68.00	129	48.33	95	60.14	99	62.50	48	3
德阳市	57.02	175	64.00	154	21.67	249	62.53	73	25.00	210	3
绵阳市	59.60	144	86.00	26	65.00	8	61.31	82	75.00	12	2
广元市	67.10	54	88.00	24	56.67	37	57.60	140	87.50	1	4
遂宁市	67.92	50	72.00	99	65.00	8	57.11	151	87.50	1	3
内江市	49.68	240	64.00	154	38.33	186	57.07	152	37.50	149	3
乐山市	61.35	119	72.00	99	48.33	95	55.39	173	62.50	48	3
南充市	51.67	226	64.00	154	40	158	61.72	79	50	98	2
眉山市	45.11	276	86.00	26	65.00	8	59.36	112	62.50	48	3
宜宾市	58.06	168	54.00	201	26.67	245	62.25	76	25.00	210	2
广安市	49.24	250	82.00	45	48.33	95	54.35	186	62.50	48	4
达州市	54.80	205	60	176	48.33	95	55.32	174	50	98	3
雅安市	63.97	92	76.00	79	65.00	8	57.46	143	75.00	12	4
巴中市	39.26	291	50	216	48.33	95	46.81	245	25.00	210	4
*资阳市	34.40	296	0	293	0	293	57.29	147	0	293	4
贵阳市	61.66	117	90	11	65.00	8	64.19	61	87.50	1	2
六盘水市	67.36	52	52.00	210	30	229	43.50	267	25.00	210	3
遵义市	62.14	110	44.00	242	31.67	203	58.09	135	25.00	210	2
安顺市	63.82	96	58.00	186	48.33	95	56.02	167	37.50	149	3
毕节市	54.52	208	54.00	201	18.33	264	43.92	263	25.00	210	3
铜仁市	58.31	164	70	115	38.33	186	50.94	219	62.50	48	4
昆明市	65.44	74	72.00	99	65.00	8	69.58	30	62.50	48	1
曲靖市	55.78	191	36.00	265	15.00	269	57.93	138	25.00	210	3
玉溪市	65.31	78	36.00	265	40	158	58.98	123	25.00	210	3
保山市	52.26	221	74.00	88	65.00	8	52.73	206	75.00	12	4
昭通市	55.87	188	70	115	48.33	95	47.65	243	50	98	4
丽江市	58.00	169	86.00	26	56.67	37	58.43	132	37.50	149	4
*普洱市	59.07	154	0	293	0	293	46.53	246	0	293	4
临沧市	55.38	194	54.00	201	31.67	203	45.72	253	50	98	4

续表

城市	规划（P）		实施（I）		检查（C）		结果（O）		反馈（F）		城市规模组
	得分	排名	得分	排名	得分	排名	得分	排名	得分	排名	
拉萨市	58.21	166	68.00	129	48.33	95	48.00	240	50	98	3
日喀则市	43.92	281	50	216	31.67	203	34.41	291	25.00	210	4
昌都市	54.90	203	62.00	168	48.33	95	36.84	287	25.00	210	4
林芝市	49.41	242	46.00	233	40	158	38.54	282	25.00	210	4
山南市	49.41	242	42.00	246	21.67	249	45.06	257	25.00	210	4
那曲市	60.38	131	20	289	15.00	269	50.07	226	25.00	210	4
西安市	70.12	29	86.00	26	56.67	37	69.61	29	75.00	12	1
铜川市	62.18	109	86.00	26	48.33	95	48.64	235	25.00	210	4
宝鸡市	48.72	252	82.00	45	56.67	37	65.22	52	75.00	12	3
咸阳市	62.69	103	86.00	26	56.67	37	59.38	111	75.00	12	2
渭南市	60.94	125	46.00	233	40	158	46.17	250	50	98	4
延安市	54.90	203	30	277	15.00	269	63.83	62	25.00	210	4
汉中市	51.31	228	84.00	40	73.33	2	58.95	125	50	98	3
榆林市	65.87	66	66.00	145	38.33	186	56.91	156	25.00	210	3
安康市	55.79	190	94.00	1	56.67	37	59.42	110	87.50	1	4
商洛市	59.77	143	42.00	246	40	158	54.45	185	25.00	210	4
兰州市	65.44	74	68.00	129	65.00	8	61.64	80	75.00	12	2
嘉峪关市	60.10	137	82.00	45	73.33	2	40.69	276	62.50	48	4
金昌市	49.41	242	70	115	48.33	95	54.23	189	25.00	210	4
白银市	60.77	126	94.00	1	40	158	43.72	266	37.50	149	4
天水市	57.44	171	90	11	38.33	186	53.70	195	50	98	3
武威市	63.29	100	74.00	88	48.33	95	57.41	145	50	98	4
张掖市	53.37	213	66.00	145	48.33	95	61.26	83	37.50	149	4
平凉市	53.73	211	72.00	99	31.67	203	40.89	275	37.50	149	4
酒泉市	57.08	174	54.00	201	48.33	95	60.48	95	25.00	210	4
庆阳市	52.48	220	86.00	26	48.33	95	57.55	142	62.50	48	4
定西市	51.42	227	62.00	168	21.67	249	53.57	198	25.00	210	4
陇南市	38.06	293	38.00	259	18.33	264	46.39	248	25.00	210	4
西宁市	60.77	127	64.00	154	40	158	56.61	161	50	98	2
海东市	60.59	128	58.00	186	38.33	186	44.04	261	37.50	149	4
银川市	68.91	46	74.00	88	38.33	186	38.59	280	37.50	149	2
石嘴山市	46.63	262	68.00	129	48.33	95	39.22	279	62.50	48	4
吴忠市	69.52	38	62.00	168	38.33	186	42.70	271	37.50	149	4
固原市	37.58	294	34.00	274	48.33	95	55.32	175	37.50	149	4

续表

城市	规划（P）		实施（I）		检查（C）		结果（O）		反馈（F）		城市规模组
	得分	排名	得分	排名	得分	排名	得分	排名	得分	排名	
中卫市	56.80	176	36.00	265	21.67	249	37.06	285	25.00	210	4
乌鲁木齐市	46.75	261	62.00	168	65.00	8	62.18	77	87.50	1	2
克拉玛依市	49.41	242	58.00	186	31.67	203	66.88	40	37.50	149	4
吐鲁番市	65.87	66	48.00	220	48.33	95	31.52	292	75.00	12	4
哈密市	71.36	21	24.00	285	15.00	269	19.22	296	25.00	210	4
**三沙市	N/A	/	N/A	/	N/A	/	N/A	/	N/A	/	4
最大值	81.23		94.00		81.67		91.44		87.50		/
最小值	34.40		0		0		19.22		0		/
平均分	58.75		62.85		42.76		56.65		46.24		/
标准差	9.22		19.60		16.17		10.53		19.61		/
变异系数	0.16		0.31		0.38		0.19		0.42		/

注：*因部分数据资料不完整，可能影响诊断结果；**三沙市因相关数据极少，不参与统计。

从环节来看,经济发展维度的低碳建设管理 5 个环节的平均得分分别为规划(58.75 分)、实施（62.85 分）、检查（42.76 分）、结果（56.65 分）、反馈（46.24 分），对应的变异系数为规划（0.16 分）、实施（0.31 分）、检查（0.38 分）、结果（0.19 分）、反馈（0.42 分）。可以看出，经济维度的低碳建设水平在实施环节表现最好，在检查环节表现最差。检查和反馈环节的总体得分明显低于其他三个环节，且城市间得分差异相较也比其余三个环节更大。可见，样本城市在经济发展维度的低碳建设管理过程缺乏连贯和有效衔接，工作机制存在一定缺陷。检查和反馈环节的管理工作不健全，意味着不能即使掌握工作进展情况，不能及时找出薄弱环节，进而不能及时采取有针对性的措施，特别是在经济发展维度，不能及时检查和纠偏的"大干快上"的工作形式和建设管理方式可能会带来极大的资源浪费。

根据表 8.3 中的数据,可以得到样本城市在经济发展维度的各环节低碳建设水平统计分布图 8.3。可以看出，规划环节数据呈现出典型的正态分布，数据在中部集中分布；实施环节数据属于左偏分布，说明大多数都分布于高分处；检查环节属于右偏分布，说明大多数都分布于低分处；结果环节数据也基本呈现出正态分布；反馈环节由于只有两个得分变量，得分呈现出不连续分布，但得分大多在 60 分以下。

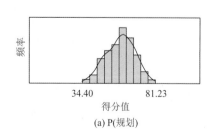

(a) P(规划)

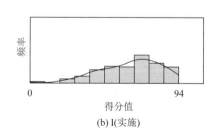

(b) I(实施)

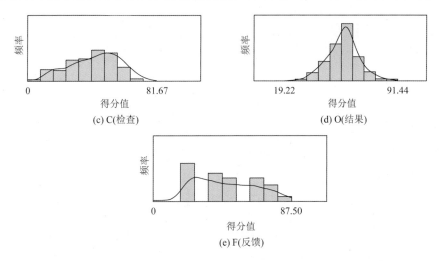

图 8.3 经济发展维度各环节低碳建设水平统计分布图

二、不同规模城市在经济发展维度各管理过程环节的低碳建设水平

根据表 8.3 中的数据,可以进一步得到不同规模城市在经济发展维度各管理过程环节的水平得分见表 8.4 和图 8.4。

表 8.4 不同规模城市在经济发展维度各环节的低碳建设水平得分表

环节	城市规模组	最大值	最小值	平均值	标准差	变异系数
规划(P)	I 类(N=21)	79.47	60.97	69.67	5.54	0.08
	II 类(N=80)	81.23	39.60	59.55	8.96	0.15
	III类(N=111)	75.95	40.21	58.34	8.46	0.15
	IV类(N=84)	75.00	34.40	55.79	9.02	0.16
实施(I)	I 类(N=21)	94.00	48.00	78.38	11.24	0.14
	II 类(N=80)	94.00	30	68.33	15.49	0.23
	III类(N=111)	94.00	0	61.42	19.10	0.31
	IV类(N=84)	94.00	0	55.64	21.62	0.39
检查(C)	I 类(N=21)	73.33	30	58.02	9.55	0.16
	II 类(N=80)	73.33	15.00	46.69	14.41	0.31
	III类(N=111)	81.67	0	40.84	16.15	0.40
	IV类(N=84)	73.33	0	37.74	15.92	0.42
结果(O)	I 类(N=21)	91.44	64.51	75.62	7.14	0.09
	II 类(N=80)	79.21	29.23	59.51	9.38	0.16
	III类(N=111)	70.51	26.82	55.33	7.51	0.14
	IV类(N=84)	68.06	19.22	50.92	9.30	0.18

续表

环节	城市规模组	最大值	最小值	平均值	标准差	变异系数
反馈（F）	Ⅰ类（*N*=21）	87.50	37.50	68.45	11.96	0.17
	Ⅱ类（*N*=80）	87.50	25.00	52.50	19.30	0.37
	Ⅲ类（*N*=111）	87.50	0	41.22	16.83	0.41
	Ⅳ类（*N*=84）	87.50	0	41.37	19.29	0.47

注：表中的 *N* 表示该规模分组内的城市数量。

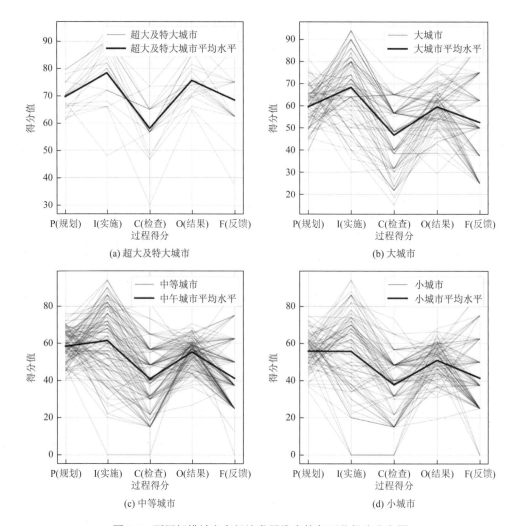

图 8.4　不同规模城市在经济发展维度的各环节得分分布图

从表 8.4 和图 8.4 可以从中可以看出，超大和特大城市、大城市、中等城市均与总体分布趋势一致，在不同环节上表现为：实施＞规划＞结果＞反馈＞检查，小城市稍有不同，表现为：规划＞实施＞结果＞反馈＞检查。从表 8.4 可以看出，PICOF 五个环节在不同城市规模上的表现优劣顺序基本都为：超大和特大城市＞大城市＞中等城市＞小城市，仅在反馈环节（F）小城市的平均表现比中等城市的平均表现得分高 0.15 分。在 PICOF 五个环节上都体现出超大和特大城市显著优于其他组别城市的表现。特别的是，在规划环节和结果环节，后三组城市规模的得分体现出强集聚性。

总结来说，可以得出以下结论。

（1）在经济发展维度的规划（P）环节，不同规模城市在该环节上的得分来看，超大和特大城市组得分平均值（69.67 分）显著高于大城市（59.55 分）、中等城市（58.34 分）和小城市（55.79 分）。这是因为在《国务院关于加快建立健全绿色低碳循环发展经济体系的指导意见》下，超大和特大城市以及大城市大多都发布了绿色低碳循环经济建设的专项规划文件，涵盖了经济发展维度工业、建筑业、交通和基础设施领域大部分得分变量所衡量的规划内容，因此规划内容完整性相较于其余三个组别更加完整，得分更高。

（2）在经济发展维度的实施（I）环节，我国大部分城市在这个环节得分都较高，但同样表现出超大和特大城市组得分平均值（78.38 分）显著高于大城市（68.33 分）、中等城市（61.42 分）和小城市（55.64 分）。表明绝大部分城市在落实低碳经济规划上投入了有效的实施资源，也与当下国家大力推进碳达峰碳中和有密不可分的关系。但一些中小城市在实施环节的表现还较差，尚未有效地将低碳经济建设的规划目标落实到位，城市缺乏实施所需的制度和资源保障。

（3）在经济发展维度的检查（C）环节，样本城市的低碳经济建设在这一环节上普遍得分都很低，即便是超大和特大城市组在该环节的平均得分也仅为 58.02 分，小城市组则更低，平均得分仅 37.74 分。表明样本城市在检查环节的体制机制、制度保障、资源保障等要素上还有较大的完善空间，也可能是数据披露度较低，因此我国城市的经济发展低碳建设在该环节上还有很大提升空间。

（4）在经济发展维度的结果（O）环节上，不同规模的城市在经济发展维度的低碳建设结果环节上的得分分别是超大和特大城市（75.62 分）、大城市（59.51 分）、中等城市（55.33 分）和小城市（50.92 分）。结合第五章表 5.19 的实证数据，可以发现，超大和特大城市在结果环节上得分较高一方面是源于"GDP 总值"、"人均 GDP"等经济发展得分变量上与中小城市拉开了差距，得分较高。另一方面，超大和特大城市对高碳产业的依赖度较低，所以在碳排放水平得分变量的表现上也较好。

（5）在经济发展维度的反馈（F）环节，超大和特大城市组得分平均值（68.45 分）显著高于大城市（52.50 分）、中等城市（41.22 分）和小城市（41.37 分）。这一得分分布反映出不同规模城市对反馈环节的重视程度不同。超大及特大城市往往能够根据能源发展低碳建设的实际进展，调整计划并采取改进措施，以确保能够更好地实现低碳目标，这在这一规模组的平均得分表现里可以得到验证；而其他规模特别是中小城市对反馈环节不够重视。

第三节　生产效率维度的城市低碳建设环节水平

一、样本城市在生产效率维度各管理过程环节的低碳建设水平得分

生产效率维度的低碳建设水平帮助城市从碳源角度节能降碳，对于城市低碳建设十

分重要。根据第五章的实证数据以及第三章构建的城市低碳建设水平诊断公式，可以得到样本城市在生产效率维度各环节的低碳建设水平得分，见表8.5。

表 8.5 样本城市在生产效率（Ef）维度各环节的低碳建设水平得分表

城市	规划（P）		实施（I）		检查（C）		结果（O）		反馈（F）		城市规模组
	得分	排名	得分	排名	得分	排名	得分	排名	得分	排名	
北京市	90	1	100	1	88.33	1	55.22	34	67.67	5	1
天津市	90	1	56.25	186	48.33	29	58.07	22	48.67	35	1
石家庄市	60	239	87.50	23	8.33	181	40.20	90	16.33	197	2
唐山市	87.50	6	18.75	283	48.33	29	62.42	8	47.67	45	2
秦皇岛市	80	19	81.25	77	38.33	48	50.06	52	10.67	226	2
邯郸市	87.50	6	43.75	228	28.33	100	36.40	115	10.67	226	2
邢台市	87.50	6	18.75	283	8.33	181	56.96	27	0	277	2
保定市	80	19	93.75	15	16.67	161	44.97	64	29.67	118	2
张家口市	75.00	98	87.50	23	48.33	29	43.56	73	73.33	3	2
承德市	80	19	87.50	23	68.33	6	33.59	132	67.67	5	3
沧州市	75.00	98	52.50	206	8.33	181	38.40	101	27.67	143	3
廊坊市	80	19	62.50	160	18.33	143	31.62	146	17.33	180	3
衡水市	60	239	75.00	100	28.33	100	34.64	124	36.33	85	3
太原市	75.00	98	68.75	134	51.67	25	53.18	41	36.33	85	2
大同市	80	19	93.75	15	35.00	76	43.97	68	43.00	58	2
阳泉市	75.00	98	68.75	134	0	240	14.54	296	10.67	226	3
长治市	75.00	98	81.25	77	0	240	29.21	164	16.33	197	2
晋城市	75.00	98	81.25	77	0	240	30.51	156	22.00	166	3
朔州市	75.00	98	68.75	134	40	47	32.37	141	34.33	109	4
晋中市	75.00	98	43.75	228	8.33	181	44.69	65	10.67	226	3
运城市	75.00	98	37.50	242	38.33	48	35.48	118	16.33	197	3
忻州市	70	166	100	1	8.33	181	24.34	216	16.33	197	4
临汾市	75.00	98	62.50	160	30	79	32.48	138	16.33	197	3
吕梁市	65.00	217	87.50	23	21.67	130	27.39	181	27.67	143	4
呼和浩特市	55.00	286	31.25	258	26.67	111	43.57	72	10.67	226	2
包头市	80	19	87.50	23	18.33	143	49.98	53	29.67	118	2
乌海市	75.00	98	18.75	283	8.33	181	27.66	176	0	277	3
赤峰市	80	19	37.50	242	0	240	38.54	99	16.33	197	2
通辽市	75.00	98	75.00	100	30	79	24.31	217	37.33	78	4
鄂尔多斯市	67.50	207	87.50	23	8.33	181	27.65	177	29.67	118	3
呼伦贝尔市	60	239	50	208	21.67	130	24.10	222	16.33	197	4

续表

城市	规划（P）		实施（I）		检查（C）		结果（O）		反馈（F）		城市规模组
	得分	排名	得分	排名	得分	排名	得分	排名	得分	排名	
巴彦淖尔市	80	19	68.75	134	8.33	181	17.89	284	10.67	226	4
乌兰察布市	42.50	288	81.25	77	0	240	16.69	291	16.33	197	4
沈阳市	75.00	98	87.50	23	10	176	52.35	46	60	15	1
大连市	75.00	98	68.75	134	26.67	111	43.23	74	22.00	166	1
鞍山市	80	19	46.25	225	8.33	181	41.59	82	10.67	226	2
抚顺市	80	19	43.75	228	0	240	54.95	35	23.00	161	2
本溪市	75.00	98	37.50	242	10	176	22.58	236	29.67	118	3
丹东市	75.00	98	31.25	258	10	176	31.53	147	10.67	226	3
锦州市	80	19	25.00	279	8.33	181	40.83	86	0	277	2
营口市	75.00	98	56.25	186	0	240	21.51	250	16.33	197	3
阜新市	70	166	81.25	77	80	2	27.23	184	28.67	134	3
辽阳市	80	19	50	208	8.33	181	31.29	151	29.67	118	3
盘锦市	75.00	98	75.00	100	26.67	111	28.39	171	43.00	58	3
铁岭市	60	239	62.50	160	30	79	24.24	219	22.00	166	4
朝阳市	70	166	50	208	10	176	33.36	136	30.67	114	3
葫芦岛市	75.00	98	50	208	26.67	111	25.63	199	36.33	85	3
长春市	80	19	75.00	100	30	79	53.42	40	29.67	118	1
吉林市	75.00	98	87.50	23	51.67	25	56.22	31	47.67	45	2
四平市	70	166	87.50	23	48.33	29	26.28	192	28.67	134	4
辽源市	67.50	207	75.00	100	16.67	161	27.38	182	44.00	55	4
通化市	80	19	87.50	23	8.33	181	25.24	206	33.33	113	4
白山市	67.50	207	87.50	23	8.33	181	26.29	191	23.00	161	4
松原市	80	19	68.75	134	0	240	29.50	162	24.00	147	4
白城市	60	239	62.50	160	0	240	19.04	277	43.00	58	4
哈尔滨市	75.00	98	87.50	23	38.33	48	58.85	19	37.33	78	1
齐齐哈尔市	65.00	217	56.25	186	30	79	53.42	39	0	277	2
鸡西市	80	19	31.25	258	0	240	27.85	174	10.67	226	3
鹤岗市	60	239	31.25	258	16.67	161	19.67	266	11.00	222	3
双鸭山市	60	239	31.25	258	0	240	19.62	267	5.33	270	4
大庆市	80	19	31.25	258	16.67	161	29.26	163	10.67	226	2
伊春市	42.50	288	25.00	279	18.33	143	22.54	237	10.67	226	4
佳木斯市	70	166	75.00	100	28.33	100	28.47	168	42.00	68	3
七台河市	75.00	98	50	208	30	79	22.63	235	10.67	226	4
牡丹江市	70	166	75.00	100	28.33	100	17.70	286	48.67	35	3

续表

城市	规划（P）		实施（I）		检查（C）		结果（O）		反馈（F）		城市规模组
	得分	排名	得分	排名	得分	排名	得分	排名	得分	排名	
黑河市	80	19	62.50	160	38.33	48	21.52	248	16.33	197	4
绥化市	75.00	98	31.25	258	21.67	130	26.80	186	16.33	197	4
上海市	87.50	6	87.50	23	80	2	56.23	30	86.67	1	1
南京市	75.00	98	87.50	23	46.67	41	69.12	3	44.00	55	1
无锡市	75.00	98	87.50	23	18.33	143	57.55	26	22.00	166	2
徐州市	80	19	100	1	26.67	111	37.55	108	36.33	85	2
常州市	70	166	40	241	0	240	50.76	49	0	277	2
苏州市	80	19	75.00	100	38.33	48	59.56	17	28.67	134	2
南通市	80	19	43.75	228	0	240	60.23	14	24.00	147	2
连云港市	80	19	68.75	134	16.67	161	52.79	42	60	15	2
淮安市	65.00	217	56.25	186	0	240	38.22	103	5.33	270	2
盐城市	60	239	93.75	15	51.67	25	32.38	140	46.67	52	2
扬州市	80	19	75.00	100	60	12	48.75	56	36.33	85	2
镇江市	65.00	217	87.50	23	80	2	20.40	260	61.00	12	3
泰州市	75.00	98	87.50	23	0	240	17.64	287	17.33	180	3
宿迁市	80	19	75.00	100	16.67	161	34.37	126	47.67	45	3
杭州市	87.50	6	87.50	23	68.33	6	58.48	21	44.00	55	1
宁波市	90	1	100	1	68.33	6	59.89	15	75.33	2	2
温州市	80	19	87.50	23	28.33	100	54.19	37	60	15	2
嘉兴市	75.00	98	87.50	23	8.33	181	38.62	97	56.33	21	3
湖州市	70	166	87.50	23	38.33	48	37.40	109	10.67	226	3
绍兴市	80	19	87.50	23	16.67	161	41.62	81	66.67	8	2
金华市	70	166	87.50	23	60	12	39.44	94	69.67	4	3
衢州市	80	19	75.00	100	8.33	181	34.71	122	61.00	12	3
舟山市	60	239	68.75	134	38.33	48	26.52	188	29.67	118	3
台州市	80	19	100	1	35.00	76	50.78	48	43.00	58	2
丽水市	70	166	93.75	15	26.67	111	39.49	93	54.33	26	4
合肥市	65.00	217	43.75	228	26.67	111	52.55	45	17.33	180	2
芜湖市	80	19	75.00	100	38.33	48	54.52	36	29.67	118	2
蚌埠市	80	19	37.50	242	26.67	111	25.67	198	17.33	180	3
淮南市	80	19	100	1	28.33	100	41.79	76	43.00	58	2
马鞍山市	80	19	50	208	8.33	181	22.33	240	29.67	118	3
淮北市	75.00	98	87.50	23	8.33	181	28.75	166	29.67	118	3
铜陵市	67.50	207	56.25	186	0	240	27.53	180	0	277	3

城市	规划（P）		实施（I）		检查（C）		结果（O）		反馈（F）		城市规模组
	得分	排名	得分	排名	得分	排名	得分	排名	得分	排名	
安庆市	70	166	81.25	77	68.33	6	34.31	128	47.67	45	3
黄山市	80	19	68.75	134	8.33	181	38.55	98	24.00	147	4
滁州市	65.00	217	50	208	30	79	35.21	119	22.00	166	4
阜阳市	75.00	98	75.00	100	60	12	30.90	153	48.67	35	3
宿州市	70	166	68.75	134	16.67	161	24.08	224	16.33	197	3
六安市	80	19	81.25	77	16.67	161	50.50	51	54.33	26	3
亳州市	65.00	217	87.50	23	16.67	161	28.39	170	16.33	197	3
池州市	65.00	217	87.50	23	26.67	111	20.35	261	42.00	68	4
宣城市	70	166	87.50	23	26.67	111	32.47	139	35.33	97	4
福州市	75.00	98	62.50	160	30	79	68.73	4	10.67	226	2
厦门市	70	166	68.75	134	38.33	48	70.60	1	35.33	97	2
莆田市	87.50	6	56.25	186	0	240	56.43	28	12.00	221	2
三明市	42.50	288	58.75	184	8.33	181	25.62	201	17.33	180	4
泉州市	87.50	6	53.75	204	18.33	143	36.75	112	24.00	147	2
漳州市	70	166	37.50	242	11.67	175	25.44	203	0	277	3
南平市	60	239	50	208	0	240	21.59	246	22.00	166	4
龙岩市	70	166	53.75	204	8.33	181	33.21	137	24.00	147	3
宁德市	80	19	52.50	206	8.33	181	26.58	187	13.33	220	4
南昌市	60	239	62.50	160	30	79	57.83	24	17.33	180	2
景德镇市	80	19	31.25	258	38.33	48	32.04	143	10.67	226	3
萍乡市	65.00	217	0	295	0	240	21.75	245	0	277	3
九江市	60	239	87.50	23	38.33	48	24.94	208	34.33	109	3
新余市	60	239	62.50	160	18.33	143	19.23	274	17.33	180	3
鹰潭市	67.50	207	50	208	30	79	19.22	275	47.67	45	4
赣州市	75.00	98	68.75	134	0	240	43.65	70	37.33	78	2
吉安市	75.00	98	62.50	160	8.33	181	31.80	144	10.67	226	4
宜春市	60	239	87.50	23	46.67	41	41.50	83	35.33	97	3
抚州市	80	19	31.25	258	18.33	143	29.81	160	36.33	85	3
上饶市	75.00	98	75.00	100	21.67	130	52.76	43	29.67	118	2
济南市	80	19	87.50	23	21.67	130	60.62	13	22.00	166	1
青岛市	80	19	75.00	100	21.67	130	62.35	9	35.33	97	1
淄博市	75.00	98	87.50	23	38.33	48	43.59	71	30.67	114	2
枣庄市	80	19	100	1	16.67	161	50.53	50	60	15	2
东营市	62.50	238	100	1	71.67	5	26.44	189	55.33	23	3

续表

城市	规划（P）		实施（I）		检查（C）		结果（O）		反馈（F）		城市规模组
	得分	排名	得分	排名	得分	排名	得分	排名	得分	排名	
烟台市	87.50	6	62.50	160	38.33	48	56.30	29	48.67	35	2
潍坊市	87.50	6	62.50	160	26.67	111	47.28	61	55.33	23	2
济宁市	87.50	6	75.00	100	35.00	76	45.29	63	48.67	35	2
泰安市	65.00	217	93.75	15	60	12	51.32	47	43.00	58	2
威海市	60	239	43.75	228	53.33	23	34.26	130	10.67	226	3
日照市	70	166	100	1	28.33	100	31.50	148	48.67	35	3
临沂市	87.50	6	37.50	242	8.33	181	37.19	110	18.67	175	2
德州市	65.00	217	81.25	77	46.67	41	40.56	87	43.00	58	3
聊城市	80	19	18.75	283	0	240	40.52	88	0	277	2
滨州市	60	239	81.25	77	8.33	181	15.68	294	16.67	196	3
菏泽市	75.00	98	50	208	18.33	143	25.62	200	16.33	197	3
郑州市	75.00	98	75.00	100	8.33	181	55.91	32	29.67	118	1
开封市	75.00	98	56.25	186	46.67	41	57.70	25	24.00	147	2
洛阳市	75.00	98	68.75	134	0	240	52.64	44	29.67	118	2
平顶山市	65.00	217	81.25	77	56.67	19	31.19	152	53.33	32	3
安阳市	70	166	87.50	23	0	240	33.40	135	10.67	226	3
鹤壁市	67.50	207	87.50	23	18.33	143	20.24	263	54.33	26	3
新乡市	80	19	50	208	60	12	39.68	91	28.67	134	2
焦作市	80	19	62.50	160	51.67	25	39.67	92	42.00	68	3
濮阳市	65.00	217	37.50	242	0	240	26.41	190	0	277	3
许昌市	80	19	50	208	18.33	143	27.88	173	23.00	161	3
漯河市	75.00	98	56.25	186	28.33	100	22.83	232	24.00	147	3
三门峡市	70	166	100	1	55.00	22	26.12	193	48.67	35	4
南阳市	70	166	81.25	77	30	79	36.94	111	28.67	134	3
商丘市	75.00	98	18.75	283	0	240	29.91	159	0	277	3
信阳市	87.50	6	62.50	160	10	176	26.95	185	36.33	85	3
周口市	60	239	50	208	41.67	46	31.36	150	24.00	147	3
驻马店市	70	166	56.25	186	18.33	143	21.00	254	16.33	197	4
武汉市	70	166	75.00	100	30	79	69.62	2	24.00	147	1
黄石市	70	166	62.50	160	8.33	181	28.46	169	10.67	226	3
十堰市	60	239	81.25	77	8.33	181	38.14	104	17.33	180	2
宜昌市	80	19	75.00	100	30	79	49.55	54	34.33	109	2
襄阳市	87.50	6	81.25	77	8.33	181	49.34	55	17.33	180	2
鄂州市	60	239	62.50	160	8.33	181	21.77	244	16.33	197	4

续表

城市	规划（P）		实施（I）		检查（C）		结果（O）		反馈（F）		城市规模组
	得分	排名	得分	排名	得分	排名	得分	排名	得分	排名	
荆门市	65.00	217	81.25	77	48.33	29	34.79	121	54.33	26	3
孝感市	80	19	68.75	134	26.67	111	34.63	125	10.67	226	3
荆州市	57.50	281	87.50	23	53.33	23	53.70	38	54.33	26	3
黄冈市	80	19	81.25	77	8.33	181	25.26	204	36.33	85	4
咸宁市	70	166	68.75	134	0	240	25.19	207	35.33	97	4
随州市	75.00	98	68.75	134	8.33	181	27.54	179	42.00	68	4
长沙市	80	19	100	1	46.67	41	67.45	6	37.33	78	1
株洲市	80	19	68.75	134	0	240	41.79	77	17.33	180	2
湘潭市	75.00	98	87.50	23	30	79	28.62	167	43.00	58	3
衡阳市	80	19	68.75	134	8.33	181	40.97	85	24.00	147	2
邵阳市	75.00	98	68.75	134	8.33	181	19.02	278	29.67	118	3
岳阳市	80	19	68.75	134	30	79	41.65	79	30.67	114	2
常德市	80	19	81.25	77	38.33	48	43.93	69	35.33	97	3
张家界市	80	19	75.00	100	0	240	33.55	134	10.67	226	4
益阳市	80	19	75.00	100	28.33	100	34.27	129	42.00	68	3
郴州市	75.00	98	68.75	134	60	12	24.83	210	48.67	35	3
永州市	70	166	75.00	100	8.33	181	62.04	11	10.67	226	3
怀化市	65.00	217	75.00	100	8.33	181	26.06	194	37.33	78	3
娄底市	57.50	281	81.25	77	60	12	24.44	215	64.00	10	3
广州市	80	19	68.75	134	48.33	29	61.92	12	46.67	52	1
韶关市	80	19	25.00	279	0	240	24.15	220	0	277	3
深圳市	80	19	87.50	23	68.33	6	39.32	95	66.67	8	1
珠海市	80	19	31.25	258	26.67	111	33.57	133	16.33	197	2
汕头市	80	19	56.25	186	26.67	111	30.54	155	36.33	85	2
佛山市	80	19	12.50	293	38.33	48	41.99	75	17.33	180	1
江门市	70	166	31.25	258	0	240	44.45	66	18.67	175	2
湛江市	90	1	46.25	225	48.33	29	41.76	78	10.67	226	2
茂名市	80	19	31.25	258	0	240	27.65	178	0	277	3
肇庆市	75.00	98	43.75	228	0	240	25.74	197	18.67	175	3
惠州市	75.00	98	25.00	279	18.33	143	23.78	226	10.67	226	2
梅州市	80	19	37.50	242	8.33	181	34.91	120	18.67	175	3
汕尾市	60	239	31.25	258	28.33	100	23.69	227	36.33	85	4
河源市	75.00	98	43.75	228	8.33	181	21.22	252	17.33	180	3
阳江市	70	166	37.50	242	18.33	143	24.72	211	36.33	85	3

续表

城市	规划（P）		实施（I）		检查（C）		结果（O）		反馈（F）		城市规模组
	得分	排名	得分	排名	得分	排名	得分	排名	得分	排名	
清远市	75.00	98	18.75	283	8.33	181	35.64	117	16.33	197	3
东莞市	80	19	56.25	186	38.33	48	37.60	106	24.00	147	1
中山市	80	19	31.25	258	26.67	111	57.93	23	11.00	222	2
潮州市	60	239	18.75	283	21.67	130	36.11	116	5.33	270	3
揭阳市	80	19	43.75	228	48.33	29	36.43	114	10.67	226	3
云浮市	75.00	98	37.50	242	8.33	181	22.63	234	5.33	270	4
南宁市	75.00	98	68.75	134	21.67	130	58.84	20	24.00	147	2
柳州市	70	166	87.50	23	16.67	161	41.30	84	35.33	97	2
桂林市	75.00	98	75.00	100	28.33	100	37.88	105	29.67	118	2
梧州市	75.00	98	87.50	23	0	240	30.90	153	10.67	226	3
北海市	60	239	31.25	258	8.33	181	25.61	202	5.33	270	3
防城港市	67.50	207	87.50	23	0	240	18.11	283	10.67	226	4
钦州市	80	19	75.00	100	30	79	23.55	228	11.00	222	3
贵港市	75.00	98	50	208	8.33	181	17.62	288	18.67	175	3
玉林市	60	239	56.25	186	0	240	25.88	195	10.67	226	3
百色市	60	239	37.50	242	0	240	21.54	247	23.00	161	4
贺州市	60	239	50	208	0	240	18.56	280	10.67	226	4
河池市	65.00	217	56.25	186	0	240	17.41	289	5.33	270	4
来宾市	70	166	46.25	225	8.33	181	19.31	273	5.33	270	4
崇左市	70	166	56.25	186	0	240	18.45	281	5.67	269	4
海口市	67.50	207	87.50	23	30	79	59.28	18	16.33	197	2
三亚市	60	239	81.25	77	18.33	143	38.90	96	56.33	21	3
儋州市	75.00	98	62.50	160	8.33	181	19.06	276	22.00	166	4
重庆市	75.00	98	62.50	160	38.33	48	55.65	33	37.33	78	1
成都市	90	1	81.25	77	56.67	19	47.32	60	17.33	180	1
自贡市	70	166	62.50	160	26.67	111	30.34	158	10.67	226	3
攀枝花市	80	19	37.50	242	38.33	48	37.60	107	10.67	226	3
泸州市	80	19	42.50	240	0	240	31.72	145	10.67	226	3
德阳市	80	19	93.75	15	8.33	181	38.42	100	48.67	35	3
绵阳市	75.00	98	81.25	77	68.33	6	40.30	89	55.33	23	2
广元市	60	239	81.25	77	8.33	181	18.96	279	47.67	45	4
遂宁市	80	19	62.50	160	38.33	48	23.35	230	41.00	75	3
内江市	80	19	68.75	134	8.33	181	27.25	183	62.00	11	3
乐山市	80	19	87.50	23	18.33	143	34.35	127	46.67	52	3

续表

城市	规划（P）		实施（I）		检查（C）		结果（O）		反馈（F）		城市规模组
	得分	排名	得分	排名	得分	排名	得分	排名	得分	排名	
南充市	75.00	98	43.75	228	18.33	143	38.30	102	0	277	2
眉山市	60	239	31.25	258	0	240	16.66	292	35.33	97	3
宜宾市	80	19	56.25	186	30	79	24.59	214	16.33	197	2
广安市	60	239	68.75	134	8.33	181	27.84	175	35.33	97	4
达州市	60	239	43.75	228	56.67	19	36.64	113	10.67	226	3
雅安市	60	239	81.25	77	38.33	48	20.62	256	34.33	109	4
巴中市	80	19	62.50	160	8.33	181	23.16	231	35.33	97	4
资阳市	70	166	31.25	258	8.33	181	24.28	218	0	277	4
贵阳市	60	239	87.50	23	48.33	29	59.86	16	61.00	12	2
六盘水市	75.00	98	56.25	186	0	240	28.92	165	28.67	134	3
遵义市	80	19	81.25	77	38.33	48	48.75	56	10.67	226	2
安顺市	70	166	100	1	30	79	15.51	295	23.00	161	3
毕节市	80	19	37.50	242	0	240	19.53	268	0	277	3
铜仁市	75.00	98	75.00	100	0	240	20.11	265	27.67	143	4
昆明市	70	166	56.25	186	30	79	62.93	7	11.00	222	1
曲靖市	75.00	98	31.25	258	0	240	47.47	59	16.33	197	3
玉溪市	75.00	98	75.00	100	26.67	111	34.69	123	54.33	26	3
保山市	60	239	43.75	228	18.33	143	24.08	223	17.33	180	4
昭通市	60	239	37.50	242	0	240	19.47	269	0	277	4
丽江市	60	239	75.00	100	0	240	24.13	221	10.67	226	4
普洱市	80	19	50	208	26.67	111	24.67	213	17.33	180	4
临沧市	70	166	18.75	283	18.33	143	32.09	142	10.67	226	4
拉萨市	42.50	288	87.50	23	21.67	130	24.89	209	24.00	147	3
日喀则市	35.00	296	12.50	293	0	240	17.01	290	10.67	226	4
昌都市	65.00	217	87.50	23	21.67	130	25.25	205	30.67	114	4
林芝市	75.00	98	58.75	184	0	240	19.44	271	42.00	68	4
山南市	60	239	31.25	258	0	240	22.70	233	10.67	226	4
那曲市	70	166	56.25	186	8.33	181	22.17	241	24.00	147	4
西安市	47.50	287	75.00	100	36.67	75	62.07	10	43.00	58	1
铜川市	42.50	288	100	1	38.33	48	20.57	257	35.33	97	4
宝鸡市	75.00	98	100	1	38.33	48	23.89	225	47.67	45	3
咸阳市	75.00	98	62.50	160	48.33	29	41.63	80	41.00	75	2
渭南市	80	19	0	295	38.33	48	21.10	253	0	277	4
延安市	70	166	87.50	23	8.33	181	31.47	149	42.00	68	4

续表

城市	规划（P）		实施（I）		检查（C）		结果（O）		反馈（F）		城市规模组
	得分	排名	得分	排名	得分	排名	得分	排名	得分	排名	
汉中市	70	166	75.00	100	30	79	25.77	196	37.33	78	3
榆林市	75.00	98	75.00	100	0	240	19.33	272	16.33	197	3
安康市	60	239	87.50	23	38.33	48	24.67	212	53.33	32	4
商洛市	75.00	98	62.50	160	0	240	22.41	238	10.67	226	4
兰州市	75.00	98	87.50	23	26.67	111	67.84	5	29.67	118	2
嘉峪关市	65.00	217	93.75	15	48.33	29	28.33	172	60	15	4
金昌市	60	239	87.50	23	21.67	130	29.68	161	43.00	58	4
白银市	67.50	207	87.50	23	38.33	48	22.13	242	48.67	35	4
天水市	70	166	18.75	283	16.67	161	33.73	131	0	277	3
武威市	65.00	217	31.25	258	8.33	181	21.52	249	0	277	4
张掖市	60	239	87.50	23	8.33	181	16.23	293	27.67	143	4
平凉市	65.00	217	87.50	23	0	240	18.18	282	28.67	134	4
酒泉市	42.50	288	75.00	100	21.67	130	19.44	270	22.00	166	4
庆阳市	70	166	87.50	23	0	240	30.35	157	10.67	226	4
定西市	75.00	98	62.50	160	8.33	181	23.41	229	28.67	134	4
陇南市	70	166	37.50	242	0	240	20.22	264	10.67	226	4
西宁市	57.50	281	87.50	23	21.67	130	46.55	62	53.33	32	2
海东市	60	239	18.75	283	0	240	20.51	258	10.67	226	4
银川市	57.50	281	93.75	15	48.33	29	44.00	67	60	15	2
石嘴山市	42.50	288	68.75	134	8.33	181	20.46	259	28.67	134	4
吴忠市	65.00	217	75.00	100	8.33	181	20.30	262	35.33	97	4
固原市	80	19	75.00	100	16.67	161	21.27	251	41.00	75	4
中卫市	60	239	62.50	160	38.33	48	21.86	243	36.33	85	4
乌鲁木齐市	57.50	281	87.50	23	8.33	181	48.08	58	16.33	197	2
克拉玛依市	60	239	37.50	242	0	240	17.72	285	10.67	226	4
吐鲁番市	67.50	207	50	208	8.33	181	20.97	255	67.67	5	4
哈密市	42.50	288	31.25	258	8.33	181	22.37	239	17.33	180	4
**三沙市	N/A	/	N/A	/	N/A	/	N/A	/	N/A	/	4
最大值	90.00		100		88.33		70.60		86.67		/
最小值	35.00		0		0		14.54		0		/
平均分	71.84		64.49		22.59		34.63		27.89		/
标准差	9.76		22.68		19.48		13.43		17.89		/
变异系数	0.14		0.35		0.86		0.39		0.64		/

注：*因部分数据资料不完整，可能影响诊断结果；**三沙市因相关数据极少，不参与统计。

根据以上得分结果表明，样本城市在生产效率维度的五个环节表现水平存在较大差异，并在规划环节和实施环节推动低碳建设已有显著成果，平均分分别为 71.84 分和 64.49 分。并且规划环节的变异系数较小，为 0.14，说明各样本城市普遍开始重视提升生产效率对提升城市整体低碳水平的重要性，并且已经开始有所行动。但总体水平受检查环节（22.59 分）和反馈环节（27.89 分）的较低水平影响较大。

根据表 8.5 中的数据，可以得到样本城市在生产效率维度的各环节低碳建设水平统计分布图 8.5。可以发现，规划环节和实施环节的得分呈现"样本城市得分分值越大，样本城市数量越多"的情况，同时，规划环节的高分样本城市数量较多的多于实施环节的样本城市数量。对于检查环节、结果环节和反馈环节而言，呈现相反的得分分布情况，即"样本城市得分分值越小，样本城市数量越多"，尤其在检查环节和反馈环节，得分分值在 0~20 分的样本城市与拥有更高得分的样本城市在数量上出现断层。因此，根据以上分析看来，各地政府在未来的低碳建设中应更加注重提升生产效率维度的检查环节和反馈环节，增强其宣传力度与行动力度，进一步完善城市低碳建设的全过程管理。

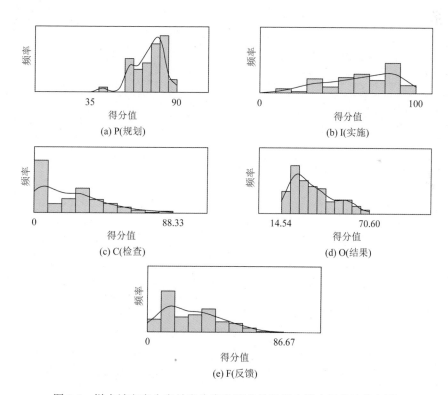

图 8.5　样本城市在生产效率维度各环节的低碳建设水平统计分布图

二、不同规模城市在生产效率维度各管理过程环节的低碳建设水平

基于表 8.5 中的数据，可以得到不同规模城市在生产效率维度各管理过程环节的低碳建设水平得分情况，见表 8.6。

表 8.6 不同规模城市在生产效率维度各环节的低碳建设水平得分表

环节	城市规模	最大值	最小值	平均值	标准差	变异系数
规划（P）	I 类（$N=21$）	90	47.50	78.21	9.13	0.12
	II 类（$N=80$）	90	55.00	76.25	8.43	0.11
	III 类（$N=111$）	87.50	42.50	71.80	7.59	0.11
	IV 类（$N=84$）	80	35.00	66.10	10.47	0.16
实施（I）	I 类（$N=21$）	100	12.50	75.00	19.00	0.25
	II 类（$N=80$）	100	18.75	66.78	22.60	0.34
	III 类（$N=111$）	100	0	62.21	22.85	0.37
	IV 类（$N=84$）	100	0	62.69	22.43	0.36
检查（C）	I 类（$N=21$）	88.33	8.33	42.38	20.59	0.49
	II 类（$N=80$）	68.33	0	26.00	17.92	0.69
	III 类（$N=111$）	80	0	22.61	20.33	0.90
	IV 类（$N=84$）	55.00	0	14.37	14.22	0.99
结果（O）	I 类（$N=21$）	69.62	37.60	56.01	9.14	0.16
	II 类（$N=80$）	70.60	23.78	47.19	9.80	0.21
	III 类（$N=111$）	62.04	14.54	29.83	8.02	0.27
	IV 类（$N=84$）	39.49	16.23	23.68	4.88	0.21
反馈（F）	I 类（$N=21$）	86.67	11.00	39.14	18.74	0.48
	II 类（$N=80$）	75.33	0	28.80	18.36	0.64
	III 类（$N=111$）	69.67	0	27.49	18.35	0.67
	IV 类（$N=84$）	67.67	0	24.74	15.22	0.62

注：表中的 N 表示该规模分组内的城市数量。

根据表 8.6 可以发现，除小城市外，其他规模城市在生产效率维度各环节的低碳建设水平平均得分均呈现"规划环节＞实施环节＞结果环节"的优劣顺序，并且超大及特大城市与大城市的检查环节与反馈环节与其他环节具有较大差异，应重点提升检查环节与反馈环节以帮助提升城市在生产效率维度的整体低碳建设水平。对于中等城市而言，规划环节与实施环节的平均得分高于其他三个环节较多，说明目前中等城市聚焦于规划环节与实施环节，应注意同时加强后三个环节（C-O-F）。小城市在生产效率维度各环节的低碳建水平平均得分呈现"规划环节＞实施环节＞反馈环节"，但反馈环节与结果环节的平均得分相差很小，并且检查环节呈现较低水平，说明小城市在生产效率维度的低碳建设中存在"两头重中间轻"的哑铃现象，应提升对低碳建设行动的检查环节以帮助有效提升小城市整体在生产效率维度的低碳建设水平。

基于表 8.6 中的数据，可以进一步绘制样本城市以及各规模样本城市在生产效率维度各管理环节的低碳建设水平得分平行坐标图，如图 8.6 所示。

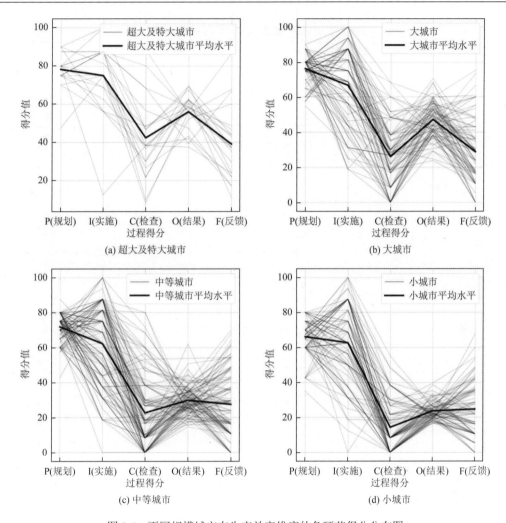

图 8.6　不同规模城市在生产效率维度的各环节得分分布图

　　由图 8.6 可以更直观地发现,样本城市在生产效率维度的检查环节和反馈环节的表现较差,在结果环节的得分表现也比较低。虽然各样本城市在规划环节整体得分表现较好于实施环节,但是实施环节中各样本城市的低碳建设水平差异较大,较多的城市在实施环节达到满分,也有部分城市取得 40 分以下的得分。符合第一组>第二组>第三组>第四组的得分优劣顺序,并且四组城市分组的得分线条无交叉部分,说明城市低碳城市建设水平在生产效率维度各环节基本呈现城市规模越大,低碳建设水平越高。

第四节　城市居民维度的城市低碳建设环节水平

一、样本城市在城市居民维度各管理过程环节的低碳建设水平得分

　　培育城市居民低碳生活方式是低碳城市建设的重要环节。根据第五章的实证数据以

及第三章构建的城市低碳建设水平诊断公式，可以得到样本城市在城市居民维度各环节的低碳建设水平得分，见表 8.7。

表 8.7　样本城市在城市居民（Po）维度各环节的低碳建设水平得分表

城市	规划（P）		实施（I）		检查（C）		结果（O）		反馈（F）		城市规模组
	得分	排名	得分	排名	得分	排名	得分	排名	得分	排名	
北京市	90.31	39	95.00	1	91.25	2	53.38	35	87.50	2	1
天津市	97.52	12	68.75	11	83.75	13	49.14	114	50	44	1
石家庄市	95.22	30	63.75	23	66.25	75	45.47	187	50	44	2
唐山市	22.42	293	10	269	50	132	55.08	15	25.00	150	2
秦皇岛市	83.08	119	18.75	225	51.25	122	51.21	71	25.00	150	2
邯郸市	69.89	220	28.75	153	26.25	233	47.90	139	12.50	225	2
邢台市	89.67	40	22.50	192	50	132	51.20	72	50	44	2
保定市	69.50	228	12.50	261	32.50	231	53.65	32	25.00	150	2
张家口市	67.25	234	45.00	82	33.75	207	47.44	150	12.50	225	2
承德市	71.21	212	58.75	28	50	132	49.62	103	12.50	225	3
沧州市	55.39	269	15.00	256	51.25	122	52.60	45	25.00	150	3
廊坊市	75.17	179	10	269	8.75	276	43.03	231	0	273	3
衡水市	88.35	75	21.25	215	42.50	161	54.83	20	25.00	150	3
太原市	65.94	242	65.00	18	75.00	34	41.37	247	62.50	16	2
大同市	73.85	200	58.75	28	83.75	13	49.32	111	37.50	82	2
阳泉市	75.17	179	43.75	84	17.50	259	44.18	212	37.50	82	3
长治市	73.85	200	52.50	46	41.25	183	48.19	129	37.50	82	2
晋城市	67.25	234	47.50	55	41.25	183	59.05	5	37.50	82	3
朔州市	96.27	13	22.50	192	33.75	207	49.39	110	0	273	4
晋中市	89.67	40	46.25	64	51.25	122	60.13	2	37.50	82	3
运城市	83.08	119	41.25	86	50	132	51.73	59	25.00	150	3
忻州市	85.72	82	27.50	180	66.25	75	48.93	118	37.50	82	4
临汾市	89.67	40	31.25	149	8.75	276	50.63	84	37.50	82	3
吕梁市	81.76	143	52.50	46	58.75	92	46.13	176	12.50	225	4
呼和浩特市	83.08	119	57.50	36	75.00	34	43.11	230	50	44	2
包头市	67.25	234	46.25	64	75.00	34	36.57	274	25.00	150	2
乌海市	77.80	167	28.75	153	25.00	247	39.69	261	25.00	150	3
赤峰市	67.25	234	27.50	180	42.50	161	51.10	74	62.50	16	2
通辽市	60.66	258	33.75	131	67.50	66	50.27	95	0	273	4
鄂尔多斯市	85.72	82	28.75	153	58.75	92	50.35	92	37.50	82	3
呼伦贝尔市	54.07	273	37.50	111	25.00	247	45.91	180	12.50	225	4

续表

城市	规划（P）		实施（I）		检查（C）		结果（O）		反馈（F）		城市规模组
	得分	排名	得分	排名	得分	排名	得分	排名	得分	排名	
巴彦淖尔市	89.67	40	10	269	8.75	276	51.08	76	25.00	150	4
乌兰察布市	27.69	290	16.25	231	42.50	161	42.67	235	0	273	4
沈阳市	58.13	263	50	53	57.50	109	49.54	105	37.50	82	1
大连市	83.08	119	31.25	149	25.00	247	55.07	16	12.50	225	1
鞍山市	72.53	208	10	269	8.75	276	50.10	98	12.50	225	2
抚顺市	85.72	82	26.25	188	50	132	39.76	260	12.50	225	2
本溪市	67.25	234	35.00	114	50	132	42.73	233	12.50	225	3
丹东市	79.12	152	10	269	17.50	259	47.82	144	12.50	225	3
锦州市	75.17	179	22.50	192	8.75	276	49.54	106	12.50	225	2
营口市	21.10	294	40	98	51.25	122	44.38	206	37.50	82	3
阜新市	71.21	212	35.00	114	41.25	183	40.73	253	37.50	82	3
辽阳市	72.53	208	22.50	192	42.50	161	43.27	228	12.50	225	3
盘锦市	63.30	247	16.25	231	57.50	109	46.11	177	37.50	82	3
铁岭市	56.70	266	10	269	16.25	272	48.86	121	25.00	150	4
朝阳市	59.34	259	31.25	149	57.50	109	46.32	172	37.50	82	3
葫芦岛市	67.25	234	38.75	109	41.25	183	47.31	154	37.50	82	3
长春市	83.38	118	35.00	114	58.75	92	44.93	196	25.00	150	2
吉林市	89.67	40	75.00	6	91.25	2	51.66	62	25.00	150	2
四平市	75.17	179	41.25	86	67.50	66	46.84	163	0	273	4
辽源市	89.67	40	33.75	131	57.50	109	46.66	166	0	273	4
通化市	79.12	152	27.50	180	41.25	183	45.50	186	12.50	225	4
白山市	85.72	82	21.25	215	66.25	75	38.97	265	0	273	4
松原市	75.17	179	16.25	231	46.25	160	49.50	107	25.00	150	4
白城市	79.12	152	16.25	231	25.00	247	44.68	200	12.50	225	4
哈尔滨市	56.40	268	50	53	42.50	161	51.63	64	12.50	225	1
齐齐哈尔市	89.67	40	15.00	256	51.25	122	46.70	165	0	273	2
鸡西市	58.02	264	10	269	8.75	276	41.02	251	12.50	225	3
鹤岗市	79.12	152	11.25	264	42.50	161	36.01	279	25.00	150	3
双鸭山市	83.08	119	22.50	192	50	132	45.16	190	25.00	150	4
大庆市	63.30	247	10	269	8.75	276	39.29	263	0	273	2
伊春市	87.03	81	28.75	153	50	132	41.22	249	0	273	4
佳木斯市	44.84	284	11.25	264	8.75	276	47.18	158	0	273	3
七台河市	98.90	5	41.25	86	51.25	122	54.88	19	0	273	4
牡丹江市	77.80	167	16.25	231	50	132	47.31	155	0	273	3

续表

城市	规划（P）		实施（I）		检查（C）		结果（O）		反馈（F）		城市规模组
	得分	排名	得分	排名	得分	排名	得分	排名	得分	排名	
黑河市	55.39	269	11.25	264	26.25	233	48.50	125	25.00	150	4
绥化市	32.97	287	28.75	153	41.25	183	53.82	30	50	44	4
上海市	85.49	105	87.50	3	82.50	24	45.20	189	50	44	1
南京市	71.05	219	58.75	28	73.75	53	35.55	280	75.00	5	1
无锡市	88.35	75	35.00	114	66.25	75	43.94	215	50	44	2
徐州市	69.50	228	21.25	215	48.75	158	52.72	43	12.50	225	2
常州市	71.21	212	12.50	261	17.50	259	43.92	218	25.00	150	2
苏州市	91.04	37	22.50	192	42.50	161	47.35	153	37.50	82	2
南通市	75.17	179	33.75	131	65.00	91	48.32	126	25.00	150	2
连云港市	79.12	152	22.50	192	33.75	207	43.32	226	12.50	225	2
淮安市	84.40	107	16.25	231	33.75	207	43.93	216	25.00	150	2
盐城市	90.99	38	33.75	131	67.50	66	44.37	207	37.50	82	2
扬州市	96.27	13	65.00	18	73.75	53	42.37	240	25.00	150	2
镇江市	54.07	273	57.50	36	91.25	2	45.67	184	50	44	3
泰州市	80.44	148	22.50	192	33.75	207	48.68	122	37.50	82	3
宿迁市	73.85	200	46.25	64	83.75	13	52.27	50	25.00	150	3
杭州市	89.37	74	88.75	2	83.75	13	52.85	41	75.00	5	1
宁波市	102.41	4	65.00	18	82.50	24	50.34	93	62.50	16	2
温州市	98.90	5	58.75	28	83.75	13	48.04	137	37.50	82	2
嘉兴市	94.95	31	28.75	153	67.50	66	51.04	78	50	44	3
湖州市	89.67	40	66.25	14	83.75	13	48.12	136	75.00	5	3
绍兴市	89.67	40	35.00	114	73.75	53	48.32	127	50	44	2
金华市	98.90	5	63.75	23	83.75	13	53.77	31	62.50	16	3
衢州市	85.72	82	47.50	55	73.75	53	47.77	145	50	44	3
舟山市	79.12	152	47.50	55	67.50	66	38.14	271	12.50	225	3
台州市	71.21	212	35.00	114	50	132	50.88	82	0	273	2
丽水市	64.62	246	46.25	64	100	1	58.64	8	50	44	4
合肥市	65.85	245	46.25	64	50	132	41.81	243	37.50	82	2
芜湖市	54.07	273	58.75	28	82.50	24	46.90	162	50	44	2
蚌埠市	59.34	259	46.25	64	75.00	34	46.79	164	25.00	150	3
淮南市	85.72	82	40	98	66.25	75	49.81	100	25.00	150	2
马鞍山市	81.76	143	46.25	64	91.25	2	43.91	219	25.00	150	3
淮北市	83.08	119	10	269	35.00	199	44.77	199	12.50	225	3
铜陵市	89.67	40	56.25	39	73.75	53	46.10	178	62.50	16	3

续表

城市	规划（P）		实施（I）		检查（C）		结果（O）		反馈（F）		城市规模组
	得分	排名	得分	排名	得分	排名	得分	排名	得分	排名	
安庆市	79.12	152	53.75	41	75.00	34	50.49	90	62.50	16	3
黄山市	89.67	40	16.25	231	25.00	247	42.65	236	25.00	150	4
滁州市	75.17	179	41.25	86	58.75	92	50.38	91	25.00	150	4
阜阳市	96.27	13	71.25	10	82.50	24	48.15	134	12.50	225	3
宿州市	84.40	107	35.00	114	58.75	92	53.42	34	25.00	150	3
六安市	75.17	179	47.50	55	73.75	53	48.93	119	12.50	225	3
亳州市	63.30	247	47.50	55	66.25	75	53.89	29	12.50	225	3
池州市	75.17	179	16.25	231	41.25	183	44.97	193	25.00	150	4
宣城市	89.67	40	28.75	153	50	132	45.74	183	12.50	225	4
福州市	77.80	167	66.25	14	57.50	109	50.92	81	62.50	16	2
厦门市	27.69	290	47.50	55	82.50	24	48.17	132	37.50	82	2
莆田市	85.72	82	28.75	153	50	132	51.75	58	50	44	2
三明市	69.89	220	33.75	131	58.75	92	40.58	255	37.50	82	4
泉州市	81.76	143	10	269	42.50	161	52.52	46	25.00	150	2
漳州市	96.27	13	27.50	180	50	132	48.15	135	25.00	150	3
南平市	73.85	200	28.75	153	35.00	199	43.60	223	50	44	4
龙岩市	79.12	152	27.50	180	66.25	75	41.16	250	25.00	150	3
宁德市	63.30	247	28.75	153	50	132	41.96	242	25.00	150	4
南昌市	98.90	5	47.50	55	66.25	75	42.62	237	25.00	150	2
景德镇市	88.35	75	28.75	153	50	132	42.35	241	25.00	150	3
萍乡市	75.17	179	21.25	215	26.25	233	30.99	288	0	273	3
九江市	83.08	119	35.00	114	32.50	231	45.34	188	37.50	82	3
新余市	69.89	220	16.25	231	41.25	183	42.61	239	25.00	150	3
鹰潭市	85.72	82	53.75	41	75.00	34	47.86	142	62.50	16	4
赣州市	92.24	36	52.50	46	73.75	53	51.17	73	25.00	150	2
吉安市	89.67	40	33.75	131	58.75	92	52.31	49	50	44	4
宜春市	89.67	40	35.00	114	50	132	51.22	70	62.50	16	3
抚州市	54.07	273	40	98	57.50	109	49.17	113	50	44	3
上饶市	79.12	152	40	98	67.50	66	46.61	169	50	44	2
济南市	71.63	211	46.25	64	75.00	34	39.49	262	37.50	82	1
青岛市	75.67	178	66.25	14	73.75	53	44.83	197	62.50	16	1
淄博市	105.50	1	40	98	58.75	92	48.19	130	12.50	225	2
枣庄市	85.72	82	41.25	86	73.75	53	52.33	48	25.00	150	2
东营市	89.67	40	41.25	86	91.25	2	37.77	273	12.50	225	3

续表

城市	规划（P）		实施（I）		检查（C）		结果（O）		反馈（F）		城市规模组
	得分	排名	得分	排名	得分	排名	得分	排名	得分	排名	
烟台市	85.72	82	52.50	46	66.25	75	54.03	26	25.00	150	2
潍坊市	93.87	34	58.75	28	57.50	109	51.06	77	50	44	2
济宁市	96.27	13	41.25	86	83.75	13	50.25	96	25.00	150	2
泰安市	85.72	82	16.25	231	41.25	183	47.60	149	25.00	150	2
威海市	96.27	13	46.25	64	91.25	2	41.73	245	50	44	3
日照市	89.67	40	33.75	131	33.75	207	53.17	38	37.50	82	3
临沂市	89.67	40	27.50	180	91.25	2	58.95	6	25.00	150	2
德州市	89.67	40	53.75	41	75.00	34	55.18	14	25.00	150	3
聊城市	96.27	13	28.75	153	75.00	34	52.27	51	25.00	150	2
滨州市	89.67	40	16.25	231	8.75	276	45.16	191	0	273	3
菏泽市	55.39	269	41.25	86	41.25	183	50.61	87	0	273	3
郑州市	68.85	230	46.25	64	58.75	92	51.95	56	62.50	16	1
开封市	89.67	40	33.75	131	57.50	109	51.03	79	25.00	150	2
洛阳市	85.72	82	41.25	86	50	132	45.86	181	12.50	225	2
平顶山市	92.31	35	10	269	33.75	207	47.29	156	12.50	225	3
安阳市	96.27	13	40	98	50	132	56.07	13	25.00	150	3
鹤壁市	98.90	5	43.75	84	58.75	92	50.32	94	25.00	150	3
新乡市	36.92	286	22.50	192	67.50	66	47.36	152	25.00	150	2
焦作市	83.08	119	35.00	114	75.00	34	52.76	42	12.50	225	3
濮阳市	79.12	152	40	98	25.00	247	54.93	17	25.00	150	3
许昌市	73.85	200	18.75	225	8.75	276	44.41	205	25.00	150	3
漯河市	14.51	295	22.50	192	41.25	183	48.55	124	25.00	150	3
三门峡市	73.85	200	22.50	192	25.00	247	52.94	39	25.00	150	4
南阳市	79.12	152	46.25	64	75.00	34	63.72	1	37.50	82	3
商丘市	98.90	5	28.75	153	75.00	34	52.94	40	37.50	82	3
信阳市	94.95	31	28.75	153	42.50	161	50.62	86	12.50	225	3
周口市	71.21	212	46.25	64	83.75	13	54.53	22	50	44	3
驻马店市	84.40	107	33.75	131	33.75	207	52.10	53	0	273	4
武汉市	79.47	151	62.50	25	75.00	34	35.24	282	87.50	2	1
黄石市	83.08	119	35.00	114	42.50	161	41.41	246	25.00	150	3
十堰市	96.27	13	75.00	6	75.00	34	43.38	225	25.00	150	2
宜昌市	89.67	40	46.25	64	82.50	24	50.49	88	37.50	82	2
襄阳市	96.27	13	75.00	6	75.00	34	54.88	18	25.00	150	2
鄂州市	89.67	40	21.25	215	66.25	75	39.97	259	37.50	82	4

续表

| 城市 | 规划（P） | | 实施（I） | | 检查（C） | | 结果（O） | | 反馈（F） | | 城市规 |
	得分	排名	得分	排名	得分	排名	得分	排名	得分	排名	模组
荆门市	89.67	40	46.25	64	66.25	75	47.65	147	25.00	150	3
孝感市	31.65	289	10	269	17.50	259	47.90	138	12.50	225	3
荆州市	76.48	177	58.75	28	91.25	2	44.13	213	25.00	150	3
黄冈市	71.21	212	28.75	153	33.75	207	46.02	179	50	44	4
咸宁市	94.95	31	28.75	153	42.50	161	37.87	272	12.50	225	4
随州市	69.89	220	65.00	18	58.75	92	47.42	151	50	44	4
长沙市	77.57	175	62.50	25	33.75	207	41.32	248	62.50	16	1
株洲市	80.44	148	22.50	192	42.50	161	46.30	173	0	273	2
湘潭市	75.17	179	27.50	180	42.50	161	43.17	229	12.50	225	3
衡阳市	13.19	296	10	269	26.25	233	51.83	57	0	273	2
邵阳市	77.80	167	15.00	256	8.75	276	48.87	120	12.50	225	3
岳阳市	75.17	179	28.75	153	35.00	199	45.76	182	25.00	150	2
常德市	27.69	290	16.25	231	33.75	207	52.03	55	50	44	3
张家界市	75.17	179	10	269	25.00	247	40.20	258	12.50	225	4
益阳市	84.40	107	21.25	215	35.00	199	51.69	61	25.00	150	3
郴州市	79.12	152	22.50	192	26.25	233	46.50	170	25.00	150	3
永州市	89.67	40	33.75	131	26.25	233	42.79	232	25.00	150	3
怀化市	75.17	179	16.25	231	35.00	199	43.92	217	12.50	225	3
娄底市	79.12	152	16.25	231	42.50	161	46.62	168	50	44	3
广州市	78.27	166	67.50	13	82.50	24	53.37	36	62.50	16	1
韶关市	75.17	179	22.50	192	58.75	92	44.35	208	25.00	150	3
深圳市	87.90	80	83.75	4	91.25	2	49.60	104	62.50	16	1
珠海市	63.30	247	28.75	153	50	132	36.13	277	50	44	2
汕头市	59.34	259	28.75	153	58.75	92	47.63	148	12.50	225	2
佛山市	76.69	176	12.50	261	25.00	247	45.13	192	0	273	1
江门市	83.08	119	28.75	153	26.25	233	40.88	252	25.00	150	2
湛江市	81.76	143	32.50	148	42.50	161	49.96	99	50	44	2
茂名市	83.08	119	10	269	33.75	207	54.60	21	0	273	3
肇庆市	68.57	231	53.75	41	50	132	51.08	75	50	44	3
惠州市	96.27	13	40	98	50	132	46.33	171	50	44	2
梅州市	85.72	82	45.00	82	73.75	53	53.35	37	25.00	150	3
汕尾市	85.72	82	52.50	46	66.25	75	47.76	146	25.00	150	4
河源市	84.40	107	16.25	231	33.75	207	38.56	267	0	273	3
阳江市	77.80	167	25.00	191	42.50	161	44.68	201	12.50	225	3

续表

城市	规划（P）		实施（I）		检查（C）		结果（O）		反馈（F）		城市规模组
	得分	排名	得分	排名	得分	排名	得分	排名	得分	排名	
清远市	85.72	82	22.50	192	48.75	158	43.40	224	12.50	225	3
东莞市	85.63	104	33.75	131	51.25	122	58.90	7	50	44	1
中山市	83.08	119	38.75	109	82.50	24	57.41	10	50	44	2
潮州市	89.67	40	16.25	231	42.50	161	51.41	67	25.00	150	3
揭阳市	83.08	119	26.25	188	26.25	233	51.40	68	0	273	3
云浮市	83.08	119	16.25	231	42.50	161	50.49	89	0	273	4
南宁市	80.63	147	33.75	131	73.75	53	51.27	69	50	44	2
柳州市	105.50	1	33.75	131	33.75	207	38.29	270	37.50	82	2
桂林市	83.08	119	16.25	231	33.75	207	54.15	25	12.50	225	2
梧州市	88.35	75	10	269	8.75	276	46.13	175	0	273	3
北海市	96.27	13	21.25	215	26.25	233	27.87	292	25.00	150	3
防城港市	83.08	119	10	269	16.25	272	31.76	287	0	273	4
钦州市	67.25	234	35.00	114	26.25	233	42.62	238	37.50	82	3
贵港市	89.67	40	10	269	17.50	259	47.88	140	0	273	3
玉林市	85.72	82	21.25	215	75.00	34	50.63	85	0	273	3
百色市	71.21	212	6.25	290	17.50	259	44.97	194	0	273	4
贺州市	73.85	200	5.00	294	8.75	276	50.87	83	0	273	4
河池市	85.72	82	28.75	153	42.50	161	44.80	198	25.00	150	4
来宾市	89.67	40	16.25	231	25.00	247	45.58	185	0	273	4
崇左市	85.72	82	15.00	256	33.75	207	49.28	112	25.00	150	4
海口市	55.39	269	22.50	192	26.25	233	47.88	141	25.00	150	2
三亚市	89.67	40	40	98	26.25	233	23.92	295	50	44	3
儋州市	77.80	167	22.50	192	17.50	259	51.41	66	0	273	4
重庆市	82.80	142	66.25	14	75.00	34	59.74	3	62.50	16	1
成都市	85.31	106	81.25	5	82.50	24	53.46	33	87.50	2	1
自贡市	83.08	119	33.75	131	33.75	207	38.79	266	25.00	150	3
攀枝花市	61.98	253	40	98	50	132	47.83	143	25.00	150	3
泸州市	69.89	220	18.75	225	41.25	183	51.46	65	25.00	150	3
德阳市	61.98	253	30	152	51.25	122	44.94	195	25.00	150	3
绵阳市	84.40	107	46.25	64	82.50	24	44.54	203	25.00	150	2
广元市	51.43	280	36.25	113	33.75	207	49.11	115	50	44	4
遂宁市	96.27	13	47.50	55	58.75	92	51.72	60	25.00	150	3
内江市	72.53	208	26.25	188	50	132	49.70	102	62.50	16	3
乐山市	77.80	167	41.25	86	33.75	207	44.55	202	25.00	150	3

城市	规划（P）		实施（I）		检查（C）		结果（O）		反馈（F）		城市规模组
	得分	排名	得分	排名	得分	排名	得分	排名	得分	排名	
南充市	85.72	82	17.50	230	42.50	161	47.20	157	25.00	150	2
眉山市	83.08	119	62.50	25	66.25	75	40.68	254	50	44	3
宜宾市	68.57	231	35.00	114	17.50	259	43.69	222	12.50	225	2
广安市	83.08	119	57.50	36	75.00	34	56.70	11	37.50	82	4
达州市	75.17	179	35.00	114	17.50	259	56.34	12	37.50	82	3
雅安市	89.67	40	28.75	153	58.75	92	36.33	275	50	44	4
巴中市	84.40	107	21.25	215	25.00	247	48.23	128	25.00	150	4
*资阳市	84.40	107	0	295	0	295	48.56	123	0	273	4
贵阳市	84.40	107	46.25	64	73.75	53	27.34	293	62.50	16	2
六盘水市	96.27	13	16.25	231	26.25	233	49.47	108	12.50	225	3
遵义市	83.08	119	22.50	192	42.50	161	39.07	264	12.50	225	2
安顺市	77.80	167	10	269	42.50	161	46.21	174	0	273	3
毕节市	69.89	220	22.50	192	41.25	183	59.60	4	12.50	225	3
铜仁市	89.67	40	16.25	231	35.00	199	43.85	221	25.00	150	4
昆明市	59.34	259	72.50	9	73.75	53	52.04	54	25.00	150	1
曲靖市	85.72	82	15.00	256	17.50	259	49.45	109	0	273	3
玉溪市	96.27	13	47.50	55	66.25	75	48.18	131	12.50	225	3
保山市	65.94	242	41.25	86	58.75	92	43.30	227	25.00	150	4
昭通市	65.94	242	16.25	231	41.25	183	47.12	161	12.50	225	4
丽江市	89.67	40	16.25	231	25.00	247	47.15	159	0	273	4
*普洱市	89.67	40	0	295	0	295	51.65	63	0	273	4
临沧市	75.17	179	22.50	192	33.75	207	49.04	116	0	273	4
拉萨市	50.11	281	35.00	114	83.75	13	35.50	281	25.00	150	3
日喀则市	42.20	285	27.50	180	35.00	199	24.59	294	37.50	82	4
昌都市	54.07	273	41.25	86	33.75	207	44.34	209	12.50	225	4
林芝市	75.17	179	11.25	264	8.75	276	30.20	290	0	273	4
山南市	63.30	247	18.75	225	17.50	259	31.93	286	25.00	150	4
那曲市	32.97	287	6.25	290	8.75	276	44.49	204	25.00	150	4
西安市	74.66	199	46.25	64	91.25	2	44.11	214	50	44	1
铜川市	69.89	220	51.25	52	58.75	92	36.02	278	25.00	150	4
宝鸡市	61.98	253	28.75	153	83.75	13	47.12	160	12.50	225	3
咸阳市	79.12	152	52.50	46	57.50	109	40.32	257	25.00	150	2
渭南市	56.70	266	21.25	215	33.75	207	50.22	97	0	273	4
延安市	96.27	13	28.75	153	33.75	207	42.71	234	25.00	150	4

续表

城市	规划（P）		实施（I）		检查（C）		结果（O）		反馈（F）		城市规模组
	得分	排名	得分	排名	得分	排名	得分	排名	得分	排名	
汉中市	61.98	253	53.75	41	66.25	75	53.91	28	37.50	82	3
榆林市	58.02	264	33.75	131	57.50	109	36.18	276	25.00	150	3
安康市	61.98	253	65.00	18	91.25	2	54.45	23	25.00	150	4
商洛市	88.35	75	10	269	8.75	276	49.73	101	0	273	4
兰州市	84.40	107	16.25	231	67.50	66	38.45	268	25.00	150	2
嘉峪关市	75.17	179	46.25	64	75.00	34	41.80	244	25.00	150	4
金昌市	98.90	5	22.50	192	33.75	207	40.46	256	50	44	4
白银市	89.67	40	37.50	111	57.50	109	46.65	167	25.00	150	4
天水市	80.44	148	40	98	57.50	109	53.95	27	25.00	150	3
武威市	89.67	40	58.75	28	57.50	109	57.89	9	25.00	150	4
张掖市	96.27	13	33.75	131	50	132	49.01	117	50	44	4
平凉市	85.72	82	35.00	114	41.25	183	50.95	80	25.00	150	4
酒泉市	75.17	179	28.75	153	26.25	233	43.91	220	25.00	150	4
庆阳市	54.07	273	28.75	153	50	132	54.30	24	25.00	150	4
定西市	83.08	119	6.25	290	8.75	276	52.64	44	0	273	4
陇南市	83.08	119	6.25	290	8.75	276	52.39	47	25.00	150	4
西宁市	73.85	200	56.25	39	66.25	75	28.66	291	75.00	5	2
海东市	67.25	234	35.00	114	35.00	199	33.42	284	0	273	4
银川市	84.40	107	68.75	11	67.50	66	44.27	211	50	44	2
石嘴山市	105.50	1	33.75	131	51.25	122	32.59	285	25.00	150	4
吴忠市	46.15	283	16.25	231	17.50	259	52.22	52	25.00	150	4
固原市	54.07	273	18.75	225	16.25	272	44.28	210	12.50	225	4
中卫市	85.72	82	11.25	264	41.25	183	38.44	269	25.00	150	4
乌鲁木齐市	69.89	220	28.75	153	17.50	259	30.33	289	0	273	2
克拉玛依市	68.57	231	22.50	192	8.75	276	19.00	296	0	273	4
吐鲁番市	47.47	282	22.50	192	51.25	122	48.15	133	0	273	4
哈密市	83.08	119	10	269	16.25	272	34.58	283	37.50	82	4
**三沙市	N/A	/	N/A	/	N/A	/	N/A	/	N/A	/	4
最大值	105.5	/	95.00	/	100	/	63.72	/	87.50	/	/
最小值	13.19	/	0	/	0	/	19.00	/	0	/	/
平均分	77.33	/	33.94	/	49.14	/	46.75	/	27.28	/	/
标准差	15.87		18.07	/	22.87	/	6.49	/	19.42	/	/
变异系数	0.21	/	0.53	/	0.47	/	0.14	/	0.71	/	/

注：*因部分数据资料不完整，可能影响诊断结果；**三沙市因相关数据极少，不参与统计。

根据表 8.7 中的数据,可以得到样本城市在城市居民维度的各环节低碳建设水平统计分布图 8.7。可以看出,规划环节和结果环节数据属于左偏分布,说明大多数都分布于高分处,但是规划环节高分集中在 84.05 分左右,结果环节高分集中在 48.81 分左右;而实施、检查、结果和规划环节数据属于右偏分布或者尖峰分布,说明大多数都分布于低分处,或者数据分布很集中在中部。

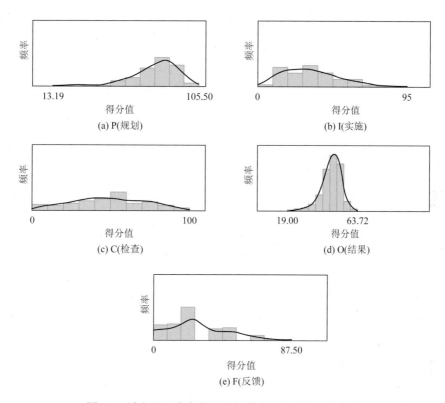

图 8.7　城市居民维度各环节低碳建设水平统计分布图

二、不同规模城市在城市居民维度各管理过程环节的低碳建设水平

根据表 8.7 中的数据,可以进一步得到不同规模城市在城市居民维度各管理过程环节的水平得分见表 8.8 和图 8.8。

表 8.8　不同规模城市在城市居民维度各环节的低碳建设水平得分表

环节	城市规模	最大值	最小值	平均值	标准差	变异系数
规划（P）	I 类（$N=21$）	97.52	56.40	77.86	10.64	0.14
	II 类（$N=80$）	105.50	13.19	79.20	16.77	0.21
	III类（$N=111$）	98.90	14.51	77.08	15.78	0.20
	IV 类（$N=84$）	105.50	27.69	75.76	16.02	0.21

续表

环节	城市规模	最大值	最小值	平均值	标准差	变异系数
实施（I）	I 类（$N=21$）	95.00	12.50	60.83	20.39	0.34
	II 类（$N=80$）	75.00	10	36.89	17.44	0.47
	III类（$N=111$）	71.25	10	32.42	14.93	0.46
	IV类（$N=84$）	65.00	0	26.43	14.61	0.55
检查（C）	I 类（$N=21$）	91.25	25.00	68.04	20.69	0.30
	II 类（$N=80$）	91.25	8.75	55.36	20.83	0.38
	III类（$N=111$）	91.25	8.75	48.43	22.38	0.46
	IV类（$N=84$）	100	0	39.42	20.96	0.53
结果（O）	I 类（$N=21$）	59.74	35.24	48.64	6.68	0.14
	II 类（$N=80$）	58.95	27.34	46.74	5.90	0.13
	III类（$N=111$）	63.72	23.92	47.32	6.24	0.13
	IV类（$N=84$）	58.64	19.00	45.52	7.07	0.16
反馈（F）	I 类（$N=21$）	87.50	0	52.98	24.37	0.46
	II 类（$N=80$）	75.00	0	30.16	17.31	0.57
	III类（$N=111$）	75.00	0	25.79	16.89	0.65
	IV类（$N=84$）	62.50	0	20.09	17.04	0.85

注：表中的 N 表示该规模分组内的城市数量。

从表 8.8 和图 8.8 可以得出以下总结。

（1）在城市居民维度的规划（P）环节，不同城市规模均分取值范围为 75.76～79.20

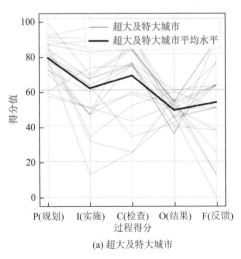

(a) 超大及特大城市

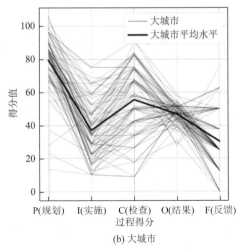

(b) 大城市

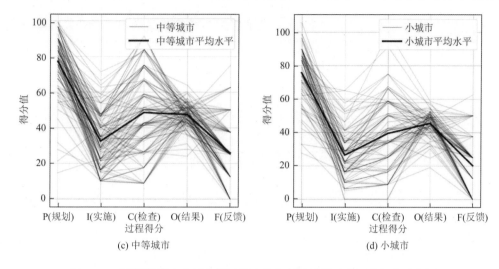

图 8.8　不同规模城市在城市居民维度的各低碳建设过程环节得分分布图

分，不同城市规模得分之间不存在显著差异，但是远高于其他四个环节平均得分，这说明样本城市在"十四五"专项规划中对居民低碳生活方式有明确的目标和要求。结合第五章城市居民维度各环节的具体得分变量实证数据，可以得出我国城市在居民低碳消费方面的规划环节可以进一步加强。

（2）在城市居民维度的实施（I）和检查（C）环节，不同规模城市得分之间存在显著差异，其表现结果：超大以及特大城市（两环节平均得分分别为 60.83 分和 68.04 分）>大城市（36.89 分和 55.36 分）>中等城市（32.42 分和 48.43 分）>小城市（26.43 分和 39.42 分），这说明大城市、中等城市和小城市在城市居民维度的实施和检查环节还需进一步加强。总体来讲，样本城市在实施和检查环节平均分分别为 33.94 分和 49.14 分，可以看出检查环节得分高于实施环节得分。结合第五章城市居民维度各环节的具体得分变量实证数据，可以得出在实施环节中制定面向居民生活消费习惯低碳化的总体机制保障偏弱，但在检查环节中针对居民低碳居住、低碳出行、低碳消费的分方面监督检查制度较为完善，因此检查环节的得分优于实施环节，同时也表明许多城市缺乏引导居民生活消费低碳化的总体制度框架，落实居民低碳生活消费的措施较为分散。在实施环节和检查环节的资源保障方面，政府公开资料显示，资金保障和人力保障都不足，技术保障则更多地只在实施环节有所作用，无法跟进检查环节。

（3）在城市居民维度的结果（O）环节，不同规模城市平均得分的范围为 45.52~48.64分，可以看出不同城市规模得分之间不存在显著差异。但是在超大及特大城市规模中，五环节之间其结果环节得分最低，但是在大城市、中等城市和小城市规模中，但实施环节和反馈环节得分最差，这说明不同城市规模在低碳建设过程的各环节存在各种短板效应。

（4）在城市居民维度的反馈（F）环节，不同规模城市得分之间存在显著差异，其表现结果：超大以及特大城市（52.98 分）>大城市（30.16 分）>中等城市（25.79 分）>小城市（20.09 分），这说明反馈环节不仅在五环节中表现最差，且城市间的表现差异也很大。在反馈环节，无论是针对居民低碳生活消费习惯的奖励机制，还是政府部门对引导居民低碳生活消费习惯采取的创新优化方案，得分均较低，这一现象说明政府对跟进和反馈居民低碳生活消费的意识不足。

第五节　水域碳汇维度的城市低碳建设环节水平

一、样本城市在水域碳汇维度各管理过程环节的低碳建设水平得分

将第五章的实证数据代入第三章建立的水域碳汇维度各环节低碳建设水平的计算公式中，可以得到样本城市在水域碳汇维度各环节的低碳建设水平得分，见表 8.9。

表 8.9　样本城市在水域碳汇（Wa）维度的五个环节低碳建设水平得分表

城市	规划（P）		实施（I）		检查（C）		结果（O）		反馈（F）		城市规模组
	得分	排名	得分	排名	得分	排名	得分	排名	得分	排名	
北京市	84.87	34	86.25	61	86.25	46	37.60	223	87.50	44	1
天津市	57.43	123	73.75	131	66.25	136	55.46	69	55.00	156	1
石家庄市	38.67	222	66.25	161	58.75	163	35.48	242	35.00	217	2
唐山市	34.46	250	53.75	206	25.00	247	59.81	43	25.00	240	2
秦皇岛市	61.55	115	58.75	189	50	189	41.02	201	65.00	113	2
邯郸市	40.67	200	55.00	203	71.25	110	30.39	270	57.50	141	2
邢台市	27.12	259	60	181	56.25	169	25.55	279	80	54	2
保定市	26.59	269	50	215	43.75	206	41.53	196	0	277	2
张家口市	40.23	214	81.25	84	100	1	50.10	113	65.00	113	2
承德市	27.12	259	35.00	244	61.25	156	48.60	128	32.50	225	3
沧州市	45.94	188	45.00	228	51.25	180	58.44	49	77.50	65	3
廊坊市	25.78	275	18.75	274	5.00	285	36.02	238	22.50	252	3
衡水市	53.13	149	93.75	11	100	1	34.50	251	100	1	3
太原市	51.58	158	77.50	107	81.25	70	26.63	277	80	54	2
大同市	54.23	132	81.25	84	67.50	130	31.07	265	65.00	113	2
阳泉市	40.67	200	47.50	219	21.25	256	8.90	296	40	211	3
长治市	40.67	200	60	181	50	189	35.28	244	40	211	2
晋城市	54.23	132	67.50	153	46.25	202	24.01	283	77.50	65	3
朔州市	67.79	88	17.50	276	0	288	34.74	249	12.50	267	4
晋中市	81.35	37	76.25	118	47.50	200	33.24	255	45.00	184	3
运城市	49.43	172	35.00	244	5.00	285	51.13	104	32.50	225	3
忻州市	67.79	88	83.75	74	77.50	87	49.28	117	77.50	65	4
临汾市	67.79	88	51.25	211	16.25	261	32.96	257	57.50	141	3

续表

城市	规划（P）		实施（I）		检查（C）		结果（O）		反馈（F）		城市规模组
	得分	排名	得分	排名	得分	排名	得分	排名	得分	排名	
吕梁市	54.10	146	62.50	173	71.25	110	48.99	120	65.00	113	4
呼和浩特市	40.58	210	93.75	11	86.25	46	35.18	246	100	1	2
包头市	62.52	113	80	100	100	1	52.03	96	77.50	65	2
乌海市	69.87	71	67.50	153	73.75	102	35.74	240	62.50	131	3
赤峰市	39.96	216	63.75	169	78.75	78	63.07	33	57.50	141	2
通辽市	26.25	272	86.25	61	92.50	25	64.15	32	77.50	65	4
鄂尔多斯市	66.04	96	81.25	84	73.75	102	65.97	21	70	96	3
呼伦贝尔市	48.31	178	41.25	234	27.50	240	90.10	3	47.50	176	4
巴彦淖尔市	38.59	223	27.50	263	16.25	261	67.99	16	42.50	200	4
乌兰察布市	38.86	220	76.25	118	51.25	180	65.34	26	60	136	4
沈阳市	71.51	66	93.75	11	88.75	36	41.86	193	100	1	1
大连市	57.43	123	58.75	189	11.25	276	55.05	71	25.00	240	1
鞍山市	64.25	103	38.75	238	7.50	283	36.53	233	42.50	200	2
抚顺市	49.57	171	77.50	107	78.75	78	44.73	168	67.50	102	2
本溪市	24.24	286	51.25	211	63.75	141	46.50	150	62.50	131	3
丹东市	36.65	238	55.00	203	31.25	230	52.98	87	30	236	3
锦州市	23.56	288	57.50	193	37.50	217	50.57	107	55.00	156	3
营口市	45.94	188	17.50	276	5.00	285	48.69	127	0	277	3
阜新市	54.21	145	0	291	33.75	223	35.11	247	0	277	3
辽阳市	36.57	240	48.75	217	17.50	260	39.16	213	42.50	200	3
盘锦市	34.46	250	86.25	61	87.50	39	48.42	134	90	26	3
铁岭市	62.67	112	42.50	232	55.00	170	53.62	80	40	211	4
朝阳市	26.84	267	65.00	166	53.75	173	45.73	161	42.50	200	3
葫芦岛市	37.38	234	67.50	153	51.25	180	46.53	149	57.50	141	3
长春市	59.55	118	87.50	47	61.25	156	53.22	86	42.50	200	2
吉林市	72.27	62	67.50	153	67.50	130	58.40	50	60	136	2
四平市	36.29	243	82.50	78	68.75	123	51.55	100	65.00	113	4
辽源市	12.32	295	93.75	11	100	1	41.95	192	77.50	65	4
通化市	38.68	221	57.50	193	73.75	102	50.15	112	65.00	113	4
白山市	38.16	225	62.50	173	93.75	18	53.69	77	75.00	88	4
松原市	34.46	250	31.25	252	62.50	150	69.36	15	45.00	184	4
白城市	45.94	188	51.25	211	62.50	150	73.91	10	77.50	65	4
哈尔滨市	46.87	182	93.75	11	62.50	150	61.46	36	75.00	88	1
齐齐哈尔市	48.15	179	53.75	206	23.75	252	64.30	30	45.00	184	2

续表

城市	规划（P）		实施（I）		检查（C）		结果（O）		反馈（F）		城市规模组
	得分	排名	得分	排名	得分	排名	得分	排名	得分	排名	
鸡西市	68.91	76	70	143	25.00	247	70.95	14	42.50	200	3
鹤岗市	71.72	64	60	181	51.25	180	56.84	62	22.50	252	3
双鸭山市	88.34	24	30	255	7.50	283	57.66	54	30	236	4
大庆市	57.43	123	71.25	139	53.75	173	71.23	13	30	236	2
伊春市	76.68	49	70	143	41.25	212	61.85	35	25.00	240	4
佳木斯市	69.56	74	80	100	75.00	98	67.75	18	75.00	88	3
七台河市	50.73	163	70	143	65.00	137	40.46	206	75.00	88	4
牡丹江市	75.22	52	71.25	139	63.75	141	61.01	37	67.50	102	3
黑河市	88.99	23	71.25	139	80	76	74.37	9	55.00	156	4
*绥化市	92.55	15	0	291	0	288	72.70	12	0	277	4
上海市	68.91	76	92.50	40	85.00	61	50.16	111	90	26	1
南京市	45.94	188	93.75	11	76.25	91	43.22	183	80	54	1
无锡市	45.94	188	57.50	193	52.50	178	54.34	76	45.00	184	2
徐州市	96.42	5	35.00	244	35.00	219	45.57	163	25.00	240	2
常州市	45.94	188	11.25	283	15.00	269	46.64	147	12.50	267	2
苏州市	68.91	76	63.75	169	71.25	110	67.02	19	70	96	2
南通市	45.94	188	11.25	283	10	278	53.65	79	0	277	2
连云港市	57.43	123	25.00	264	41.25	212	54.51	73	52.50	169	2
淮安市	34.46	250	45.00	228	0	288	65.28	27	22.50	252	2
盐城市	80.40	41	77.50	107	62.50	150	58.69	47	90	26	2
扬州市	91.88	17	86.25	61	48.75	197	57.18	59	47.50	176	2
镇江市	22.97	291	62.50	173	76.25	91	48.25	136	77.50	65	3
泰州市	57.43	123	68.75	149	78.75	78	48.46	133	35.00	217	3
宿迁市	68.91	76	93.75	11	76.25	91	65.19	28	100	1	3
杭州市	92.32	16	93.75	11	77.50	87	47.76	139	75.00	88	1
宁波市	68.91	76	86.25	61	76.25	91	49.38	116	77.50	65	2
温州市	48.58	177	71.25	139	67.50	130	44.15	172	77.50	65	2
嘉兴市	57.43	123	45.00	228	58.75	163	62.77	34	47.50	176	3
湖州市	70.52	70	100	1	92.50	25	46.17	156	75.00	88	3
绍兴市	47.20	181	73.75	131	77.50	87	44.20	171	45.00	184	2
金华市	25.29	279	80	100	85.00	61	44.01	174	100	1	3
衢州市	50.50	166	61.25	180	93.75	18	43.89	177	87.50	44	3
舟山市	34.46	250	63.75	169	80	76	38.45	219	57.50	141	3
台州市	59.90	117	80	100	70	119	46.30	153	57.50	141	2

续表

| 城市 | 规划（P） | | 实施（I） | | 检查（C） | | 结果（O） | | 反馈（F） | | 城市规模组 |
	得分	排名	得分	排名	得分	排名	得分	排名	得分	排名	
丽水市	65.58	100	62.50	173	63.75	141	48.99	121	37.50	214	4
合肥市	68.91	76	73.75	131	53.75	173	56.48	63	57.50	141	2
芜湖市	45.94	188	82.50	78	92.50	25	49.81	115	67.50	102	2
蚌埠市	69.37	75	93.75	11	81.25	70	48.92	123	90	26	3
淮南市	45.94	188	93.75	11	92.50	25	51.62	99	100	1	2
马鞍山市	57.43	123	66.25	161	75.00	98	48.54	131	37.50	214	3
淮北市	49.28	173	48.75	217	16.25	261	30.66	267	45.00	184	3
铜陵市	57.43	123	60	181	33.75	223	54.44	75	55.00	156	3
安庆市	34.46	250	87.50	47	68.75	123	65.46	25	90	26	3
黄山市	39.77	217	76.25	118	51.25	180	40.82	204	25.00	240	4
滁州市	46.22	186	75.00	129	53.75	173	60.29	39	35.00	217	4
阜阳市	61.41	116	90	43	100	1	46.39	151	90	26	3
宿州市	94.91	6	87.50	47	87.50	39	33.10	256	77.50	65	3
六安市	59.40	119	81.25	84	93.75	18	55.55	68	77.50	65	3
亳州市	40.25	213	57.50	193	36.25	218	34.25	252	67.50	102	3
池州市	23.31	289	87.50	47	63.75	141	54.86	72	80	54	4
宣城市	84.42	35	87.50	47	55.00	170	57.37	57	100	1	4
福州市	48.61	176	47.50	219	42.50	208	42.16	189	12.50	267	2
厦门市	85.28	33	81.25	84	93.75	18	17.68	287	100	1	2
莆田市	36.59	239	30	255	10	278	34.13	253	12.50	267	4
三明市	94.91	6	22.50	268	15.00	269	49.17	118	25.00	240	4
泉州市	51.26	160	82.50	78	73.75	102	39.46	210	77.50	65	2
*漳州市	74.49	55	0	291	0	288	48.57	129	0	277	3
*南平市	40.07	215	0	291	0	288	51.53	101	0	277	4
龙岩市	40.67	200	76.25	118	40	216	35.90	239	22.50	252	3
宁德市	49.95	169	6.25	287	0	288	52.06	95	0	277	4
南昌市	34.46	250	88.75	46	86.25	46	52.40	92	42.50	200	2
景德镇市	51.91	155	6.25	287	0	288	33.75	254	0	277	3
萍乡市	27.12	259	12.50	280	33.75	223	12.35	292	0	277	3
九江市	68.91	76	93.75	11	73.75	102	65.90	22	65.00	113	3
新余市	24.40	285	83.75	74	55.00	170	34.70	250	77.50	65	3
鹰潭市	24.91	280	87.50	47	100	1	36.50	234	100	1	4
赣州市	53.53	148	67.50	153	86.25	46	49.01	119	55.00	156	2
吉安市	87.50	28	87.50	47	92.50	25	58.94	46	90	26	4

续表

城市	规划（P）		实施（I）		检查（C）		结果（O）		反馈（F）		城市规模组
	得分	排名	得分	排名	得分	排名	得分	排名	得分	排名	
宜春市	62.47	114	92.50	40	100	1	53.57	81	90	26	3
抚州市	50.73	162	93.75	11	100	1	50.42	109	100	1	3
上饶市	23.85	287	57.50	193	57.50	166	57.65	55	47.50	176	2
济南市	73.71	57	77.50	107	92.50	25	36.17	237	87.50	44	1
青岛市	36.09	245	93.75	11	78.75	78	39.98	209	67.50	102	1
淄博市	51.54	159	25.00	264	60	161	27.86	274	52.50	169	2
枣庄市	37.95	226	77.50	107	75.00	98	31.65	263	77.50	65	2
东营市	68.91	76	56.25	201	60	161	66.32	20	100	1	3
烟台市	71.76	63	66.25	161	92.50	25	48.87	124	65.00	113	2
潍坊市	45.94	188	93.75	11	86.25	46	58.17	51	100	1	2
济宁市	68.91	76	81.25	84	93.75	18	60	42	100	1	2
泰安市	58.71	120	100	1	86.25	46	47.35	143	90	26	2
威海市	46.71	183	82.50	78	100	1	47.54	142	90	26	3
日照市	72.29	61	81.25	84	18.75	258	41.38	199	55.00	156	3
临沂市	49.01	175	93.75	11	70	119	47.32	144	100	1	2
德州市	64.29	102	73.75	131	50	189	42.32	187	32.50	225	3
聊城市	93.36	14	40	236	13.75	274	32.35	259	20	261	2
滨州市	80.40	41	31.25	252	16.25	261	65.14	29	22.50	252	3
菏泽市	38.50	224	87.50	47	41.25	212	43.35	182	65.00	113	3
郑州市	37.03	236	83.75	74	47.50	200	32.40	258	22.50	252	1
开封市	65.70	98	50	215	58.75	163	30.08	271	47.50	176	2
洛阳市	63.08	110	66.25	161	30	236	43.36	181	55.00	156	2
平顶山市	97.29	2	22.50	268	15.00	269	43.98	175	25.00	240	3
安阳市	54.23	132	78.75	104	62.50	150	24.01	282	80	54	3
鹤壁市	81.35	37	58.75	189	83.75	65	11.05	293	77.50	65	3
新乡市	63.43	107	62.50	173	95.00	16	38.51	217	75.00	88	3
焦作市	26.22	273	76.25	118	87.50	39	26.67	276	90	26	3
濮阳市	99.94	1	38.75	238	23.75	252	35.40	243	50	173	3
许昌市	54.23	132	56.25	201	45.00	203	16.23	289	55.00	156	3
漯河市	27.12	259	70	143	70	119	13.27	291	100	1	3
三门峡市	39.62	218	60	181	87.50	39	41.45	197	90	26	4
南阳市	36.12	244	86.25	61	76.25	91	60.15	41	65.00	113	3
商丘市	81.35	37	83.75	74	65.00	137	31.76	261	35.00	217	3
信阳市	72.30	60	22.50	268	25.00	247	55.89	66	25.00	240	3

续表

城市	规划（P）		实施（I）		检查（C）		结果（O）		反馈（F）		城市规模组
	得分	排名	得分	排名	得分	排名	得分	排名	得分	排名	
周口市	67.79	88	93.75	11	86.25	46	30.91	266	90	26	3
驻马店市	88.09	25	76.25	118	57.50	166	51.38	102	67.50	102	4
武汉市	91.88	17	100	1	87.50	39	51.86	97	100	1	1
黄石市	22.97	291	100	1	81.25	70	53.26	85	80	54	3
十堰市	96.52	4	47.50	219	50	189	57.32	58	0	277	2
宜昌市	71.67	65	6.25	287	23.75	252	56.47	64	45.00	184	2
襄阳市	36.50	242	47.50	219	50	189	52.55	91	0	277	2
鄂州市	45.94	188	93.75	11	100	1	52.28	93	62.50	131	4
荆门市	69.87	72	93.75	11	86.25	46	56.85	61	77.50	65	3
孝感市	46.57	184	57.50	193	61.25	156	52.57	90	52.50	169	3
荆州市	91.88	17	81.25	84	86.25	46	67.82	17	87.50	44	3
黄冈市	58.16	121	87.50	47	76.25	91	64.17	31	100	1	4
咸宁市	46.16	187	41.25	234	72.50	108	57.10	60	62.50	131	4
随州市	37.50	232	42.50	232	10	278	47.18	145	25.00	240	4
长沙市	87.90	26	87.50	47	78.75	78	35.22	245	57.50	141	1
株洲市	25.51	276	35.00	244	35.00	219	40.51	205	35.00	217	2
湘潭市	24.51	282	86.25	61	88.75	36	39.30	211	60	136	3
衡阳市	74.79	54	67.50	153	65.00	137	48.56	130	45.00	184	2
邵阳市	27.07	265	86.25	61	83.75	65	44.92	166	77.50	65	3
岳阳市	68.91	76	78.75	104	62.50	150	60.61	38	32.50	225	2
常德市	34.85	249	86.25	61	63.75	141	59.55	45	100	1	3
张家界市	12.93	293	28.75	260	15.00	269	44.15	173	57.50	141	4
益阳市	46.29	185	93.75	11	83.75	65	58.46	48	80	54	3
郴州市	64.49	101	81.25	84	78.75	78	48.84	125	65.00	113	3
永州市	52.38	153	51.25	211	51.25	180	50.36	110	65.00	113	3
怀化市	50.18	168	86.25	61	72.50	108	57.99	52	45.00	184	3
娄底市	52.76	151	81.25	84	51.25	180	36.97	231	42.50	200	3
广州市	68.91	76	82.50	78	48.75	197	36.96	232	90	26	1
韶关市	65.83	97	18.75	274	68.75	123	45.90	157	55.00	156	3
深圳市	47.81	180	68.75	149	63.75	141	15.20	290	70	96	1
珠海市	45.94	188	65.00	166	42.50	208	40.26	207	50	173	2
汕头市	80.40	41	67.50	153	53.75	173	38.50	218	55.00	156	2
佛山市	91.88	17	35.00	244	67.50	130	37.12	229	45.00	184	1
江门市	69.77	73	70	143	51.25	180	48.95	122	32.50	225	2

续表

城市	规划（P）		实施（I）		检查（C）		结果（O）		反馈（F）		城市规模组
	得分	排名	得分	排名	得分	排名	得分	排名	得分	排名	
湛江市	83.43	36	22.50	268	18.75	258	51.35	103	25.00	240	2
茂名市	90.60	21	37.50	242	25.00	247	40.94	203	45.00	184	3
肇庆市	85.52	32	60	181	51.25	180	51.78	98	25.00	240	3
惠州市	85.90	31	68.75	149	32.50	228	41.78	194	45.00	184	2
梅州市	94.73	13	76.25	118	61.25	156	41.13	200	65.00	113	3
汕尾市	35.35	247	93.75	11	82.50	68	48.50	132	67.50	102	4
河源市	73.43	58	53.75	206	30	236	53.67	78	57.50	141	3
阳江市	49.92	170	46.25	224	27.50	240	42.26	188	35.00	217	3
清远市	89.65	22	60	181	12.50	275	48.70	126	22.50	252	3
东莞市	57.43	123	58.75	189	31.25	230	31.75	262	60	136	1
中山市	68.91	76	47.50	219	45.00	203	37.47	224	60	136	2
潮州市	70.90	67	28.75	260	26.25	243	37.34	227	42.50	200	3
揭阳市	87.06	29	55.00	203	30	236	36.43	235	55.00	156	3
云浮市	77.87	46	65.00	166	78.75	78	41.41	198	42.50	200	4
南宁市	37.79	227	45.00	228	33.75	223	43.49	180	35.00	217	2
柳州市	51.85	157	76.25	118	63.75	141	42.16	190	87.50	44	2
桂林市	40.67	200	70	143	71.25	110	42.65	185	67.50	102	2
梧州市	37.62	230	38.75	238	50	189	48.27	135	32.50	225	3
北海市	70.86	68	16.25	279	35.00	219	42.07	191	20	261	3
防城港市	76.17	50	31.25	252	20	257	41.61	195	12.50	267	4
钦州市	77.17	48	17.50	276	10	278	44.24	170	0	277	3
贵港市	86.42	30	40	236	32.50	228	47.17	146	32.50	225	3
玉林市	27.07	264	10	285	15.00	269	37.76	222	0	277	3
百色市	52.95	150	6.25	287	10	278	56.23	65	0	277	4
贺州市	39.34	219	28.75	260	26.25	243	45.20	165	12.50	267	4
河池市	26.43	271	22.50	268	16.25	261	55.88	67	20	261	4
来宾市	52.16	154	10	285	31.25	230	46.60	148	10	273	4
崇左市	79.71	45	33.75	249	25.00	247	51.08	105	22.50	252	4
海口市	74.04	56	46.25	224	26.25	243	23.38	284	45.00	184	2
三亚市	25.46	277	62.50	173	68.75	123	22.52	286	67.50	102	3
儋州市	74.85	53	77.50	107	16.25	261	37.41	226	35.00	217	4
重庆市	37.67	229	78.75	104	52.50	178	52.90	88	47.50	176	1
成都市	76.05	51	57.50	193	50	189	31.44	264	22.50	252	1
自贡市	37.42	233	57.50	193	57.50	166	34.96	248	62.50	131	3

城市	规划（P）		实施（I）		检查（C）		结果（O）		反馈（F）		城市规模组
	得分	排名	得分	排名	得分	排名	得分	排名	得分	排名	
攀枝花市	12.65	294	87.50	47	86.25	46	40.25	208	90	26	3
泸州市	63.91	105	72.50	138	67.50	130	42.80	184	52.50	169	3
德阳市	79.79	44	93.75	11	73.75	102	30.62	268	80	54	3
绵阳市	25.39	278	68.75	149	81.25	70	48.10	137	65.00	113	2
广元市	50.45	167	87.50	47	81.25	70	52.15	94	77.50	65	4
遂宁市	36.90	237	60	181	31.25	230	39.29	212	87.50	44	3
内江市	50.56	164	87.50	47	86.25	46	37.47	225	87.50	44	3
乐山市	49.18	174	82.50	78	41.25	212	50.09	114	57.50	141	3
南充市	24.49	283	30	255	33.75	223	47.55	141	0	277	2
眉山市	24.54	281	63.75	169	42.50	208	43.68	178	45.00	184	3
宜宾市	62.70	111	22.50	268	16.25	261	45.81	159	0	277	2
广安市	63.35	108	75.00	129	42.50	208	40.96	202	77.50	65	4
达州市	77.84	47	38.75	238	31.25	230	44.90	167	20	261	3
雅安市	24.46	284	30	255	43.75	206	57.45	56	47.50	176	4
巴中市	94.91	6	81.25	84	45.00	203	38.53	216	77.50	65	4
*资阳市	64.10	104	0	291	0	288	38.06	220	0	277	4
贵阳市	37.75	228	93.75	11	92.50	25	32.27	260	100	1	2
六盘水市	54.23	132	37.50	242	16.25	261	30.56	269	10	273	3
遵义市	94.91	6	46.25	224	71.25	110	37.02	230	32.50	225	2
安顺市	67.15	95	77.50	107	76.25	91	36.34	236	37.50	214	3
毕节市	54.23	132	93.75	11	71.25	110	45.84	158	75.00	88	3
铜仁市	27.00	266	76.25	118	68.75	123	45.77	160	57.50	141	4
昆明市	36.56	241	93.75	11	100	1	46.22	155	87.50	44	1
曲靖市	81.35	37	25.00	264	31.25	230	37.25	228	32.50	225	3
玉溪市	97.13	3	93.75	11	100	1	55.44	70	100	1	3
保山市	54.23	132	93.75	11	100	1	45.60	162	100	1	4
昭通市	65.69	99	87.50	47	93.75	18	52.90	89	65.00	113	4
丽江市	87.75	27	100	1	100	1	59.61	44	100	1	4
*普洱市	40.41	212	0	291	0	288	60.23	40	0	277	4
临沧市	67.79	88	93.75	11	87.50	39	53.29	84	80	54	4
拉萨市	70.86	69	81.25	84	85.00	61	65.83	23	55.00	156	3
日喀则市	0	296	86.25	61	68.75	123	91.54	2	90	26	4
昌都市	72.70	59	73.75	131	86.25	46	88.35	5	70	96	4
林芝市	34.46	250	30	255	78.75	78	88.98	4	10	273	4

续表

城市	规划（P）		实施（I）		检查（C）		结果（O）		反馈（F）		城市规模组
	得分	排名	得分	排名	得分	排名	得分	排名	得分	排名	
山南市	34.93	248	53.75	206	26.25	243	86.54	6	32.50	225	4
那曲市	34.46	250	12.50	280	27.50	240	91.88	1	20	261	4
西安市	26.18	274	100	1	93.75	18	24.48	280	87.50	44	1
铜川市	54.23	132	86.25	61	100	1	9.44	295	100	1	4
宝鸡市	52.42	152	92.50	40	86.25	46	45.44	164	70	96	3
咸阳市	40.67	200	90	43	71.25	110	27.29	275	65.00	113	2
渭南市	63.82	106	90	43	92.50	25	47.69	140	77.50	65	4
延安市	40.67	200	77.50	107	75.00	98	39.16	214	87.50	44	4
汉中市	94.91	6	100	1	86.25	46	42.61	186	100	1	3
榆林市	67.25	94	86.25	61	50	189	53.56	82	47.50	176	3
安康市	40.55	211	81.25	84	92.50	25	50.80	106	77.50	65	4
商洛市	54.23	132	32.50	250	35.00	219	46.25	154	25.00	240	4
兰州市	67.79	88	77.50	107	87.50	39	28.53	272	57.50	141	2
嘉峪关市	53.91	147	93.75	11	90	35	24.46	281	80	54	4
金昌市	54.23	132	95.00	10	67.50	130	23.18	285	55.00	156	4
白银市	40.67	200	100	1	86.25	46	43.91	176	90	26	4
天水市	27.12	259	81.25	84	78.75	78	28.45	273	57.50	141	3
武威市	94.91	6	77.50	107	77.50	87	44.45	169	65.00	113	4
张掖市	50.96	161	46.25	224	68.75	123	65.52	24	70	96	4
平凉市	54.23	132	53.75	206	65.00	137	9.87	294	67.50	102	4
酒泉市	51.87	156	76.25	118	48.75	197	82.09	7	32.50	225	4
庆阳市	54.23	132	66.25	161	61.25	156	17.24	288	45.00	184	4
定西市	40.67	200	77.50	107	63.75	141	37.91	221	57.50	141	4
陇南市	26.66	268	32.50	250	11.25	276	57.74	53	20	261	4
西宁市	50.55	165	81.25	84	70	119	35.64	241	65.00	113	2
海东市	63.14	109	25.00	264	28.75	239	54.47	74	10	273	4
银川市	37.62	231	93.75	11	85.00	61	39.06	215	90	26	2
石嘴山市	35.92	246	76.25	118	82.50	68	46.31	152	100	1	4
吴忠市	94.91	6	81.25	84	81.25	70	43.52	179	67.50	102	4
固原市	54.23	132	100	1	95.00	16	25.57	278	80	54	4
中卫市	40.67	200	73.75	131	71.25	110	47.82	138	50	173	4
乌鲁木齐市	57.48	122	73.75	131	63.75	141	50.45	108	45.00	184	2
克拉玛依市	23.10	290	67.50	153	71.25	110	53.49	83	30	236	4
吐鲁番市	26.54	270	62.50	173	88.75	36	72.77	11	42.50	200	4

续表

城市	规划（P）		实施（I）		检查（C）		结果（O）		反馈（F）		城市规模组
	得分	排名	得分	排名	得分	排名	得分	排名	得分	排名	
哈密市	37.36	235	12.50	280	23.75	252	81.33	8	0	277	4
**三沙市	N/A	/	N/A	/	N/A	/	N/A	/	N/A	/	4
最大值	99.94		100		100		91.88		100		/
最小值	0		0		0		8.90		0		/
平均分	55.17		63.83		58.00		46.79		55.52		/
标准差	20.72		25.65		27.78		14.09		28.12		/
变异系数	0.38		0.40		0.48		0.30		0.51		/

注：*因部分数据资料不完整，可能影响诊断结果；**三沙市因相关数据极少，不参与统计。

　　根据表 8.9 中的数据，可以得到样本城市在水域碳汇维度的各环节低碳建设水平的统计分布图，如图 8.9 所示。从图中可以看出，规划、检查和反馈环节的数据属于非正态分布；实施环节的数据基本符合左偏分布，表明大多数城市都分布于高分处；结果环节的数据基本属于正态分布。

　　综合分析水域碳汇维度各环节的得分情况可得出样本城市在水域碳汇的实施（I）环节平均得分（63.83 分）最高，而结果（O）环节的平均得分（46.79 分）最低，规划（P）、检查（C）和反馈（F）环节的平均得分比较接近，分别为 55.17 分、58.00 分和 55.52 分。这些结果表明我国城市在水域碳汇方面的低碳建设过程中，更注重实施环节的资源投入，但在规划、检查和反馈环节缺乏有效措施，导致水域碳汇方面的低碳建设结果并不理想。

　　此外，结合水域碳汇维度各环节的具体得分变量值，可以对每个环节的样本城市表现进行进一步的诊断分析。在规划环节中，样本城市需要进一步加强水域固碳方面的规划项目。在实施环节中，样本城市的水域固碳专项资金以及技术条件的机制保障偏弱。在检查环节中，样本城市除了水域固碳专项资金和技术条件的保障偏弱外，人力资源保障也偏弱，使得检查环节的得分低于实施环节。这些结果表明许多城市缺乏负责水域治理及保护检查工作的相关领导队伍，缺少检查水域固碳实施措施的相关保障。在反馈环节中，无论是针对影响水域固碳能力的主体给予奖惩措施方面，还是政府部门针对改进水域固碳能力的总结与进一步提升方案方面，得分均较低，这些结果表明政府在跟进和反馈水域固碳能力提升方面的意识不足。在结果环节中，样本城市在水域固碳量、人均水域拥有量方面的结果数值均偏低。总的来说，样本城市在水域碳汇维度的低碳建设过程的各环节中存在明显的短板效应。

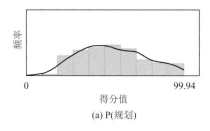

(a) P(规划)

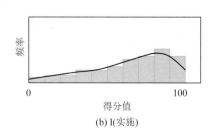

(b) I(实施)

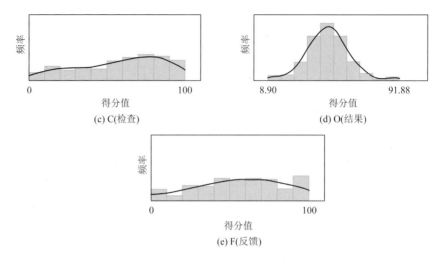

图 8.9　水域碳汇维度各环节低碳建设水平统计分布图

二、不同规模城市在水域碳汇维度各管理过程环节的低碳建设水平

基于表 8.9 中的数据，可以得到不同规模城市在水域碳汇维度各管理环节的低碳建设水平得分情况，见表 8.10。

表 8.10　不同规模城市在水域碳汇维度各环节的低碳建设水平得分表

环节	城市规模	最大值	最小值	平均值	标准差	变异系数
规划（P）	I 类（$N=21$）	92.32	26.18	61.64	20.68	0.34
	II 类（$N=80$）	96.52	23.56	55.02	18.56	0.34
	III类（$N=111$）	99.94	12.65	56.39	21.18	0.38
	IV类（$N=84$）	94.91	0	52.09	21.52	0.41
实施（I）	I 类（$N=21$）	100	35.00	81.13	16.60	0.20
	II 类（$N=80$）	100	6.25	63.23	21.75	0.34
	III类（$N=111$）	100	0	64.11	25.36	0.40
	IV类（$N=84$）	100	0	59.70	29.26	0.49
检查（C）	I 类（$N=21$）	100	11.25	68.87	21.90	0.32
	II 类（$N=80$）	100	0	58.42	25.12	0.43
	III类（$N=111$）	100	0	56.34	27.60	0.49
	IV类（$N=84$）	100	0	57.07	30.97	0.54
结果（O）	I 类（$N=21$）	61.46	15.20	41.16	10.99	0.27
	II 类（$N=80$）	71.23	17.68	45.33	11.12	0.25
	III类（$N=111$）	70.95	8.90	44.38	12.78	0.29
	IV类（$N=84$）	91.88	9.44	52.75	16.83	0.32

续表

环节	城市规模	最大值	最小值	平均值	标准差	变异系数
反馈（F）	Ⅰ类（$N=21$）	100	22.50	68.21	23.97	0.35
	Ⅱ类（$N=80$）	100	0	53.09	26.89	0.51
	Ⅲ类（$N=111$）	100	0	57.00	27.48	0.48
	Ⅳ类（$N=84$）	100	0	52.71	30	0.57

注：表中的 N 表示该规模分组内的城市数量。

基于表 8.10 中的数据，可以进一步得到样本城市在水域碳汇维度各管理环节的低碳建设水平分布图，如图 8.10 所示。

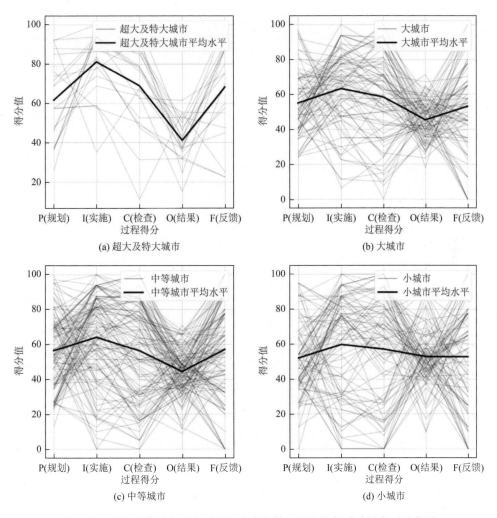

图 8.10 不同规模城市在水域碳汇维度各管理环节的低碳建设水平分布图

从表 8.10 和图 8.10 中可以得出以下总结。

（1）在水域碳汇维度的规划（P）环节，超大以及特大城市在水域碳汇的低碳建设中制订了一系列提升水域固碳能力的规划文件，因此这些样本城市在该环节的表现最好。总体来说，大部分样本城市都有提升水域固碳能力方面的规划文件，因此不同规模的城市在规划环节方面的得分差异并不明显。

（2）在水域碳汇维度的实施（I）环节，样本城市的得分普遍较高，其中超大以及特大城市的实施环节得分高达81.13分，大城市、中等城市和小城市的实施环节得分均在60分左右，分别为63.23分、64.11分和59.70分，均高于其他环节的得分。这些结果表明大部分样本城市在水域碳汇方面低碳建设的实施环节投入了有效资源，取得了不错的表现。

（3）在水域碳汇维度的检查（C）环节，样本城市的得分普遍偏低，这表明其对检查水域固碳能力的重视程度不足，缺乏负责水域治理及保护检查工作的相关领导队伍，缺少检查水域固碳实施措施的相关保障。

（4）在水域碳汇维度的结果（O）环节，不同规模城市的表现都比较差，得分范围在40～53分，有较大的提升空间。其中部分小城市由于拥有天然的水域资源，在这个环节上得分较高。

（5）在水域碳汇维度的反馈（F）环节，样本城市的得分并不高，尤其是在针对影响水域固碳能力的主体给予奖惩措施方面和针对改进水域固碳能力的总结与进一步提升方案方面表现较差，这些结果说明政府对跟进和反馈水域固碳能力提升的意识不足。

第六节　森林碳汇维度的城市低碳建设环节水平

一、样本城市在森林碳汇维度各管理过程环节的低碳建设水平得分

应用本书第四章的方法获取第五章的实证数据，将实证数据代入第三章第二节建立的森林碳汇维度各管理环节的城市低碳建设水平诊断计算公式，可以得到样本城市在森林碳汇维度五个环节的低碳建设水平得分（百分制），见表8.11。

表8.11　样本城市在森林碳汇（Fo）维度各管理环节的低碳建设水平得分表

城市	规划（P）		实施（I）		检查（C）		结果（O）		反馈（F）		城市规模组
	得分	排名	得分	排名	得分	排名	得分	排名	得分	排名	
北京市	46.16	126	100	291	91.67	19	57.72	161	66.67	26	1
天津市	10.75	215	72.50	87	66.67	160	39.80	283	66.67	26	1
石家庄市	42.29	134	53.75	210	66.67	160	75.80	20	43.33	170	2
唐山市	10.73	217	55.00	202	50	224	76.58	17	26.67	252	2
秦皇岛市	10.69	221	71.25	100	66.67	160	76.74	15	43.33	170	2
邯郸市	10.79	214	77.50	51	66.67	160	77.21	12	66.67	26	2
邢台市	70.12	62	65.00	150	33.33	260	68.96	59	50	118	2
保定市	10.66	224	53.75	210	41.67	243	72.69	31	26.67	252	2

续表

城市	规划（P）		实施（I）		检查（C）		结果（O）		反馈（F）		城市规模组
	得分	排名	得分	排名	得分	排名	得分	排名	得分	排名	
张家口市	10.86	207	83.75	19	91.67	19	80.14	8	66.67	26	2
承德市	10.86	207	65.00	150	83.33	61	77.85	11	66.67	26	3
沧州市	10.71	220	37.50	257	41.67	243	70.95	43	33.33	213	3
廊坊市	10.86	207	53.75	210	41.67	243	71.83	35	43.33	170	3
衡水市	21.72	168	58.75	193	66.67	160	71.96	34	66.67	26	3
太原市	0	269	82.50	28	75.00	115	68.62	63	60	79	2
大同市	10.74	216	71.25	100	83.33	61	58.69	144	60	79	2
阳泉市	10.38	232	48.75	225	16.67	288	56.50	170	50	118	3
长治市	0	269	61.25	169	66.67	160	59.67	134	43.33	170	2
晋城市	10.62	227	32.50	271	33.33	260	69.49	53	30	221	3
朔州市	47.42	123	33.75	263	41.67	243	60.70	122	43.33	170	4
晋中市	10.73	217	23.75	285	33.33	260	54.73	185	30	221	3
运城市	10.63	225	47.50	231	41.67	243	57.96	159	13.33	286	3
忻州市	33.54	145	38.75	252	41.67	243	53.07	199	43.33	170	4
临汾市	21.26	174	65.00	150	66.67	160	59.96	129	66.67	26	3
吕梁市	0	269	40	249	25.00	276	58.13	154	43.33	170	4
呼和浩特市	57.02	108	83.75	19	91.67	19	60.32	125	66.67	26	2
包头市	0	269	93.75	1	91.67	19	46.96	245	50	118	2
乌海市	10.86	207	32.50	271	41.67	243	41.29	276	43.33	170	3
赤峰市	81.46	39	46.25	235	66.67	160	66.75	69	26.67	252	2
通辽市	59.74	102	65.00	150	91.67	19	62.73	103	66.67	26	4
鄂尔多斯市	10.86	207	60	180	75.00	115	56.85	165	60	79	3
呼伦贝尔市	21.72	168	76.25	73	83.33	61	90.17	2	50	118	4
巴彦淖尔市	59.74	102	45.00	237	33.33	260	37.36	288	43.33	170	4
乌兰察布市	70.60	59	65.00	150	58.33	197	52.17	213	43.33	170	4
沈阳市	10.09	239	83.75	19	83.33	61	43.84	268	26.67	252	1
大连市	68.20	72	58.75	193	58.33	197	58.76	143	26.67	252	1
鞍山市	74.85	47	28.75	277	33.33	260	63.42	93	43.33	170	2
抚顺市	0	269	66.25	128	58.33	197	70.65	45	60	79	2
本溪市	9.77	11	82.50	28	83.33	61	59.53	137	43.33	170	3
丹东市	9.73	12	42.50	246	25.00	276	60.98	119	30	221	3
锦州市	20.79	179	76.25	73	75.00	115	44.53	263	66.67	26	2
*营口市	0	269	0	294	8.33	87	57.69	163	26.67	252	3
阜新市	0	269	76.25	73	58.33	197	49.88	229	26.67	252	3

续表

城市	规划（P）		实施（I）		检查（C）		结果（O）		反馈（F）		城市规模组
	得分	排名	得分	排名	得分	排名	得分	排名	得分	排名	
辽阳市	19.99	182	50	220	75.00	115	58.31	151	43.33	170	3
盘锦市	0	269	76.25	73	91.67	19	44.25	264	66.67	26	3
铁岭市	9.88	7	55.00	202	75.00	115	54.45	186	66.67	26	4
朝阳市	0	269	76.25	73	66.67	160	64.16	88	43.33	170	3
葫芦岛市	10.67	223	71.25	100	83.33	61	56.37	172	60	79	3
长春市	10.29	237	38.75	252	58.33	197	52.76	206	43.33	170	2
吉林市	9.98	2	88.75	9	91.67	19	87.32	4	66.67	26	2
四平市	66.17	78	77.50	51	83.33	61	61.79	111	66.67	26	4
辽源市	9.90	5	66.25	128	66.67	160	64.88	84	43.33	170	4
通化市	9.64	15	65.00	150	75.00	115	72.62	32	50	118	4
白山市	28.69	156	43.75	241	33.33	260	82.30	6	43.33	170	4
松原市	10.72	219	27.50	281	16.67	288	59.34	139	13.33	286	4
白城市	21.72	168	65.00	150	75.00	115	60.48	124	60	79	4
哈尔滨市	20.80	178	65.00	150	75.00	115	68.69	62	26.67	252	1
齐齐哈尔市	46.16	126	36.25	260	58.33	197	51.76	215	26.67	252	2
鸡西市	20.97	176	32.50	271	58.33	197	61.52	113	13.33	286	3
鹤岗市	0	269	22.50	286	16.67	288	70.34	48	13.33	286	3
双鸭山市	44.78	130	38.75	252	66.67	160	73.08	28	43.33	170	4
大庆市	0	269	45.00	237	41.67	243	50.44	221	43.33	170	2
伊春市	78.61	42	60	180	83.33	61	88.79	3	43.33	170	4
佳木斯市	21.15	175	48.75	225	66.67	160	51.45	217	60	79	3
七台河市	32.01	152	66.25	128	75.00	115	72.58	33	60	79	4
牡丹江市	0	269	50	220	66.67	160	92.25	1	60	79	3
*黑河市	32.24	148	0	294	0	295	79.38	9	0	295	4
绥化市	0	269	6.25	188	8.33	87	60.73	121	13.33	286	4
上海市	32.05	151	60	180	66.67	160	36.45	290	60	79	1
南京市	10.08	240	65.00	150	75.00	115	64.21	87	26.67	252	1
无锡市	9.88	7	53.75	210	41.67	243	57.97	158	43.33	170	2
徐州市	10.32	233	33.75	263	33.33	260	61.14	118	26.67	252	2
常州市	9.98	2	32.50	271	25.00	276	58.54	145	43.33	170	2
苏州市	9.87	9	37.50	257	58.33	197	62.76	102	60	79	2
南通市	10	241	33.75	263	25.00	276	58.98	141	26.67	252	2
连云港市	10.44	229	42.50	246	25.00	276	61.55	112	33.33	213	2
淮安市	10.40	231	37.50	257	33.33	260	62.87	101	30	221	2

续表

城市	规划（P）		实施（I）		检查（C）		结果（O）		反馈（F）		城市规模组
	得分	排名	得分	排名	得分	排名	得分	排名	得分	排名	
盐城市	66.40	77	60	180	33.33	260	33.63	294	26.67	252	2
扬州市	10.30	236	53.75	210	58.33	197	55.45	179	26.67	252	2
镇江市	0	269	71.25	100	75.00	115	59.59	135	26.67	252	3
泰州市	66.05	79	47.50	231	16.67	288	59.75	132	26.67	252	3
宿迁市	10.43	230	66.25	128	66.67	160	61.81	110	43.33	170	3
杭州市	49.35	118	71.25	100	58.33	197	63.18	97	43.33	170	1
宁波市	27.97	158	77.50	51	75.00	115	49.47	233	50	118	2
温州市	9.25	23	66.25	128	75.00	115	50.01	226	33.33	213	2
嘉兴市	9.67	14	66.25	128	25.00	276	35.69	291	26.67	252	3
湖州市	19.35	188	56.25	199	75.00	115	51.27	218	60	79	3
绍兴市	9.40	20	76.25	73	58.33	197	49.96	227	43.33	170	2
金华市	9.21	25	50	220	66.67	160	49.87	230	60	79	3
衢州市	9.20	31	78.75	38	83.33	61	50.10	225	66.67	26	3
舟山市	9.58	16	65.00	150	83.33	61	49.74	231	66.67	26	3
台州市	0	269	77.50	51	83.33	61	49.46	234	43.33	170	2
丽水市	9.20	31	32.50	271	75.00	115	53.60	193	43.33	170	4
合肥市	55.46	111	82.50	28	58.33	197	52.16	214	66.67	26	2
芜湖市	19.54	186	72.50	87	83.33	61	55.24	181	60	79	2
蚌埠市	77.78	43	77.50	51	83.33	61	53.53	194	60	79	3
淮南市	76.86	45	75.00	84	66.67	160	47.42	242	66.67	26	2
马鞍山市	74.33	48	77.50	51	91.67	19	46.10	254	66.67	26	3
淮北市	0	269	60	180	66.67	160	48.38	240	66.67	26	3
铜陵市	73.74	51	42.50	246	41.67	243	59.83	130	43.33	170	3
安庆市	9.73	12	88.75	9	66.67	160	61.88	109	60	79	3
黄山市	60.61	91	82.50	28	83.33	61	70.12	50	50	118	4
滁州市	43.40	132	90	3	91.67	19	65.00	83	66.67	26	4
阜阳市	66.58	76	76.25	73	75.00	115	59.37	138	43.33	170	3
宿州市	67.43	74	70	114	75.00	115	54.16	188	60	79	3
六安市	19.98	183	83.75	19	91.67	19	45.52	257	66.67	26	3
亳州市	41.80	135	87.50	15	83.33	61	54.12	189	60	79	3
池州市	71.28	57	88.75	9	91.67	19	64.11	89	66.67	26	4
宣城市	31.30	154	82.50	28	83.33	61	60.70	122	66.67	26	4
福州市	69.03	68	60	180	58.33	197	66.51	71	26.67	252	2
厦门市	50.66	115	38.75	252	50	224	56.00	175	26.67	252	2

续表

城市	规划（P）		实施（I）		检查（C）		结果（O）		反馈（F）		城市规模组
	得分	排名	得分	排名	得分	排名	得分	排名	得分	排名	
莆田市	9.20	31	32.50	271	33.33	260	56.57	167	26.67	252	2
三明市	50.62	116	66.25	128	25.00	276	76.02	19	26.67	252	4
泉州市	18.41	195	55.00	202	33.33	260	58.12	155	43.33	170	2
漳州市	59.82	98	0	294	8.33	87	58.51	146	13.33	286	3
南平市	41.42	136	21.25	288	8.33	87	66.27	73	26.67	252	4
龙岩市	69.03	68	53.75	210	33.33	260	73.95	26	26.67	252	3
宁德市	36.81	143	11.25	290	8.33	87	58.78	142	13.33	286	4
南昌市	57.60	104	77.50	51	75.00	115	26.60	296	60	79	2
景德镇市	57.52	106	27.50	281	16.67	288	66.19	74	43.33	170	3
萍乡市	69.06	66	42.50	246	58.33	197	45.03	259	26.67	252	3
九江市	61.37	87	88.75	9	91.67	19	64.48	86	66.67	26	3
新余市	48.32	121	81.25	36	83.33	61	62.56	105	60	79	3
鹰潭市	39.12	139	93.75	1	91.67	19	63.81	92	66.67	26	4
赣州市	0	269	65.00	150	83.33	61	50.37	222	50	118	2
吉安市	48.71	120	76.25	73	66.67	160	50.68	219	43.33	170	4
宜春市	18.41	195	82.50	28	83.33	61	44.22	265	60	79	3
抚州市	71.33	54	88.75	9	75.00	115	44.63	261	60	79	3
上饶市	69.03	68	70	114	75.00	115	62.11	106	43.33	170	2
济南市	20.85	177	71.25	100	83.33	61	44.15	266	66.67	26	1
青岛市	63.89	80	61.25	169	66.67	160	43.45	270	66.67	26	1
淄博市	23.20	163	58.75	193	33.33	260	48.78	237	26.67	252	2
枣庄市	0	269	65.00	150	75.00	115	37.95	286	43.33	170	2
东营市	0	269	71.25	100	33.33	260	33.01	295	26.67	252	3
烟台市	12.70	198	77.50	51	91.67	19	61.36	115	66.67	26	2
潍坊市	0	269	61.25	169	50	224	43.24	272	26.67	252	2
济宁市	68.18	73	60	180	75.00	115	49.39	235	43.33	170	2
泰安市	33.98	144	65.00	150	75.00	115	44.73	260	50	118	2
威海市	20.47	181	32.50	271	50	224	53.39	195	13.33	286	3
日照市	10.31	234	37.50	257	50	224	43.34	271	26.67	252	3
临沂市	0	269	71.25	100	75.00	115	53.88	192	60	79	2
德州市	0	269	77.50	51	83.33	61	39.43	284	43.33	170	3
聊城市	69.76	63	60	180	58.33	197	60.28	126	43.33	170	2
滨州市	60.18	93	60	180	58.33	197	47.21	244	13.33	286	3
菏泽市	0	269	33.75	263	33.33	260	45.38	258	26.67	252	3

续表

城市	规划（P）		实施（I）		检查（C）		结果（O）		反馈（F）		城市规模组
	得分	排名	得分	排名	得分	排名	得分	排名	得分	排名	
郑州市	43.17	133	60	180	66.67	160	52.32	212	50	118	1
开封市	10.86	207	47.50	231	91.67	19	58.39	149	50	118	2
洛阳市	0	269	60	180	75.00	115	65.61	80	66.67	26	2
平顶山市	0	269	58.75	193	83.33	61	63.95	91	43.33	170	3
安阳市	21.72	168	55.00	202	83.33	61	52.84	203	43.33	170	3
鹤壁市	57.02	108	48.75	225	50	224	63.37	94	43.33	170	3
新乡市	21.72	168	66.25	128	50	224	53.30	196	60	79	2
焦作市	21.72	168	48.75	225	58.33	197	58.17	153	60	79	3
濮阳市	21.72	168	21.25	288	25.00	276	58.07	156	30	221	3
许昌市	0	269	66.25	128	66.67	160	48.74	238	50	118	3
漯河市	0	269	27.50	281	33.33	260	53.17	198	26.67	252	3
三门峡市	0	269	70	114	83.33	61	69.26	56	66.67	26	4
南阳市	21.33	173	65.00	150	41.67	243	64.64	85	60	79	3
商丘市	10.69	221	70	114	16.67	288	46.78	246	26.67	252	3
信阳市	0	269	48.75	225	50	224	68.89	60	26.67	252	3
周口市	21.37	172	65.00	150	83.33	61	41.31	275	43.33	170	3
驻马店市	66.94	75	65.00	150	50	224	72.89	30	50	118	4
武汉市	73.76	50	71.25	100	50	224	59.01	140	30	221	1
黄石市	9.85	10	71.25	100	91.67	19	58.26	152	43.33	170	3
十堰市	79.38	41	53.75	210	25.00	276	66.54	70	43.33	170	2
宜昌市	19.77	185	76.25	73	91.67	19	63.17	98	60	79	2
襄阳市	56.18	110	53.75	210	25.00	276	63.12	100	43.33	170	2
鄂州市	0	269	53.75	210	25.00	276	44.62	262	26.67	252	4
荆门市	75.73	46	88.75	9	91.67	19	56.32	173	50	118	3
孝感市	9.97	4	50	220	66.67	160	43.89	267	43.33	170	3
荆州市	12.27	200	77.50	51	91.67	19	48.46	239	50	118	3
黄冈市	73.77	49	87.50	15	83.33	61	67.52	65	60	79	4
咸宁市	62.79	81	47.50	231	33.33	260	59.56	136	26.67	252	4
随州市	0	269	77.50	51	83.33	61	61.20	117	66.67	26	4
长沙市	39.31	138	65.00	150	41.67	243	55.19	183	26.67	252	1
株洲市	69.15	65	27.50	281	16.67	288	70.19	49	26.67	252	2
湘潭市	50.69	114	76.25	73	75.00	115	54.03	190	60	79	3
衡阳市	9.35	21	58.75	193	58.33	197	55.20	182	43.33	170	2
邵阳市	49.04	119	81.25	36	66.67	160	60.03	128	33.33	213	3

续表

城市	规划（P）		实施（I）		检查（C）		结果（O）		反馈（F）		城市规模组
	得分	排名	得分	排名	得分	排名	得分	排名	得分	排名	
岳阳市	0	269	32.50	271	50	224	56.51	169	13.33	286	2
常德市	72.39	52	77.50	51	83.33	61	58.40	148	66.67	26	3
张家界市	62.04	86	53.75	210	58.33	197	61.50	114	43.33	170	4
益阳市	37.76	142	58.75	193	58.33	197	56.59	166	60	79	3
郴州市	59.82	98	76.25	73	75.00	115	71.18	40	43.33	170	3
永州市	59.82	98	42.50	246	50	224	69.79	52	26.67	252	3
怀化市	33.11	146	77.50	51	83.33	61	60.28	126	66.67	26	3
娄底市	60.66	90	27.50	281	41.67	243	65.38	82	13.33	286	3
广州市	50.62	116	65.00	150	91.67	19	69.16	58	50	118	1
韶关市	9.20	31	77.50	51	66.67	160	71.11	42	43.33	170	3
深圳市	18.41	195	77.50	51	75.00	115	65.64	79	33.33	213	1
珠海市	9.20	31	43.75	241	58.33	197	60.93	120	26.67	252	2
汕头市	9.24	24	82.50	28	83.33	61	56.53	168	43.33	170	2
佛山市	29.91	155	65.00	150	83.33	61	56.48	171	26.67	252	1
江门市	0	269	65.00	150	66.67	160	66.78	68	26.67	252	2
湛江市	0	269	43.75	241	50	224	58.46	147	26.67	252	2
茂名市	48.32	121	60	180	75.00	115	67.04	66	26.67	252	3
肇庆市	39.12	139	77.50	51	91.67	19	68.71	61	66.67	26	3
惠州市	9.20	31	65.00	150	83.33	61	67.78	64	33.33	213	2
梅州市	18.41	195	72.50	87	83.33	61	69.33	54	33.33	213	3
汕尾市	59.82	98	77.50	51	75.00	115	65.78	77	26.67	252	4
河源市	18.41	195	72.50	87	58.33	197	69.30	55	43.33	170	3
阳江市	57.52	106	71.25	100	58.33	197	55.45	179	26.67	252	3
清远市	57.52	106	65.00	150	50	224	57.65	164	43.33	170	3
东莞市	0	269	70	114	75.00	115	65.60	81	50	118	1
中山市	0	269	37.50	257	91.67	19	56.28	174	13.33	286	2
潮州市	9.20	31	71.25	100	91.67	19	65.77	78	50	118	3
揭阳市	32.21	149	71.25	100	91.67	19	65.99	75	66.67	26	3
云浮市	0	269	63.75	165	100	293	67.04	66	13.33	286	4
南宁市	71.33	54	58.75	193	75.00	115	71.27	39	43.33	170	2
柳州市	9.20	31	82.50	28	75.00	115	52.39	210	60	79	2
桂林市	9.20	31	81.25	36	91.67	19	54.25	187	60	79	2
梧州市	59.82	98	65.00	150	66.67	160	51.62	216	60	79	3
北海市	9.20	31	65.00	150	66.67	160	43.66	269	60	79	3

续表

城市	规划（P）		实施（I）		检查（C）		结果（O）		反馈（F）		城市规模组
	得分	排名	得分	排名	得分	排名	得分	排名	得分	排名	
防城港市	9.20	31	71.25	100	66.67	160	49.31	236	66.67	26	4
钦州市	0	269	50	220	83.33	61	50.60	220	43.33	170	3
贵港市	0	269	70	114	83.33	61	49.57	232	66.67	26	3
玉林市	69.03	68	66.25	128	83.33	61	50.25	224	43.33	170	3
百色市	18.60	192	45.00	237	75.00	115	58.04	157	43.33	170	4
贺州市	71.33	54	70	114	91.67	19	69.23	57	60	79	4
河池市	27.61	159	32.50	271	66.67	160	52.78	205	43.33	170	4
来宾市	27.61	159	76.25	73	83.33	61	49.95	228	60	79	4
崇左市	80.81	40	56.25	199	75.00	115	57.71	162	66.67	26	4
海口市	71.33	54	65.00	150	50	224	62.10	107	43.33	170	2
三亚市	60.61	91	60	180	75.00	115	63.16	99	50	118	3
儋州市	28.08	157	45.00	237	75.00	115	63.31	95	26.67	252	4
重庆市	43.71	131	71.25	100	50	224	81.78	7	43.33	170	1
成都市	31.74	153	77.50	51	75.00	115	70.08	51	60	79	1
自贡市	10.15	238	48.75	225	58.33	197	52.88	202	13.33	286	3
攀枝花市	9.33	22	78.75	38	75.00	115	50.35	223	43.33	170	3
泸州市	19.79	184	43.75	241	58.33	197	52.70	207	60	79	3
德阳市	0	269	82.50	28	75.00	115	41.84	274	66.67	26	3
绵阳市	19.44	187	76.25	73	91.67	19	55.91	176	60	79	2
广元市	53.98	113	88.75	9	91.67	19	76.61	16	66.67	26	4
遂宁市	12.61	199	76.25	73	83.33	61	42.73	273	66.67	26	3
内江市	0	269	76.25	73	66.67	160	48.05	241	50	118	3
乐山市	23.63	162	66.25	128	83.33	61	52.68	208	43.33	170	3
南充市	9.90	5	38.75	252	41.67	243	52.79	204	43.33	170	2
眉山市	41.33	137	77.50	51	83.33	61	52.49	209	50	118	3
宜宾市	85.99	38	58.75	193	16.67	288	40.46	280	26.67	252	2
广安市	32.08	150	82.50	28	83.33	61	46.53	251	66.67	26	4
达州市	60.10	94	58.75	193	33.33	260	52.36	211	26.67	252	3
雅安市	0	269	88.75	9	75.00	115	53.23	197	60	79	4
巴中市	62.36	84	88.75	9	66.67	160	70.45	47	60	79	4
*资阳市	0	269	0	294	0	295	54.84	184	0	295	4
贵阳市	9.58	16	77.50	51	91.67	19	63.22	96	33.33	213	2
六盘水市	9.41	19	66.25	128	83.33	61	71.35	38	43.33	170	3
遵义市	38.63	141	77.50	51	75.00	115	79.20	10	43.33	170	2

续表

城市	规划（P）		实施（I）		检查（C）		结果（O）		反馈（F）		城市规模组
	得分	排名	得分	排名	得分	排名	得分	排名	得分	排名	
安顺市	0	269	65.00	150	66.67	160	61.93	108	60	79	3
毕节市	62.46	82	77.50	51	83.33	61	75.19	23	60	79	3
铜仁市	19.04	191	53.75	210	16.67	288	75.48	22	43.33	170	4
昆明市	61.09	89	82.50	28	91.67	19	72.92	29	66.67	26	1
曲靖市	19.07	190	61.25	169	58.33	197	74.49	24	26.67	252	3
玉溪市	62.11	85	76.25	73	91.67	19	71.77	36	66.67	26	3
保山市	59.96	95	71.25	100	75.00	115	75.78	21	66.67	26	4
昭通市	19.22	189	56.25	199	75.00	115	74.07	25	60	79	4
丽江市	9.47	18	76.25	73	66.67	160	77.10	13	66.67	26	4
*普洱市	0	269	0	294	0	295	85.22	5	0	295	4
临沧市	61.22	88	21.25	288	58.33	197	76.38	18	43.33	170	4
拉萨市	0	269	77.50	51	58.33	197	39.32	285	60	79	3
日喀则市	10.63	225	61.25	169	75.00	115	37.53	287	26.67	252	4
昌都市	0	269	76.25	73	83.33	61	62.62	104	50	118	4
林芝市	9.20	31	33.75	263	25.00	276	70.61	46	26.67	252	4
山南市	0	269	70	114	58.33	197	40.29	281	43.33	170	4
那曲市	0	269	32.50	271	25.00	276	39.85	282	43.33	170	4
西安市	77.23	44	53.75	210	58.33	197	54.03	190	43.33	170	1
铜川市	10.53	228	76.25	73	75.00	115	55.45	179	50	118	4
宝鸡市	9.98	2	88.75	9	91.67	19	76.90	14	66.67	26	3
咸阳市	26.65	161	72.50	87	58.33	197	71.65	37	43.33	170	2
渭南市	68.80	71	66.25	128	83.33	61	61.22	116	50	118	4
延安市	70.32	61	76.25	73	83.33	61	65.91	76	60	79	4
汉中市	0	269	82.50	28	66.67	160	58.34	150	66.67	26	3
榆林市	69.65	64	60	180	50	224	73.63	27	60	79	3
安康市	0	269	90	3	91.67	19	55.77	177	60	79	4
商洛市	22.65	164	32.50	271	41.67	243	59.73	133	60	79	4
兰州市	46.16	126	63.75	165	75.00	115	41.17	277	43.33	170	2
嘉峪关市	10.86	207	83.75	19	91.67	19	46.11	253	66.67	26	4
金昌市	46.16	126	77.50	51	50	224	46.09	255	26.67	252	4
白银市	46.16	126	71.25	100	66.67	160	46.07	256	43.33	170	4
天水市	10.31	234	66.25	128	50	224	64.06	90	26.67	252	3
武威市	46.16	126	67.50	119	66.67	160	47.29	243	26.67	252	4
张掖市	0	269	66.25	128	25.00	276	53.01	200	26.67	252	4

续表

城市	规划（P）		实施（I）		检查（C）		结果（O）		反馈（F）		城市规模组
	得分	排名	得分	排名	得分	排名	得分	排名	得分	排名	
平凉市	0	269	65.00	150	75.00	115	59.77	131	43.33	170	4
酒泉市	59.74	102	66.25	128	50	224	40.71	279	33.33	213	4
庆阳市	62.46	82	28.75	277	58.33	197	52.93	201	26.67	252	4
定西市	70.60	59	47.50	231	50	224	46.46	252	50	118	4
陇南市	54.82	112	47.50	231	58.33	197	70.75	44	43.33	170	4
西宁市	20.57	180	27.50	281	33.33	260	66.37	72	43.33	170	2
海东市	10.86	207	71.25	100	50	224	71.14	41	33.33	213	4
银川市	10.86	207	72.50	87	75.00	115	46.66	249	60	79	2
石嘴山市	10.86	207	63.75	165	83.33	61	36.87	289	66.67	26	4
吴忠市	10.86	207	66.25	128	66.67	160	46.66	249	50	118	4
固原市	32.59	147	52.50	217	75.00	115	57.86	160	43.33	170	4
中卫市	10.86	207	61.25	169	75.00	115	46.74	248	60	79	4
乌鲁木齐市	10.86	207	71.25	100	91.67	19	41.05	278	60	79	2
克拉玛依市	70.60	59	60	180	91.67	19	46.75	247	60	79	4
吐鲁番市	0	269	82.50	28	91.67	19	34.66	293	66.67	26	4
哈密市	0	269	70	114	66.67	160	35.05	292	43.33	170	4
**三沙市	N/A	/	N/A	/	N/A	/	N/A	/	N/A	/	4
最大值	85.99	/	100	/	100	/	92.25	/	66.67	/	
最小值	0	/	0	/	0	/	26.6	/	0	/	
平均值	28.75	/	61.14	/	63.26	/	58.47	/	45.44	/	
标准差	25.76	/	19.09	/	22.77	/	11.36	/	16.28	/	
变异系数	0.90	/	0.31	/	0.36	/	0.19	/	0.36	/	

注：*因部分数据资料不完整，可能影响诊断结果；**三沙市因相关数据极少，不参与统计。

根据表 8.11 中的数据，可以得到样本城市在森林碳汇维度各环节的低碳建设水平统计分布图。如图 8.11 所示，样本城市在森林碳汇维度规划环节得分的范围约为 0～86 分，属于非正态分布，近三成的城市得分不足 10 分；在实施环节和检查环节的得分范围为 0～100 分，基本符合左偏分布，表明大多数城市的实施和检查水平较好；在结果环节的得分范围约为 27～92 分，属于正态分布；在反馈环节的得分范围为 0～67 分，属于离散分布，各城市间的得分差异较为显著。

表 8.11 与图 8.11 同时显示，在森林碳汇维度的五个低碳建设环节中，样本城市表现最好的是检查环节，平均分约为 63.26 分，大部分城市的得分分布在 60～100 分，表现最差的是规划环节，平均分仅 28.75 分，大部分城市的得分集中在 0～50 分。在森林碳汇维度的五个管理环节上，样本城市的变异系数由小到大依次为：结果（0.19）、实施（0.31）、反馈（0.36）、检查（0.36）、规划（0.90），表明在森林碳汇建设的每个管理环节上，样本

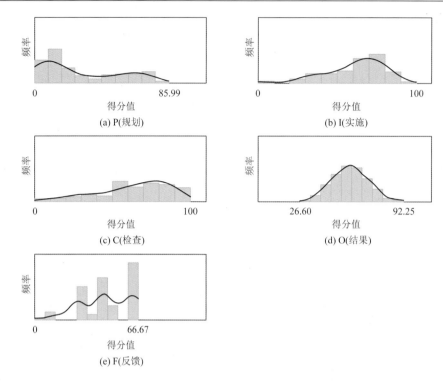

图 8.11　样本城市在森林碳汇维度各环节低碳建设水平统计分布图

城市之间的建设水平都存在较大差异，在规划环节的差异最为明显。这表明我国城市在森林碳汇建设中的过程管理水平不佳，对五个过程环节的重视度不均衡。

　　在森林碳汇维度的检查与实施环节上，分别有 60% 及 64% 左右的样本城市得分超过 60 分，29% 及 13% 的城市得分超过 80 分，这表明我国城市较为重视森林碳汇建设规划方案的落实工作，对发布的规划方案，兼有良好的实施方法与监督效果。国家近年大力推行的市区（县）镇村四级林长制，一方面推动了各城市出台了系列实施细则与考核机制，另一方面为落实森林碳汇的规划提供了强有力的人力资源保障，使得近四成的样本城市在"落实监督行为的机制保障"与"人力资源保障程度"这个得分变量上均为满分。但同时也需注意到，在检查环节的"监督行为的体现形式"与实施环节的"技术条件保障"这个得分变量上，样本城市的平均分为 54 分与 52 分，未来既需要重视对森林碳汇建设重点工作、计划完成情况的定期发布，也需要加强对本土碳汇树种的挖掘、对智慧林业尤其是林业碳汇计量监测体系等技术的进一步应用，以保障森林碳汇的实施具备更有力的技术支撑，检查工作更透明有效。

　　规划环节是样本城市在森林碳汇维度表现最差的环节，78% 的城市在此环节的得分不足 60 分，31% 的城市在此环节的得分低于 10 分，反映了我国城市制定森林碳汇建设方案的水平有较大提升空间。尤其是在"保护森林植被碳储量的目标体系"这个得分变量上，60% 的城市得分为零，显示出我国城市更重视提升森林覆盖率、蓄积量这些直接提高森林植被碳储量的工作，对控制森林主要灾害、过度采伐等保护现存碳储量的工作重视度相对不足。

对于森林碳汇的其他两个环节，样本城市的表现较为一般，在结果环节与反馈环节的平均分分别为58.47分与45.44分，表明我国森林碳汇建设目前取得的成效还不够理想，这对于碳中和目标的实现有一定压力，并且在建设过程中缺乏对经验与偏差的及时总结与纠正。

二、不同规模城市在森林碳汇维度各管理过程环节的低碳建设水平

基于表8.11中的数据，可以进一步得到不同规模城市在森林碳汇维度各管理环节的低碳建设水平得分情况，见表8.12和图8.12。

表8.12　不同规模城市在森林碳汇维度各环节的低碳建设水平得分表

环节	城市规模	最大值	最小值	平均值	标准差	变异系数
规划（P）	I类（$N=21$）	77.23	0	38.15	22.05	0.58
	II类（$N=80$）	85.99	0	25.49	26.29	1.03
	III类（$N=111$）	77.78		26.65	25.11	0.94
	IV类（$N=84$）	80.81	0	32.28	25.97	0.8
实施（I）	I类（$N=21$）	100	53.75	69.88	10.15	0.15
	II类（$N=80$）	93.75	27.5	60.58	16.67	0.28
	III类（$N=111$）	88.75	0	61.45	18.77	0.31
	IV类（$N=84$）	93.75	0	59.09	22.48	0.38
检查（C）	I类（$N=21$）	91.67	41.67	70.63	14	0.2
	II类（$N=80$）	91.67	16.67	61.77	21.6	0.35
	III类（$N=111$）	91.67	8.33	63.74	22.02	0.35
	IV类（$N=84$）	100	0	62.2	25.99	0.42
结果（O）	I类（$N=21$）	81.78	36.45	58.21	11.57	0.2
	II类（$N=80$）	87.32	26.6	58.37	10.99	0.19
	III类（$N=111$）	92.25	33.01	57.41	10.42	0.18
	IV类（$N=84$）	90.17	34.66	60.04	12.61	0.21
反馈（F）	I类（$N=21$）	66.67	26.67	45.56	15.81	0.35
	II类（$N=80$）	66.67	13.33	44.21	14.31	0.32
	III类（$N=111$）	66.67	13.33	45.86	16.63	0.36
	IV类（$N=84$）	66.67	0	46.03	17.58	0.38

注：表中的N表示该规模分组内的城市数量。

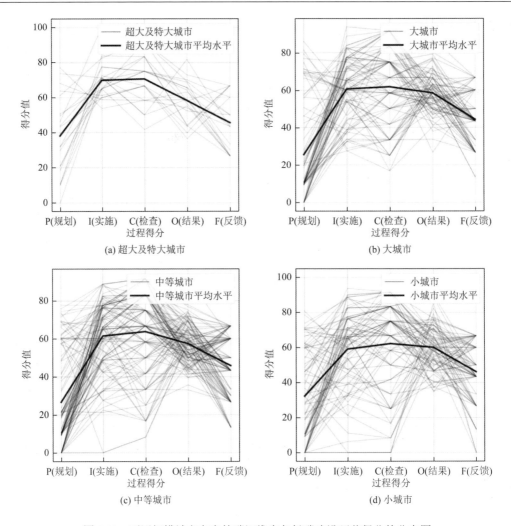

(a) 超大及特大城市　　　　　　　　　　　(b) 大城市

(c) 中等城市　　　　　　　　　　　　　(d) 小城市

图 8.12　不同规模城市在森林碳汇维度各低碳建设环节得分的分布图

通过表 8.12 与图 8.12，得出以下结论。

（1）从平均得分来看，不同规模的城市在森林碳汇五个低碳建设环节上的表现趋势相同，即得分由高到低依次为检查、实施、结果、反馈、规划。然而，各个规模的城市在森林碳汇五个低碳建设环节上的得分差异程度不同，中等城市（Ⅲ类）在森林碳汇的五个环节上的得分差异相对最大，约为 37 分，小城市（Ⅳ类）对应的得分差异相对最小，约为 30 分。

（2）森林碳汇的规划环节，是不同规模城市平均低碳建设水平差异最大的环节（最大分差约为 11.5）。在此环节，社会经济高度发达的Ⅰ类城市具有更多的资源，自然资源条件相对优渥的Ⅳ类城市具有更好的植被生长发育基础，因此二者都具有相对更好的森林碳汇建设规划。大城市（Ⅱ类）与中等城市（Ⅲ类）由于受自身资源与发展定位的影响，可能暂时并未将森林碳汇建设作为低碳建设的重点，在森林碳汇建设规划上的表现不佳，与前两类城市差距明显。因此，不同规模城市的低碳建设水平平均值由大到小依次为：超大及特大城市（Ⅰ类）、小城市（Ⅳ类）、中等城市（Ⅲ类）、大城市（Ⅱ类）。

（3）在森林碳汇的实施环节，不同规模城市的低碳建设水平差异较大（最大分差约为10.8），低碳建设水平相对更高的同样是社会经济高度发达的Ⅰ类城市与自然资源条件相对优渥的Ⅳ类城市，这些城市不仅具备了相对高水平的森林碳汇建设规划投，也为落实这些规划投入了相对更多的资源，而中等城市与大城市投放在森林碳汇实施阶段的资源不如前两类城市。因此，不同规模城市的低碳建设水平平均值由大到小依次为：超大及特大城市（Ⅰ类）、中等城市（Ⅲ类）、大城市（Ⅱ类）、小城市（Ⅳ类）。

（4）在森林碳汇的检查环节，不同规模城市的低碳建设水平差异较大（最大分差约为8.9），社会经济高度发达的Ⅰ类城市同样对森林碳汇建设过程进行了较好的监督。但在规划与实施环节具有相对高水平的小城市（Ⅳ类），并未表现出优秀的监督水平，中等城市（Ⅲ类）的监督水平相对较高，这反映出监督水平一定程度上受到社会经济发展水平的影响。大城市（Ⅱ类）由于在森林碳汇的规划与实施阶段就并未投入相对多的资源，因此也并未在监督阶段给予重视，整体表现较差。因此，不同规模城市的低碳建设水平平均值由大到小依次为：超大及特大城市（Ⅰ类）、中等城市（Ⅲ类）、小城市（Ⅳ类）、大城市（Ⅱ类）。

（5）在森林碳汇的结果环节，不同规模城市的低碳建设水平差异较小（最大分差约为2.6），各类城市的森林碳汇建设结果均较为一般，表明我国森林碳汇建设尚处于起步阶段。相对而言，拥有相对高水平规划方案、配套实施体系与中等监督水平的小城市（Ⅳ类）在森林碳汇建设的结果环节表现最好。不同规模城市的低碳建设水平平均值由大到小依次为：小城市（Ⅳ类）、大城市（Ⅱ类）、超大及特大城市（Ⅰ类）、中等城市（Ⅲ类）。

（6）在森林碳汇的反馈环节，不同规模的城市在此环节的低碳建设水平差异较小（最大分差约为1.8），各类城市在此环节的表现均有待提升。表明了我国不同规模城市对森林碳汇反馈环节的纠偏作用与重要性的认识度不足，未来均需要进一步强化此环节的建设水平。

第七节　绿地碳汇维度的城市低碳建设环节水平

一、样本城市在绿地碳汇维度各管理过程环节的低碳建设水平得分

将第五章的实证数据代入第三章建立的绿地碳汇维度各环节低碳建设水平的计算公式中，可以得到样本城市在绿地碳汇维度各管理环节的低碳建设水平得分，见表8.13。

表 8.13　样本城市在绿地碳汇（GS）维度各环节的低碳建设水平得分表

城市	规划（P）		实施（I）		检查（C）		结果（O）		反馈（F）		城市规模组
	得分	排名	得分	排名	得分	排名	得分	排名	得分	排名	
北京市	57.93	160	100.	1	100	1	108.25	1	91.67	1	1
天津市	100.36	2	65.00	110	45.00	112	48.58	41	30	176	1
石家庄市	63.43	121	80	25	41.25	128	20.80	217	63.33	29	2

续表

城市	规划（P）		实施（I）		检查（C）		结果（O）		反馈（F）		城市规模组
	得分	排名	得分	排名	得分	排名	得分	排名	得分	排名	
唐山市	78.66	37	40	229	15.00	238	28.43	134	16.67	223	2
秦皇岛市	71.27	67	60	138	16.25	236	39.26	74	31.67	155	2
邯郸市	50.34	211	60	138	15.00	238	28.79	130	21.67	217	2
邢台市	64.72	115	60	138	31.25	172	24.05	178	36.67	145	2
保定市	63.97	118	70	81	46.25	107	20.97	212	23.33	198	2
张家口市	43.45	248	80	25	77.50	16	21.63	204	71.67	17	2
承德市	72.41	58	80	25	55.00	75	26.45	151	55.00	50	3
沧州市	78.57	39	75.00	53	35.00	155	18.94	237	40	114	3
廊坊市	57.93	160	10	286	6.25	271	30.52	114	8.33	247	3
衡水市	86.90	14	85.00	13	51.25	88	25.84	157	71.67	17	3
太原市	63.57	120	90	9	71.25	28	55.25	28	53.33	65	2
大同市	42.97	256	60	138	55.00	75	36.55	80	46.67	95	2
阳泉市	48.42	233	15.00	280	0	283	21.94	202	0	277	3
长治市	71.30	66	50	199	36.25	149	27.84	140	23.33	198	2
晋城市	56.64	177	70	81	75.00	22	18.15	244	61.67	34	3
朔州市	77.28	41	35.00	242	10	259	28.46	133	16.67	223	4
晋中市	50.07	213	60	138	45.00	112	34.48	88	40	114	3
运城市	42.51	264	35.00	242	0	283	21.99	201	0	277	3
忻州市	68.81	79	75.00	53	60	56	20.93	213	31.67	155	4
临汾市	42.52	263	40	229	36.25	149	4.41	290	15.00	239	3
吕梁市	48.91	231	75.00	53	55.00	75	20.19	227	41.67	109	4
呼和浩特市	72.41	58	80	25	72.50	24	82.55	6	53.33	65	2
包头市	36.21	275	75.00	53	55.00	75	63.54	19	23.33	198	2
乌海市	65.17	105	35.00	242	30	176	89.59	3	25.00	183	3
赤峰市	50.69	205	45.00	219	30	176	27.15	143	16.67	223	2
通辽市	65.17	105	70	81	66.25	39	23.86	179	53.33	65	4
鄂尔多斯市	50.69	205	60	138	25.00	195	47.98	46	31.67	155	3
呼伦贝尔市	65.17	105	20	271	15.00	238	2.35	293	16.67	223	4
巴彦淖尔市	65.17	105	25.00	264	5.00	272	18.51	241	0	277	4
乌兰察布市	57.93	160	80	25	30	176	34.73	87	40	114	4
沈阳市	40.35	268	65.00	110	51.25	88	43.36	58	38.33	135	1
大连市	74.10	47	50	199	31.25	172	48.32	44	23.33	198	1
鞍山市	86.49	18	20	271	0	283	35.46	86	0	277	2
抚顺市	65.44	103	60	138	51.25	88	35.83	85	40	114	2

续表

城市	规划（P）		实施（I）		检查（C）		结果（O）		反馈（F）		城市规模组
	得分	排名	得分	排名	得分	排名	得分	排名	得分	排名	
本溪市	58.65	157	65.00	110	25.00	195	68.21	17	61.67	34	3
丹东市	77.84	40	25.00	264	0	283	25.82	158	16.67	223	3
锦州市	48.51	232	50	199	20	218	30.75	112	23.33	198	2
营口市	60.29	150	30	253	20	218	37.52	78	25.00	183	3
阜新市	20.87	293	70	81	93.75	2	32.71	97	78.33	10	3
辽阳市	59.98	151	55.00	173	20	218	39.40	73	8.33	247	3
盘锦市	27.38	287	70	81	45.00	112	48.37	43	40	114	3
铁岭市	65.83	101	55.00	173	30	176	20.65	220	21.67	217	4
朝阳市	50.25	212	50	199	10	259	14.94	265	30	176	3
葫芦岛市	49.80	214	50	199	16.25	236	29.63	124	31.67	155	3
长春市	68.59	81	60	138	35.00	155	52.97	31	40	114	2
吉林市	86.48	19	80	25	66.25	39	29.87	120	46.67	95	2
四平市	67.87	85	75.00	53	66.25	39	24.32	175	71.67	17	4
辽源市	46.19	241	60	138	60	56	23.65	181	40	114	4
通化市	57.83	168	45.00	219	25.00	195	23.27	183	31.67	155	4
白山市	44.63	243	60	138	50	98	43.71	56	76.67	13	4
松原市	71.44	65	40	229	15.00	238	20.69	219	8.33	247	4
白城市	79.65	32	55.00	173	25.00	195	26.75	147	40	114	4
哈尔滨市	41.60	266	65.00	110	45.00	112	22.25	196	71.67	17	1
齐齐哈尔市	14.48	294	30	253	5.00	272	32.76	96	0	277	2
鸡西市	62.92	123	30	253	5.00	272	27.46	141	8.33	247	3
鹤岗市	70	73	10	286	10	259	48.10	45	16.67	223	3
双鸭山市	70.25	72	20	271	5.00	272	30.76	111	0	277	4
大庆市	57.93	160	20	271	21.25	215	60	25	8.33	247	2
伊春市	69.88	74	35.00	242	5.00	272	53.31	30	0	277	4
佳木斯市	70.51	71	40	229	25.00	195	30.95	108	31.67	155	3
七台河市	56.91	174	70	81	60	56	54.22	29	55.00	50	4
牡丹江市	63.09	122	50	199	61.25	51	14.60	267	63.33	29	3
黑河市	42.99	255	25.00	264	30	176	20.30	224	0	277	4
绥化市	43.45	248	0	292	0	283	5.78	289	0	277	4
上海市	59.17	155	80	25	77.50	16	68.32	16	53.33	65	1
南京市	73.91	49	90	9	85.00	4	75.16	12	70	21	1
无锡市	65.89	99	65.00	110	40	135	48.52	42	55.00	50	2
徐州市	48.18	234	70	81	56.25	69	32.84	95	48.33	84	2

续表

城市	规划（P）		实施（I）		检查（C）		结果（O）		反馈（F）		城市规模组
	得分	排名	得分	排名	得分	排名	得分	排名	得分	排名	
常州市	59.91	152	35.00	242	15.00	238	45.09	50	23.33	198	2
苏州市	59.21	154	70	81	56.25	69	42.26	61	61.67	34	2
南通市	40.02	269	60	138	30	176	33.43	91	25.00	183	2
连云港市	69.60	76	40	229	10	259	41.27	66	16.67	223	2
淮安市	69.34	77	55.00	173	25.00	195	32.94	94	6.67	271	2
盐城市	95.34	6	85.00	13	61.25	51	26.82	145	31.67	155	2
扬州市	61.78	131	50	199	46.25	107	37.75	76	8.33	247	2
镇江市	40.67	267	85.00	13	72.50	24	44.69	54	48.33	84	3
泰州市	27.10	289	45.00	219	10	259	27.92	138	13.33	246	3
宿迁市	76.47	43	95.00	3	73.75	23	32.50	100	70	21	3
杭州市	81.46	30	95.00	3	67.50	32	59.63	26	85.00	8	1
宁波市	55.94	180	95.00	3	78.75	14	40.90	69	76.67	13	2
温州市	55.50	183	85.00	13	56.25	69	18.38	242	53.33	65	2
嘉兴市	32.22	281	95.00	3	72.50	24	26.75	148	86.67	3	3
湖州市	58.05	158	80	25	82.50	8	36.44	81	50	81	3
绍兴市	37.60	272	95.00	3	77.50	16	30.77	110	68.33	26	2
金华市	49.14	217	100	1	87.50	3	21.49	205	61.67	34	3
衢州市	42.95	257	75.00	53	56.25	69	23.14	187	31.67	155	3
舟山市	51.08	203	80	25	62.50	48	63.45	20	53.33	65	3
台州市	55.36	185	75.00	53	62.50	48	23.10	188	60	45	2
丽水市	73.63	52	75.00	53	67.50	32	18.31	243	60	45	4
合肥市	53.78	196	75.00	53	70	30	42.48	60	46.67	95	2
芜湖市	65.12	113	75.00	53	40	135	41.97	63	40	114	2
蚌埠市	62.23	127	70	81	55.00	75	30.59	113	40	114	3
淮南市	54.66	192	80	25	40	135	26.03	155	46.67	95	2
马鞍山市	0	296	80	25	83.75	6	41.14	67	86.67	3	3
淮北市	55.36	184	45.00	219	35.00	155	42.04	62	30	176	3
铜陵市	78.65	38	55.00	173	57.50	64	46.26	48	48.33	84	3
安庆市	51.91	201	65.00	110	67.50	32	24.71	173	53.33	65	3
黄山市	49.73	215	30	253	10	259	52.65	32	38.33	135	4
滁州市	61.27	148	35.00	242	20	218	27.07	144	16.67	223	4
阜阳市	81.95	26	80	25	51.25	88	22.12	197	53.33	65	3
宿州市	89.90	10	65.00	110	51.25	88	22.73	193	61.67	34	3
六安市	46.63	239	85.00	13	67.50	32	20.50	223	76.67	13	3

城市	规划（P）		实施（I）		检查（C）		结果（O）		反馈（F）		城市规模组
	得分	排名	得分	排名	得分	排名	得分	排名	得分	排名	
亳州市	62.69	125	80	25	45.00	112	21.19	209	48.33	84	3
池州市	44.35	245	65.00	110	40	135	26.14	153	53.33	65	4
宣城市	38.53	270	70	81	30	176	26.78	146	31.67	155	4
福州市	67.49	89	50	199	15.00	238	34.16	89	28.33	181	2
厦门市	73.68	51	70	81	82.50	8	76.67	9	53.33	65	2
莆田市	49.09	220	55.00	173	15.00	238	26.11	154	16.67	223	2
三明市	73.63	52	70	81	63.75	47	20.24	226	36.67	145	4
泉州市	49.09	220	85.00	13	56.25	69	21.46	206	41.67	109	2
漳州市	55.22	186	5.00	290	0	283	24.90	169	0	277	3
南平市	55.22	186	10	286	0	283	18.64	240	0	277	4
龙岩市	67.49	89	70	81	60	56	24.39	174	55.00	50	3
宁德市	42.95	257	40	229	0	283	19.79	230	16.67	223	4
南昌市	61.44	134	50	199	20	218	37.74	77	31.67	155	2
景德镇市	55.22	186	15.00	280	15.00	238	44.83	51	16.67	223	3
萍乡市	49.11	219	30	253	5.00	272	31.24	106	0	277	3
九江市	31.47	283	75.00	53	50	98	30.21	118	55.00	50	3
新余市	30.68	285	45.00	219	46.25	107	47.11	47	25.00	183	3
鹰潭市	49.09	220	80	25	71.25	28	28.67	132	56.67	48	4
赣州市	61.36	135	65.00	110	52.50	85	30.41	115	50	81	2
吉安市	49.49	216	70	81	58.75	63	21.02	211	65.00	28	4
宜春市	61.36	135	70	81	15.00	238	25.18	164	53.33	65	3
抚州市	55.22	186	80	25	61.25	51	30.28	117	61.67	34	3
上饶市	42.95	257	60	138	35.00	155	25.42	161	33.33	149	2
济南市	76.45	44	85.00	13	82.50	8	49.30	39	75.00	16	1
青岛市	54.52	194	75.00	53	41.25	128	60.70	23	55.00	50	1
淄博市	68.75	80	70	81	57.50	64	51.14	34	61.67	34	2
枣庄市	75.22	46	60	138	51.25	88	29.71	123	61.67	34	2
东营市	69.00	78	70	81	47.50	105	62.86	21	63.33	29	3
烟台市	27.10	288	80	25	77.50	16	39.71	71	78.33	10	2
潍坊市	68.41	83	75.00	53	51.25	88	28.08	137	31.67	155	2
济宁市	83.92	25	85.00	13	83.75	6	26.52	150	61.67	34	2
泰安市	55.76	181	65.00	110	67.50	32	29.85	121	53.33	65	2
威海市	68.24	84	90	9	67.50	32	56.54	27	86.67	3	3
日照市	103.13	1	40	229	15.00	238	34.05	90	30	176	3

续表

城市	规划（P）		实施（I）		检查（C）		结果（O）		反馈（F）		城市规模组
	得分	排名	得分	排名	得分	排名	得分	排名	得分	排名	
临沂市	54.60	193	80	25	85.00	4	24.25	177	70	21	2
德州市	70.55	70	80	25	68.75	3!	26.67	149	55.00	50	3
聊城市	78.70	36	80	25	76.25	21	29.23	126	86.67	3	2
滨州市	76.75	42	45.00	219	20	218	32.63	98	31.67	155	3
菏泽市	64.56	117	50	199	35.00	155	23.17	185	6.67	271	3
郑州市	57.56	172	65.00	110	40	135	49.42	38	21.67	217	1
开封市	79.65	32	60	138	47.50	105	26.28	152	23.33	198	2
洛阳市	64.63	116	50	199	31.25	172	33.12	92	33.33	149	2
平顶山市	72.37	63	65.00	110	25.00	195	20.76	218	28.33	181	3
安阳市	79.65	32	50	199	51.25	88	18.83	238	48.33	84	3
鹤壁市	28.97	286	65.00	110	35.00	155	37.88	75	40	114	3
新乡市	57.93	160	70	81	45.00	112	22.00	199	21.67	217	2
焦作市	65.17	105	65.00	110	61.25	51	25.68	159	61.67	34	3
濮阳市	94.14	7	0	292	0	283	19.28	232	0	277	3
许昌市	86.90	14	50	199	46.25	107	17.09	253	41.67	109	3
漯河市	36.21	275	60	138	35.00	155	24.86	170	55.00	50	3
三门峡市	62.80	124	55.00	173	30	176	27.43	142	31.67	155	4
南阳市	85.32	24	80	25	78.75	14	24.31	176	56.67	48	3
商丘市	85.54	23	80	25	77.50	16	1.46	294	48.33	84	3
信阳市	33.70	280	50	199	20	218	17.18	252	23.33	198	3
周口市	99.73	3	65.00	110	62.50	48	10.50	282	50	81	3
驻马店市	61.79	130	45.00	219	15.00	238	19.88	229	21.67	217	4
武汉市	52.45	200	80	25	82.50	8	61.47	22	86.67	3	1
黄石市	52.56	199	70	81	40	135	23.85	180	46.67	95	3
十堰市	81.94	27	60	138	45.00	112	30.11	119	31.67	155	2
宜昌市	65.89	100	65.00	110	45.00	112	31.67	103	53.33	65	2
襄阳市	54.47	195	60	138	45.00	112	28.83	129	38.33	135	2
鄂州市	65.96	97	75.00	53	40	135	25.67	160	40	114	4
荆门市	74.05	48	85.00	13	55.00	75	22.92	191	91.67	1	3
孝感市	46.53	240	15.00	280	15.00	238	3.67	291	8.33	247	3
荆州市	45.81	242	80	25	25.00	195	14.12	271	38.33	135	3
黄冈市	98.36	4	75.00	53	41.25	128	0	296	55.00	50	4
咸宁市	57.96	159	40	229	36.25	149	9.73	283	48.33	84	4
随州市	47.19	237	70	81	41.25	128	24.77	172	38.33	135	4

续表

城市	规划（P）		实施（I）		检查（C）		结果（O）		反馈（F）		城市规模组
	得分	排名	得分	排名	得分	排名	得分	排名	得分	排名	
长沙市	67.83	86	75.00	53	55.00	75	28.92	128	38.33	135	1
株洲市	73.76	50	60	138	30	176	27.91	139	25.00	183	2
湘潭市	43.01	254	55.00	173	20	218	25.02	167	31.67	155	3
衡阳市	37.38	273	65.00	110	56.25	69	20.86	215	15.00	239	2
邵阳市	62.27	126	60	138	25.00	195	14.58	268	48.33	84	3
岳阳市	69.66	75	60	138	45.00	112	21.99	200	21.67	217	2
常德市	57.91	167	65.00	110	35.00	155	14.44	269	23.33	198	3
张家界市	44.54	244	40	229	10	259	16.62	256	0	277	4
益阳市	50.35	210	60	138	26.25	192	20.57	222	31.67	155	3
郴州市	61.36	135	55.00	173	35.00	155	22.07	198	25.00	183	3
永州市	67.49	89	60	138	40	135	15.46	263	40	114	3
怀化市	56.76	176	70	81	41.25	128	16.86	254	25.00	183	3
娄底市	31.11	284	75.00	53	30	176	14.06	272	23.33	198	3
广州市	85.90	20	75.00	53	52.50	85	76.44	10	55.00	50	1
韶关市	49.09	220	60	138	40	135	28.24	136	25.00	183	3
深圳市	79.76	31	70	81	40	135	68.05	18	38.33	135	1
珠海市	67.49	89	60	138	25.00	195	81.32	7	46.67	95	2
汕头市	61.59	132	65.00	110	40	135	28.24	135	16.67	223	2
佛山市	73.63	52	60	138	15.00	238	36.19	83	45.00	107	1
江门市	61.36	135	55.00	173	5.00	272	43.16	59	6.67	271	2
湛江市	61.95	129	50	199	10	259	20.05	228	16.67	223	2
茂名市	49.09	220	20	271	5.00	272	20.92	214	8.33	247	3
肇庆市	85.90	20	50	199	15.00	238	11.23	279	40	114	3
惠州市	73.63	52	55.00	173	15.00	238	41.68	64	51.67	80	2
梅州市	55.22	186	45.00	219	21.25	215	52.63	33	8.33	247	3
汕尾市	61.36	135	65.00	110	20	218	18.74	239	16.67	223	4
河源市	67.49	89	55.00	173	15.00	238	19.25	233	31.67	155	3
阳江市	61.36	135	60	138	15.00	238	43.63	57	8.33	247	3
清远市	55.22	186	55.00	173	20	218	16.77	255	40	114	3
东莞市	49.09	220	20	271	25.00	195	76.26	11	15.00	239	1
中山市	49.09	220	55.00	173	25.00	195	76.89	8	25.00	183	2
潮州市	85.90	20	30	253	15.00	238	25.88	156	8.33	247	3
揭阳市	42.95	257	65.00	110	35.00	155	22.79	192	25.00	183	3
云浮市	61.36	135	40	229	50	98	21.13	210	8.33	247	4

续表

城市	规划（P）		实施（I）		检查（C）		结果（O）		反馈（F）		城市规模组
	得分	排名	得分	排名	得分	排名	得分	排名	得分	排名	
南宁市	67.49	89	60	138	35.00	155	22.49	195	40	114	2
柳州市	61.36	135	70	81	60	56	32.58	99	46.67	95	2
桂林市	42.95	257	75.00	53	66.25	39	17.74	247	48.33	84	2
梧州市	67.49	89	15.00	280	10	259	23.52	182	8.33	247	3
北海市	49.09	220	0	292	5.00	272	32.01	102	8.33	247	3
防城港市	61.36	135	10	286	21.25	215	30.93	109	8.33	247	4
钦州市	24.54	291	15.00	280	25.00	195	23.24	184	8.33	247	3
贵港市	49.09	220	40	229	50	98	14.27	270	15.00	239	3
玉林市	49.09	220	35.00	242	25.00	195	12.91	277	15.00	239	3
百色市	37.20	274	20	271	25.00	195	13.08	275	16.67	223	4
贺州市	61.36	135	30	253	25.00	195	17.96	245	8.33	247	4
河池市	61.36	135	30	253	20	218	13.01	276	8.33	247	4
来宾市	49.09	220	20	271	15.00	238	13.16	274	8.33	247	4
崇左市	61.57	133	15.00	280	20	218	15.06	264	8.33	247	4
海口市	67.49	89	60	138	35.00	155	44.76	53	31.67	155	2
三亚市	43.51	247	55.00	173	20	218	45.98	49	30	176	3
儋州市	87.35	13	35.00	242	15.00	238	69.30	15	23.33	198	4
重庆市	71.23	68	70	81	36.25	149	37.03	79	55.00	50	1
成都市	97.66	5	75.00	53	45.00	112	39.52	72	40	114	1
自贡市	67.68	88	60	138	51.25	88	32.13	101	23.33	198	3
攀枝花市	62.22	128	80	25	40	135	41.13	68	36.67	145	3
泸州市	65.96	98	75.00	53	40	135	31.53	104	60	45	3
德阳市	65.48	102	55.00	173	30	176	19.04	235	25.00	183	3
绵阳市	51.84	202	80	25	57.50	64	25.32	162	55.00	50	2
广元市	65.43	104	80	25	65.00	45	25.20	163	46.67	95	4
遂宁市	47.08	238	70	81	26.25	192	25.14	166	46.67	95	3
内江市	81.51	29	65.00	110	57.50	64	21.27	207	41.67	109	3
乐山市	81.91	28	60	138	25.00	195	29.77	122	40	114	3
南充市	79.23	35	55.00	173	25.00	195	23.17	186	33.33	149	2
眉山市	64.83	114	75.00	53	67.50	32	29.42	125	63.33	29	3
宜宾市	58.97	156	65.00	110	50	98	24.77	171	31.67	155	2
广安市	59.22	153	75.00	53	51.25	88	19.25	234	70	21	4
达州市	89.75	11	60	138	35.00	155	17.81	246	40	114	3
雅安市	61.36	135	70	81	35.00	155	19.33	231	53.33	65	4

城市	规划（P）		实施（I）		检查（C）		结果（O）		反馈（F）		城市规模组
	得分	排名	得分	排名	得分	排名	得分	排名	得分	排名	
巴中市	57.57	171	50	199	30	176	24.95	168	8.33	247	4
资阳市	67.68	87	0	292	0	283	16.55	257	0	277	4
贵阳市	57.49	173	80	25	60	56	40.45	70	38.33	135	2
六盘水市	56.46	179	35.00	242	10	259	16.05	260	0	277	3
遵义市	70.82	69	30	253	20	218	22.98	189	0	277	2
安顺市	37.80	271	60	138	30	176	25.14	165	6.67	271	3
毕节市	57.66	170	60	138	35.00	155	16.34	259	23.33	198	3
铜仁市	50.78	204	50	199	10	259	17.26	250	8.33	247	4
昆明市	43.86	246	80	25	82.50	8	44.15	55	45.00	107	1
曲靖市	88.98	12	30	253	15.00	238	15.83	261	23.33	198	3
玉溪市	63.70	119	55.00	173	57.50	64	20.27	225	38.33	135	3
保山市	24.60	290	55.00	173	41.25	128	15.61	262	40	114	4
昭通市	32.03	282	25.00	264	20	218	13.91	273	23.33	198	4
丽江市	75.74	45	55.00	173	41.25	128	20.84	216	38.33	135	4
普洱市	55.72	182	0	292	0	283	16.43	258	0	277	4
临沧市	56.51	178	65.00	110	36.25	149	10.66	281	40	114	4
拉萨市	48.05	236	75.00	53	45.00	112	71.18	14	48.33	84	3
日喀则市	35.42	279	40	229	45.00	112	7.45	287	23.33	198	4
昌都市	13.43	295	70	81	35.00	155	0.57	295	25.00	183	4
林芝市	61.36	135	20	271	0	283	50.20	36	6.67	271	4
山南市	42.95	257	45.00	219	20	218	3.36	292	23.33	198	4
那曲市	57.93	160	25.00	264	40	135	7.12	288	23.33	198	4
西安市	73.07	57	90	9	66.25	39	49.86	37	78.33	10	1
铜川市	49.13	218	85.00	13	55.00	75	35.97	84	68.33	26	4
宝鸡市	73.17	56	75.00	53	81.25	13	29.05	127	46.67	95	3
咸阳市	56.86	175	70	81	25.00	195	22.66	194	15.00	239	2
渭南市	42.34	265	75.00	53	43.75	127	8.34	284	33.33	149	4
延安市	72.13	64	65.00	110	31.25	172	21.87	203	36.67	145	4
汉中市	57.76	169	85.00	13	55.00	75	21.25	208	63.33	29	3
榆林市	21.43	292	65.00	110	30	176	19.03	236	33.33	149	3
安康市	52.85	198	95.00	3	65.00	45	17.22	251	53.33	65	4
商洛市	60.39	149	45.00	219	20	218	10.81	280	8.33	247	4
兰州市	65.17	105	55.00	173	66.25	39	49.30	40	46.67	95	2
嘉峪关市	86.90	14	85.00	13	50	98	92.89	2	85.00	8	4

续表

城市	规划（P）		实施（I）		检查（C）		结果（O）		反馈（F）		城市规模组
	得分	排名	得分	排名	得分	排名	得分	排名	得分	排名	
金昌市	57.93	160	55.00	173	46.25	107	50.54	35	48.33	84	4
白银市	43.45	248	60	138	61.25	51	22.94	190	31.67	155	4
天水市	48.09	235	55.00	173	30	176	17.56	249	46.67	95	3
武威市	72.41	58	55.00	173	26.25	192	17.59	248	25.00	183	4
张掖市	50.69	205	70	81	48.75	104	28.75	131	15.00	239	4
平凉市	35.66	278	55.00	173	35.00	155	20.64	221	25.00	183	4
酒泉市	65.17	105	25.00	264	5.00	272	32.97	93	0	277	4
庆阳市	72.41	58	60	138	25.00	195	12.11	278	41.67	109	4
定西市	43.45	248	35.00	242	0	283	8.04	285	6.67	271	4
陇南市	53.16	197	25.00	264	5.00	272	14.80	266	31.67	155	4
西宁市	68.57	82	65.00	110	72.50	24	41.55	65	55.00	50	2
海东市	50.69	205	50	199	30	176	7.67	286	8.33	247	4
银川市	43.45	248	75.00	53	52.50	85	60.20	24	70	21	2
石嘴山市	94.14	7	50	199	45.00	112	82.91	5	61.67	34	4
吴忠市	94.14	7	65.00	110	45.00	112	36.41	82	55.00	50	4
固原市	50.69	205	55.00	173	60	56	31.03	107	55.00	50	4
中卫市	86.90	14	30	253	20	218	31.52	105	25.00	183	4
乌鲁木齐市	36.21	275	75.00	53	55.00	75	71.49	13	33.33	149	2
克拉玛依市	43.45	248	40	229	10	259	86.09	4	16.67	223	4
吐鲁番市	72.41	58	35.00	242	36.25	149	30.32	116	23.33	198	4
哈密市	65.17	105	5.00	290	0	283	44.82	52	0	277	4
**三沙市	N/A	/	N/A	/	N/A	/	N/A	/	N/A	/	4
最大值	103.13		100		100		108.25		91.67		/
最小值	0		0		0		0		0		/
平均分	59.81		57.60		38.94		31.21		36.10		/
标准差	16.41		21.52		22.74		17.48		22.01		/
变异系数	0.27		0.37		0.58		0.56		0.61		/

注：*因部分数据资料不完整，可能影响诊断结果；**三沙市因相关数据极少，不参与统计。

　　根据表 8.13 中的数据，可以得到样本城市在绿地碳汇维度的各管理环节低碳建设水平的统计分布图，如图 8.13 所示。从图中可以看出，规划（P）环节的数据基本属于正态分布；实施（I）环节的数据基本符合左偏分布，说明大多数城市分布于高分处；结果（O）环节的数据属于右偏分布，说明大多数城市分布于低分处；检查（C）和反馈（F）环节的数据属于非正态分布。

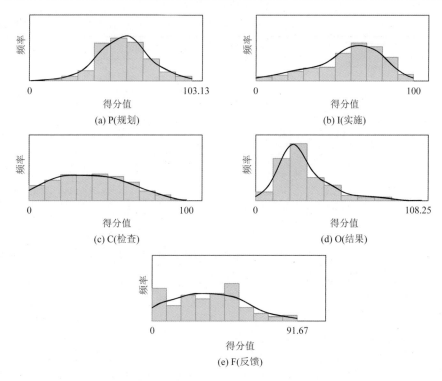

图 8.13　绿地碳汇维度各环节低碳建设水平统计分布图

二、不同规模城市在绿地碳汇维度各管理过程环节的低碳建设水平

根据表 8.13 中的数据，可以进一步得到不同规模城市在绿地碳汇维度各管理环节的低碳建设水平得分，见表 8.14。

表 8.14　不同规模城市在绿地碳汇维度各环节的低碳建设水平得分表

环节	城市规模	最大值	最小值	平均值	标准差	变异系数
规划（P）	I类（$N=21$）	100.36	40.35	67.23	16.73	0.25
	II类（$N=80$）	95.34	14.48	60.68	14.01	0.23
	III类（$N=111$）	103.13	0	58.74	18.29	0.31
	IV类（$N=84$）	98.36	13.43	58.54	15.23	0.26
实施（I）	I类（$N=21$）	100	20	72.86	16.73	0.23
	II类（$N=80$）	95.00	20	63.94	15.38	0.24
	III类（$N=111$）	100	0	57.03	22.04	0.39
	IV类（$N=84$）	95.00	0	48.51	22.70	0.47
检查（C）	I类（$N=21$）	100	15.00	55.54	22.20	0.40
	II类（$N=80$）	85.00	0	44.28	21.49	0.49
	III类（$N=111$）	93.75	0	37.70	22.91	0.61
	IV类（$N=84$）	71.25	0	31.34	20.24	0.65

续表

环节	城市规模	最大值	最小值	平均值	标准差	变异系数
结果（O）	Ⅰ类（$N=21$）	108.25	22.25	54.82	19.14	0.35
	Ⅱ类（$N=80$）	82.55	17.74	35.79	14.85	0.41
	Ⅲ类（$N=111$）	89.59	1.46	28.08	14.11	0.50
	Ⅳ类（$N=84$）	92.89	0	25.09	17.39	0.69
反馈（F）	Ⅰ类（$N=21$）	91.67	15.00	52.94	22.05	0.42
	Ⅱ类（$N=80$）	86.67	0	38.00	19.76	0.52
	Ⅲ类（$N=111$）	91.67	0	36.82	21.82	0.59
	Ⅳ类（$N=84$）	85.00	0	29.13	21.47	0.74

注：表中的 N 表示该规模分组内的城市数量。

基于表 8.14 中的数据，可以进一步得到样本城市在绿地碳汇维度各管理环节的低碳建设水平分布图，如图 8.14 所示。

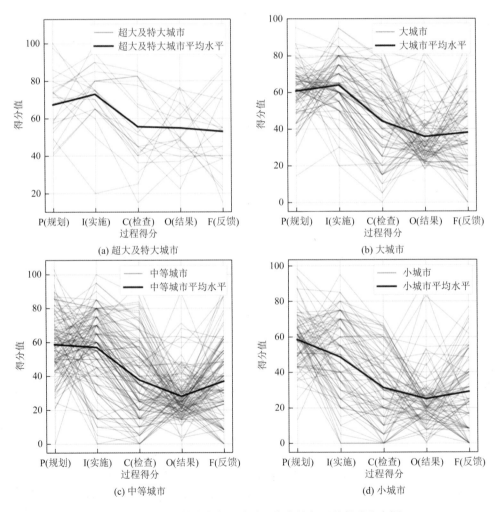

图 8.14　不同规模城市在绿地碳汇维度的各环节得分分布图

从表 8.14 和图 8.14 可以得出以下总结。

（1）在绿地碳汇维度的规划（P）环节，大部分样本城市特别是超大及特大城市在绿地碳汇维度的规划环节得分相对较高。这些大型城市之所以表现出色是因为它们积极参与政策制定、技术创新和公众意识等，极大地推动了城市低碳建设的进程。例如北京市出台了《关于"十四五"时期北京市园林绿化行业落实"双碳"目标的工作指导意见》《北京市碳达峰实施方案》《北京市"十四五"时期应对气候变化和节能规划》等绿地相关的政策文件，为生态空间质量和综合服务功能稳步提升，生态系统恢复力和生命力持续增强，全市林业碳汇交易机制的构建完善提供路径指导。此外杭州市也发布了《杭州市深入开展公共机构"十四五"绿色低碳引领行动促进碳达峰实施方案》，旨在进一步完善城市绿地网络，强化绿地碳汇功能，并鼓励民间资本和社会组织参与绿地建设和管理，确保绿地既是市民休闲的好去处，也是城市抵御气候变化的重要武器。还有南京市也印发了《南京市生态优先、绿色发展示范三年行动计划（2022—2024 年）》，推进自然保护地、饮用水源保护区、种质资源保护区等重点生态地区建设，升级城市绿地、城市公园、湿地公园和森林公园，持续推动老城添绿、新区建绿，全面提升生态系统碳汇能力。不过，许多中小城市在绿地碳汇规划方面的建设还不完善，因而得分较低。总体来说，大部分样本城市对绿地碳汇维度的低碳建设规划比较重视，因此其在规划环节方面的得分明显高于其他环节。

（2）在绿地碳汇维度的实施（I）环节，大部分样本城市的得分较高，表明其在实施环节投入了有效资源，取得了不错的表现。例如，厦门深入开展国土绿化行动，加大推动全市裸露山体生态修复及矿山地质环境治理，加强山海廊道管控修复、生态敏感区的整体保育，因地制宜修建山体、森林、城市公园，形成"山、水、海、城"相融共生，构建健康高效的城市森林生态系统，加强森林、海洋碳汇研究，增强森林、湿地、海洋固碳能力。但一些中小城市在实施环节的表现较差，尚未有效地将绿地碳汇维度的规划目标落实到位，可能是由于这些城市在绿地碳汇维度低碳建设的发展路径尚不明确。

（3）在绿地碳汇维度的检查（C）环节，样本城市的得分普遍偏低，这表明其未能对绿地建设质量及管理水平等进行有效监督。即使是超大及特大城市在这个环节的表现也并不好，未能有效提供绿地固碳监督所需要的机制保障和资源保障。

（4）在绿地碳汇维度的结果（O）环节，样本城市的得分普遍不高。不过一些中小城市可能因有较好的自然资源禀赋等原因，在这个环节上得分较高，例如德州开展森林提质增效生态修复治理工程，实施冀鲁边界、重点水系等防护林体系、生物多样性保护及生态公益林建设，建立森林保护小区体系，保护及提升现有省级以上森林公园碳汇能力。

（5）在绿地碳汇维度的反馈（F）环节，不同规模的城市对反馈环节的重视程度不同。超大及特大城市能够根据绿地碳汇低碳建设的实际进展进行总结和反馈，而中小规模城市对低碳建设反馈环节明显不够重视。从整个管理过程来说，反馈环节非常重要，能够帮助决策者调整计划并采取改进措施，来更好地实现低碳建设目标，提升低碳建设水平。

第八节　低碳技术维度的城市低碳建设环节水平

一、样本城市在低碳技术维度各管理过程环节的低碳建设水平得分

样本城市在低碳技术（Te）维度各环节的得分如表 8.15 所示。由该表可知，从低碳技术维度的五个低碳建设环节来看，样本城市在该维度的低碳建设水平在规划环节表现最好，均值为 49.97 分，远高于其他四个环节得分。而在其他四个环节中，实施环节和反馈环节的得分较低，均值为 10.79 分和 20.73 分。而规划环节的标准差（22.06 分）最高，可见尽管规划环节的均值最高，但是不同城市间得分差异较大。结果环节的标准差（10.74分）最低，可见样本城市在结果环节的得分较为集中。

表 8.15　样本城市在低碳技术（Te）维度各环节的低碳建设水平得分表

城市	规划（P）		实施（I）		检查（C）		结果（O）		反馈（F）		城市规模组
	得分	排名	得分	排名	得分	排名	得分	排名	得分	排名	
北京市	90	2	50	3	87.50	2	81.32	1	75.00	4	1
天津市	90	2	30.49	21	50	26	52.49	21	25.00	71	1
石家庄市	50	125	12.21	83	25.00	197	42.67	33	25.00	71	2
唐山市	60	78	11.74	87	50	26	36.03	62	12.50	150	2
秦皇岛市	30	221	10.01	103	37.50	87	31.65	116	25.00	71	2
邯郸市	30	221	3.84	201	50	26	26.91	221	37.50	36	2
邢台市	50	125	11.08	89	25.00	197	27.70	209	25.00	71	2
保定市	70	45	13.80	75	62.50	9	39.27	41	37.50	36	2
张家口市	60	78	18.10	52	50	26	31.35	124	37.50	36	2
承德市	90	2	17.79	53	50	26	21.88	284	37.50	36	3
沧州市	50	125	2.40	206	25.00	197	31.67	115	0	216	3
廊坊市	50	125	12.50	78	12.50	262	30.67	141	0	216	3
衡水市	30	221	2.02	210	37.50	87	32.08	108	25.00	71	3
太原市	40	176	18.45	47	37.50	87	35.57	64	25.00	71	2
大同市	50	125	0.94	227	37.50	87	33.15	88	25.00	71	2
阳泉市	40	176	0.41	273	12.50	262	29.40	173	25.00	71	3
长治市	70	45	17.77	55	50	26	34.35	76	50	14	2
晋城市	60	78	0.86	234	37.50	87	30.43	146	37.50	36	3
朔州市	70	45	0.38	275	12.50	262	33.03	89	12.50	150	4
晋中市	80	17	1.37	218	12.50	262	29.93	161	0	216	3
运城市	40	176	1.88	212	25.00	197	29.17	179	0	216	3
忻州市	50	125	0.56	263	37.50	87	35.49	65	12.50	150	4

续表

城市	规划（P）		实施（I）		检查（C）		结果（O）		反馈（F）		城市规模组
	得分	排名	得分	排名	得分	排名	得分	排名	得分	排名	
临汾市	60	78	9.57	117	25.00	197	31.19	130	12.50	150	3
吕梁市	30	221	0.79	240	25.00	197	31.89	113	0	216	4
呼和浩特市	60	78	19.79	37	50	26	33.59	85	37.50	36	2
包头市	60	78	9.74	111	37.50	87	30.04	160	25.00	71	2
乌海市	80	17	8.56	186	37.50	87	30.28	152	25.00	71	3
赤峰市	40	176	1.32	219	12.50	262	31.21	129	0	216	2
通辽市	70	45	17.40	58	50	26	36.43	56	25.00	71	4
鄂尔多斯市	60	78	26.49	28	50	26	38.80	42	75.00	4	3
呼伦贝尔市	50	125	8.88	154	37.50	87	29.37	174	12.50	150	4
巴彦淖尔市	70	45	0.52	268	25.00	197	32.55	100	0	216	4
乌兰察布市	80	17	0.47	270	12.50	262	40.09	38	25.00	71	4
沈阳市	50	125	18.61	43	37.50	87	43.19	32	50	14	1
大连市	30	221	7.07	195	37.50	87	37.30	50	37.50	36	1
鞍山市	50	125	9.25	136	25.00	197	36.06	61	0	216	2
抚顺市	50	125	9.08	145	37.50	87	31.30	126	12.50	150	2
本溪市	60	78	8.65	173	37.50	87	29.33	175	0	216	3
丹东市	50	125	0.70	250	12.50	262	25.38	244	12.50	150	3
锦州市	30	221	9.11	142	37.50	87	23.78	270	37.50	36	2
营口市	50	125	0.82	237	37.50	87	28.68	190	25.00	71	3
阜新市	10	274	8.79	160	37.50	87	36.29	57	25.00	71	3
辽阳市	30	221	8.72	168	50	26	20.96	291	12.50	150	3
盘锦市	60	78	17.36	59	50	26	36.09	60	62.50	6	3
铁岭市	50	125	8.86	155	25.00	197	25.63	240	0	216	4
朝阳市	10	274	0.93	230	50	26	28.21	199	25.00	71	3
葫芦岛市	40	176	17.30	61	37.50	87	29.10	181	25.00	71	3
长春市	50	125	15.76	70	37.50	87	37.30	51	12.50	150	2
吉林市	40	176	9.56	119	50	26	42.33	35	37.50	36	2
四平市	20	259	0.35	278	37.50	87	22.53	283	12.50	150	4
辽源市	40	176	16.87	67	50	26	19.50	295	12.50	150	4
通化市	20	259	8.78	161	25.00	197	21.38	287	0	216	4
白山市	40	176	0.23	286	50	26	25.30	246	25.00	71	4
松原市	50	125	9.05	147	12.50	262	24.04	265	0	216	4
白城市	10	274	8.62	182	12.50	262	35.26	69	0	216	4
哈尔滨市	30	221	15.52	71	50	26	33.56	87	25.00	71	1

续表

城市	规划（P）		实施（I）		检查（C）		结果（O）		反馈（F）		城市规模组
	得分	排名	得分	排名	得分	排名	得分	排名	得分	排名	
齐齐哈尔市	30	221	0.92	231	37.50	87	28.85	187	0	216	2
鸡西市	50	125	8.56	185	12.50	262	21.39	286	37.50	36	3
鹤岗市	10	274	0.12	290	25.00	197	22.55	282	0	216	3
双鸭山市	60	78	0.32	281	37.50	87	29.26	176	0	216	4
大庆市	50	125	1.81	214	37.50	87	27.08	217	25.00	71	2
伊春市	40	176	0.12	289	37.50	87	26.19	233	0	216	4
佳木斯市	50	125	0.55	266	12.50	262	24.99	253	0	216	3
七台河市	60	78	8.44	189	25.00	197	29.19	178	0	216	4
牡丹江市	40	176	0.59	262	12.50	262	27.47	212	0	216	3
黑河市	40	176	0.23	285	12.50	262	26.60	226	0	216	4
绥化市	10	274	0.73	246	12.50	262	24.23	260	0	216	4
上海市	70	45	50	3	50	26	66.32	8	62.50	6	1
南京市	60	78	34.06	16	50	26	80.50	2	50	14	1
无锡市	50	125	41.20	10	62.50	9	54.99	18	25.00	71	2
徐州市	50	125	8.18	193	37.50	87	35.00	71	0	216	2
常州市	10	274	8.64	175	12.50	262	53.71	20	0	216	2
苏州市	40	176	37.61	12	25.00	197	56.11	17	25.00	71	2
南通市	50	125	7.07	194	25.00	197	46.56	26	0	216	2
连云港市	40	176	2.20	208	25.00	197	32.00	110	0	216	2
淮安市	60	78	3.11	202	25.00	197	34.27	77	0	216	2
盐城市	90	2	14.18	74	50	26	50.59	24	25.00	71	2
扬州市	50	125	4.41	200	37.50	87	46.42	27	37.50	36	2
镇江市	70	45	19.52	39	75.00	4	35.28	68	37.50	36	3
泰州市	30	221	12.64	77	37.50	87	33.71	83	25.00	71	3
宿迁市	30	221	36.68	14	37.50	87	37.03	52	25.00	71	3
杭州市	90	2	78.23	1	75.00	4	76.71	5	37.50	36	1
宁波市	60	78	44.06	6	75.00	4	38.24	45	25.00	71	2
温州市	80	17	23.13	32	37.50	87	32.73	94	62.50	6	2
嘉兴市	30	221	28.95	23	37.50	87	39.71	39	0	216	3
湖州市	30	221	19.74	38	62.50	9	35.30	66	37.50	36	3
绍兴市	60	78	12.22	81	50	26	32.45	103	37.50	36	2
金华市	30	221	29.98	22	62.50	9	37.02	54	12.50	150	3
衢州市	60	78	26.62	26	62.50	9	31.33	125	25.00	71	3
舟山市	80	17	9.10	143	37.50	87	31.42	120	12.50	150	3

续表

城市	规划（P）		实施（I）		检查（C）		结果（O）		反馈（F）		城市规模组
	得分	排名	得分	排名	得分	排名	得分	排名	得分	排名	
台州市	80	17	20.33	35	37.50	87	30.08	158	12.50	150	2
丽水市	40	176	17.78	54	50	26	32.17	107	12.50	150	4
合肥市	60	78	18.10	51	25.00	197	63.51	10	50	14	2
芜湖市	80	17	10.41	95	37.50	87	27.72	208	0	216	2
蚌埠市	70	45	9.88	104	37.50	87	32.64	98	12.50	150	3
淮南市	40	176	17.69	56	37.50	87	27.64	210	37.50	36	2
马鞍山市	80	17	1.85	213	37.50	87	27.21	214	12.50	150	3
淮北市	60	78	0.75	244	25.00	197	32.73	95	0	216	3
铜陵市	60	78	0.74	245	12.50	262	25.75	237	0	216	3
安庆市	40	176	10.04	101	25.00	197	30.75	140	62.50	6	3
黄山市	70	45	0.63	256	12.50	262	31.75	114	12.50	150	4
滁州市	50	125	10.11	99	25.00	197	29.53	168	0	216	4
阜阳市	40	176	10.93	90	50	26	31.93	112	37.50	36	3
宿州市	60	78	9.80	107	50	26	23.50	274	0	216	3
六安市	70	45	43.00	7	37.50	87	26.79	222	25.00	71	3
亳州市	40	176	2.59	204	25.00	197	23.68	271	25.00	71	3
池州市	40	176	0.53	267	50	26	31.63	117	25.00	71	4
宣城市	30	221	9.08	144	37.50	87	26.63	225	12.50	150	4
福州市	40	176	32.11	19	50	26	43.63	31	37.50	36	2
厦门市	50	125	11.88	85	25.00	197	59.65	13	25.00	71	2
莆田市	60	78	10.07	100	25.00	197	25.10	250	0	216	2
三明市	10	274	17.49	57	37.50	87	24.03	266	25.00	71	4
泉州市	80	17	30.50	20	37.50	87	27.16	215	25.00	71	2
漳州市	60	78	1.93	211	0	291	31.11	131	0	216	3
南平市	60	78	0.85	236	0	291	32.84	93	0	216	4
龙岩市	90	2	9.73	112	50	26	33.62	84	37.50	36	3
宁德市	40	176	9.49	125	25.00	197	37.78	48	0	216	4
南昌市	50	125	12.22	82	50	26	42.22	36	12.50	150	2
景德镇市	50	125	0.59	261	12.50	262	25.76	236	0	216	3
萍乡市	100	1	0.69	251	0	291	24.68	255	0	216	3
九江市	80	17	9.74	110	50	26	26.91	220	12.50	150	3
新余市	40	176	0.44	271	37.50	87	30.48	145	0	216	3
鹰潭市	50	125	8.62	180	37.50	87	23.67	272	25.00	71	4
赣州市	40	176	2.15	209	37.50	87	30.79	137	12.50	150	2

续表

城市	规划（P）		实施（I）		检查（C）		结果（O）		反馈（F）		城市规模组
	得分	排名	得分	排名	得分	排名	得分	排名	得分	排名	
吉安市	80	17	9.59	116	50	26	29.23	177	12.50	150	4
宜春市	80	17	26.59	27	62.50	9	28.71	188	50	14	3
抚州市	40	176	9.03	148	37.50	87	24.58	257	12.50	150	3
上饶市	60	78	9.83	105	37.50	87	30.15	154	37.50	36	2
济南市	60	78	60.48	2	100	1	56.45	15	62.50	6	1
青岛市	50	125	19.95	36	50	26	56.90	14	50	14	1
淄博市	30	221	36.71	13	50	26	37.83	47	50	14	2
枣庄市	80	17	9.54	121	37.50	87	32.66	97	25.00	71	2
东营市	10	274	10.47	93	25.00	197	31.23	128	12.50	150	3
烟台市	20	259	12.47	79	12.50	262	34.76	75	12.50	150	2
潍坊市	70	45	6.24	196	25.00	197	35.28	67	0	216	2
济宁市	60	78	3.04	203	0	291	31.40	121	0	216	2
泰安市	50	125	10.59	91	25.00	197	36.16	59	12.50	150	2
威海市	70	45	10.02	102	62.50	9	37.03	53	50	14	3
日照市	40	176	1.17	222	25.00	197	25.93	235	37.50	36	3
临沂市	80	17	11.76	86	50	26	27.63	211	50	14	2
德州市	90	2	18.56	44	50	26	30.36	150	37.50	36	3
聊城市	70	45	12.35	80	37.50	87	29.47	171	12.50	150	2
滨州市	30	221	1.69	216	12.50	262	26.25	231	0	216	3
菏泽市	30	221	10.42	94	37.50	87	27.41	213	37.50	36	3
郑州市	50	125	27.10	25	50	26	56.17	16	87.50	2	1
开封市	20	259	9.83	106	37.50	87	30.04	159	12.50	150	2
洛阳市	80	17	11.49	88	37.50	87	28.89	186	0	216	2
平顶山市	70	45	9.48	126	37.50	87	30.09	157	0	216	3
安阳市	80	17	9.78	109	50	26	25.36	245	25.00	71	3
鹤壁市	10	274	9.01	149	50	26	29.09	182	25.00	71	3
新乡市	70	45	18.48	46	37.50	87	30.14	155	62.50	6	2
焦作市	30	221	9.31	135	50	26	28.56	192	50	14	3
濮阳市	50	125	0.98	225	25.00	197	30.33	151	0	216	3
许昌市	50	125	1.30	221	37.50	87	32.60	99	25.00	71	3
漯河市	40	176	9.07	146	50	26	25.67	239	0	216	3
三门峡市	60	78	17.18	63	62.50	9	29.88	162	50	14	4
南阳市	70	45	2.33	207	37.50	87	28.95	183	25.00	71	3
商丘市	80	17	1.77	215	25.00	197	29.49	170	12.50	150	3

城市	规划（P）		实施（I）		检查（C）		结果（O）		反馈（F）		城市规模组
	得分	排名	得分	排名	得分	排名	得分	排名	得分	排名	
信阳市	40	176	9.63	115	37.50	87	27.98	202	25.00	71	3
周口市	40	176	1.39	217	50	26	26.95	219	25.00	71	3
驻马店市	70	45	9.39	128	25.00	197	24.45	259	12.50	150	4
武汉市	80	17	36.08	15	50	26	74.95	6	37.50	36	1
黄石市	70	45	42.51	8	87.50	2	28.70	189	50	14	3
十堰市	80	17	9.38	130	50	26	24.17	264	25.00	71	2
宜昌市	20	259	10.36	96	37.50	87	37.94	46	25.00	71	2
襄阳市	60	78	10.18	98	50	26	25.23	247	25.00	71	2
鄂州市	40	176	0.40	274	50	26	28.92	184	50	14	4
荆门市	60	78	25.73	29	37.50	87	29.55	167	100	1	3
孝感市	30	221	0.91	232	25.00	197	25.19	248	0	216	3
荆州市	50	125	9.64	114	37.50	87	24.98	254	50	14	3
黄冈市	20	259	9.50	124	50	26	32.37	105	25.00	71	4
咸宁市	60	78	9.33	133	25.00	197	22.98	277	37.50	36	4
随州市	40	176	0.34	279	37.50	87	30.78	139	25.00	71	4
长沙市	70	45	32.87	18	62.50	9	60.66	12	25.00	71	1
株洲市	50	125	1.31	220	37.50	87	42.57	34	25.00	71	2
湘潭市	60	78	9.19	139	37.50	87	29.52	169	0	216	3
衡阳市	60	78	9.37	131	37.50	87	26.05	234	25.00	71	2
邵阳市	60	78	9.15	141	37.50	87	21.31	289	25.00	71	3
岳阳市	10	274	9.42	127	50	26	25.39	243	12.50	150	2
常德市	90	2	9.18	140	50	26	20.69	293	25.00	71	3
张家界市	60	78	0.21	287	25.00	197	20.14	294	12.50	150	4
益阳市	70	45	0.61	257	37.50	87	30.24	153	25.00	71	3
郴州市	20	259	9.32	134	25.00	197	29.86	163	12.50	150	3
永州市	30	221	0.69	252	12.50	262	24.99	252	12.50	150	3
怀化市	10	274	0.60	259	37.50	87	31.98	111	0	216	3
娄底市	30	221	0.65	255	37.50	87	23.44	275	0	216	3
广州市	80	17	41.67	9	50	26	78.14	4	50	14	1
韶关市	70	45	1.02	224	37.50	87	32.85	90	50	14	3
深圳市	90	2	48.19	5	62.50	9	78.16	3	62.50	6	1
珠海市	60	78	4.88	199	37.50	87	44.42	29	25.00	71	2
汕头市	40	176	18.14	50	25.00	197	23.21	276	25.00	71	2
佛山市	60	78	20.86	34	37.50	87	47.54	25	0	216	1

续表

城市	规划（P）		实施（I）		检查（C）		结果（O）		反馈（F）		城市规模组
	得分	排名	得分	排名	得分	排名	得分	排名	得分	排名	
江门市	70	45	10.57	92	12.50	262	28.41	197	25.00	71	2
湛江市	90	2	10.20	97	37.50	87	23.87	268	12.50	150	2
茂名市	40	176	18.29	49	37.50	87	30.51	144	0	216	3
肇庆市	70	45	9.80	108	50	26	20.73	292	37.50	36	3
惠州市	80	17	5.25	198	62.50	9	39.70	40	25.00	71	2
梅州市	50	125	1.05	223	37.50	87	28.90	185	12.50	150	3
汕尾市	50	125	0.56	264	37.50	87	23.53	273	0	216	4
河源市	40	176	0.93	228	37.50	87	26.19	232	25.00	71	3
阳江市	70	45	0.81	238	37.50	87	26.26	230	25.00	71	3
清远市	90	2	9.56	120	25.00	197	25.18	249	25.00	71	3
东莞市	80	17	22.37	33	37.50	87	52.09	22	37.50	36	1
中山市	90	2	5.29	197	50	26	36.00	63	0	216	2
潮州市	30	221	0.77	242	50	26	21.31	288	12.50	150	3
揭阳市	70	45	0.69	253	50	26	27.14	216	12.50	150	3
云浮市	50	125	0.60	258	37.50	87	26.57	227	12.50	150	4
南宁市	70	45	18.35	48	12.50	262	45.15	28	50	14	2
柳州市	60	78	18.67	42	50	26	27.97	203	62.50	6	2
桂林市	50	125	18.51	45	50	26	30.64	143	12.50	150	2
梧州市	40	176	8.93	152	37.50	87	26.39	228	25.00	71	3
北海市	30	221	9.20	138	25.00	197	24.20	262	0	216	3
防城港市	50	125	8.63	178	25.00	197	31.37	122	25.00	71	4
钦州市	30	221	9.53	122	25.00	197	33.57	86	25.00	71	3
贵港市	10	274	8.98	150	37.50	87	26.35	229	50	14	3
玉林市	30	221	9.37	132	37.50	87	29.74	164	25.00	71	3
百色市	30	221	8.90	153	12.50	262	22.75	280	37.50	36	4
贺州市	10	274	8.77	163	25.00	197	22.92	278	50	14	4
河池市	30	221	8.81	157	25.00	197	32.49	101	12.50	150	4
来宾市	40	176	8.73	166	37.50	87	23.89	267	25.00	71	4
崇左市	50	125	8.65	174	12.50	262	28.47	196	12.50	150	4
海口市	50	125	14.69	73	25.00	197	51.29	23	12.50	150	2
三亚市	40	176	9.57	118	37.50	87	32.85	91	37.50	36	3
儋州市	20	259	8.63	179	37.50	87	17.32	296	50	14	4
重庆市	60	78	14.93	72	37.50	87	44.16	30	37.50	36	1
成都市	90	2	28.53	24	62.50	9	71.75	7	12.50	150	1

续表

城市	规划（P）		实施（I）		检查（C）		结果（O）		反馈（F）		城市规模组
	得分	排名	得分	排名	得分	排名	得分	排名	得分	排名	
自贡市	50	125	8.82	156	62.50	9	30.38	149	25.00	71	3
攀枝花市	80	17	33.65	17	62.50	9	26.97	218	12.50	150	3
泸州市	10	274	0.86	235	37.50	87	22.91	279	0	216	3
德阳市	60	78	9.50	123	62.50	9	33.78	81	25.00	71	3
绵阳市	50	125	19.48	40	50	26	33.73	82	25.00	71	2
广元市	50	125	17.09	64	75.00	4	30.41	148	50	14	4
遂宁市	40	176	8.80	158	37.50	87	31.05	135	0	216	3
内江市	0	292	0.73	247	37.50	87	24.63	256	0	216	3
乐山市	30	221	0.59	260	37.50	87	29.13	180	0	216	3
南充市	30	221	0.79	241	25.00	197	32.85	92	0	216	2
眉山市	40	176	8.93	151	75.00	4	34.77	74	12.50	150	3
宜宾市	80	17	0.97	226	37.50	87	29.46	172	0	216	2
广安市	30	221	8.74	164	37.50	87	24.48	258	12.50	150	4
达州市	20	259	0.56	265	25.00	197	25.43	242	0	216	3
雅安市	90	2	16.92	66	37.50	87	28.49	195	0	216	4
巴中市	30	221	0.38	277	25.00	197	25.53	241	25.00	71	4
资阳市	30	221	0.76	243	0	291	34.97	72	0	216	4
贵阳市	50	125	13.18	76	50	26	35.06	70	25.00	71	2
六盘水市	50	125	8.78	162	37.50	87	25.74	238	25.00	71	3
遵义市	40	176	9.39	129	25.00	197	28.52	194	12.50	150	2
安顺市	40	176	8.69	170	50	26	23.80	269	25.00	71	3
毕节市	20	259	0.72	249	25.00	197	28.55	193	25.00	71	3
铜仁市	60	78	0.38	276	37.50	87	34.10	79	25.00	71	4
昆明市	50	125	23.94	31	62.50	9	61.22	11	25.00	71	1
曲靖市	70	45	0.72	248	25.00	197	30.12	156	0	216	3
玉溪市	10	274	17.22	62	37.50	87	29.73	165	12.50	150	3
保山市	50	125	8.70	169	50	26	21.77	285	12.50	150	4
昭通市	0	292	8.73	167	25.00	197	28.41	198	12.50	150	4
丽江市	20	259	8.57	184	37.50	87	30.64	142	37.50	36	4
普洱市	20	259	0.93	229	0	291	31.53	119	0	216	4
临沧市	80	17	0.27	283	25.00	197	38.49	44	0	216	4
拉萨市	10	274	9.23	137	12.50	262	36.81	55	12.50	150	3
日喀则市	0	292	0.09	294	25.00	197	24.21	261	0	216	4
昌都市	30	221	8.42	190	37.50	87	27.81	207	12.50	150	4

城市	规划（P）		实施（I）		检查（C）		结果（O）		反馈（F）		城市规模组
	得分	排名	得分	排名	得分	排名	得分	排名	得分	排名	
林芝市	0	292	8.41	191	12.50	262	54.70	19	12.50	150	4
山南市	10	274	0.04	296	25.00	197	30.99	136	0	216	4
那曲市	40	176	8.33	192	25.00	197	24.18	263	0	216	4
西安市	60	78	39.10	11	62.50	9	65.49	9	37.50	36	1
铜川市	20	259	0.12	291	50	26	27.89	206	37.50	36	4
宝鸡市	70	45	17.30	60	37.50	87	33.96	80	25.00	71	3
咸阳市	20	259	0.90	233	37.50	87	32.45	102	0	216	2
渭南市	30	221	0.43	272	12.50	262	27.92	205	0	216	4
延安市	80	17	0.66	254	25.00	197	31.60	118	0	216	4
汉中市	30	221	8.73	165	50	26	26.66	224	25.00	71	3
榆林市	70	45	0.79	239	37.50	87	30.78	138	0	216	3
安康市	50	125	8.60	183	37.50	87	32.05	109	25.00	71	4
商洛市	60	78	0.14	288	12.50	262	31.06	134	12.50	150	4
兰州市	60	78	2.41	205	37.50	87	36.16	58	12.50	150	2
嘉峪关市	50	125	0.08	295	37.50	87	22.66	281	12.50	150	4
金昌市	40	176	16.84	69	25.00	197	28.19	200	12.50	150	4
白银市	80	17	8.62	181	50	26	29.65	166	37.50	36	4
天水市	60	78	8.68	171	25.00	197	30.43	147	12.50	150	3
武威市	80	17	8.66	172	37.50	87	28.66	191	0	216	4
张掖市	0	292	0.33	280	37.50	87	25.08	251	25.00	71	4
平凉市	20	259	16.94	65	25.00	197	27.94	204	12.50	150	4
酒泉市	50	125	8.79	159	37.50	87	41.35	37	12.50	150	4
庆阳市	70	45	0.49	269	25.00	197	31.36	123	0	216	4
定西市	30	221	8.64	176	25.00	197	21.31	290	12.50	150	4
陇南市	40	176	0.25	284	25.00	197	31.08	133	0	216	4
西宁市	60	78	9.66	113	37.50	87	34.26	78	0	216	2
海东市	30	221	0.11	292	25.00	197	31.09	132	0	216	4
银川市	60	78	19.42	41	50	26	32.68	96	87.50	2	2
石嘴山市	60	78	8.55	187	37.50	87	32.22	106	12.50	150	4
吴忠市	70	45	8.63	177	37.50	87	31.28	127	25.00	71	4
固原市	70	45	8.51	188	25.00	197	28.12	201	12.50	150	4
中卫市	90	2	25.24	30	37.50	87	38.63	43	37.50	36	4
乌鲁木齐市	40	176	11.91	84	37.50	87	32.38	104	25.00	71	2
克拉玛依市	70	45	0.31	282	37.50	87	34.78	73	12.50	150	4

续表

城市	规划（P）		实施（I）		检查（C）		结果（O）		反馈（F）		城市规模组
	得分	排名	得分	排名	得分	排名	得分	排名	得分	排名	
吐鲁番市	10	274	0.09	293	25.00	197	26.72	223	0	216	4
哈密市	40	176	16.87	68	25.00	197	37.38	49	50	14	4
**三沙市	N/A	/	0.04	/	N/A	/	18.87	/	N/A	/	4
最大值	100		78.23		100		81.32		100		/
最小值	0		0.04		0		17.32		0		/
平均分	49.97		10.79		36.74		32.88		20.73		/
标准差	22.06		11.3		15.67		10.74		18.79		/
变异系数	0.44		1.05		0.43		0.33		0.91		/

注：*因部分数据资料不完整，可能影响诊断结果；**三沙市因相关数据极少，不参与统计。

图 8.15 反映了低碳技术维度各环节低碳建设水平统计分布的情况。由该图可以看出，样本城市在规划环节的得分分布较为宽泛，不同得分段都有得分。而在实施和结果环节的得分则较为集中，主要为中低分段（<40 分）。

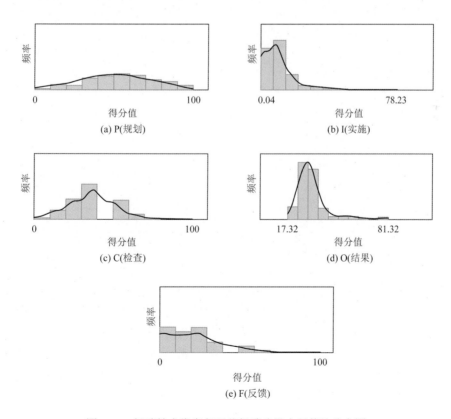

图 8.15　低碳技术维度各环节低碳建设水平统计分布图

二、不同规模城市在低碳技术维度各管理过程环节的低碳建设水平

基于表 8.15 中的数据，可以得到不同规模城市在低碳技术维度各管理环节的低碳建设水平得分情况，见表 8.16 和图 8.16。

表 8.16　不同规模城市在低碳技术维度各环节的低碳建设水平得分表

环节	城市规模	最大值	最小值	平均值	标准差	变异系数
规划（P）	I 类（$N=21$）	90	30	66.19	18.64	0.28
	II 类（$N=80$）	90	10	53.88	18.54	0.34
	III 类（$N=111$）	100	0	48.65	22.60	0.46
	IV 类（$N=84$）	90	0	43.93	22.52	0.51
实施（I）	I 类（$N=21$）	78.23	7.07	33.34	16.64	0.50
	II 类（$N=80$）	44.06	0.79	12.38	9.02	0.73
	III 类（$N=111$）	43.00	0.12	8.78	9.18	1.05
	IV 类（$N=84$）	25.24	0.04	6.30	6.04	0.96
检查（C）	I 类（$N=21$）	100	37.50	55.36	16.17	0.29
	II 类（$N=80$）	75.00	0	37.66	13.03	0.35
	III 类（$N=111$）	87.50	0	37.16	15.60	0.42
	IV 类（$N=84$）	75.00	0	30.65	13.83	0.45
结果（O）	I 类（$N=21$）	81.32	33.56	60.72	14.30	0.24
	II 类（$N=80$）	63.51	23.21	34.93	8.50	0.24
	III 类（$N=111$）	39.71	20.69	28.91	4.14	0.14
	IV 类（$N=84$）	54.70	17.32	29.22	5.64	0.19
反馈（F）	I 类（$N=21$）	87.50	0	42.26	20.22	0.48
	II 类（$N=80$）	87.50	0	22.34	18.08	0.81
	III 类（$N=111$）	100	0	19.93	18.56	0.93
	IV 类（$N=84$）	50	0	14.88	14.87	1.00

注：表中的 N 表示该规模分组内的城市数量。

可以看出，除小城市（29.22 分）在结果环节的得分略高于中等城市（28.91 分）外，规模越大的城市，环节得分往往越高。而且不同规模城市的环节得分具有类似规律：规划环节平均得分最高，其次是检查或结果环节，反馈和实施环节的平均得分最低。其中不同规模城市在规划环节的得分普遍较高，而在实施环节的得分普遍较低。不过大城市、中等城市以及小城市的得分差距较小，表现较为相似。另外，由不同规模城市在各环节得分的标准差可知，不同规模城市在规划环节的得分差异最大，而得分差异最小的通常是实施或结果环节。

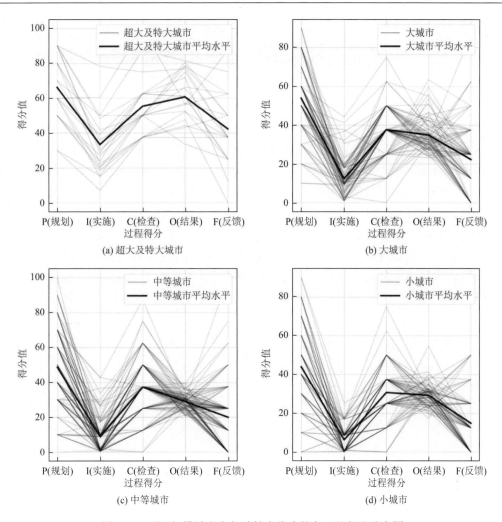

图 8.16　不同规模城市在低碳技术维度的各环节得分分布图

第九章 我国城市低碳建设水平提升路径及政策建议

对城市低碳建设水平进行诊断的根本目的是帮助城市认识自身低碳建设的水平现状，发现不足并改进，从而提升城市整体低碳建设水平。本章基于第六、七、八章对我国 297 个样本城市在低碳建设的八个维度、五个环节的水平诊断和分析结果，总结了城市低碳建设的现存问题以及有借鉴意义的实践经验，进而提出了我国城市低碳建设水平提升路径及政策建议。

提升路径及政策建议具有重要的实践意义。本章以问题为导向，应用第一章中构建的"管理过程—碳循环系统"双视角下的城市低碳建设水平诊断理论框架，基于对城市低碳建设水平现状和问题的认识，提出了总体性和维度性的提升路径和政策建议，以期持续推动中国城市低碳建设，助力国家实现碳达峰和碳中和的战略目标。

第一节 我国城市低碳建设水平总体问题提升路径及政策建议

一、城市低碳建设存在的一般性问题

（一）城市低碳建设理念待建立

城市低碳建设理念在不断发展和深化，但仍然面临一些问题，主要反映在低碳建设的理念不强。从本书的诊断结果来看，我国样本城市的低碳建设水平总体平均分为 46.41 分，有很大提升空间，许多城市尚未将低碳发展理念融入经济社会发展的各领域、全过程，尚未完整准确全面贯彻绿色低碳新发展理念，对城市低碳建设应对全球气候变化的重要性认识不足。事实上，只有对低碳建设的内涵和重要性有清楚的认识，才能推动城市低碳建设。

（二）城市之间低碳建设的协同性较差

城市低碳建设是全局性的战略，关乎所有城市的可持续发展。本书的实证分析表明，我国不同城市之间在低碳建设工作缺乏协同性，缺乏跨城市、跨区域的低碳建设协同机制，使超大及特大城市在各维度的低碳建设表现水平明显高于其他规模层级的城市，但未对周边其他城市的低碳建设起到带动作用。

（三）城市低碳建设维度不协调

城市低碳建设在各维度的得分差异较大，水平表现不协调。水域碳汇和经济发展这两

个维度的平均得分最高，分别为 54.86 分和 54.66 分，表明这两个维度的低碳建设水平较好。低碳技术维度的平均得分最低，为 30.64 分，说明该维度的低碳建设水平还有较大提升空间。其余五个维度的低碳建设水平也有所不同，表现为：森林碳汇（51.83 分）＞能源结构（47.90 分）＞生产效率（47.74 分）＞城市居民（45.23 分）＞绿地碳汇（44.1 分）。由此可见，城市低碳建设在八个维度上的表现具有较大差异，各维度之间的水平存在明显的不协调性。

（四）对城市低碳建设的过程性认识不足

城市低碳建设是一个系统的管理过程，其工作是落实在规划、实施、检查、结果和反馈五个过程管理环节，每个环节都重要，均会影响总体的城市低碳建设水平。然而，从本书的实证诊断结果来看，大部分城市都忽视在低碳建设过程中的检查和反馈环节，比较偏重规划和实施等环节。这种缺乏检查和反馈的实践，无法保证规划的目标和投入的实施资源能产出有效的结果水平，最终难以推动城市的低碳建设发展。

（五）城市低碳建设相关的信息数据缺乏

低碳建设是气候变化时代背景下城市发展的新形态，城市有关低碳建设方面的机制还在完善，有关低碳建设的信息和数据还缺乏统计，从而无法准确认识城市低碳建设水平的现状。本书的实证分析表明，我国城市在所有低碳建设维度的表现数据都缺乏系统性，特别是在能源结构、生产效率以及低碳技术等维度的相关数据公开度和完整度都较差。这些信息数据的缺乏，对于完善城市低碳建设水平诊断指标体系、正确认识城市低碳建设现状水平具有很大的影响。

二、城市低碳建设的总体性提升路径及政策建议

（一）将低碳建设理念融入城市可持续发展顶层设计

在城市主要管理部门强化低碳建设的责任，把低碳建设工作作为城市可持续发展的重要抓手，将低碳建设理念融入城市的发展规划、战略发展定位等顶层设计中，把低碳建设作为推动和引领城市高质量发展与生态文明高水平建设的重要抓手。鼓励和支持城市开拓自身低碳建设的优势与亮点，把城市经济社会发展规划纲要与城市低碳建设规划的核心指标和重点任务进行有机融合。

（二）建立跨城市的低碳建设协调机制

建立跨城市的低碳建设协调机制，是促进市之间合作和协同低碳发展，进而推动全社会低碳建设向前发展的重要举措。城市之间应该确立低碳建设的合作远景与共同的

低碳建设目标，在减少碳排放、提高环境质量、提升城市可持续发展水平等方面构建具体的协作指标。推动城市之间的低碳建设联盟、协作或共同的发展计划，分享优秀的城市低碳建设实践案例，鼓励城市之间相互学习和借鉴经验。强化区域规划和治理，建立辐射机制，将超大及特大城市的低碳建设优势辐射到中小城市，并将低碳建设纳入区域发展与治理体系中，鼓励城市共谋长远发展。

（三）强调低碳建设维度间的协调发展

各城市应强化低碳建设的系统性思维，加强顶层设计和统筹协调，增强城市低碳建设八个维度的系统性和整体性，提升城市低碳建设的整体绩效。从评价结果来看，我国城市在低碳建设八个维度的水平差异明显，均衡度较差，表明各样本城市对低碳建设的系统性缺乏深入认知，存在将八个维度视为八项独立工作的现象。但城市低碳建设的八个维度并不是完全拆分开的，而是相互联系、相互影响的，各维度的主管政府部门应该加强合作，成立跨部门的协调小组，摒弃不同政府部门之间的"利益化"倾向，制定兼顾各维度的城市低碳建设的总体顶层设计和统筹谋划，特别关注像低碳技术这样的薄弱维度，在城市间分享好的经验。要增强不同领域、不同要素间的协同性和贯通性，保证城市低碳建设政策的连续性，提升城市低碳建设的整体绩效。

（四）全面应用城市低碳建设的过程管理方法

城市低碳建设是一个过程。因此必须用过程管理理论指导城市低碳建设，建立低碳建设的规划、实施、检查、结果和反馈等环节的过程管理思想。充分认识和遵守城市低碳建设是一个实践过程和具有阶段性这一基本规律，提升各个阶段环节的管理水平。尤其应加大对低碳建设过程中检查和反馈环节的重视，保证低碳建设过程的规划目标在实施过程中的正确执行，从而提高城市低碳建设的整体水平。在国家"双碳"目标背景下，减碳增汇的低碳发展压力要求各个城市改革更新城市发展战略。因此，各级城市政府应该抓住这个时间窗口，成立城市低碳建设战略领导小组，制定推动规划实施的财务预算并完善合理的人员配置，按规划分解任务并建立重点项目执行、监督和反馈小组，从总体上构建城市低碳建设全面战略管理体系，切实推动城市低碳建设战略的落地实施。

（五）健全城市低碳建设信息数据系统

规范城市低碳建设的统计数据，健全低碳建设相关的信息公告制度，同时要推动城市低碳建设与城市低碳治理。通过建立健全公开透明的低碳信息管理机制，有助于形成社会、公众等多主体共同参与低碳治理的氛围。健全的低碳建设信息数据系统，有利于扩大公众的知情权、增强信息透明度，拓宽公众了解和监督低碳建设的渠道，从而提升公众对城市低碳建设的参与感。

第二节　我国城市在能源结构维度的低碳建设水平提升问题
路径及政策建议

一、能源结构维度低碳建设存在的问题

（一）优化城市能源结构的难度大

优化能源结构，特别是减小化石能源的生产和消费比重，是被社会广泛认可的低碳建设的最重要措施。然而，调整能源结构并非容易。其一，个别城市政府不能完全决定城市的能源结构。传统上，煤炭行业一直是我国国民经济发展的重要能源基础，能源结构保持以煤炭为主的一次能源消费结构，是国家的总体能源政策。近年来我国一直处于城镇化进程中，推动了高耗能产业的蓬勃发展，可以预测在未来仍有较大的化石能源消费需求。其二，非化石能源有限。根据《中国能源发展报告2023》显示，2022年全国非化石能源消费占比为17.5%。当前已开发或正在开发的非化石能源，如风能、太阳能、水能、生物质能、地热能、海洋能等可再生能源及核能等新能源还比较有限，风电、光伏新能源电源尚未形成可靠替代，新能源的开发和消纳利用水平还有待加强。

（二）缺乏优化城市能源结构的动力

对清洁能源的生产和消费补助远低于对传统能源消费的代价。由于传统能源产业已经建立了庞大的基础设施和供应链，其规模和成熟度远远超过清洁能源产业。所以传统能源的成本相对较低，而清洁能源的生产和消费仍处于相对较高的阶段。此外，能源科技创新难度较大，能源利用效率仍处于较低水平。与发达国家相比，我国的能源科技创新水平和能源利用效率还有待提高。能源技术自主创新的基础研究较为薄弱，未能形成能源技术源头。因此，从成本和技术等方面来看，我国大部分城市仍然缺乏优化城市能源结构的动力。

（三）缺乏在能源结构维度对低碳建设的过程管理

我国大部分城市在能源结构低碳建设上的过程管理能力还需提高。从本报告的诊断结果来看，样本城市在能源结构维度五个环节的得分差异较大，"偏科"现象较为严重。其中，规划、实施和结果环节的平均得分较高，而检查和反馈环节的平均得分比较低。不少城市都发布了能源结构低碳建设的相关规划文件，但其规划目标的指挥棒作用尚未充分发挥。特别是一些小城市、中等城市或大城市的能源绿色转型还停留在规划编制层面，未能引领城市将能源低碳建设方面的相关工作落实。对于检查和反馈环节，大部分城市都没有关注到它们的重要性，导致能源结构低碳建设的过程管理不均衡，从而影响了整体的能源结构低碳建设水平。

（四）城市能源结构的统计信息数据缺乏透明度

　　很多城市在能源结构方面的相关统计信息数据欠缺，表现在能源消费结构、全行业能源消费等数据的公开上仍存在欠缺。特别是在清洁能源和可再生能源消费方面的相关数据，有些城市的数据较难获取。实际上，能源结构低碳建设相关的信息披露不足，使城市难以追踪能源结构改善的进展，无法测量和监测实际的能源消费情况，城市将无法确定它们是否朝着减少碳足迹和实现可持续发展的目标迈进了一步，一定程度上也影响了公众信任，不利于城市后续开展相关的能源结构低碳建设工作。

（五）缺乏优化能源结构的区域协调机制

　　我国城市的能源结构优化状态在空间上异质性较强，能源结构表现好的城市分布较为聚集，但对周边城市的能源结构优化的辐射作用不太明显。这表明城市之间、区域之间缺乏协调沟通机制，不利于我国实现更大范围城市的能源结构低碳建设。缺乏协调机制可能导致不同地区之间存在能源浪费和低效使用的情况。某些地区可能会面临能源短缺，而其他地区可能会有多余的能源供应。此外，还可能导致不合理的能源开发和使用，增加对环境的负面影响，甚至区域内的能源安全也可能受到威胁。由于不同城市和地区可能在政策、法规和资源禀赋上不一致，这也会导致区域协调机制的建立存在复杂性。

二、能源结构维度低碳建设的提升路径及政策建议

（一）调整和优化能源结构

　　城市应进一步增强低碳发展责任的担当，尤其应重视能源结构优化对城市低碳建设的重要意义。调整能源结构就是要减少对化石燃料的利用，减少对国际石油市场的依赖，逐步降低煤炭资源的比例，同时大力发展清洁燃料和可再生能源。大力推广太阳能光伏发电应用，科学高效地开发地热资源，因地制宜地推动可再生能源的多元协调发展，实现能源消费增量主要由非化石能源供应的供给结构，不断提升可再生能源的装机比重。此外，城市应立足本地低碳发展的基本规律和特征，探索自身低碳发展优势与特色亮点，鼓励各地展开能源结构的低碳创新建设。推动传统能源领域与现代科学技术融合发展，加强智能电网、智能煤炭建设。培育能源新产业、新业态、新模式，如氢能、储能、综合智慧能源等，构建创新驱动的新时代能源科技体系。

（二）改进能源技术，提高能源利用效率

　　坚持节约优先的发展理念，严格执行国家碳达峰、能耗总量和强度"双控"有关要求。从供应和需求两个方面出发，采取一系列有力的措施，以推动能源生产和消费的改

革。建立并完善指标约束管理机制，确保各地区和部门能够更好地控制和管理能源的使用。通过优化能源资源配置，鼓励和支持绿色生产，变革能源的使用方式，降低非化石能源使用成本。同时，改进能源技术，提高能源利用效率，降低能源消耗。此外，持续推进在重要领域的节能工作，以确保在实现可持续发展的道路上不断取得进展。通过全面提高能源的开发和利用效能，以确保能源的可持续供应，同时减少对环境的不良影响。

（三）增强能源结构低碳建设的过程管理能力

提升能源结构低碳建设的过程管理能力，应当要牢牢树立科学的过程管理理念，增强对规划、实施、检查、结果和反馈的环节意识。充分发挥能源结构低碳建设规划的指挥棒作用，切实将能源结构低碳建设的实施等其他环节工作落实到位。尤其，城市应增强对检查和反馈环节的重视力度，补齐相关的制度短板，推动制度创新。加大对能源结构优化的检查资源投入，如资金、人力、技术等。同时，健全能源结构低碳建设的监督和反馈机制，扩大多元参与的渠道，这有助于保持透明度和问责制。政府尤其应加强对煤矿、电力、长输油气管道等重点领域的安全生产管控，严格落实单位主体责任、属地管理责任和部门的监管责任，特别应健全政府和企业行业协会的监督与反馈联动机制，构建健全完备的能源行业碳排放预警、奖惩并举、隐患排查和安全管控的体系，促进能源结构维度的低碳建设各环节的协调性，从而提高能源结构维度的低碳建设水平。

（四）健全能源结构维度的低碳建设统计信息数据管理系统

健全能源结构维度的低碳建设统计信息数据管理系统需要一系列综合性的步骤和策略，以确保数据的准确性、可靠性和可用性。首先，确定需要收集的数据类型和指标，如能源消费、清洁能源和可再生能源消费方面的数据。其次，规范城市能源结构低碳建设的相关数据，做好信息统计、数据核查等工作。通过建立在线平台、数据交换协议和合作协议来实现跨部门的数据收集网络，以确保信息的流通和共享。同时，更新和投资数据收集和管理的技术基础设施，包括数据存储、处理和分析工具，以应对大规模数据的需求。建立数据安全措施，以保护敏感信息，并确保数据的隐私合规性。建立定期监测和评估数据的机制，以确保数据的准确性和时效性。此外，健全能源结构的统计信息披露制度，完善相关的法律法规，促进公众参与，并确保数据的透明度，以增加公众对低碳建设的理解和支持。

（五）建立优化能源结构的区域协调机制

建立能源结构低碳建设的区域协调机制，有助于不同地区和城市共同努力，优化能源结构，提高能源效率，降低碳排放。不同城市和地区之间可以建立专门的能源结构优化的区域协调机构、联盟或委员会，负责协调和推动能源低碳建设工作。政府可以考虑制定一致性的政策框架，使不同城市之间的政策和法规协调一致，确保有足够的资金和资源支持区域内的能源低碳建设项目。通过组织研讨会、培训和工作坊等形式，积极开展城市能源结构低碳建设的经验分享，促进区域内城市的能源结构低碳建设的技术合作和知识共享。

第三节　城市在经济发展维度的低碳建设水平提升路径及政策建议

一、经济发展维度低碳建设存在的问题

（一）低碳建设管理过程"重头轻尾"

整体上，我国城市在经济发展维度的低碳建设实施环节表现最好，规划环节次之，然后是结果环节和反馈环节，检查环节得分相对最低。体现出在经济发展维度的低碳建设管理过程重头轻尾。政府在低碳经济建设的过程管理中更加注重规划和实施环节，而不够重视检查和反馈环节。实施、检查、反馈的数据主要依据 python 爬虫程序按照关键词抓取的政府官网内容，反馈是对低碳经济建设过程的总结，反馈环节得分平均值比检查环节平均值高，这可能是由于政府对于检查这一环节的工作内容较少在政府官网上公开，而对结果的总结反馈，例如公告、奖惩等，更多会公开公布。

经济发展维度的低碳建设管理重头轻尾的原因可能有多种，特别是低碳经济建设是一个长期性过程，短期的实施效果有限，基于这种观念，检查和反馈环节就不特别重要了。另一方面，一般政府的政策传导机制是下级政府在上级政府的政策指导下来制定相应的低碳建设政策、规划、方案等，体现在规划方案方面的信息较多，因此规划环节的得分相对较高。低碳建设规划环节的得分数据主要来自样本城市的"国民经济和社会发展第十四个五年规划和二〇三五年远景目标纲要"。由于所有城市均会在上级政府的规划指导下制定本级政府的"十四五"规划，且涵盖的内容差异不会特别大，只是规划深度上有差异，因此关于加快构建绿色低碳循环经济体系建设的相关规划内容都很全面，均涉及工业转型、建筑业减排、交通体系减排、基础设施绿色升级等多个方面，最终体现为在规划环节整体上得分都较高。类似地，低碳建设的实施环节得分点数据主要来自各类实施方案、实施细则等保障性规章制度，以及人力资源、专项资金、技术条件的保障程度，这些数据内容一般在上级政府要求和指导下多少有涉及。但是具体的低碳经济管理和实施效果依赖于当地政府的管理水平，而不同政府的管理水平一定存在差异，一般对好的差异都会宣传，对效果不好的差异也可能会进行总结，但检查总结的数据公开程度就会很有限。

（二）城市间低碳经济建设水平差距大

在经济发展维度，城市间的低碳建设综合表现水平差异很大，实证分析表明，得分水平与地区经济发展水平呈正相关，经济发展水平高的城市大部分拥有较高的低碳建设

综合得分，反之亦然。经济发展水平对城市低碳建设水平的影响主要在于资金、人力以及技术资源等方面的资源投入能力大小，经济水平高的城市有足够的经济资源和技术条件来保障低碳经济建设的实施工作，并且发挥技术保障优势促进产业转型升级，采取有效政策措施和技术培育方法建设绿色低碳经济体系，从而取得更好的低碳建设结果。经济水平较差的城市对推动发展低碳经济的兴趣不高，

（三）反映经济发展维度的信息数据缺乏系统性

从数据收集的过程来看，很多城市在经济发展维度低碳建设管理过程的实施、检查和反馈环节的数据披露上还存在欠缺，比如低碳经济领域重点任务、重点项目的组织机构、职责范围、预算、行政处罚与奖励等信息还有很多待健全的地方，公开数据零散，系统性体系化较差。经济发展维度低碳建设相关的信息披露不足，政府工作透明度低，政府行政行为未能置于人民群众的有效监督之下，会影响公众信任，不利于城市后续开展相关的低碳经济建设工作。

二、经济发展维度低碳建设的提升路径及政策建议

发展绿色低碳循环经济的实质及内涵是合理利用资源，实现以减排增汇为目标的经济社会高质量发展。基于这一思想，针对上述剖析的经济发展维度存在的低碳建设问题，提出以下提升路径和政策建议：

（一）加强低碳经济实施过程的督查，注重效果评估与反馈

美国著名政策学家艾利森（Allison）认为，在政府工作中，政府政策目标的实现，方案确定只占10%，而其余的90%则取决于有效的执行（实施-检查-反馈）。在城市经济发展维度低碳建设的实施环节，要完善绿色低碳循环经济体系建设相关工作的规章制度和市场机制，切实落实专项资金、人力资源以及技术条件的保障，协调各经济产业部门抓好组织实施，细化落实措施，整合社会工作各有关部门的职能，理顺低碳经济工作管理体制，严格按照相关规划实施方案开展绿色低碳经济建设。为保证低碳经济工作实施的权威性和高效性，城市政府都应该建立统一领导下的低碳经济领导机构和管理体制，强化综合管理、调控和实施能力。

本书的实证分析表明，低碳建设的检查环节，得分最低，暴露的问题比较明显。因此，要提高政府相关部门对于检查环节工作的重视程度，加强完善配套检查工作，提高督查标准，切实保证低碳经济体系监督的机制和资源保障得到落实。在加强对政府部门本身工作的监督和检查基础上，也要加强对企业低碳经济行为的监管，建立低碳经济项目督查落实制度，及时跟踪报告进展，督促落实。完善分析评估制度，采取自评估、第三方评估、社会调查等方式开展效果评估，及时发现推进低碳经济建设过程中出现的新情况、新问题，提出针对性解决办法，调整完善措施。建立检查考核制

度，发挥政府对低碳经济的监管职能，开展社会经济发展碳排放强度评价，组成有相关职能部门以及企事业单位、人大单位、政协委员等联席的监测机构，对监测对象定期以信函、上门走访、检查等形式进行经济活动碳排放监测，及时向被监测对象反馈情况，提出整改意见和建议。对不进行整改的，采取经济、行政、法律等手段进行惩处，并追究相关人员的责任。

为了更有效地发挥低碳经济维度检查环节的作用，需要建立"低碳化"生产标准和技术规范指引，引导企业规范生产；建立和完善产品的市场准入标准、绿色低碳标识的认证体系，没有认证的产品，不能进入交易市场，保证产品在生产和消费过程中碳排放量不超标；建立低碳经济信息披露制度和举报制度，充分发挥新闻媒体的舆论监督和导向作用。

在低碳建设的反馈环节，要采取多渠道、多形式的方法，促进政府与企业合作交流，总结经验和教训，加大宣传引导力度，发动各方力量参与绿色低碳经济体系的建设。尤其是企业作为低碳经济的主要参与者，要高度重视反馈环节的工作，发挥主动性和能动性进行经验教训总结，明确进一步的提升方案。只有在认真总结反馈的基础上，才能更好地指导下一阶段城市在经济发展维度上城市低碳建设规划和实施内容的制定。

总结来说，在经济发展维度的低碳建设各环节上，要避免"偏科"现象，重视管理过程的各个环节。城市间应该针对低碳经济建设中各环节的实践进行交流，取长补短，促进各环节低碳建设水平的全面提升。各城市应结合自身城市特征，制定具体措施，优化"短板"环节，实现城市低碳建设各环节间的平衡与协调发展，从而提升城市整体低碳经济建设水平。

（二）落实行政责任制，加强低碳经济领域的能力建设

科学合理的低碳经济发展政策如何从文件变成现实，这需要政府有强大的执行能力来实现。一方面，低碳经济发展目标的实现不仅依赖于目标、规划和政策本身制定的科学合理性，更依赖于政策执行者的有效执行。政策执行对于目标的实现具有重要的意义，缺乏有效的执行，再好的政策也是空中楼阁。城市政府的政策执行力还有很大的提升空间，如果政府的政策执行力不够强，将会影响政府的公信力，影响低碳经济发展目标的实现。因此应该严格落实行政责任制，责任落实到具体管理者个人，加大事前监督、事后问责力度，以责任来约束政策执行人员依法依规执行从而提高政府的决策执行能力。

另一方面，能力建设需要在低碳经济领域增强专业人员储备能力、增加资金储备投入、提高技术储备水平，从人、资金、技术全方面提升低碳经济能力建设。在专业人员方面，通过建立低碳经济专家库、加强相关行业国内国际专家的交流与合作储备行业专家，通过完善的专业培养体系储备低碳经济基层专业人才，通过宣传和推广储备具备低碳建设知识的广大民众。资金方面，应继续通过财政政策、税费政策、金融政策，推动城市低碳经济建设发展，同时加强引领社会资本在低碳经济领域的投入。技术方面，低

碳经济产业体系的构建需要大量科技的有力支撑。针对发展低碳经济技术的不足，应该投入更多的人力、物力、财力，加强低碳技术的科学研究，同时通过国际合作引进国外先进的理论和技术。

（三）建立"低碳化＋经济发展"的政绩考核体系

发展低碳经济，需要进行能源结构的转变、生产结构的转变，这被通常认为在短期内会制约和影响地方经济发展，特别是对那些经济相对不发达的城市而言，地方政府可能缺乏发展低碳经济的内在动力。在当下的政绩考核体制下，低碳化绩效没有被有效地纳入政绩考核体系之中。因此，要切实推进城市低碳经济建设，从根本上转变地方经济增长方式，就必须要改变地方政府片面追求经济指标的政绩观，建立科学的低碳考核制度，将低碳经济建设评估纳入到政府工作绩效考核，如重点对单位 GDP 碳排放等低碳经济政策指标进行考核评估，根据城市实际情况与发展特点，制定低碳发展规划、低碳激励政策措施、低碳经济统计监管等具体工作任务，并定期考核工作成果以明确城市整体经济低碳化发展的动态水平，形成"低碳化＋经济发展"双管齐下的政绩考核，杜绝"运动式减碳"和"先发展后治理"的思想。

（四）积极推进碳交易体系在更多城市落地实施

城市低碳经济建设行为是一个牵涉多方利益主体，涉及能源、环境以及财税政策等方方面面问题的复杂问题。单靠政府的实施和监管很难应对这一复杂问题，需要利用社会力量和市场力量参与低碳经济的建设过程。碳排放交易体系通过价格手段发挥市场在资源配置中的决定性作用，以成本效益最优的方式实现碳减排，能够显著减轻政府对企业碳排放的监管职能负担。因此，积极推进城市碳排放交易体系的落地，逐步扩大参与碳市场的行业范围和交易主体范围、增加交易品种，通过市场机制的作用，促进碳排放减少、低碳技术创新和经济可持续发展，是减轻政府政务负担和提升政府低碳经济建设管理效能的有效途径。

（五）正视区域差异，统筹推进全国低碳经济发展

由于经济发展维度的城市低碳建设水平与城市经济发展水平表现出强正相关性，不同城市在实践低碳经济建设过程中，应基于城市自身的社会经济发展情况，根据城市的资源禀赋及发展定位，确定在经济发展维度低碳建设的规划内容，围绕工业转型升级、建筑业减排、构建绿色低碳交通体系、建设绿色节约型基础设施等方面进行科学规划，选择有代表性的绿色低碳产业，建立绿色低碳产业发展示范模式，例如绿色农产品、新能源汽车及配套基础设施产业、绿色建筑、节能环保产业以及绿色清洁能源产业。通过试点总结经验，从而由点到面地在城市尺度上广泛推广和应用低碳经济的成功经验，最终实现由绿色低碳产业带动的低碳城市建设。

第四节　我国城市在生产效率维度的低碳建设水平提升路径及政策建议

一、生产效率维度的低碳建设存在的问题

根据本书的实证分析结果可以发现，我国城市在生产效率维度的低碳建设过程中存在以下三方面的问题。

（一）生产效率维度低碳建设整体水平较低

根据第七章对样本城市在生产效率维度的低碳建设水平诊断的计算结果可以发现，生产效率维度平均得分为 45.23 分，在城市低碳建设的八个维度中排名第六，说明其整体水平较低。原因有二，一方面由于我国正在经历快速发展的工业化与城镇化，城市在各个领域的生产中往往更多追求"数量"而非"质量"，将大量的人力、资金和材料投入到从增量建设中，努力实现从"0"到"1"的转变，而对如何低碳、绿色、高效地进行社会生产重视不足，导致快速扩张的生产规模增加了碳排放量；另一方面，我国城市在生产性行业的技术水平与发达国家还有很大差距，基础条件有待改进，科技创新能力也有很大的提升空间，因此导致对于低碳生产技术的研发不足，使生产过程中的碳排放强度仍然比较高，最终结果是我国城市在生产效率维度的低碳建设水平整体上还处于较低的水平。

（二）生产效率维度的低碳建设环节发展不均衡

样本城市生产效率维度的低碳建设水平各环节平均得分分别为 71.84 分（规划环节）、64.49 分（实施环节）、22.59 分（检查环节）、34.63 分（结果环节）、27.89 分（反馈环节），表明我国样本城市在规划和实施环节表现突出，在检查环节与反馈环节较为落后，尤其是中等城市与小城市在这两个环节呈现较为落后的表现。尽管生产效率的提升可以降低能源行业的碳排放，但是通过能源、交通、建筑等多行业的共同协作提升城市的生产效率从而降低碳排放量也尤为重要。在生产效率维度的规划环节与实施环节中，得分点主要来自源于有关能源行业的行动，而在检查环节缺乏对检查行为的资源支持、在反馈环节缺乏对于生产效率维度的独立总结，导致该维度的低碳建设水平得分与其他维度的得分差异较大。这也说明提高对生产效率维度检查和反馈环节的重视程度与行动，将有效提高城市低碳建设在生产效率维度的整体得分。

（三）城市间在生产效率维度的低碳建设水平差距较大

在样本城市中，21 个超大及特大城市在生产效率维度的低碳建设水平平均得分为 59.58 分，80 个大城市的平均得分为 50.98 分，中等城市的平均得分为 43.26 分，小城市

的平均得分为 38.73 分，可以看出不同城市规模之间差距仍产较大。并且根据第七章的结果可以发现，在生产效率维度的低碳建设水平较高的样本城市多分布于京津冀、长三角以及东部沿海地区，这些地区的城市经济和技术等发展水平均较高。在生产效率维度表现好的城市有较为充足的人力、资金和材料等支撑提升城市的生产效率，也有相对较高的科技创新能力帮助生产性行业提升资源利用率及生产效率。此外，由于实施、检查与反馈环节的数据来源及使用 Python 从城市政府官方网站获取的网络数据，因此当城市政府具有较高的信息公开化程度时，对在生产效率维度的低碳建设水平诊断整体有较大助益。

二、生产效率维度低碳建设的提升路径及政策建议

针对以上城市在低碳建设过程中生产效率维度上的现状与存在问题的分析结果，提出提高生产效率维度的城市低碳建设水平的政策措施如下。

（一）针对不同类别城市“对症下药”提升生产效率

通过本书对样本城市的规模分类可以发现，不同类别的城市在生产效率维度的低碳建设水平存在不同的问题。又由于不同的城市具有不同的社会经济背景和自然特征，因此在发展过程中具有不同的发展定位，因此应根据城市自身特征，有选择性地重点加强不同行业的生产效率，通过编制专项规划、发布指导性文件等手段确定通过提升生产效率推进低碳建设的目标。例如，对于发展重心非能源行业的城市，应注重建筑、交通、居民等方面的生产效率提升；对于发展依赖能源行业的城市，应注重技术和产业转型，提高能源使用效率从而有效提升城市低碳建设水平。

（二）拉齐生产效率维度低碳建设过程管理，注重检查与反馈

在城市低碳建设的全过程中，规划、实施、检查、结果、反馈等五个管理过程环节形成闭环可以有效并持续地推进城市低碳建设水平提升。应加强重视城市在生产效率维度的低碳建设中普遍较弱的检查环节与反馈环节，拉齐五个环节的平均水平以促进低碳建设水平的整体提升，尤其是中等城市与小城市。检查环节的表现有助于监督城市在低碳建设过程中存在的问题，反馈环节的表现对于城市整体低碳表现具有推动作用。因此应在政府、市场与公众共同监督的基础上，健全奖励与惩罚措施，激励政府与企业主体持续提升生产效率，保持节能提效行动的动力。在中等城市和小城市的建设中，更应该加大信息的公开化程度，以有效加大多方的检查力度，加大反馈强度。将低碳建设过程中的检查环节作为反馈环节的前置行为，可以有效引导反馈行动的发生，因此应细化完善在生产效率维度的监督政策措施，督促节能精细化管理，加强对能源和节能形势统计监测，完善相关数据库，为生产效率维度的反馈环节提供良好的基础。

（三）重视开发绿色生产技术，提高资源利用率

技术创新可以通过改变生产方式、促进劳动生产率提高、激发社会竞争力等途径提升社会生产效率，是提升生产效率的重要手段。因此应重视开发低碳绿色生产技术，以提升城市在低碳建设中的生产效率，从源头实现节能减碳。城市可以通过数字化、智能化、"互联网＋"等技术创新的方式来促进生产前沿整体向外扩展，使在一定投入组合下能够实现更多产出，从而带动生产效率的提升，达到减排目的。同时，政府还应当完善技术创新的政策体系，为城市生产提供更好的公共基础设施、优化资源配置、营造良好的科技创新氛围，加强对各类人才以及先进技术的引进和开发，从而提高城市全要素的生产效率，进而提升低碳建设水平。

第五节　城市在居民维度的低碳建设水平提升路径及政策建议

一、城市居民维度低碳建设存在的问题

从本书前面的实证分析中发现，我国样本城市在城市居民维度的低碳建设水平均值为47.74分，整体得分较低，其中只有32个城市（约10%）在该维度总得分高于60分。从碳源角度来看，城市居民维度的低碳建设水平低于经济发展维度的低碳建设水平，略高于能源结构维度和生产效率维度的低碳建设水平。总之，在城市居民维度，我国在城市间通过倡导低碳生活方式开展低碳建设有一定效果，但在该维度的低碳建设还有很大的提升空间。主要存在以下问题。

（一）居民低碳生活消费落实检查难

由城市在居民维度的规划、实施与检查环节的低碳建设水平值不难发现，政府部门已经开始重视并积极推行居民低碳生活消费，但是推行力度仍不足。节能生活和绿色消费观念对于公众而言并不陌生，然而引导居民从传统的生活消费习惯转变为低碳生活消费形态，不仅是一个思维转变过程，也是一个漫长的管理过程。当前，相关政府部门对居民低碳生活消费的推行方式大多停留在宣传和知识普及方面，对碳普惠制度完善、资源保障投入等方面面推行的力度还不足，这些宣传方式虽对居民的低碳意识提升有效果，但难以检查居民低碳生活消费的实际效果。对于如何具体执行低碳生活与低碳消费，还需要进一步引导，包括如何辨识低碳产品、如何计算碳排量、了解个人的低碳行动是否能带来积极的效应等，还需要完善健全具体的工作方案和措施。

（二）居民低碳生活消费创新力度不足

本书的实证分析表明，部分城市积极地提出了在居民低碳生活消费创新，并持续开

展工作，这些城市多集中在超大、特大以及大城市中，也存在有少数中等城市中，如成都在国内首创提出构建以"碳惠天府"为品牌，以"公众碳减排积分奖励、项目碳减排量开发运营"为双路径的碳普惠机制，旨在推动绿色低碳全民行动，目前平台用户数已超过 200 万；深圳分批推进近零碳排放区试点建设，并建立实施效果动态跟踪评价机制；杭州探索制定《居民生活领域碳积分标准》，开发碳减排和碳积分模型并推进相关应用场景；湖州连续三年发布"绿色低碳生活指数"（2021—2023 年）等，但是大部分城市缺乏居民低碳生活消费方面的创新力度。

（三）居民参与低碳生活消费意愿弱

根据样本城市在居民维度的结果方面的表现，居民参与低碳生活消费的效果并不明显，有待提高，尤其是在低碳消费方面，居民缺乏成熟的参与环境和多样的参与渠道，对参与低碳生活消费缺乏兴趣。具体表现为以下问题：①推动低碳生活消费的资金来源有限。我国城市居民低碳生活消费建设主要靠政府的财政投入，社会资本的参与意愿不强，缺少市场力量的推动，低碳绿色消费产品生产和市场不够成熟，居民低碳生活消费参与平台良莠不齐，导致居民参与低碳生活途径少，积极性和参与意愿无法被调动和落实；②政府在绿色低碳产品的市场规范、法律法规、扶持政策等方面缺位，无法适应低碳产品的生产和流通需要，进而影响居民的低碳居住出行活动；③绿色低碳产品的生产需要企业增大节能减排支出，成本的增加导致低碳商品价格增高，而居民的消费能力还比较弱，导致其购买意愿也较弱，对低碳生活消费缺乏兴趣。

（四）对居民低碳生活消费行为缺乏激励措施

本书中，样本城市在反馈环节的表现总体上最差，政府在居民低碳生活消费方面缺乏总结、反馈和实质性激励措施，多数停留在低碳宣传鼓励层面。具体有如下问题：①很多城市并无碳普惠的落实途径，普遍存在社会公众参与度低、减量消纳渠道窄、区域间协作障碍多、碳普惠金融产品类型少等问题，无法形成社会合力和市场化机制支持公众减排；②政府缺乏对居民低碳生活消费的总结，导致无法检验已有的居民低碳生活消费措施是否有效果，从而帮助确定下一阶段目标及行动方案缺乏依凭。

二、城市居民维度低碳建设的提升路径及政策建议

（一）引导居民低碳生活消费偏好

本书的实证诊断计算发现我国多个城市在低碳居住方面表现较好，在低碳出行、低碳消费方面表现明显较差。推行居民低碳生活方式，既需要政府的强力推动，更需要全社会配合，以引导城市居民低碳生活消费偏好。从社会公众宣传的角度，在互联网时代，应当充分利用互联网在各个社交网络平台进行低碳生活理念的宣传。从政府引导的角度，

要积极宣传推广相关低碳政策和借鉴国际上低碳社区相关经验，推行低碳社区生活试点并扩大其影响力。具体引导措施包括。

（1）城市有关生态环境部门应该联合街道、乡镇，跟进低碳社区创建，确保垃圾分类、节能节电深入人心，巩固已有的低碳居住成果。

（2）城市相关部门应积极响应交通运输部、国家发展改革委提出的绿色出行创建行动。城市交通局可牵头继续完善包含公共交通、轨道交通、快速公交、行人过街设施、步行与自行车、绿道等的绿色交通体系的规划和建设，并增强交通网络连通性。同时，在新能源汽车购置、充电桩等配套设施上加强资金保障，制定相应行动方案，推动全社会新能源汽车的比例。

（3）城市在低碳消费方面的着力点应贯穿低碳产品的生产到废弃全生命期过程。在低碳产品的生产和市场流通方面加强制度保障，探索完善绿色低碳认证管理等方面的制度，制定鼓励性的低碳产品生产政策制度，规范低碳消费市场秩序，加大对滥用认证标志的惩处力度，使真正的绿色低碳产品得到更多人的认同和信任。在低碳产品的交易环节，构建低碳产品奖励机制和成本分摊机制，寻求合理定价，避免过高定价打击居民消费意愿，并结合线上线下营造低碳消费场景和新业态。对于低碳节能产品也应予以适当补贴和税收减免，最大限度地激发全社会低碳消费的热情。同时，积极打造专业化、数字化的废旧物资循环利用体系，实现低碳产品"全生命周期"管理。

（4）应进一步拓展低碳生活消费宣传教育的广度和深度，与企业、学校、社会组织等各方广泛合作，从而带动全社会绿色低碳意识的提升。

（二）完善碳普惠制度建设

本书在对城市的低碳建设水平实证诊断中发现目前碳普惠制在大多数样本城市仍处于探索阶段，尚未推广应用，甚至有的城市推行碳普惠制有始无终，并且当前各类碳普惠及个人碳账户产品缺乏全局性、系统性。急需从激励社会公众参与、丰富碳普惠减排量消纳渠道和市场交易工具、打造"规则共建、标准统一"的区域碳普惠体系、推动碳普惠金融产品创新和推广应用等方面持续加以完善。具体引导措施包括。

（1）城市有关生态环境部门应该联合街道、乡镇，跟进低碳社区创建，确保垃圾分类、节能节电深入人心，巩固已有的低碳居住成果。

（2）城市相关部门应积极响应交通运输部、国家发展改革委提出的绿色出行创建行动。城市交通局可牵头继续完善包含公共交通、轨道交通、快速公交、行人过街设施、步行与自行车、绿道等的绿色交通体系的规划和建设，并增强交通网络连通性。同时，在新能源汽车购置、充电桩等配套设施上加强资金保障，制定相应行动方案，推动全社会新能源汽车的比例。

（3）城市在低碳消费方面的着力点应贯穿低碳产品的生产到废弃全生命期过程。在低碳产品的生产和市场流通方面加强制度保障，探索完善绿色低碳认证管理等方面的制度，制定鼓励性的低碳产品生产政策制度，规范低碳消费市场秩序，加大对滥用认证标志的惩处力度，使真正的绿色低碳产品得到更多人的认同和信任。在低碳产品的交易环节，构建低碳产品奖励机制和成本分摊机制，寻求合理定价，避免过高定价打击居民消费意愿，并结合线上线下营造低碳消费场景和新业态。对于低碳节能产品也应予以适当补贴和税收减免，最大限度地激发全社会低碳消费的热情。同时，积极打造专业化、数字化的废旧物资循环利用体系，实现低碳产品"全生命周期"管理。

（4）应进一步拓展低碳生活消费宣传教育的广度和深度，与企业、学校、社会组织等各方广泛合作，从而带动全社会绿色低碳意识的提升。

（三）推广刚需消费低碳试点

住房和交通是城市居民的两大主要刚需消费，政府管理部门应从这两个领域着手推动城市居民的低碳消费。在住房方面，尝试建设低碳社区，以清洁能源替代石油液化气等传统能源，安装居民循环用水系统，通过费用补贴等形式，鼓励居民在房屋装修上只用环保或可再利用的建筑废弃物等建筑材料。在交通方面，进一步合理规划道路，提升城区道路的运输效率，尽量降低车辆拥堵现象，同时提升公共交通运输量和运输时效性，提升公共交通在城市地区的运载量，引导居民选择乘坐公共交通工具。各城市完善本地区绿色采购制度及其实施细则，推动各政府部门、各单位按规定优先采购绿色低碳技术与产品。鼓励根据国家推荐的低碳发展相关目录与清单，结合本地区实际发布具有地域特色的绿色低碳技术和产品推广目录。

（四）强化城市之间的低碳生活联动

政府部门在推动居民低碳消费时，应该重视城市间的联动性。京津冀、长三角、成渝以及大湾区城市密集、数量众多，各个城市都有自己的优势产业以及居民的就业机会。从低碳生活的视角，城市彼此之间应该加强合作、相互联动，充分发挥各自的比较优势，加快城市之间交通一体化进程，加强城际高铁建设，提升居民在不同城市之间的通勤效率，从而降低私家车的使用率和减少相应的碳排放。其次，各城市在推广居民低碳消费时，应彼此联动，在推广方式、宣传手段、激励措施等方面相互学习。最后，针对居民低碳消费相关产业的发展，各城市在积极发挥各自比较优势的基础上，应互通有无，在保证居民基本消费不受影响的前提下，实现低碳产业的集约化发展，避免因为过度投资、生产效率低下而带来资源浪费、碳排放量增加等问题。

（五）建立低碳生活消费政绩观

本书实证分析过程发现城市部门对居民低碳生活消费现状缺乏相应总结，缺乏有效的考核机制及反馈路径，低碳社区、居民低碳出行等优秀成果未得到充分宣传。针对这一情况，各城市部门应重视居民减碳这一重要维度，将宣传居民低碳生活消费优秀成果的工作指标化并纳入政绩考核机制，避免政府忽略居民行为这一重要城市低碳建设途径。对负责推进居民低碳生活消费工作的责任部门，对其任务完成情况以及政策措施实施的效果开展跟踪分析和评估，发布相关报告，鼓励多元化方式推动居民低碳生活消费，不仅局限于在全国低碳日、世界环境日等特殊时间开展宣传活动。

第六节　我国城市在水域碳汇维度的低碳建设水平提升路径及政策建议

一、水域碳汇维度低碳建设存在的问题

为了进一步提升我国城市在水域碳汇维度的低碳建设水平，有必要深入分析在实践中潜在问题，总结不同城市在这一维度中的成功实践经验。这将为制定相关政策建议提供重要的参考依据，有助于我国城市的水域碳汇保护和管理提供更为有效的支持，从而推动城市可持续发展目标的实现。

城市在水域碳汇维度的低碳建设过程与结果会受到城市自然资源禀赋、政策力度资源投入和行政管理等因素综合影响。总体上，样本城市在水域碳汇维度的城市低碳建设过程中呈现出"环节表现不均衡""城市水平差异大"的问题。导致上述问题的原因主要有两点：一是不同城市的自然水域资源禀赋差异巨大；二是不同城市之间对水域碳汇维度的建设力度与管理模式差异较大。

（一）城市间自然水域资源禀赋差异巨大

不同城市的地理位置和地貌特点决定了其水域资源的禀赋差异。从自然资源的角度可知，我国东部城市由于拥有丰富的水资源，在"人均水域面积"这一得分变量中更占有明显优势，这些城市相对容易开展水域面积提升与保护，从而推动水域碳汇的低碳建设工作。特别是沿海城市由于海岸线和浅海滩涂等自然特征，具备更高的水域碳汇潜力。然而内陆城市，特别是北方内陆城市面临水资源相对不足的挑战，需要更多的技术和资源支持。这些自然资源禀赋差异导致了城市之间在水域碳汇维度的低碳建设的起点存在较大的差距。

（二）城市间在水域碳汇维度的低碳建设管理模式差异大

从低碳建设管理的角度而言，行政级别较高或者经济水平较发达的城市，在水域碳汇维度的建设过程中可以投入更多的人力、资金与技术等资源，同时也具备更加完善的政策法规以及行政制度，因而可以在一定程度上有效地克服自然水域资源禀赋不足而影响低碳建设的劣势。例如，尽管北京没有自然水域资源禀赋的优势，但北京在水域碳汇维度结果环节上的得分达到了全国平均水平，在这个维度规划、实施、检查以及反馈环节的得分都在 80 分以上，远远高于全国平均水平。因此北京在水域碳汇维度的低碳建设水平相对较高，在该维度属于第一梯队。而另一个有趣的例子，那曲具有较好的自然水域资源，在水域碳汇维度结果环节上得分高达 91.88 分，但由于在规划、实施、检查和反

馈环节均处于较低水平，在本书中，这个城市在水域碳汇维度的低碳建设总体水平相对就较低，在该维度属于第三梯队。

二、水域碳汇维度低碳建设的提升路径及政策建议

（一）提升水域碳汇维度各环节的低碳建设水平

对于水资源欠缺的城市，可以通过优化规划方案和提升规划的科学性，从而完善水域碳汇维度建设的管理环节。许多城市仍然缺乏针对水域建设和湿地保护的规划性文件，或者只出台了与水域保护相关的"生态环境"类规划，缺乏从碳汇能力视角编制的水域规划文件，在一定程度上限制了水域碳汇能力的提升。在水域碳汇的实施环节，通过投入充分的资金、人力以及技术资源以支持开展水环境质量提高的研究和应用，并在政府网站上公开透明地展示资金使用情况，确保水域碳汇维度的城市低碳建设顺利实施。在水域碳汇的检查环节，应完善相关规章制度，开展严格的监督行动，提供充分的资金、人力和技术资源。在水域碳汇的反馈环节，应及时对水域建设相关工作开展荣誉表彰与绩效评定工作，对水域保护和建设过程中出现的问题进行针对性的处罚，积极举办年度工作总结。

（二）制定差异化的水域碳汇建设政策支持措施

为应对城市间的自然水域资源禀赋差异，政府应采取差异化政策，以满足各城市的独特需求。对于资源丰富的城市，政府可积极鼓励并资助更多提升水域固碳能力的建设项目，同时提供财政资金和先进技术支持。对于资源相对匮乏的城市，政府则可引导其在水域碳汇维度建设的其他方面取得更为显著的成果，如水质改善和湿地保护等领域。同时，政府还应倡导城市采用可持续的水资源管理方法，以确保水域碳汇的保护和管理能够实现长期的可持续发展。

（三）完善水域建设和保护的立法与管理工作，确保相关政策的有效性

政府应该将水域碳汇维度的低碳建设积极纳入立法计划，保证在水域碳汇的建设发展、监督和维护等环节有法可依。完善的法律体系是确保其最大程度发挥固碳能力的前提。相关已颁布的法律文件，例如《环境保护法》《水土保持法》《渔业法》《海洋法》《湿地保护修复制度方案》等，为制定水域碳汇能力建设法规等提供了重要的资料。

（四）增加水域生态补偿等资源投入，加强对社会面的水域保护宣传工作

开展生态补偿是保护和改善水域生态环境的关键措施。要建立"政府牵头、市场主体、社会参与"的全方位生态补偿机制，通过加大人力、资金和技术等资源的投入力度，

灵活有效地对已侵占水域进行有效清退。此外，需加强水域保护的宣传工作，积极提升我国城市的水域保护率，加深社会群体对水域保护和水域固碳的科学认识。

（五）加强水域碳汇建设的后期管理工作，全面提升水域固碳功能

城市水域建设和保护项目开展后的检查与反馈工作是水域碳汇建设管理过程中不可或缺的环节，有效的检查与反馈不仅有利于及时发现和弥补前期水域碳汇建设相关工作中存在的不足，还可以对后期开展相关工作提供有效指引。不同城市应该根据自身特征进一步完善水域碳汇建设与生态修复的审核与监督机制，引导水域管理部门或经营的主体开展总结与反馈工作，从而改善和提升水域固碳能力。

第七节　我国城市在森林碳汇维度的低碳建设水平提升路径及政策建议

一、森林碳汇低碳建设存在的问题

（一）我国城市在森林碳汇维度的低碳建设整体水平不佳

通过对样本城市的实证分析可以发现，我国城市在森林碳汇维度的低碳建设水平平均得分不足 55 分，整体的森林碳汇建设水平不佳，有较大提升空间。造成这种现象的主要成因有：一是我国传统上对通过林业发展规划来提升森林碳汇功能这一目标的重视度不足；二是我国林业管理与经营方对森林碳汇水平提升的主要机理认知不足。虽然本书中所有样本城市的林业发展规划都提出提升林业碳汇水平的必要性，但大多未阐述相关计划与安排。绝大部分样本城市只对提升森林面积或覆盖率有定量的详细目标与配套的实施及检查体系，然而诸如抚育幼林、改造低效林、防治森林火灾与病虫害等可以增加森林净生产力，从而提升森林固碳量的措施基本却属于定性的粗略目标，缺乏相关实施与检查环节。

（二）我国城市缺乏有效的森林碳汇建设过程管理

本书第八章的实证分析表明，样本城市在森林碳汇五个管理环节的平均得分依次为：检查（63.26 分）＞实施（61.14 分）＞结果（58.47 分）＞反馈（45.44 分）＞规划（28.75 分），清晰显示了我国城市在建设森林碳汇时整体的过程水平较差，没有充分运用过程管理的理论及方法，轻视规划与反馈环节。这种现象反映了我国城市目前的森林碳汇建设存在目标导向不清、资源盲目投入的问题，导致结果差强人意、事倍功半、投入产出失衡的不利局面。特别是，在规划环节，将森林碳汇建设裹挟在传统的林业建设过程中，缺乏科学高效的森林碳汇建设目标体系与策略，使得规划环节"指挥棒"的作用无法得

到有效发挥，加之反馈环节及时纠偏的作用力也较弱，使得目标不清，事倍功半这种现象反复发生，导致总体上城市的森林碳汇建设水平一直无法提升。

（三）城市间的森林碳汇建设缺乏相互协作

本书第七章的实证分析表明，我国森林碳汇建设水平相对高的城市有两类：一是社会经济高度发达的超大及特大城市；二是森林资源与自然条件相对优渥的小城市。在同一区域内，不同城市的森林碳汇建设水平具有明显空间异质性。可见，对于森林碳汇建设水平低的城市，除却在协调自身资源建设森林碳汇方面不足外，或许还存在未与周边城市积极合作的问题。目前关于构建区域间的林业碳汇期货交易市场、林业碳汇金融体系、林业碳汇产品交易制度等城市协作措施尚未在我国城市得到大力实施，同区域内的城市在推动低碳建设的过程中，对于协同减排的关注度大于协同增汇。超大及特大城市与小城市缺少交流合作，难以结合优势将森林碳汇建设推向更高水平，大中城市也难以获得前两者的外溢效应，来提升自身的森林碳汇建设水平。这种现象使得森林固碳这种自然过程被城市物理边界人为割裂，城市之间无法在森林碳汇建设上形成合力，不利于我国整体的森林碳汇建设水平提升。

二、森林碳汇维度低碳建设的提升路径及政策建议

森林作为陆地生态系统最大的碳汇，建设和提升森林碳汇维度的城市低碳建设水平意义重大。为此，本小节依据上述阐释的森林碳汇建设水平目前呈现的三个问题，提出以下对应的提升森林碳汇建设水平的策略。

（一）深化对森林固碳原理的认知，推动森林碳汇建设

巩固并增强森林的固碳效应本质上是保护并提升植被的生理功能。传统上因缺乏对植被生理过程的认知，或者说对森林固碳原理的认知，使得诸多可以增加森林净生产力的措施在我国城市林业规划过程中不能得到重视，从而无法得到相应的实施、检查与反馈措施，进一步导致森林碳汇建设因内容不明而无法成为系统工程，只能把森林碳汇规划的内容零碎散落在林业规划与建设的其他工作中。

为了全面提升我国城市的森林碳汇建设水平，首先需要在城市未来的林业发展规划中更加重视森林碳汇建设，将其作为系统工程，制定详细的目标与行动方案；其二，要深化城市林业主管、建设、经营方和其他相关社会主体在森林碳汇水平提升机理方面的认知，从而保证构建和应用的森林碳汇建设措施对森林碳汇水平的提升有效而且操作性强。

（二）提升对森林碳汇建设过程的管理水平

提升森林碳汇建设水平是一个复杂的系统工程，兼具长期性，需要运用过程管理理

论，完整执行"规划—实施—检查—结果—反馈"这一闭环流程的所有环节，其中任何一个环节的执行度不足均会阻碍森林碳汇建设水平的提升。必须转变传统上只重实施、轻规划与反馈的工作方式，强调森林碳汇建设的过程管理意识与各环节同等重要的观念，增强"规划—实施—检查—结果—反馈"这一闭环流程中各环节的表现水平。尤其是，在规划环节需要提升对森林质量保护规划的详细程度，在实施环节需要提升对本土碳汇树种的挖掘、对林业碳汇计量监测系统等新技术的应用，在检查环节需要定期公布森林碳汇建设的重点工作与计划完成情况，在结果环节需要提升对森林植被碳储量的关注度，在反馈环节需要积极推行各类工作的信息公开。通过这些措施确保森林碳汇建设水平可以通过不断迭代管理过程各环节，从而持续提高城市在森林碳汇维度的低碳建设水平。

（三）推行区域间各规模城市协同的森林碳汇建设

本书第七章的实证分析表明，目前我国城市森林碳汇建设呈现的超大及特大城市与小城市水平高、而大中城市水平低的两头强、中间弱局面，区域内部城市间的森林碳汇建设水平空间异质性明显，这是由于我国各类城市间缺少协同增汇的机制和实践。当然，不同城市有不同的社会经济背景和自然条件，因此不同城市有不同的发展定位与战略，所以不同城市分配到森林碳汇建设的资源也会有明显差异，强求所有的城市都以同样的方式提升森林碳汇建设水平是不合理的。再者，森林的固碳效应本身就存在着正外部性，森林内的植被可吸收周围二氧化碳的范围并不受城市行政边界的制约，森林碳汇建设水平高的城市本身就为其周边区域的碳中和做出了贡献。因此，我国各个区域内的城市间，尤其是不同规模的城市间，需要积极推行区域协同式的森林碳汇建设模式，促使自身定位不利于森林碳汇建设的城市与高森林碳汇建设水平的城市之间通力合作，从而提升全国整体的森林碳汇建设水平。

第八节　我国城市在绿地碳汇维度的低碳建设水平提升路径及政策建议

一、绿地碳汇维度低碳建设存在的问题

（一）城市间生态需求差异大，规划落实缺乏指导

绿地碳汇维度的规划环节在五个环节中得分最高，但各个城市的得分差距较大。一方面是因为高度城市化、经济发达的城市有着追求实现绿化生态建设的目标，有强烈改善人居环境品质的需求；而经济发展较为滞后的城市，传统上经济发展需求高于绿色生态需求。另一方面，城市生态建设和园林绿化管理部门，对如何贯彻落实绿色生态规划还缺乏指导，对城市园林绿化碳汇能力建设的发展路径尚不明确。在样本城市的低碳建设诊断中发现，绿地碳汇的实施环节得分仅次于规划环节，整体波动幅度较小，在各个

城市之间实施的差异主要取决于在城市低碳建设过程中是否有相关机制与资源保障措施。因此不仅要重视规划环节，对其他环节应给予同等重视。

（二）缺乏专项法规支撑，监督管理部门冗杂

绿地碳汇维度的检查环节得分表现在城市间波动频率和浮动较大。在我国现行的法规体系中，与提升绿地碳汇能力相关内容被分散在《城乡规划法》《环境保护法》《森林法》《城市绿化条例》等单行法中，关于城市园林绿化碳汇能力的建设无专门法律支撑，从而导致不同城市采取不同的监督和检查措施。为切实加强城市园林绿化碳汇能力建设的检查环节，须加强组织领导、明确职责分工、完善协调机制。此外，结果环节在五个环节中的得分相对最低，说明了城市为提升绿地碳汇能力做出了巨大努力，但实践成果并非很好，主要是因为城市的绿地碳汇能力受到多方面因素影响，包括城市定位、城市规模、绿地面积、植被覆盖度等，所以结果环节的表现与其他环节相比较差。同样的，绿地碳汇的反馈环节得分较低的主要原因在于园林绿化协会及相关主体缺乏对绿地碳汇建设过程的总结，一方面是因为城市园林绿化涉及绿化、住建、农业等多个管理部门，导致难于形成跨部门的绿地碳汇能力总结，另一方面，有些样本城市仅有省级园林绿化协会，并未设立城市级园林绿化协会，且未在线上公布其动态，导致部分城市反馈环节得分较低。

（三）自然禀赋条件差异明显，城市偏科现象严重

我国各个样本城市在绿地碳汇维度的综合得分差异较大，主要与城市自然禀赋条件及绿地建设的落实程度相关。绿色自然禀赋优越且低碳建设各环节落实程度高的城市综合得分高，反之亦然。绿地系统作为生态系统中的重要组成部分，其相关规划亦是城市规划的重要组成部分。自然禀赋优良且经济水平发达的城市，在资金、技术以及人力方面能够更好落实绿地系统的相关规划，促进绿地碳汇建设水平的提升。而自然禀赋较差的城市为了满足经济发展的需求，可能会牺牲部分生态空间（如绿地、水域等）用以发展经济，导致绿地碳汇水平降低。

二、绿地碳汇维度低碳建设的提升路径及政策建议

基于优化城市绿化空间、完善绿地生态系统、提升绿地碳汇水平和实现城市低碳可持续发展的目标，可以从规划布局、建设实施和反馈监督这三个层面提出以下的绿地碳汇低碳建设政策建议。

（一）规划布局层面——构建多层级、网络化的绿地空间体系

在"多规合一"国土空间规划体系下，合理优化城市绿地空间格局能够有效提升城

市绿地碳汇能力。基于践行"公园城市"发展理念，在规划中要进一步提升城市人均公园绿地面积和绿地覆盖率。同时，依托现有城市生态要素，打通城市生态和通风廊道，建设多层级、多类型廊道和绿道体系，构建多层次、网络化、功能复合的城市绿色生态空间体系，从而提升绿地碳汇能力。

（二）建设实施层面——建设多层级、多类型的城市绿地碳汇

一方面，根据城市自身特征，建设多层级、多类型城乡公园体系、廊道体系以及绿道体系，梳理可用于生态修复和园林绿化的土地资源，对城市受损山体、水体和废弃地等进行科学"复绿"，从而提升城市的绿地碳汇能力。由于城市生态空间拓展受限，要充分利用城市困难用地、边角地、房前屋后等适宜"见缝插绿"的有限空间，因地制宜地增加园林绿化面积，提升城市绿化覆盖率。

另一方面，要提升园林绿化质量，以增强绿地碳汇能力。在实施园林绿化项目时，因地制宜，科学筛选适宜的园林绿化树种、合理设计栽植树种。针对已建的低质、低效园林绿化景观，采取措施进行更新优化其群落结构和养护管理方式，提升城市绿地质量和绿地碳汇水平。同时利用园林绿化废弃物和湿垃圾资源化产物改良土壤、增加土壤碳汇能力，实现减源、增汇并举。

（三）反馈监督层面——完善计量监测体系

在反馈监督层面，应完善计量监测体系，提高科技支撑能力以提升城市绿地碳汇水平。应根据城市绿地空间的类型、等级、结构和养护管理水平等，进行相关参数的监测和数据收集分析。精确的量化监测有助于分析城市绿地碳汇能力，并通过剖析城市以及绿化植物的生理生态特征，识别碳汇能力提升的关键环节和提出针对性的策略。此外，应开展绿地增汇减源的关键技术攻关和适配集成研究，形成成套化的绿地增汇减排技术体系和操作指南，加强城市园林绿化在实现城市碳中和目标中的科技支撑能力。

第九节　我国城市在低碳技术维度的低碳建设水平提升路径及政策建议

一、低碳技术维度低碳建设存在的问题

（一）低碳技术发展的动力障碍

从本书第七章的实证计算结果可以看出，在八个城市低碳建设的维度中，低碳技术维度的平均得分最低，仅 30.64 分。低碳技术的研发和应用是一项投入大、回报不确定性高的创新活动，特别是在后疫情时代，经济下行压力大的背景下，城市的民生健康和经济发展居主导地位，对城市发展低碳技术的动力有所影响。尤其是在一些经济基础和科

技资源本身就薄弱的城市，更易忽略对低碳技术创新的资源投入。以低碳技术维度中发挥"指挥棒"作用的规划环节为例，在本书的实证分析中发现，只有极少数样本城市出台碳达峰碳中和相关低碳科创专题规划。这些都说明我国城市低碳技术不仅创新水平较低，发展动力也不足。

（二）城市间低碳技术发展水平的不平衡性

基于本书第七、八章的实证分析，我国城市在低碳技术维度的建设水平存在地域空间上以及低碳建设环节上发展不均衡的问题。这两种不平衡现象都明显地影响了我国城市整体的低碳技术发展水平，特别是样本城市间在低碳技术维度不同建设环节的得分差异很大。样本城市在低碳技术维度的规划环节得分较高，实施和反馈环节得分特别低。一般城市规模越小、低碳技术水平越低。由此可见，不同城市在发展低碳技术时都主要注重"规划"，而忽视"实施"和"反馈"环节，出现"规划好结果差"的现象。

二、低碳技术维度低碳建设的提升路径及政策建议

（一）"经济基础"、"政府参与"、"环境质量"协力创新

低碳技术的创新是发展低碳技术的重点和难点。城市低碳技术创新是受一系列因素共同决定的结果，包括经济基础、政府干预和环境质量三类因素。特别是经济基础，直接影响城市对低碳技术创新的投入，是支撑从事低碳技术研究的科技人员和科技经费的载体。基于此，本书构建了低碳技术创新的理论框架，见图9.1。在该图中，经济基础、

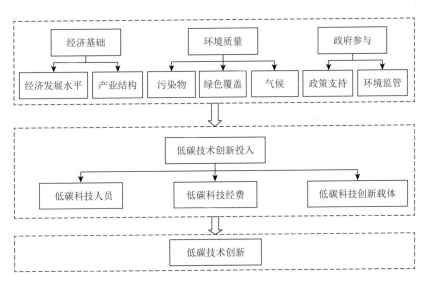

图 9.1　低碳技术创新理论框架

[该图基于文献（Liu et al.，2023）改绘]

环境质量和政府参与是驱动要素，低碳技术创新的资源投入是中介变量，通过中介变量驱动城市低碳技术的发展。该框架表明，在经济基础、环境质量和政府参与的驱动下，提供充分的低碳技术创新投入，有利于实现低碳技术创新。

基于图 9.1 的理论框架，城市政府在夯实经济基础、提高环境质量的同时必须在低碳科创领域立法，完善基于市场机制的低碳科技创新政策和环境监管机制，加强环境执法，严控各类环境污染，提升绿化覆盖率，优化低碳技术创新环境；鼓励发展低碳技术创新主体，培养和引进低碳技术相关人才；根据城市自身情况设置相应支持措施，保障低碳技术科技人员的物质条件和科研条件。

应用城市低碳技术创新理论框架（图 9.1）的具体措施包括：①必须意识到低碳科技创新是确保按计划实现碳中和目标的重要战略措施，应将发展低碳技术纳入国民经济和社会发展总体规划，从而全面提高科技减排的意识；②严格控制城市各产业部门的排放标准，倒逼城市产业革新升级，发展低碳生产工艺，降低能源消耗，增加清洁能源消费，使经济发展与环境污染脱钩，实现绿色转型升级；③低碳科技创新投资资金大，回报周期长，因此城市政府要着眼于低碳科技创新的长远发展，积极推进和保证低碳技术研发所需财政支持的可持续性，从而为科技减排创造良好的财政激励条件；④建立低碳技术转让与交易服务平台，促进相关低碳技术专利转化的示范应用，实现低碳技术研发成果的广泛应用；⑤加快构建以市场为主导、企业为主体、产学研深度融合的低碳技术创新体系，使市场、政府、社会力量成为城市低碳技术发展的协同力量。

但需值得注意的是，由于低碳技术涉及的领域很广，边界模糊，新能源、废物处理、绿色建筑等都与低碳技术有关，这有可能给一些企业和研究院所在获得低碳技术相关的财政补贴时提供了"钻空子"的机会。为此，政府应该对相关低碳技术申请项目进行认真评估，确保资助项目的低碳科技创新性和实用性。

（二）区域协调发展

我国城市间的低碳技术创新能力和水平差异性很大，因此在发展低碳技术时应制定差异化要素的驱动政策。国家发改委特别强调在低碳试点城市建设中要体现地方性和城市特点。针对不同地区低碳技术发展水平的差异，本书提出以下建议：①构建相关机制鼓励低碳技术先进或已在低碳技术方面取得突破的地区帮扶低碳技术发展落后地区、鼓励规模较大的城市与规模较小的城市进行低碳技术合作与转移，如设立技术转移中心，加强技术培训与指导，帮助落后地区提升低碳技术研发与应用能力；②对于西部、东北部等低碳技术发展落后的地区，国家提供专项资金支持，同时给予一定期限的税收减免，鼓励企业和研究机构在这些地区进行低碳技术研发与应用；③加强在东西部地区之间、不同规模城市之间的低碳技术人才交流，设立人才培养项目，鼓励先进地区的专家学者前往落后地区进行短期或长期的教学与研究工作；④在西部、东北等地区选定一些具备一定科研基础设施和低碳产业基础的城市或区域，建设低碳技术应用示范区或项目（尤其是规模较大的城市），带动周边低碳技术落后的地区或城市的技术应用与推广，发挥大城市的"辐射"作用；⑤鼓励国内外低碳企业、低碳技术研究机构与偏远地区、规模较小的城市的低碳企业和机构进行合作，共同推进那些较落后地区城市的低碳技术的研发和应用；⑥在低碳技术发展水平欠佳的城市，通过媒体、学校、社区等多种途径宣传低碳技术，向公众尽可能普及低碳技术，从而提高公众对低碳技术的认知度和重视度；⑦结合个别城市的实际情况，为低碳技术相对滞后的西部、东北城市和小规模城市制定长远的低碳技术发展规划，明确目标与路径，确保各项政策措施的连续性和稳定性。

总之，为确保全国城市低碳技术的均衡发展，需要从技术、财政、人才、项目等多方面进行综合考虑和布局，形成合力，推进低碳技术在全国范围内的创新和应用。

（三）补短板，全环节"齐头并进"

低碳技术的研发和应用是推动城市低碳建设过程的主要抓手，有效发挥这个抓手的作用是一个动态过程，包括对低碳技术研发和应用的规划、实施、检查、结果、反馈，这五个环节对低碳技术研究和应用水平的影响都是十分同等重要的。然而在实践中往往只重视低碳技术的规划，有些城市也对低碳技术项目进行定期检查，但一般都不注重实施和反馈环节。本书建议完善低碳技术实施环节中的过程管理制度建设、资金投入和人才培养，把对发展低碳技术相关的规划落到实处，并建立与低碳技术研发应用相关的奖励机制。再有，应该鼓励在科学技术的评奖评先中，优先考虑低碳技术的创新和应用。规模较小的城市在制定相关低碳技术研发应用的规章制度时应参考低碳技术发展较好的大城市经验。当然，需要注意的是，不同城市在研发和应用低碳技术过程中存在的短板环节是不同的，各城市的社会经济环境和资源禀赋也是不同的，因此应该因地制宜地采取措施补短板。总之，为确保城市低碳技术的有效研发和应用，需要构建一个连续、完整、高效的发展和管理体系，确保在研发和应用低碳技术的各个环节之间的紧密协作，形成持续的、有机的低碳技术水平提升循环模式。

第十章 结 论

人类经济社会在近代的快速发展伴随着大量的二氧化碳等温室气体排放，远远超出了生态环境对碳排放的吸收与中和能力，导致全球气候变暖，进而威胁人类的可持续发展。城市是碳排放的重要来源，城市碳排放占总排放量的 75% 以上，因此城市是减少碳排放并实现碳中和目标的主战场。在这一时代背景下，城市的未来发展向低碳模式过渡已成为全人类的共识，而对城市的低碳建设水平进行诊断，则是推动城市低碳转型和发展的重要管理策略。

城市从传统的发展模式转型为低碳发展模式不是一蹴而就的，而是一个循序渐进的建设和演变过程。若只关注城市低碳建设的结果和形态，而忽视建设过程，可能导致城市在低碳建设过程中的表现偏离最终的目标，所以城市低碳建设水平需要从"过程＋结果"的双视角去诊断。再有，城市低碳建设是一个综合多方面、多领域、多目标的动态过程，是建立在城市系统碳循环的减排和增汇基础上的。因此，城市低碳建设水平的诊断要结合体现城市低碳建设水平的维度和形成低碳建设水平的管理过程。

一、主要诊断结论

本书构建了"八个维度＋五个环节"的城市低碳建设水平诊断指标体系和计算模型，采用了大数据方法进行数据采集和数据处理，并将其应用于诊断全国 297 个地级及以上城市的低碳建设水平，主要诊断结论如下。

（1）总体上，我国城市在低碳建设过程中平均分为 46.41 分，整体水平不高，具有较大的改善空间。在城市低碳建设的综合水平上，北京、杭州、上海分列前三名，得分位于第一梯队的城市还包括广州、深圳和武汉。第一梯队至第四梯队的平均得分从 68.04 下降至 34.09 分，约有 62.16% 的城市处于第三梯队，表明我国城市在低碳建设方面仍具有很大的提升潜力。

（2）维度间的低碳建设水平存在较大差异。在低碳建设的八个维度上，碳源维度（能源结构、经济发展、生产效率、城市居民）的平均得分为 48.88 分，碳汇维度（水域碳汇、森林碳汇、绿地碳汇）的平均得分是 45.36 分，这表明我国城市在碳源维度的低碳建设表现要优于碳汇维度。从个别维度上，水域碳汇和经济发展维度的低碳建设水平较好，全国平均得分分别为 54.86 分和 54.66 分；绿地碳汇和低碳技术维度的表现较差，平均得分分别为 44.10 分和 30.64 分。这表明，城市低碳建设水平较好的部分，一方面主要来自于在经济发展过程中对低碳经济的重视和投入，另一方面是依赖于自然资源的禀赋（特别是水域资源）。然而在低碳技术维度，我国城市的低碳建设水平存在瓶颈，低碳技术支撑我国城市低碳建设和转型的能力还较差，创新驱动低碳建设还比较弱。这一方面是由于低碳技术需要高素质人才进行研发和应用，而我国在低碳技术的研发和创新方面起步相对较晚，创新环境不够成熟，投资不足。再有，中国经济仍然依赖高碳产业，如煤炭、石油和重工业，这些传统产业仍然在中国的能源结构中占有重要地位，在一定程度上限制了低碳技术的广泛应用。

（3）从城市视角来看，不同样本城市在总分和八个低碳建设维度上的水平有明显的差异。对所有样本城市而言，低碳建设水平综合得分介于 24.3～76.3 分，标准差 7.15，不同城市之间的得分差距较大。然而城市间的低碳建设是相互联系、相互影响的，要避免不同政府和部门之间因"部门利益化"倾向影响低碳城市的协同建设，要在各政府部门之间统筹谋划，制定城市低碳建设的总体顶层设计，打破部门壁垒，保证城市低碳建设政策的连续性和协同性，提升城市低碳建设的整体绩效。

（4）从低碳建设的管理过程来看，本书发现，一方面，全国 297 座样本城市在管理环节上的水平存在较大的差异，总体呈现"重开头轻结尾""重规划轻反馈"的情况。在低碳建设的规划和实施环节的表现较好，但对检查和反馈环节较为忽视，展示的结果反映只注重描绘城市低碳建设的美好蓝图，而不够重视执行监督过程。另一方面，不同低碳建设维度之下的环节表现也存在较大的差异，例如，能源结构和经济发展维度的实施环节表现最好，生产效率、城市居民和绿地碳汇维度的规划环节表现得最好。除了绿地碳汇和水域碳汇维度之外，其余 6 个低碳建设维度表现最差的环节都出现在检查或反馈环节。

（5）本书采用了大数据方法从而得到对城市低碳建设水平的诊断结果，突破了传统上人工数据收集的局限性，更加客观、全面和高效。大数据分析方法以客观的方式识别和记录各个城市的低碳建设水平，严格按照诊断指标构建逻辑开展评价。特别是关于规划、实施、检查和反馈环节，主要依托于定性变量指标，城市低碳建设是一个动态过程，这些指标是通过从政府官方网站得到的，具有很大的动态性。大数据工具能有效地帮助处理这些动态数据，从而使得低碳建设水平评估更为贴近实际情况。本报告发现大数据技术能够以更高的速度处理和获取数据，特别是从政府官方网站等公开数据源直接获取信息，对本书的完成起到关键的支撑作用。

二、理论意义

本书阐述了一系列新的低碳建设学术思想、理论观点和研究方法，丰富了城市低碳建设水平诊断的理论体系，将城市低碳建设水平诊断的理论方法发展到新的阶段，具有重要的学术价值，具体体现在以下 3 个方面。

（1）本书对推动管理科学评价理论的发展具有重要意义。一方面，研究提出将过程诊断和结果评价相结合，新的评价思想引领了综合评价方法的发展，使评价更加全面和系统化，有助于提高绩效评估的科学性和可操作性，为决策制定提供更可靠的依据。另一方面，本书构建了八个城市低碳建设维度，引入了城市低碳多维度评价的概念，强调了不同维度对于城市低碳建设综合评价的重要性，从而可以更全面地了解研究对象的低碳建设绩效与水平，更好地解析研究对象的多样性和复杂性；研究提出的过程管理是现代管理理论在城市低碳建设过程中的应用，强调规划、实施、检查、结果与反馈等五个环节的螺旋式上升循环，为管理科学评价理论提供了新的范例。

（2）本书借鉴质量管理循环过程原理，基于过程诊断和结果评价相结合的城市低碳建设水平诊断理念，构建了"过程＋维度"双视角集成下的城市低碳建设水平诊断指标体系矩阵结构。这个矩阵结构可以帮助建立科学全面的指标体系，从而正确诊断城市低碳建设过程和结果的现状，对问题进行归因和定位，对未来发展方向进行预判，以及挖掘提升城市低碳建设水平的策略和战略，具有重要的理论意义。

（3）在"八个维度＋五个环节"双视角的城市低碳建设水平诊断矩阵结构的理论框架下，本书建立了"综合-维度-环节-指标-得分变量"的 5 级城市低碳建设水平诊断指标体系和诊断模型。研究引入了修正系数对不同客观条件下的城市赋予不同的修正系数，以此来避免"一刀切"诊断现象，保证诊断的城市低碳建设水平值能反映城市的管理者和居民创造的真实城市低碳建设水平。该指标体系和诊断模型丰富了城市低碳建设水平评价的理论内涵和深度，形成了科学规范合理的城市低碳建设水平诊断机理。

三、应用价值

本书详尽地对中国 297 座地级及以上城市开展了低碳建设水平诊断，报告内容和结论对推动我国城市低碳化发展具有重要的应用价值，体现在以下几个方面。

（1）全面性和普适性。本书结果覆盖了全国尺度上的地级及以上城市，具有全局性和完备性，为不同城市提供了对比学习的平台。政府部门可以从相关样本城市的有效经验中学习，以制定契合自身条件的更具体的低碳政策和措施。同时，这种全面性的评价可以有助于建立更广泛的城市低碳建设网络，促进高效政策与知识经验的分享和协作。这也为全球其他国家和地区提供了一个有效的范本，以加速全球低碳发展的步伐，助力全球应对气候变化的进展。

（2）"八个维度＋五个环节"的矩阵型诊断指标体系的实证应用，突破了传统上只重结果不重过程的城市低碳建设水平评价范式，能够科学反映参评城市的真实低碳建设水平，从而可以激励和推动城市的低碳转型、实现国家的低碳发展目标。本书是在 2022 年研究基础上开展的，从 2022 年报告的 36 座大型城市延伸至全国城市尺度，表明了本书方法的适用性和推延性，证明了该方法可为不同规模城市开展诊断并提供指导和借鉴价值。

（3）本书展示的样本城市的低碳建设水平结果，可以帮助这些城市的管理者认识和明晰自身城市在低碳建设的不同维度、不同环节的长处和短板，为构建进一步提升低碳建设水平的政策和管理措施提供了决策基础。这些样本城市是我国推行低碳建设的主战场，其低碳建设水平的提升能极大的推动我国低碳建设水平的整体提升。

（4）本书构建的城市低碳建设水平诊断指标体系和计算模型，可以帮助对参评城市的诊断评价结果进行深度分析、成因探究，从而总结各个城市低碳建设的经验和教训，将好的经验互相分享和学习，对实践中面临的问题和教训进行解决和规避，从而帮助包括参评城市在内的所有城市实现更好的低碳建设。

四、展望

本书不仅为城市管理者和政策制定者提供了关于城市低碳建设的宝贵信息，而且揭示了各城市在不同维度和环节中的强项和待改进空间，这对城市未来的发展路线制定十分重要，可有效帮助城市迈向更可持续、低碳的未来。基于本书，研究团队将积极探索同地方政府更密切地合作，共同推动低碳城市发展。未来，希望在本书的数据收集、评估过程、实际操作中等方面能得到地方政府的积极参与，这将会进一步提升评估结果与实际情况的吻合度。研究团队热切盼望地方政府通过分享报告中的结果，调整政策和资源分配，鼓励和引导城市朝着低碳目标前进。在市民层面推广与教育低碳生活方式，也是政府可以提高城市低碳建设水平的一种重要方式。

我国现阶段城市低碳建设的相关数据主要是以政府公文、统计调查数据等标准化、结构化的传统数据方式存在，数据公开透明度不高。在本书数据收集过程中，一方面，由于个别样本城市的信息开放度不高、数据可获取性不强，可能影响诊断结果的精确度。因此，进一步加强信息公开对于全面开展城市低碳建设水平诊断和相关领域的科学研究极为重要。另一方面，在我国未来的城市低碳建设事业中要加强大数据的统计和应用，从而提高城市低碳建设水平诊断的质量，提供可靠的城市低碳建设决策信息，实现精准的调控和提升城市低碳建设水平。大数据和数字化时代给数据收集与分析提供了新的科学方法，只有将传统标准化数据同数字化大数据相结合才能获取能全面、准确表征城市低碳建设水平的科学数据。

城市应对气候变化是任重道远的，在城市低碳建设水平诊断领域的研究还未达到成熟阶段。因此，本书存在进一步提升的空间和未来需要发展的方向，主要包括诊断指标体系和模型的优化，城市低碳建设水平数字化仿真，国际尺度上主要城市的低碳建设诊断等领域。

《中国城市低碳建设水平诊断（2023）》是浙大城市学院国土空间规划研究院主推的专题诊断科研，后期将定期更新再版，形成系列智库报告。研究院将依托系列专题积极发挥城市低碳建设的智囊作用，为政府部门提供智力支持，助力我国城市低碳建设的全面发展。

参 考 文 献

薄凡，庄贵阳，2022. "双碳"目标下低碳消费的作用机制和推进政策. 北京工业大学学报（社会科学版），22（1）：70-82.

陈楠，庄贵阳，2018. 中国低碳试点城市成效评估. 城市发展研究，25（10）：88-95，156.

陈亚男，2016. 绿色全要素生产率测度及其调节机制研究. 河北企业，（12）：7-11.

陈阳，唐晓华，2019. 制造业集聚和城市规模对城市绿色全要素生产率的协同效应研究. 南方经济，（3）：71-89.

邓荣荣，赵凯，2018. 中国低碳试点城市评价指标体系构建思路及应用建议. 资源开发与市场，34（8）：1037-1042.

丁丁，蔡蒙，付琳，等，2015. 基于指标体系的低碳试点城市评价. 中国人口·资源与环境，25（10）：1-10.

杜栋，王婷，2011. 低碳城市的评价指标体系完善与发展综合评价研究. 中国环境管理，3（3）：8-11.

方精云，郭兆迪，朴世龙，等，2007. 1981—2000 年中国陆地植被碳汇的估算. 中国科学（D 辑：地球科学），37（6）：804-812.

方精云，2021. 碳中和的生态学透视. 植物生态学报，45（11）：1173-1176.

干春晖，郑若谷，余典范，2011. 中国产业结构变迁对经济增长和波动的影响. 经济研究，46（5）：4-16，31.

龚星宇，姜凌，余进韬，2022. 不止于减碳：低碳城市建设与绿色经济增长. 财经科学，（5）：90-104.

黄柳菁，张颖，邓一荣，等，2017. 城市绿地的碳足迹核算和评估：以广州市为例. 林业资源管理，（2）：65-73.

李小胜，张焕明，2016. 中国碳排放效率与全要素生产率研究. 数量经济技术经济研究，33（8）：64-79.

李晓燕，邓玲，2010. 城市低碳经济综合评价探索：以直辖市为例. 现代经济探讨，（2）：82-85.

刘国华，傅伯杰，方精云，2000. 中国森林碳动态及其对全球碳平衡的贡献. 生态学报，20（5）：733-740.

刘骏，胡剑波，袁静，2015. 欠发达地区低碳城市建设水平评估指标体系研究. 科技进步与对策，32（7）：49-53.

刘蓉，余英杰，刘若水，2022. 绿色低碳产业发展与财税政策支持. 税务研究，（6）：97-101.

刘雪莹，2021. 中国省域绿色全要素生产率空间特征及驱动因素研究. 北京：华北电力大学.

栾军伟，崔丽娟，宋洪涛，等，2012. 国外湿地生态系统碳循环研究进展. 湿地科学，10（2）：235-242.

马黎，柳兴国，刘中文，2014. 低碳城市评价指标体系及模型构建研究. 济南大学学报（社会科学版），24（4）：55-59.

潘晓滨，都博洋，2021. "双碳"目标下我国碳普惠公众参与之法律问题分析. 环境保护，49（S2）：69-73.

彭小辉，王静怡，2019. 高铁建设与绿色全要素生产率：基于要素配置扭曲视角. 中国人口·资源与环境，29（11）：11-19.

朴世龙，方精云，黄耀，2010. 中国陆地生态系统碳收支. 中国基础科学，12（2）：20-22，65.

乔晓楠，彭李政，2021. 碳达峰、碳中和与中国经济绿色低碳发展. 中国特色社会主义研究，12（4）：43-56.

曲建升，刘莉娜，曾静静，等，2017. 中国居民生活碳排放增长路径研究. 资源科学，39（12）：2389-2398.

荣先林，2018. 基于低碳理念的园林植物景观设计关键技术及措施探究. 现代园艺，（18）：116-117.

佘硕，王巧，张阿城，2020. 技术创新、产业结构与城市绿色全要素生产率：基于国家低碳城市试点的影响渠道检验. 经济与管理研究，41（8）：44-61.

申立银，2021. 低碳城市建设指标评价指标研究. 北京：科学出版社.

石龙宇，孙静，2018. 中国城市低碳发展水平评估方法研究. 生态学报，38（15）：5461-5472.

汤煜，石铁矛，卜英杰，等. 2020. 城市绿地碳储量估算及空间分布特征. 生态学杂志，39（4）：1387-1398.

王敏，石乔莎，2015. 城市绿色碳汇效能影响因素及优化研究. 中国城市林业，13（4）：1-5.

王亚飞，陶文清，2021. 低碳城市试点对城市绿色全要素生产率增长的影响及效应. 中国人口·资源与环境，31（6）：78-89.

吴晓华，郭春丽，易信，等，2022. "双碳"目标下中国经济社会发展研究. 宏观经济研究，（5）：5-21.

武普奎. 2012. 城市规模、结构与碳排放. 上海：复旦大学.

鲜军，周新苗，2021. 全要素生产率提升对碳达峰、碳中和贡献的定量分析：来自中国县级市层面的证据. 价格理论与实践，（6）：76-79.

许广月，2017. 构建与普及理性低碳生活方式：人类文明社会演进的应然逻辑. 西部论坛，27（5）：20-26.

杨东亮，任志超，李朋鸯，2020. 中国省会城市人口密度对人才集聚的影响研究. 人口学刊，42（4）：82-92.

杨元合，石岳，孙文娟，等，2022. 中国及全球陆地生态系统碳源汇特征及其对碳中和的贡献. 中国科学：生命科学，52（4）：534-574.

易棉阳，张小娜，曾鹃，等，2013. 基于主成分和层次分析的低碳城市指标体系构建与评价：以株洲市为实证. 生态经济（学术版），（1）：37-41.

张桂莲，仲启铖，张浪，2022. 面向碳中和的城市园林绿化碳汇能力建设研究. 风景园林，29（5）：12-16.

张晶飞，张丽君，秦耀辰，等，2020. 知行分离视角下郑州市居民低碳行为影响因素研究. 地理科学进展，39（2）：265-275.

张莉，郭志华，李志勇，2013. 红树林湿地碳储量及碳汇研究进展. 应用生态学报，24（4）：1153-1159.

张荣博，钟昌标，2022. 智慧城市试点、污染就近转移与绿色低碳发展：来自中国县域的新证据. 中国人口·资源与环境，32（4）：91-104.

张骁栋，朱建华，康晓明，等，2022. 中国湿地温室气体清单编制研究进展. 生态学报，42（23）：9417-9430.

张旭辉，李典友，潘根兴，等，2008. 中国湿地土壤碳库保护与气候变化问题. 气候变化研究进展，4（4）：202-208.

张毅，张恒奇，欧阳斌，等，2014. 绿色低碳交通与产业结构的关联分析及能源强度的趋势预测. 中国人口·资源与环境，24（S3）：5-9.

张永军，2012. 中国碳排放效率问题研究. 南京：南京大学.

智煜，2022. 中国城市群绿色全要素生产率的收敛性及影响因素研究：基于结构调整视角. 兰州：兰州大学.

Chen H Y，Yi J Z，Chen A B，et al.，2023. Green technology innovation and CO_2 emission in China: Evidence from a spatial-temporal analysis and a nonlinear spatial durbin model. Energy Policy，172：113338.

Chen W G，Yan S H，2022. The decoupling relationship between CO_2 emissions and economic growth in the Chinese mining industry under the context of carbon neutrality. Journal of Cleaner Production，379：134692.

Comyn-Platt E，Hayman G，Huntingford C，et al.，2018. Author Correction: Carbon budgets for 1. 5 and 2 ℃ targets lowered by natural wetland and permafrost feedbacks. Nature Geoscience，11：882-886.

Edwards D，19860 Out of the crisis. MIT Center for Advomced Engineering Studg，133-135.

Feng Y B，Liu Q，Li Y，et al.，2022. Energy efficiency and CO_2 emission comparison of alternative powertrain solutions for mining haul truck using integrated design and control optimization. Journal of Cleaner Production，370（10）：133568.

Fieldin R，Gettys J，Mogul J，et al.，1999. Hypertext transfer protocol--HTTP/1.1（No. rfc2616）.

Gorelick N，Hancher M，Dixon M，et al.，2017. Google Earth Engine: Planetary-scale geospatial analysis for everyone. Remote sensing of Environment，202：18-27.

Grodzicki T，Jankiewicz M，2022. The impact of renewable energy and urbanization on CO_2 emissions in Europe–Spatio-temporal approach. Environmental Development，44：100755.

Hao Y，Zhang Z Y，Yang C，et al.，2021. Does structural labor change affect CO_2 emissions? Theoretical and empirical evidence from China. Technological Forecasting and Social Change，171: 120936.

Inglesi-Lotz R，Dogan E，2018. The role of renewable versus non-renewable energy to the level of CO_2 emissions a panel analysis of sub- Saharan Africa's Big 10 electricity generators. Renewable Energy，123: 36-43.

Ipeirotis P G，Ntoulas A，Cho J， et al.，2005. Modeling and managing content changes in text databases. In 21st International Conference on Data Engineering（ICDE'05），606-617）. Tokyo：IEEE.

Jha B，Xyb C，Gang C D，et al.，2014. A comprehensive eco-efficiency model and dynamics of regional eco-efficiency in China. Journal of Cleaner Production，67：228-238.

Kaya Y，1989. Impact of carbon dioxide emission on GNP growth: interpretation of proposed scenarios. Paris ：Presentation to the Energy and Industry Subgroup，Response Strategies Working Group，IPCC.

Kobayash M，Takeda，K，2000. Information retrieval on the web. ACM computing surveys ，32（2）：144-173.

Kuang H W，Akmal Z，Li F F，2022. Measuring the effects of green technology innovations and renewable energy investment for reducing carbon emissions in China. Renewable Energy，197：1-10.

Lawrence S， Giles C L，2000. Accessibility of information on the web. intelligence，11（1）：32-39.

Liu K，Xue Y T，Chen Z F，et al.，2023. The spatiotemporal evolution and influencing factors of urban green innovation in China. Science of The Total Environment，857：159426.

Lutz，M，2001. Programming python. "O'Reilly Media，Inc.".

Pathak M，Slade R，Pichs-Madruga R，et al.，2022. Working Group Ⅲ contribution to the IPCC sixth assessment report（AR6）（Technical summary）.

Ragget D，Le Hors A，Jacobs I，1999. HTML 4.01 Specification. W3C recommendation，24.

Shkapenyuk V，Suel T，2002. Design and implementation of a high-performance distributed web crawler. In Proceedings 18th International Conference on Data Engineering。San Jose, CA, USA. IEEE, 357-368.

Tan S，Yang J，Yan J Y，2015. Development of the low-carbon city indicator（LCCI）framework. Energy Procedia，75：2516-2522.

Van Rossum G，Drake Jr F L，1995. Python tutorial （Vol. 620）. Amsterdam，The Netherlands：Centrum voor Wiskunde en Informatica.

Wang Y，Lan Q，Jiang F，et al.，2020. Construction of China's low-carbon competitiveness evaluation system A study based on provincial cross-section data. International Journal of Climate Change Strategies and Management，12（1）：74-91.

Wulder M A，Loveland T R，Roy D P，et al.，2019. Current status of Landsat program，science，and applications. Remote Sensing of Environment，225：127-147.

Yu L，Wang J，Gong P，2013. Improving 30m global land-cover map FROM-GLC with time series MODIS and auxiliary data sets：A segmentation-based approach. International Journal of Remote Sensing，34（16）：5851-5867.

Zhong M Z，Li N L，Xiao N Y，et al.，2021. Global Energy Review.